Aufgaben und Lösungsmethodik Technische Mechanik

Hans H. Müller-Slany

Aufgaben und Lösungsmethodik Technische Mechanik

Mit Strategie Lösungen systematisch erarbeiten

2., überarbeitete und erweiterte Auflage

Hans H. Müller-Slany
Siegen, Deutschland

ISBN 978-3-658-22419-6 ISBN 978-3-658-22420-2 (eBook)
https://doi.org/10.1007/978-3-658-22420-2

Die Deutsche Nationalbibliothek verzeichnet diese Publikation in der Deutschen Nationalbibliografie; detaillierte bibliografische Daten sind im Internet über http://dnb.d-nb.de abrufbar.

Springer Vieweg

Lektorat: Thomas Zipsner

Gedruckt auf säurefreiem und chlorfrei gebleichtem Papier

Springer Vieweg ist ein Imprint der eingetragenen Gesellschaft Springer Fachmedien Wiesbaden GmbH und ist ein Teil von Springer Nature.
Die Anschrift der Gesellschaft ist: Abraham-Lincoln-Str. 46, 65189 Wiesbaden, Germany

Vorwort

Das Grundlagenfach Technische Mechanik wird in der Regel als große Hürde in den ersten Semestern des Studiums der Ingenieurwissenschaften empfunden. Dies folgt aus der großen Fülle von Einzelfakten aus vielen wissenschaftlichen Bereichen, die hier zusammentreffen. In den Übungen übersieht man dabei leicht, dass der erfolgreiche Lösungsprozess einer Aufgabe immer einer konsequenten und methodischen Strategie folgt. Wenn deren Grundelemente einmal erkannt worden sind, wird diese strukturierte Lösungsmethodik eine sichere Grundlage auch zum Lösen komplexerer Aufgaben werden.

Der erste Schritt beim Bearbeiten von Aufgabenstellungen in der Mechanik ist immer die Überführung des realen Problems in zwei Modell-Ebenen. Man geht dabei zunächst von der gegebenen technischen Struktur aus und überführt sie durch Vereinfachungen und Konzentration auf gezielte Fragestellungen in ein physikalisches Modell. Das anschließende Entwickeln des mathematischen Modells an Hand der Grundlagen der Mechanik stellt das eigentliche Zentrum des Lösungsweges dar. Das mathematische Modell bildet die Mechanik-Aufgabe durch ein System von Gleichungen ab, die mit mathematischen Arbeitsmethoden gelöst werden können. Die gesamte Aufgabenlösung lässt sich durch einen Lösungsweg von der realen Aufgabenstellung über das physikalische Modell zum mathematischen Modell systematisch aufbauen. Ziel dieses Buches ist das Herausarbeiten und Einüben dieser Lösungsmethodik, wobei der systematische Aufbau des mathematischen Modells im Mittelpunkt steht. Es ist konzipiert für Studierende der Ingenieurwissenschaften an Universitäten und Fachhochschulen sowie für Ingenieure aus der Praxis, die sich wieder in die Arbeitsmethoden der Technischen Mechanik einarbeiten wollen.

Dieses Buch „*Aufgaben und Lösungsmethodik Technische Mechanik*" behandelt das methodisch strukturierte Lösen von Aufgabenstellungen aus den Grundlagen: Stereo-Statik, Elasto-Statik, Kinematik und Kinetik. Der Schlüssel zum Studienerfolg im Grundlagenfach Technische Mechanik liegt im Erkennen und Trainieren der logisch strukturierten Lösungsmethodik, mit der man auch komplexe Aufgabenstellungen in mehreren aufeinander aufbauenden Einzelschritten zielgerichtet lösen kann. Das methodische Konzept führt auch in anfangs undurchsichtig erscheinenden Aufgaben zum Ziel.

In die zweite Auflage des Buches wurde eine Anzahl neuer Aufgaben eingefügt. Zu allen der hier vorliegenden 148 Aufgaben werden ausführliche Lösungswege angegeben, wobei die einzelnen Schritte der Lösungsmethodik begründet werden. In den Lösungen zu mehreren Aufgaben werden alternative Lösungswege beschrieben.

Im Buch wird vor jeder Lösung einer Aufgabe in Detailschritten in einer einleitenden *Lösungsanalyse* der strukturelle Weg zum mathematischen Modell betrachtet. Im Besonderen wird dabei die Frage nach der Anzahl der zu erwartenden Unbekannten untersucht und die Möglichkeit zum Aufstellen entsprechend vieler Gleichungen für das mathematische Modell diskutiert. Der Lösungsweg ist damit eindeutig vorgezeichnet. Teilweise sind die vorliegenden Aufgaben sehr umfangreich. Damit soll gezeigt werden, wie eine durchdachte Lösungsmethodik den Weg auch durch anfangs unüberschaubare Aufgabenstellungen weisen kann. Zum Trainieren der Arbeitsmethodik wird dem Leser empfohlen, die Einzelschritte schriftlich nachzuvollziehen.

In diesem Buch sind die Erfahrungen aus einer sehr langen Lehrtätigkeit in Technischer Mechanik an der TU München, an der HSBw Neubiberg und an den Universitäten Siegen und Duisburg-Essen zusammengefasst. Hinzu kommen noch Tutor-Tätigkeiten als studentische Hilfskraft während des Studiums an den Universitäten Hannover und Stuttgart.

Der Umfang der behandelten Grundlagen ist abgestimmt auf das Lehrbuch: KURT MAGNUS/HANS HEINRICH MÜLLER-SLANY: *Grundlagen der Technischen Mechanik, 7. Auflage. Teubner Verlag, Wiesbaden, 2009.*

Herrn Thomas Zipsner vom Springer Verlag, Wiesbaden danke ich herzlich für viele kreative Vorschläge.

Siegen, im April 2018 Hans Heinrich Müller-Slany

Inhaltsverzeichnis

1 Einführung: Grundlagen eines systematischen Lösungskonzeptes

In der Technischen Mechanik werden bereits am Anfang des Grundstudiums unterschiedliche Arbeitsweisen aus verschiedenen Fachgebieten in sehr enger Verknüpfung zusammengeführt. Für das erfolgreiche Lösen von Aufgaben aus der Technischen Mechanik sind bei jedem Lösungsschritt die Erkenntnisse von drei ingenieurwissenschaftlichen Grundlagen gleichzeitig zu berücksichtigen: Konstruktionslehre (Maschinenelemente), Physik und Mathematik. Was sich hier am Anfang zunächst als unüberschaubare Vielfalt zeigt, wird mit gezielten methodischen Konzepten beherrschbar. Im Folgenden soll eine strukturierte Lösungsmethodik zur Bearbeitung von Aufgaben aus der Technischen Mechanik gezeigt werden. Im Mittelpunkt steht dabei der Begriff der Modellbildung. Das reale technische Problem wird zunächst durch ein vereinfachtes *physikalisches Modell* und im zweiten Schritt durch das *mathematische Modell* zur Beschreibung der Aufgabenstellung abgebildet. Der eigentliche Lösungsprozess mit quantitativen Ergebnissen findet auf der Ebene des mathematischen Modells statt. Der Bezug der gefundenen Ergebnisse zur Realität muss über den umgekehrten Weg vom mathematischen Modell zurück zum realen Problem verifiziert werden.

Das zentrale Arbeitsergebnis auf dem Weg zur Lösung einer Aufgabe der Technischen Mechanik ist die Erstellung des mathematischen Modells. Für den strukturierten, methodischen Übergang vom physikalischen Modell auf das mathematische Modell werden formale Lösungsschritte angegeben.

1.1 Modellbildung

Die Grundüberlegungen zum Erfassen und Lösen von Fragestellungen aus der Technischen Mechanik gehen von Abbildungen der Realität durch Modelle aus. In einem ersten Schritt wird das reale System durch Abstraktion und Idealisierung von Systemeigenschaften und Randbedingungen vereinfacht: Man erhält ein physikalisches Ersatzsystem, *das physikalische Modell*. Hierbei wird deutlich, dass es zu einer Fragestellung durchaus mehrere verschiedene physikalische Modelle geben kann. Je nach der Art der getroffenen Voraussetzungen kann das physikalische Modell unterschiedliche Eigenschaften haben. Die Zulässigkeit einzelner Abstraktionen kann nur über Beobachtungen und Messungen am realen System und teilweise erst nach Vorliegen der Lösung in einem Verifikationsprozess beurteilt werden.

Der zweite Schritt in der Modellbildung ist die Übertragung des *physikalischen Modells* in das *mathematische Modell*. GALILEO GALILEI (1564-1642) formulierte dafür den Satz: *Die Natur ist in der Sprache der Mathematik geschrieben.* Erst diese Erkenntnis konnte zur stürmischen Entwicklung der Naturwissenschaften und Technik in den letzten Jahrhunderten führen. Formal ist das mathematische Modell ein Satz von algebraischen und Differential-Gleichungen. Als Grundlage für die Lösung ist prinzipiell die Erfüllung der Gleichungsbilanz notwendig: Die Zahl der Gleichungen muss gleich der Anzahl der Unbekannten sein. Die Formulierung des mathematischen Modells ist das wesentliche Ziel in der Bearbeitung von Fragestellungen aus der Technischen Mechanik. Zur Lösung des mathematischen Modells werden analytische und numerische Verfahren angewendet.

H.H. Müller-Slany, *Aufgaben und Lösungsmethodik Technische Mechanik*, https://doi.org/10.1007/978-3-658-22420-2_1

Im Bild 1.1 ist eine allgemeine Systematik der Modellbildung zur Lösungsfindung in der Technischen Mechanik dargestellt.

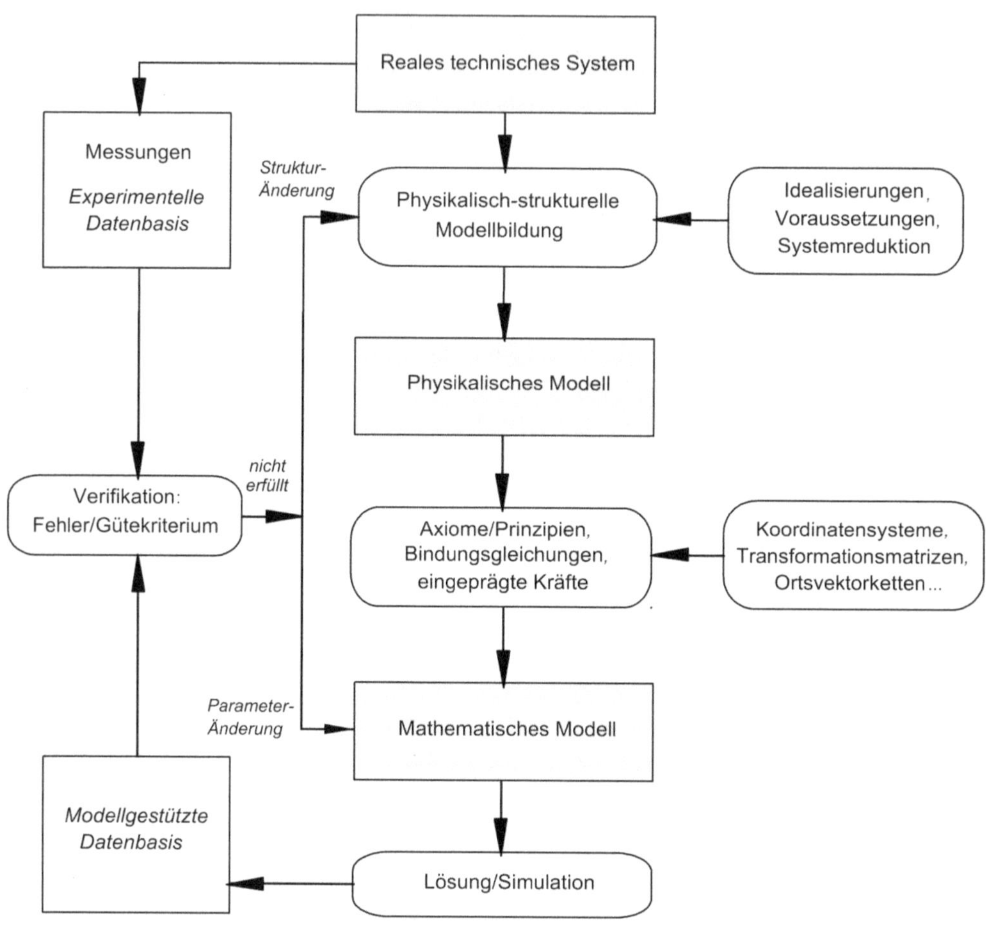

Bild 1.1 Systematik der Modellbildung zur Lösungsfindung in der Technischen Mechanik

1.2 Strukturierter methodischer Lösungsweg zum mathematischen Modell

Die zentrale Aufgabe zur Lösung von Fragestellungen der Technischen Mechanik ist die Erstellung des mathematischen Modells, das die Aufgabenstellung durch ein Gleichungssystem abbildet. Nur wenn man sich bewusst ist, dass dafür ein logisch strukturierter methodischer

Weg einzuschlagen ist, wird man in der Fülle der notwendigen Einzelüberlegungen die Übersicht behalten. Es gibt sicher für viele Aufgaben geniale Tricks, die in Sonderfällen sehr viel schneller zur Lösung führen. Das kann aber kein Maßstab für das erfolgreiche Lösen von Aufgaben aus der Praxis sein. Erst wenn man den formalen Lösungsweg in allen Einzelschritten sicher beherrscht und damit Vertrauen zu den gewonnenen Ergebnissen haben kann, gewinnt man die Übersicht, die auch ungewöhnliche Lösungsmethoden eröffnet. Die hier vorgestellten Übungsbeispiele sind bewusst teilweise sehr komplex gewählt. Diese Aufgaben wird man nur dann erfolgreich lösen, wenn man schrittweise der skizzierten Lösungsmethodik folgt und damit in der Lage ist, die teilweise sehr umfangreichen mathematischen Modelle aufzubauen. Die eigentlichen Lösungen der Gleichungssysteme werden hier durchweg analytisch vorgestellt. Man kann dies ebenso numerisch mit entsprechenden Computerprogrammen, z. B. mit dem Programm MAPLE© [MAPLE2015] durchführen.

Im Bild 1.2 wird an Hand eines einfachen Beispiels aus der Stereo-Statik die prinzipielle Vorgehensweise bei den Einzelschritten zur Aufstellung des mathematischen Modells gezeigt.

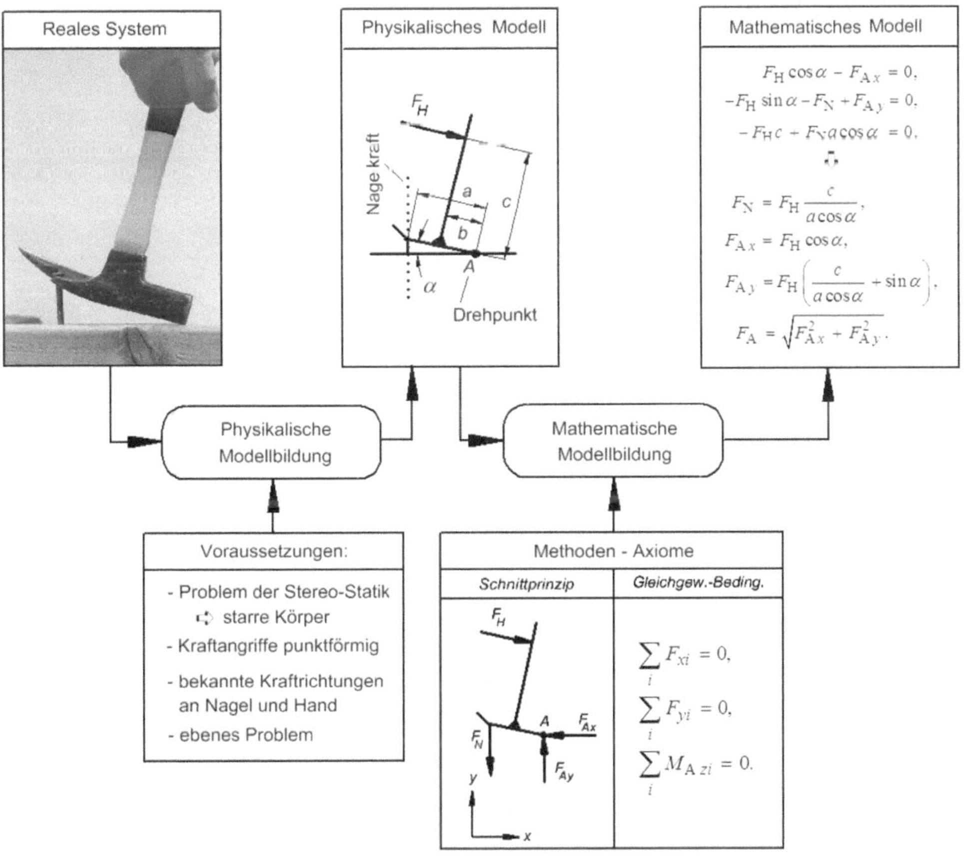

Bild 1.2 Beispiel zur Modellbildung in der Technischen Mechanik: Nagelziehen mit Latthammer

An Hand des Beispiels im Bild 1.2 wird bereits bei der physikalischen Modellbildung deutlich, welche einschneidenden Konsequenzen die Festlegung des Grundlagengebietes der Mechanik hat, das bei der Bearbeitung Anwendung finden soll. Löst man die Aufgabe mit Methoden der Stereo-Statik, hat man es nur mit starren Körpern zu tun und die Lösung kann rasch angegeben werden, da als Grundlagen für die mathematische Modellbildung nur die Gleichgewichtsbedingungen der Statik heranzuziehen sind. Im vorliegenden ebenen Fall bedeutet das, mit den 3 Gleichungen des mathematischen Modells können nur 3 Unbekannte bestimmt werden. Mit der Annahme, dass die Kraftrichtung im Punkt A unbekannt ist, gilt folglich gleichzeitig, dass die Kraftrichtung am Nagel und die Handkraft bekannt sein müssen. Hier wird die Nagelkraft in Nagelrichtung angenommen und die Handkraft wirkt normal zum Hammerstiel. Dies sind ganz offensichtlich Annahmen, die in der Praxis nicht immer vollständig zutreffen - trotzdem bilden sie eine sehr gute Näherung für die Problemlösung. Der kundige Leser wird bei der Beurteilung des hier eingeschlagenen Modellierungsweges einwenden, dass man die Richtung der Kraft in A sehr wohl kenne, denn alle Kräfte müssen sich im vorliegenden Fall in einem Punkt schneiden. Dies kann man sofort einsehen: Die Aussage $\Sigma M_{\mathrm{A}zi} = 0$ gilt für jeden Bezugspunkt, also auch für den Schnittpunkt der Kräfte $\boldsymbol{F}_{\mathrm{H}}$ und $\boldsymbol{F}_{\mathrm{N}}$. Für diesen Punkt kann die Gleichung aber nur dann erfüllt sein, wenn auch $\boldsymbol{F}_{\mathrm{A}}$ diesen Punkt schneidet. Hier sollte vielmehr gezeigt werden, dass man diese schnelle Lösung gar nicht kennen muss, der normale Lösungsweg führt immer zum Ziel.

Man erkennt, bei der physikalischen Modellbildung bewegt man sich in einem Arbeitsbereich, der voller Annahmen und Voraussetzungen ist. Wichtig ist, alle getroffenen Vereinfachungen und Annahmen festzuhalten und an Hand der Lösungen noch einmal zu verifizieren. In der Praxis sind aus diesem Grunde auch häufig Messungen am realen System vorzunehmen, um eine experimentelle Datenbasis mit den Daten aus den Lösungen und Computersimulationen des mathematischen Modells vergleichen zu können (s. Bild 1.1).

Das mathematische Modell wird an Hand des physikalischen Modells erstellt. Während man bei der physikalischen Modellierung vielfach durch Annahmen und Vereinfachungen zum Modell gelangt und sich dabei von der Realität auch entfernt, gilt für die mathematische Modellbildung durchweg die Forderung nach einer möglichst genauen mathematischen Abbildung des physikalischen Modells. Es gilt, das physikalische und das mathematische Modell sind zueinander äquivalent. Vereinfachungen bei der mathematischen Modellierung werden nur in Sonderfällen vorgenommen, z. B. bei der Linearisierung nichtlinearer Gleichungen. Dazu muss aber in jedem Fall der Gültigkeitsbereich für die vereinfachte Gleichung untersucht werden.

Die mathematische Modellbildung beginnt in der Regel nach der Anwendung des Schnittprinzips. Dabei wird ein Teil des Systems durch eine vollständig geschlossene Schnittlinie herausgetrennt. An allen aufgetrennten Kontaktstellen müssen die dort wirkenden unbekannten Schnittkräfte eingefügt werden sowie sämtliche äußeren Kräfte und die Gewichtskraft im Schwerpunkt des Systems. Zur Darstellung der skalaren Koordinatengleichungen wird ein für alle Vektoren verbindliches Koordinatensystem eingeführt. Mit Hilfe der Gleichgewichtsbedingungen der Statik wird im vorliegenden Fall das mathematische Modell formuliert.

In Verallgemeinerung dieser Lösungsschritte lässt sich ein allgemeines Konzept zur Bearbeitung von Aufgabenstellungen in der Technischen Mechanik angeben.

Strukturierter methodischer Lösungsweg zum mathematischen Modell

- *Physikalische Modellbildung:* Übungsaufgaben sind zumeist bereits als typische physikalische Ersatzsysteme aufbereitet. Trotzdem ist es sinnvoll, sich zu Anfang gründlich mit den Systemeigenschaften auseinanderzusetzen. Dazu gehört das Feststellen der Materialeigenschaften, der Eigenschaften von Randbedingungen, das Erkennen von eingeprägten Kräften, die durch zusätzliche algebraische Gleichungen beschrieben werden können (z. B. Reibungs- und Federkräfte) und bei Fragestellungen der Kinetik und Kinematik das Erkennen von Lagegrößen (Koordinaten und Winkel) zur eindeutigen geometrischen Lage-Beschreibung des zu untersuchenden Systems.
- *Festlegung der zu verwendenden Modellierungsmethoden für das mathematische Modell:* Zur mathematischen Modellbildung werden Axiome der Physik angewandt und die daraus abgeleiteten Prinzipien. Will man innere Kräfte in einem System untersuchen, wird man in allen Bereichen der Technischen Mechanik das *Schnittprinzip* anwenden. Zur Beschreibung von Lage- und Bewegungszuständen zu verschiedenen Zeitpunkten eines Systems, vor und nach einem Ereignis, führt die Anwendung von *Erhaltungssätzen* oftmals bedeutend schneller zum Ergebnis (Impuls- und Drallerhaltungssatz, Energiesatz und Arbeitssatz). Weitere analytische Verfahren sind das *Prinzip der virtuellen Arbeit* und zum direkten Aufstellen von Bewegungsgleichungen in der Kinetik die *LAGRANGEschen Gleichungen 2. Art.*
- *Schnittprinzip:* Das Schnittprinzip kann in unterschiedlichen Formen angewendet werden. Man kann einzelne Punkte, Einzelkörper oder - wie in der Balkenstatik - Systemteile durch jeweils geschlossene Schnittlinien heraustrennen. Die Kraft- und Momentenübertragungen in den dabei aufgetrennten materiellen Bindungen werden als unbekannte Schnittkräfte und Schnittmomente eingefügt und in den Koordinaten eines zuvor eingeführten Koordinatensystems dargestellt. Je nach Art der aufgetrennten Bindungen sind die Richtungen der Schnittgrößen bekannt oder unbekannt.
- *Aufstellen des mathematischen Modells:* Die häufigste und grundlegende Methode zum Aufstellen des Gleichungssystems für die Lösung einer Mechanik-Aufgabe ist das Formulieren der Gleichgewichtsbedingungen oder bei Aufgaben aus der Kinetik von Impuls- und Drallsatz an Hand eines Schnittbildes. Mit der *Gleichungsbilanz*, d. h. mit dem Vergleich der Zahl der Unbekannten mit der Zahl der aufgestellten Gleichungen wird die Lösbarkeit des Gleichungssystems überprüft. Ist die Bilanz nicht erfüllt, fehlen meist noch kinematische Bindungsgleichungen und deren Ableitungen. Sie beschreiben den Zusammenhang zwischen eingeführten Lagekoordinaten, die nicht unabhängig voneinander sind. Man findet diese Gleichungen am sichersten durch die Beschreibung der Lagebeziehung zwischen zwei Systempunkten auf zwei unterschiedlichen geometrischen Pfaden, z. B. durch zwei verschiedene Ortsvektorketten. Eine weitere Gruppe zusätzlicher Gleichungen sind die mathematischen Formulierungen der eingeprägten Kräfte. Dies sind alle Kräfte im System, die sich durch zusätzliche Gleichungen beschreiben lassen, z. B. Reibungs-, Dämpfer- und Federkräfte.
- *Koordinatensysteme, Koordinaten-Transformationen:* Zur Übertragung der Vektorgleichungen in ein skalares Gleichungssystem muss das physikalische Modell in einem Koordinatensystem dargestellt werden. Hierbei gilt der Satz: In einer Vektorgleichung müssen sämtliche Vektoren im gleichen Koordinatensystem beschrieben werden. Die Wahl des Koordinatensystems sollte auf möglichst einfache Darstellung der beteiligten Vektoren füh-

ren. Die Koordinaten eines Vektors sind dabei die Parallelprojektionen der Vektorkomponenten auf die Koordinatenachsen. In jedem beliebig parallel verschobenen Koordinatensystem sind die Vektorkoordinaten gleich. Es kommt also nicht auf die Lage des Koordinatenursprungs an, sondern nur auf die Richtungen der Koordinatenachsen. Arbeitet man in mehreren zueinander gedrehten Koordinatensystemen, dann müssen die Vektordarstellungen aus den verschiedenen Koordinatensystemen durch Anwendung von Transformationsmatrizen in ein einheitliches System übertragen werden. Die Transformation für Vektoren beim Übergang von einem Koordinatensystem in ein anderes wird im Kapitel 4 Kinematik – Einführungsseiten – gezeigt.

1.3 Hinweise zum Gebrauch des Buches

Dieses Buch enthält Aufgaben zu den wichtigsten Grundlagen der Technischen Mechanik. Sie wurden teilweise entsprechend der Zielrichtung des Buches speziell entwickelt, teilweise entstammen sie Prüfungsaufgaben aus dem Bereich Mechanik an der TU München und an der Universität Duisburg-Essen. Für sämtliche Aufgaben sind ausführliche Lösungen angegeben, die nicht nur die Abfolge der Lösungsschritte, sondern im Besonderen die Begründungen für die Vorgehensweise darlegen. Damit werden den Studierenden Hinweise gegeben, wie man methodenorientiert in einem logisch strukturierten Prozess zur Lösung gelangt. Die Aufgaben sind teilweise sehr umfangreich. Diese wurden bewusst eingefügt, um zu zeigen, wie das methodische Vorgehen auch in unübersichtlichen Strukturen sicher zur Lösung führt. Es ist ratsam, eine gewählte Aufgabe an Hand der gezeigten Lösung vollständig durchzuarbeiten und dabei immer ein volles Verständnis der dargelegten Begründungen zu erlangen.

Ein besonderer Weg zur Erarbeitung von Lösungen wird in der jeweils vorangestellten Lösungsanalyse gezeigt. Hierbei wird eine Aufgabe ohne weitere formale Ableitungen soweit analysiert, bis der prinzipielle Lösungsweg vorgezeichnet ist, teilweise bis hin zur Aussage der Gleichungsbilanz im mathematischen Modell. Nach der gründlichen Durcharbeitung der *Lösungsanalyse* beginnt die konkrete Lösungsarbeit; sie ist aber in der Analyse bereits in den Einzelschritten eindeutig vorgezeichnet und damit ohne Zweifel durchführbar. Auch bei eigenen Lösungsversuchen sollte man immer vor Beginn einer detaillierten Lösungsarbeit zunächst den Weg der überblicksartigen Lösungsanalyse beschreiten.

Treten beim Durcharbeiten der hier gezeigten Lösungsanalysen Unklarheiten auf, dann empfiehlt es sich, den Sachverhalt noch einmal in Fachbüchern zu repetieren. Auf keinen Fall sollte man Unsicherheiten bestehen lassen, denn ein vertrauenswürdiges Ergebnis erhält man nur auf dem Fundament eines sicheren Grundlagenverständnisses.

Jedem einzelnen Kapitel der Übungsaufgaben sind kurze Einführungen vorangestellt. Dort werden grundlegende Gedanken zu einzelnen Lösungsschritten angegeben. Zudem findet man dort Erläuterungen und Ableitungen zu den im Übungsteil angewandten Grundlagen, die nur selten in Lehrbüchern zu finden sind, wie z. B. die Anwendung der formalen Koordinatentransformation auf Vektoren.

2 Stereo-Statik

Fragestellungen der Stereo-Statik behandeln den Gleichgewichtszustand starrer Körper unter dem Einfluss von Kräften und Momenten. Die Lösung von Aufgaben aus dem Bereich der Stereo-Statik ist darstellbar als eine logisch strukturierte Folge von Einzelschritten. In den Lösungen der nachfolgenden Aufgaben werden die einzelnen Stufen dieses methodischen Lösungsweges deutlich herausgestellt. Jeder Lösung wird eine *Lösungsanalyse* vorangestellt. Ohne in Details zu gehen, wird dort der Aufgabentyp herausgearbeitet, welche Lehrsätze und Arbeitsmethoden anzuwenden sind und welche Strategie zum Aufstellen der mathematischen Gleichungen einzuschlagen ist.

In diesem Vorspann zu den Aufgaben der Stereo-Statik werden Aspekte zusammengestellt, die dabei zu beachten sind:

- *Vektoren und Koordinatensystem*: Die Analyse der technischen Fragestellung erfolgt an Hand einer Lageskizze und durch Beschreibung der Kräfte und Momente durch Vektoren, wobei die Angriffspunkte der Vektoren zu bezeichnen sind. In der Technischen Mechanik sind z. B. Kräfte gebundene Vektoren – sie sind an ihre Wirkungslinie und in der Elasto-Statik auch an ihren Angriffspunkt gebunden. In der mathematischen Darstellung wird dies durch den Index am Vektorsymbols verdeutlicht: $\boldsymbol{F}_\mathrm{A} = [F_x, F_y, F_z]^\mathrm{T}$ ist ein Kraftvektor am Punkt A und $\boldsymbol{r}_\mathrm{AB} = [r_x, r_y, r_z]^\mathrm{T}$ ist ein Ortsvektor zwischen den Punkten A und B, in Richtung B. Die Komponenten des Vektors sind die Parallelprojektionen auf die Achsen eines Koordinatensystems. Beim Einführen von Koordinatensystemen kommt es nicht auf die Lage des Ursprungs an, nur auf die Richtung der Achsen. Deshalb wird im Folgenden das benutzte Koordinatensystem immer neben die Lageskizze gezeichnet und nicht auf einen bestimmten Punkt bezogen.
- *Schnittprinzip*: Wird ein Teilbereich eines ruhenden Systems durch einen geschlossenen Schnitt vollständig aus seiner Umgebung herausgeschnitten, dann befindet er sich unter der Wirkung der äußeren Kräfte und Momente und der in den Schnitten wirkenden Schnittreaktionen im Gleichgewicht.
- *Erstarrungsprinzip:* Innerhalb eines geschlossenen Schnittes ist die mögliche Beweglichkeit von Teilen unerheblich: Man kann sich bei Anwendung des Schnittprinzips den Inhalt „erstarrt" denken.
- *Schnittbild*: Für ein freigeschnittenes Bauteil wird ein Schnittbild entworfen mit allen auftretenden Schnittreaktionen. Alle Vektoren werden in einem Koordinatensystem angegeben.
- *Vorzeichenregel für Schnittreaktionen*: Schnittreaktionen können beliebig gerichtet eingetragen werden. Im Endergebnis zeigen positive Werte die korrekte Wahl an, bei negativen Werten weist die tatsächliche Schnittgröße in die andere Richtung. Bei Fachwerken werden üblicherweise abweichende Vorzeichenregeln eingeführt: Unbekannte Stabkräfte werden im Schnittbild als Zugkräfte eingeführt. Damit bedeuten positive Ergebnisse Zugstäbe und negative Druckstäbe. Für Schnittgrößen im Balken gelten folgende Vorzeichenregeln: Am positiven Schnittufer werden alle Schnittgrößen (Querkraft, Normalkraft, Längskraft und Biegemoment) in positive Achsrichtungen eingeführt. Dabei weist der Schnittflächennormalenvektor des positiven Schnittufers in die Richtung der positiven Balkenachse.

H.H. Müller-Slany, *Aufgaben und Lösungsmethodik Technische Mechanik*, https://doi.org/10.1007/978-3-658-22420-2_2

- *Vorzeichenregel für Reibungskräfte*: Reibungskräfte zwischen Kontaktflächen sind *gegen* die mögliche (bei Haftreibung) oder tatsächliche (bei Gleitreibung) Relativbewegung gerichtet. Sie müssen in das Schnittbild richtig eingetragen werden. Ist die Relativbewegung der Kontaktflächen vorher nicht erkennbar, muss nach einer getroffenen Annahme das Ergebnis verifiziert werden (vgl. Aufgabe 2.41).
- *Gleichgewichtsbedingungen*: Für ein System im Gleichgewicht gilt: $\Sigma \boldsymbol{F}_\mathrm{i} = \mathbf{0}$, $\Sigma \boldsymbol{M}_\mathrm{Ai} = \mathbf{0}$ für alle am System angreifende Kräfte und Momente und für jeden Momentenbezugspunkt A.
- *Gleichungsbilanz*: Das aufgestellte Gleichungssystem - das mathematische Modell für die technische Fragestellung - kann gelöst werden, wenn die Zahl der Gleichungen gleich der Zahl der Unbekannten ist. Zu den Gleichungen gehören die Gleichgewichtsbedingungen, die im räumlichen Fall sechs skalare Gleichungen für jeden herausgeschnittenen Teilkörper ergeben. Weiterhin sog. geometrische Zwangsbedingungen, die gegebene geometrische Zusammenhänge von Koordinaten beschreiben und die Gleichungen für sog. eingeprägte Kräfte. Dies sind Schnittkräfte, für die zusätzliche Gleichungen aufgestellt werden können, z. B. Federkräfte und Reibungskräfte.
- *Superpositionsprinzip*: Man kann sich die Arbeit bei Problemen mit unterschiedlichen Belastungen durch die Möglichkeit sehr erleichtern, die Systemreaktion auf einzelne Lasten zu berechnen und anschließend die Ergebnisse zu überlagern (vgl. Aufgabe 2.31).

Das methodische Vorgehen bei der Lösung von Fragestellungen der Stereo-Statik zeigt das Flussdiagramm (Bild 2.1). Jeder einzelne der Arbeitsblöcke ist natürlich problemabhängig unterschiedlich auszuformen. Die grundsätzliche Vorgehensweise bleibt aber unverändert.

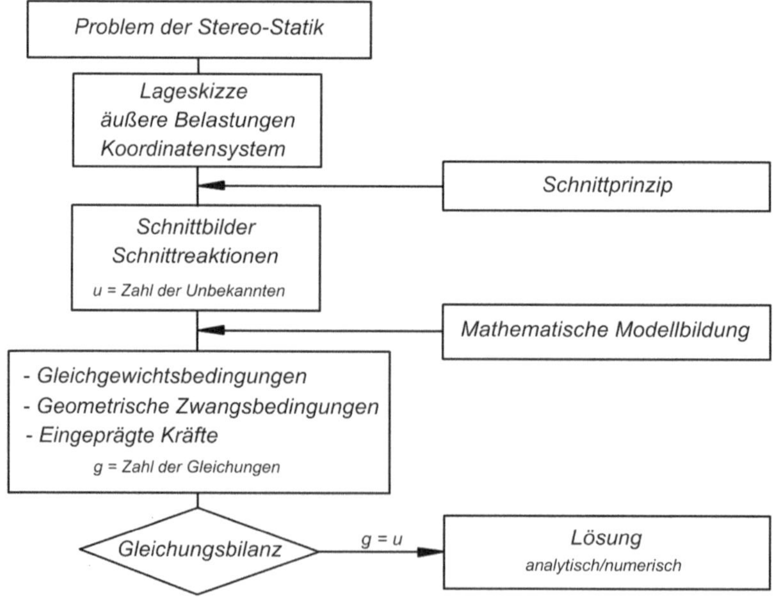

Bild 2.1 Flussdiagramm für die Lösung von Fragestellungen der Stereo-Statik

Aufgabe 2.1 (Bild 2.2 a)

Ein Containerschiff soll von drei Schleppern in vorgegebener Fahrtrichtung geschleppt werden. Die beiden Schlepper S_1 und S_2 ziehen mit den Kräften F_1 = 7,5 kN und F_2 = 5 kN unter den Winkeln $\alpha_1 = 40°$ und $\alpha_2 = 50°$.

Mit welcher Kraft F_3 und unter welchem Winkel α_3 muss der Schlepper S_3 ziehen, damit die resultierende Kraft der Schlepper in Fahrtrichtung $F_3 = 18$ kN beträgt?

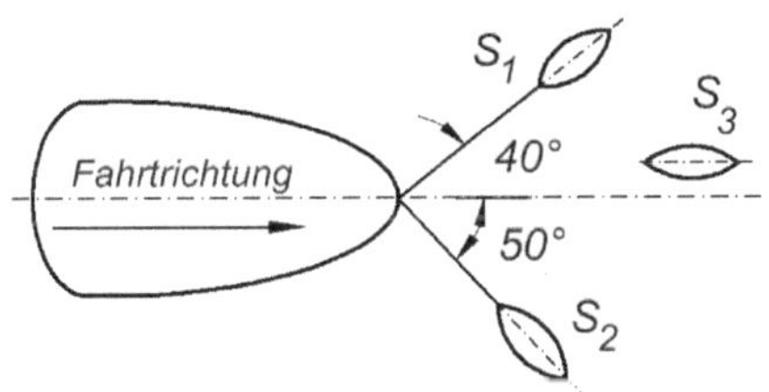

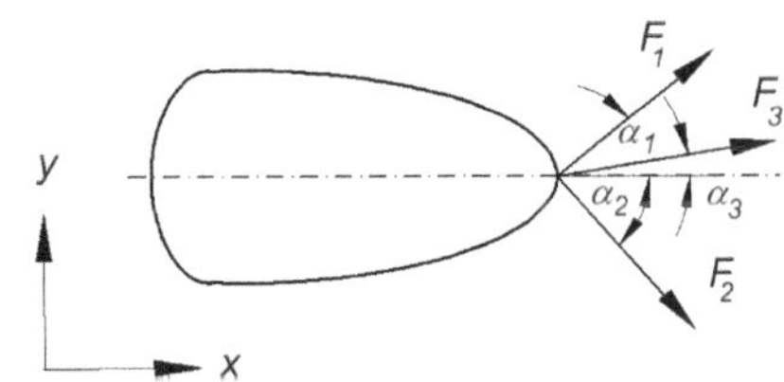

Bild 2.2 a) Containerschiff mit drei Schleppern b) Lageskizze, Schleppkräfte

Lösungsanalyse: Die resultierende Schleppkraft $\boldsymbol{F_3}$ ist die vektorielle Summe der einzelnen Schleppkräfte. Für die mathematische Beschreibung wird ein x,y-Koordinatensystem gewählt mit der x-Koordinate in Fahrtrichtung.

Lösung: Die resultierende Schleppkraft F_R ist die vektorielle Summe aller Schleppkräfte. Aus einer Lageskizze (Bild 2.2 b) werden die Koordinaten der Kräfte abgelesen. Für die gesuchte Schleppkraft F_R wird die skizzierte Lage im 1. Quadranten des Koordinatensystems, mit $(F_{3x}, F_{3y}) > 0$ angenommen. Die Vorzeichen im Endergebnis beschreiben dann die tatsächliche Lage des Vektors F_R im x,y-Koordinatensystem.

Für die Resultierende gilt

$$\boldsymbol{F}_R = \boldsymbol{F}_1 + \boldsymbol{F}_2 + \boldsymbol{F}_3 = F_1 \begin{bmatrix} \cos\alpha_1 \\ \sin\alpha_1 \end{bmatrix} + F_2 \begin{bmatrix} \cos\alpha_2 \\ -\sin\alpha_2 \end{bmatrix} + F_3 \begin{bmatrix} \cos\alpha_3 \\ \sin\alpha_3 \end{bmatrix},$$

$$18 = 7{,}5\cos 40^{\circ} + 5\cos 50^{\circ} + F_3\cos\alpha_3,$$

$$0 = 7{,}5\sin 40^{\circ} - 5\sin 50^{\circ} + F_3\sin\alpha_3.$$

Dieses nichtlineare Gleichungssystem für F_3 und α_3 hat die Lösung

$$F_3 = 9{,}1\,\text{kN}, \quad \alpha_3 = -6{,}3^{\circ}.$$

Der negative Winkel bedeutet, dass der Schlepper S_3 im 4. Quadranten fahren muss.

Aufgabe 2.2 (Bild 2.3)
Das skizzierte Kräftesystem I wird gebildet aus den Kraft- und Momentenvektoren

$$(\boldsymbol{F}_1, \boldsymbol{F}_2, \boldsymbol{F}_3, \boldsymbol{F}_4, \boldsymbol{M}_1, \boldsymbol{M}_2, \boldsymbol{M}_3)_{\mathrm{I}}$$

mit den Kräften $\boldsymbol{F}_1 = \boldsymbol{F}_2 = \boldsymbol{F}_3 = \boldsymbol{F}_4 = 4$ N und den Momenten $\boldsymbol{M}_1 = \boldsymbol{M}_2 = \boldsymbol{M}_3 = 4$ Nm. Die skizzierten Angriffspunkte haben die Ortsvektoren $\boldsymbol{r}_{\mathrm{OA}} = [4,\ 0,\ 4]^{\mathrm{T}}$ m, $\boldsymbol{r}_{\mathrm{OB}} = [4,\ 0,\ 0]^{\mathrm{T}}$ m, $\boldsymbol{r}_{\mathrm{OC}} = [0,\ 4,\ 0]^{\mathrm{T}}$ m. Ein zweites Kräftesystem II, das im gleichen Koordinatensystem beschrieben wird, besteht aus 4 Kräften

$$(\boldsymbol{F}_5, \boldsymbol{F}_6, \boldsymbol{F}_7, \boldsymbol{F}_8)_{\mathrm{II}}$$

mit $\boldsymbol{F}_5 = [-2,\ 1,\ 0]^{\mathrm{T}}$ N, $\boldsymbol{F}_6 = [0,\ -1,\ 1]^{\mathrm{T}}$ N, $\boldsymbol{F}_7 = [-3,\ 0,\ 1]^{\mathrm{T}}$ N, $\boldsymbol{F}_8 = [-3,\ 0,\ -2]^{\mathrm{T}}$ N. Die Angriffspunkte 5, 6, 7, 8 dieser Kräfte werden durch die Ortsvektoren $\boldsymbol{r}_{05}, \ldots, \boldsymbol{r}_{08}$ beschrieben:
$\boldsymbol{r}_{\mathrm{O5}} = [1,\ -1,\ 6]^{\mathrm{T}}$ m, $\boldsymbol{r}_{\mathrm{O6}} = [5,\ 2,\ 3]^{\mathrm{T}}$ m, $\boldsymbol{r}_{\mathrm{O7}} = [1,\ -1,\ -2]^{\mathrm{T}}$ m und $\boldsymbol{r}_{\mathrm{O8}} = [1,\ 3,\ 2]^{\mathrm{T}}$ m.

Sind die beiden Kräftesysteme statisch äquivalent?

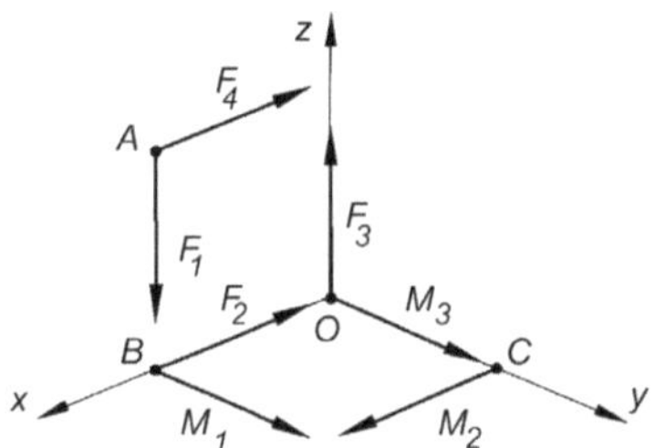

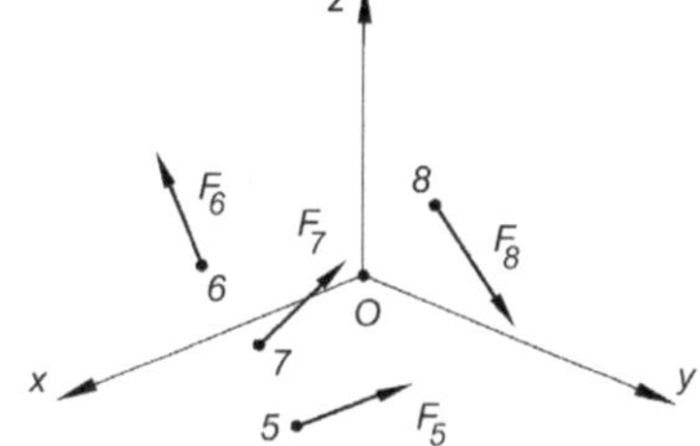

Bild 2.3 a) Lageskizze Kräftesystem I b) Lageskizze Kräftesystem II

Lösungsanalyse: Zwei Kräftesysteme sind statisch äquivalent, wenn ihre physikalischen Wirkungen auf ein starres System gleichwertig sind. Dies ist der Fall, wenn sie in ihren Kraftresultierenden $\boldsymbol{F}_{\mathrm{R}}$ und in ihrer resultierenden Momentenwirkung $\boldsymbol{M}_{\mathrm{P}}$ auf einen beliebigen Bezugspunkt P übereinstimmen.

Lösung: Für die statische Äquivalenz der beiden Kräftesystemen gilt die Voraussetzung:

$$(\boldsymbol{F}_1, \boldsymbol{F}_2, \boldsymbol{F}_3, \boldsymbol{F}_4, \boldsymbol{M}_1, \boldsymbol{M}_2, \boldsymbol{M}_3) \sim (\boldsymbol{F}_5, \boldsymbol{F}_6, \boldsymbol{F}_7, \boldsymbol{F}_8) \sim (\boldsymbol{F}_{\mathrm{R}}, \boldsymbol{M}_{\mathrm{O}}) \qquad (1)$$

Die Resultierenden beider Kräftesysteme sind

$$\boldsymbol{F}_{\mathrm{RI}} = \boldsymbol{F}_1 + \boldsymbol{F}_2 + \boldsymbol{F}_3 + \boldsymbol{F}_4 = \begin{bmatrix} 0 \\ 0 \\ -4 \end{bmatrix} + \begin{bmatrix} -4 \\ 0 \\ 0 \end{bmatrix} + \begin{bmatrix} 0 \\ 0 \\ 4 \end{bmatrix} + \begin{bmatrix} -4 \\ 0 \\ 0 \end{bmatrix} = \begin{bmatrix} -8 \\ 0 \\ 0 \end{bmatrix} \mathrm{N}, \qquad (2)$$

$$\boldsymbol{F}_{\mathrm{RII}}=\boldsymbol{F}_5+\boldsymbol{F}_6+\boldsymbol{F}_7+\boldsymbol{F}_8=\begin{bmatrix}-2\\1\\0\end{bmatrix}+\begin{bmatrix}0\\-1\\1\end{bmatrix}+\begin{bmatrix}-3\\0\\1\end{bmatrix}+\begin{bmatrix}-3\\0\\-2\end{bmatrix}=\begin{bmatrix}-8\\0\\0\end{bmatrix}\mathrm{N}. \tag{3}$$

Mit $\boldsymbol{F}_{\mathrm{R\,I}}=\boldsymbol{F}_{\mathrm{R\,II}}$ ist die erste Bedingung für Äquivalenz beider Systeme erfüllt. Als Momentenbezugspunkt wird Punkt O gewählt. Die Momentensumme auf O ergibt für das erste Kräftesystem

$$\boldsymbol{M}_{\mathrm{OI}}=\boldsymbol{M}_1+\boldsymbol{M}_2+\boldsymbol{M}_3+\boldsymbol{r}_{\mathrm{OA}}\times(\boldsymbol{F}_4+\boldsymbol{F}_1)+\boldsymbol{r}_{\mathrm{OB}}\times\boldsymbol{F}_2+\boldsymbol{r}_{\mathrm{OO}}\times\boldsymbol{F}_3 \tag{4}$$

Die beiden letzten Summanden in (4) verschwinden, da $\boldsymbol{r}_{\mathrm{OB}}\parallel\boldsymbol{F}_2$ und $\boldsymbol{r}_{\mathrm{OO}}=\boldsymbol{0}$. Aus (3) erhält man

$$\boldsymbol{M}_{\mathrm{OI}}=\begin{bmatrix}0\\4\\0\end{bmatrix}+\begin{bmatrix}4\\0\\0\end{bmatrix}+\begin{bmatrix}0\\4\\0\end{bmatrix}+\begin{bmatrix}4\\0\\4\end{bmatrix}\times\begin{bmatrix}-4\\0\\-4\end{bmatrix}=\begin{bmatrix}4\\8\\0\end{bmatrix}\mathrm{Nm}. \tag{5}$$

Für das zweite Kräftesystem erhält man als Momentensumme bezogen auf O

$$\boldsymbol{M}_{\mathrm{OII}}=\boldsymbol{r}_{O5}\times\boldsymbol{F}_5+\boldsymbol{r}_{O6}\times\boldsymbol{F}_6+\boldsymbol{r}_{O7}\times\boldsymbol{F}_7+\boldsymbol{r}_{O8}\times\boldsymbol{F}_8$$

$$=\begin{bmatrix}1\\-1\\-6\end{bmatrix}\times\begin{bmatrix}-2\\1\\0\end{bmatrix}+\begin{bmatrix}5\\2\\3\end{bmatrix}\times\begin{bmatrix}0\\-1\\1\end{bmatrix}+\begin{bmatrix}1\\-1\\-2\end{bmatrix}\times\begin{bmatrix}-3\\0\\1\end{bmatrix}+\begin{bmatrix}1\\3\\2\end{bmatrix}\times\begin{bmatrix}-3\\0\\-2\end{bmatrix} \tag{6}$$

$$=\begin{bmatrix}6\\12\\-1\end{bmatrix}+\begin{bmatrix}5\\-5\\-5\end{bmatrix}+\begin{bmatrix}-1\\5\\-3\end{bmatrix}+\begin{bmatrix}-6\\-4\\9\end{bmatrix}=\begin{bmatrix}4\\8\\0\end{bmatrix}\mathrm{Nm}.$$

Da die Momentenwirkungen (5) und (6) beider Kräftesysteme ebenfalls übereinstimmen, sind sie nach Voraussetzung (1) statisch äquivalent.

Aufgabe 2.3 (Bild 2.4)

Ein System von 6 Kraftvektoren

$$(\boldsymbol{F}_1, \boldsymbol{F}_2, \boldsymbol{F}_3, \boldsymbol{F}_4, \boldsymbol{F}_5, \boldsymbol{F}_6)$$

bildet die Kanten eines regulären Tetraeders mit der Kantenlänge $A = F$.

a) Durch welchen Kraftwinder $(\boldsymbol{F}, \boldsymbol{M}_{\mathrm{O}})$, bezogen auf den Punkt O kann das System ersetzt werden?

b) Wie lautet der äquivalente Kraftwinder im Punkt P?

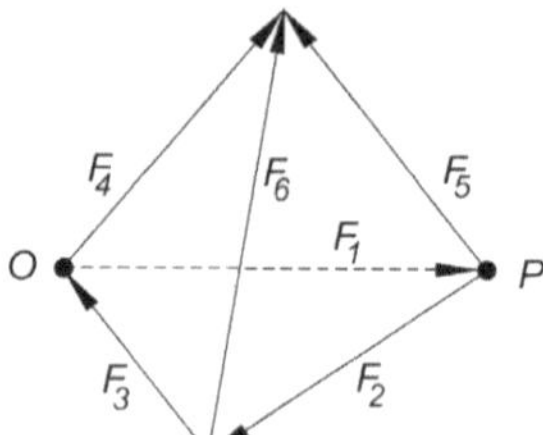

Bild 2.4 Räumliches Kraftsystem

Lösungsanalyse: Ein Kraftwinder ($\boldsymbol{F}$, $\boldsymbol{M}_O$) ersetzt in der Stereostatik die Wirkung eines beliebigen Kraft- und Momentensystems ($\boldsymbol{F}_1, \ldots, \boldsymbol{F}_n, \boldsymbol{M}_1, \ldots, \boldsymbol{M}_m$) bezogen auf einen gegebenen Punkt O. Die Elemente des Kraftwinders sind eine resultierende Einzelkraft $\boldsymbol{F}$ als Summe aller wirkenden Kräfte und ein Momentenvektor $\boldsymbol{M}_O$ als Summe der Momentenwirkungen aller Einzelkräfte und Einzelmomente um den Winderbezugspunkt. Es gilt:

$$(\boldsymbol{F}, \boldsymbol{M}_O) \sim (\boldsymbol{F}_1, \ldots, \boldsymbol{F}_n, \boldsymbol{M}_1, \ldots, \boldsymbol{M}_m),$$

mit:
$$\boldsymbol{F} = \sum_1^n \boldsymbol{F}_i, \qquad \boldsymbol{M}_O = \sum_1^m \boldsymbol{M}_{Oi} + \sum_1^n \boldsymbol{r}_{Oi} \times \boldsymbol{F}_i \,. \tag{1}$$

Beim Übergang auf einen anderen Winderbezugspunkt bleibt die resultierende Kraft im Kraftwinder unverändert. Es verändert sich lediglich die Momentenwirkung durch das Moment der resultierenden Kraft $\boldsymbol{F}$ auf den neuen Bezugspunkt P:

$$(\boldsymbol{F}, \boldsymbol{M}_O) \sim (\boldsymbol{F}, \boldsymbol{M}_P),$$

mit:
$$\boldsymbol{M}_P = \boldsymbol{M}_O + \boldsymbol{r}_{PO} \times \boldsymbol{F}. \tag{2}$$

Lösung: Zur Auswertung von (1) und (2) wird das Kräftesystem in einem Koordinatensystem dargestellt (Bild 2.4). Die Hauptabmessungen im Bild 2.4 erhält man aus der Formulierung des Satzes von Pythagoras. Für die resultierende Kraft im Kraftwinder folgt

$$\boldsymbol{F} = \sum_1^6 \boldsymbol{F}_i = \boldsymbol{F}_4 + \boldsymbol{F}_5 + \boldsymbol{F}_6, \tag{3}$$

da man aus Bild 2.4 $\boldsymbol{F}_1 + \boldsymbol{F}_2 + \boldsymbol{F}_3 = \boldsymbol{0}$ ablesen kann.

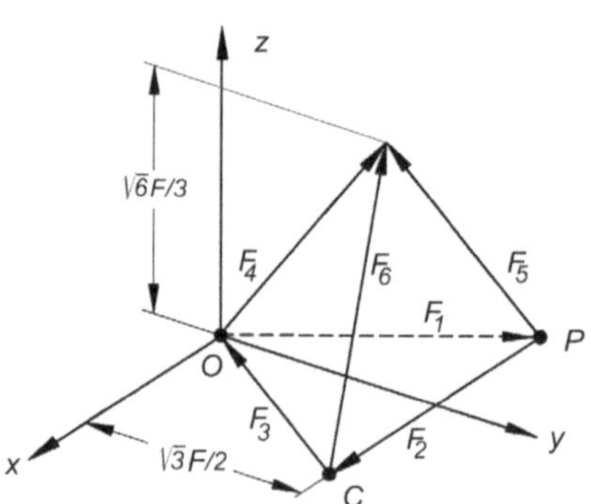

Bild 2.5 Koordinaten des Kraftsystems

Aus Bild 2.5 erhält man für (3) die Koordinaten für die Winderkraft $\boldsymbol{F}$:

$$\boldsymbol{F} = \boldsymbol{F}_4 + \boldsymbol{F}_5 + \boldsymbol{F}_6 = \begin{bmatrix} 0 \\ \sqrt{3}/3 \\ \sqrt{6}/3 \end{bmatrix} F + \begin{bmatrix} 1/2 \\ -\sqrt{3}/6 \\ \sqrt{6}/3 \end{bmatrix} F + \begin{bmatrix} -1/2 \\ -\sqrt{3}/6 \\ \sqrt{6}/3 \end{bmatrix} F = \begin{bmatrix} 0 \\ 0 \\ \sqrt{6} \end{bmatrix} F. \tag{4}$$

Für den Momentenanteil im Kraftwinder erkennt man in einer Vorbetrachtung, dass die Kräfte $\boldsymbol{F}_1$, $\boldsymbol{F}_3$ und $\boldsymbol{F}_4$ keine Momentenwirkung bezüglich O haben, da der Bezugspunkt auf ihren Wirkungslinien liegt. Es gilt deshalb für das Moment im Kraftwinder ($\boldsymbol{F}$, $\boldsymbol{M}_\mathrm{O}$)

$$\boldsymbol{M}_\mathrm{O} = \boldsymbol{r}_\mathrm{OP} \times (\boldsymbol{F}_2 + \boldsymbol{F}_5) + \boldsymbol{r}_\mathrm{OC} \times \boldsymbol{F}_6 =$$

$$= \begin{bmatrix} -1/2 \\ \sqrt{3}/2 \\ 0 \end{bmatrix} F \times \left(\begin{bmatrix} 1 \\ 0 \\ 0 \end{bmatrix} F + \begin{bmatrix} 1/2 \\ -\sqrt{3}/6 \\ \sqrt{6}/3 \end{bmatrix} F \right) + \begin{bmatrix} 1/2 \\ \sqrt{3}/2 \\ 0 \end{bmatrix} F \times \begin{bmatrix} -1/2 \\ -\sqrt{3}/6 \\ \sqrt{6}/3 \end{bmatrix} F = \begin{bmatrix} \sqrt{2} \\ 0 \\ -\sqrt{3}/2 \end{bmatrix} F^2. \tag{5}$$

b) Für den äquivalenten Kraftwinder $(\boldsymbol{F}, \boldsymbol{M}_\mathrm{P}) \sim (\boldsymbol{F}, \boldsymbol{M}_\mathrm{O})$ im Bezugspunkt P gilt:

$$\boldsymbol{M}_\mathrm{P} = \boldsymbol{M}_\mathrm{O} + \boldsymbol{r}_\mathrm{PO} \times \boldsymbol{F} = \begin{bmatrix} \sqrt{2} \\ 0 \\ -\sqrt{3}/2 \end{bmatrix} F^2 + \begin{bmatrix} 1/2 \\ -\sqrt{3}/2 \\ 0 \end{bmatrix} F \times \begin{bmatrix} 0 \\ 0 \\ \sqrt{6} \end{bmatrix} F = -\begin{bmatrix} \sqrt{2} \\ \sqrt{6} \\ \sqrt{3} \end{bmatrix} \frac{F^2}{2}. \tag{6}$$

Aufgabe 2.4 (Bild 2.6 a)

Ein Stahlmast wird durch zwei Spannseile S_1 und S_2 sowie durch die horizontale Kraft $\boldsymbol{F}$ in vertikaler Position gehalten. Der Mast hat das Gewicht G. Das Mastlager A ist als Kugelgelenk ausgeführt.

Wie groß sind die Seilkräfte S_1 und S_2 und die Kraft im Gelenkpunkt A?

Zahlenwerte: $G = 10$ kN, $F = 4$ kN, $a = 3$ m, $b = 2$ m, $c = 6$ m, $d = 2$ m, $e = 6$ m, $f = 4$ m, $h = 2$ m.

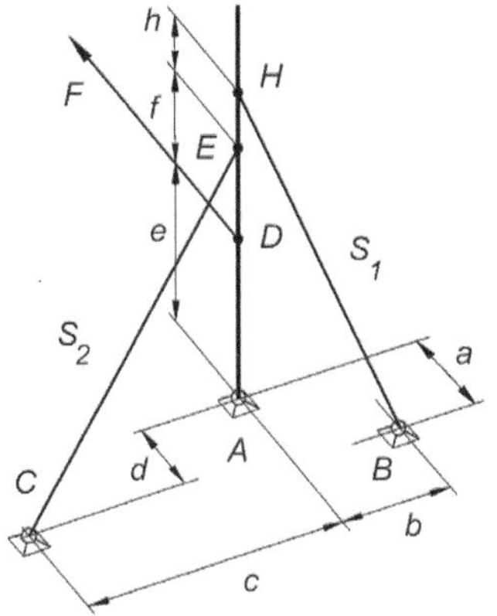

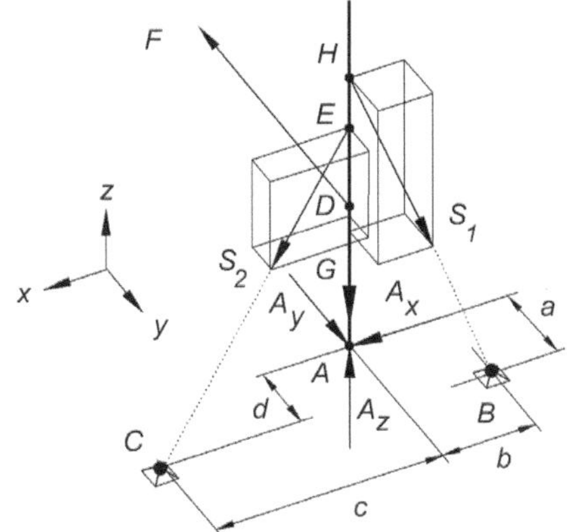

Bild 2.6 a) Stahlmast mit Seilabspannung b) Schnittbild für den Stahlmast

Lösungsanalyse: Mit Anwendung des Schnittprinzips wird der Stahlmast zur Aufdeckung der unbekannten Kräfte vollständig aus seiner Umgebung an den Punkten A, H und E herausgeschnitten. Das führt auf ein mathematisches Problem mit 5 Unbekannten: Die drei Komponenten A_x, A_y und A_z der Lagerkraft $\boldsymbol{A}$ am Mastfußpunkt und die Beträge der beiden Seilkräfte S_1 und S_2, deren Richtungen durch die Vorgabe der Seile bekannt sind. Das Gleichungssystem zur Bestimmung der Unbekannten erhält man aus den Gleichgewichtsbedingungen der Statik für den herausgeschnittenen Mast

$$\sum \boldsymbol{F}_i = \boldsymbol{0}, \quad \sum \boldsymbol{M}_{Oi} = \boldsymbol{r}_{Oi} \times \boldsymbol{F}_i = \boldsymbol{0}.$$

Für den Momentenbezugspunkt O wählt man zweckmäßig den Punkt A, weil dann in den Momentengleichungen die geringste Anzahl von Unbekannten auftritt. Dieses Gleichungssystem liefert die notwendigen fünf skalaren Gleichungen. Die 6. Gleichung, die z-Komponente der Momentengleichung verschwindet, da keine der Kräfte des Schnittbildes eine Momentenwirkung um die z-Achse hat.

In die Gleichgewichtsbedingungen müssen auch die Koordinaten der Seilkräfte $\boldsymbol{S}_1 = [S_{1x}, S_{1y}, S_{1z}]^T$ und $\boldsymbol{S}_2 = [S_{2x}, S_{2y}, S_{2z}]^T$ eingeführt werden. Man erhält sie aus einer *geometrischen Nebenbedingung*: Die Seilkräfte sind den Seilen gleichgerichtet.

Lösung: Aus den Gleichgewichtsbedingungen für den herausgeschnittenen Mast folgen die Gleichungssysteme aus der Kraft-Bedingung

$$\sum \boldsymbol{F}_i = \boldsymbol{A} + \boldsymbol{S}_1 + \boldsymbol{S}_2 + \boldsymbol{F} + \boldsymbol{G} = \begin{bmatrix} A_x + S_{1x} + S_{2x} + F_x + G_x \\ A_y + S_{1y} + S_{2y} + F_y + G_y \\ A_z + S_{1z} + S_{2z} + F_z + G_z \end{bmatrix} = \boldsymbol{0}, \tag{1}$$

und aus der Momentenbedingung mit dem Momentenbezugspunkt A

$$\sum \boldsymbol{M}_{Ai} = \boldsymbol{r}_{AH} \times \boldsymbol{S}_1 + \boldsymbol{r}_{AE} \times \boldsymbol{S}_2 + \boldsymbol{r}_{AD} \times \boldsymbol{F} = \boldsymbol{0},$$

$$= \begin{bmatrix} r_{AHy}S_{1z} - r_{AHz}S_{1y} + r_{AEy}S_{2z} - r_{AEz}S_{2y} + r_{ADy}F_z - r_{ADz}F_y \\ r_{AHz}S_{1x} - r_{AHx}S_{1z} + r_{AEz}S_{2x} - r_{AEx}S_{2z} + r_{ADz}F_x - r_{ADx}F_z \\ r_{AHx}S_{1y} - r_{AHy}S_{1x} + r_{AEx}S_{2y} - r_{AEy}S_{2x} + r_{ADx}F_y - r_{ADy}F_x \end{bmatrix} = \boldsymbol{0}. \tag{2}$$

Da die Wirkungslinie der Gewichtskraft $\boldsymbol{G}$ des Mastes durch den Fußpunkt A verläuft, verschwindet ihr Moment bezüglich A. Aus dem Koordinatensystem im Schnittbild (Bild 2.6 b) liest man folgende Vektoren ab

$$\boldsymbol{F} = [0, -4, 0]^T \text{ kN}, \; \boldsymbol{G} = [-10, 0, 0]^T \text{ kN},$$

$$\boldsymbol{r}_{AH} = [0, 0, 12]^T \text{ m}, \; \boldsymbol{r}_{AE} = [0, 0, 10]^T \text{ m}, \; \boldsymbol{r}_{AD} = [0, 0, 6]^T \text{ m}.$$

Für die Schreibweise eines Ortsvektors gelten dabei folgende Vereinbarungen: Ein Ortsvektor ist immer ein gebundener Vektor zwischen zwei im Raum festliegenden Punkten. Anfangs- und Endpunkt werden durch Indizes am Vektorsymbol in dieser Reihenfolge kenntlich gemacht: z. B. $\boldsymbol{r}_{AH}$ als Ortsvektor zwischen den Punkten A und H. Die Koordinaten des Ortsvektors sind die vorzeichenbehafteten Projektionsabschnitte auf die Koordinatenrichtungen x,

y und z des Koordinatensystems, das für die Beschreibung der Aufgabe eingeführt wurde. Die Lage des Ursprungspunktes des Koordinatensystems ist hierbei völlig ohne Bedeutung (Bild 2.6 b). Man sollte im übrigen grundsätzlich nur mit *einem* vor der Lösung einer Aufgabe festzulegenden Koordinatensystem arbeiten. In Fällen, wo es sinnvoll ist, weitere Koordinatensysteme zur Beschreibung eines Problems einzuführen, müssen Transformationsregeln für die Angabe der Vektoren in den verschiedenen Koordinatensystemen formuliert werden. Dies ist notwendig, da physikalische Axiome bei der Zahlenrechnung immer nur in einem Koordinatensystem zu beschreiben sind.

Die Seilkräfte müssen in Richtung der Seile verlaufen. Für ihre Richtungen können in der vorliegenden Aufgabe *geometrische Nebenbedingungen* formuliert werden, indem man die Einsvektoren für die Ortsvektoren der Seile zwischen den Punkten HB und EC bestimmt

$$\textit{Seil 1:}\quad \boldsymbol{r}_{\mathrm{HB}} = \left[-b,\ a,\ -e-f-h\right]^{\mathrm{T}} = \left[-2,\ 3,\ -12\right]^{\mathrm{T}}\ \mathrm{m},$$

$$\boldsymbol{e}_{\mathrm{HB}} = \frac{\boldsymbol{r}_{\mathrm{HB}}}{r_{\mathrm{HB}}} = \frac{1}{\sqrt{157}}\left[-2,\ 3,\ -12\right]^{\mathrm{T}},$$

$$\textit{Seil 2:}\quad \boldsymbol{r}_{\mathrm{EC}} = \left[\,c,\ d,\ -e-f\,\right]^{\mathrm{T}} = \left[6,\ 2,\ -10\right]^{\mathrm{T}}\ \mathrm{m},$$

$$\boldsymbol{e}_{\mathrm{EC}} = \frac{\boldsymbol{r}_{\mathrm{EC}}}{r_{\mathrm{EC}}} = \frac{1}{\sqrt{140}}\left[6,\ 2,\ -10\right]^{\mathrm{T}}.$$

Die Seilkräfte lassen sich damit durch die folgenden Ausdrücke beschreiben

$$\boldsymbol{S}_1 = S_1\,\boldsymbol{e}_{\mathrm{HB}} = \frac{1}{\sqrt{157}}S_1\left[-2,\ 3,\ -12\right]^{\mathrm{T}},\quad \boldsymbol{S}_2 = S_2\,\boldsymbol{e}_{\mathrm{EC}} = \frac{1}{\sqrt{140}}S_2\left[6,\ 2,\ -10\right]^{\mathrm{T}}. \tag{3}$$

Durch Zusammenfassung der Gleichungen (1), (2) und (3) erhält man ein lineares Gleichungssystem mit fünf Unbekannten mit der Einheit kN

$$\begin{aligned}
A_x - \frac{2}{\sqrt{157}}S_1 + \frac{6}{\sqrt{140}}S_2 \phantom{{}-10} &= 0,\\
A_y + \frac{3}{\sqrt{157}}S_1 + \frac{2}{\sqrt{140}}S_2 - 4 &= 0,\\
A_z - \frac{12}{\sqrt{157}}S_1 - \frac{10}{\sqrt{140}}S_2 - 10 &= 0,\\
-\frac{36}{\sqrt{157}}S_1 - \frac{20}{\sqrt{140}}S_2 + 24 &= 0,\\
-\frac{24}{\sqrt{157}}S_1 + \frac{60}{\sqrt{140}}S_2 \phantom{{}-10} &= 0,
\end{aligned}$$

mit der Lösung

$$\boldsymbol{A} = \left[A_x,\ A_y,\ A_z\right]^{\mathrm{T}} = \left[-0{,}218;\ 1{,}927;\ 18{,}727\ \right]^{\mathrm{T}}\ \mathrm{kN},$$

$$A = \sqrt{A_x^{\,2} + A_y^{\,2} + A_z^{\,2}} = 18{,}827\ \mathrm{kN},$$

$$S_1 = 6{,}835\ \mathrm{kN},\quad S_2 = 2{,}582\ \mathrm{kN}.$$

Zur Kontrolle des Rechenergebnisses kann eine zusätzliche Momentenbeziehung um einen anderen Bezugspunkt herangezogen werden. Dazu wähle man einen Punkt, um den möglichst viele der errechneten Schnittgrößen wirksam werden. Zur Kontrollrechnung wird hier der Bezugspunkt D gewählt. Die Momentengleichgewichtsbedingung um D lautet für den herausgeschnittenen Mast

$$\sum \boldsymbol{M}_{\mathrm{D}i} = \boldsymbol{r}_{\mathrm{DH}} \times \boldsymbol{S}_1 + \boldsymbol{r}_{\mathrm{DE}} \times \boldsymbol{S}_2 + \boldsymbol{r}_{\mathrm{DA}} \times \boldsymbol{A} = \boldsymbol{0},$$

$$\sum M_{\mathrm{D}ix} = -6S_{1y} - 4S_{2y} + 6A_y = 0,$$

$$\sum M_{\mathrm{D}iy} = 6S_{1x} + 4S_{2x} - 6A_x = 0,$$

$$\sum M_{\mathrm{D}iz} \equiv 0.$$

Die Kontrollrechnung ist erfüllt.

Aufgabe 2.5 (Bild 2.7 a)

Eine fahrbare Regalleiter stützt sich an drei Punkten A, B und C mit Rädern auf zwei parallele, horizontale Schienen ab. Das Rad C kann nur Kräfte in der horizontalen Radialrichtung aufnehmen, während die unteren Räder auch seitlich geführt sind und Kräfte in z- und x-Richtung aufnehmen können. Die Resultierende $\boldsymbol{G}_{\mathrm{L}}$ des Leitergewichts hat den in der Skizze angegebenen Angriffspunkt. Auf der Leiter steht eine Person mit einem Gewicht von $G_{\mathrm{P}} = 800$ N, mit dem Angriffspunkt $\boldsymbol{r}_{\mathrm{AP}} = [-0{,}8;\ 0{,}7;\ 2{,}2]^{\mathrm{T}}$ m.

Zahlenwerte: $G_{\mathrm{L}} = 260$ N; $a = 1$ m; $b = 1{,}4$ m; $c = 0{,}5$ m; $d = 3$ m; $e = 0{,}5$ m; $g = 1{,}2$ m.

a) Wie groß sind die von den Schienen auf die Räder ausgeübten Reaktionskräfte?

b) Wie weit darf sich die Person maximal seitlich herüberbeugen, wenn die Leiter nicht umfallen soll?

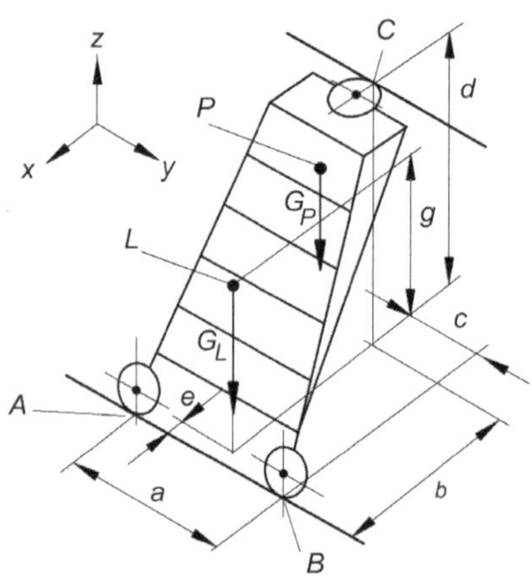

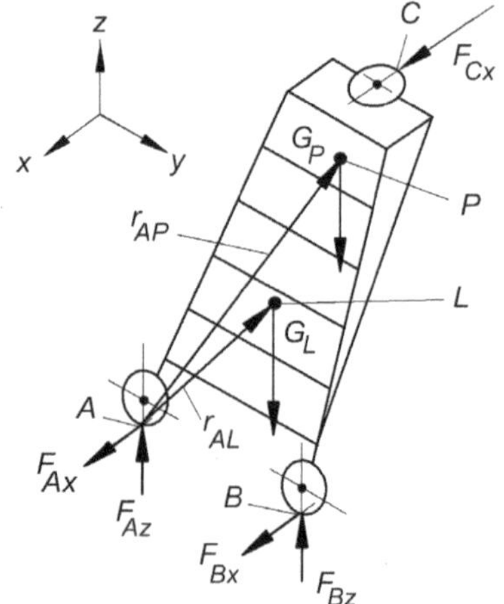

Bild 2.7 a) Regalleiter b) Schnittbild

Lösungsanalyse: Zur Ermittlung der Radkräfte muss die Leiter zunächst durch einen geschlossenen Schnitt aus ihrer Umgebung freigeschnitten werden (Bild 2.7 b). Die dabei anzutragenden Reaktionskräfte richten sich nach den gegebenen Voraussetzungen (Idealisierungen):

- Die Räder A und B können nur Kräfte in vertikaler Richtung und quer zur Schiene in x-Richtung übertragen und
- Das Rad C kann nur horizontale Kräfte (x-Richtung) aufnehmen.

Gleichungsbilanz: Man erhält fünf unbekannte Schnittreaktionen und sechs algebraische Gleichungen aus den Gleichgewichtsbedingungen für das räumliche Kräftesystem

$$\begin{aligned} &\sum F_x = 0, \sum F_y = 0, \sum F_z = 0, \\ &\sum M_{\mathrm{A}x} = 0, \sum M_{\mathrm{A}y} = 0, \sum M_{\mathrm{A}z} = 0. \end{aligned} \tag{1}$$

Die scheinbare Überbestimmtheit folgt aus der Tatsache, dass über die Kraftgleichgewichtsbedingung $\Sigma\ F_y = 0$ in Verschiebungsrichtung der Leiter keine Aussage gemacht wird: Sie entfällt in den Gleichungen, das System kann keine Kräfte in y-Richtung übertragen. Die zu untersuchende Stabilitätsgrenze wird für die Leiter erreicht, wenn für die vertikalen Kräfte an den Rädern A und B gilt

$$\sum F_{\mathrm{A}z} \leq 0 \quad \text{oder} \quad \sum F_{\mathrm{B}z} \leq 0. \tag{2}$$

Lösung: a) Die Radkräfte folgen aus den Gleichungen

$$\begin{aligned} &\sum F_x = 0: \quad F_{\mathrm{A}x} + F_{\mathrm{B}x} + F_{\mathrm{C}x} = 0, \\ &\sum F_z = 0: \quad F_{\mathrm{A}z} + F_{\mathrm{B}z} + G_{\mathrm{L}} - G_{\mathrm{P}} = 0, \\ &\sum \boldsymbol{M}_{\mathrm{A}} = \boldsymbol{0}: \quad \boldsymbol{r}_{\mathrm{AL}} \times \boldsymbol{G}_{\mathrm{L}} + \boldsymbol{r}_{\mathrm{AP}} \times \boldsymbol{G}_{\mathrm{P}} + \boldsymbol{r}_{\mathrm{AB}} \times \boldsymbol{F}_{\mathrm{B}} + \boldsymbol{r}_{\mathrm{AC}} \times \boldsymbol{F}_{\mathrm{C}} = \boldsymbol{0} \end{aligned} \tag{3}$$

$$\begin{bmatrix} -e \\ a-c \\ g \end{bmatrix} \times \begin{bmatrix} 0 \\ 0 \\ -G_{\mathrm{L}} \end{bmatrix} + \begin{bmatrix} r_{\mathrm{AP}x} \\ r_{\mathrm{AP}y} \\ r_{\mathrm{AP}z} \end{bmatrix} \times \begin{bmatrix} 0 \\ 0 \\ -G_{\mathrm{P}} \end{bmatrix} + \begin{bmatrix} 0 \\ a \\ 0 \end{bmatrix} \times \begin{bmatrix} F_{\mathrm{B}x} \\ 0 \\ F_{\mathrm{B}z} \end{bmatrix} + \begin{bmatrix} -b \\ a-c \\ d \end{bmatrix} \times \begin{bmatrix} F_{\mathrm{C}x} \\ 0 \\ 0 \end{bmatrix} = \boldsymbol{0},$$

mit den skalaren Gleichungen der Momentenbedingung um A

$$\begin{aligned} -(a-c)G_{\mathrm{L}} - r_{\mathrm{AP}y}G_{\mathrm{P}} + a\,F_{\mathrm{B}z} &= 0, \\ -e\,G_{\mathrm{L}} + r_{\mathrm{AP}x}G_{\mathrm{P}} + d\,F_{\mathrm{C}x} &= 0, \\ -a\,F_{\mathrm{B}x} - (a-c)\,F_{\mathrm{C}x} &= 0. \end{aligned} \tag{4}$$

Aus den fünf linearen Gleichungen (3) mit (4) erhält man für die gesuchten Kräfte

$$\boldsymbol{F}_{\mathrm{A}} = [-128{,}3;\ 0;\ 370]^{\mathrm{T}}\ \mathrm{N},\ \boldsymbol{F}_{\mathrm{B}} = [-128{,}3;\ 0;\ 690]^{\mathrm{T}}\ \mathrm{N},\ \boldsymbol{F}_{\mathrm{C}} = [256{,}7;\ 0;\ 0]^{\mathrm{T}}\ \mathrm{N}.$$

b) Die Leiter wird bei Veränderung von $r_{\mathrm{AP}y}$ umfallen, wenn sich aus den Gleichgewichtsbedingungen (3) und (4) negative Kraftkomponenten $F_{\mathrm{A}z}$ oder $F_{\mathrm{B}z}$ ergeben. Diese Kräfte können vom System nicht übertragen werden. Für die Grenzfälle verschwindender Radkräfte $F_{\mathrm{A}z} = 0$ oder $F_{\mathrm{B}z} = 0$ folgt aus (3) und (4)

$$F_{\mathrm{B}z} = 0: \quad r_{\mathrm{AP}y} = -(a-c)\frac{G_{\mathrm{L}}}{G_{\mathrm{P}}} = -0{,}16\,\mathrm{m},$$

$$F_{\mathrm{A}z} = 0: \quad r_{\mathrm{AP}y} = a + c\,\frac{G_{\mathrm{L}}}{G_{\mathrm{P}}} = 1{,}16\,\mathrm{m}.$$

Für Standsicherheit der Leiter ist demnach notwendig

$$-0{,}16\,\mathrm{m} < r_{\mathrm{AP}y} < 1{,}16\,\mathrm{m}.$$

Aufgabe 2.6 (Bild 2.8 a)

Ein glatter Stab (Gewicht G, Länge $h = 4a$) stützt sich an der glatten Wand im Punkt A ab und liegt bei B auf einer glatten Ecke.

Unter welchem Winkel φ befindet sich der Stab im Gleichgewicht und wie groß sind dann die Kräfte $\boldsymbol{F}_\mathrm{A}$ und $\boldsymbol{F}_\mathrm{B}$?

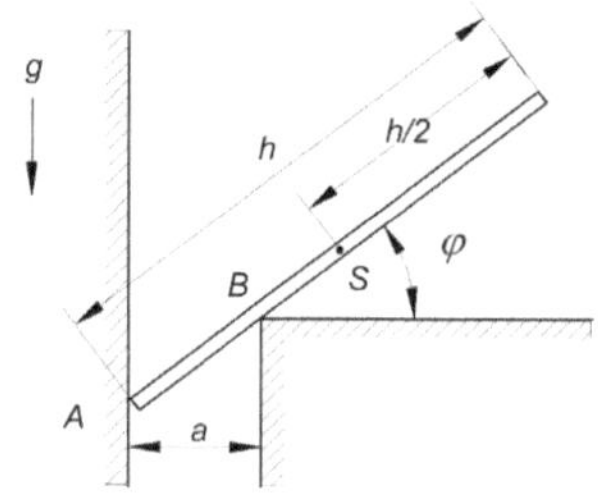

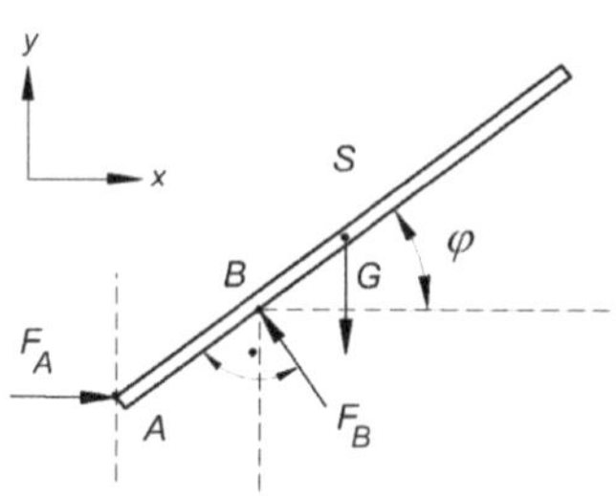

Bild 2.8 a) Gleichgewicht eines glatten Stabes b) Schnittbild

Lösungsanalyse: Durch Vorgabe der glatten Flächen des Stabes und der Wand bei A und B sind die Richtungen der wirkenden Reaktionskräfte vorgegeben: Sie müssen normal zu den Flächen gerichtet sein. Im Schnittbild (Bild 2.8 b) für den herausgeschnittenen Stab hat man damit die drei Unbekannten F_A, F_B und φ. Aus den drei Gleichgewichtsbedingungen für ein ebenes Problem

$$\sum_\mathrm{i} F_{x\mathrm{i}} = 0, \; \sum_\mathrm{i} F_{y\mathrm{i}} = 0, \; \sum_\mathrm{i} M_{z\mathrm{i}} = 0. \tag{1}$$

können die drei Unbekannten bestimmt werden.

Lösung: Aus dem Schnittbild liest man für die Gleichgewichtsbedingungen ab

$$\begin{aligned} \sum F_x = 0: &\quad F_\mathrm{A} - F_\mathrm{B} \sin\varphi = 0, \\ \sum F_y = 0: &\quad F_\mathrm{B} \cos\varphi - G = 0, \\ \sum M_{\mathrm{A}z} = 0: &\quad F_\mathrm{B} \frac{a}{\cos\varphi} - G 2a \cos\varphi = 0. \end{aligned} \tag{2}$$

Das nichtlineare Gleichungssystem (2) hat die Lösung

$$\cos\varphi = \sqrt[3]{\frac{1}{2}}, \quad \varphi = 37{,}5°,$$

$$F_\mathrm{B} = \frac{G}{\cos\varphi} = 1{,}26\,G, \quad F_\mathrm{A} = G \tan\varphi = 0{,}766\,G.$$

Aufgabe 2.7 (Bild 2.9 a)

Mit der skizzierten Kniehebelpresse wird mit Hilfe der Kraft $\boldsymbol{F}_A$ im Punkt A die Kraft $\boldsymbol{F}_P$ an der Plattform P für einen Produktionsprozess erzeugt.

Wie groß ist die Kraft F_P, wenn die Gelenke als reibungsfrei angesehen werden und die homogene Plattform die Masse m_P hat? Die eingezeichneten Winkel betragen $\alpha = \beta = 8°$.

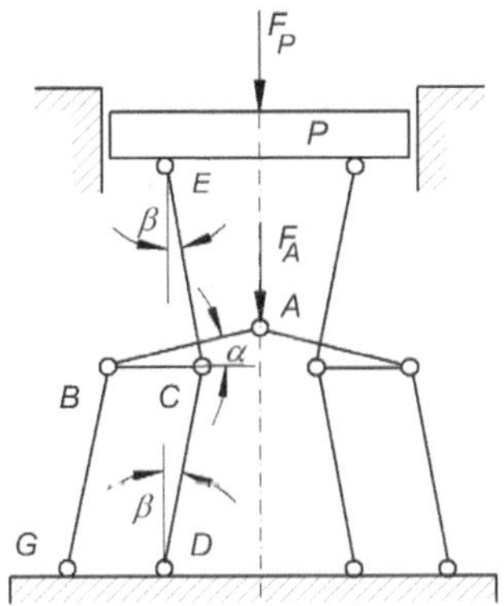

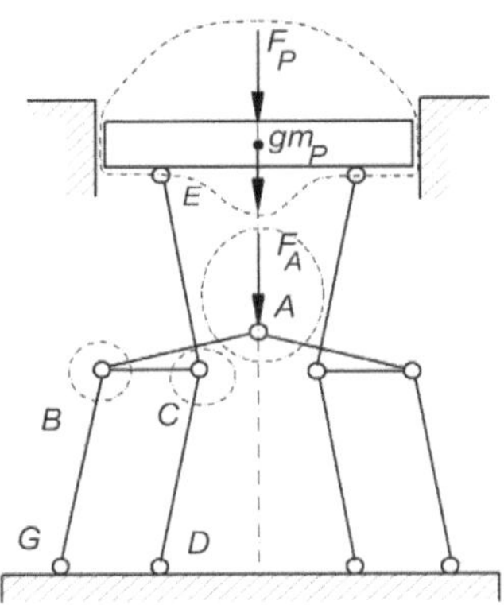

Bild 2.9 a) Kniehebelpresse b) Schnittführungen

Lösungsanalyse: Die äußere Kraft $\boldsymbol{F}_A$ überträgt sich über die Gelenke und Stäbe auf die Plattform P. Infolge der Reibungsfreiheit und damit der Momentenfreiheit aller Gelenke, werden alle Stäbe ausschließlich mit Kräften in der Stabachse belastet, denn für jeden herausgeschnittenen Stab werden die Gleichgewichtsbedingungen

$$\Sigma \boldsymbol{F}_i = \boldsymbol{0}, \quad \Sigma \boldsymbol{M}_{Oi} = \boldsymbol{0}$$

nur erfüllt, wenn die Stabkräfte jeweils in der Stabachse liegen. Die Aufgabe wird gelöst, indem man durch geeignete Schnittführungen die inneren Systemkräfte aufdeckt. Dabei ist das Ziel zu verfolgen, dass die Anzahl der skalaren Gleichgewichtsbedingungen der Anzahl der unbekannten Größen entspricht. Das Gleichungssystem zur Problemlösung erhält man aus der Anwendung des Schnittprinzips und der Formulierung der Gleichgewichtsbedingungen für die Gelenkpunkte A, B und C, sowie für die Plattform P. Durch die 4 Schnittführungen ergeben sich insgesamt 8 unbekannte Kräfte: Die Stabkräfte $S_1 \ldots S_7$ und die Kraft F_P. Zur Lösung stehen aus jedem der 4 Schnittbilder 2 skalare Gleichgewichtsbedingungen aus $\Sigma F_x = 0$ und $\Sigma F_y = 0$ zur Verfügung. Das mathematische Problem ist damit lösbar. Die Momentenbedingungen liefern keine zusätzlichen Informationen, da bei allen Schnittführungen zentrale Kräftesysteme entstehen, die sich in einem Punkt schneiden. Dafür ist die Bedingung $\Sigma \boldsymbol{M}_{Oi} = \boldsymbol{0}$ direkt erfüllt.

Lösung: Die Anwendung des Schnittprinzips auf die Gelenkpunkte A, B und C und die Plattform P ergeben die Schnittbilder in Bild 2.10 Für die Schnittbilder gelten grundsätzlich folgende Regeln. Die offen gelegten Schnittgrößen können in ihrem Richtungssinn beliebig angenommen werden. Aus dem gewählten Richtungssinn einer Schnittgröße folgt aber zwingend der Richtungssinn der Schnittgröße vom gegenüberliegenden Schnittufer (vgl. hierzu die Schnittgrößen S_2, S_4 oder S_6 in den Schnittbildern in Bild 2.10). Im Ergebnis bedeutet schließlich eine positive oder negative Lösung die Bestätigung oder Umkehrung der ursprünglich angenommenen Richtung der Schnittgröße.

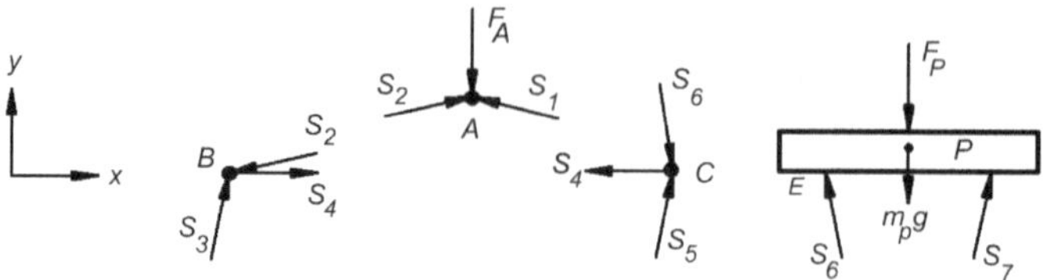

Bild 2.10 Schnittbilder für Gelenkpunkte B, A, C und für die Platte P

Für die Schnittbilder gelten grundsätzlich folgende Regeln. Die offen gelegten Schnittgrößen können in ihrem Richtungssinn beliebig angenommen werden. Aus dem gewählten Richtungssinn einer Schnittgröße folgt aber zwingend der Richtungssinn der Schnittgröße vom gegenüberliegenden Schnittufer (vgl. hierzu die Schnittgrößen S_2, S_4 oder S_6 in den Schnittbildern in Bild 2.10). Im Ergebnis bedeutet schließlich eine positive oder negative Lösung die Bestätigung oder Umkehrung der ursprünglich angenommenen Richtung der Schnittgröße.

Im angegebenen x,y-Koordinatensystem liest man aus den Schnittbildern in Bild 2.10 die nachfolgenden Gleichungen für die Kräfte-Gleichgewichtsbedingungen für die Punkte B, A und C, sowie für die Platte P ab

$$\begin{aligned}
\sum F_{\mathrm{B}x} &= -S_2\cos\alpha + S_3\sin\beta + S_4 = 0,\\
\sum F_{\mathrm{B}y} &= -S_2\sin\alpha + S_3\cos\beta = 0,\\
\sum F_{\mathrm{A}x} &= -S_1\cos\alpha + S_2\cos\beta = 0,\\
\sum F_{\mathrm{A}y} &= -F_{\mathrm{A}} + S_2\sin\alpha + S_1\sin\alpha = 0,\\
\sum F_{\mathrm{C}x} &= -S_4 + S_5\sin\beta + S_6\sin\beta = 0,\\
\sum F_{\mathrm{C}y} &= S_5\cos\beta - S_6\cos\beta = 0,\\
\sum F_{\mathrm{P}x} &= -S_6\sin\beta + S_7\sin\beta = 0,\\
\sum F_{\mathrm{P}y} &= -F_{\mathrm{P}} - m_{\mathrm{P}}g + S_6\cos\beta + S_7\cos\beta = 0.
\end{aligned} \tag{1}$$

Die Lösung dieses linearen Gleichungssystems vom Typ $\mathbf{A}\,\boldsymbol{x} = \boldsymbol{F}$ mit 8 Unbekannten x_i kann wegen der besonderen Form der Systemmatrix $\mathbf{A}$ leicht durch fortgesetzte Elimination einzelner Schnittkräfte gelöst werden, nachdem zunächst aus der 3. und 4. Gleichung die Kräfte S_1 und S_2 bestimmt worden sind. Die Struktur des Gleichungssystems (1) wird in Matrizenschreibweise deutlich:

$$\begin{bmatrix}
0 & -\cos\alpha & \sin\beta & 1 & 0 & 0 & 0 & 0\\
0 & -\sin\alpha & \cos\beta & 0 & 0 & 0 & 0 & 0\\
-\cos\alpha & \cos\beta & 0 & 0 & 0 & 0 & 0 & 0\\
\sin\alpha & \sin\alpha & 0 & 0 & 0 & 0 & 0 & 0\\
0 & 0 & 0 & -1 & \sin\beta & \sin\beta & 0 & 0\\
0 & 0 & 0 & 0 & \cos\beta & -\cos\beta & 0 & 0\\
0 & 0 & 0 & 0 & 0 & -\sin\beta & \sin\beta & 0\\
0 & 0 & 0 & 0 & 0 & \cos\beta & \cos\beta & -1
\end{bmatrix}
\begin{bmatrix} S_1\\ S_2\\ S_3\\ S_4\\ S_5\\ S_6\\ S_7\\ F_{\mathrm{P}} \end{bmatrix}
=
\begin{bmatrix} 0\\ 0\\ 0\\ F_{\mathrm{A}}\\ 0\\ 0\\ 0\\ m_{\mathrm{P}}g \end{bmatrix}.$$

Für die gesuchte Prozesskraft F_P an der Platte P in der Kniehebelpresse erhält man

$$F_P = \frac{1}{2}\left(\frac{1}{\tan\alpha\tan\beta}-1\right)F_A - m_P g = 24{,}8\,F_A - m_P g.$$

Die Lösung der Aufgabe mit Hilfe des Prinzips der virtuellen Arbeit wird in Aufgabe 2.35 gezeigt.

Aufgabe 2.8 (Bild 2.11 a)

Zum Halten eines homogenen, glatten Zylinders (Gewicht G, Radius r) an einer Wand soll die skizzierte Konstruktion aus einem in A gelenkig gelagerten Stab AB und einem Seil BE entworfen werden.

Unter welchem Winkel α muss das Seil BE angebracht werden, damit die vertikale Kraftkomponente im Lager A verschwindet? Wie groß ist dann die Lagerkraft $\boldsymbol{F}_A$ und die Seilkraft $\boldsymbol{S}$? Gewicht von Seil und Stab, sowie Reibung sollen vernachlässigt werden.

Zahlenwerte: $G = 100$ N, $r = 0{,}15$ m, $b = 0{,}6$ m, $h = 0{,}8$ m.

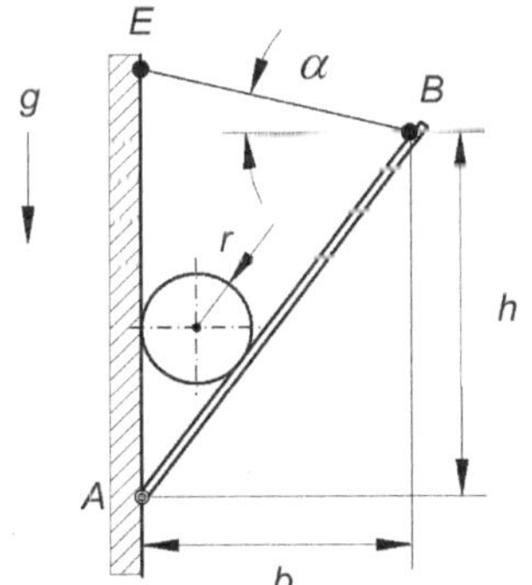

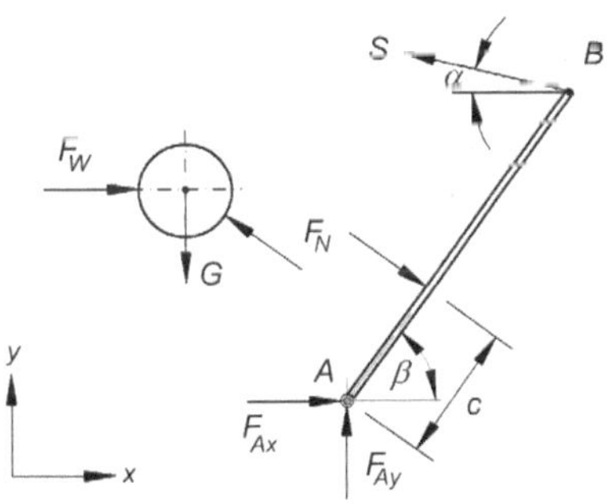

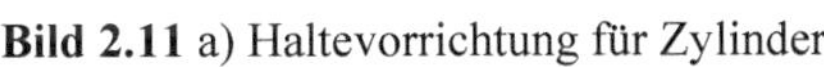

Bild 2.11 a) Haltevorrichtung für Zylinder b) Schnittbilder für Zylinder und Stab

Lösungsanalyse: Mit zwei geschlossenen Schnitten um den Zylinder und den Stab AB werden die unbekannten Kräfte im System aufgedeckt (Bild 2.11 b). Beim Einzeichnen der Schnittreaktionen wird berücksichtigt, dass der glatte Zylinder nur Kräfte normal zur Mantelfläche aufnehmen kann und die Richtung der Seilkraft durch das Seil vorgegeben ist. Für fünf Unbekannte F_{Ax}, F_{Ay}, F_N, F_W und S lassen sich fünf Gleichungen aus den Gleichgewichtsbedingungen für Zylinder und Stab aufstellen. Für das zentrale Kräftesystem am Zylinder entfällt die Momentenbeziehung. Die Vorgabe der vertikalen Schnittkraftkomponente $F_{Ay} = 0$ führt schließlich auf den gesuchten Seilwinkel α.

Lösung: Aus den Schnittbildern im Bild 2.11 b liest man für die Gleichgewichtsbedingungen folgende Koordinatengleichungen ab

$$\begin{aligned} \text{Zylinder:}\quad & \sum F_x = 0: \quad F_W - F_{Nx} = 0, \\ & \sum F_z = 0: \quad -G + F_{Ny} = 0, \end{aligned} \qquad (1)$$

$$\text{Stab:}\quad \begin{aligned} \sum F_x = 0: &\quad F_{Ax} + F_{Nx} - S\cos\alpha = 0,\\ \sum F_z = 0: &\quad F_{Ay} - F_{Ny} + S\sin\alpha = 0,\\ \sum M_{Az} = 0: &\; - F_N c + S\,h\cos\alpha + S\,b\sin\alpha = 0, \end{aligned} \tag{2}$$

mit den geometrischen Nebenbedingungen nach Bild 2.12.

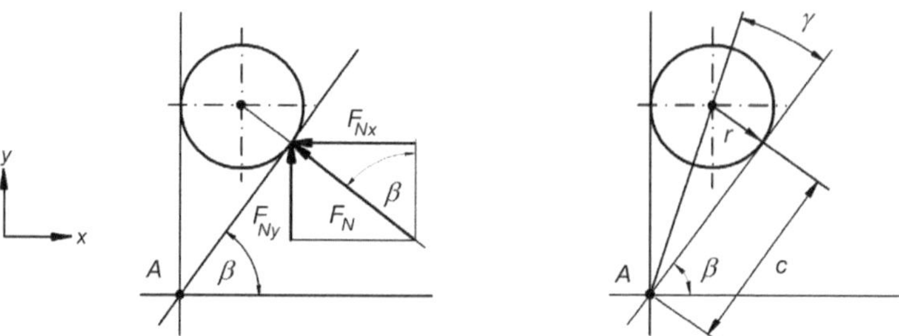

Bild 2.12 Geometrische Nebenbedingungen $F_{Nx} = f_1(\beta,\, F_{Ny})$ und $c = f_2(r,\, \beta)$.

$$\begin{aligned} F_{Nx} &= F_{Ny}\tan\beta,\quad F_N = \frac{F_{Ny}}{\cos\beta},\quad \text{mit}\quad \beta = \arctan\tfrac{h}{b} = 53{,}13^\circ,\\ c &= \frac{r}{\tan\gamma} = \frac{r}{\tan\left[\frac{1}{2}\left(\frac{\pi}{2} - \beta\right)\right]} = 0{,}45\,\text{m}. \end{aligned} \tag{3}$$

Mit der Lösung aus (1) und (3): $F_{Ny} = 100$ N, $F_{Nx} = 133{,}3$ N, $F_N = 166{,}7$ N folgt mit der Vorgabe $F_{Ay} = 0$ aus (2) das nichtlineare Gleichungssystem

$$\begin{aligned} F_{Ax} + 133{,}3 - S\cos\alpha &= 0,\\ -100 + S\sin\alpha &= 0,\\ -166{,}7 \cdot 0{,}45 + S\,h\cos\alpha + S\,b\sin\alpha &= 0, \end{aligned}$$

mit der Lösung: $F_{Ax} = -114{,}6$ N, $S = 101{,}7$ N, $\tan\alpha = 5{,}343$, $\alpha = 79{,}4^\circ$.

Aufgabe 2.9 (Bild 2.13 a)

Zwei dünnwandige Rohre mit gleicher Wanddicke aber unterschiedlichen Außenradien r_1 und $r_2 = 0{,}7\, r_1$ werden in einem unten offenen Kasten mit dem Gewicht G_K in der skizzierten Lage gestapelt. Das größere Rohr hat das Gewicht $G_1 = 7G_K$. Rohre und Kasten seien völlig glatt, so dass von Reibung abgesehen werden kann.

Zu untersuchen ist die Stabilität: Kippt der Kasten um?

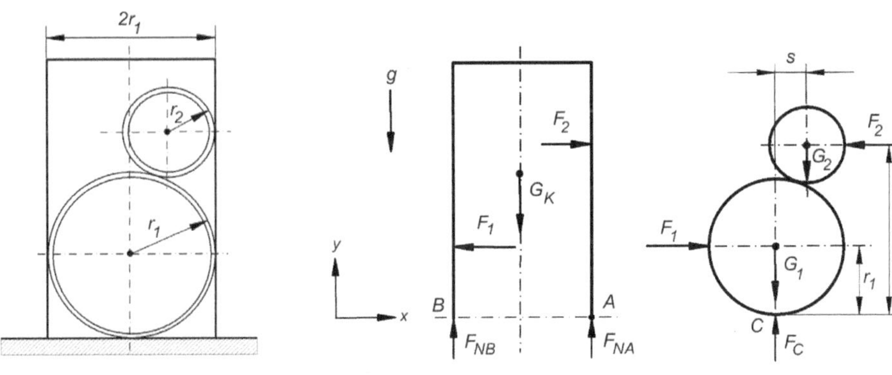

Bild 2.13 a) Gestapelte Rohre b) Schnittbilder für zwei verschiedene Schnitte

Lösungsanalyse: Stabilität ist sicher gewährleistet, wenn der Kasten mit innen liegenden Rohren mit beiden Kastenwänden Kräfte auf den Boden ausübt. Zur Ermittlung der inneren Kräfte des Systems muss der Kasten durch eine geschlossene Schnittführung vollständig freigeschnitten werden (Bild 2.13 b). Ausreichend viele Gleichungen erhält man, wenn mit einem zweiten Schnitt die Rohre als Einheit herausgeschnitten werden (Anwendung des Erstarrungsprinzips). An den glatten Kontaktflächen zwischen den Rohren und dem Kasten wirken die Schnittkräfte jeweils normal zu den Flächen. Die Stabilitätsgrenze wird erreicht, wenn die Schnittkraft am linken Kastenrand $F_{\mathrm{NB}} = 0$ wird.

Lösung: Nach Bild 2.13 b) gilt für das Momentengleichgewicht für den Kasten um den Bezugspunkt A

$$\sum M_{\mathrm{A}z} = -2r_1 F_{\mathrm{NB}} + r_1 F_1 - hF_2 + r_1 G_{\mathrm{K}} = 0. \tag{1}$$

Die Gleichgewichtsbedingungen für beide Rohre gemeinsam lauten

$$\begin{aligned} &\sum F_x = F_1 - F_2 = 0, \\ &\sum M_{\mathrm{M}z} = (h - r_1) F_2 - s\,G_2 = 0. \end{aligned} \tag{2}$$

Zwischen s und h und den Rohrradien gelten die geometrischen Nebenbedingungen

$$s = r_1 - r_2, \quad h = r_1 + \sqrt{(r_1 + r_2)^2 - s^2} = r_1 + 2\sqrt{r_1 r_2}. \tag{3}$$

Das Gewicht des Rohres 2 beträgt: $G_2 = \left(\frac{r_2}{r_1}\right)^2 \cdot G_1 = 7\left(\frac{r_2}{r_1}\right)^2 \cdot G_{\mathrm{K}}$. Aus den Gleichungen (1), (2) und (3) sowie dem Gewicht des Rohres 2 kann die Kontaktkraft auf den Boden am Punkt B berechnet werden

$$F_{\mathrm{NB}} = \left[1 - 7\left(\frac{r_2}{r_1}\right)^2 + 7\left(\frac{r_2}{r_1}\right)^3\right] \frac{G_{\mathrm{K}}}{2}.$$

Mit $\frac{r_2}{r_1} = 0{,}7$ wird $F_{\mathrm{NB}} < 0$. Damit ist das System instabil, der Kasten kippt um.

Aufgabe 2.10 (Bild 2.14)

Die schematisch skizzierte Lagerrampe ist im Punkt A gelenkig an einer Wand befestigt und wird durch eine in den Punkten B und C gelenkig gelagerte Stütze getragen. Auf der Rampe sollen 4 Rohre mit dem Außenradius r und dem Einzelgewicht G_R nebeneinander gelagert werden. Das Eigengewicht der Rampe ist G_O. Die Punkte A, B und C sowie die Gewichtskräfte $\boldsymbol{G}_R$ und $\boldsymbol{G}_O$ liegen in der Zeichenebene. Alle Kontaktflächen sind glatt, Reibungseinflüsse sollen unberücksichtigt bleiben.

Wie groß sind die Belastungen der Stütze BC und des Lagers A?

Zahlenwerte: $a = 2{,}6$ m, $b = 0{,}8$ m, $r = 0{,}3$ m, $\alpha = 70°$, $\beta = 60°$, $G_O = 800$ N, $G_R = 1000$ N.

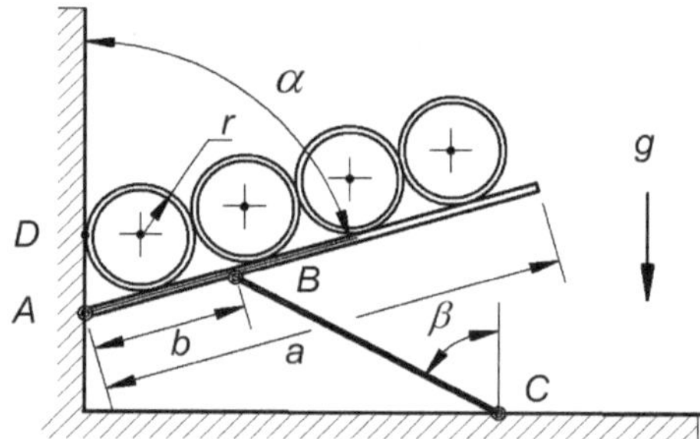

Bild 2.14 Lagerrampe

Lösungsanalyse: Eine geschlossene Schnittführung um die Lagerrampe einschließlich aller Rohre deckt die Reaktionskräfte in den Lagerstellen A, B und am Kontaktpunkt D auf. Da alle Flächen als glatt vorausgesetzt werden, ist $\boldsymbol{F}_D$ normal zur Wand gerichtet. Die Pendelstütze BC kann bei Reibungsfreiheit der Gelenke nur Kräfte in Stützrichtung übertragen, wie man aus dem Momentengleichgewicht der herausgeschnittenen Stütze sofort erkennt. Damit erhält man vier Unbekannte: Beträge der Stützenkraft $\boldsymbol{F}_S$ und der Kontaktkraft $\boldsymbol{F}_D$ sowie Betrag und Richtung der Lagerkraft $\boldsymbol{F}_A$. Für das ebene Problem stehen nur drei Gleichgewichtsbedingungen zur Verfügung. Weitere Gleichungen zur Lösung findet man durch das geschlossene Freischneiden der vier Rohre.

Lösung: Aus den Schnittbildern 1 und 2 (Bild 2.15) liest man das Gleichungssystem für die Problemlösung ab. Die Schnittreaktionen F_N im Schnittbild 2 (Bild 2.15 b) sind alle gleich groß. Man erkennt dies leicht, indem man zunächst das letzte Rohr und danach das nächste herausschneidet: Die Normalkräfte zwischen Rohr und Rampe bleiben immer gleich F_N.

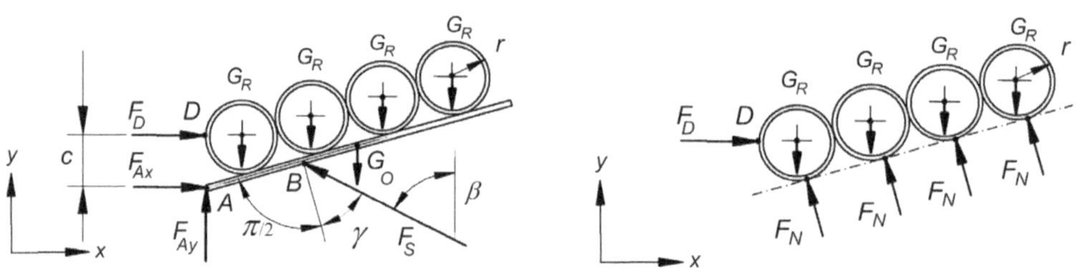

Bild 2.15 a) Schnittbild 1 b) Schnittbild 2

Gleichgewichtsbedingungen aus Schnittbild 1:

$$\begin{aligned}\sum F_x &= F_{Ax} + F_D - F_S \sin\beta = 0,\\ \sum F_y &= F_{Ay} - 4G_R - G_O + F_S\cos\beta = 0,\\ \sum M_{Az} &= b F_S\cos\gamma - \tfrac{a}{2} G_O \sin\alpha + c F_D\\ &\quad - G_R\left[r + (r + 2r\sin\alpha) + (r + 4r\sin\alpha) + (r + 6r\sin\alpha)\right] = 0.\end{aligned} \qquad (1)$$

Schnittbild 2:

$$\begin{aligned}\sum F_x &= F_D - 4F_N\cos\alpha = 0,\\ \sum F_y &= -4G_R + 4F_N\sin\alpha = 0.\end{aligned} \qquad (2)$$

Geometrische Nebenbedingungen:

$$c = \frac{r}{\tan\left(\frac{\alpha}{2}\right)} = 0{,}4284, \quad \gamma = \alpha + \beta - \tfrac{\pi}{2} = 40°. \qquad (3)$$

Aus (1), (2) und (3) erhält man die Schnittkräfte an den Lagern der Rampe:

$$F_D = 1455{,}9\ \text{N}, \; F_S = 10090{,}7\ \text{N}, \; F_{Ax} = 7282{,}9\ \text{N}, \; F_{Ay} = -245{,}3\ \text{N}.$$

Aufgabe 2.11 (Bild 2.16 a)

Ein biegeweiches Seil trägt drei Beleuchtungskörper an den Punkten A, B, C und wird in der gezeichneten Lage durch ein Gewicht F im Gleichgewicht gehalten. Der Durchmesser der Umlenkrolle kann unberücksichtigt bleiben.

Wie groß sind die Gewichte G_1, G_2 und G_3 der Beleuchtungskörper?

Zahlenwerte: $F = 1000$ N, $a = 2$ m, $b = 3$ m, $c = 4$ m, $d = 1$ m.

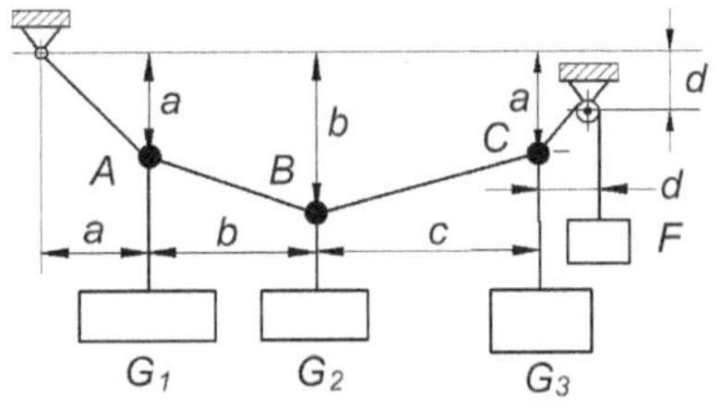

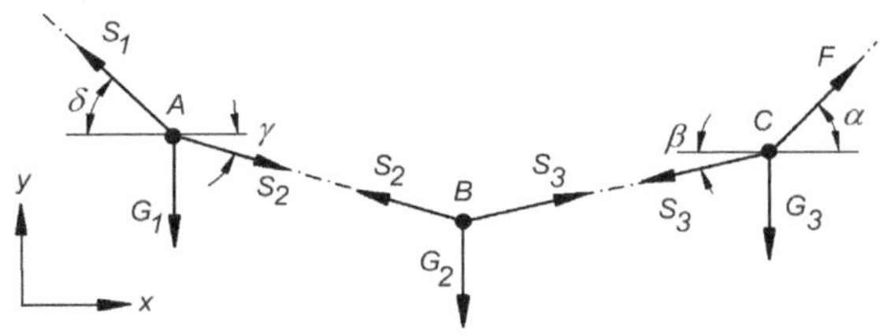

Bild 2.16 a) Seilpolygon mit Lasten b) Schnittbilder für Seilpunkte A, B, C.

Lösungsanalyse: Aus dem Momentengleichgewicht um den Drehpunkt der reibungsfreien Rolle folgt, dass der Betrag der Seilkraft an der Rolle links und rechts unverändert $S_O = F$ bleibt. Das Gleichungssystem zur Lösung der Aufgabe findet man durch Freischneiden der drei Aufhängepunkte A, B und C.

Lösung: Aus den Schnittbildern (Bild 2.16 b) liest man die Gleichungen für das Kräftegleichgewicht an den Punkten A, B und C ab. Man erhält sechs Gleichungen für sechs Unbekannte

$$\begin{aligned}
\sum F_{\mathrm{A}x} &= -S_1\cos\delta + S_2\cos\gamma = 0,\\
\sum F_{\mathrm{A}y} &= S_1\sin\delta - S_2\sin\gamma - G_1 = 0,\\
\sum F_{\mathrm{B}x} &= -S_2\cos\gamma + S_3\cos\beta = 0,\\
\sum F_{\mathrm{B}y} &= S_2\sin\gamma + S_3\sin\beta - G_2 = 0,\\
\sum F_{\mathrm{C}x} &= -S_3\cos\beta + F\cos\alpha = 0,\\
\sum F_{\mathrm{C}y} &= -S_3\sin\beta + F\sin\alpha - G_3 = 0.
\end{aligned} \tag{1}$$

Beginnend mit den letzten Gleichungen kann das System (1) schrittweise leicht gelöst werden

$$G_1 = 471\ \mathrm{N},\quad G_2 = 412\ \mathrm{N},\quad G_3 = 530\ \mathrm{N}.$$

Aufgabe 2.12 (Bild 2.17 a)

Ein starrer Körper (Masse m) wird über ein reibungsfreies Rollensystem mit drei Seilen im Gleichgewicht gehalten. Die Massenverteilung im Körper soll zu der skizzierten Lage mit ausschließlich vertikalen Seilen führen.

Wie groß sind die Zugkraft F und die Seilkräfte in den einzelnen Seilsträngen?

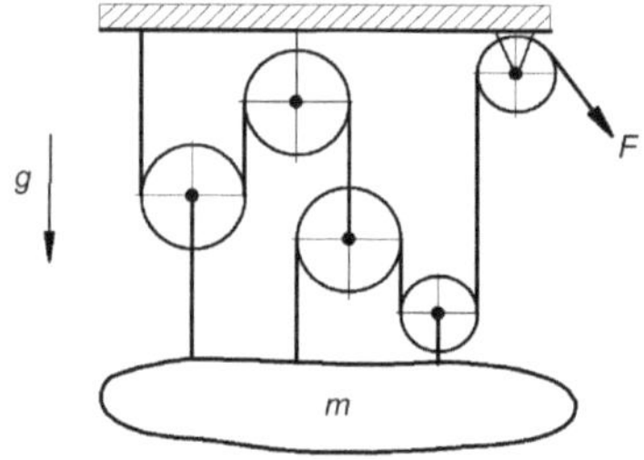

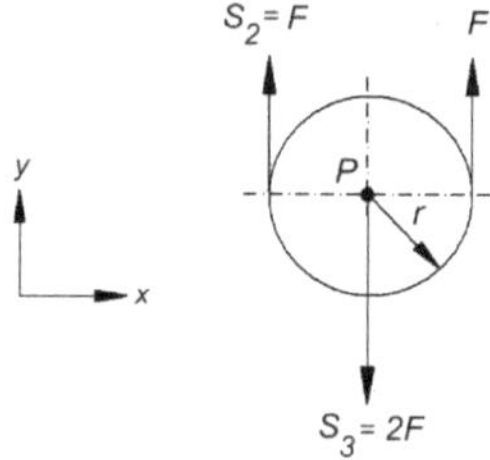

Bild 2.17 a) Seilzug mit Last b) Schnittbild für eine Rolle

Lösungsanalyse: Für die Analyse des Seilsystems mit fünf Rollen sind zunächst die Kräfte an einer einzelnen Rolle (Bild 2.17 b) mit Hilfe der Gleichgewichtsbedingungen zu untersuchen. Da das System als reibungsfrei vorausgesetzt wird, kann danach ohne weitere analytische Untersuchung das Kräftespiel im Schnittbild des Gesamtsystems schrittweise formuliert werden.

Lösung: Auf Grund der Reibungsfreiheit der Rollen ist die Kraft in einem einzelnen Seil, das über mehrere Rollen geführt wird, überall gleich. Für eine einzelne Rolle ergeben sich damit im Gleichgewichtszustand die Kräfte nach Bild 2.17 b), was sich mit den Gleichgewichtsbedingungen (1) für die Rolle bestätigen lässt:

$$\sum M_{Pz} = rF - rS_2 = 0, \quad S_2 = F,$$
$$\sum F_y = F + S_2 - S_3 = 0, \quad S_3 = 2F. \tag{1}$$

Im Schnittbild für alle Rollen (Bild 2.18) lassen sich damit sofort sämtliche Schnittkräfte fortlaufend angeben.

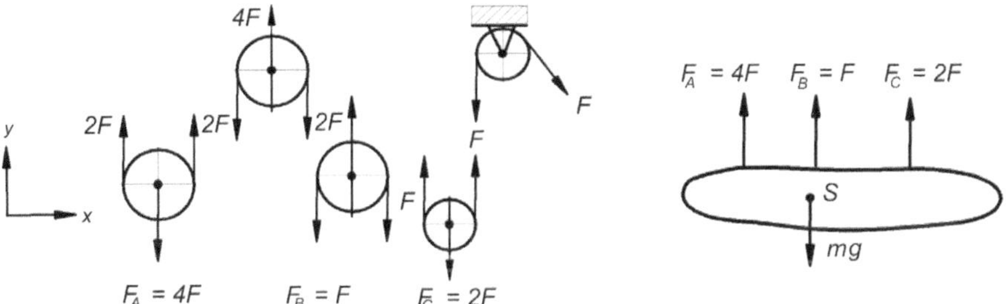

Bild 2.18 Schnittbilder für alle Rollen und für die Last

Mit Hilfe der freigeschnittenen Last erhält man aus dem Kräftegleichgewicht in y-Richtung die gesuchte Zugkraft F sowie die anderen Seilkräfte

$$\sum F_y = F_A + F_B + F_C - mg = 4F + F + 2F - mg = 0,$$
$$F = \tfrac{1}{7}mg, \; F_A = \tfrac{4}{7}mg, \; F_B = \tfrac{1}{7}mg, \; F_C = \tfrac{2}{7}mg.$$

Aufgabe 2.13 (Bild 2.19 a)

Über eine reibungsfrei drehbare Rolle wird ein Seil geführt, das die beiden Gewichte $G_1 = G_2$ trägt. Der rechte Seilzug wird durch eine zusätzliche Führungsrolle (Gewicht G_B) seitlich abgelenkt. Das Gewicht sowie die Reibung der um A drehbaren Gabel AB sind vernachlässigbar.

Wie groß ist die Seilablenkung s und die von der Gabel aufzunehmende Kraft F_G?

Zahlenwerte: $G_1 = G_2 = 450$ N, $G_B = 150$ N, $r_A = 0{,}17$ m, $r_B = 0{,}1$ m, $a = 0{,}35$m.

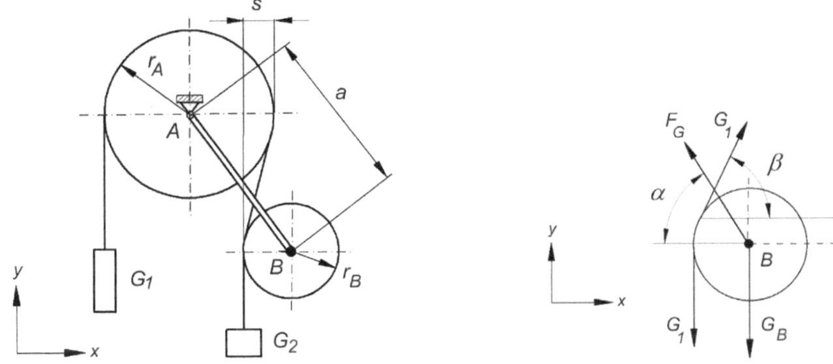

Bild 2.19 a) Seil mit Führungsrolle b) Schnittbild für Führungsrolle

Lösungsanalyse: Ohne Schnittführung ergibt sich aus der Momentengleichgewichtsbedingung um A sofort die Seilablenkung s. Durch Freischneiden der Führungsrolle wird die Gabelkraft F_G und der Ablenkwinkel β (Bild 2.19 b) über die Kräftegleichgewichtsbedingungen berechenbar.

Lösung: Aus Bild 2.19 a) liest man unmittelbar die Momentenbedingung für Gleichgewicht des Systems um A ab. Sie kann nach s aufgelöst werden

$$\sum M_{Az} = r_A G_1 - (r_A - s)G_2 - (r_A - s + r_B)G_B = 0,$$

$$s = \frac{(r_A + r_B)G_B}{G_1 + G_B} = 0{,}068\,\text{m}. \qquad (1)$$

Zur Berechnung der Gabelkraft wird das Kräftegleichgewicht an der freigeschnittenen Rolle (Bild 2.19 b) betrachtet

$$\begin{aligned} \sum F_x &= -F_G \cos\alpha + G_1 \cos\beta = 0, \\ \sum F_y &= F_G \sin\alpha + G_1 \sin\beta - G_1 - G_B = 0. \end{aligned} \qquad (2)$$

Der Gabel-Winkel α lässt sich mit Hilfe der Seilablenkung aus (1) berechnen. Aus Bild 2.19 a) liest man ab

$$a\cos\alpha = r_A + r_B - s, \quad \alpha = 54{,}75°.$$

Lösung der nichtlinearen Gleichungen (2): 1. Gleichung mal sin α + 2. Gleichung mal cos α.

$$\sin(\alpha+\beta) = \frac{G_1 + G_B}{G_1}\cos\alpha, \quad \beta = 74{,}97°.$$

Damit erhält man für die Gabelkraft

$$F_G = G_1 \frac{\cos\beta}{\cos\alpha} = 202{,}6\,\text{N}.$$

Aufgabe 2.14 (Bild 2.20)

Zwei gleichlange, homogene Balken 1 und 2 mit jeweils gleichem und konstantem Querschnitt und dem Eigengewicht $G_1 = G_2 = G$ sind bei B gelenkig miteinander verbunden. Das Balkensystem ist bei A über ein Gelenklager an einer Wand befestigt und wird im Punkt C über einen Seilzug durch das Gewicht F im Gleichgewicht gehalten. Das Eigengewicht des Seiles und die Reibung in den Gelenklagern und in der Umlenkrolle sollen unberücksichtigt bleiben. Der Radius der Umlenkrolle sei vernachlässigbar klein.

Wie groß ist der Durchhang f, wenn der Balken 2 horizontal hängt, und wie groß muss dabei das Gewicht F sein?

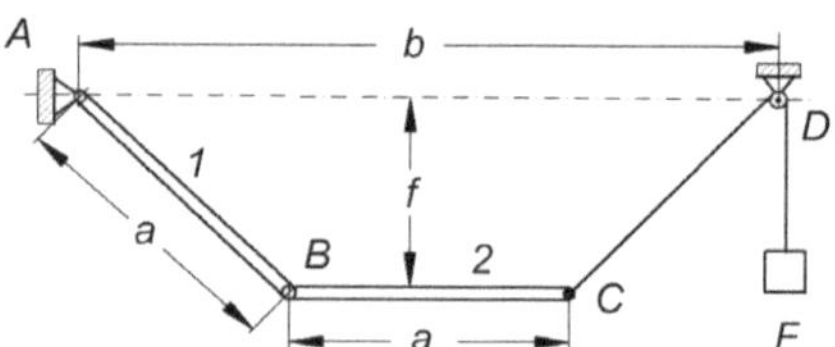

Bild 2.20 Gleichgewicht eines Balkensystems

Lösungsanalyse: Die Gewichtskräfte der Balken können jeweils durch eine Einzelkraft G im Mittelpunkt der Balken angenommen werden. Durch Freischneiden der bei B gekoppelten Balken (Bild 2.21) treten 5 Unbekannte auf: Die Lagerkräfte A_x und A_y , sowie C_x und C_y und als geometrische Bedingung der Lagewinkel α, den der Balken 1 mit der Horizontalen bildet. Das mathematische Modell zur Lösung der Aufgabe wird gebildet aus 3 Gleichgewichtsbedingungen für die zusammenhängenden Balken 1 und 2 und aus jeweils einer Momentengleichgewichtsbedingung um den Lagerpunkt B für Balken 1 und Balken 2. Die Kraft F wird über die Lagerkräfte in C eingeführt.

Lösung: Zuerst wird das gekoppelte Balkenpaar 1, 2 bei A und C herausgeschnitten (Bild 2.21).

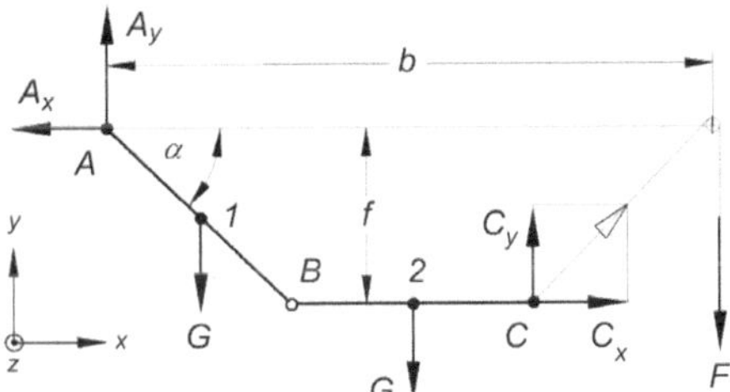

Bild 2.21 Schnittbild

Für die Gleichgewichtsbedingungen liest man aus Bild 2.21 folgendes Gleichungssystem ab:

$$\sum F_x = -A_x + C_x = 0, \quad (1)$$

$$\sum F_y = A_y - 2G + C_y = 0, \quad (2)$$

$$\sum M_{Az} = -\tfrac{a}{2}\,G\cos\alpha - \left(a\cos\alpha + \tfrac{a}{2}\right)G + bC_y = 0, \quad (3)$$

Balken 1: $$\sum M_{Bz} = \tfrac{a}{2}\,G\cos\alpha + A_x a\sin\alpha - A_y a\cos\alpha = 0, \quad (4)$$

Balken 2: $$\sum M_{Bz} = -\tfrac{a}{2}\,G + aC_y = 0. \quad (5)$$

Für die Lösung des Systems (1),…, (5) erhält man

$$\cos\alpha = \frac{1}{3a}(b-a),\; A_x = \frac{G}{\tan\alpha},\; A_y = \frac{3}{2}G,\; C_x = \frac{G}{\tan\alpha},\; C_y = \frac{1}{2}G. \quad (6)$$

Für die gesuchten Daten Durchhang f und Gewicht F folgt damit

$$f = a\sin\alpha = \frac{1}{3}\sqrt{9a^2 - (b-a)^2},$$
$$F = \sqrt{C_x^2 + C_y^2} = G\sqrt{\frac{(b-a)^2}{9a^2-(b-a)^2} + \frac{1}{4}}. \quad (7)$$

Aufgabe 2.15 (Bild 2.22 a)

Auf der horizontalen Platte eines vierbeinigen Tisches, dessen vertikale Symmetrieachse durch seinen Schwerpunkt geht, liegt eine Kugel K_1. Von den 4 Tischbeinen werden dabei die vertikalen Kräfte $\boldsymbol{F}_1 = 60$ N, $\boldsymbol{F}_2 = 40$ N, $\boldsymbol{F}_3 = 100$ N und $\boldsymbol{F}_4 = 100$ N übertragen. Nachdem zusätzlich eine zweite Kugel K_2 vom halben Gewicht der ersten auf den Tisch gelegt wird, erhält man für die Kräfte an den Tischbeinen $\boldsymbol{F}_1$' = 70 N, $\boldsymbol{F}_2$' = 60 N, $\boldsymbol{F}_3$' = 120 N und $\boldsymbol{F}_4$' = 110 N. Die Tischbeine haben die Abstände a = 1,2 m und b = 0,8 m.

a) Wie groß sind die Gewichte G_1 und G_2 der Kugeln und G_T des Tisches, und an welchen Stellen der Tischplatte wurden sie aufgelegt?
b) Warum kann man diese Aufgabe nicht umkehren, also aus bekannten Gewichten von Tisch und Kugeln, sowie bekannten Auflagestellen der Kugeln, die Kräfte F_1 bis F_4 berechnen?

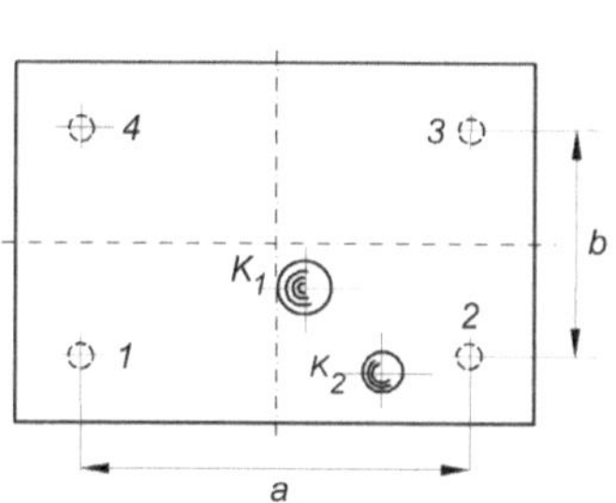

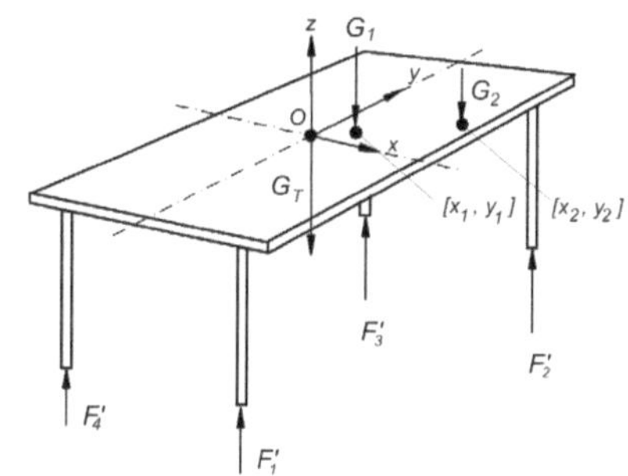

Bild 2.22 a) Vierbeiniger Tisch b) Schnittbild für Lastfall 2

Lösungsanalyse: In diesem Aufgabentyp sind die Schnittreaktionen (Kräfte des Tisches auf den Boden) für zwei verschiedene Zustände gegeben und die Gewichtskräfte und Lagekoordinaten gesucht. Das Problem hat sechs Unbekannte: Kugel-, Tischgewicht und vier Lagekoordinaten der Kugeln. Für jeden Zustand können die Gleichgewichtsbedingungen formuliert werden. Für das System mit ausschließlich parallelen Kräften gibt es für jeden Zustand drei Gleichgewichtsbedingungen. Die Gleichungsbilanz ist damit erfüllt: Für sechs Unbekannte stehen sechs Gleichungen zur Verfügung. Umgekehrt ist die Berechnung der vier Schnittreaktionen zwischen Tisch und Boden aus bekannten Gewichten und Koordinaten nicht möglich, da das System statisch unbestimmt ist: Vier Unbekannte bei drei Gleichgewichtsbedingungen.

Lösung: Für beide Belastungsfälle können jeweils drei unabhängige Gleichgewichtsbedingungen angegeben werden. Bei Verwendung des Koordinatensystems in Bild 2.22 b) erhält man für den Belastungsfall 1:

$$\sum F_z = F_1 + F_2 + F_3 + F_4 - G_T - G_1 = 0,$$
$$\sum M_{Ox} = -\tfrac{a}{2}(F_1 + F_4) + \tfrac{a}{2}(F_2 + F_3) - y_1 G_1 = 0,$$
$$\sum M_{Oy} = -\tfrac{b}{2}(F_1 + F_2) + \tfrac{b}{2}(F_3 + F_4) + x_1 G_1 = 0,$$

und für den Belastungsfall 2:

$$\sum F_z = F_1' + F_2' + F_3' + F_4' - G_T - \tfrac{3}{2} G_1 = 0,$$
$$\sum M_{Ox} = -\tfrac{a}{2}\left(F_1' + F_4'\right) + \tfrac{a}{2}\left(F_2' + F_3'\right) - y_1 G_1 - \tfrac{1}{2} y_2 G_1 = 0,$$
$$\sum M_{Oy} = -\tfrac{b}{2}\left(F_1' + F_2'\right) + \tfrac{b}{2}\left(F_3' + F_4'\right) + x_1 G_1 + \tfrac{1}{2} x_2 G_1 = 0,$$

mit der Lösung

$$G_T = 180 \text{ N},$$

$$G_1 = 120 \text{ N}, \; x_1 = -\tfrac{1}{3} \text{ m}, \; y_1 = -0{,}1 \text{ m},$$

$$G_2 = \tfrac{1}{2} G_1 = 60 \text{ N}, \quad x_2 = 0, \; y_2 = 0{,}2 \text{ m}.$$

b) Für das räumliche System mit parallelen Kräften lassen sich nur drei unabhängige Gleichgewichtsbedingungen ($\Sigma F_z = 0$, $\Sigma M_x = 0$, $\Sigma M_y = 0$) angeben, die zur Bestimmung der vier Unbekannten F_1, F_2, F_3, F_4 nicht ausreichen. Die Gleichungsbilanz ist nicht erfüllt. Das System ist einfach statisch unbestimmt. Nur wenn die Verformungen des belasteten Tisches berücksichtigt werden, wird das Problem lösbar. Das ist ein Problem der Elasto-Statik.

Aufgabe 2.16 (Bild 2.23 a)

Ein vierrädriger Wagen mit Einzelradfederung steht auf einer horizontalen ebenen Fläche. Er ist so beladen, dass sich das Gesamtgewicht G des Wagenaufbaus einschließlich Ladung gleichmäßig auf alle Räder verteilt. Durch einen Wagenheber, der an der Vorderachse um den Abstand b von der Wagenmittellinie versetzt angreift, wird der Wagen soweit angehoben, dass das Vorderrad 2 gerade entlastet ist. Die dabei auftretende Verschiebung des Wagens im Raum soll klein bleiben. Das Wagengestell kann als starr betrachtet werden; die Federkräfte F_i in den 4 gleichen Radfedern seien proportional zum Federweg: $F_i = c f_i$.

Welche Last F_H muss der Wagenheber übernehmen und wie groß sind die Radlasten F_1, F_3 und F_4 nach dem Anheben?

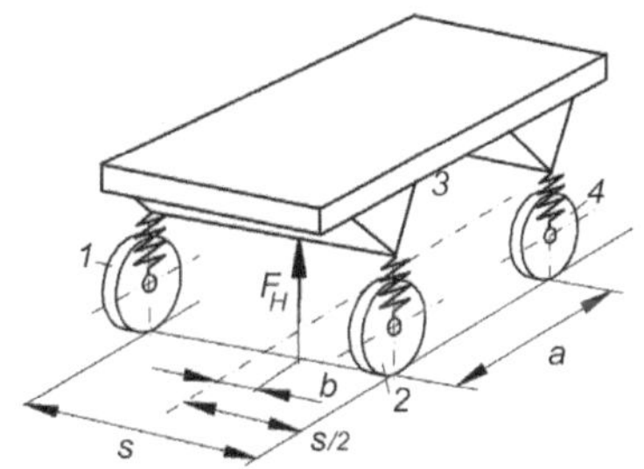

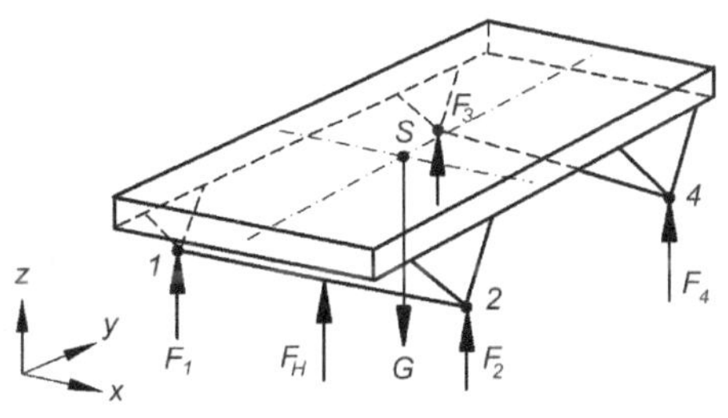

Bild 2.23 a) Wagen mit elastischen Federn b) Schnittbild für den Wagen

Lösungsanalyse: Auf den Wagen wird das Schnittprinzip angewendet, indem der Schnitt um den Wagenaufbau herum geführt wird. Die Federn werden einschließlich Räder abgetrennt. Für das räumliche Kraftsystem mit ausschließlich parallelen Kräften stehen drei Gleichgewichtsbedingungen zur Verfügung: $\Sigma F_z = 0$, $\Sigma M_x = 0$, $\Sigma M_y = 0$. Im Schnittbild treten vier Unbekannte auf. Zur Erfüllung der Gleichungsbilanz fehlt eine Gleichung. Wir gewinnen sie aus einer geometrischen Verträglichkeitsbedingung: Der starre Wagenaufbau kann sich nicht verformen. Das bedeutet, die Höhenunterschiede zwischen den Rädern an der Vorderachse sind gleich den Höhenunterschieden an der Hinterachse.

Lösung: Nach dem Schnittbild (Bild 2.23 b) gelten die Gleichgewichtsbedingungen

$$\begin{aligned} \sum F_z &= F_1 + F_3 + F_4 + F_H - G = 0, \\ \sum M_{Cx} &= \tfrac{a}{2} G - a F_1 - a F_H = 0, \\ \sum M_{Ay} &= \tfrac{s}{2} G - \left(\tfrac{s}{2} + b\right) F_H - s F_4 = 0. \end{aligned} \tag{1}$$

Die geometrische Verträglichkeitsbedingung für den starren Wagenaufbau beschreibt die Vertikalverschiebungen der Vorder- und Hinterachse

$$f_2 - f_1 = f_4 - f_3 .$$

Diesen Verschiebungen f_i sind die Federkräfte $F_i = c f_i$ zugeordnet, mit der Federkonstante c

$$F_2 - F_1 = F_4 - F_3 . \tag{2}$$

Aus (1) und (2) erhält man die gesuchten Kräfte

$$F_H = \frac{G}{2\left(1+\dfrac{b}{s}\right)}, \quad F_1 = \frac{G}{2\left(1+\dfrac{s}{b}\right)}, \quad F_3 = \frac{G}{4}\left(1+\frac{1}{1+\dfrac{s}{b}}\right), \quad F_4 = \frac{G}{4\left(1+\dfrac{b}{s}\right)} .$$

Aufgabe 2.17 (Bild 2.24)

Für einen leeren quaderförmigen Öltank mit angebauten Hilfsaggregaten soll die Lage des Schwerpunktes bestimmt werden. Hierfür wird der Tank an drei Punkten A, B und C durch vertikale Seilzüge angehoben. Bei zwei verschiedenen Raumlagen des Tanks, die durch den Winkel α der oberen Längskanten gegenüber der Horizontalen (bei horizontaler Kante AB) festgelegt sind, werden in den vertikalen Seilen die folgenden Kräfte gemessen

$$\begin{aligned} \alpha &= 0 : \quad F_A = 2760\ \text{N}, \quad F_B = 2400\ \text{N}, \quad F_C = 3840\ \text{N}, \\ \alpha &= 15° : \quad F_A = 2599\ \text{N}, \quad F_B = 2260\ \text{N}, \quad F_C = 4141\ \text{N}. \end{aligned}$$

Man bestimme die Schwerpunktskoordinaten $\boldsymbol{r}_{OS} = [x_S, y_S, z_S]^T$ im eingezeichneten Koordinatensystem. *Tankabmessungen:* $a = 1{,}80$ m, $b = 4{,}20$ m, $h = 2{,}0$ m.

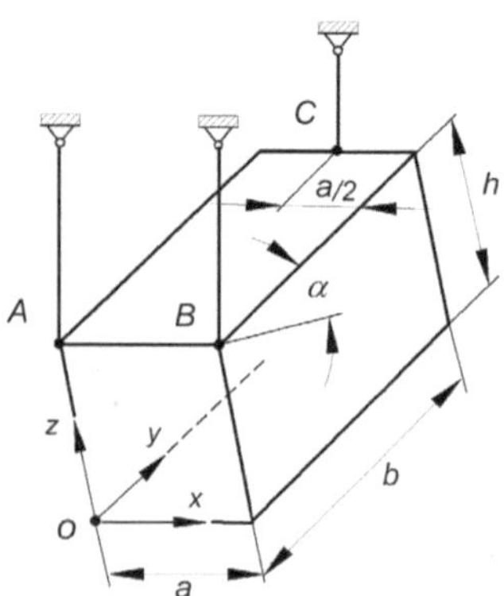

Bild 2.24 Schwerpunktsbestimmung

Lösungsanalyse: Im Schwerpunkt S lässt sich das System aller einzelnen Gewichtskräfte einer Struktur auf den Kraftwinder

$$(\boldsymbol{G}_1, ..., \boldsymbol{G}_n) \sim (\boldsymbol{G}, \boldsymbol{0})$$

mit verschwindendem Moment reduzieren. Wenn der Vektor des resultierenden Gesamtgewichts durch den Schwerpunkt S verläuft, verschwindet der Momenteneinfluss aller Teile der Gesamtstruktur. Das System der gemessenen Kräfte $\boldsymbol{F}_A$, $\boldsymbol{F}_B$, $\boldsymbol{F}_C$, einschließlich der durch S laufenden Gewichtskraft $\boldsymbol{G}$ ist im Gleichgewicht. Für das Kräftesystem $\boldsymbol{F}_A$, $\boldsymbol{F}_B$, $\boldsymbol{F}_C$, $\boldsymbol{G}$ gelten damit die Gleichgewichtsbedingungen der Statik. Da nur parallele Kräfte vorkommen, können für die Kräftemessung bei einer Raumlage nur drei Gleichgewichtsbedingungen formuliert werden: $\Sigma F_z = 0$, $\Sigma M_x = 0$, $\Sigma M_y = 0$. Für die vier Unbekannten G, x_S, y_S, z_S reicht also eine Messung nicht aus, so dass eine zweite Messung unter einer anderen Raumlage notwendig ist. Mit den Daten einer zweiten Messung stehen insgesamt mehr Informationen als notwendig zur Verfügung. Man kann sie für Kontrollgleichungen benutzen, mit denen evtl. Messfehler ausgeglichen werden können.

Lösung: Die Gleichgewichtsbedingungen aus der Messung mit $\alpha = 0$ lauten

$$\begin{aligned} \sum F_z &= -G + F_A + F_B + F_C = 0, \\ \sum M_{Ox} &= -y_S G + b F_C = 0, \\ \sum M_{Oy} &= x_S G - a F_B - \tfrac{a}{2} F_C = 0, \end{aligned}$$

mit der Lösung: $G = 9000$ N, $x_S = 0{,}864$ m, $y_S = 1{,}792$ m. Aus der Messung mit der Lage $\alpha = 15°$ reicht die Momentenbedingung $\Sigma M_{Ax} = 0$ zur Berechnung von z_S aus

$$\sum M_{Ax} = F_C b \cos\alpha - (h \sin\alpha + y_S \cos\alpha - z_S \sin\alpha) G = 0, \quad z_S = 1{,}476 \,\text{m}.$$

Der Vektor für den Tank-Schwerpunkt lautet: $\boldsymbol{r}_{OS} = [0{,}864\,;\,1{,}792\,;\,1{,}476]^T$ m.

Aufgabe 2.18 (Bild 2.25)

Wie lauten die Schwerpunktskoordinaten eines homogenen, schräg abgeschnittenen Kreiszylinders?

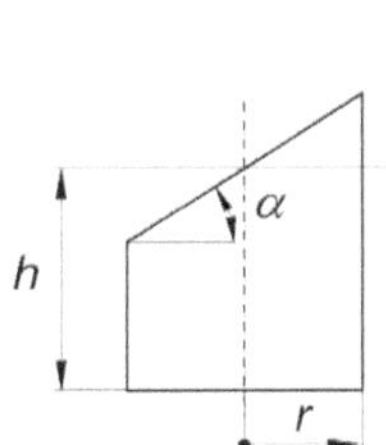

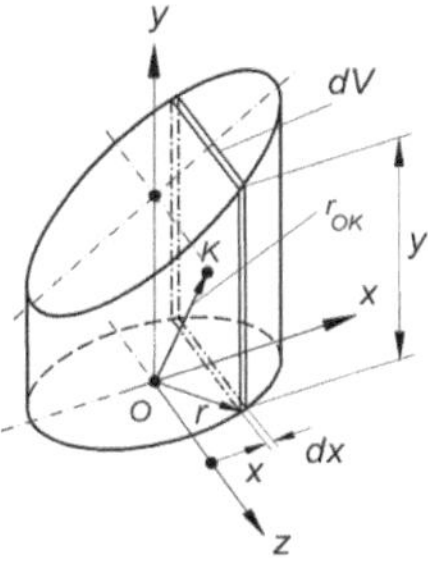

Bild 2.25 a) Abgeschnittener Kreiszylinder b) Koordinatensystem und Volumenelement

Lösungsanalyse: Der Volumenschwerpunkt ist das gewogene Mittel (Mittelwert) aller Volumenelemente eines Körpers. Von einem beliebigen Bezugspunkt O aus gilt für den Volumenschwerpunkt S

$$\boldsymbol{r}_{\mathrm{OS}} = \frac{1}{V} \int_{K} \boldsymbol{r}_{\mathrm{OK}}\, dV. \tag{1}$$

Das Integral ist über den ganzen Körper K zu bilden, wobei jedes Element dV mit seinem zugehörigen Ortsvektor $\boldsymbol{r}_{\mathrm{OK}}$ zum Elementschwerpunkt zu erfassen ist. Von Bedeutung sind die einleitenden Überlegungen zur Wahl des Koordinatensystems und die Festlegung des Bezugspunktes O. Liegen Symmetrieebenen im Körper vor, dann sollten sie bei der Wahl des Koordinatensystems und des Bezugspunktes genutzt werden, denn der gesuchte Körperschwerpunkt liegt in dieser Ebene. Eine Koordinatenebene des Koordinatensystems sollte mit der Symmetrieebene zusammenfallen. Im vorliegenden Fall ist es weiterhin sinnvoll, den Bezugspunkt O auf die Achse des Kreiszylinders zu legen, weil sich dann die mathematische Formulierung der Volumenelemente dV vereinfacht. Für die Wahl dieser Volumenelemente ist ausschlaggebend: Einfache geometrische Körperelemente, deren Einzelschwerpunkte K mit dem Ortsvektor $\boldsymbol{r}_{\mathrm{OK}}$ leicht angegeben werden können.

Lösung: Als Koordinatensystem wird das (x,y,z)-System nach Bild 2.25 b) gewählt, dessen x,y-Ebene mit der Körper-Symmetrieebene zusammenfällt. Sein Ursprung ist gleichzeitig der Bezugspunkt O, von dem aus die Schwerpunktlage angegeben wird. Als Volumenelement werden Volumen-Scheiben $dV = 2zy\, dx$ parallel zur y,z-Ebene gewählt. Hierbei sind y die Höhe einer Volumenscheibe und $2z$ ihre Breite. Die Vektor-Gleichung (1) lautet dann für die einzelnen Koordinatenrichtungen

$$x_{\mathrm{OS}} = \frac{1}{V} \int_{\mathrm{K}} x_{\mathrm{OK}}\, dV, \quad y_{\mathrm{OS}} = \frac{1}{V} \int_{\mathrm{K}} y_{\mathrm{OK}}\, dV, \quad z_{\mathrm{OS}} = 0. \tag{2}$$

Zur Auswertung sind die Integrale in (2) auf jeweils nur eine Variable zurückzuführen. Dafür wird das Volumenelement $dV = dV(x,y)$ und der Zusammenhang der beiden Variablen $y = f(x)$ des Scheibenelementes nach Bild 2.25 b) formuliert:

$$dV = 2zy\, dx = 2\sqrt{r^2 - x^2}\, y\, dx, \quad y = h + x \tan\alpha. \tag{3}$$

Für die Schwerpunktskoordinaten eines Elementes gilt nach Bild 2.25 b: $x_{\mathrm{OK}} = x$, $y_{\mathrm{OK}} = y/2$. Für das Gesamtvolumen des betrachteten Körpers folgt damit

$$V = \int_{K} dV = \int_{K} 2\sqrt{r^2 - x^2}\, y\, dx = \int_{-r}^{r} 2\sqrt{r^2 - x^2}\,(h + x\tan\alpha)\, dx = \pi r^2 h.$$

Dieses Ergebnis folgt auch sofort aus der Anschauung: Nach einem Schnitt durch den betrachteten Körper in der Höhe $x = h$ ergänzt das abgetrennte Segment genau die untere Fehlstelle zum Kreiszylinder von der Höhe h. Mit (2) und (3) lassen sich die Schwerpunkt-Koordinaten berechnen.

$$x_{OS} = \frac{1}{\pi r^2 h} \int_{-r}^{r} 2x(h + x\tan\alpha)\sqrt{r^2 - x^2}\, dx = \frac{r^2 \tan\alpha}{4h},$$

$$y_{OS} = \frac{1}{\pi r^2 h} \int_K \frac{y}{2} 2\sqrt{r^2 - x^2}\, y\, dx = \frac{1}{\pi r^2 h} \int_{-r}^{r} (h + x\tan\alpha)^2 \sqrt{r^2 - x^2}\, dx = \frac{h}{2} + \frac{r^2 \tan^2\alpha}{8h}.$$

Aufgabe 2.19 (Bild 2.26)

Ein Balken wird durch eine feste Einspannung und zwei verschiebbare Gelenklager gehalten. Er trägt eine verteilte Last mit der konstanten spezifischen Längenbelastung q.

a) Man zeige, dass der statisch unbestimmt gelagerte Balken durch Einbau von zwei Drehgelenken statisch bestimmt gelagert werden kann.

b) Ein Drehgelenk möge im Balken bei $x = 4a$ eingebaut sein. Wo muss das notwendige zweite Gelenk vorgesehen werden, damit der Balken statisch bestimmt gelagert ist und außerdem die beiden Balkenlager bei B und C gleich belastet werden?

c) Man gebe den Querkraft- und Momentenverlauf an und zeichne die zugehörigen $Q(x)$ und $M(x)$-Kurven.

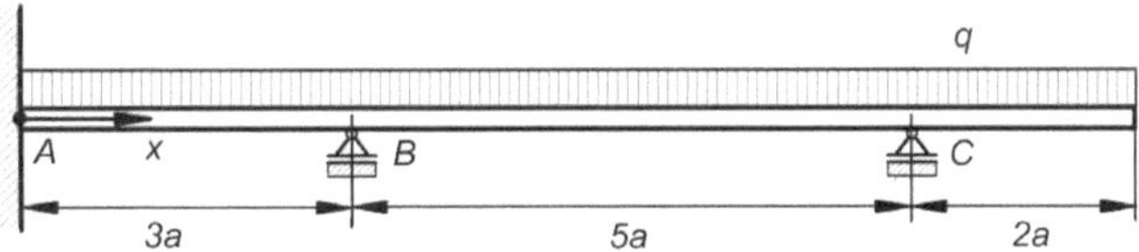

Bild 2.26 Statisch unbestimmt gelagerter Balken

Lösungsanalyse: Ein Balken ist n-fach statisch unbestimmt, wenn die Zahl der Gleichungen nach Anwendung des Schnittprinzips auf den ganzen Balken um n kleiner ist als die Zahl der unbekannten Schnittreaktionen an den Lagerstellen. Durch Einbau von Gelenken kann der Grad der statischen Unbestimmtheit jeweils um 1 reduziert werden. Betrachtet man nämlich einen weiteren geschlossenen Schnitt im Balken durch die Lagerstellen und durch das eingebaute Gelenk, dann erhöht sich die Anzahl der zusätzlichen Gleichungen bei ebenen Problemen um 3, die Anzahl der zusätzlichen Unbekannten aber nur um 2. Das sind die Kräfte im Gelenk. Zur Ermittlung der Anzahl der notwendigen, zusätzlich einzubauenden Gelenke muss zunächst der Unbestimmtheitsgrad festgestellt werden. Die Gelenke müssen jedoch so angeordnet werden, dass im Balken weder innere Spannungen auftreten noch „Wackeln" möglich ist. Zur Ermittlung des Querkraft- und Biegemomenten-Verlaufs müssen immer zuerst die Lagerreaktionen mit Hilfe des Schnittprinzips ermittelt werden. Für die Angabe der Schnittgrößenverläufe kann für eine sehr kompakte Schreibweise die Definition der sog. Klammerfunktion nach FÖPPL eingesetzt werden. Will man diese Anwendung vermeiden, muss in jedem einzelnen Belastungsfeld ein Schnitt geführt werden und die Schnittgrößenverläufe abschnittsweise angegeben werden.

Lösung: a) Im System treten fünf unbekannte Lagerreaktionen auf: Drei an der festen Einspannung bei A und jeweils eine bei B und C. Für ein ebenes Problem stehen drei Gleichgewichtsbedingungen zur Verfügung. Der Balken ist damit 2-fach statisch unbestimmt und es müssen zwei zusätzliche Gelenke eingebaut werden. Die zusätzlichen Gelenke müssen jedoch so angeordnet werden, dass im Balken weder innere Spannungen auftreten (Problem der Elasto-Statik) noch Wackeln möglich ist. Die beiden Möglichkeiten für zusätzliche Gelenkeinbauten, die diese Forderungen erfüllen, zeigt Bild 2.27

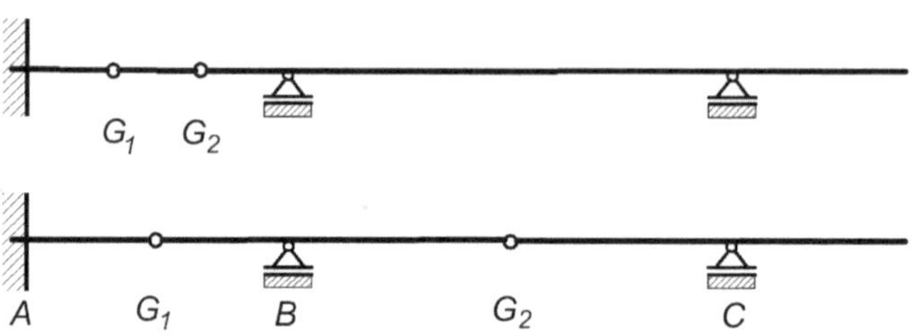

Bild 2.27 Mögliche Gelenkeinbauten für statisch bestimmte Balkenlagerung

b) Bei Einbau eines Gelenks bei $x = 4a$ muss das zweite Gelenk nach Bild 2.27 in das linke Balkenfeld bei $x = x_G$ eingebaut werden, weil sonst der linke Balkenbereich für sich statisch unbestimmt ist. Die Lagerreaktionen $\boldsymbol{F}_B$ und $\boldsymbol{F}_C$ werden aus den Gleichgewichtsbedingungen für die an den Lagern und Gelenken freigeschnittenen Balkenelemente ermittelt (Bild 2.28). Wegen der Vorgabe $\boldsymbol{F}_B = \boldsymbol{F}_C$ reicht es aus, die Balkenelemente G_2BG_1 und G_1C zu betrachten. Für das rechte Balkenelement G_1C gilt

$$\begin{aligned} \sum M_{G1y} &= 4aF_C - 3a\,6qa = 0, \\ \sum F_z &= F_{G1} - F_C + 6qa = 0. \end{aligned} \tag{1}$$

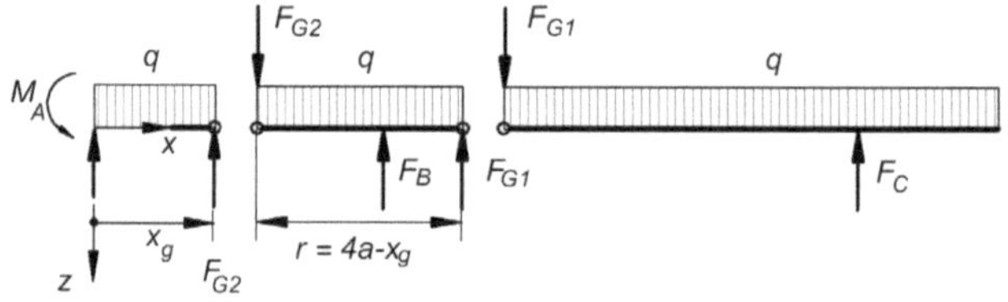

Bild 2.28 Schnittbilder für die freigeschnittenen Balkenelemente

Die Gleichungen (1) haben die Lösung $\boldsymbol{F}_C = 4{,}5\ qa$, $\boldsymbol{F}_{G1} = -1{,}5\ qa$. Für das mittlere Balkenelement von der Länge $r = 4a - x_g$ gilt für die Momentensumme um G_2

$$\sum M_{G2y} = (r - a)F_B + rF_{G1} - \tfrac{1}{2}r^2 q = 0. \tag{2}$$

Mit der Forderung $F_B = F_C$ folgt aus (1) und (2) für r

$$r^2 - 6ar + 9a^2 = (r - 3a)^2 = 0, \quad r = 3a.$$

Das zweite Gelenk G_2 muss bei $x_g = 4a - r = a$ eingebaut werden.

c) Für die Ermittlung der Schnittgrößenverläufe im Balken sind zunächst die noch fehlenden Lagerreaktionen $\boldsymbol{F}_\mathrm{A}$ und $\boldsymbol{M}_\mathrm{A}$ zu bestimmen. Das Kräftegleichgewicht für den ganzen Balken lautet

$$\sum F_z \;=\; -F_\mathrm{A} - F_\mathrm{B} - F_\mathrm{C} + 10\,qa = 0.$$

Mit der Forderung $F_\mathrm{B} = F_\mathrm{C} = 4{,}5\;qa$ erhält man schließlich $F_\mathrm{A} = qa$. Das Einspannmoment bei A folgt aus dem Momentengleichgewicht für das linke Balkenelement AG_2 für den Momentenbezugspunkt G_2

$$\sum M_{\mathrm{G}2y} = M_\mathrm{A} - a\,F_\mathrm{A} + \tfrac{1}{2}qa^2 = 0, \quad M_\mathrm{A} \;=\; \tfrac{1}{2}qa^2.$$

Klammerfunktion: Zur Berechnung und Beschreibung der Schnittreaktionen $Q(x)$ und $M(x)$ über der Balkenachse wird zweckmäßigerweise die Klammerfunktion verwendet. Sie hat die Eigenschaften

$$\begin{aligned}
\{x-\xi\}^0 &= \begin{cases} 1 & \text{für } x \geq \xi \\ 0 & \text{für } x < \xi \end{cases} \\
\{x-\xi\}^\mathrm{n} &= \begin{cases} (x-\xi)^\mathrm{n} & \text{für } x \geq \xi \\ 0 & \text{für } x < \xi \end{cases} \\
\int \{x-\xi\}^\mathrm{n}\, dx &= \frac{1}{\mathrm{n}+1}\{x-\xi\}^{\mathrm{n}+1}.
\end{aligned} \tag{3}$$

Dies führt im vorliegenden Fall zu einer kompakteren Schreibweise als die getrennte Angabe der Funktionen $Q(x)$ und $M(x)$ in den einzelnen Balkenfeldern: $0 \leq x < 3a$, $3a \leq x < 8a$ und $8a \leq x \leq 10a$. Bei Verwendung des Koordinatensystems in Bild 2.28 gelten die bekannten Beziehungen

$$\frac{dQ_z}{dx} = -q_z(x), \quad \frac{dM_y}{dx} = Q_z(x).$$

Hieraus erhält man bei Beachtung der am Balken angreifenden Einzelkräfte F_{zi} und Einzelmomente M_{yi} mit Anwendung des Klammersymbols

$$\begin{aligned}
Q(x) &= -\sum_{i=1}^{\mathrm{n}} F_{zi}\{x-\xi_i\}^0 - \int_0^x q(\xi)\,d\xi, \\
M(x) &= -\sum_{i=1}^{\mathrm{n}} M_{yi}\{x-\xi_i\}^0 + \int_0^x Q(\xi)\,d\xi.
\end{aligned} \tag{4}$$

Die Vorzeichen der Kräfte und Momente in (4) müssen übereinstimmen mit dem Koordinatensystem aus Bild 2.28. Dabei sind Querkraft und Biegemoment positiv, wenn sie am positiven Schnittufer in die positive Koordinatenrichtung weisen. Beim positiven Schnittufer weist der Flächen-Normalenvektor in die positive Richtung der Balkenachse – in der Regel ist dies das linke Schnittufer. Aus (4) erhält man mit den im Bild 2.28 eingetragenen Richtungen der Kraftvektoren die gesuchten Funktionen $Q(x)$ und $M(x)$

$$q(x) = q,$$

$$Q(x) = F_A \{x\}^0 + F_B \{x-3a\}^0 + F_C \{x-8a\}^0 - qx$$

$$= qa + 4{,}5qa\left[\{x-3a\}^0 + \{x-8a\}^0\right] - qx, \tag{5}$$

$$M(x) = -M_A + qax + 4{,}5qa\left[\{x-3a\}^1 + \{x-8a\}^1\right] - \tfrac{1}{2}qx^2$$

$$= -\tfrac{1}{2}qa^2 + qax - \tfrac{1}{2}qx^2 + 4{,}5qa\left[\{x-3a\}^1 + \{x-8a\}^1\right].$$

Beispiel: Gesucht sei das Biegemoment im Balken am Lager C.
Aus (5) liest man für $x = 8a$ ab:

$$M_C = M(8a) = -\tfrac{1}{2}qa^2 + 8qa^2 - 32qa^2 + 4{,}5qa\,5a = -2qa^2.$$

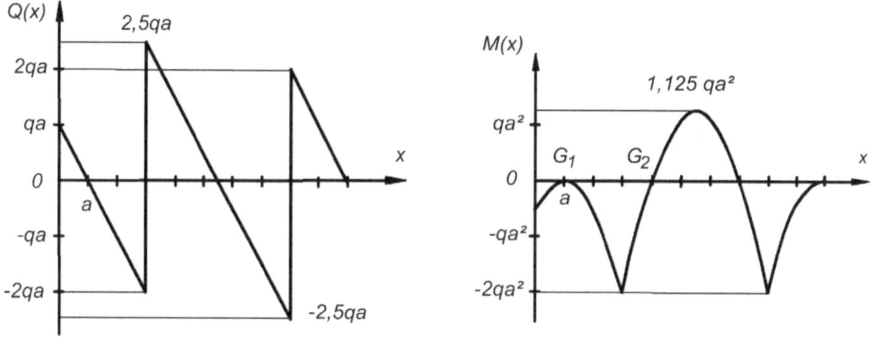

Bild 2.29 Schnittgrößenverläufe Querkraft und Biegemoment über der Balkenachse

Zur Überprüfung der Ergebnisse (5) kann man als Kontrollgleichungen $Q(10a) = 0$, $M(10a) = 0$ und die Gelenkbedingungen $M(a) = 0$ und $M(4a) = 0$ verwenden. Die Schnittgrößenverläufe aus (5) sind im Bild 2.29 dargestellt.

Alternativer Lösungsweg: Die Schnittreaktionen $Q(x)$ und $M(x)$ lassen sich neben der formalen Anwendung von (4) auch auf anschaulicherem Wege durch geeignete Schnitte im System finden. In jedem Belastungsfeld, dessen Grenzen jeweils Sprünge in der äußeren Last (Streckenlast, Einzelkraft oder Einzelmoment) sind, wird ein Schnitt durch den Balken gelegt und es werden die Gleichgewichtsbedingungen für den rechten oder linken Balkenabschnitt formuliert.

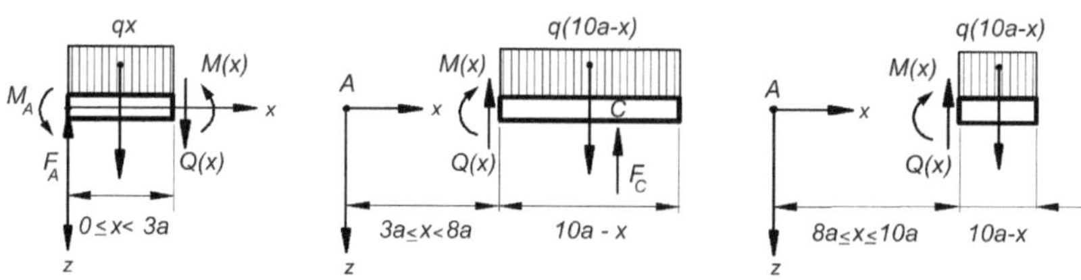

Bild 2.30 Schnitte im Balken zur abschnittsweisen Ermittlung der Schnittreaktionen $Q(x)$ und $M(x)$

Im Feld 2 und 3 ist es einfacher, das Gleichgewicht jeweils für die rechte Balkenhälfte anzusetzen, da dabei weniger äußere Kräfte auftreten. Weil man dabei mit dem rechten (negativen) Schnittufer arbeitet, drehen sich die Vorzeichen für die am Schnittufer eingetragenen Schnittgrößen um. Im Bild 2.30 sind die Balkenelemente für die drei Schnitte skizziert, aus denen die Gleichgewichtsbeziehungen für die Schnittgrößenverläufe (6), (7) und (8) abgelesen werden.

Schnitt 1 im Feld zwischen den Punkten A und B: $0 \le x < 3a$:

$$\begin{aligned} \sum F_z &= Q(x) + qx - F_A = 0, & Q(x) &= q(a-x), \\ \sum M_y &= M(x) + M_A + \tfrac{1}{2}qx^2 - xF_A = 0, & M(x) &= -\tfrac{1}{2}q(a-x)^2. \end{aligned} \tag{6}$$

Schnitt 2 im Feld zwischen den Punkten B und C: $3a \le x < 8a$:

$$\begin{aligned} \sum F_z &= -Q(x) + q(10a-x) - F_C = 0, & Q(x) &= q(5{,}5a-x), \\ \sum M_y &= -M(x) + (8a-x)F_C - \tfrac{1}{2}q(10a-x)^2 = 0, & M(x) &= \tfrac{1}{2}q\left(11ax - 28a^2 - x^2\right). \end{aligned} \tag{7}$$

Schnitt 3 im Feld zwischen dem Punkten C und dem Balkenende: $8a \le x \le 10a$:

$$\begin{aligned} \sum F_z &= -Q(x) + q(10a-x) = 0, & Q(x) &= q(10a-x), \\ \sum M_y &= -M(x) - \tfrac{1}{2}q(10a-x)^2 = 0, & M(x) &= -\tfrac{1}{2}q\left(10a - x^2\right). \end{aligned} \tag{8}$$

Aufgabe 2.20 (Bild 2.31)

Ein Bockgerüst mit gleichseitigem Basisdreieck ist aus drei gleichlangen Stäben aufgebaut. Es wird durch eine an der Spitze angreifende vertikale Kraft $F = 8500$ N belastet. Die Stäbe sind an der Spitze durch ein reibungsfreies Gelenk G miteinander verbunden; das Wegrutschen der Stäbe auf dem horizontalen, glatten (reibungsfreien) Boden wird durch Seile verhindert, die in ¼ der Gerüsthöhe h zwischen den Stäben gespannt sind. Die maximale Zugkraft in den Seilen soll $F_S = 2200$ N nicht überschreiten und der Betrag des maximalen Biegemomentes in den Stäben darf aus Festigkeitsgründen nicht größer als $M_{max} = 1850$ Nm sein.

Das Bockgerüst soll mit einem möglichst großen Basisdreieck (Kantenlänge b) ausgeführt werden. Welche Bedingungen ergeben sich dabei für das Basismaß b, sowie die Länge a der Stäbe des Bockgerüsts?

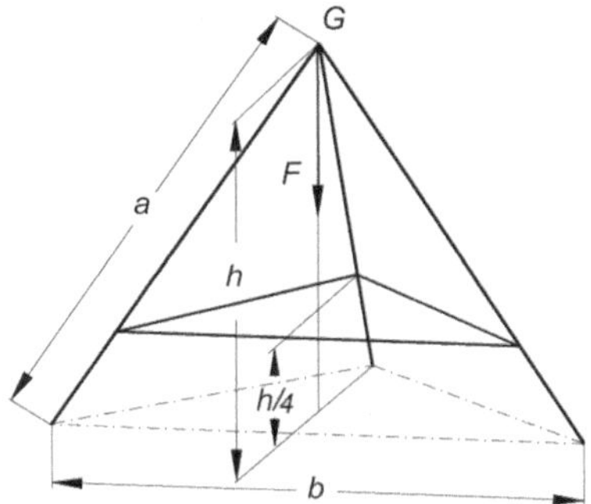

Bild 2.31 Bockgerüst

Lösungsanalyse: Die Aufgabe stellt eine Besonderheit dar, weil eine gegebene Konstruktion nicht nachgerechnet werden soll, sondern im Zentrum steht die Ermittlung von Konstruktionsdaten aus gegebenen maximalen Belastungswerten für einzelne Bauteile. Die Aufgabenstellung entspricht damit genau dem Entwurfsprozess eines Ingenieurs.

Die analytischen Arbeitsschritte zur Aufstellung eines mathematischen Modells unterscheiden sich nicht von der bisher üblichen Vorgehensweise. Zunächst werden nach Anwendung des Schnittprinzips die Belastungen für einen Stab des Bockgerüsts formuliert. Ebenso kann das maximale Biegemoment in einem Stab beschrieben werden. Es liegt jeweils in den Stäben am Angriffspunkt der Abspannseile vor. Für die vertikale Gelenkkraftkomponente in G kann angenommen werden, dass sie sich gleichmäßig auf die drei Stäbe des Gerüstes aufteilt.

Ziel der weiteren analytischen Untersuchungen ist es nun, aus den abgeleiteten Zusammenhängen die Funktionen

$$a = f_1\,(F_S, M_{max}),\ b = f_2\,(F_S, M_{max}) \tag{1}$$

zu ermitteln.

Lösung: Das Zusammenwirken der Kräfte beschreibt man durch die Gleichgewichtsbedingungen an einem herausgeschnittenen Stab (Bild 2.32).

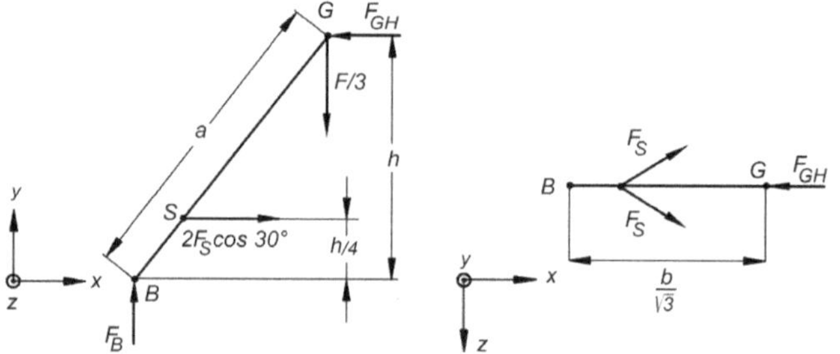

Bild 2.32 Schnittbild eines Gerüststabes

Für die Gleichgewichtsbedingungen des Stabes nach Bild 2.32 setzt man zweckmäßigerweise eine Kraft- und eine Momentenbedingung an. Aus Bild 2.32 liest man ab:

$$\begin{aligned} \sum F_y &= F_B - \tfrac{1}{3}F = 0, \\ \sum M_{Gz} &= -F_B \cdot \tfrac{b}{\sqrt{3}} + \left(2F_S \cos 30°\right) \cdot \tfrac{3}{4} h = 0. \end{aligned} \tag{2}$$

Den Zusammenhang zwischen h, a und b liest man mit Hilfe des Satzes von PYTHAGORAS aus Bild 2.32 ab:

$$h = \sqrt{a^2 - \tfrac{1}{3} b^2}. \tag{3}$$

Nach Elimination von F_B erhält man aus (2) und (3) den Zusammenhang zwischen a, b, F und F_S:

$$a = b\sqrt{\frac{16}{729}\left(\frac{F}{F_S}\right)^2 + \frac{1}{3}}\ . \tag{4}$$

Als weitere Nebenbedingung muss jetzt noch das maximal zulässige Biegemoment eingeführt werden. Es liegt vor am Koppelpunkt des Seils mit einem Gerüststab. Die im Moment wirkende Kraft ist die Bodenkraft $F_B = F/3$. Für das Moment gilt nach Bild 2.32

$$M_{max} = |M_S| = \left(\tfrac{1}{4}\right)\cdot\left(\tfrac{b}{\sqrt{3}}\right)\cdot\left(\tfrac{F}{3}\right) = \tfrac{\sqrt{3}}{36}bF. \tag{5}$$

Aus den vorgegebenen Bedingungen

$$F = 8500\ \text{N},\ F_S \leq 2200\ \text{N} \quad \text{und} \quad M_{max} \leq 1850\ \text{Nm}$$

erhält man aus (5), (4) und (3) Angaben für die Konstruktionsdaten des Gerüstes:

$$\begin{aligned} b_{max} &= 12\sqrt{3}\,\frac{M_{max}}{F} \leq 4{,}52\ \text{m}, \\ a &= 12\sqrt{3}\,\frac{M_{max}}{F}\sqrt{\frac{16}{729}\left(\frac{F}{F_S}\right)^2 + \frac{1}{3}} \geq 3{,}68\ \text{m}. \end{aligned} \tag{6}$$

Hinweis: Die obere Grenze für a kann hier nicht berechnet werden, da nur die maximale Seilkraft und das maximale Biegemoment als Berechnungskriterien zugrunde gelegt werden. Die obere Grenze für a folgt aus der zulässigen Knickspannung für die Gerüststäbe.

Aufgabe 2.21 (Bild 2.33 a)

Die skizzierte Hebebühne wird durch einen Scherenmechanismus betätigt. Die Scherenarme von der Länge a sollen in den Punkten A, C, E gelenkig, in den Punkten B und D außerdem in reibungsfreien Gleitführungen gelagert sein. Die Hebebühne wird durch einen Pressluftkolben betätigt, der im Punkt B eine Horizontalkraft ausübt. Die resultierende Gewichtskraft $\boldsymbol{F}$ von Bühne und Last hat vom linken Auflager C den Abstand $b = 0{,}4\ a$.

a) Wie groß sind die Kräfte in den Lagerpunkten A, B, C, D, E?

b) In welchen der beiden Scherenarme wird unter der Voraussetzung $15° \leq \alpha \leq 60°$ das Biegemoment am größten, welchen Wert nimmt es an und bei welchem Winkel α tritt es auf?

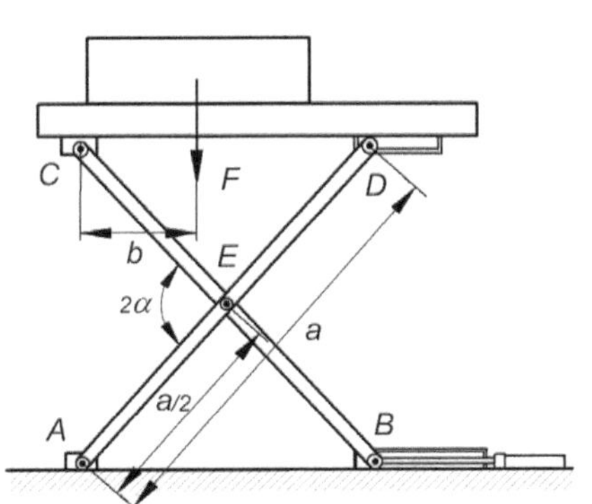

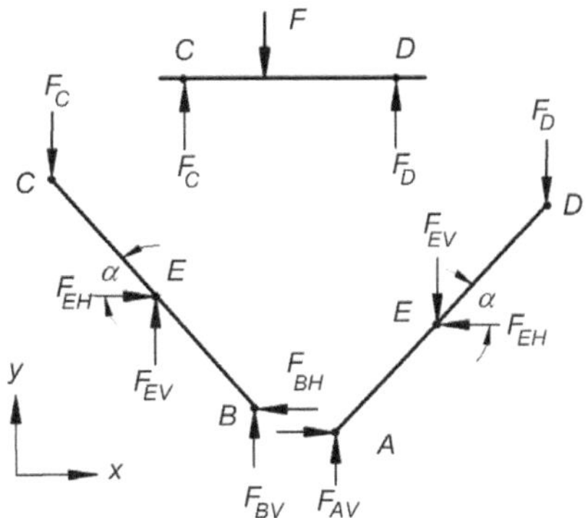

Bild 2.33 a) Hebebühne b) Schnittbild für Scherenarme und Bühne

Lösungsanalyse: Für die Ermittlung der Lagerreaktionen in den Gelenkpunkten müssen alle Bauteile freigeschnitten werden. Sämtliche Gleichgewichtsbedingungen werden in einem festzulegenden Koordinatensystem beschrieben. Da hier nur Einzelkräfte an den biegebeanspruchten Scherenarmen wirken, können die Extremwerte der Biegemomente nur an der Angriffsstelle einer Einzelkraft liegen. Hier ist dies der Scherenmittelpunkt E.

Lösung: a) Für die freigeschnittenen Teile des Systems werden die Gleichgewichtsbedingungen aus Bild 2.33 b) abgelesen. Für die Bühne gilt

$$\begin{aligned} \sum F_y &= F_\mathrm{C} - F + F_\mathrm{D} = 0, \\ \sum M_{\mathrm{C}z} &= -bF + a\,F_\mathrm{D}\cos\alpha = 0, \end{aligned} \tag{1}$$

und für die Scherenarme erhält man am einfachsten aus zwei Momentengleichgewichtsbedingungen um A und B den schnellsten Zugang zu den Kraftkomponenten im Lager E

$$\begin{aligned} \sum M_{\mathrm{B}z} &= a\cos\alpha\,F_\mathrm{C} - \tfrac{a}{2}\sin\alpha\,F_\mathrm{EH} - \tfrac{a}{2}\cos\alpha\,F_\mathrm{EV} = 0, \\ \sum M_{\mathrm{A}z} &= -a\cos\alpha\,F_\mathrm{D} - \tfrac{a}{2}\cos\alpha\,F_\mathrm{EV} + \tfrac{a}{2}\sin\alpha\,F_\mathrm{EH} = 0. \end{aligned} \tag{2}$$

Aus (1) und (2) können die Kraftkomponenten der Kräfte in den Lagern C, D, und E bestimmt werden:

$$\begin{aligned} &F_\mathrm{D} = \frac{0,4}{\cos\alpha}F, \quad F_\mathrm{C} = \left(1 - \frac{0,4}{\cos\alpha}\right)F, \\ &F_\mathrm{EV} = F_\mathrm{C} - F_\mathrm{D} = \left(1 - \frac{0,8}{\cos\alpha}\right)F, \quad F_\mathrm{EH} = \left(F_\mathrm{C} + F_\mathrm{D}\right)\cot\alpha = F\cot\alpha, \\ &F_\mathrm{E} = \sqrt{F_\mathrm{EV}^2 + F_\mathrm{EH}^2} = F\sqrt{\left(1 - \frac{0,8}{\cos\alpha}\right)^2 + \cot^2\alpha}. \end{aligned} \tag{3}$$

Für die horizontalen Kraftkomponenten in den Lagern A und B folgt aus dem Kräftegleichgewicht $\Sigma F_x = 0$ für die Scherenarme

$$F_\mathrm{AH} = F_\mathrm{BH} = F_\mathrm{EH} = F\cot\alpha. \tag{4}$$

Auch die vertikalen Kraftkomponenten in den Lagern A und B können bei Anwendung des Erstarrungsprinzips unmittelbar aus der Systemskizze Bild 2.33 a) abgelesen werden. Schneidet man das gesamte System bei A und B frei, dann kann der bewegliche Mechanismus nach dem Erstarrungsprinzip im Zustand des statischen Gleichgewichts wie eine starre Einheit betrachtet werden und bei Ansetzen des Momentengleichgewichts um A und B erhält man unmittelbar die Gleichungen für F_AV und F_BV. In diesen Gleichungen tritt jeweils nur die äußere Kraft F auf.

Man erhält

$$F_\mathrm{AV} = F\left(1 - \frac{b}{a\cos\alpha}\right) = F\left(1 - \frac{0,4}{\cos\alpha}\right), \quad F_\mathrm{BV} = F\frac{b}{a\cos\alpha} = F\frac{0,4}{\cos\alpha}. \tag{5}$$

b) Das Biegemoment wird in den beiden Scherenarmen jeweils im Gelenkpunkt E maximal. Für den Scherenarm AD erhält man aus dem Schnittbild 2.33 b) für das Biegemoment in E

$$\left|M_{(\mathrm{AD})\mathrm{E}}\right| = \tfrac{1}{2} F_{\mathrm{D}} a \cos\alpha = 0{,}2\, aF. \tag{6}$$

Im Scherenarm AD ist das maximale Biegemoment unabhängig vom Winkel α. Für den Scherenarm BC erhält man für das maximale Biegemoment in E

$$\begin{aligned} \left|M_{(\mathrm{BC})\mathrm{E}}\right| &= \tfrac{1}{2} F_{\mathrm{C}} a \cos\alpha = \tfrac{1}{2} aF\left(\cos\alpha - 0{,}4\right), \quad 15° \le \alpha \le 60°, \\ \left|M_{(\mathrm{BC})\mathrm{E}}\right|_{\max} &= \left|M_{(\mathrm{BC})\mathrm{E}}\left(\alpha = 15°\right)\right| = 0{,}283\, aF. \end{aligned} \tag{7}$$

In dem Arbeitsbereich der Hebebühne tritt das maximale Biegemoment im Scherenarm BC bei $\alpha = 15°$ auf.

Aufgabe 2.22 (Bild 2.34 a)

Ein prismatischer Träger mit zwei angeschweißten Stegen soll durch einen Seilzug S angehoben werden. Das Eigengewicht des Trägers ist G, das Gewicht der Stäbe ist vernachlässigbar. Für $a = 4b$ sind der Querkraft- und Biegemomentenverlauf im Träger gesucht.

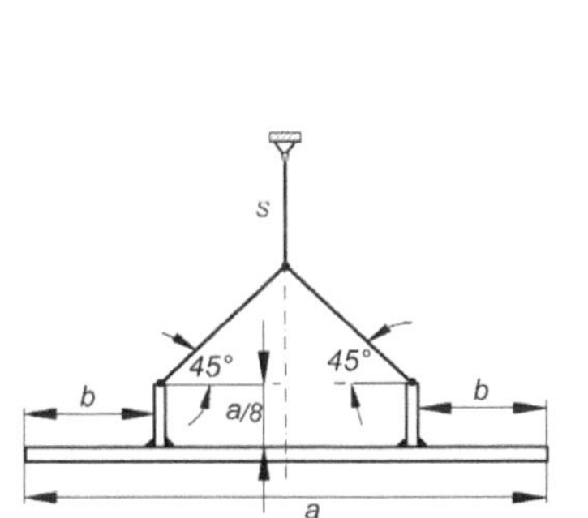

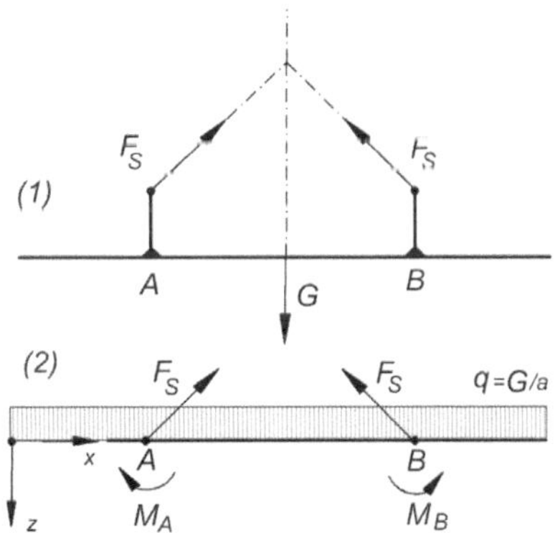

Bild 2.34 a) Balkensystem unter Eigengewicht b) Schnittbild (1) und Balkenbelastung (2)

Lösungsanalyse: Zur Ermittlung von Schnittgrößen in einem Balken müssen immer zunächst die Lagerreaktionen und alle äußeren Kräfte und Momente ermittelt werden. Hier sind dies die Kraft- und Momentenwirkungen durch den Seilzug an den Schweißstellen. Die Schnittgrößenverläufe werden danach am schnellsten mit Hilfe der Definitionen des Klammersymbols berechnet.

Lösung: Der Seilzug mit der Seilkraft $S = G$ löst am Balken an den Schweißstellen die jeweils unter 45° wirkenden Kräfte F_{S} und die durch den Steg bedingten Momente M_{A} und M_{B} aus (Bild 2.34 b):

$$\begin{aligned} F_{\mathrm{S}} &= \tfrac{1}{2}\sqrt{2}\, G, \\ M_{\mathrm{A}} = M_{\mathrm{B}} &= \tfrac{1}{2}\sqrt{2}\, \tfrac{a}{8} F_{\mathrm{S}} = \tfrac{1}{16} aG. \end{aligned} \tag{1}$$

Die Werte aus (1) geben die Beträge der äußeren Belastungen auf den Träger an, die Vorzeichen der Kräfte und Momente sind im Bild 2.34 b) angegeben. Aus diesem Bild werden die Beziehungen für die Schnittgrößenverläufe abgelesen. Die äußeren Belastungen lauten im angegebenen Koordinatensystem

$$q(x)=\frac{G}{a},\quad F_{Sz}=-\frac{1}{2}\sqrt{2}\,G\frac{1}{2}\sqrt{2}=-\frac{1}{2}G,\quad M_{Ay}=-\frac{1}{16}aG,\ M_{By}=\frac{1}{16}aG. \tag{2}$$

Für die Verläufe der Schnittreaktionen $Q(x)$ und $M(x)$ im Träger gilt allgemein bei Anwendung des Klammersymbols (vgl. Aufgabe 2.19)

$$Q(x)=-\sum_{i=1}^{n}F_{zi}\{x-\xi_i\}^0-\int_0^x q(\xi)\,d\xi,\quad M(x)=-\sum_{i=1}^{n}M_{yi}\{x-\xi_i\}^0+\int_0^x Q(\xi)\,d\xi. \tag{3}$$

Mit (3) liest man aus Bild 2.34 b) ab

$$Q(x)=-F_{Sz}\{x-b\}^0-F_{Sz}\{x-a+b\}^0-q(x)x,\quad M(x)=-M_{Ay}\{x-b\}^0-M_{By}\{x-a+b\}^0+\int_0^x Q(\xi)\,d\xi. \tag{4}$$

Setzt man hier die äußeren Belastungen (2) ein und führt die Integration aus, dann erhält man den Querkraft- und Biegemomentenverlauf im Träger

$$Q(x)=\frac{1}{2}G\left[\left\{x-\frac{a}{4}\right\}^0+\left\{x-\frac{3}{4}a\right\}^0\right]-G\frac{x}{a},$$
$$M(x)=\frac{1}{16}aG\left[\left\{x-\frac{a}{4}\right\}^0-\left\{x-\frac{3}{4}a\right\}^0\right]+\frac{1}{2}G\left[\left\{x-\frac{a}{4}\right\}^1+\left\{x-\frac{3}{4}a\right\}^1\right]-G\frac{x^2}{2a}. \tag{5}$$

Die Funktionen $Q(x)$ und $M(x)$ nach (5) sind im Bild 2.35 aufgetragen.

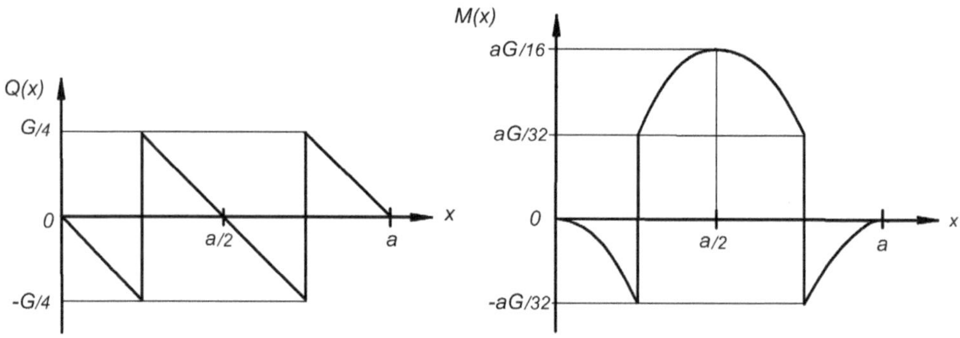

Bild 2.35 Querkraft- und Biegemomentenverlauf über der Trägerachse

Aufgabe 2.23 (Bild 2.36 a)

Die skizzierte Konstruktion besteht aus zwei gleichlangen und gleichschweren Balken 1 und 2. Das linke Lager des Balkens 1 ruht auf einem Bügel, der mit dem Balken 2 starr verbunden ist. Das Eigengewicht G_1 des Balkens 1 ist so verteilt, dass die linke Balkenhälfte doppelt so schwer ist wie die rechte. Das Eigengewicht $G_1 = G_2$ des Balkens 2 ist über die ganze Balkenachse gleichmäßig verteilt. Das Gewicht des Bügels kann vernachlässigt werden.

a) Wie groß sind die Lagerreaktionen für beide Balken?

b) Man bestimme Ort und Betrag des maximalen Biegemomentes im Balken 1.

c) Für den Balken 2 bestimme man den Querkraft- und Biegemomentenverlauf mit $a = b/4$.

d) Wie groß darf a höchstens werden, damit das maximale Biegemoment im Balken 2 nicht größer wird als im Balken 1?

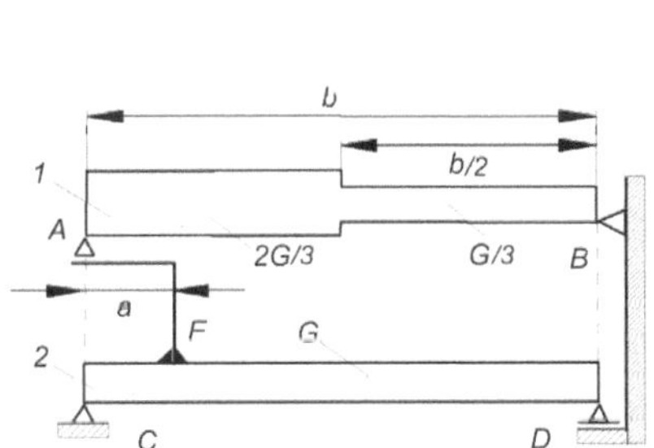

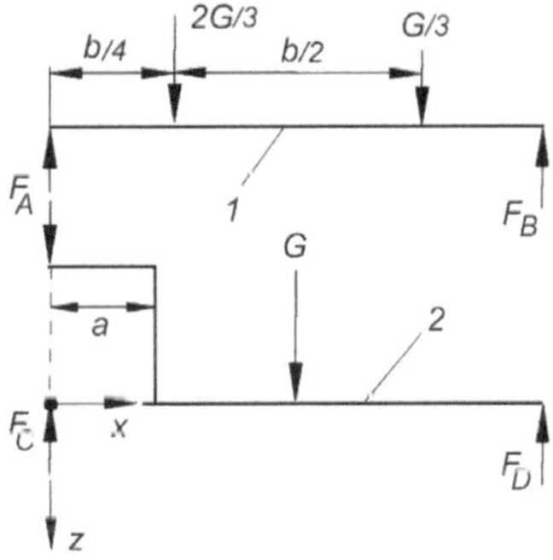

Bild 2.36 a) Balkensystem b) Schnittbild für Lagerreaktionen

Lösungsanalyse: Für die Schnittgrößenermittlung müssen zuerst die Lagerreaktionen bestimmt werden, indem beide Balken einzeln freigeschnitten werden. Dabei zeigt sich, dass die Lagerreaktionen des Balkens 2 unabhängig von der Lage des Punktes E sind. Bei der Schnittführung für Balken 2 durch die Lager bei A,C und D bleibt der Systemaufbau innerhalb der geschlossenen Schnittlinie ohne Bedeutung. Dagegen sind die Schnittreaktionen im Balken 2 von der Lage des Fußpunktes E des Lagerbügels abhängig. Bei der Extremwertbestimmung der Schnittreaktionen im Balken sind auch Unstetigkeitsstellen im Funktionsverlauf der Schnittgrößen zu berücksichtigen.

Lösung: a) Die verteilten Belastungen werden bei der Bestimmung der Lagerreaktionen durch resultierende Einzelkräfte ersetzt (Bild 2.36 b). Man erhält dann im angegebenen Koordinatensystem

$$\text{Balken 1:} \quad \sum F_z = -F_A - F_B + G = 0, \quad \sum M_{Ay} = b F_B - \tfrac{2}{3} G \tfrac{b}{4} - \tfrac{1}{3} G \tfrac{3}{4} b = 0, \tag{1}$$

$$\text{Balken 2:} \quad \sum F_z = F_A + G - F_C - F_D = 0, \quad \sum M_{Cy} = b F_D - \tfrac{b}{2} G = 0. \tag{2}$$

Aus (1) und (2) erhält man die Lagerreaktionen

$$F_A = \tfrac{7}{12}G, \quad F_B = \tfrac{5}{12}G, \quad F_C = \tfrac{13}{12}G, \quad F_D = \tfrac{1}{2}G. \tag{3}$$

Die positiven Vorzeichen zeigen an, dass die Schnittgrößen im Bild 2.36 b) richtig angenommen wurden.

b) Die Funktion des Biegemomentes für Balken 1 erhält aus der 2-fachen Integration der Streckenlast. Mit Anwendung des Klammersymbols (s. Aufgabe 2.19) folgt für Balken 1

$$M_1(x) = \int_0^x Q_1(\xi)\,d\xi, \tag{4.1}$$

mit $\quad Q_1(x) = F_A\{x\}^0 - \int_0^x q_1(\xi)\,d\xi,$

$$q_1(x) = \tfrac{4}{3}\tfrac{G}{b} - \tfrac{2}{3}\tfrac{G}{b}\left\{x - \tfrac{b}{2}\right\}^0, \tag{4.2}$$

$$Q_1(x) = \tfrac{7}{12}G - \tfrac{4}{3}\tfrac{G}{b}x + \tfrac{2}{3}\tfrac{G}{b}\left\{x - \tfrac{b}{2}\right\}^1,$$

folgt $\quad M_1(x) = \tfrac{7}{12}Gx - \tfrac{2}{3}\tfrac{G}{b}x^2 + \tfrac{1}{3}\tfrac{G}{b}\left\{x - \tfrac{b}{2}\right\}^2.$

Da am Balken 1 keine äußeren Momente angreifen und damit keine Unstetigkeiten in $M_1(x)$ vorliegen, gilt für den Ort x_m des Maximalen Biegemomentes

$$\left[\frac{d}{dx}M_1(x)\right]_{x=x_m} = Q_1(x_m) = 0. \tag{5}$$

Für das Verschwinden der Querkraft $Q_1(x)$ aus (4) müssen 2 Fälle unterschieden werden:

Fall 1: $0 \leq x < b/2$

$$Q_1(x_m) = \tfrac{7}{12}G - \tfrac{4}{3}\tfrac{G}{b}x_m = 0 \quad \text{für} \quad x_m = \tfrac{7}{16}b. \tag{6}$$

Fall 2: Für den zweiten Bereich $b/2 \leq x \leq b$ erhält man keine Lösung für x_m.

Das maximale Biegemoment im Balken 1 erhält man aus (4) mit x_m aus (6) zu

$$M_{1\max} = M_1\left(x = \tfrac{7}{16}b\right) = \tfrac{49}{384}bG. \tag{7}$$

c) Für die Lagerreaktionen ist die Schenkellänge a des Bügels ohne Einfluss. Bei der Berechnung der Schnittreaktionen im Balken 2 muss aber berücksichtigt werden, dass die Lagerkraft $\boldsymbol{F}_A$ im Punkt E in den Balken eingeleitet wird. Die äußere Belastung auf den Balken in E wird durch den Kraftwinder $(\boldsymbol{F}_E, \boldsymbol{M}_E) \sim \boldsymbol{F}_A$ beschrieben (Bild 2.37). Hierin sind $F_E = F_A = 7G/12$ und $M_E = aF_A = 7aG/12$. Mit Anwendung des Klammersymbols lauten die Grundgleichungen für Querkraft und Biegemoment

$$Q(x) = -\sum_{i=1}^{n} F_{zi}\{x - \xi_i\}^0 - \int_0^x q(\xi)\,d\xi, \quad M(x) = -\sum_{i=1}^{n} M_{yi}\{x - \xi_i\}^0 + \int_0^x Q(\xi)\,d\xi. \tag{8}$$

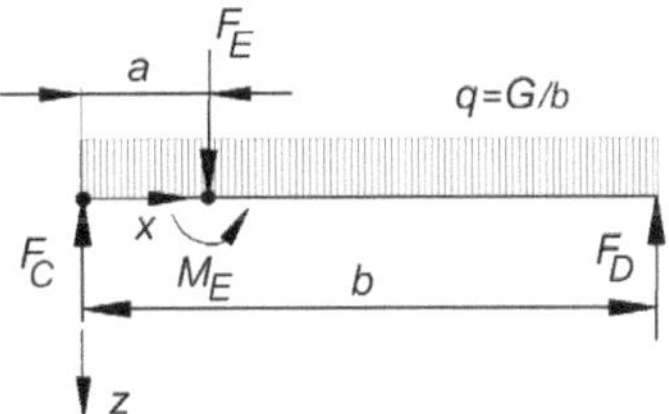

Bild 2.37 Lagerreaktionen und äußere Lasten auf Balken 2

Mit der stetig verteilten Last $q(x) = G/b$ und den Lagerreaktionen aus (3) erhält man aus (8) den Querkraft- und Biegemomentenverlauf im Balken 2

$$
\begin{aligned}
Q_2(x) &= F_C\{x\}^0 - F_E\{x-a\}^0 - \int_0^x \frac{G}{b}\,d\xi, \\
Q_2(x) &= \tfrac{13}{12}G - \tfrac{7}{12}G\{x-a\}^0 - \tfrac{G}{b}x, \\
M_2(x) &= -M_{Ey}\{x-a\}^0 + \int_0^x Q(\xi)\,d\xi, \\
M_2(x) &= -\tfrac{7}{12}aG\{x-a\}^0 + \tfrac{13}{12}Gx - \tfrac{7}{12}G\{x-a\}^1 - \tfrac{1}{2}\tfrac{G}{b}x^2.
\end{aligned} \tag{9}
$$

Für $a = b/4$ sind die Schnittgrößenverläufe $Q_2(x)$ und $M_2(x)$ in Bild 2.38 skizziert.

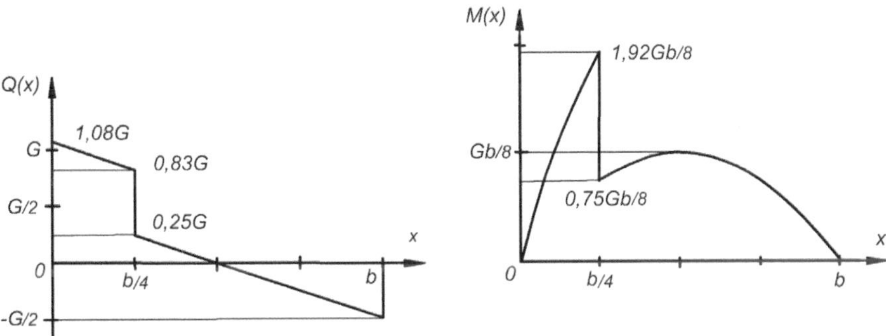

Bild 2.38 Schnittgrößenverläufe $Q(x)$ und $M(x)$ im Balken 2

d) Das maximale Biegemoment im Balken 2 kann nach Bild 2.38 bei $x = b/2$ oder an der Unstetigkeitsstelle bei $x = a$ liegen. Für das Maximum in Balkenmitte erhält man für das Moment

$$M_2\left(\frac{b}{2}\right) = \frac{1}{8}bG. \tag{10}$$

Dieser Wert ist unabhängig von der Lage des Punktes E. Da er nach (7) kleiner ist als das maximale Biegemoment im Balken 1, muss hier das Biegemoment am Punkt E bei $x = a$ betrachtet werden, wobei der linksseitige Grenzwert zu nehmen ist. Für das gesuchte Maß $a = a_m$ gilt als Bedingung für die übereinstimmenden Maximalwerte der Biegemomente in beiden

gilt als Bedingung für die übereinstimmenden Maximalwerte der Biegemomente in beiden Balken

$$M_2(x = a_m) = M_{1\max} = \frac{49}{384} bG.$$

Mit der Momentengleichung aus (9) erhält man für die gesuchte Lage $x = a_m$ des Punktes E

$$M_2(x = a_m) = \frac{13}{12} G a_m - \frac{1}{2} \frac{G}{b} a_m^2 = \frac{49}{384} bG \ , \quad a_m = \frac{1}{8} b. \tag{11}$$

Aufgabe 2.24 (Bild 2.39 a)

Die Überdachung für einen Lagerplatz ist in der Form des skizzierten Dreigelenkbogens ausgeführt worden. Das Eigengewicht des Daches kann durch die angegebene stetig verteilte Last $q(x)$ beschrieben werden.

a) Wie groß sind die Lagerreaktionen in A und B?

b) Man gebe den Querkraft- und Biegemomentenverlauf für den horizontalen Teil des Dachträgers an.

c) Wo tritt das größte Biegemoment im Dachträger auf?

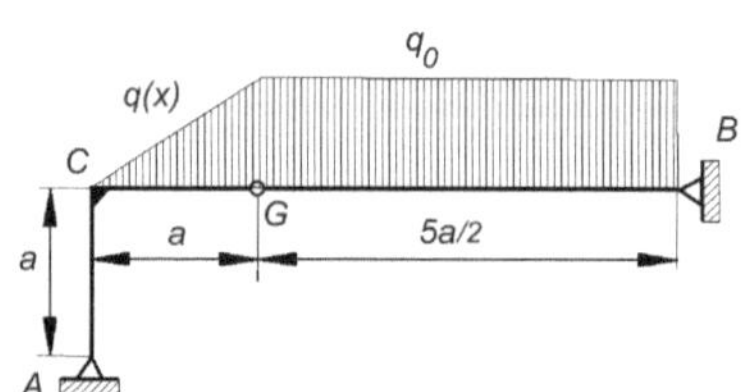

Bild 2.39 a) Dachkonstruktion b) Schnittbild für beide Balkenteile

Lösungsanalyse: Durch Freischneiden beider Balkenteile im Gelenk und in den Lagern erhält man ausreichend viele Gleichungen für die vier unbekannten Lagerreaktionen. Die Schnittgrößenverläufe im Systemteil CB sind formal leicht zu bestimmen. Allerdings muss dabei besonders auf das Vorzeichen der Schnittgrößen am Punkt C geachtet werden, weil dort die Betrachtungen am positiven und negativen Schnittufer auftreten.

Lösung: a) Zur Berechnung der Lagerreaktionen werden die stetig verteilten Lasten durch statisch äquivalente Einzelkräfte ersetzt. Dabei müssen die auf die Teile AG und GB des Balkens (sog. Dreigelenkbogen) entfallenden Teile getrennt zusammengefasst werden. die Gleichgewichtsbedingungen werden für die beiden Systemteile getrennt formuliert (Bild 2.39 b).

Element GB:

$$\sum F_z = -F_{GV} - F_{BV} + F_1 = 0, \quad F_1 = \frac{5}{2} a q_0 ,$$
$$\sum F_x = F_{GH} - F_{BH} = 0, \tag{1}$$
$$\sum M_{Gy} = -\frac{5}{4} a F_1 + \frac{5}{2} a F_{BV} = 0 ,$$

Element AG:

$$\sum F_z = -F_{AV} + F_{GV} + F_2 = 0, \quad F_2 = \frac{1}{2} a q_0 ,$$
$$\sum F_x = F_{AH} - F_{GH} = 0, \tag{2}$$
$$\sum M_{Gy} = a F_{AH} - a F_{AV} + \frac{1}{3} a F_2 = 0 .$$

Aus (1) und (2) folgen die Lagerreaktionen in den Lagern A und B

$$F_{AH} = \frac{19}{12} a q_0 , \quad F_{AV} = \frac{7}{4} a q_0 , \quad F_{BH} = F_{AH} , \quad F_{BV} = \frac{5}{4} a q_0 . \tag{3}$$

b) Zur Bestimmung der Funktionen der Schnittgrößen im Balken CB sind zunächst die Schnittreaktionen F_{Cx}, F_{Cz}, M_{Cy} bei C zu ermitteln. Man findet sie durch Freischneiden des Elementes AC und Ansetzen der Gleichgewichtsbedingungen

$$\sum F_z = -F_{AV} + F_{Cz} = 0,$$
$$\sum F_x = F_{AH} + F_{Cx} = 0,$$
$$\sum M_{Cy} = a F_{AH} + M_{Cy} = 0 .$$

Damit lauten die Schnittreaktionen im Balken bei C am positiven Schnittufer

$$F_{Cx} = -\frac{19}{12} a q_0 , \quad F_{Cz} = \frac{7}{4} a q_0 , \quad M_{Cy} = -\frac{19}{12} a^2 q_0 . \tag{4}$$

Betrachtet man nun den Balken CB für die Berechnung der Schnittgrößenverläufe, dann sind im Punkt C die Schnittreaktionen am negativen (rechten) Schnittufer maßgeblich, d. h. die Vorzeichen sind in (4) umzudrehen.

Für die Verläufe der Schnittreaktionen $Q(x)$ und $M(x)$ gilt allgemein bei Anwendung des Klammersymbols (vgl. Aufgabe 2.19)

$$\begin{aligned} Q(x) &= -\sum_{i=1}^{n} F_{zi} \{x - \xi_i\}^0 - \int_0^x q(\xi)\, d\xi, \\ M(x) &= -\sum_{i=1}^{n} M_{yi} \{x - \xi_i\}^0 + \int_0^x Q(\xi)\, d\xi . \end{aligned} \tag{5}$$

Für die Streckenlast gilt nach Bild 2.39 a)

$$q(x) = \frac{q_0}{a}x - \frac{q_0}{a}\{x-a\}^1. \tag{6}$$

Damit erhält man aus (5) und den Ergebnissen aus (4) nach Vorzeichenumkehr

$$\begin{aligned} Q(x) &= \frac{7}{4}aq_0\{x\}^0 - \int_0^x \left[\frac{q_0}{a}x - \frac{q_0}{a}\{x-a\}^1\right]d\xi, \\ &= \frac{7}{4}aq_0 - \frac{q_0}{2a}x^2 + \frac{q_0}{2a}\{x-a\}^2, \end{aligned} \tag{7.1}$$

$$\begin{aligned} M(x) &= -\frac{19}{12}a^2q_0\{x\}^0 + \int_0^x \left[\frac{7}{4}aq_0 - \frac{q_0}{2a}x^2 + \frac{q_0}{2a}\{x-a\}^2\right]d\xi, \\ &= -\frac{19}{12}a^2q_0 + \frac{7}{4}aq_0x - \frac{q_0}{6a}\left[x^3 - \{x-a\}^3\right]. \end{aligned} \tag{7.2}$$

Die Schnittgrößenfunktionen nach (7) sind im Bild 2.40 skizziert.

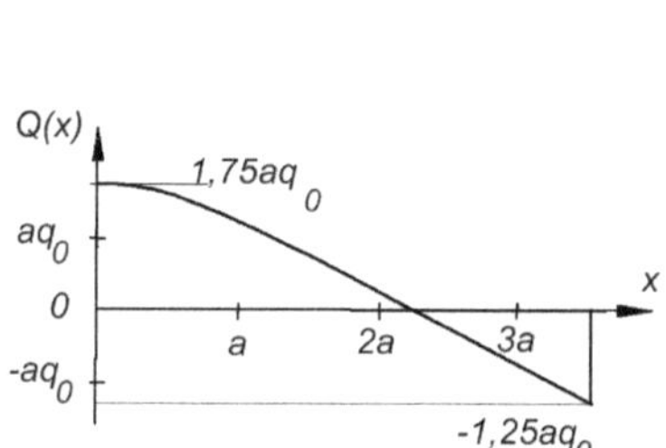

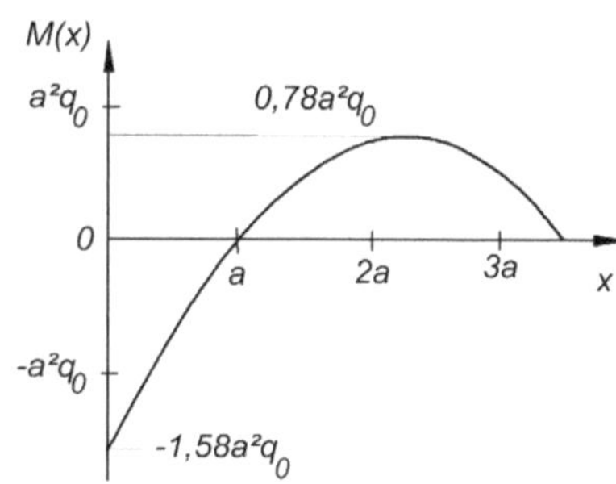

Bild 2.40 Schnittgrößenverläufe im Balken CB

c) Das größte Biegemoment tritt entweder im Punkt C bei x = 0 als Randwert auf oder an der Stelle x_m, für die

$$\left[\frac{d}{dx}M(x)\right]_{x=x_m} = Q(x_m) = 0 \tag{8}$$

gilt, d. h. wo die Querkraft verschwindet. Nach (7) ist dies die Stelle $x_m = 9a/4$. Die Biegemomente betragen dort

$$|M_C| = |M(x=0)| = \frac{19}{12}a^2q_0 \quad \text{und} \quad |M(x=x_m)| = \frac{25}{32}a^2q_0. \tag{9}$$

Das größte Biegemoment tritt als Randwert am Punkt C im Balken auf.

Das Ergebnis (8) kann sehr leicht direkt aus der Aufgabenskizze ohne weitere Rechnung entnommen werden. Betrachtet man nur den rechten Teil GB der Dachkonstruktion, dann hat man das einfache Problem eines Balkens auf zwei Lagern, der mit einer konstanten Streckenlast q_0

belastet ist. Das Gelenk G ist für diesen Balken das linke Lager. Das maximale Biegemoment dafür liegt in Balkenmitte bei $1{,}25a$ vom Lager B entfernt und beträgt

$$M_{\max} = \frac{1}{8} q_0 L^2 = \frac{1}{8} q_0 \left(\frac{5a}{2} \right)^2 = \frac{25}{32} q_0 a^2 .$$

Aufgabe 2.25 (Bild 2.41)

Der Kettenantrieb eines Fahrrades wird in der gezeichneten Stellung durch die Pedalkraft $\boldsymbol{F}_{\mathrm{P}} = [0,\ F_y,\ F_z]^{\mathrm{T}}$ belastet. Dabei wird angenommen, dass der untere Teil der Kette keinen Zug ausübt und dass das hintere Pedal unbelastet ist.

a) Wie groß sind die horizontal gerichtete Kettenkraft $\boldsymbol{F}_{\mathrm{K}}$ und die in den Lagern A und B übertragenen Kräfte?

b) Man bestimme den Querkraft- und Biegemomentenverlauf in der Tretlagerwelle und gebe Ort und Betrag des maximalen Biegemomentes an.

Zahlenwerte: $F_{\mathrm{K}} = 500$ N, $\alpha = 30°$, $r_{\mathrm{P}} = 18$ cm, $r_{\mathrm{K}} = 9$ cm, $a_1 = 1$ cm, $a_2 = 7$ cm, $a_3 = 10$ cm, $a_4 = 16$ cm.

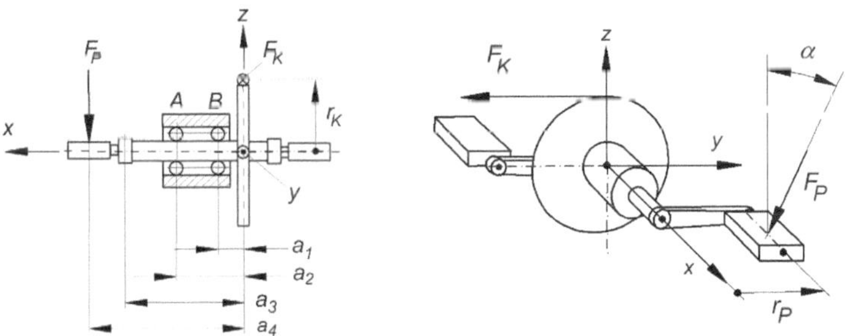

Bild 2.41 Tretlagerwelle eines Fahrrades

Lösungsanalyse: Für die Untersuchung der Tretlagerwelle auf Querkraft und Biegung wird sie zunächst durch eine vollständige Schnittführung freigeschnitten. Im vorgegeben Koordinatensystem werden die Gleichgewichtsbedingungen formuliert und daraus die Lagerreaktionen und die Kettenkraft ermittelt. Die Schnittgrößenfunktionen können dann direkt in zwei jeweils normal zueinander liegenden Ebenen bestimmt werden. Die tatsächliche Beanspruchung der Tretlagerwelle auf Querkraft und Biegung erhält man schließlich durch vektorielle Addition.

Lösung: a) Die Kettenkraft $\boldsymbol{F}_{\mathrm{K}}$ und die Lagerkräfte $\boldsymbol{F}_{\mathrm{A}}$ und $\boldsymbol{F}_{\mathrm{B}}$ erhält man aus den Gleichgewichtsbedingungen für die freigeschnittene Tretlagerwelle

$$\sum \boldsymbol{F} = \boldsymbol{F}_{\mathrm{A}} + \boldsymbol{F}_{\mathrm{B}} + \boldsymbol{F}_{\mathrm{K}} + \boldsymbol{F}_{\mathrm{P}} = \boldsymbol{0},$$

$$F_{\mathrm{A}y} + F_{\mathrm{B}y} + F_{\mathrm{K}y} + F_{\mathrm{P}y} = 0,$$

$$F_{\mathrm{A}z} + F_{\mathrm{B}z} + F_{\mathrm{K}z} + F_{\mathrm{P}z} = 0,$$

$$\sum \boldsymbol{M}_{\mathrm{A}} = \boldsymbol{r}_{\mathrm{AK}} \times \boldsymbol{F}_{\mathrm{K}} + \boldsymbol{r}_{\mathrm{AB}} \times \boldsymbol{F}_{\mathrm{B}} + \boldsymbol{r}_{\mathrm{AP}} \times \boldsymbol{F}_{\mathrm{P}} = \boldsymbol{0},$$

$$\begin{bmatrix} -a_2 \\ 0 \\ r_{\mathrm{K}} \end{bmatrix} \times \begin{bmatrix} 0 \\ -F_{\mathrm{K}} \\ 0 \end{bmatrix} + \begin{bmatrix} -a_2 + a_1 \\ 0 \\ 0 \end{bmatrix} \times \begin{bmatrix} 0 \\ F_{\mathrm{B}y} \\ F_{\mathrm{B}z} \end{bmatrix} + \begin{bmatrix} a_4 - a_2 \\ r_{\mathrm{P}} \\ 0 \end{bmatrix} \times \begin{bmatrix} 0 \\ -F_{\mathrm{P}} \sin 30° \\ -F_{\mathrm{P}} \cos 30° \end{bmatrix} = \begin{bmatrix} 0 \\ 0 \\ 0 \end{bmatrix},$$

$$r_{\mathrm{K}} F_{\mathrm{K}} - \tfrac{1}{2}\sqrt{3}\, r_{\mathrm{P}} F_{\mathrm{P}} = 0,$$

$$\left(a_2 - a_1\right) F_{\mathrm{B}z} + \tfrac{1}{2}\sqrt{3}\, F_{\mathrm{P}} \left(a_4 - a_2\right) = 0,$$

$$a_2 F_{\mathrm{K}} - \left(a_2 - a_1\right) F_{\mathrm{B}y} - \tfrac{1}{2} F_{\mathrm{P}} \left(a_4 - a_2\right) = 0.$$

Dieses Gleichungssystem führt auf die fünf unbekannten Kraftkomponenten

$$\boldsymbol{F}_{\mathrm{K}} = \left[0;\ -866;\ 0\right]^{\mathrm{T}}\ \mathrm{N},$$

$$\boldsymbol{F}_{\mathrm{A}} = \left[0;\ 480{,}7;\ 1082{,}5\right]^{\mathrm{T}}\ \mathrm{N}, \qquad (1)$$

$$\boldsymbol{F}_{\mathrm{K}} = \left[0;\ 635{,}3;\ -649{,}5\right]^{\mathrm{T}}\ \mathrm{N}.$$

b) Der Verlauf der Querkraftfunktionen $Q_z(x)$ und $Q_y(x)$ sowie der Momentenfunktionen $M_z(x)$ und $M_y(x)$ werden in der x,z- und x,y- Ebene getrennt berechnet. Die Gesamtbelastung der Tretlagerwelle kann dann nach den Regeln der Vektoraddition aus

$$|Q(x)| = \sqrt{Q_y^2(x) + Q_z^2(x)} \quad \text{und} \quad |M(x)| = \sqrt{M_y^2(x) + M_z^2(x)} \qquad (2)$$

ermittelt werden.

Bei Verwendung des Koordinatensystems in Bild 2.41 erhält man aus den äußeren Kräften bei Anwendung des Klammersymbols (vgl. Aufgabe 2.19) die Schnittreaktionen in der x,z-Ebene

$$Q_z(x) = -\sum_{i=1}^{n} F_{zi} \{x - \xi_i\}^0, \quad M_y(x) = \int_0^x Q(\xi)\, d\xi. \qquad (3)$$

Bei der Berechnung der Schnittreaktionen in der x,y-Ebene muss beachtet werden, dass hier $\mathrm{d}M_z(x)/\mathrm{d}x = -Q_y(x)$ gilt. Folglich muss in (3) das Vorzeichen für $M_z(x)$ umgedreht werden. Für die Schnittgrößen in der x,z-Ebene erhält man

$$\begin{aligned} Q_z(x) &= -F_{\mathrm{B}z} \{x - a_1\}^0 - F_{\mathrm{A}z} \{x - a_2\}^0 \\ &= 649{,}5 \{x - a_1\}^0 - 1082{,}5 \{x - a_2\}^0\ \mathrm{N}, \\ M_y(x) &= 649{,}5 \{x - a_1\}^1 - 1082{,}5 \{x - a_2\}^1\ \mathrm{Nm}, \end{aligned} \qquad (5)$$

und für die x,y-Ebene folgt

$$\begin{aligned} Q_y(x) &= -F_{\mathrm{K}y} \{x\}^0 - F_{\mathrm{B}y} \{x - a_1\}^0 - F_{\mathrm{A}y} \{x - a_2\}^0 \\ &= 866 - 635{,}3 \{x - a_1\}^0 - 480{,}7 \{x - a_2\}^0\ \mathrm{N}, \\ M_z(x) &= -866x + 635{,}3 \{x - a_1\}^1 + 480{,}7 \{x - a_2\}^1\ \mathrm{Nm}. \end{aligned} \qquad (6)$$

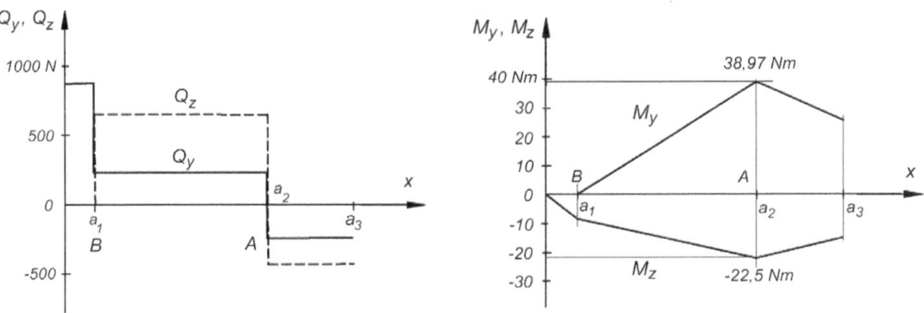

Bild 2.42 Querkraft- und Biegemomentenverlauf in der Tretlagerwelle

Die Schnittgrößenfunktionen (5) und (6) sind im Bild 2.42 für die Belastungsebenen getrennt angegeben. Aus der Funktion für die Biegemomente liest man ab, dass das maximale Biegemoment in der Tretlagerwelle am Lager A liegt. Es hat die Größe

$$M_{\max} = M_{\mathrm{A}} = \sqrt{38,97^2 + 22,5^2} = 45\,\mathrm{Nm}.$$

Aufgabe 2.26 (Bild 2.43)

Auf die Antriebswelle I des skizzierten 4-stufigen Getriebes wirkt im Stillstand das Drehmoment M_{I} = 3 Nm. Die Zahnräder des Getriebes sind als geradverzahnte Stirnräder mit dem Eingriffswinkel α = 20° ausgeführt, d. h. die Wirkungslinie der Kraftübertragung geht durch den Berührpunkt der Wälzkreise beider Zahnräder (Wälzkreisdurchmesser d) und ist um den Winkel α gegen die Tangente geneigt.

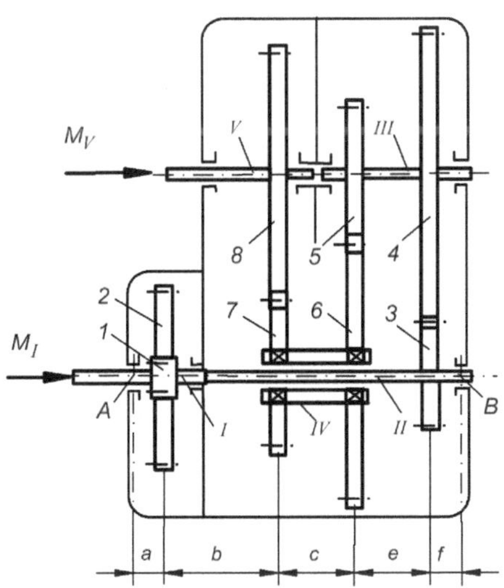

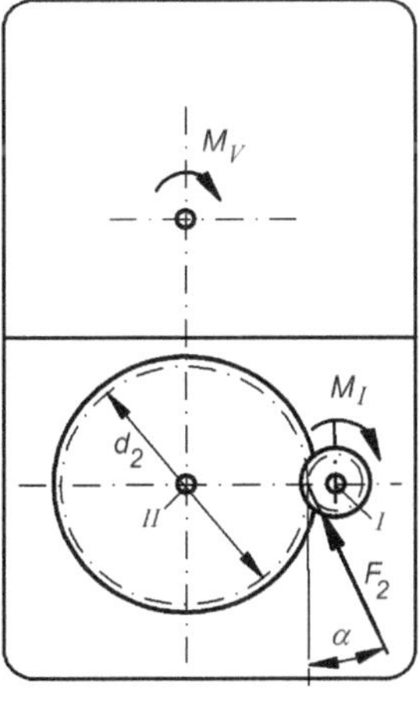

Bild 2.43 Getriebe mit 4 Zahnradstufen

a) Wie groß ist das Moment M_V an der Abtriebswelle V?

b) Wie groß sind die Kräfte auf die Lager A und B der Welle II?

c) Man bestimme den Biegemomentenverlauf für die Welle II.

Zahlenwerte: Welle II: a = 45 mm; b = 90 mm; c = 110 mm; e = 80 mm; f = 45 mm; Wälzkreisdurchmesser der Zahnräder 1 bis 8: d_1 = 35 mm; d_2 = 170 mm; d_3 = 75 mm; d_4 = 250 mm; d_5 = 85 mm; d_6 = 240 mm; d_7 = 105 mm; d_8 = 220 mm.

Lösungsanalyse: Durch Betrachtung eines Zahneingriffs zwischen zwei Wellen erkennt man leicht den einfachen Gleichungsaufbau zur schrittweisen Ermittlung der im Getriebe wirkenden Kräfte. Sind alle Zahneingriffskräfte bekannt, dann erhält man den Biegemomentenverlauf durch formale Anwendung der zuvor gezeigten Methoden: Ermittlung der Lagerreaktionen, danach Bestimmung der Querkraft- und Momentenfunktionen. Auf die zu untersuchende Welle II wirken Zahnkräfte in 2 Koordinaten-Ebenen: Die Zahnradeingriffe erzeugen Kräfte in Tangentialer und normaler Richtung. Auf die Wellenmitte bezogen haben die tangentialen Kräfte eine Einzelkraft und ein Torsionsmoment zur Folge. Für die Ermittlung der Gesamtbelastung müssen die Schnittgrößen aus den beiden Ebenen vektoriell addiert werden.

Lösung: a) Gesucht ist das Moment M_V an der Abtriebswelle V. Hierfür betrachten wir zunächst einen einzelnen Zahneingriff zwischen zwei Wellen I und II. Das Zahnrad 1 überträgt auf das Zahnrad 2 die tangential zum Wälzkreis gerichtete Umfangskraft

$$F_{U1} = M_I \frac{2}{d_1}.$$

In der Welle II wird damit das Drehmoment

$$M_{II} = F_{U1} \frac{d_2}{2} = M_I \frac{d_2}{d_1}$$

weitergeleitet. Allgemein ergibt sich damit für das Drehmoment in einer Folgewelle die Beziehung

$$M_{n+1} = M_n \frac{d_{n+1}}{d_n}. \tag{1}$$

Durch fortgesetzte Anwendung von (1) erhält man, beginnend bei Zahnrad 1, für die Abtriebswelle das Moment

$$M_V = M_I \frac{d_2}{d_1}\frac{d_4}{d_3}\frac{d_6}{d_5}\frac{d_8}{d_7} = 287{,}3\ \text{Nm}. \tag{2}$$

b) Für die Berechnung der Lagerreaktionen in Welle II wird das Bauteil vollständig von seiner Umgebung freigeschnitten. In Bild 2.44 ist die Welle II mit den einwirkenden Kräften skizziert.

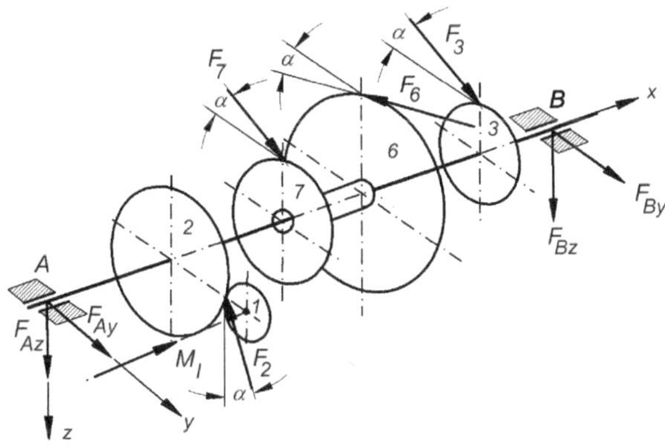

Bild 2.44 Schnittbild für Getriebewelle II

Die tangentialen Kräfte folgen aus Drehmoment und Wälzkreisradius: $F_{\mathrm{i\,tang}} = M_{\mathrm{i}}2/d_{\mathrm{i}}$ und für die Kräfte in radialer Richtung auf die Welle gilt $F_{\mathrm{i\,rad}} = F_{\mathrm{i\,tang}} \tan\alpha$. Für die einzelnen Zahnradeingriffe erhält man folgende Werte:

Zahneingriff 1-2: $F_{2z} = -M_{\mathrm{I}}\dfrac{2}{d_1} = -171{,}4\ \mathrm{N}, \quad F_{2y} = F_{2z}\tan\alpha = -62{,}4\ \mathrm{N};$

Zahneingriff 3-4: $F_{3y} = M_{\mathrm{II}}\dfrac{2}{d_3} = M_{\mathrm{I}}\dfrac{d_2}{d_1}\dfrac{2}{d_3} = F_{2z}\dfrac{d_2}{d_3} = 388{,}5\ \mathrm{N}, F_{3z} = F_{3y}\tan\alpha = 141{,}4\ \mathrm{N};$

Zahneingriff 5-6: $F_{6y} = -F_{3y}\dfrac{d_4}{d_5} = -1142{,}6\ \mathrm{N}, \quad F_{6z} = -F_{6y}\tan\alpha = 415{,}9\ \mathrm{N};$

Zahneingriff 7-8: $F_{7y} = -F_{6y}\dfrac{d_6}{d_7} = 2611{,}7\ \mathrm{N}, \quad F_{7z} = F_{7y}\tan\alpha = 950{,}6\ \mathrm{N}.$

Damit sind die äußeren Kräfte auf die Welle II bekannt. Die Lagerreaktionen $\boldsymbol{F}_{\mathrm{A}}$ und $\boldsymbol{F}_{\mathrm{B}}$ folgen aus den Gleichgewichtsbedingungen der freigeschnittenen Welle II zu

$$\boldsymbol{F}_{\mathrm{A}} = [0;\ -1266;\ -611]^{\mathrm{T}}\ \mathrm{N}, \quad \boldsymbol{F}_{\mathrm{B}} = [0;\ -530;\ -726]^{\mathrm{T}}\ \mathrm{N}, \tag{3}$$

mit den Beträgen $F_{\mathrm{A}} = \sqrt{F_{\mathrm{A}y}^2 + F_{\mathrm{A}z}^2} = 1405{,}7\ \mathrm{N}$ und $F_{\mathrm{B}} = \sqrt{F_{\mathrm{B}y}^2 + F_{\mathrm{B}z}^2} = 898{,}9\ \mathrm{N}$.

c) Der Biegemomentenverlauf in der Welle II wird in den Ebenen x,z und x,y zunächst getrennt bestimmt und danach zur Ermittlung der Gesamtbeanspruchung vektoriell addiert. In der x,z-Ebene erhält man die Funktion $M_y(x)$ aus

$$Q_z(x) = -\sum_{i=1}^{n} F_{zi}\{x-\xi_i\}^0, \quad M_y(x) = \int_0^x Q(\xi)\,d\xi = -\sum_{i=1}^{n} F_{zi}\{x-\xi_i\}^1,$$

mit dem Ergebnis

$$\begin{aligned} M_y(x) &= -F_{Az}x - F_{2z}\{x-a\}^1 - F_{7z}\{x-a-b\}^1 - F_{6z}\{x-a-b-c\}^1 - F_{3z}\{x-a-b-c-e\}^1 \\ &= 611x + 171\{x-0{,}045\}^1 - 951\{x-0{,}135\}^1 - 416\{x-0{,}245\}^1 - 141\{x-0{,}325\}^1 \text{ Nm}. \end{aligned} \tag{4}$$

In der x,y-Ebene erhält man $M_z(x)$ aus

$$Q_y(x) = -\sum_{i=1}^{n} F_{yi}\{x-\xi_i\}^0, \quad M_z(x) = -\int_0^x Q_y(\xi)\,d\xi = \sum_{i=1}^{n} F_{yi}\{x-\xi_i\}^1,$$

mit dem Ergebnis

$$\begin{aligned} M_z(x) &= F_{Ay}x + F_{2y}\{x-a\}^1 + F_{7y}\{x-a-b\}^1 + F_{6y}\{x-a-b-c\}^1 + F_{3y}\{x-a-b-c-e\}^1 \\ &= -1266x - 62\{x-0{,}045\}^1 + 2612\{x-0{,}135\}^1 - 1143\{x-0{,}245\}^1 + 389\{x-0{,}325\}^1 \text{ Nm}. \end{aligned} \tag{5}$$

Die Funktionen (4) und (5) sind in Bild 2.45 dargestellt. Der Betrag des in den einzelnen Querschnitten wirkenden gesamten Biegemomentes erhält man aus

$$|M(x)| = \sqrt{M_z^2(x) + M_y^2(x)}\ .$$

Das maximale Biegemoment beträgt $M_{max} = 201{,}8$ Nm. Es wirkt am Ort des Zahnrades 7.

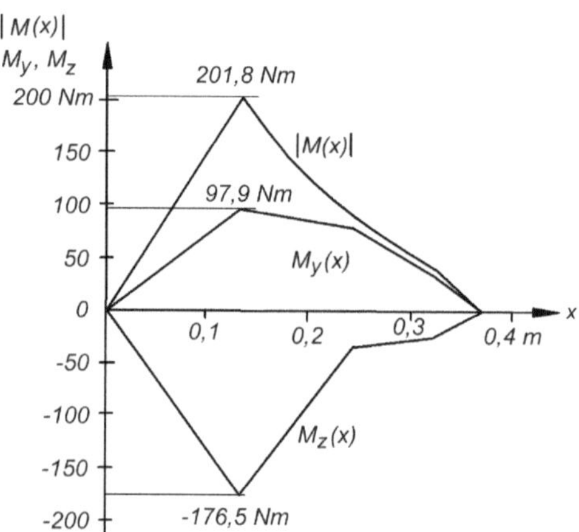

Bild 2.45 Biegemomente in Getriebewelle II

Aufgabe 2.27 (Bild 2.46)

Drei gleiche, gebogene Balkenelemente sind durch 3 Gelenke A, B, C zu einem Vollkreis zusammengefügt. Dieser Kreisring wird durch zwei gleichgroße, radial am Umfang angreifende Kräfte $\boldsymbol{F}$ belastet.

a) Wie groß sind die in den Gelenken übertragenen Kräfte?

b) Für das Bogenelement 1 bestimme man Querkraft, Längskraft und Biegemoment entlang der Bogenachse und skizziere ihren Verlauf für den Kraftangriff bei $\alpha = 15°$.

c) Für welchen Kraftangriffswinkel α und an welcher Stelle des Rings nimmt der Extremwert des Biegemomentes im Kreisring seinen kleinsten Betrag an?

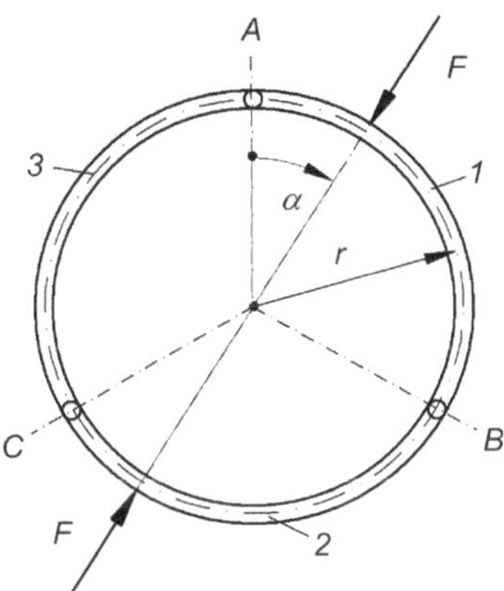

Bild 2.46 Ring mit 3 Gelenken

Lösungsanalyse: Die Lagerreaktionen in den Gelenken findet man durch einzelne Freischnitte der drei Bogenelemente in den Gelenkpunkten. Für sechs Unbekannte können sechs skalare Gleichgewichtsbedingungen formuliert werden. Für die Beschreibung der Schnittreaktionen wird im Bogenelement 1 ein begleitendes Koordinatensystem x,y,z eingeführt, dessen x-Achse immer tangential zur Balkenachse liegt. Damit werden die Schnittgrößen in Abhängigkeit eines Winkels φ dargestellt. Dieser Winkel beschreibt die Schnittebene vom Gelenk A ausgehend mit Bezug auf den Bogenmittelpunkt.

Lösung: a) Zur Bestimmung der sechs Gelenkkräfte werden die Bogenelemente in den Gelenken freigeschnitten (Bild 2.47 a). Aus den Gleichgewichtsbedingungen für die einzelnen Bogenelemente erhält man für

$$\text{Bogen 1:} \quad \sum F_x = F_{\mathrm{AH}} + F_{\mathrm{BH}} - F\sin\alpha = 0,$$

$$\sum F_y = F_{\mathrm{AV}} + F_{\mathrm{BV}} - F\cos\alpha = 0,$$

$$\text{Bogen 2:} \quad \sum M_{\mathrm{C}z} = -\sqrt{3}\,rF_{\mathrm{BV}} + rF\sin\left(60° - \alpha\right) = 0,$$

$$\text{Bogen 3:} \quad \sum F_x = F_{\mathrm{CH}} - F_{\mathrm{AH}} = 0,$$

$$\sum F_y = F_{\mathrm{CV}} - F_{\mathrm{AV}} = 0,$$

$$\sum M_{\mathrm{A}z} = -\tfrac{1}{2}\sqrt{3}\,rF_{\mathrm{CV}} + \tfrac{3}{2}rF_{\mathrm{CH}} = 0.$$

Die Auflösung nach den sechs Gelenkkräften ergibt

$$\begin{aligned}
F_{\mathrm{AH}} &= \tfrac{1}{6}\sqrt{3}\,F\left(\cos\alpha + \tfrac{1}{3}\sqrt{3}\sin\alpha\right),\\
F_{\mathrm{AV}} &= \tfrac{1}{2}F\left(\cos\alpha + \tfrac{1}{3}\sqrt{3}\sin\alpha\right),\\
F_{\mathrm{BH}} &= \tfrac{1}{6}F\left(5\sin\alpha - \sqrt{3}\cos\alpha\right),\\
F_{\mathrm{BV}} &= \tfrac{1}{2}F\left(\cos\alpha - \tfrac{1}{3}\sqrt{3}\sin\alpha\right),\\
F_{\mathrm{CH}} &= F_{\mathrm{AH}},\\
F_{\mathrm{CV}} &= F_{\mathrm{AV}}.
\end{aligned} \qquad (1)$$

b) Die Schnittreaktionen werden in einem den Bogen begleitenden x,y,z-Koordinatensystem beschrieben, dessen x-Achse immer tangential zur Balkenachse liegt und dessen z-Achse stets zum Bogenmittelpunkt gerichtet ist (Bild 2.47 b). Die Schnittreaktionen erhält man durch Schneiden des Ringelementes in den beiden Belastungsfeldern I: $0 \le \varphi < \alpha$ und II: $\alpha \le \varphi \le 120°$ und Aufstellen der Gleichgewichtsbedingungen. Hierbei gelten für die Schnittreaktionen die gleichen Vorzeichen wie bei einem geraden Balken.

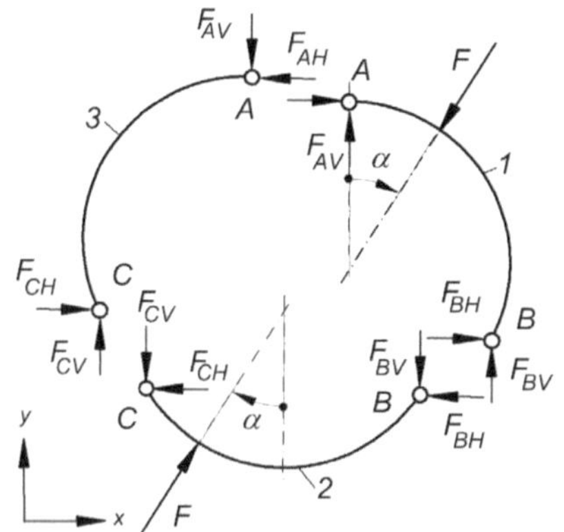

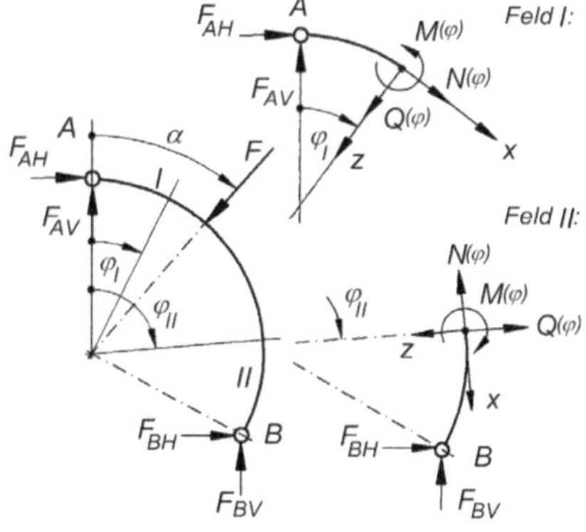

Bild 2.47 a) Schnittbilder für Lagerreaktionen b) Schnittbilder für Schnittgrößen im Element AB

Nach Bild 2.47 b) lauten die Gleichgewichtsbedingungen im Bereich $0 \le \varphi < \alpha$:

$$\begin{aligned}
\sum F_z &= Q(\varphi) - F_{\mathrm{AV}}\cos\varphi - F_{\mathrm{AH}}\sin\varphi = 0,\\
\sum F_x &= N(\varphi) - F_{\mathrm{AV}}\sin\varphi + F_{\mathrm{AH}}\cos\varphi = 0,\\
\sum M_y &= M(\varphi) - rF_{\mathrm{AV}}\sin\varphi - rF_{\mathrm{AH}}\left(1-\cos\varphi\right) = 0.
\end{aligned} \qquad (2)$$

und im Bereich $\alpha \le \varphi \le 120°$:

$$\begin{aligned}
\sum F_z &= -Q(\varphi) - F_{\mathrm{BV}}\cos\varphi - F_{\mathrm{BH}}\sin\varphi = 0,\\
\sum F_x &= -N(\varphi) - F_{\mathrm{BV}}\sin\varphi + F_{\mathrm{BH}}\cos\varphi = 0,\\
\sum M_y &= -M(\varphi) + rF_{\mathrm{BV}}\left(\tfrac{1}{2}\sqrt{3} - \sin\varphi\right) + rF_{\mathrm{BH}}\left(\tfrac{1}{2} + \cos\varphi\right) = 0.
\end{aligned} \qquad (3)$$

Aus (2) folgen damit die Schnittreaktionen im Bogenelement 1 im Bereich $0 \le \varphi < \alpha$:

$$\begin{aligned} Q(\varphi) &= \tfrac{1}{2}F\left(\cos\alpha + \tfrac{1}{3}\sqrt{3}\sin\alpha\right)\left(\cos\varphi + \tfrac{1}{3}\sqrt{3}\sin\varphi\right), \\ N(\varphi) &= \tfrac{1}{2}F\left(\cos\alpha + \tfrac{1}{3}\sqrt{3}\sin\alpha\right)\left(\sin\varphi - \tfrac{1}{3}\sqrt{3}\cos\varphi\right), \\ M(\varphi) &= \tfrac{1}{2}rF\left(\cos\alpha + \tfrac{1}{3}\sqrt{3}\sin\alpha\right)\left[\sin\varphi + \tfrac{1}{3}\sqrt{3}\left(1-\cos\varphi\right)\right]. \end{aligned} \tag{4}$$

Im Bereich $\alpha \le \varphi \le 120°$ lauten die Schnittreaktionen im Bogenelement 1 nach (3):

$$\begin{aligned} Q(\varphi) &= -\tfrac{1}{2}F\left[\cos(\alpha-\varphi) - \tfrac{1}{3}\sqrt{3}\sin(\alpha+\varphi) + \tfrac{2}{3}\sin\alpha\sin\varphi\right], \\ N(\varphi) &= \tfrac{1}{2}F\left[\sin(\alpha-\varphi) - \tfrac{1}{3}\sqrt{3}\cos(\alpha+\varphi) + \tfrac{2}{3}\sin\alpha\cos\varphi\right], \\ M(\varphi) &= \tfrac{1}{2}rF\left[\sin(\alpha-\varphi) - \tfrac{1}{3}\sqrt{3}\cos(\alpha+\varphi) + \tfrac{1}{3}\sqrt{3}\cos\alpha + \tfrac{2}{3}\sin\alpha\cos\varphi + \tfrac{1}{3}\sin\alpha\right]. \end{aligned} \tag{5}$$

Im Bild 2.48 sind die Schnittreaktionen (4) und (5) im Bogenelement 1 für $\alpha = 15°$ dargestellt.

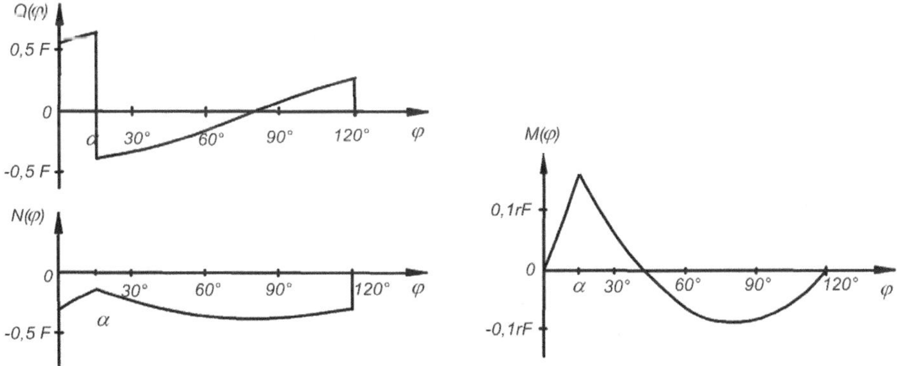

Bild 2.48 Schnittreaktionen im Bogenelement 1 für den Kraftangriffswinkel $\alpha = 15°$

c) Zunächst werden die Biegemomente in den Ringelementen 1 und 2 betrachtet. Für die vergleichbaren Elemente 1 und 2 werden die Extremwerte der Biegemomente aus (4) und (5) bestimmt. Extremwerte können dabei entweder als Unstetigkeitsstelle am Angriffspunkt der Kraft ***F*** oder bei dem Winkel φ_m auftreten, für den gilt

$$\left[\frac{d}{d\varphi}M(\varphi)\right]_{\varphi=\varphi_m} = Q(\varphi=\varphi_m) = 0. \tag{6}$$

Dies ist für beide Bereiche $0 \le \varphi < \alpha$ und $\alpha \le \varphi \le 120°$ zu untersuchen, wobei aus Symmetriegründen α nur zwischen $0 \le \alpha \le 60°$ betrachtet werden muss. Man erhält aus (6) mit (4) und (5) folgende Winkelangaben für φ_m:

$0 \le \varphi < \alpha$:

$$\left(\cos\alpha + \frac{1}{3}\sqrt{3}\sin\alpha\right)\left(\cos\varphi_{\mathrm{m}} + \frac{1}{3}\sqrt{3}\sin\varphi_{\mathrm{m}}\right) = 0,\ \tan\varphi_{\mathrm{m}} = -\sqrt{3},\ \varphi_{\mathrm{m}} = 120°. \tag{7}$$

$\alpha \le \varphi \le 120°$:

$$-\cos\left(\alpha - \varphi_{\mathrm{m}}\right) + \frac{1}{3}\sqrt{3}\sin\left(\alpha + \varphi_{\mathrm{m}}\right) - \frac{2}{3}\sin\alpha\sin\varphi_{\mathrm{m}} = 0,\quad \tan\varphi_{\mathrm{m}} = \frac{3 - \sqrt{3}\tan\alpha}{\sqrt{3} - 5\tan\alpha}. \tag{8}$$

Das Ergebnis (7) liegt außerhalb des Geltungsbereiches $0 \le \varphi < \alpha$. In diesem Bereich ist folglich der Extremwert von $M(\varphi)$ ein Randwert am Ort des Kraftangriffspunktes $\varphi = \alpha$. Die Untersuchung der Funktion (8) zeigt, dass der Geltungsbereich von $\varphi = \varphi_{\mathrm{m}}$ nur für den Kraftangriffswinkel $0 \le \alpha \le 30°$ möglich ist. Die Ergebnisse für das Bogenelement 2 entsprechen den Resultaten für 1, wobei die Variable α durch die Variable $(60° - \alpha)$ zu ersetzen ist. Das maximale Biegemoment im Bogenelement 3 liegt immer in seiner Symmetrieebene. Da die Kräfte $\boldsymbol{F}_{\mathrm{A}}$ und $\boldsymbol{F}_{\mathrm{C}}$ immer auf der Verbindungslinie AC liegen, lässt sich das maximale Biegemoment $M_{3\max}$ sofort angeben

$$M_{3\max} = M_3\left(\varphi = 60°\right) = \frac{1}{2} r F_{\mathrm{A}} = \frac{1}{6} r F\left(\sqrt{3}\cos\alpha + \sin\alpha\right). \tag{9}$$

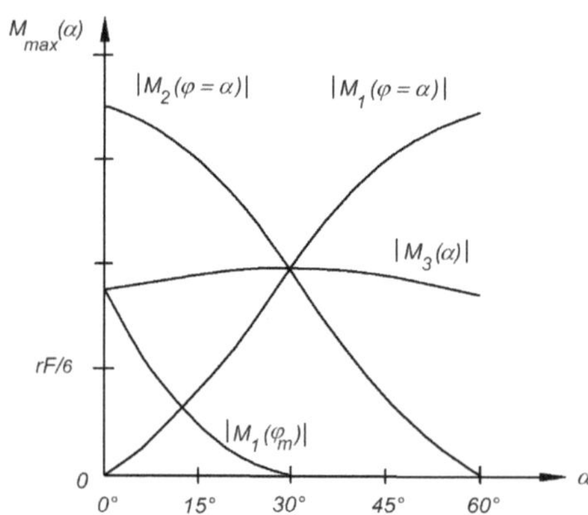

Bild 2.49 Extremwerte der Biegemomente in den Kreisringelementen 1, 2 und 3 in Abhängigkeit des Kraftangriffswinkels α

Im Bild 2.49 sind alle Kandidaten für die maximalen Biegemomente im gesamten Ring in Abhängigkeit des Angriffswinkels α skizziert. Dabei wurden für die Bogenelemente 1 und 2 die Gleichungen (4) und (5) am Kraftangriffspunkt mit $\varphi = \alpha$, sowie an der Stelle $\varphi = \varphi_{\mathrm{m}}$ ausgewertet.

Für das Element 3 wurde die Gleichung (9) ausgewertet. Aus Bild 2.49 liest man ab, dass für den Kraftangriffswinkel $\alpha = 30°$ das größte Biegemoment im Kreisring seinen kleinsten Wert annimmt zu: $\left(M_{\max}\right)_{\min} = rF/3$. Es tritt gleichzeitig an den beiden Kraftangriffspunkten und in der Symmetrieachse des Elementes 3 auf.

Aufgabe 2.28 (Bild 2.50)

Ein Fachwerk aus 5 gleichlangen Stäben S_1 bis S_5 (Länge a) trägt zusätzlich die Rollen eines Seilzuges, der mit der Kraft F belastet ist. Alle Rollen sind reibungsfrei gelagert. Die Rollenradien betragen: $r_1 = r_2 = a/4$, $r_3 = a/8$.

a) Wie groß sind die Lagerreaktionen in den Lagern A, B und C?

b) Wie groß ist die Kraft im Fachwerkstab AD?

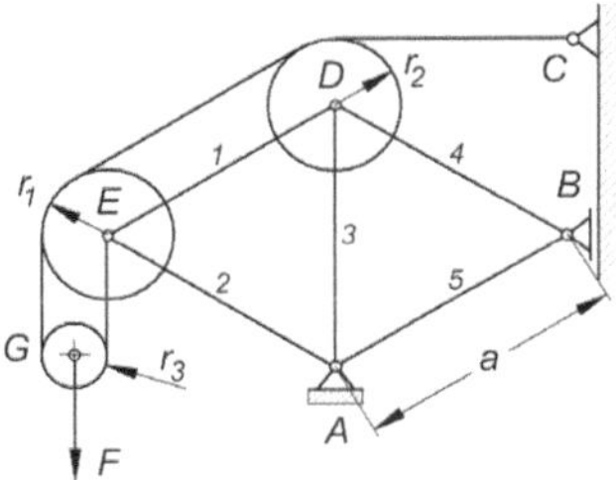

Bild 2.50 Fachwerk mit Seilzug

Lösungsanalyse: Für die Ermittlung der 4 unbekannten Lagerreaktionen (jeweils eine bei B und C und zwei im Lager A) wird das ganze System frei geschnitten. Für die 4 Unbekannten stehen aber nur 3 Gleichgewichtsbedingungen zur Verfügung. Eine 4. Gleichung erhält man, wenn man die Rolle G frei schneidet. Für die Ermittlung der Stabkraft S_3 wird ein geschlossener Schnitt durch die Lager A und B, sowie durch die Stäbe 2, 3 und 4 geführt. Die 3 erforderlichen Schnittführungen sind im Bild 2.51 dargestellt. Die Gleichgewichtsbedingungen aus den drei Schnittbildern reichen aus zur Lösung der 5 Unbekannten. Die Schnittkräfte im Stabwerk werden sinnvoller Weise im Schnittbild immer als Zugkräfte angenommen. Ergibt die Rechnung ein negatives Vorzeichen, dann handelt es sich um einen Druckstab.

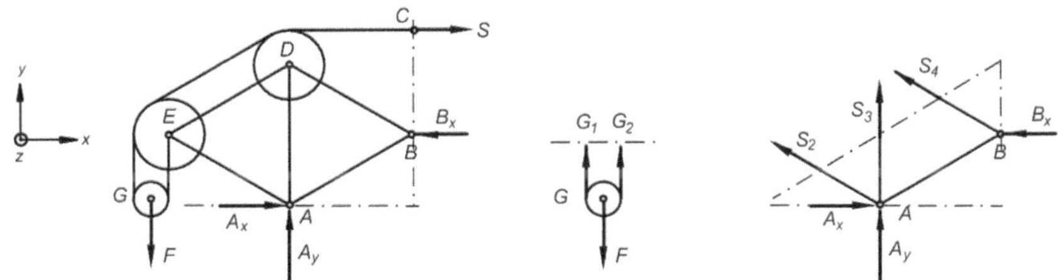

Bild 2.51 Schnittbilder zur Ermittlung der Lagerreaktionen und der Stabkraft S_3

Lösung: Aus dem ersten Schnittbild in Bild 2.51 liest man folgende Gleichgewichtsbedingungen im skizzierten Koordinatensystem ab:

$$\begin{aligned} \sum M_{\mathrm{Az}} &= B_{\mathrm{x}} \tfrac{a}{2} - S \tfrac{5}{4} a + F(a \cos 30^\circ + \tfrac{a}{8}) = 0, \\ \sum F_{\mathrm{x}} &= A_{\mathrm{x}} - B_{\mathrm{x}} + S = 0, \\ \sum F_{\mathrm{y}} &= A_{\mathrm{y}} - F = 0. \end{aligned} \tag{1}$$

Die Seilkraft folgt direkt aus der herausgeschnittenen Rolle G:

$$\sum M_{Gz} = -G_1 r_3 + G_2 r_3 = 0,$$
$$\sum F_z = G_1 + G_2 - F = 0, \tag{2}$$
$$G_1 = G_2 = \tfrac{1}{2} F .$$

Da alle Rollen als reibungsfrei gelten, ist die Seilkraft im gesamten Seilzug überall gleich groß

$$S = \tfrac{1}{2} F. \tag{3}$$

Aus (1) und (3) folgen jetzt die Lagerreaktionen

$$A_x = -1{,}23205\,F,$$
$$A_y = F, \tag{4}$$
$$B_x = -\,0{,}7321\,F.$$

Für die Stabkraft S_3 erhält man aus dem dritten Schnittbild

$$\sum M_{Az} = B_x \tfrac{a}{2} + S_4\, a \cos 30° = 0,$$
$$\sum F_x = A_x - B_x - S_2 \cos 30° - S_4 \cos 30° = 0, \tag{5}$$
$$\sum F_y = A_y + S_2 \sin 30° + S_3 + S_4 \sin 30° = 0,$$

mit der Lösung

$$S_3 = -\,0{,}71132\,F.$$

Der Stab S_3 ist ein Druckstab.

Aufgabe 2.29 (Bild 2.52)

Das skizzierte Fachwerk wird durch die beiden Kräfte $\boldsymbol{F}_1$ und $\boldsymbol{F}_2$ belastet.

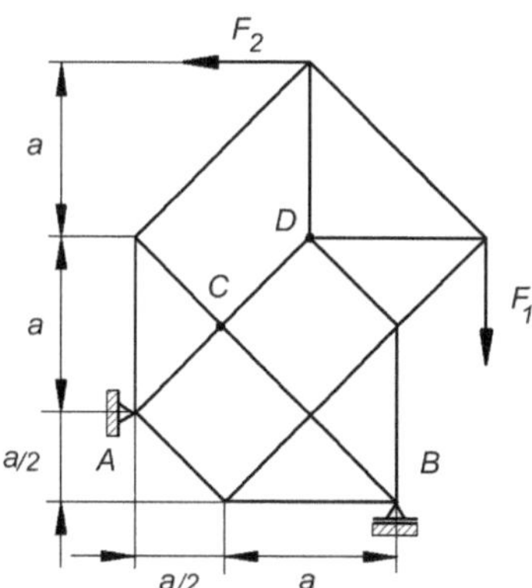

Bild 2.52 Fachwerk

a) Wie groß darf die Kraft $\boldsymbol{F}_1$ bei $\boldsymbol{F}_2 = 6000$ N höchstens werden, wenn die Druckkraft auf den inneren Fachwerkstab CD den Betrag von 7500 N nicht überschreiten darf?

b) Wie groß sind bei der unter a) ermittelten Belastung die Kräfte in allen Fachwerkstäben?

Lösungsanalyse: Bei Fachwerksanalysen in der Statik müssen zunächst die Schnittgrößen in den Lagern ermittelt werden. Stabkräfte werden mit dem Schnittverfahren nach RITTER bestimmt. Bei jeder Schnittführung entstehen dabei in ebenen Systemen bis zu 3 zusätzliche Gleichungen. Die Schnitte sind so zu legen, dass die Zahl der unbekannten Schnittreaktionen schließlich gleich der Zahl der Gleichungen ist (Gleichungsbilanz). Das vorliegende Fachwerk ist so aufgebaut, dass ein Schnitt nicht ausreicht, die Stabkraft im Stab CD zu ermitteln. Es ist nicht „einfach abbrechbar". Es müssen deshalb mehrere Schnitte geführt werden.

Für die Ermittlung der Kräfte in den übrigen Fachwerkstäben wird eine zeichnerische Lösung gewählt. Die gezeigte Anwendung des CREMONA-Planes soll darauf hinweisen, wie mit einer zeichnerischen Lösung sehr schnell alle Stäbe eines ebenen Fachwerks auf Belastung untersucht werden können. Die Skizze des CREMONA-Plans bietet darüber hinaus eine schnelle Kontrolle numerisch berechneter Fachwerkstäbe.

Lösung: a) Zunächst werden die Lagerreaktionen berechnet. Nach Freischneiden des gesamten Fachwerks liest man aus Bild 2.53 für die Gleichgewichtsbedingungen ab

$$\sum F_x = F_{Ax} - F_2 = 0,$$
$$\sum F_y = F_{Ay} + F_{By} - F_1 = 0,$$
$$\sum M_{Az} = \tfrac{3}{2} a F_{By} - 2a F_1 + 2a F_2 = 0.$$

Daraus folgen die Lagerreaktionen

$$F_{Ax} = F_2,\quad F_{Ay} = \tfrac{4}{3} F_2 - \tfrac{1}{3} F_1,\quad F_{By} = \tfrac{4}{3}(F_1 - F_2). \tag{1}$$

Zur Ermittlung der Stabkraft $F_{CD} = F_{S3}$ müssen zwei Schnitte I und II (Bild 2.53) geführt werden, damit ausreichend viele Gleichungen für die auftretenden sechs Unbekannten zur Verfügung stehen. In den Schnittbildern werden die unbekannten Stabkräfte zweckmäßigerweise immer als Zugkräfte eingetragen. Im Ergebnis weist dann eine positive Kraft auf einen Zugstab und eine negative auf einen Druckstab.

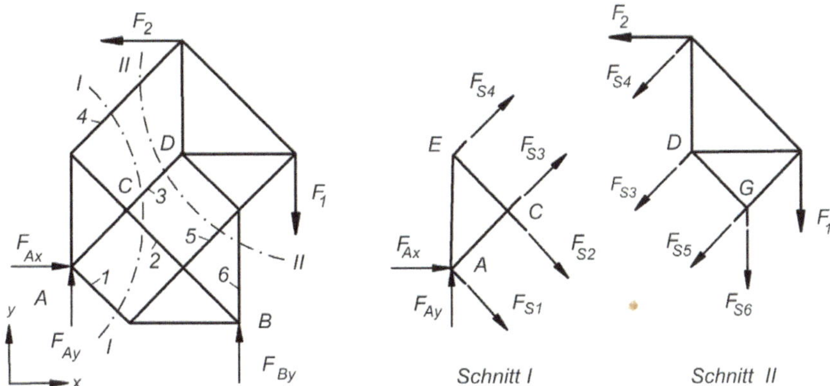

Bild 2.53 Freigeschnittenes Fachwerk und Schnittführungen für Stab CD

Aus den Schnittbildern in Bild 2.53 liest man die Gleichgewichtsbedingungen ab, wobei man zur Vereinfachung der Gleichungsstruktur möglichst Momentengleichungen aufstellt

$$\begin{aligned}
&\sum F_{(\mathrm{ACE})y} = F_{\mathrm{A}y} + \frac{1}{\sqrt{2}}\left(F_{\mathrm{S}3} + F_{\mathrm{S}4} - F_{\mathrm{S}1} - F_{\mathrm{S}2}\right) = 0, \\
&\sum M_{\mathrm{A}z} = -\frac{1}{\sqrt{2}} aF_{\mathrm{S}4} - \frac{1}{\sqrt{2}} aF_{\mathrm{S}2} = 0, \\
&\sum M_{\mathrm{E}z} = -\frac{1}{\sqrt{2}} aF_{\mathrm{S}3} + \frac{1}{\sqrt{2}} aF_{\mathrm{S}1} + aF_{\mathrm{A}x} = 0, \\
&\sum M_{\mathrm{G}z} = \frac{3}{2} aF_2 - \frac{1}{2} aF_1 + \sqrt{2} aF_{\mathrm{S}4} + \frac{1}{\sqrt{2}} aF_{\mathrm{S}3} = 0.
\end{aligned} \tag{2}$$

Diese Gleichungen reichen zur Elimination der Kräfte $F_{\mathrm{S}1}$, $F_{\mathrm{S}2}$ und $F_{\mathrm{S}4}$ und zur Bestimmung von $F_{\mathrm{CD}} = F_{\mathrm{S}3}$ aus

$$F_{\mathrm{S}3} = -\frac{\sqrt{2}}{6}\left(F_1 + 5F_2\right). \tag{3}$$

Mit der Bedingung für den Druckstab CD: $\left|F_{\mathrm{S}3}\right| \leq 7500\,\mathrm{N}$ und $F_2 = 6000\,\mathrm{N}$ erhält man aus (3) für F_1 den Maximalwert

$$-7500 = -\frac{\sqrt{2}}{6}\left(F_{1\max} + 5\cdot 6000\right), \quad F_{1\max} = 1820\,\mathrm{N}. \tag{4}$$

b) Die übrigen Stabkräfte werden mit Hilfe des CREMONA-Plans ermittelt. In dieser sehr rasch zu skizzierenden zeichnerischen Lösung werden für jeden Knoten für die angeschlossenen Stäbe und Lager Kraftecke gezeichnet. Alle Kraftecke fügen sich zu einem übersichtlichen Gesamtplan zusammen, wenn sie für jeden Knoten aus den dort wirkenden Kräften im gleichen Umfahrungssinn aufgebaut werden. Auch im Krafteck für die äußeren Kräfte ist dieser Umlaufsinn zu wählen. Parallel zum CREMONA-Plan wird ein Lageplan des Fachwerks (Bild 2.54 a) skizziert mit dem Eintrag der Stabnummern und der jeweiligen Belastungsart des Stabes, so wie sie sich aus dem Plan ergibt. Pfeile zum Knoten hin kennzeichnen Druckstäbe und Pfeile vom Knoten fort Zugstäbe.

Zu Beginn müssen die Lagerreaktionen ermittelt werden. Sie sind mit (1) bekannt. Mit dem Aufbau des CREMONA-Plans kann außerdem nur dann begonnen werden, wenn mindestens ein Knoten im Fachwerk vorliegt, an dem nur zwei unbekannte Stabkräfte gesucht werden. Andernfalls müssen zunächst Stabkräfte rechnerisch ermittelt werden. Dieser Fall liegt hier vor. Die Stabkraft $F_{\mathrm{S}1}$ (Bild 2.53) wird deshalb aus der dritten Gleichung von (2) mit der Vorgabe $F_{\mathrm{S}3} = -7500\,\mathrm{N}$ ermittelt

$$\sum M_{\mathrm{E}z} = -\frac{1}{\sqrt{2}} aF_{\mathrm{S}3} + \frac{1}{\sqrt{2}} aF_{\mathrm{S}1} + aF_{\mathrm{A}x} = 0, \quad F_{\mathrm{S}1} = -985\,\mathrm{N}.$$

Damit kann die Skizze des CREMONA-Plans, beginnend mit dem Krafteck der Lagerreaktionen und der äußeren Kräfte, im Knotenpunkt A begonnen werden. Im Bild 2.54 b) sind die Kräfte so aneinander gefügt, dass der Umlaufsinn an den Knoten stets dem Uhrzeigersinn entspricht.

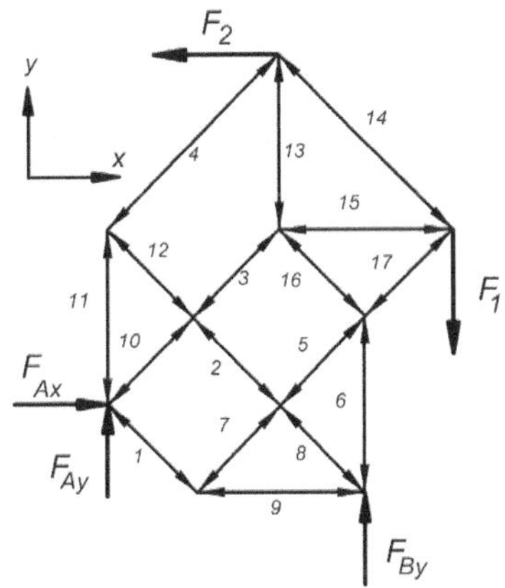

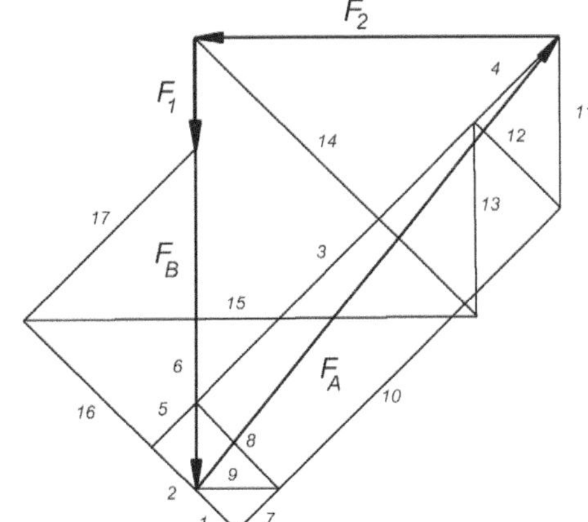

Bild 2.54 a) Lageplan des Fachwerks b) CREMONA-Plan für das Fachwerk

Aus dem CREMONA-Plan liest man die Stabkräfte aus Tabelle 2.1 ab.

Tabelle 2.1 Stabkräfte im Fachwerk (+ Zugstab, - Druckstab)

Stab Nr.	F_S [N]	Stab Nr.	F_S [N]	Stab Nr.	F_S [N]	Stab Nr.	F_S [N]
1	–985	6	4180	11	–2786	16	2956
2	1970	7	985	12	1970	17	3941
3	–7500	8	1970	13	–3214		
4	–1970	9	–1393	14	6515		
5	985	10	–7500	15	–7393		

Aufgabe 2.30 (Bild 2.55 a)

Das skizzierte Fachwerk ABCE trägt eine Hubvorrichtung auf dem Auslegerstab ED, der durch das Seil CD gehalten wird. Die maximale Hubkraft beträgt G = 4000 N. Die Hubvorrichtung soll möglichst weit auskragen.

Wie groß muss der Winkel α sein, wenn in keinem Stab eine Zug- oder Druckkraft von mehr als $2G$ auftreten darf?

Lösungsanalyse: Zur Untersuchung der Stäbe des Fachwerks sind zunächst die Lagerreaktionen zu ermitteln, danach die äußeren Lasten auf das Fachwerk durch die Hubvorrichtung. Da das Fachwerk einfach aufgebaut ist (es ist einfach abbrechbar), können die Stabkräfte durch fortlaufende Anwendung des Schnittprinzips auf jeden einzelnen Knoten ermittelt werden.

***Lösung*:** Die Lagerreaktionen erhält man aus den Gleichgewichtsbedingungen für das in A und B frei geschnittene System (Bild 2.55 a: Für die Ermittlung der Lagerreaktionen in A und B sind Schnitte durch C und E nicht erforderlich)

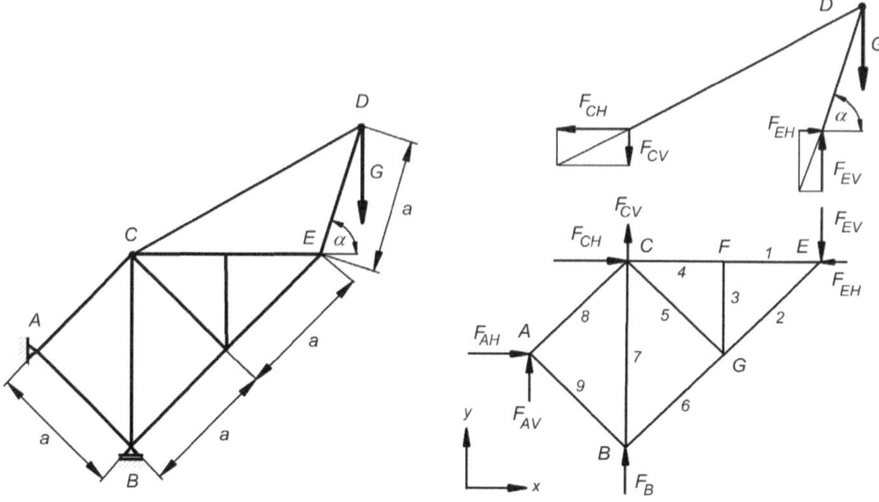

Bild 2.55 a) Fachwerk mit Hubvorrichtung b) Schnittbilder für das Fachwerk

$$\begin{aligned} \sum F_x &= F_{\mathrm{AH}} = 0, \\ \sum F_y &= F_{\mathrm{AV}} + F_{\mathrm{B}} - G = 0, \\ \sum M_{\mathrm{A}z} &= \frac{1}{\sqrt{2}} aF_{\mathrm{B}} - aG\left(\frac{3}{\sqrt{2}} + \cos\alpha\right) = 0, \end{aligned} \tag{1}$$

mit der Lösung

$$F_{\mathrm{AH}} = 0, \quad F_{\mathrm{AV}} = -G\left(2+\sqrt{2}\cos\alpha\right), \quad F_{\mathrm{B}} = G\left(3+\sqrt{2}\cos\alpha\right). \tag{2}$$

Die äußeren Kräfte $\boldsymbol{F}_{\mathrm{C}}$ und $\boldsymbol{F}_{\mathrm{E}}$ auf das Fachwerk erhält man aus den Gleichgewichtsbedingungen für das obere Schnittbild von Bild 2.55 b):

$$\begin{aligned} \sum F_{(\mathrm{CED})x} &= -F_{\mathrm{CH}} + F_{\mathrm{EH}} = 0, \\ \sum F_{(\mathrm{CED})y} &= -F_{\mathrm{CV}} + F_{\mathrm{EV}} - G = 0, \\ \sum M_{\mathrm{C(CED)}z} &= \sqrt{2} aF_{\mathrm{EV}} - aG\left(\sqrt{2} + \cos\alpha\right) = 0, \end{aligned}$$

mit der Lösung

$$\begin{aligned} &F_{\mathrm{EV}} = G\left(1+\frac{1}{\sqrt{2}}\cos\alpha\right), \quad F_{\mathrm{EH}} = \frac{1}{\tan\alpha} F_{\mathrm{EV}} = \frac{G}{\tan\alpha}\left(1+\frac{1}{\sqrt{2}}\cos\alpha\right), \\ &F_{\mathrm{CV}} = \frac{G}{\sqrt{2}}\cos\alpha, \quad F_{\mathrm{CH}} = F_{\mathrm{EH}}. \end{aligned} \tag{3}$$

Die Stabkräfte werden für die einzelnen herausgeschnittenen Knoten aus den Kraftgleichgewichtsbedingungen bestimmt. Da ausschließlich zentrale Kräftesysteme vorliegen, liefern Momentengleichgewichtsbedingungen keine Informationen. Alle Stäbe werden als Zugstäbe angenommen. Das Vorzeichen im Ergebnis entspricht dann der Vorzeichenkonvention: Zugstäbe +, Druckstäbe -. Mit den Knotenpunkts- und Stabbezeichnungen nach Bild 2.55 b) erhält man folgende Gleichungen für die Knotenpunkte und als Lösung die Stabkräfte.

Knotenpunkt E:

$$\sum F_{(\mathrm{E})x} = -F_{\mathrm{EH}} - F_{\mathrm{S1}} - \frac{1}{\sqrt{2}} F_{\mathrm{S2}} = 0,$$

$$\sum F_{(\mathrm{E})y} = -F_{\mathrm{EV}} - \frac{1}{\sqrt{2}} F_{\mathrm{S2}} = 0,$$

mit der Lösung:

$$F_{\mathrm{S1}} = G\left(1 + \frac{1}{\sqrt{2}}\cos\alpha\right)\left(1 - \frac{1}{\tan\alpha}\right), \quad F_{\mathrm{S2}} = -G\left(\sqrt{2} + \cos\alpha\right). \tag{4}$$

Knotenpunkt F:

$$\sum F_{x(\mathrm{F})} = F_{\mathrm{S4}} - F_{\mathrm{S1}} = 0,$$

$$\sum F_{y(\mathrm{E})} = -F_{\mathrm{S3}} = 0,$$

mit der Lösung:

$$F_{\mathrm{S3}} = 0, \quad F_{\mathrm{S4}} = F_{\mathrm{S1}} = G\left(1 + \frac{1}{\sqrt{2}}\cos\alpha\right)\left(1 - \frac{1}{\tan\alpha}\right). \tag{5}$$

Knotenpunkt G:

mit $F_{\mathrm{S3}} = 0$ liest man aus Bild 2.55 b) am Knoten G direkt ab

$$F_{\mathrm{S5}} = 0, \quad F_{\mathrm{S6}} = F_{\mathrm{S2}} = -G\left(\sqrt{2} + \cos\alpha\right). \tag{6}$$

Knotenpunkt B:

$$\sum F_{(\mathrm{B})x} = \frac{1}{\sqrt{2}} F_{\mathrm{S6}} - \frac{1}{\sqrt{2}} F_{\mathrm{S9}} = 0,$$

$$\sum F_{(\mathrm{B})y} = \frac{1}{\sqrt{2}} F_{\mathrm{S9}} + \frac{1}{\sqrt{2}} F_{\mathrm{S6}} + F_{\mathrm{S7}} + F_{\mathrm{B}} = 0,$$

mit der Lösung:

$$F_{\mathrm{S9}} = F_{\mathrm{S6}} = -G\left(\sqrt{2} + \cos\alpha\right), \quad F_{\mathrm{S7}} = -G. \tag{7}$$

Knotenpunkt A:

$$\sum F_{(\mathrm{A})x} = \frac{1}{\sqrt{2}} F_{\mathrm{S9}} + \frac{1}{\sqrt{2}} F_{\mathrm{S8}} + F_{\mathrm{AH}} = 0,$$

mit der Lösung:

$$F_{\mathrm{S8}} = F_{\mathrm{S9}} = -G\left(\sqrt{2} + \cos\alpha\right). \tag{8}$$

Der kleinste Winkel α für eine maximale Auskragung für den die Bedingung $|F_{Si}| \le 2G$ für $i=1,...,9$ erfüllt ist, folgt für die Stabkräfte F_{S2}, F_{S6}, F_{S8} oder F_{S9} aus (4), (6) oder (8)

$$G\left(\sqrt{2}+\cos\alpha\right) \le 2G, \quad \alpha \ge 54{,}1°. \tag{9}$$

Aufgabe 2.31 (Bild 2.56)

Ein Brückensteg in Form des skizzierten Gelenkbalkens mit Fachwerkversteifung wird von den Lagern A und B getragen.

a) Wie groß sind die Stabkräfte im Fachwerk, wenn als Belastung nur das Eigengewicht G des homogenen Gelenkbalkens berücksichtigt wird?

b) Auf dem Steg befinde sich ein Fahrzeug mit dem Gewicht $G/4$. Das Fahrzeuggewicht kann durch eine punktförmig angreifende vertikale Kraft ersetzt werden. Welche Werte nimmt die Kraft im Stab AC an, wenn das Fahrzeug langsam über den Steg fährt und das Balkengewicht berücksichtigt wird?

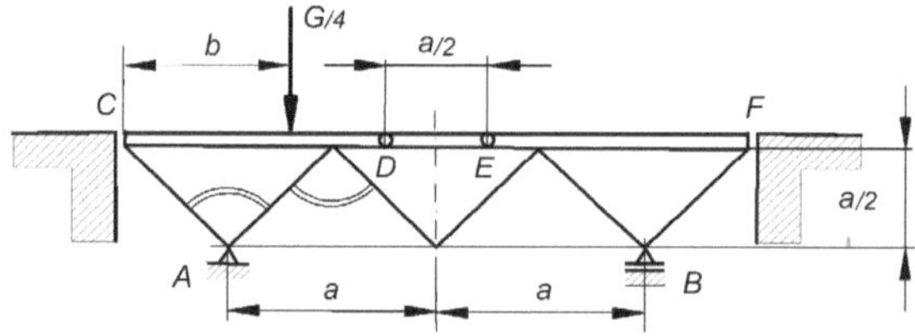

Bild 2.56 Brückensteg mit Fachwerkversteifung

Lösungsanalyse: Die Systemkombination aus Balken und Fachwerk kann durch geeignete Schnitte und mit Anwendung der Gleichgewichtsbedingungen untersucht werden. Treten unterschiedliche Belastungskombinationen auf (hier: Eigengewicht und wanderndes Fahrzeuggewicht), dann können die Wirkungen der Lasten getrennt berechnet werden. Auf Grund des linearen Zusammenhangs zwischen Lasten und Lagerreaktionen ist die Gesamtwirkung dann die Addition der Einzelwirkungen.

Lösung: a) Bei ausschließlicher Belastung durch das Eigengewicht gilt: Die symmetrisch angeordneten Lager A und B übertragen die vertikalen Lagerreaktionen $F_{AV} = F_{BV} = G/2$. Die Stabkräfte erhält man aus den Gleichgewichtsbedingungen für geeignet herausgeschnittene Teilsysteme. Im Bild 2.57 a) ist ein möglicher Schnitt skizziert, wobei der Schnitt durch das Gelenk D geführt wurde, um weniger Unbekannte zu generieren. Das zwischen den beiden Gelenken D und E liegende Balkenstück hat das Gewicht $G/6$ und übt dort die vertikalen Kräfte $F_{DV} = F_{EV} = G/12$ aus. Aus den Gleichgewichtsbedingungen für das Teilsystem folgt

$$\sum F_y = F_{AV} - \frac{5}{12}G - \frac{1}{12}G - \frac{1}{\sqrt{2}}F_{S3} = 0,$$

$$\sum M_{Kz} = \frac{a}{2}F_{S4} - \frac{a}{2}F_{AV} - \frac{a}{4}F_{DV} + \frac{3}{8}a\frac{5}{12}G = 0,$$

mit der Lösung $$F_{S3}=0,\ F_{S4}=\frac{22}{96}G=0{,}229G. \tag{1}$$

Für die Ermittlung der Stabkräfte F_{S1} und F_{S2} wird der Knoten A herausgeschnitten:

$$\sum F_{(A)x} = -\frac{1}{\sqrt{2}}F_{S1}+\frac{1}{\sqrt{2}}F_{S2}+F_{S4}=0,$$

$$\sum F_{(A)y} = \frac{1}{\sqrt{2}}F_{S1}+\frac{1}{\sqrt{2}}F_{S2}+F_{AV}=0,$$

mit der Lösung

$$F_{S1} = \frac{G}{\sqrt{2}}\left(\frac{22}{96}-\frac{1}{2}\right)=-0{,}192G,\quad F_{S2} = -\frac{G}{\sqrt{2}}\left(\frac{22}{96}+\frac{1}{2}\right)=-0{,}516G. \tag{2}$$

Die zu den Stäben 1, … , 4 symmetrischen Stäbe in der rechten Fachwerkhälfte sind entsprechend belastet. Damit sind alle Stabkräfte bei der Brückenlast Eigengewicht bekannt.

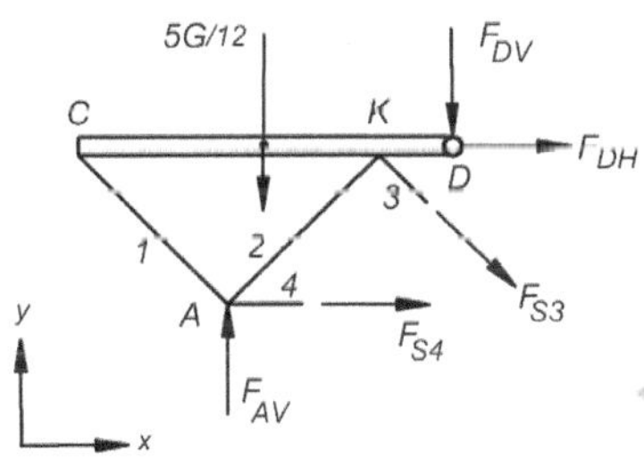

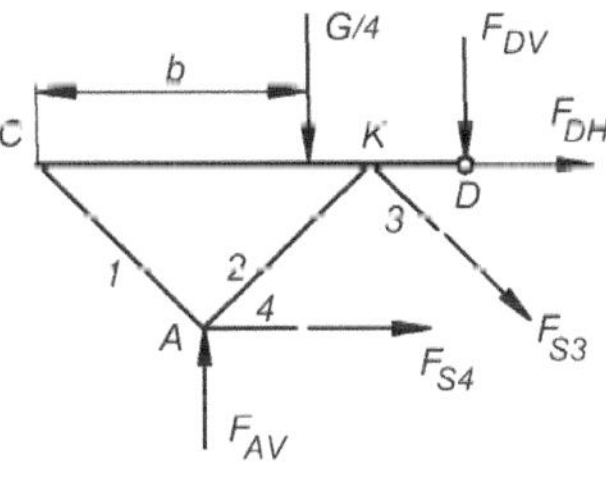

Bild 2.57 a) Schnittbild für Brückenlast Eigengewicht b) Schnittbild für Brückenlast Fahrzeug auf Abschnitt CD

b) In der Stereo-Statik besteht zwischen den äußeren Kräften an einem System und den Schnittreaktionen immer ein linearer Zusammenhang, d. h. die Summe der Schnittreaktionen aus jeweils einzelnen Belastungen ist gleich der Schnittreaktion aus der Gesamtlast. Deshalb ist es möglich, die äußeren Kräfte in verschiedene Belastungsgruppen aufzuteilen und die Schnittreaktionen für jede Gruppe getrennt zu berechnen. Die Schnittreaktionen für die Gesamtbelastung sind dann die Summen der Schnittreaktionen bei den Teilbelastungen (Superpositionsprinzip). Das Ergebnis F_{S1} für den Stab AC aus (2) kann für die Ermittlung der Gesamtbelastung bei Eigengewicht und wandernder Fahrzeuglast übernommen werden. Zusätzlich muss die durch die hinzukommende Fahrzeuglast hervorgerufene Belastung berücksichtigt werden.

Lagerreaktionen: Ausschließlich bei Fahrzeuglast, die hier durch eine Einzelkraft $F_{\text{Last}} = G/4$ beschrieben werden soll, erhält man für die Lagerreaktionen der Brücke nach Freischnitt an den Lagern A und B aus Bild 2.56 in dem Koordinatensystem nach Bild 2.57 b)

$$\sum F_y = F_{\text{AV}} + F_{\text{BV}} - \frac{G}{4} = 0,$$

$$\sum F_x = F_{\text{AH}} = 0,$$

$$\sum M_{\text{A}z} = 2aF_{\text{BV}} - \left(b - \frac{a}{2}\right)\frac{G}{4} = 0,$$

mit der Lösung

$$F_{\text{AV}} = \frac{G}{8}\left(\frac{5}{2} - \frac{b}{a}\right), \; F_{\text{AH}} = 0, \; F_{\text{BV}} = \frac{G}{8}\left(\frac{b}{a} - \frac{1}{2}\right). \tag{3}$$

Die gesuchte Stabkraft $F_{\text{AC}} = F_{\text{S1}}$ wird mit Gleichgewichtsbetrachtungen an Hand des Bildes 2.57 a) ermittelt, wobei als äußere Last zunächst nur die Fahrzeuglast berücksichtigt wird. Das Ergebnis wird anschließend mit der Stabkraft aus a) überlagert. Der wandernde Angriffspunkt der Last muss auf den drei Balkenelementen CD, DE und EF jeweils getrennt untersucht werden.

Fahrzeug auf Balkenelement CD, mit $0 \le b \le 5a/4$:

Schneidet man das Verbindungsbalkenelement DE für sich frei, dann wird aus dem Kräftegleichgewicht sofort deutlich, dass in den Gelenken D und E nur Kräfte in Richtung der Balkenachse übertragen werden können. Für die vertikale Gelenkkraft in D gilt deshalb $F_{\text{DV}} = 0$. Die Stabkraft $F_{\text{AC}} = F_{\text{S1}}$ wird nach Bild 2.57 b) am einfachsten aus der Momentengleichgewichtsbedingung $\Sigma M_{(\text{ACD})\text{K}z} = 0$, bezogen auf K für das freigeschnittene Fachwerkelement ACD und aus dem Kräftegleichgewicht für den freigeschnittenen Knoten A ermittelt:

$$\sum M_{(\text{ACD})\text{K}z} = -\frac{1}{2}aF_{\text{AV}} + (a-b)\frac{G}{4} - +\frac{1}{2}aF_{\text{S4}} = 0,$$

$$\sum F_{(\text{A})x} = F_{\text{S4}} - F_{\text{S1}x} + F_{\text{S2}x} = F_{\text{S4}} - \frac{1}{2}\sqrt{2}F_{\text{S1}} + \frac{1}{2}\sqrt{2}F_{\text{S2}} = 0, \tag{4}$$

$$\sum F_{(\text{A})y} = F_{\text{AV}} + F_{\text{S1}y} + F_{\text{S2}y} = F_{\text{AV}} + \frac{1}{2}\sqrt{2}F_{\text{S1}} + \frac{1}{2}\sqrt{2}F_{\text{S2}} = 0,$$

mit der Lösung

$$F_{\text{S1}} = \frac{\sqrt{2}}{4}G\left(\frac{b}{a} - 1\right) = 0{,}354\,G\left(\frac{b}{a} - 1\right). \tag{5}$$

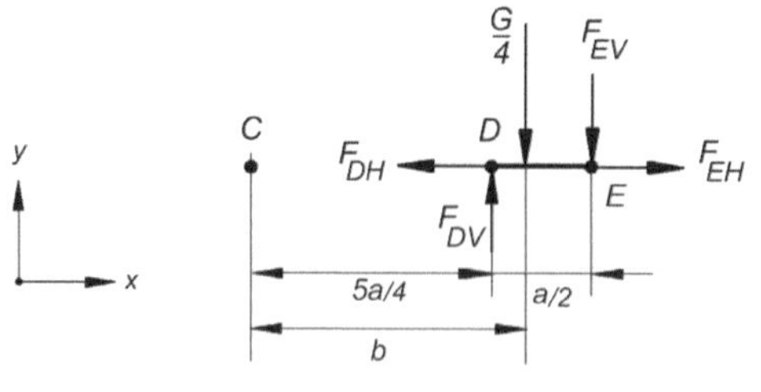

Bild 2.58 Schnittbild für Element DE, Fahrzeug auf DE

Fahrzeug auf Balkenelement DE, mit $5a/4 \leq b \leq 7a/4$:

Zur Ermittlung der Stabkraft $F_{AC} = F_{S1}$ wird wieder das Kräftegleichgewicht am Knoten A und das Momentengleichgewicht für das Fachwerkelement ACD nach Bild 2.57 b) bezogen auf K: $\Sigma M_{(ACD)Kz} = 0$, betrachtet. Da sich das Fahrzeug jetzt auf dem Balkenelement DE befindet, ändern sich auch die Gelenkkräfte in D und E. Für ihre Ermittlung wird das Balkenelement DE freigeschnitten (Bild 2.58). Hier sind die Schnittreaktionen am Punkt D gegenüber den Vorgaben im Bild 2.57 b) umzukehren, da jetzt das rechte Schnittufer zu betrachten ist. Mit der Momentengleichgewichtsbedingung um den Punkt E: $\Sigma M_{(DE)Ez} = 0$ erhält man für F_{DV}:

$$\sum M_{(DE)Ez} = -\frac{1}{2}aF_{DV} + \left(\frac{5}{4}a + \frac{1}{2}a - b\right)\frac{G}{4} = 0, \quad F_{DV} = \left(\frac{7}{2} - \frac{2b}{a}\right)\frac{G}{4}. \tag{6}$$

Die Gleichgewichtsbedingungen analog (4) mit dem neuen Ort des Fahrzeugs lauten jetzt:

$$\begin{aligned} \sum M_{(ACD)Kz} &= -\frac{1}{2}aF_{AV} + \frac{1}{2}aF_{S4} - \frac{1}{4}aF_{DV} = 0, \\ \sum F_{(A)x} &= F_{S4} - F_{S1x} + F_{S2x} = F_{S4} - \frac{1}{2}\sqrt{2}F_{S1} + \frac{1}{2}\sqrt{2}F_{S2} = 0, \\ \sum F_{(A)y} &= F_{AV} + F_{S1y} + F_{S2y} = F_{AV} + \frac{1}{2}\sqrt{2}F_{S1} + \frac{1}{2}\sqrt{2}F_{S2} = 0, \end{aligned} \tag{7}$$

mit der Lösung

$$F_{S1} = \frac{\sqrt{2}}{8}G\left(\frac{7}{4} - \frac{b}{a}\right) = G\left(0{,}309 - 0{,}177\frac{b}{a}\right). \tag{8}$$

Fahrzeug auf Balkenelement EF, mit $7a/4 \leq b \leq 3a$:

Bei der Fahrzeuglast auf Brückenelement EF verschwindet wieder wie im ersten Fall die vertikale Gelenkkraft in D: $F_{DV} = 0$. Die Gleichgewichtsbedingungen analog (4) mit dem neuen Ort des Fahrzeugs lauten jetzt:

$$\begin{aligned} \sum M_{(ACD)Kz} &= -\frac{1}{2}aF_{AV} + \frac{1}{2}aF_{S4} = 0, \\ \sum F_{(A)x} &= F_{S4} - F_{S1x} + F_{S2x} = F_{S4} - \frac{1}{2}\sqrt{2}F_{S1} + \frac{1}{2}\sqrt{2}F_{S2} = 0, \\ \sum F_{(A)y} &= F_{AV} + F_{S1y} + F_{S2y} = F_{AV} + \frac{1}{2}\sqrt{2}F_{S1} + \frac{1}{2}\sqrt{2}F_{S2} = 0, \end{aligned} \tag{9}$$

mit der Lösung

$$F_{S1} = 0. \tag{10}$$

Die Gesamtbelastung des Stabes AC bei langsam fahrendem Fahrzeug folgt aus der Überlagerung der Stabkraft aus dem Brückeneigengewicht aus (2)

$$F_{AC} = F_{S1} = \frac{G}{\sqrt{2}}\left(\frac{22}{96} - \frac{1}{2}\right) = -0{,}192G$$

und den bereichsweise geltenden Werten aus (5), (8) und (10)

$$F_{\mathrm{AC}_{\mathrm{gesamt}}} = \begin{cases} (\,0{,}354\dfrac{b}{a} - 0{,}546)G, & 0 \le b \le \dfrac{5}{4}a \\ (-0{,}177\dfrac{b}{a} + 0{,}117)G, & \dfrac{5}{4}a \le b \le \dfrac{7}{4}a\,. \\ -0{,}192\,G, & \dfrac{7}{4}a \le b \le 3a \end{cases} \tag{11}$$

Im Bild 2.59 ist die Stabkraft F_{AC} nach (11) in Abhängigkeit des Fahrzeugortes dargestellt.

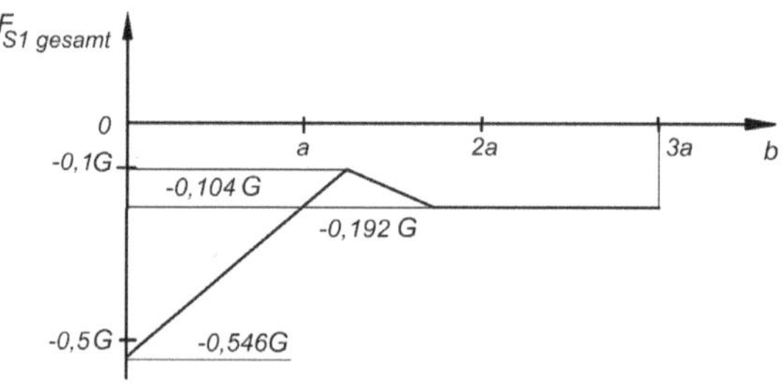

Bild 2.59 Stabkraft F_{AC} als Funktion des Fahrzeugortes

Aufgabe 2.32 (Bild 2.60 a)

Ein Flugdrachen wird mit einer L = 250 m langen Schnur am Erdboden festgehalten und übt dort eine Zugkraft von F_{S} = 8 N aus. Der Winkel, den die Schnur am Haltepunkt A mit der Horizontalen bildet, sei α = 10°. Das Gewicht der Schnur beträgt p_0 = 0,03 N/m. Die Windkraft auf die Schnur soll vernachlässigt werden.

Wie hoch fliegt der Drachen?

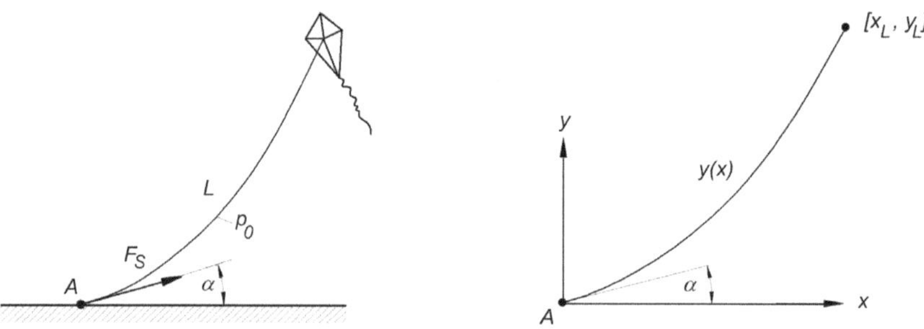

Bild 2.60 a) Flugdrachen b) Seilkurve für Flugdrachen

Lösungsanalyse: Grundlage für die Lösung ist die Differentialgleichung (Dgl) 2. Ordnung für die Kurve eines Seils unter Eigengewicht (s. [MAGNUS/MÜLLER-SLANY, 2009] S. 70). Das Besondere an dieser Aufgabe ist der unbekannte Endpunkt der Seilkurve. Er lässt sich über einen analytischen Ausdruck für die Seillänge aus der Seilgleichung ermitteln.

Lösung: Die Kurve eines Seils, auf das nur vertikale Gewichtskräfte einwirken, lautet im x,y-Koordinatensystem nach Bild 2.60 b)

$$H_0 \frac{d^2 y}{dx^2} = q(x). \tag{1}$$

mit der Horizontalkomponente der Seilkraft $H_0 = F_S \cos\alpha$ und der spezifischen Längenbelastung $q(x)$ des Seils, die im vorliegenden Fall vom Gewicht eines Seil-Längenelementes dL auf die x,y-Koordinaten umzurechnen ist:

$$q(x) = p_0 \frac{dL}{dx} = p_0 \frac{\sqrt{(dL)^2}}{dx} = p_0 \frac{\sqrt{(dx)^2 + (dy)^2}}{dx} = p_0 \sqrt{1 + \left(\frac{dy}{dx}\right)^2}. \tag{2}$$

Damit erhält man die Dgl der Seilkurve

$$H_0 \frac{d^2 y}{dx^2} = p_0 \sqrt{1 + \left(\frac{dy}{dx}\right)^2}. \tag{3}$$

Nach Einführung der Substitution $u = dy/dx$ und Trennung der Variablen kann die Dgl (3) gelöst werden. Man erhält

$$H_0 \frac{du}{dx} = p_0 \sqrt{1+u^2}, \quad \frac{du}{\sqrt{1+u^2}} = \frac{p_0}{H_0} dx,$$

und nach Integration

$$\begin{aligned} \operatorname{ar\,sinh} u &= \frac{p_0}{H_0} x + C_1, \\ u = \frac{dy}{dx} &= \sinh\left(\frac{p_0}{H_0} x + C_1\right), \\ y(x) &= \frac{H_0}{p_0} \cosh\left(\frac{p_0}{H_0} x + C_1\right) + C_2. \end{aligned} \tag{4}$$

Die Integrationskonstanten C_1 und C_2 werden aus den Anfangsbedingungen Steigung und Lage der Seilkurve am Punkt A ermittelt:

$$\begin{aligned} &\left(\frac{dy}{dx}\right)_{x=0} = \sinh(C_1) = \tan\alpha, \quad C_1 = \operatorname{ar\,sinh}(\tan\alpha) = 0{,}17543, \\ &y(0) = \frac{H_0}{p_0}\cosh(C_1) + C_2 = 0, \quad C_2 = -\frac{H_0}{p_0}\cosh(C_1) = -266{,}667\,\mathrm{m}. \end{aligned} \tag{5}$$

Damit lautet die Seilkurve für den Flugdrachen

$$y(x) = \frac{H_0}{p_0}\cosh\left(\frac{p_0}{H_0}x + 0{,}17543\right) - 266{,}667\,\text{m}. \tag{6}$$

Die Ortskoordinaten $[x_L, y_L]$ für den Drachen lassen sich mit Hilfe der Seilkurve (6) aus der bekannten Seillänge L errechnen. Für die Länge L einer Kurve $y(x)$ zwischen den Abszissenwerten $0 \le x \le x_L$ gilt

$$L = \int_0^{x_L} \sqrt{1 + \left(\frac{dy}{dx}\right)^2}\,.$$

Mit der Ableitung der Seilkurve aus (4) folgt daraus

$$\begin{aligned} L &= \int_0^{x_L} \sqrt{1 + \sinh^2\left(\frac{p_0}{H_0}x + C_1\right)}\,dx = \int_0^{x_L} \cosh\left(\frac{p_0}{H_0}x + C_1\right)dx \\ &= \frac{H_0}{p_0}\left[\sinh\left(\frac{p_0}{H_0}x_L + C_1\right) - \sinh(C_1)\right] = \frac{H_0}{p_0}\left[\sinh\left(\frac{p_0}{H_0}x_L + C_1\right) - \tan\alpha\right]. \end{aligned} \tag{7}$$

Aus (7) erhält man die Koordinate x_L für den Drachen

$$x_L = \frac{H_0}{p_0}\left[\operatorname{ar\,sinh}\left(\frac{p_0}{H_0}\mathrm{L} + \tan\alpha\right) - C_1\right]. \tag{8}$$

Die Flughöhe des Drachens erhält man nach Einsetzen der Koordinate (8) in die Seilkurve (6)

$$y_L = \frac{F_S\cos\alpha}{p_0}\left\{\cosh\left[\operatorname{ar\,sinh}\left(\frac{p_0}{F_S\cos\alpha}\mathrm{L} + \tan\alpha\right)\right] - \cosh(C_1)\right\} = 129{,}3\ \text{m}. \tag{9}$$

Aufgabe 2.33 (Bild 2.61)

Ein Brückensteg, dessen spezifisches Fahrbahngewicht dG/dx über der Steglänge a linear veränderlich ist, soll zwischen zwei Pfeilern von einem Seil getragen werden. Wie lautet die Gleichung für die Seilkurve und wie groß ist der geringste Abstand von der Fahrbahn, wenn die maximale Zugkraft im Seil den Betrag $F_{Smax} = 200$ kN nicht überschreiten darf? Das Eigengewicht des Seils kann gegenüber dem Fahrbahngewicht vernachlässigt werden.

Zahlenwerte: $G = 300$ kN, $a = 15$ m, $h_1 = 9$ m, $h_2 = 6$ m.

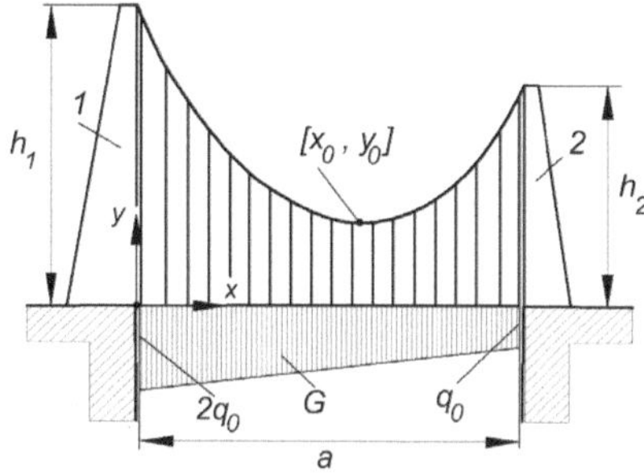

Bild 2.61 Seilbrücke mit linear veränderlichem Eigengewicht

Lösungsanalyse: Für die Aufstellung der Dgl für die Seilkurve ist zunächst eine lineare Funktion $q(x)$ für das spezifische Fahrbahngewicht anzugeben. Man findet sie leicht durch Vorgabe der Randwerte: $q(x = 0) = 2q_o$ und $q(x = a) = q_o$. Von der Horizontalkomponente der Seilkraft H_0 ist lediglich bekannt, dass die Seilkraft einen Maximalwert nicht überschreiten darf. Da in einer Seilbrücke die Horizontalkomponente der Seilkraft überall gleich ist, kann der Ort für die maximale Zugkraft im Seil sofort angegeben werden: Er liegt an der steilsten Stelle des Seils und damit am höchsten Punkt am linken Lager. Mit diesen Informationen kann die Dgl aufgestellt und die Integrationskonstanten ermittelt werden.

Lösung: In dem x,y-Koordinatensystem aus Bild 2.61 lautet die Dgl für die Seilkurve

$$H_0 \frac{d^2y}{dx^2} = q(x), \tag{1}$$

mit der Horizontalkomponente H_0 der Seilkraft und dem spezifischen Fahrbahngewicht $q(x)$, das sich zwischen den Werten $2q_o$ und q_o linear verändert. Aus dem Gesamtgewicht der Fahrbahn folgt zunächst

$$G = \frac{1}{2}(2q_0 + q_0)a = \frac{3}{2}q_0 a, \quad q_0 = \frac{2}{3a}G \tag{2}$$

und damit gilt für das spezifische Fahrbahngewicht

$$q(x) = 2q_0\left(1 - \frac{x}{2a}\right) = \frac{4}{3a}G\left(1 - \frac{x}{2a}\right). \tag{3}$$

Mit $q(x)$ aus (3) kann man die Dgl (1) für die Seilkurve integrieren

$$\begin{aligned} H_0 \frac{d^2y}{dx^2} &= \frac{4}{3a}G\left(1 - \frac{x}{2a}\right), \\ \frac{dy}{dx} &= \frac{4G}{3aH_0}\left(x - \frac{x^2}{4a}\right) + C_1, \\ y(x) &= \frac{4G}{3aH_0}\left(\frac{x^2}{2} - \frac{x^3}{12a}\right) + C_1 x + C_2. \end{aligned} \tag{4}$$

Die Integrationskonstanten C_1 und C_2 werden aus den beiden bekannten Seilkurvenpunkten $y(0) = h_1$ und $y(a) = h_2$ bestimmt:

$$\begin{aligned} &y(0) = h_1: \quad C_2 = h_1, \\ &y(a) = h_2: \quad h_2 = \frac{4G}{3aH_0}\left(\frac{a^2}{2} - \frac{a^3}{12a}\right) + C_1 a + h_1,\ C_1 = \frac{1}{a}(h_2 - h_1) - \frac{5G}{9H_0}. \end{aligned} \tag{5}$$

Da der Horizontalzug H_0 in einem durch vertikale Gewichtskräfte belasteten Seil konstant ist, tritt die größte Gesamtkraft im steilsten Seilabschnitt auf. Nach (4) ist das der Punkt $[0, h_1]$ an der Spitze des Pfeilers 1. Die maximale Zugkraft im Seil folgt aus der vektoriellen Addition von Horizontal- und Vertikalkomponente. Mit dem Neigungswinkel α des Seils gegen die x-Achse gilt für die gesamte Seilkraft

$$F_{\text{Smax}} = \sqrt{H_0^2 + \left(H_0 \tan\alpha\right)^2_{x=0}} = H_0 \sqrt{1 + \left(\frac{dy}{dx}\right)^2_{x=0}} = H_0 \sqrt{1 + \left(C_1\right)^2},$$
$$F_{\text{Smax}}^2 = H_0^2 \left\{1 + \left[\frac{1}{a}(h_2 - h_1) - \frac{5G}{9H_0}\right]^2\right\}. \tag{6}$$

Aus (6) erhält man mit $F_{\text{Smax}} = 200$ kN den Wert für den Horizontalzug: $H_0 = 81\ \text{kN}$. Damit lautet die Gleichung für die Seilkurve

$$y(x) = -2{,}258x + 0{,}1646x^2 - 0{,}00183x^3 + 9\ [\text{m}]. \tag{7}$$

Durch Extremwertberechnung kann aus der Seilgleichung (7) die Stelle x_0 ermittelt werden, wo das Seil horizontal verläuft und damit den geringsten Abstand y_0 zur Fahrbahn hat. Man findet dafür die Werte: $x_0 = 7{,}9$ m, $y_0 = 0{,}53$ m.

Aufgabe 2.34 (Bild 2.62)

Auf die skizzierte, einseitig wirkende Backenbremse wird im Punkt A eine vertikale Kraft $\boldsymbol{F}_A$ ausgeübt. Wie groß ist bei bekanntem Reibungsbeiwert μ das auf die Trommel T wirkende Bremsmoment. Man untersuche beide Trommeldrehrichtungen. Für die Aufgabenlösung ist das Prinzip der virtuellen Arbeit anzuwenden.

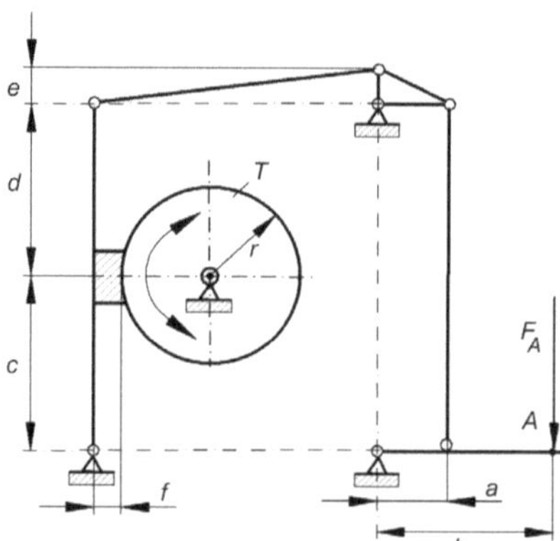

Bild 2.62 Backenbremse

Lösungsanalyse: Befindet sich ein System der Stereo-Statik im Gleichgewicht, dann gilt nach dem Prinzip der virtuellen Arbeit

$$\delta W = \sum_i \boldsymbol{F}_i \delta \boldsymbol{r}_i + \sum_i \boldsymbol{M}_i \delta \boldsymbol{\alpha}_i = 0. \tag{1}$$

Die Arbeit aller äußeren Kräfte und Momente am System verschwindet bei einer virtuellen Verschiebung. Dabei müssen die virtuellen Verschiebungen der Angriffspunkte von Kräften und Momenten mit den geometrischen Zwangsbedingungen des Systems verträglich sein. Das bedeutet, eine wesentliche Aufgabe bei der Lösung dieser Probleme gilt der Formulierung der geometrischen Abhängigkeiten der virtuellen Verschiebungen. Fehlt – wie hier – die Bewegungsmöglichkeit, dann wird sie dem System durch Lösen einer Bindung gegeben. Im vorliegenden Fall wird die Bremstrommel entfernt und durch die dabei aufgedeckten Schnittreaktionen (Normalkraft und Reibungskraft) an der Bremsbacke ersetzt. Zu untersuchen ist jetzt, welche Verschiebungen an der Bremsbacke in horizontaler und vertikaler Richtung auftreten, wenn bei A durch die äußere Kraft $\boldsymbol{F}_\mathrm{A}$ eine kleine vertikale Verschiebung gegeben ist. Das eigentliche Ziel ist, alle Verschiebungen über geometrische Zwangsbedingungen auf nur eine Verschiebung zurückzuführen. Diese lässt sich dann in (1) ausklammern und mit der Bedingung des verschwindenden Klammerausdrucks lassen sich Statikaufgaben sehr elegant lösen.

Lösung: Zunächst muss dem System eine Bewegungsmöglichkeit gegeben werden. Dazu nehmen wir die Bremstrommel fort und tragen die dabei auftretenden Schnittkräfte Normalkraft $\boldsymbol{F}_\mathrm{N}$ und Reibungskraft $\boldsymbol{F}_\mathrm{R}$ in die Systemskizze (Bild 2.63) ein. Bei linksdrehender Trommel weist die Reibungskraft an der Bremsbacke nach unten und bei rechtsdrehender nach oben. An Hand der vergrößert dargestellten Bremsbacke im Bild 2.63 wird deutlich, wie sich ein Absenken des Bremshebels bei A auf die Bewegung der Bremsbacke auswirkt. Auf Grund des Backenmaßes f weicht der Berührpunkt zwischen Bremse und Trommel nach rechts und auch nach unten aus. In die Formulierung (1) des Prinzips der virtuellen Arbeit gehen hier folgende Kräfte ein: Kraft am Bremshebel $\boldsymbol{F}_\mathrm{A}$, Normalkraft $\boldsymbol{F}_\mathrm{N}$, die von der Trommel auf die Bremsbacke ausgeübt wird und die Reibungskraft $F_\mathrm{R} = \mu F_\mathrm{N}$, die ebenso von der Trommel auf die Bremse ausgeübt wird. Die Richtungen aller Kräfte sind sorgfältig zu überlegen, da alle Produkte in (1) als Skalarprodukte positiv oder negativ sein können.

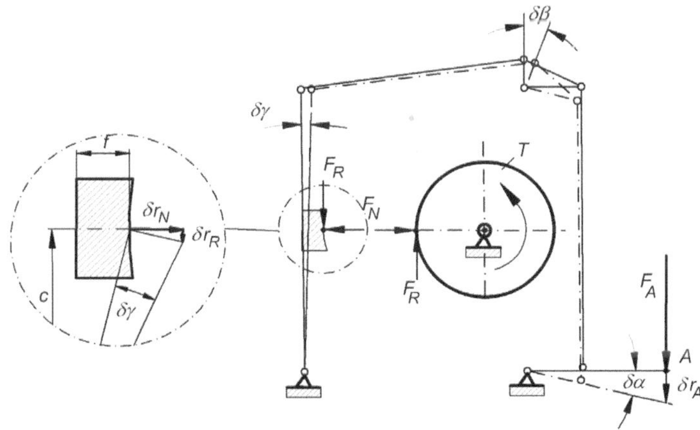

Bild 2.63 Geometrische Verträglichkeitsbedingungen bei freigeschnittener Bremstrommel (linksdrehend)

In den Skalarprodukten der einzelnen Arbeitsbeträge werden die virtuellen Verschiebungen durch ihre Projektionen auf die Wirkungslinien der angreifenden Kräfte beschrieben. Hierbei sind die Verschiebungen und Kräfte im Bremsgestänge zu berücksichtigen. Für das Prinzip (1) liest man aus Bild 2.63 ab:

$$\delta W = F_\mathrm{A}\delta r_\mathrm{A} - F_\mathrm{N}\delta r_\mathrm{N} \pm F_\mathrm{R}\delta r_\mathrm{R} = 0\,, \tag{2}$$

mit dem Vorzeichen + für linksdrehende und – für rechtsdrehende Trommel.

Das System hat $f = 1$ Freiheitsgrad, da eine Verschiebungsvorgabe genügt, um seine Lage vollständig zu beschreiben. Folglich muss es zwischen den aus Bild 2.63 abzulesenden Verschiebungen: $\delta\alpha$, $\delta\beta$, $\delta\gamma$, δr_A, δr_N und δr_R geometrische Zwangsbedingungen geben, sodass sie durch nur eine Verschiebung beschrieben werden können. Die Zwangsbedingungen liest man aus Bild 2.63 ab. Es gilt

$$\delta r_A = b\,\delta\alpha\,,\ \delta\beta = \delta\alpha \quad \text{und} \quad e\,\delta\beta = (d+c)\,\delta\gamma.$$

Damit folgt
$$\delta\gamma = \frac{e}{(d+c)}\,\delta\alpha.$$

Für die Verschiebungen an der Bremsbacke gilt bei Beachtung der ähnlichen Dreiecke

$$\delta r_R = f\,\delta\gamma\,,\quad \delta r_N = c\,\delta\gamma.$$

Damit können alle virtuellen Verschiebungen in Richtung der Kräfte durch die Verschiebung $\delta\alpha$ beschrieben werden:

$$\delta r_A = b\,\delta\alpha\,,\quad \delta r_R = \frac{f\,e}{d+c}\delta\alpha\,,\quad \delta r_N = \frac{c\,e}{d+c}\delta\alpha. \tag{3}$$

Damit lautet das Prinzip der virtuellen Arbeit

$$\left(b\,F_A - \frac{c\,e}{d+c}F_N \pm \frac{f\,e}{d+c}\mu F_N\right)\delta\alpha = 0. \tag{4}$$

Da die virtuellen Verschiebungen beliebige, kleine und mit der Systemgeometrie verträgliche Größen sind, muss in (4) der Klammerausdruck verschwinden

$$b\,F_A - \frac{c\,e}{d+c}F_N \pm \frac{f\,e}{d+c}\mu F_N = 0,\quad F_N = \frac{b(c+d)}{e(c \mp \mu f)}\,F_A\,.$$

Für das Bremsmoment an der Trommel infolge der Bremskraft $\boldsymbol{F}_A$ folgt:

$$M_T = r\,F_R = \mu r\,F_N = F_A\,\frac{\mu\,r\,b(c+d)}{e(c \mp \mu f)}. \tag{5}$$

Bei linksdrehender Trommel (oberes Vorzeichen) ist das Bremsmoment größer als bei rechtsdrehender Trommel (unteres Vorzeichen). Bei $\mu = c/f$ verschwindet für die linksdrehende Trommel der Nenner und es tritt Selbsthemmung auf, d.h. $M_T \to \infty$. Technisch ist eine derartige Bremse in Fahrzeugen zu vermeiden, da die Trommel blockieren würde.

Aufgabe 2.35 (Bild 2.9 a)

Man ermittle die Wirkung der Kniehebelpresse aus Aufgabe 2.7 mit Hilfe des Prinzips der virtuellen Arbeit.

Lösungsanalyse: Bei einer virtuellen Verschiebung des Systems verschieben sich die Angriffspunkte der Kräfte $\boldsymbol{F}_A$ und $\boldsymbol{F}_P$ um $\delta\boldsymbol{r}_A$, bzw. um $\delta\boldsymbol{r}_P$. Das System hat $f = 1$ Freiheitsgrad, da eine Lagekoordinate zur vollständigen geometrischen Beschreibung der Systemlage ausreicht. Folglich muss der Zusammenhang zwischen den virtuellen Verschiebungen $\delta \boldsymbol{r}_A$ und $\delta \boldsymbol{r}_P$ beschrieben werden. Diese analytische Beschreibung kann häufig aus der Anschauung heraus erfolgen, sie kann aber auch aus rein formalen Beschreibungen hergeleitet werden. Dabei gilt, virtuelle Verschiebungen lassen sich als totale Differentiale der Lagekoordinaten beschreiben. Auch die geometrischen Abhängigkeiten zwischen virtuellen Verschiebungen ergeben sich formal aus den totalen Differentialen von geometrischen Zusammenhängen.

Lösung: Das System ist im Gleichgewicht, wenn die virtuelle Arbeit der äußeren Kräfte verschwindet. Mit den Bezeichnungen im Bild 2.9 a) und dem x,y-System aus Bild 2.10 gilt

$$\delta W = \sum_i \boldsymbol{F}_i \delta \boldsymbol{r}_i = F_A \delta r_A - F_P \delta r_P - mg\, \delta r_P = 0. \tag{1}$$

In (1) ist bereits berücksichtigt, dass die Kraft $\boldsymbol{F}_P$ und die Gewichtskraft $\boldsymbol{mg}$ gegen die Verschiebung $\delta \boldsymbol{r}_P$ gerichtet ist. Die virtuellen Verschiebungen δr_A und δr_P können wie totale Differentiale der Ortskoordianten r_{DAy} und r_{DEy} berechnet werden. Die entscheidenden Größen für die Lagebeschreibung der Kniehebelpresse sind die Winkel α und β. Zuerst werden deshalb die beiden Lagekoordinaten der Kraftangriffspunkte r_{DAy} und r_{DEy} in Abhängigkeit der Winkel angegeben. Aus Bild 2.9 a) liest man ab

$$\begin{aligned} r_{DA\,y} &= \overline{DC}\cos\beta + \overline{BA}\sin\alpha, \\ r_{DE\,y} &= 2\,\overline{DC}\cos\beta. \end{aligned} \tag{2}$$

Die virtuellen Verschiebungen δr_A und δr_P erhält man aus den totalen Differentialen von (2)

$$\begin{aligned} \delta r_A &= \frac{\partial r_{DA\,y}}{\partial \alpha}\delta\alpha + \frac{\partial r_{DA\,y}}{\partial \beta}\delta\beta = \overline{BA}\cos\alpha\,\delta\alpha - \overline{DC}\sin\beta\,\delta\beta, \\ \delta r_P &= \frac{\partial r_{DE\,y}}{\partial \alpha}\delta\alpha + \frac{\partial r_{DE\,y}}{\partial \beta}\delta\beta = -2\,\overline{DC}\sin\beta\,\delta\beta. \end{aligned} \tag{3}$$

Eine Beziehung zwischen den virtuellen Verschiebungen $\delta\alpha$ und $\delta\beta$ findet man auf formalem Wege, indem man aus einer geometrischen Lagebeschreibung, die beide Winkel enthält, das totale Differential bildet. Dazu eignet sich die konstante x-Koordinate des Ortsvektors $\boldsymbol{r}_{GA}$:

$$\begin{aligned} r_{GA\,x} &= \overline{GB}\sin\beta + \overline{BA}\cos\alpha = \text{const}, \\ \delta\, r_{GA\,x} &= \overline{GB}\cos\beta\,\delta\beta - \overline{BA}\sin\alpha\,\delta\alpha = 0, \\ \delta\alpha &= \frac{\overline{GB}\cos\beta}{\overline{BA}\sin\alpha}\delta\beta. \end{aligned} \tag{4}$$

Beim Zusammenfassen von (1), (3) und (4) muss beachtet werden, dass in (1) bereits die richtigen Vorzeichen für die Skalarprodukte eingesetzt wurden. Die virtuellen Verschiebungen aus (3) sind also in (1) als Beträge einzusetzen. Aus (1) erhält man die Lösung

$$\left[F_A\left(\frac{\cos\beta}{\tan\alpha}-\sin\beta\right)-\left(F_P+m_P g\right)2\sin\beta\right]\overline{DC}\,\delta\beta=0,$$
$$F_P=\tfrac{1}{2}\left(\frac{1}{\tan\alpha\tan\beta}-1\right)F_A-m_P g. \tag{5}$$

Aufgabe 2.36 (Bild 2.64)

Auf einem einseitig eingespannten Gelenkbalken ist ein Kran montiert, der in der skizzierten Stellung eine gegen die Vertikalrichtung um den Winkel α geneigte Zugkraft $\boldsymbol{F}_2$ ausübt. Das Eigengewicht des Krans wird durch die resultierende Gewichtskraft $\boldsymbol{F}_1$ beschrieben. Das Fahrwerk des Krans ist so konstruiert, dass nur das Auflager A zwischen Kran und Gelenkbalken horizontale Kräfte aufnehmen kann.

Man bestimme die Lagerreaktion des Gelenkbalkens in D und das Einspannmoment bei C mit Hilfe des Prinzips der virtuellen Arbeit.

Zahlenwerte: $a = 4$ m, $b = 3$ m, $c = 3$ m, $d = 5$ m, $e = 1$ m, $f = 2$ m, $F_1 = 25$ kN, $F_2 = 30$ kN, $\alpha = 30°$.

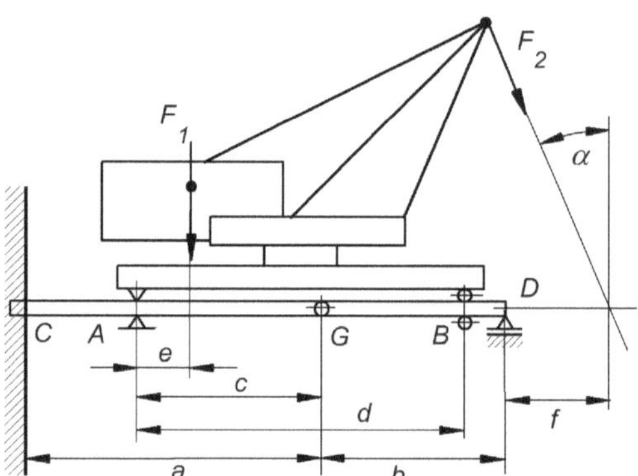

Bild 2.64 Gelenkbalken mit Kran

Lösungsanalyse: Zur Anwendung des Prinzips der virtuellen Arbeit muss dem System zunächst durch Freischneiden eine Bewegungsmöglichkeit der Kraft- und Momentenangriffspunkte gegeben werden. Hier sind mit F_D und M_C zwei Lagergrößen gesucht, die durch zwei unabhängige Lösungsschritte betrachtet werden. Für jeden Freischnitt wird die danach mögliche Verschiebung des Systems skizziert. Die geometrischen Abhängigkeiten der dabei auftretenden Verschiebungen und Verdrehungen der Kraft- und Momentenangriffspunkte können direkt aus den Skizzen abgelesen werden.

Lösung: Zur Anwendung des Prinzips der virtuellen Arbeit wird dem Gelenkbalken durch Freischneiden eine Bewegungsmöglichkeit in Richtung der gesuchten Schnittreaktion gegeben. Zunächst wird die vertikale Schnittreaktion am Lager D gesucht. Für den Balken mit freigeschnittenem Lager D (Bild 2.65) gilt im Gleichgewichtszustand

$$\delta W=\sum_i \boldsymbol{F}_i\delta\boldsymbol{r}_i=\boldsymbol{F}_D\delta\boldsymbol{r}_D+\boldsymbol{F}_1\delta\boldsymbol{r}_1+\boldsymbol{F}_2\delta\boldsymbol{r}_2=0. \tag{1}$$

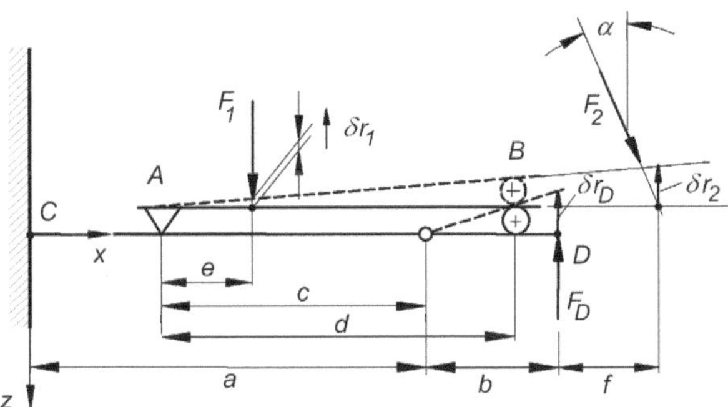

Bild 2.65 Verschiebungen nach Freischnitt im Lager D

Für die virtuellen Verschiebungen liest man aus Bild 2.65 mit Hilfe des Strahlensatzes folgende Beziehungen ab

$$\frac{\delta r_D}{\delta r_B} = \frac{b}{d-c}, \quad \frac{\delta r_B}{\delta r_1} = \frac{d}{e}, \quad \frac{\delta r_2}{\delta r_B} = \frac{f+b+c}{d}. \tag{2}$$

Damit können die virtuellen Verschiebungen am Angriffspunkt der äußeren Kräfte in Abhängigkeit von δr_D dargestellt werden

$$\delta r_1 = \frac{(d-c)}{bd} e\,\delta r_D, \quad \delta r_2 = \frac{(d-c)}{bd}(c+b+f)\,\delta r_D. \tag{3}$$

Für das Prinzip der virtuellen Arbeit gilt nach (1)

$$\begin{aligned} \delta W &= F_D \delta r_D - F_1 \delta r_1 - F_2 \cos\alpha\, \delta r_2 = 0, \\ F_D &= \left[F_1\, e + F_2 (c+b+f) \cos\alpha\right] \frac{(d-c)}{bd} = 31{,}05 \text{ kN}. \end{aligned} \tag{4}$$

Zur Bestimmung des Einspannmomentes $\boldsymbol{M}_C$ wird die feste Einspannung des Balkens bei C durch ein Gelenk ersetzt (Bild 2.66). Im Gleichgewichtszustand gilt dann

$$\delta W = \boldsymbol{M}_C\, \delta\boldsymbol{\alpha} + \boldsymbol{F}_1 \delta\boldsymbol{r}_1 + \boldsymbol{F}_2 \delta\boldsymbol{r}_2 = M_C\, \delta a - F_1 \delta r_1 - F_2 \cos\alpha\, \delta r_2 = 0. \tag{5}$$

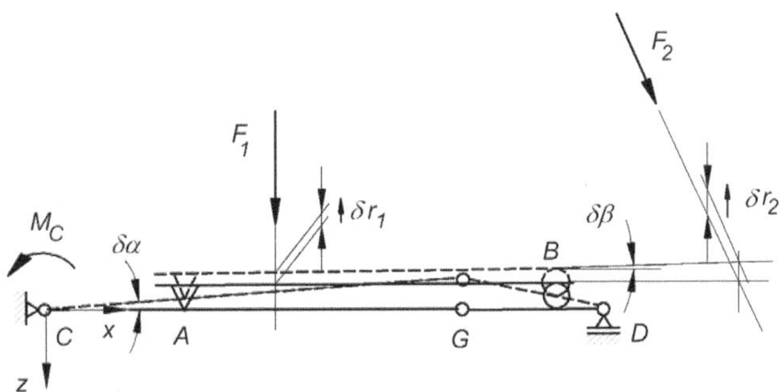

Bild 2.66 Verschiebungen nach Freischnitt im Lager C

Zur Bestimmung der Abhängigkeiten der Verschiebungen in (5) wird die Verschiebung des Krans infolge der Lagerverdrehung $\delta\alpha$ betrachtet. Der Kran verdreht sich dabei um $\delta\beta$ und seine Lager verschieben sich um δr_A und δr_B. Aus Bild 2.66 liest man ab

$$\begin{aligned} \delta r_A &= (a-c)\delta a, \quad \delta r_B = \frac{a}{b}(b+c-d)\delta a, \\ \delta\beta &= \frac{1}{d}(\delta r_B - \delta r_A) = \frac{1}{d}\left[\frac{a}{b}(b+c-d)-(a-c)\right]\delta a. \end{aligned} \tag{6}$$

Für die virtuellen Verschiebungen der Kräfte F_1 und F_2 erhält man schließlich

$$\begin{aligned} \delta r_1 &= \delta r_A + e\delta\beta = (a-c)\delta a + \frac{e}{d}\left[\frac{a}{b}(b+c-d)-(a-c)\right]\delta a. \\ \delta r_2 &= \delta r_A + (c+b+f)\delta\beta = (a-c)\delta a + \frac{1}{d}(c+b+f)\left[\frac{a}{b}(b+c-d)-(a-c)\right]\delta a. \end{aligned} \tag{7}$$

Aus dem Ansatz (5) erhält man mit den auf $\delta\alpha$ zurückgeführten Verschiebungen der äußeren Kräfte das Einspannmoment im Lager C

$$\begin{aligned} M_C &= F_1\left\{\frac{e}{d}\left[\frac{a}{b}(b+c-d)-(a-c)\right]+a-c\right\}+ \\ &\quad + F_2\cos\alpha\left\{\frac{1}{d}(c+b+f)\left[\frac{a}{b}(b+c-d)-(a-c)\right]+a-c\right\} \\ M_C &= 66{,}5\ \text{kNm}. \end{aligned} \tag{8}$$

Aufgabe 2.37 (Bild 2.67)

Auf einer glatten schiefen Ebene liegt eine Masse m_1. Der Reibungsbeiwert zwischen der schiefen Ebene und der Masse m_1 ist Null. Um diese Masse gegen Abrutschen zu sichern, wird sie durch eine zweite Masse m_2 belastet. Diese Masse ist über ein Seil an dem Fixpunkt A gefesselt. Der Haftreibungsbeiwert zwischen beiden Massen beträgt μ, die Massenmittelpunkte seien S_1 und S_2.

a) Wie groß muss der Haftreibungsbeiwert μ zwischen beiden Massen sein, damit die Masse m_1 im Gleichgewichtszustand bleibt und nicht abrutscht?

b) Wie groß ist im Zustand des Abrutschens die Zugkraft F_S im Seil?

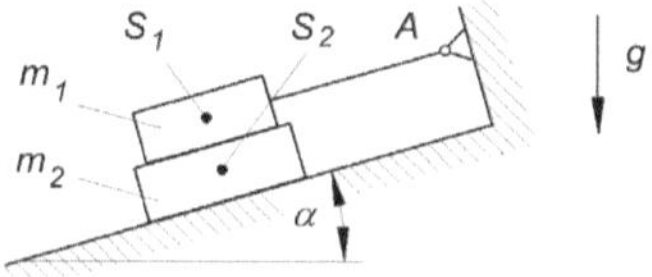

Bild 2.67 Zwei Massen auf einer schiefen Ebene mit Reibungseinfluss

Lösungsanalyse: Zum Aufstellen des mathematischen Modells sind beide Massen durch jeweils vollständig umschließende Schnitte einzeln freizuschneiden. Beim Einzeichnen der Schnittgrößen sind die besonderen Bedingungen für Reibungskräfte zu berücksichtigen. Reibungskräfte sind sogen. eingeprägte Kräfte, für die zusätzliche Bestimmungsgleichungen formuliert werden können. Im Schnittbild dürfen sie nicht beliebig gerichtet angesetzt werden, sondern sie müssen immer der tatsächlichen oder der möglichen einsetzenden Relativbewegung zwischen den Kontaktflächen entgegenwirken. Die Gleichungen für die einzeln herausgeschnittenen Massen führen zusammen mit der Gleichung für die Reibungskraft zu ausreichend vielen Gleichungen zur Lösung.

Lösung: Bild 2.68 zeigt die Schnittbilder für die Massen m_1 und m_2.

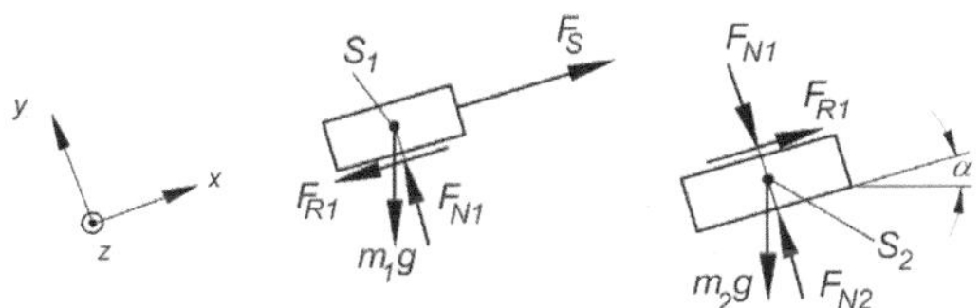

Bild 2.68 Schnittbilder

Für die Gleichgewichtsbedingungen liest man aus Bild 2.68 ab:

$$\begin{aligned} &\text{Masse } m_1: && \sum F_x = F_S - F_{R1} - m_1 g \sin\alpha = 0, \\ & && \sum F_y - F_{N1} - m_1 g \cos\alpha - 0, \\ &\text{Masse } m_2: && \sum F_x = F_{R1} - m_2 g \sin\alpha = 0, \\ &\text{Reibungskraft:} && F_{R1} \le \mu F_{N1}. \end{aligned} \qquad (1)$$

Für den notwendigen Reibungsbeiwert für Gleichgewicht folgt aus dem Gleichungssystem (1)

$$\mu = \frac{m_1}{m_2} \tan\alpha \qquad (2)$$

und für die Seilkraft: $F_S = (m_1 + m_2) g \sin\alpha = m_1 g (\sin\alpha + \mu \cos\alpha)$. (3)

Aufgabe 2.38 (Bild 2.69)

Eine Getriebewelle soll am oberen Ende durch einen Seilzug so im Gleichgewicht gehalten werden, dass die Wellenachse mit dem horizontalen Boden den Winkel α bildet. Zwischen Welle und Boden ist Reibung vorhanden mit der Haftreibungszahl μ_0.

a) In welchem Bereich muss der Winkel β für die Seilneigung liegen, damit die Welle nicht über den Boden gleitet?

b) Bei welchem Winkel β wird die Seilkraft F_S minimal?

Zahlenwerte: a = 0,5 m, b = 0,8 m, c = 2 m, d_1 = 0,36 m, d_2 = 0,9 m, d_3 = 0,23 m, α = 60°, μ_0 = 0,4, Dichte des Wellenwerkstoffs ρ = 7850 kg/m³.

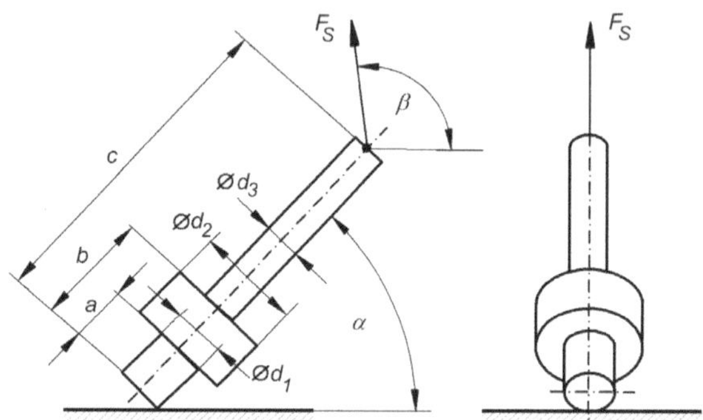

Bild 2.69 Seilzug mit Last

Lösungsanalyse: Reibungskräfte sind sog. eingeprägte Kräfte, für die zusätzliche Bestimmungsgleichungen formuliert werden können. Im Schnittbild dürfen Reibungskräfte nicht wie andere Schnittreaktionen beliebig gerichtet angesetzt werden. Sie müssen vielmehr immer der tatsächlichen oder der möglichen Richtung der Relativbewegung zwischen den Kontaktflächen entgegen wirken. Falls diese Richtung nicht erkennbar ist, muss eine Fallunterscheidung mit beiden Bewegungsrichtungen durchgerechnet werden. Das vorliegende Problem zeigt weiter, wie eine grafische Darstellung sehr schnell zur Lösung führt.

Lösung: a) Zunächst muss die Lage des Schwerpunktes der Getriebewelle ermittelt werden. Der Schwerpunkt liegt auf der Symmetrieachse im Abstand s vom unteren Wellenende:

$$s = \frac{1}{\sum_{i=1}^{3} m_i} \sum_{i=1}^{3} s_i m_i = \frac{1}{2} \frac{d_1^2 a^2 + d_2^2 (b^2 - a^2) + d_3^2 (c^2 - b^2)}{d_1^2 a + d_2^2 (b-a) + d_3^2 (c-b)} = 0{,}708 \text{ m}. \tag{1}$$

Die Gleichgewichtsbedingungen für die freigeschnittene Welle werden aus den Kräften im Bild 2.70 aufgestellt. Beim Entwurf des Schnittbildes ist darauf zu achten, dass eine Reibungskraft immer der Bewegung entgegenwirkt, die im reibungsfreien Fall eintreten würde. Sie darf also nicht wie bei Schnittreaktionen sonst möglich, beliebig gerichtet angenommen werden. Im vorliegenden Fall hängt die Richtung der Reibungskraft $\boldsymbol{F}_\text{R}$ vom Seilwinkel β ab. Für $\beta_\text{min} \le \beta < \pi/2$ weist $\boldsymbol{F}_\text{R}$ im eingezeichneten Koordinatensystem in die negative x-Richtung und für $\pi/2 < \beta \le \beta_\text{max}$ in die positive x-Richtung. Damit erhält man die Gleichungen

$$\begin{aligned}
\sum F_x &= F_\text{S} \cos\beta \mp F_\text{R} = 0, \\
\sum F_y &= -G + F_\text{N} + F_\text{S} \sin\beta = 0, \\
\sum M_{\text{A}z} &= G(c-s)\cos\alpha - F_\text{N}\left(c\cos\alpha - \frac{d_1}{2}\sin\alpha\right) \mp F_\text{R}\left(c\sin\alpha + \frac{d_1}{2}\cos\alpha\right) = 0.
\end{aligned} \tag{2}$$

In (2) gelten die oberen Vorzeichen für den Seilwinkel $\beta < \pi/2$ und die unteren für $\beta > \pi/2$. Für die Haftreibungskraft F_R kann eine zusätzliche Gleichung formuliert werden

$$F_\text{R} \le \mu_0 F_\text{N}. \tag{3}$$

Ob das mögliche Kraftniveau der Haftreibung tatsächlich ausgenutzt wird, hängt von den vorliegenden Verhältnissen ab. Den Grenzfall berechnet man durch Einsetzen des Maximalwertes für F_R aus (3) in das Gleichungssystem (2). Für den Seilwinkel β, bei dem noch kein Gleiten eintritt erhält man folgende Grenzwerte:

$$\tan\beta = \frac{1}{c-s}\left[c\tan\alpha + \frac{d_1}{2} \pm \frac{1}{\mu_0}\left(s - \frac{d_1}{2}\tan\alpha\right)\right], \tag{4}$$

$$\beta_{min} = 74{,}4°,\ \beta_{max} = 244{,}0°.$$

b) Die Seilkraft F_S erhält man aus den Gleichgewichtsbedingungen (2) mit der Reibungsgleichung (3) oder einfacher aus der Forderung nach Momentengleichgewicht für die Welle um den Aufstandspunkt B (Bild 2.70):

$$\sum \boldsymbol{M}_B = \boldsymbol{r}_{BG} \times \boldsymbol{G} + \boldsymbol{r}_{BA} \times \boldsymbol{F}_S = \boldsymbol{0},$$

$$F_S = \frac{(s\cos\alpha - \frac{d_1}{2}\sin\alpha)G}{(c\cos\alpha - \frac{d_1}{2}\sin\alpha)\sin\beta - (c\sin\alpha + \frac{d_1}{2}\cos\alpha)\cos\beta}. \tag{5}$$

Eine Extremwertberechnung ergibt aus (5) die Seilneigung β_0, bei der die Seilkraft minimal wird

$$\left(\frac{dF_S}{d\beta}\right)_{\beta=\beta_0} = 0,\quad \tan\beta_0 = \frac{\frac{d_1}{2}\sin\alpha - c\cos\alpha}{\frac{d_1}{2}\cos\alpha + c\sin\alpha},\quad \beta_0 = 155{,}1°. \tag{6}$$

Mit dem Wellengewicht $G = 22456$ N folgt aus (5) mit dem Seilwinkel nach (6)

$$F_{Smin} = 2216 \text{ N}.$$

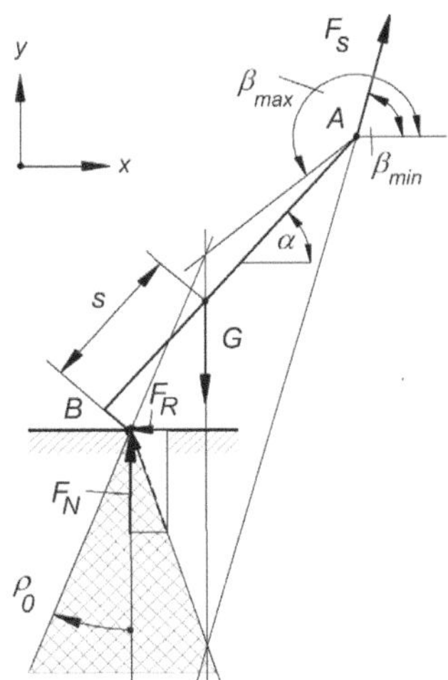

Bild 2.70 Schnittbild und Reibungskegel

Alternativer Lösungsweg für den Winkel β_0 für minimale Seilkraft: Sehr schnell findet man die Lösung auf grafischem Wege. In Bild 2.70 ist der Reibungskegel am Berührpunkt B zwischen Welle und Boden eingezeichnet. Mit $\mu_0 = \tan\rho_0$ beschreibt der Reibungskegel die schraffierte Fläche, in der die Gesamtkraft aus Normalkraft $\boldsymbol{F}_N$ und Reibungskraft $\boldsymbol{F}_R$ am Punkt B liegen kann. Die Welle bleibt in Ruhe, wenn die Wirkungslinie der Resultierenden aus $\boldsymbol{G}$ und $\boldsymbol{F}_S$ durch den Reibungskegel verläuft. In den Grenzfällen liegt der Schnittpunkt aus $\boldsymbol{G}$ und $\boldsymbol{F}_S$ auf dem Kegelmantel oder auf der Verlängerung der Mantellinien über die Spitze hinaus. Der Winkel β_0 kann aus Bild 2.70 abgelesen werden. Die Seilkraft ist minimal, wenn sie senkrecht zur Strecke AB wirkt. Dann stehen die Vektoren $\boldsymbol{r}_{BA}$ und $\boldsymbol{F}_S$ aus (5) senkrecht aufeinander und $\boldsymbol{F}_S$ nimmt zur Erfüllung es Momentengleichgewichts den kleinsten Betrag an. Für den Winkel γ des Ortsvektors $\boldsymbol{r}_{BA}$ mit der x-Achse gilt

$$\tan\gamma = \frac{r_{BA\,y}}{r_{BA\,x}} = \frac{\frac{d_1}{2}\cos\alpha + c\sin\alpha}{-\frac{d_1}{2}\sin\alpha + c\cos\alpha}, \quad \gamma = 65{,}1°$$

und damit folgt für den Lagewinkel der minimalen Kraft

$$\beta_0 = \gamma + \tfrac{\pi}{2} = 155{,}1°.$$

Aufgabe 2.39 (Bild 2.71)

Eine Klemmvorrichtung besteht aus zwei Keilen und einem in x-Richtung verschiebbaren Mittelstück. Der Reibungsbeiwert μ sei für alle Flächenpaare gleich groß, die Gewichte der Keile und des Mittelstücks können vernachlässigt werden.

a) Welche Spannkraft F_S kann durch eine Kraft F aufgebracht werden?

b) Wie groß muss der Winkel β sein, wenn das Kraftverhältnis $F_S/F = 2$ sein soll, bei $\alpha = 10°$ und $\mu = 0{,}11$?

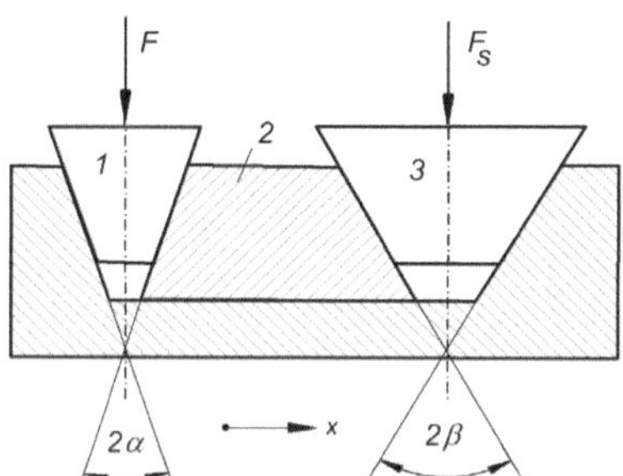

Bild 2.71 Klemmvorrichtung mit Reibung

Lösungsanalyse: Der Standardweg zur Lösung führt über die Freischnitte der 3 beteiligten Klemmstücke, wobei in den jeweiligen Kontaktflächen die Normal- und Reibungskräfte angetragen werden. Hierbei werden für die Teile 1 und 3 Symmetriebedingungen ausgenutzt. Damit erhält man ein Problem mit sieben Unbekannten, dessen analytische Lösung recht aufwendig ist. Der Grund hierfür liegt an den Kontaktflächen der Keile, die im x,y-System geneigt liegen. Einfacher lassen sich die Gleichungen für derartige Probleme lösen, wenn man die in den geneigten Kontaktflächen wirkenden Kräfte nicht nach Normal- und Reibungskraft unterteilt, sondern nach Einführung des sog. Reibungswinkels $\rho = \arctan\mu$ in x- und y-Komponenten.

Lösung: a) Zunächst werden alle Klemmstücke 1, 2 und 3 freigeschnitten und die in allen Kontaktflächen wirkenden Kräfte in die Schnittbilder eingetragen (Bild 2.72). Bei Reibungsproblemen dürfen die Reibungskräfte am freigeschnittenen System nicht mit beliebigem Richtungssinn eingetragen werden. Die Richtung der Reibungskräfte muss immer aus der Richtung der möglichen oder tatsächlichen Relativbewegung zwischen den Kontaktflächen bestimmt werden.

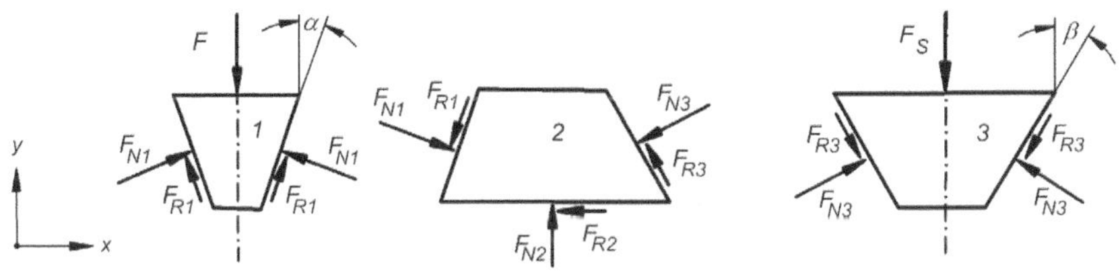

Bild 2.72 Schnittbilder der Klemmstücke

Im freigeschnittenen System (Bild 2.72) werden für die symmetrischen Keile 1 und 3 an beiden schrägen Seitenflächen jeweils die gleichen Kräfte eingetragen. Dies folgt unmittelbar aus der Symmetrie der Keile. Aus den Gleichgewichtsbedingungen kann man folgendes Gleichungssystem für die sieben Unbekannten: F_{N1}, F_{R1}, F_{N2}, F_{R2}, F_{N3}, F_{R3}, F_{S} angeben

$$\begin{aligned}
\sum F_{(1)y} &= 2F_{\mathrm{R}1}\cos\alpha + 2F_{\mathrm{N}1}\sin\alpha - F = 0,\\
\sum F_{(2)x} &= F_{\mathrm{N}1}\cos\alpha - F_{\mathrm{R}1}\sin\alpha - F_{\mathrm{N}3}\cos\beta - F_{\mathrm{R}3}\sin\beta - F_{\mathrm{R}2} = 0,\\
\sum F_{(2)y} &= -F_{\mathrm{N}1}\sin\alpha - F_{\mathrm{R}1}\cos\alpha - F_{\mathrm{N}3}\sin\beta + F_{\mathrm{R}3}\cos\beta + F_{\mathrm{N}2} = 0,\\
\sum F_{(3)y} &= 2F_{\mathrm{N}3}\sin\beta - 2F_{\mathrm{R}3}\cos\beta - F_{\mathrm{S}} = 0,
\end{aligned} \tag{1}$$

sowie die Gleichungen für die Gleitreibungskräfte

$$F_{\mathrm{Ri}} = \mu F_{\mathrm{Ni}}, \quad \text{mit i} = 1, 2, 3. \tag{2}$$

Zur Auswertung der sieben Gleichungen (1) und (2) wird für eine kompaktere Darstellung der Reibungswinkel ρ mit $\mu = \tan\rho$ eingeführt. Dies ist der Winkel zwischen der Normalkraft und der Gesamtkraft aus Normal- und Reibungskraft. Nach Elimination der Normalkräfte F_{Ni} aus dem Gleichungssystem erhält man die Spannkraft F_{S} der Klemmvorrichtung

$$F_{\mathrm{S}} = F\,\frac{\cot(\alpha+\rho)-\mu}{\cot(\beta-\rho)+\mu}. \tag{3}$$

Die etwas mühsame Berechnung von (3) aus (1) und (2) lässt sich vereinfachen, wenn man die Kontaktkräfte an den Keilflächen in den Gleichgewichtsbedingungen unter Verwendung des Reibungswinkels ρ in die Komponenten F_{H} und F_{V}, die parallel zur x- und y-Achse liegen, einführt (Bild 2.73).

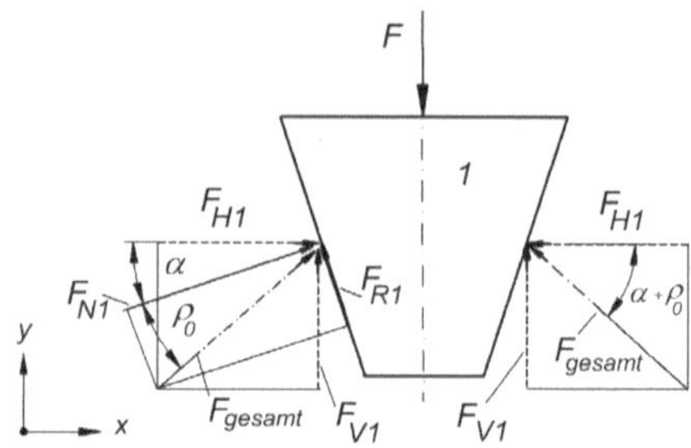

Bild 2.73 Alternative Wahl der Schnittkräfte

Das Gleichungssystem lautet jetzt:

$$
\begin{aligned}
\sum F_{(1)y} &= 2F_{\mathrm{V}1} - F = 0, \\
F_{\mathrm{H}1} &= F_{\mathrm{V}1}\cot(\alpha+\rho), \\
\sum F_{(2)x} &= F_{\mathrm{H}1} - F_{\mathrm{H}3} - F_{\mathrm{R}2} = 0, \\
\sum F_{(2)y} &= -F_{\mathrm{V}1} - F_{\mathrm{V}3} + F_{\mathrm{N}2} = 0, \\
\sum F_{(3)y} &= 2F_{\mathrm{V}3} - F_{\mathrm{S}} = 0, \\
F_{\mathrm{H}3} &= F_{\mathrm{V}3}\cot(\alpha-\rho), \\
F_{\mathrm{R}2} &= F_{\mathrm{N}2}\tan\rho.
\end{aligned}
\tag{4}
$$

Aus (4) lassen sich die Kräfte in den Flächen leicht eliminieren und man erhält wieder das Ergebnis (3) für das Verhältnis F_{S}/F.

b) Mit den gegebenen Zahlenwerten lässt sich der Keilwinkel β direkt aus (3) ermitteln. Mit dem Reibungswinkel $\rho = \arctan\mu = 6{,}3°$ folgt

$$
\cot(\beta-\rho) = \frac{1}{2}\left[\cot(\alpha+\rho)-\mu\right]-\mu = 1{,}545\,,
$$

$$
\beta = 39{,}2°.
$$

Aufgabe 2.40 (Bild 2.74)

Beim Schließen einer Tür (1) gleitet der Schlossriegel (2) in seiner Führung an den Punkten A und B und außerdem am Anschlag des Türrahmens (3) im Punkt C. Der Riegel wird dabei durch eine Feder gegen den Beschlag gedrückt. Der Reibungskoeffizient $\mu = \tan\rho$ sei an den drei Reibstellen gleich groß.

a) Wie groß ist das Verhältnis F_{C}/F in der skizzierten Riegelstellung beim langsamen Schließen der Tür, wenn F_{C} die vom Türrahmen auf den Riegel übertragene Kraft und F die Federkraft ist?

b) Bei welchem Winkel $\alpha_{\max}$ lässt sich die Tür nicht mehr schließen (Fall der Selbsthemmung)?
Zahlenwerte: $c = 8$ cm, $b = 0{,}5$ cm, $a = 2$ cm, $\alpha = 45°$, $\mu = 0{,}24$.

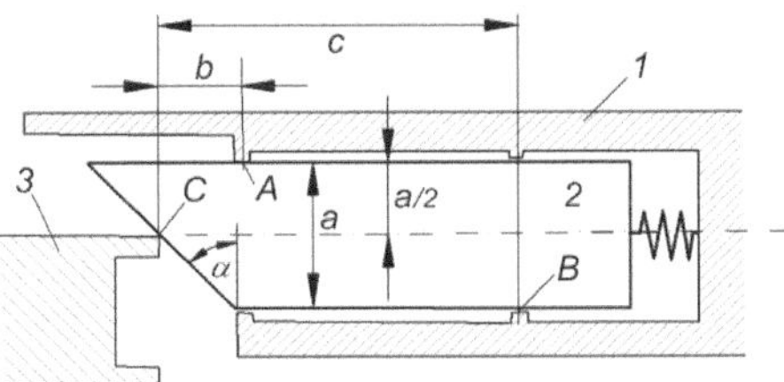

Bild 2.74 Schlossriegel

Lösungsanalyse: Die Standardmethode führt zur Lösung des vorliegenden Problems: Freischneiden des Riegels; Eintragen aller Kräfte auf den Riegel, wobei die Reibungskräfte den tatsächlichen Relativbewegungen beim Schließen entgegengerichtet einzutragen sind; Aufteilung der Gesamtkraft an der schrägen Schließfläche mit Hilfe des Reibungswinkels ρ in die x- und y-Komponente zur Vereinfachung der analytischen Lösung.

Lösung: a) Nach Freischneiden des Riegels (Bild 2.75) werden die Gleichgewichtsbedingungen formuliert.

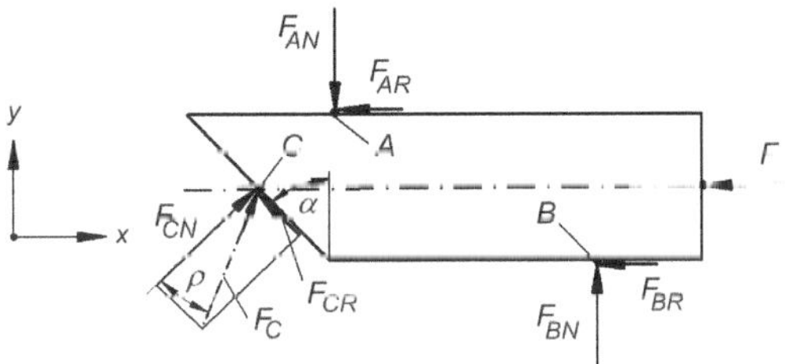

Bild 2.75 Schnittbild für Schlossriegel

Die Kraft $\boldsymbol{F}_{\mathrm{C}}$ auf den Riegel an der Schließfläche ist die Resultierende aus Normalkraft $\boldsymbol{F}_{\mathrm{CN}}$ und Reibungskraft $\boldsymbol{F}_{\mathrm{CR}}$. Der Vektor $\boldsymbol{F}_{\mathrm{C}}$ schließt mit der Senkrechten zur Gleitfläche den Reibungswinkel $\rho = \arctan \mu$ ein. Man erhält das Gleichungssystem

$$\begin{aligned}
\sum F_x &= -F_{\mathrm{AR}} - F_{\mathrm{BR}} - F + F_{\mathrm{C}} \cos(\alpha + \rho) = 0, \\
\sum F_y &= -F_{\mathrm{AN}} + F_{\mathrm{BN}} + F_{\mathrm{C}} \sin(\alpha + \rho) = 0, \\
\sum M_{\mathrm{C}z} &= -b\,F_{\mathrm{AN}} + c\,F_{\mathrm{BN}} + \frac{a}{2} F_{\mathrm{AR}} - \frac{a}{2} F_{\mathrm{BR}} = 0, \\
F_{\mathrm{BR}} &= \mu\, F_{\mathrm{BN}}, \\
F_{\mathrm{AR}} &= \mu\, F_{\mathrm{AN}}.
\end{aligned} \tag{1}$$

Eliminiert man aus (1) die vier Unbekannten F_{AN}, F_{AR}, F_{BN} und F_{BR}, dann folgt das gesuchte Kraftverhältnis

$$\frac{F_{\mathrm{C}}}{F} = \frac{c-b}{(c-b)\cos(\alpha+\rho) - \mu(c+b-\mu a)\sin(\alpha+\rho)} = 3{,}3. \tag{2}$$

b) Selbsthemmung tritt auf, wenn der Nenner in (2) verschwindet und das Kraftverhältnis unbegrenzt wächst: $F_C / F \to \infty$. Das ist der Fall für

$$\tan(\alpha_{max} + \rho) = \frac{c-b}{\mu(c+b-\mu a)}, \quad \alpha_{max} = 62{,}1°. \tag{3}$$

Aufgabe 2.41 (Bild 2.76)

Eine abgesetzte, um die Achse A drehbare Rolle mit den Radien r_1 und r_2 und dem Gewicht G_0 wird durch eine drehbare Gabel AB an einer Wand gehalten. Über den Rollenabsatz mit dem kleineren Radius r_2 ist ein Seil einmal herumgewickelt. Es wird am rechten Ende durch ein Gewicht G belastet. Die Reibungsbeiwerte zwischen Rolle und Wand sowie zwischen Rolle und Seil seien gleich groß und betragen μ_0 bei Haftreibung und μ bei Gleitreibung.

a) Welche Kraft $\boldsymbol{F}$ muss am linken Seilstrang im Falle $\beta = 0$ mindestens ausgeübt werden, wenn das Gewicht G in der Schwebe gehalten werden soll?

b) Mit welcher Kraft $\boldsymbol{F}$ muss am linken Seilstrang im Falle $\beta = 0$ gezogen werden, wenn das Gewicht G langsam heraufgezogen werden soll?

c) Bei welchem Winkel β_m wird die zum Heraufziehen notwendige Kraft minimal und wie groß ist sie dann?

Zahlenwerte: $r_1/r_2 = 3$, $G = 500$ N, $G_0 = 200$ N, $\alpha = 30°$, $\mu_0 = 0{,}3$, $\mu = 0{,}2$.

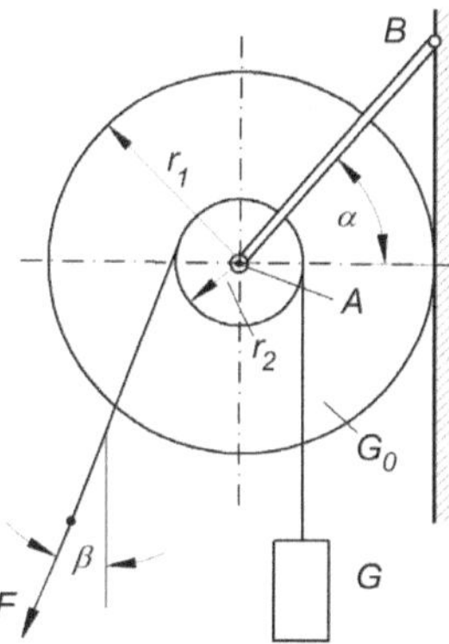

Bild 2.76 Rolle mit Seil- und Wandreibung

Lösungsanalyse: Diese Aufgabe ist ein exemplarisches Beispiel für die Überlagerung unterschiedlicher Reibungseinflüsse: Gleitreibung, Haftreibung, Selbsthemmung und Seilreibung. Da es nicht möglich ist, am Anfang die tatsächlich auftretenden Reibungseinflüsse abzuschätzen, muss zunächst mit Annahmen gearbeitet werden, die anschließend an Hand des Ergebnisses bestätigt oder widerlegt werden müssen. Die Grundlage der Aufgabenlösung ist das freigeschnittene System. Beim Antragen der Reibungskräfte an den Schnittstellen sind Voraussetzungen zu machen, die mit Hilfe des Ergebnisses zu verifizieren sind.

Lösung: a) Die Aufgabe demonstriert, wie wichtig bei Reibungsproblemen eine Untersuchung des möglichen Bewegungsverhaltens des Systems ist. Im vorliegenden Fall muss Seilreibung und die Reibung der Rolle an der Wand berücksichtigt werden und es muss untersucht werden, welcher dieser Reibungsfälle auftritt. Deshalb ist zunächst zu prüfen, ob sich die Rolle überhaupt um die Achse A drehen kann oder ob Selbsthemmung an der Wand vorliegt. Selbsthemmung ist vorhanden, wenn eine beliebig große äußere Kraft G an der Rolle bei nicht rutschendem Seil im Gleichgewicht gehalten werden kann. Die Rolle kann sich dann nicht im Uhrzeigersinn drehen.

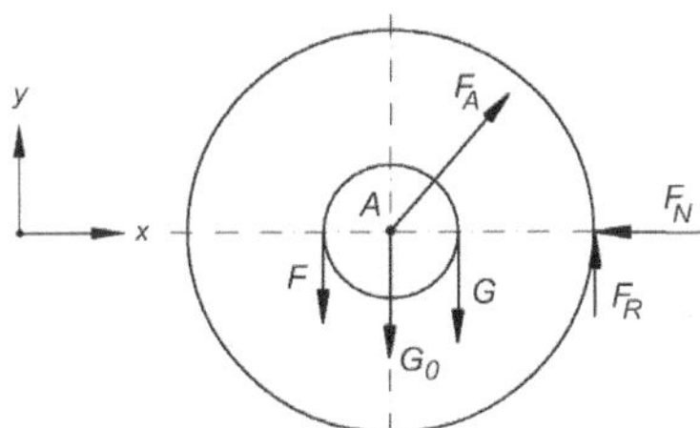

Bild 2.77 Schnittbild für $\beta = 0$ bei Rechtsdrehung

Bild 2.77 zeigt die freigeschnittene Rolle für den Fall einer Rechtsdrehung. Dieses Schnittbild ist geeignet, die Grenze zur Selbsthemmung bei Rechtsdrehung infolge des Gewichtes G zu finden. Die Seilreibung wird zunächst nicht betrachtet, das Seil kann bei dieser Modellbildung nicht auf dem Rollenabsatz gleiten. Dann folgt aus den Gleichgewichtsbedingungen:

$$\begin{aligned} \sum F_x &= F_A \cos\alpha - F_N = 0, \\ \sum F_y &= F_A \sin\alpha - F - G - G_0 + F_R = 0, \\ \sum M_{Az} &= r_2(F - G) + r_1 F_R = 0, \\ F_R &\le \mu_0 F_N . \end{aligned} \tag{1}$$

Dieses Gleichungssystem muss nach G aufgelöst werden, da man die Selbsthemmung bei Rechtsdrehung untersuchen möchte. Mit dem oberen Grenzwert der Haftreibung $F_R = \mu_0 F_N$ folgt die Bedingung für Gleichgewicht

$$G = \frac{G_0 + F\left[\frac{r_2}{r_1}\left(\frac{\tan\alpha}{\mu_0} + 1\right) + 1\right]}{\frac{r_2}{r_1}\left(\frac{\tan\alpha}{\mu_0} + 1\right) - 1}. \tag{2}$$

Die Rolle bleibt auch bei beliebig großem Gewicht G im Gleichgewicht, wenn der Nenner von (2) verschwindet. Das ist der Fall für

$$\tan\alpha \le \mu_0\left(\frac{r_1}{r_2} - 1\right) = 0{,}6. \tag{3}$$

Mit den gegebenen Werten erhält man für (3): $\tan 30° = 0{,}5774 < 0{,}6$. Die Bedingung (3) für Selbsthemmung ist also erfüllt, die Rolle kann sich nicht im Uhrzeigersinn drehen.

Mit diesem Nachweis muss der Gleichgewichtszustand über die Seilreibung berechnet werden. Hierfür gilt mit der Kraft F am auflaufendem Ende und bei 1,5-facher Umwicklung des Seils auf dem Rollenabsatz

$$F = G\,e^{-\mu_0 \varphi}\ , \ \text{mit}\ \varphi = 3\pi$$
$$F = 29{,}6\ \text{N}. \tag{4}$$

Diese Kraft muss aufgebracht werden, damit das Gewicht G nicht durchrutscht.

b) Auch für das Anheben des Gewichtes G muss zunächst geprüft werden, ob die Rolle gegen Linksdrehung durch Selbsthemmung gesperrt ist. Hierzu kann wieder das Schnittbild 2.76 betrachtet werden, wobei die Reibungskraft an der Wand umzudrehen ist. Es ergibt sich das zu (1) analoge Gleichungssystem mit umgekehrten Vorzeichen vor F_R

$$\begin{aligned}
\sum F_x &= F_A \cos\alpha - F_N = 0, \\
\sum F_y &= F_A \sin\alpha - F - G - G_0 - F_R = 0, \\
\sum M_{Az} &= r_2(F - G) - r_1 F_R = 0, \\
F_R &\le \mu_0 F_N,
\end{aligned} \tag{5}$$

Dieses Gleichungssystem muss nach F aufgelöst werden, da man die Selbsthemmung auf Linksdrehung untersuchen möchte. Mit dem oberen Grenzwert der Haftreibung $F_R = \mu_0 F_N$ folgt die Bedingung für Gleichgewicht

$$F = \frac{G_0 + G\left[\dfrac{r_2}{r_1}\left(\dfrac{\tan\alpha}{\mu_0} - 1\right) + 1\right]}{\dfrac{r_2}{r_1}\left(\dfrac{\tan\alpha}{\mu_0} - 1\right) - 1}. \tag{6}$$

Selbsthemmung tritt ein, wenn der Nenner in (6) verschwindet. Das gilt für

$$\tan\alpha \le \mu_0\left(\frac{r_1}{r_2} + 1\right) = 1{,}2. \tag{7}$$

Mit tan 30° = 0,5774 < 1,2 ist die Bedingung (7) für Selbsthemmung erfüllt, die Rolle kann sich auch im Gegen-Uhrzeigersinn nicht drehen.

Mit diesem Nachweis muss der Zustand des langsamen Hochziehens wieder über die Seilreibung berechnet werden. Hierfür gilt mit der Kraft F am ablaufenden Ende und bei 1,5-facher Umwicklung des Seils auf dem Rollenabsatz

$$F = G\,e^{\mu_0 \varphi}\ , \ \text{mit}\ \varphi = 3\pi$$
$$F = 8451\ \text{N}. \tag{8}$$

Die Kraft (8) ist der Maximalwert für Haftreibung. Nach Einsetzen der Bewegung beträgt F wegen des geringeren Gleitreibungsbeiwertes $\mu = 0{,}2$ nur noch $F = 3293$ N.

c) Zunächst wird die Kraft F zum Heraufziehen bei beliebigem Winkel β ermittelt. Hier können wieder die Gleichungen (5) herangezogen werden mit Berücksichtigung der Kraftkomponenten von $\boldsymbol{F} = [\,-F\sin\beta,\ -F\cos\beta\,]^T$. Man erhält im Fall $F > G$ (Voraussetzung für Linksdrehung)

$$\begin{aligned}
&\sum F_x = F_A \cos\alpha - F_N - F\sin\beta = 0,\\
&\sum F_y = F_A \sin\alpha - F\cos\beta - G - G_0 - F_R = 0,\\
&\sum M_{Az} = r_2(F-G) - r_1 F_R = 0,\\
&F_R \le \mu_0 F_N .
\end{aligned} \tag{9}$$

Mit dem oberen Grenzwert der Haftreibung $F_R = \mu_0 F_N$ folgt nach Auflösung nach F aus (9)

$$F = \frac{G_0 + G\left[\frac{r_2}{r_1}\left(\frac{\tan\alpha}{\mu_0} - 1\right) + 1\right]}{\left(\frac{r_2}{\mu_0 r_1} + \sin\beta\right)\tan\alpha - \frac{r_2}{r_1} - \cos\beta}. \tag{10}$$

Gleichung (10) geht mit $\beta = 0$ in (6) über. Dafür war mit der Bedingung (7) Selbsthemmung nachgewiesen. Die Grenze zur Selbsthemmung der Rolle wird bei dem Winkel β_0 unterschritten, für den der Nenner in (10) verschwindet:

$$\left(\frac{r_2}{\mu_0 r_1} + \sin\beta\right)\tan\alpha - \frac{r_2}{r_1} - \cos\beta = 0, \quad \beta_0 = 11,5°. \tag{11}$$

Bei $\beta > \beta_0$ ist es zwar möglich die Rolle zu drehen, die Wandreibung ist bis zu einem Grenzwinkel β_G aber noch größer als die Seilreibung. Erst wenn Seil- und Wandreibung gleich sind, kann bei wachsendem Winkel β mit der Wandreibung gerechnet werden. Der Grenzwinkel β_G kann aus der Bedingung $F[(10)] = F[(8)]$ berechnet werden:

$$\frac{G_0 + G\left[\frac{r_2}{r_1}\left(\frac{\tan\alpha}{\mu_0} - 1\right) + 1\right]}{\left(\frac{r_2}{\mu_0 r_1} + \sin\beta_G\right)\tan\alpha - \frac{r_2}{r_1} - \cos\beta_G} = G\,e^{\mu_0\varphi}\,, \quad \text{mit } \varphi = 3\pi - \beta_G . \tag{12}$$

Der Ausdruck (12) ist analytisch nicht lösbar. Eine numerische Nullstellensuche ergibt für den Grenzwinkel: $\beta_G = 58,7°$. Erst ab diesen Winkel dreht sich die Rolle. Dieser aufwendige Lösungsweg ist jedoch nicht erforderlich, wie jetzt gezeigt wird.

Die hier gesuchte Seilrichtung β_m für die minimale Seilkraft F_{min} zum Heraufziehen von G erhält man durch Extremwertberechnung aus (10). Dabei wird angenommen, dass Wandreibung vorliegt. Diese Annahme ist anschließend mit der Forderung $F[(10)] < F[(8)]$ für den berechneten Winkel β_m zu überprüfen.

Aus (10) folgt aus der Extremwertberechnung

$$\left[\frac{dF(\beta)}{d\beta}\right]_{\beta=\beta_m} = 0, \quad \tan\beta_m = -\tan\alpha, \quad \beta_m = 150°. \tag{12}$$

Das Ergebnis (12) ist anschaulich nachvollziehbar: Die Reibung der Rolle an der Wand wird minimal, wenn die Kraft $\boldsymbol{F}$ als maximale Entlastung der Normalkraft zwischen Wand und Rolle wirkt. Dies ist der Fall, wenn $\boldsymbol{F}$ mit der Gabel AB einen Winkel von $\pi/2$ bildet.

Für das Einleiten der Bewegung beim Winkel β_m, ergibt die Haftreibung mit $\mu_0 = 0,3$ aus (10)

$$F_{minHaft} = 583,8\,\text{N}. \tag{13}$$

Nach Einsetzen der Gleitbewegung ist zum Überwinden der Gleitreibung mit $\mu_0 = 0{,}2$ nur noch die Kraft

$$F_{\min\,\mathrm{Gleit}} = 568{,}8\,\mathrm{N} \tag{14}$$

notwendig. Die Überprüfung auf Seilreibung nach (8) ergibt für das gleitende Seil mit $\mu = 0{,}2$ und mit dem Umschlingungswinkel $\varphi = (13/6)\pi$

$$F_{\mathrm{Seilreib}} = 1950{,}7\,\mathrm{N}\,.$$

Die Seilreibung ist also wesentlich größer als die Reibung der Rolle an der Wand. Die Reibungskräfte (13) und (14) sind die gesuchten minimalen Kräfte. Die Rolle dreht sich dabei und reibt an der Wand, während das Seil nicht auf der Rolle gleitet.

3 Elasto-Statik

In der Elasto-Statik werden Fragestellungen zum Gleichgewichtszustand elastisch verformbarer Körper unter dem Einfluss von Kräften und Momenten behandelt. Wie in der Stereo-Statik ist auch hier das Vorgehen zur Lösung als eine strukturierte Folge von Teilaufgaben zu formulieren, mit dem Ziel, die technische Aufgabenstellung in ein mathematisches Gleichungssystem, das Mathematische Modell, zu überführen. Allen hier gezeigten Lösungen ist eine *Lösungsanalyse* vorangestellt, in der die Aufgaben analysiert und die Grundzüge zur Lösung bereitgestellt werden. Dies ist immer der erste Schritt, der grundsätzlich bei einer Aufgabenbearbeitung vorgenommen werden muss.

Im Umfang der vorliegenden Aufgabensammlung werden aus der Elasto-Statik folgende Aufgabenbereiche behandelt:

- Spannungen und Dehnungen im linear elastischen Körper, Einfluss der Wärmedehnung, Zug und Druck, Torsion von Wellen mit Kreisquerschnitt.
- Statisch unbestimmte Systeme.
- Technische Biegelehre, Flächenträgheitsmomente, Schiefe Biegung.
- Überlagerung von Belastungsfällen, Festigkeitshypothese.
- Formänderungen.
- Energiemethoden in der Elasto-Statik.
- Knickung.

Die zuvor genannten Aspekte zum Lösungsweg für Aufgaben der Stereo-Statik gelten hier weitgehend unverändert. Die wichtigste Ausnahme ist eine besondere vektorielle Eigenschaft der Kraft: In der Stereo-Statik ist sie ein linienflüchtiger Vektor, d. h. sie ist beliebig entlang ihrer Wirkungslinie verschiebbar. Da in der Elasto-Statik die Verformungen eines Körpers berücksichtigt werden, gilt diese Eigenschaft hier nicht mehr (vgl. Aufgabe 3.7).

Besonders hervorzuheben für Lösungen in der Elasto-Statik sind die folgenden Hinweise:

- Die Anwendung des Schnittprinzips und die Formulierung der Gleichgewichtsbedingungen gelten auch in der Elasto-Statik. Da die Anzahl der Gleichungen bei elastischen Körpern in der Regel zur Lösung nicht ausreichen, müssen zusätzliche Kraft-Verformungsbeziehungen aufgestellt werden. Dabei haben geometrische und kinematische Zwangsbedingungen als zusätzliche Gleichungen eine sehr große Bedeutung.
- Für Kontrollrechnungen bieten sich die Invarianten der verschiedenen Tensoren in der Mechanik an: Spannungs-, Dehnungs- und Trägheitstensor.
- Die Lösungen von Aufgaben der Elasto-Mechanik werden auch bei einfachen Problemen oft sehr komplex. Zur Erhöhung der Übersichtlichkeit kann vom Superpositionsprinzip Gebrauch gemacht werden (vgl. Aufgabe 3.32). Dies gilt aber nur bei linearem Kraft-Verformungsverhalten (vgl. Gegenbeispiel in Aufgabe 3.5).

H.H. Müller-Slany, *Aufgaben und Lösungsmethodik Technische Mechanik*, https://doi.org/10.1007/978-3-658-22420-2_3

Aufgabe 3.1 (Bild 3.1)

Ein dünnwandiges Rohr mit dem Außendurchmesser d ist aus einem wendelförmig gewickelten und verschweißten Stahlband von der Breite b gefertigt. Das Rohr überträgt ein Torsionsmoment und eine axiale Druckkraft. In einem Schnitt senkrecht zur Rohrachse treten dabei die Druckspannung σ_D und die Schubspannung τ auf.

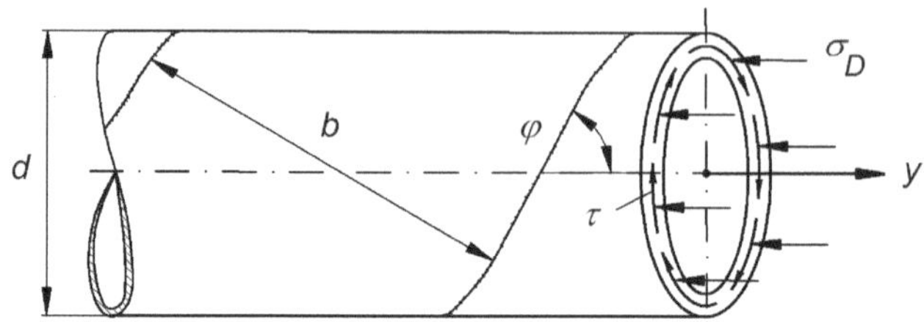

Bild 3.1 Wendelförmig geschweißtes Rohr unter axialem Druck und Torsionsbelastung

a) Bei welchem Verhältnis σ_D/τ wird die Schweißnaht nicht auf Schub beansprucht?

b) Wie groß sind im Falle a) die Normalspannungen in der Schweißnaht?

Zahlenwerte: d = 0,24 m, b = 0,36 m, $\sigma_D = -4000\ \mathrm{N/mm^2}$.

Lösungsanalyse: Zu untersuchen ist ein ebener Spannungszustand von dem drei unabhängige Informationen über die Spannungen in zwei unterschiedlichen Schnittflächen gegeben sind: Die Druckspannung in einer gegebenen Schnittfläche, der Schnittwinkel φ (Lage der Schweißnaht) einer zweiten Schnittfläche und die Vorgabe $\tau = 0$ in der zweiten Schnittfläche. Prinzipiell lassen sich sämtliche interessierenden Spannungsgrößen in einem ebenen Spannungszustand bei Vorgabe von drei unabhängigen Informationen zum Spannungszustand analytisch bestimmen.

Zur anschaulichen Analyse werden zwei Flächenelemente herausgeschnitten: Die Schnittkanten von Element 1 liegen parallel und quer zur Rohrachse und von Element 2 sind sie entsprechend zur Schweißnaht gerichtet. Für die beschriebenen Verhältnisse zwischen Normal- und Schubspannungen kann der zugehörige MOHRsche Spannungskreis skizziert werden mit den Bildpunkten, die die Verhältnisse in den Schnittflächen der beiden Flächenelemente beschreiben. Dafür ist die Erkenntnis wichtig, dass im Flächenelement 2 in der Schweißnaht die Hauptnormalspannungen bei verschwindender Schubspannung vorliegen.

Die Lösung folgt schließlich aus den zugehörigen analytischen Beziehungen für den Spannungskreis, d. h. aus dem Zusammenhang zwischen den Hauptnormalspannungen und den Normal- und Schubspannungen in einer Schnittfläche unter dem Winkel φ. Der Schnittwinkel ist durch die Richtung der Schweißnaht gegeben.

Lösung: a) Das Rohr wird durch eine Druckkraft und durch Torsion belastet. Im Rohrmantel herrscht ein ebener Spannungszustand, der durch Bildpunkte auf dem MOHRschen Spannungskreis beschrieben werden kann. Für die Analyse werden zwei Flächenelemente aus dem Rohrmantel herausgeschnitten, mit der y-Achse als Rohrachse (Bild 3.2). Im Flächenelement

Bild 3.2 b) liegt ein Hauptspannungszustand vor, da die Schubspannungen in der Schweißnaht verschwinden sollen. Für die Bestimmung der Schnittfläche mit der größten Hauptnormalspannung σ_1 wird eine Merkregel angewandt, die sich aus den analytischen Beziehungen für den Spannungszustand ableiten lässt: Die größte Hauptnormalspannung liegt in den Quadranten, in denen die Schubspannungen an einem beliebigen Element zusammenlaufen. Das ist hier der 2. und der 4. Quadrant.

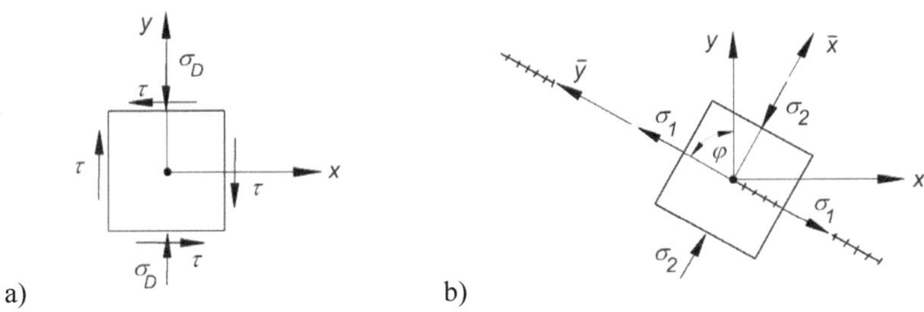

Bild 3.2 Zwei Flächenelemente zur Analyse der Spannungen im Rohrmantel

Zur Darstellung der gegebenen Belastungssituation wird ein Flächenelement mit der y-Achse parallel zur Rohrachse betrachtet (Bild 3.2a). In der y-Schnittfläche, quer zur y-Achse, herrschen die Spannungen: $\sigma_D < 0$, $\tau < 0$ und in der x-Schnittfläche, parallel zur Rohrachse, gilt: $\sigma = 0$, $\tau < 0$. Damit kann der Spannungskreis qualitativ gezeichnet werden (Bild 3.3).

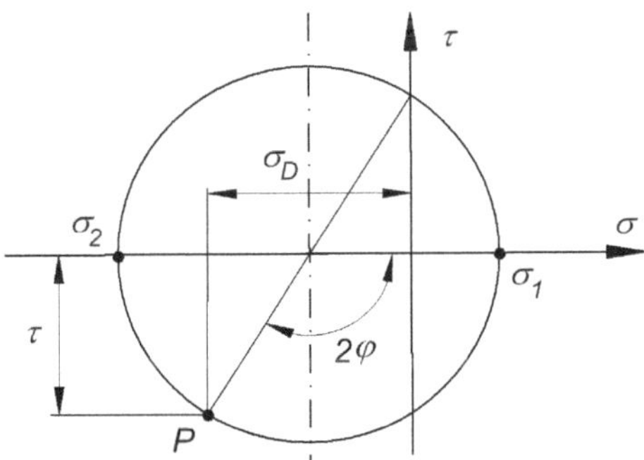

Bild 3.3 MOHRscher Spannungskreis für den ebenen Spannungszustand im Rohrmantel

Für die genaue Lage des Bildpunktes P auf dem MOHRschen Spannungskreis, der die Spannungsverhältnisse im Flächenelement Bild 3.2 a) beschreibt, ist zunächst der Schnittwinkel φ zu berechnen. Er folgt aus dem Rohrumfang und der Breite des Stahlbandes:

$$\cos\varphi = \frac{b}{\pi d} = 0{,}4775, \quad \varphi = 61{,}5°. \tag{1}$$

Die analytischen Beziehungen für den ebenen Spannungszustand zwischen den Spannungen in einem beliebig liegenden Flächenelement und den Hauptnormalspannungen, sowie dem Schnittwinkel φ lauten:

$$\sigma_{1,2} = \tfrac{1}{2}(\sigma_x + \sigma_y) \pm \sqrt{\tfrac{1}{4}(\sigma_x + \sigma_y)^2 + \tau_{xy}^2}\,, \tag{2}$$

$$\tan 2\varphi = \frac{2\,\tau_{xy}}{\sigma_x - \sigma_y}. \tag{3}$$

Aus (3) kann mit den vorliegenden Spannungen $\sigma_x = 0$, $\tau_{xy} = \tau$ und dem Schnittwinkel nach (1) das gesuchte Verhältnis σ_D/τ berechnet werden:

$$\tan 2\varphi = \frac{2\tau}{-\sigma_D}, \quad \frac{\sigma_D}{\tau} = -\frac{2}{\tan 2\varphi} = 1{,}3. \tag{4}$$

Bei diesem Verhältnis von Druck- zu Schubspannung verschwindet der Schub in der Schweißnaht.

b) Bei verschwindendem Schub herrschen in der Schweißnaht und in einer Schnittfläche senkrecht zu ihr die Hauptnormalspannungen. Ihre Werte folgen direkt aus der Grundbeziehung (2) für den ebenen Spannungszustand. Mit den vorliegenden Werten geht (2) über in

$$\sigma_{1,2} = \frac{1}{2}\sigma_D \pm \sqrt{\frac{1}{4}\sigma_D^2 + \left(\frac{\sigma_D}{1{,}3}\right)^2}\,, \qquad \sigma_1 = 1670 \text{ N/mm}^2,\ \sigma_2 = -5670 \text{ N/mm}^2. \tag{5}$$

Die Schubspannungen am Flächenelement Bild 3.2a laufen im 2. und 4. Quadranten zusammen. Damit ist σ_1 die größte Zugspannung in Richtung der Schweißnaht und σ_2 die größte Druckspannung senkrecht zu ihr.

Aufgabe 3.2 (Bild 3.4)

Zur Ermittlung der Randspannungen in der Bohrspindel einer Säulenbohrmaschine werden in drei verschiedenen Richtungen *a*, *b*, *c* die Dehnungen ε_a, ε_b und ε_c mit Dehnungsmessstreifen gemessen.

Wie groß sind die Hauptnormalspannungen σ_1 und σ_2 und die größte Schubspannung τ_{max} am Rande der Bohrspindel und welche Winkel zur Spindelachse haben die Hauptachsen?

Zahlenwerte: $\varepsilon_a = -\,0{,}21\cdot 10^{-4}$, $\varepsilon_b = -\,0{,}63\cdot 10^{-4}$, $\varepsilon_c = 0{,}49\cdot 10^{-4}$, $\alpha = 45°$,

Werkstoffkennwerte: $E = 21{,}6\cdot 10^4$ N/mm², $\upsilon = 0{,}3$.

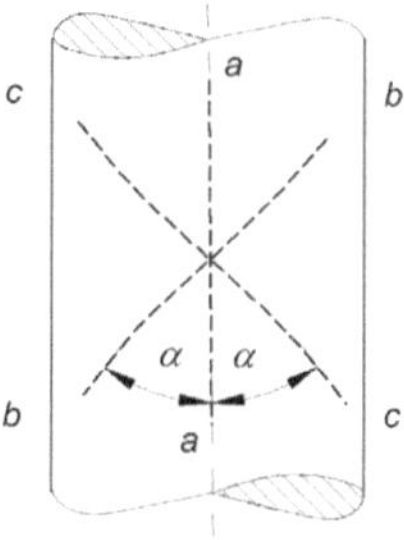

Bild 3.4 Bohrspindel mit drei applizierten Dehnungsmessstreifen

Lösungsanalyse: Gesucht wird der ebene Spannungszustand an der Oberfläche einer Bohrspindel aus drei Dehnungsmessungen. Zur vollständigen Beschreibung eines ebenen Spannungszustandes ist allgemein die Angabe der Normalspannungen in drei verschiedenen Schnittrichtungen erforderlich. Den Zusammenhang zwischen Dehnungen und Normalspannungen beschreibt das verallgemeinerte HOOKEsches Gesetz in einem kartesischen Koordinatensystem. Dies lässt sich für die beiden unter einem Winkel von 90° gemessenen Dehnungen ε_b und ε_c formulieren und führt auf die Normalspannungen σ_b und σ_c. Für die Berechnung der Normalspannung σ_a in Messrichtung a muss zunächst aus einer Invariantenbeziehung zwischen den Dehnungen die zu ε_a um 90° gedrehte Dehnung bestimmt werden. Damit sind drei Normalspannungen in einem Punkt bei verschiedenen Schnittrichtungen bekannt, aus denen der ebene Spannungszustand vollständig ermittelt werden kann.

Lösung: Das verallgemeinerte HOOKEsche Gesetz lautet für die Koordinaten x und y in der Oberfläche der Spindel und für $\sigma_z = 0$

$$\varepsilon_x = \frac{1}{E}\left(\sigma_x - \nu\sigma_y\right), \quad \varepsilon_y = \frac{1}{E}\left(\sigma_y - \nu\sigma_x\right). \tag{1}$$

Legt man das x,y-Koordinatensystem in die Richtungen der Messachsen b und c, dann folgt mit $\varepsilon_x = \varepsilon_b$, $\varepsilon_y = \varepsilon_c$, $\sigma_x = \sigma_b$ und $\sigma_y = \sigma_c$ aus (1)

$$\varepsilon_b = \frac{1}{E}\left(\sigma_b - \nu\sigma_c\right), \quad \varepsilon_c = \frac{1}{E}\left(\sigma_c - \nu\sigma_b\right). \tag{2}$$

Für die Auflösung nach den Normalspannungen folgt aus (2)

$$\sigma_b = \frac{E}{1-\nu^2}\left(\varepsilon_b + \nu\varepsilon_c\right) = -11{,}5\ \text{N/mm}^2, \quad \sigma_c = \frac{E}{1-\nu^2}\left(\varepsilon_c + \nu\varepsilon_b\right) = 7{,}1\ \text{N/mm}^2. \tag{3}$$

Da zur vollständigen Beschreibung eines ebenen Spannungszustandes die Normalspannungen aus 3 Schnittrichtungen erforderlich sind, reicht (3) zur Lösung noch nicht aus. Für die Messrichtung a lautet die zu (3) analoge Spannungs-Dehnungsbeziehung

$$\sigma_a = \frac{E}{1-\nu^2}\left(\varepsilon_a + \nu\varepsilon_{\bar{a}}\right), \tag{4}$$

mit der zur Messrichtung a senkrecht liegenden Richtung $\bar{a}$. Man findet den zugehörigen Dehnungswert $\varepsilon_{\bar{a}}$ aus einer der Invariantenbeziehungen für den Verzerrungstensor: In einem Körperpunkt ist die Summe der Dehnungen in drei aufeinander senkrechten Richtungen konstant, unabhängig von der Orientierung des Koordinatensystems. Im vorliegenden ebenen Fall gilt damit

$$\varepsilon_b + \varepsilon_c = \varepsilon_a + \varepsilon_{\bar{a}}, \quad \varepsilon_{\bar{a}} = \varepsilon_b + \varepsilon_c - \varepsilon_a = 0{,}07 \cdot 10^{-4}. \tag{5}$$

Mit dem Dehnungswert $\varepsilon_{\bar{a}}$ aus (5) folgt aus der Dehnungs-Spannungsbeziehung (4) die Normalspannung in Messrichtung a

$$\sigma_a = -4{,}5\ \text{N/mm}^2. \tag{6}$$

Damit sind hinreichend viele Informationen über den ebenen Spannungszustand bekannt. Zur Ermittlung von Größe und Richtung der Hauptnormalspannungen wird die Lage des x_H,y_H-Hauptachsensystems und des zugehörigen Flächenelements zunächst vorgegeben (Bild 3.5), um analytische Beziehungen für die Winkel zwischen den Messrichtungen und den Hauptachsenrichtungen formulieren zu können.

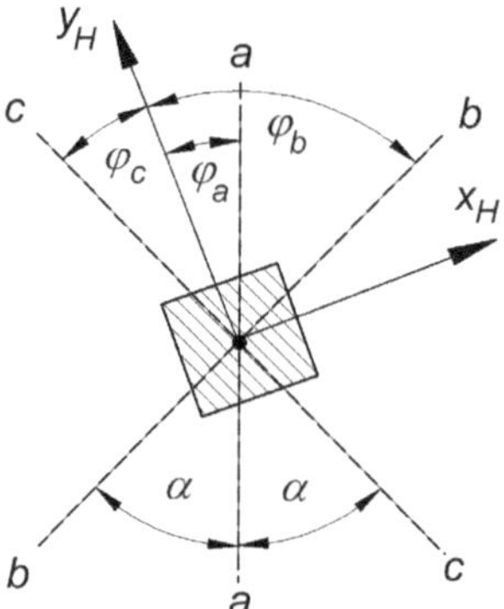

Bild 3.5 Angenommene Lage des x_H, y_H-Hauptachsensystems mit Bezug auf die Messrichtungen

Die Transformationsbeziehung für Normalspannungen zwischen zwei um φ gedrehte Flächenelemente lautet

$$\sigma_\varphi = \tfrac{1}{2}(\sigma_x + \sigma_y) - \tfrac{1}{2}(\sigma_x - \sigma_y)\cos 2\varphi - \tau_{xy}\sin 2\varphi. \tag{7}$$

Schreibt man diese Gleichung für alle drei Messrichtungen mit Bezug auf das Hauptachsensystem, dann erhält man ein Gleichungssystem zur Berechnung der Unbekannten $\sigma_{x\mathrm{H}}$, $\sigma_{y\mathrm{H}}$ und φ:

$$\begin{aligned}
\sigma_\mathrm{a} &= \tfrac{1}{2}(\sigma_{x\mathrm{H}} + \sigma_{y\mathrm{H}}) - \tfrac{1}{2}(\sigma_{x\mathrm{H}} - \sigma_{y\mathrm{H}})\cos 2\varphi_\mathrm{a}\,,\\
\sigma_\mathrm{b} &= \tfrac{1}{2}(\sigma_{x\mathrm{H}} + \sigma_{y\mathrm{H}}) - \tfrac{1}{2}(\sigma_{x\mathrm{H}} - \sigma_{y\mathrm{H}})\cos 2\varphi_\mathrm{b}\,,\\
\sigma_\mathrm{c} &= \tfrac{1}{2}(\sigma_{x\mathrm{H}} + \sigma_{y\mathrm{H}}) - \tfrac{1}{2}(\sigma_{x\mathrm{H}} - \sigma_{y\mathrm{H}})\cos 2\varphi_\mathrm{c}\,.
\end{aligned} \tag{8}$$

Die Schubspannung verschwindet in (8), da der Bezug immer zu einem Hauptachsensystem gilt. Die 3 Winkel sind nicht unabhängig voneinander. Für sie gilt nach Bild 3.5

$$\begin{aligned}
\varphi_\mathrm{a} &= \varphi_\mathrm{c} - \alpha \;\; = \varphi_\mathrm{c} - \tfrac{\pi}{4},\\
\varphi_\mathrm{b} &= \varphi_\mathrm{c} - 2\alpha = \varphi_\mathrm{c} - \tfrac{\pi}{2}.
\end{aligned} \tag{9}$$

Für die Winkelfunktionen in (8) gilt damit

$$\cos 2\varphi_\mathrm{a} = \sin 2\varphi_\mathrm{c}\,, \quad \cos 2\varphi_\mathrm{b} = -\cos 2\varphi_\mathrm{c}\,. \tag{10}$$

Das Gleichungssystem (8) kann mit (10) leicht nach den Unbekannten $\sigma_{x\mathrm{H}}$, $\sigma_{y\mathrm{H}}$ und φ_c aufgelöst werden. Für den Winkel φ_c zur Hauptspannungsrichtung y_H folgt zunächst

$$\tan 2\varphi_\mathrm{c} = \frac{2\sigma_\mathrm{a} - \sigma_\mathrm{b} - \sigma_\mathrm{c}}{\sigma_\mathrm{c} - \sigma_\mathrm{b}} = -0{,}2473\,, \quad \varphi_\mathrm{c} = -6{,}9° \text{ oder } 83{,}1°. \tag{11}$$

Die beiden Lösungen unterscheiden sich um 90°. Jeder dieser Werte kann für die weitere Berechnung gewählt werden. Die Lage des herausgeschnittenen Elementes ändert sich dadurch nicht, nur die Bezeichnungen der Achsen wird ausgetauscht. Mit dem Ergebnis stellt man auch fest, dass die Lage der Hauptachse y_H im Bild 3.5 offenbar falsch gewählt wurde: Sie liegt nach (11) zwischen den Messrichtungen a und b und nicht zwischen a und c. Für die Hauptnormalspannungen folgt aus (8)

$$\sigma_{xH} = \frac{1}{2}(\sigma_b + \sigma_c) + \frac{\sigma_b - \sigma_c}{2\cos 2\varphi_c} = -11{,}78 \text{ N/mm}^2 = \sigma_2 \ ,$$
$$\sigma_{yH} = \sigma_b + \sigma_c - \sigma_{xH} = 7{,}38 \text{ N/mm}^2 = \sigma_1 \ , \tag{12}$$

gemäß der Vereinbarung $\sigma_1 > \sigma_2$.

Im Bild 3.6 sind die Ergebnisse im Mohrschen Spannungskreis dargestellt. Für die maximale Schubspannung (Radius des Kreises) liest man ab:

$$\tau_{\max} = \frac{1}{2}(\sigma_1 - \sigma_2) = 9{,}58 \text{ N/mm}^2 \ . \tag{13}$$

Sie tritt in Schnittflächen auf, die um 45° gegenüber den Hauptspannungsrichtungen (11) verdreht sind.

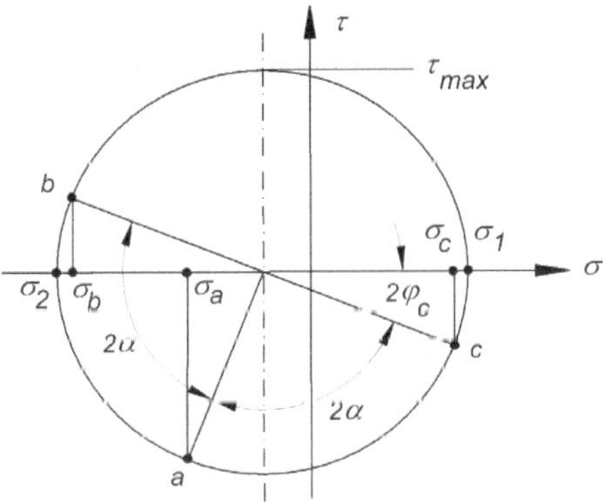

Bild 3.6 Mohrscher Spannungskreis für den ebenen Spannungszustand auf der Bohrspindel

Aufgabe 3.3 (Bild 3.7)

Das Bild 3.7 zeigt Eistürme im oberen Gletscherbruch des Morteratsch-Gletschers am Piz Bernina (Schweiz) im August 1973. Wie kann man sich mit Hilfe von Spannungsbetrachtungen die Risslinien erklären, die im Winkel von etwa $\pi/4$ gegen die Senkrechte im Eis erkennbar sind?

Bild 3.7 Risse in Eistürmen (Foto: Autor, 1973)

Lösungsanalyse: Zur Beurteilung des Rissbildes sind die äußeren Belastungen, sowie die Eigenschaften des Materials von Bedeutung. Als äußere Belastung tritt hier im Wesentlichen eine senkrechte Druckbelastung infolge der Eislast eines Turmes auf. Das Material Eis hat zwei unterschiedliche Eigenschaften, die sich durch den Faktor Zeit unterscheiden: Bei kurzzeitigen Krafteinwirkungen ist Eis ein sprödes Material, das durch Überschreiten der Hauptnormalspannungen die Bruchgrenze erreicht. Bei Langzeiteinwirkungen zeigt Eis Eigenschaften wie z. B. Asphalt: Es fließt. Mit Hilfe des Spannungskreises nach MOHR kann an Hand von Flächenelementen untersucht werden, in welche Richtungen die beiden unterschiedlichen Spannungstypen Normal- und Schubspannung hier Einfluss haben.

Lösung: Betrachtet man die Belastung von zwei Flächenelementen auf der Oberfläche eines Eisturms und den dazu gehörigen Spannungskreis (Bild 3.8), dann erkennt man: Im Flächenelement mit parallelen Kanten zur Turmachse tritt die größte Normalspannung σ_D (Druckspannung) auf. Im Element, dessen Kanten um π/4 gegen das Lot gedreht sind, wirkt neben Druckspannungen die größte Schubspannung τ_{max}.

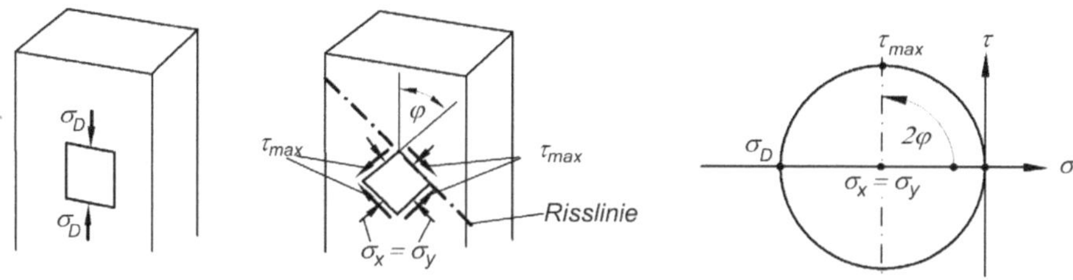

Bild 3.8 Flächenelemente mit Spannungen am Eisturm und zugehöriger Spannungskreis

Den größten Einfluss auf die allmähliche Veränderung eines Eisturms hat die maximale Schubspannung, die genau in der beobachtbaren Risslinie liegt. Bei Langzeitwirkung können sich hier die Flächenelemente gegeneinander verschieben und es kommt zur Rissbildung.

Aufgabe 3.4 (Bild 3.9)

Ein Würfel W aus Kupfer wird in die genau gefertigte würfelförmige Aussparung eines starren Materials M eingesetzt und über einen starren Kolben mit der Kraft $\boldsymbol{F}$ belastet. Das Nennmaß der Würfelkante und der Aussparung ist d. Bei Raumtemperatur T_0 ist jedoch die Kantenlänge um Δd kleiner als die Kantenlänge der Aussparung. Die Wärmedehnung des starren Materials soll als vernachlässigbar klein angenommen werden.

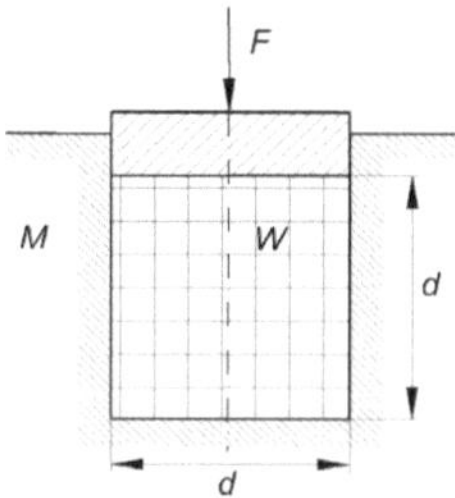

Bild 3.9 Kupferwürfel unter Druck und Temperaturlast

Um welches Maß Δd_H ändert sich die Höhe des Kupferwürfels bei einer Temperatur T_1 gegenüber dem unbelasteten Zustand bei T_0?

Zahlenwerte: $d = 50$ mm, $\Delta d = 0{,}01$ mm, $F = 18000$ N, $T_0 = 20°$ C, $T_1 = 40°$ C,
Werkstoffkennwerte für Kupfer: $\alpha = 16{,}5 \cdot 10^{-6}$ K^{-1}, $\upsilon = 0{,}35$, $E = 12{,}4 \cdot 10^4$ N/mm².

Lösungsanalyse: Zu untersuchen ist das Spannungs-Dehnungsverhalten eines Kupferwürfels unter der Wirkung einer äußeren Kraft und einer Temperaturbelastung, wobei während des Belastungsvorgangs unterschiedliche Bedingungen für die Spannungen und Dehnungen auftreten können, wenn der Würfel die Flächen der Aussparung berührt. Die Grundgleichungen für die Beschreibung der Fragestellung ist das verallgemeinerte HOOKEsche Gesetz mit Einbeziehung der Wärmedehnung. Für die analytische Beschreibung ist ein x, y, z-Koordinatensystem festzulegen. Im ersten Lösungsschritt ist an Hand der Spannungs-Dehnungs-Gleichungen festzustellen, bei welcher Temperatur sich die Bedingungen durch Flächenberührung ändern. Mit diesem Ergebnis können schrittweise die Unbekannten aus den einzelnen Grundgleichungen berechnet werden.

Lösung: Das verallgemeinerte HOOKEsche Gesetz mit Berücksichtigung der Wärmedehnung lautet

$$\begin{aligned}
\varepsilon_x &= \frac{1}{E}\left[\sigma_x - \nu\left(\sigma_y + \sigma_z\right)\right] + \alpha\,\Delta T,\\
\varepsilon_y &= \frac{1}{E}\left[\sigma_y - \nu\left(\sigma_z + \sigma_x\right)\right] + \alpha\,\Delta T,\\
\varepsilon_z &= \frac{1}{E}\left[\sigma_z - \nu\left(\sigma_x + \sigma_y\right)\right] + \alpha\,\Delta T.
\end{aligned} \tag{1}$$

Folgendes x, y, z-Koordinatensystem wird eingeführt: Achsen parallel zu den Würfelkanten mit der z-Achse nach oben. Die zu berechnende Höhenänderung Δd_H des Kupferwürfels ist in der 3. Gleichung von (1) enthalten:

$$\varepsilon_z = \Delta d_H / d.$$

Die Frage, bei welcher Temperatur T^* der belastete Würfel die Seitenflächen der Aussparung berührt, kann mit Hilfe der 1. oder 2. Gleichung aus (1) beantwortet werden. Passt der Würfel gerade in die Aussparung hinein, dann gelten für die Dehnungen und Spannungen in x- und y-Richtung folgende Werte

$$\varepsilon_x = \varepsilon_y = \frac{\Delta d}{d}\,, \quad \sigma_x = \sigma_y = 0, \quad \sigma_z = -\frac{F}{d^2}\,. \tag{2}$$

Damit folgt aus der 1. Gleichung von (1)

$$\frac{\Delta d}{d} = \frac{\nu F}{E d^2} + \alpha\left(T^* - T_0\right). \tag{3}$$

Für die Grenztemperatur T^*, bei der die Seitenflächen des belasteten Würfels gerade die Wände der Aussparung berühren, erhält man

$$T^* = \left(\frac{\Delta d}{d} - \frac{\nu F}{E d^2}\right)\frac{1}{\alpha} + T_0 = 30{,}9\,°\mathrm{C}. \tag{4}$$

Diese Temperatur ist kleiner als die Endtemperatur T_1. Nach Abschluss der Temperaturerhöhung von T^* nach T_1 gilt deshalb für die Dehnungen und Spannungen in x-, und y-Richtung: $\varepsilon_x = \varepsilon_y = 0$ und $\sigma_x = \sigma_y \neq 0$. Aus der 1. Gleichung von (1) erhält man am Ende des Prozesses für die Spannungen in x- und y-Richtung

$$\varepsilon_x = \frac{1}{E}\left[\left(1-\nu\right)\sigma_x + \nu\frac{F}{d^2}\right] + \alpha\left(T_1 - T^*\right) = 0,$$
$$\sigma_x = \sigma_y = -\left[E\alpha\left(T_1 - T^*\right) + \nu\frac{F}{d^2}\right]\frac{1}{\left(1-\nu\right)} = -32{,}5\ \text{N/mm}^2\,. \tag{5}$$

Aus der 3. Gleichung von (1) kann hiermit die Dehnung des Würfels in vertikaler Richtung ermittelt werden

$$\varepsilon_z = \frac{\Delta d_\text{H}}{d} = -\frac{1}{E}\left[\frac{F}{d^2} + \nu\left(\sigma_x + \sigma_y\right)\right] + \alpha\left(T_1 - T_0\right),$$
$$\varepsilon_z = 4{,}55\cdot 10^{-4}, \tag{6}$$
$$\Delta d_\text{H} = \varepsilon_z\, d = 0{,}023\ \text{mm}\,.$$

Aufgabe 3.5 (Bild 3.10)

Ein Stahldraht mit dem Durchmesser d ist zwischen zwei festen Lagern gespannt. In der Mitte wird er durch eine Kraft $\boldsymbol{F}$ belastet. Das Eigengewicht des Drahtes kann vernachlässigt werden. Wie groß kann die Vorspannkraft F_V im Draht werden, wenn die zulässige Zugspannung σ_Z nicht überschritten werden darf und wie groß ist dabei die Absenkung f des Kraftangriffspunktes P?

Zahlenwerte: $a = 1{,}5$ m, $F = 120$ N, $d = 3$ mm, $E = 21{,}6\cdot 10^4$ N/mm², $\sigma_\text{Z} = 200$ N/mm².

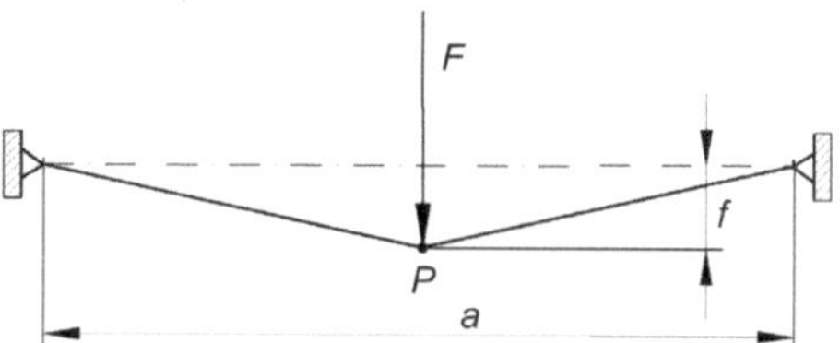

Bild 3.10 Gespannter Stahldraht mit Last

Lösungsanalyse: Es liegt ein statisch unbestimmtes Problem vor, da die Gleichgewichtsbedingungen nicht zur Lösung ausreichen. Bei derartigen Problemen müssen die Verformungen des Systems berücksichtigt werden. Zunächst werden die geometrischen Bedingungen formuliert: Das sind die Zusammenhänge zwischen der Absenkung und der Drahtlänge im verformten und unverformten Zustand. Nach Anwendung des Schnittprinzips (Herausschneiden des Kraftangriffspunktes P) und der Kraftgleichgewichtsbedingungen erhält man den Zusammenhang zwischen der äußeren Last und der Drahtkraft. Die maximale Drahtkraft folgt aus der zulässigen Zugspannung mit Hilfe des HOOKEschen Gesetzes für einachsigen Zug. Mit den geometrischen Nebenbedingungen kann schließlich die Absenkung und die maximale Vorspannkraft ermittelt werden.

Lösung: Die geometrischen Zusammenhänge im verformten Zustand werden aus Bild 3.11 entnommen:

$$\frac{1}{4}(a+\Delta a)^2 = f^2+\frac{1}{4}a^2,$$
$$\Delta a = \sqrt{4f^2+a^2}-a, \tag{1}$$
$$\tan\alpha = \frac{2f}{a}.$$

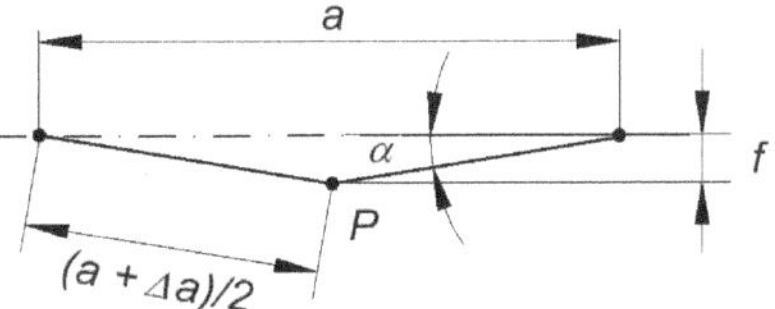

Bild 3.11 Geometrie des verformten Systems

Eine Aussage über die Drahtkraft F_D findet man nach Anwendung des Schnittprinzips auf den Kraftangriffspunkt P (Bild 3.12). Aus den Kraftgleichgewichtsbedingungen folgt

$$\sum F_y = 2F_D\sin\alpha - F = 0,$$
$$F_D = \frac{F}{2\sin\alpha}. \tag{2}$$

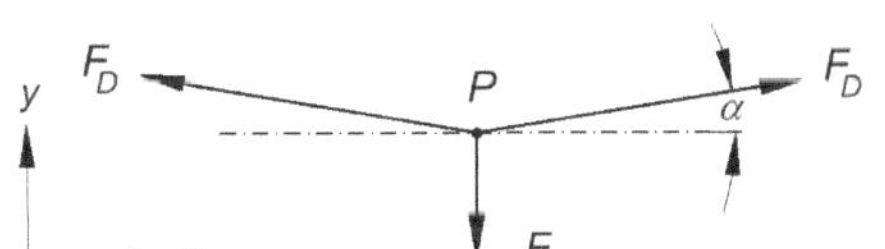

Bild 3.12 Schnittbild für den Kraftangriffspunkt P

Die zulässige Zugkraft im Draht folgt aus dem HOOKEschen Gesetzes für einachsigen Zug:

$$F_D = F_V + \Delta F = \sigma_z\frac{\pi d^2}{4} = 1413{,}7\ \text{N}. \tag{3}$$

Mit der bekannten Zugkraft im Draht kann aus (2) der Neigungswinkel α und damit aus (1) die Absenkung f berechnet werden

$$f = \frac{aF}{2\sqrt{4F_D{}^2-F^2}} = 31{,}86\ \text{mm}. \tag{4}$$

Bemerkenswert ist am Ergebnis (4), dass hier zwischen der äußeren Kraft F und der Verformung f ein nichtlinearer Zusammenhang besteht.

Für die maximale Vorspannkraft erhält man

$$F_V = F_D - \Delta F\,,\quad \text{mit}\quad \Delta F = \Delta\sigma A = \varepsilon EA = \frac{\Delta a}{a}EA,$$
$$F_V = F_D - \left(\sqrt{1+4\frac{f^2}{a^2}}-1\right)EA = 36{,}7\ \text{N}. \tag{5}$$

Aufgabe 3.6 (Bild 3.13)

Eine vertikal stehende Stütze mit veränderlichem Querschnitt aus einem Werkstoff mit der Dichte ρ und dem Elastizitätsmodul E wird axial durch eine Kraft $\boldsymbol{F}$ belastet. Der Betrag der Kraft ist gleich dem Eigengewicht G der Stütze.

a) Wie groß ist die Druckspannung $\sigma(x)$ in der Stütze in Abhängigkeit der Koordinate x?

b) Wo liegen die Extremwerte für $\sigma(x)$?

c) Wie groß ist die Verkürzung Δh der Stütze infolge ihres Eigengewichtes G und der äußeren Belastung F?

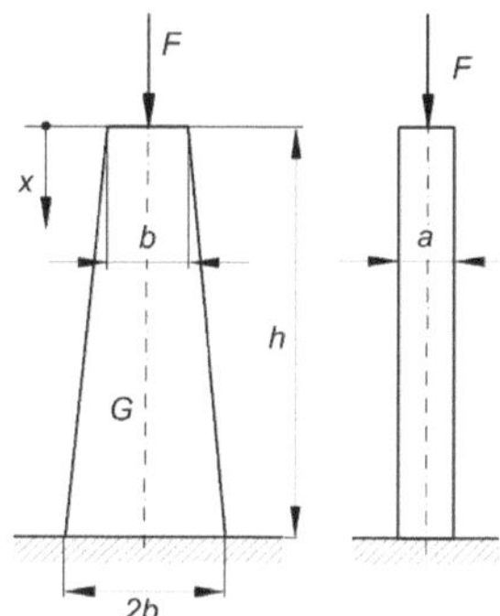

Bild 3.13 Stütze mit veränderlichem Querschnitt

Lösungsanalyse: Infolge des veränderlichen Stützenquerschnitts und der mit x veränderlichen Gewichtsbelastung sind die Normalspannung und die Dehnung in x-Richtung örtlich variable Größen. Die gesamte Längenänderung der Stütze erhält man aus der Integration über die Längenänderungen aller Elemente in x-Richtung.

Lösung: a) Zur analytischen Beschreibung wurde die Koordinate x eingeführt (Bild 3.13). Der Stützenquerschnitt $A(x)$ ist linear mit der Koordinate x veränderlich

$$A(x) = ab\left(1 + \frac{x}{h}\right). \tag{1}$$

Bei gleichmäßiger Verteilung von F auf dem oberen Stützenquerschnitt gilt für die Druckspannung $\sigma(x)$ in einem beliebigen Stützenquerschnitt $A(x)$

$$\sigma(x) = -\frac{F + G(x)}{A(x)} = \frac{F + G(x)}{ab\left(1 + \dfrac{x}{h}\right)}, \tag{2}$$

mit dem Gewicht $G(x)$, das an der Stelle x auf dem Querschnitt lastet

$$G(x) = \int_0^x dG(x) = \int_0^x \rho g\, A(x)\, dx = \rho g a b\left(x + \frac{x^2}{2h}\right) \tag{3}$$

und der äußeren Kraft F

$$F = G(h) = \frac{3}{2}\rho g\, abh. \tag{4}$$

Für die Druckspannung erhält man damit

$$\sigma(x) = -\frac{\rho g h}{h+x}\left(\frac{3}{2}h + x + \frac{x^2}{2h}\right). \tag{5}$$

b) Extremwerte $\sigma(x_0)$ für die Druckspannung liegen an den Rändern bei $x_0 = 0$, $x_0 = h$ und an der Stelle mit

$$\left(\frac{d\sigma}{dx}\right)_{x=x_0} = 0, \quad \text{mit } x_0 = h\left(\sqrt{2}-1\right) = 0{,}414\,h. \tag{6}$$

Im Einzelnen erhält man die Spannungswerte:

$$\begin{aligned} \sigma(x_0 = 0) &= \sigma(x_0 = h) = -\frac{3}{2}\rho g h\,, \\ \sigma(x_0 = 0{,}414h) &= -\sqrt{2}\,\rho g h. \end{aligned} \tag{7}$$

c) Die Verkürzung der Stütze Δh ist die Summe über die Verkürzungen aller Volumenelemente zwischen $x = 0$ und $x = h$. Für die örtliche Dehnung in x-Richtung in der Stütze gilt

$$\varepsilon_x(x) = \frac{1}{E}\sigma_x(x) = -\frac{1}{E}\cdot\frac{\rho g h}{h+x}\left(\frac{3}{2}h + x + \frac{x^2}{2h}\right). \tag{8}$$

Die gesamte Längenänderung folgt aus (8) durch Integration von $x = 0$ bis $x = h$

$$\begin{aligned} \Delta h &= \int_0^h \varepsilon_x(x)\,\mathrm{d}x = -\frac{\rho g}{E}\int_0^h \frac{h}{h+x}\left(\frac{3}{2}h + x + \frac{x^2}{2h}\right)\mathrm{d}x \\ \Delta h &= -\frac{\rho g}{E}h^2\left(\ln 2 + \frac{3}{4}\right) = -1{,}443\frac{\rho g}{E}h^2\,. \end{aligned} \tag{9}$$

Aufgabe 3.7 (Bild 3.14)

Ein aus fünf gleichlangen Stäben mit gleicher Dehnsteifigkeit EA aufgebautes Fachwerk ist spannungsfrei zwischen zwei Festlagern montiert.

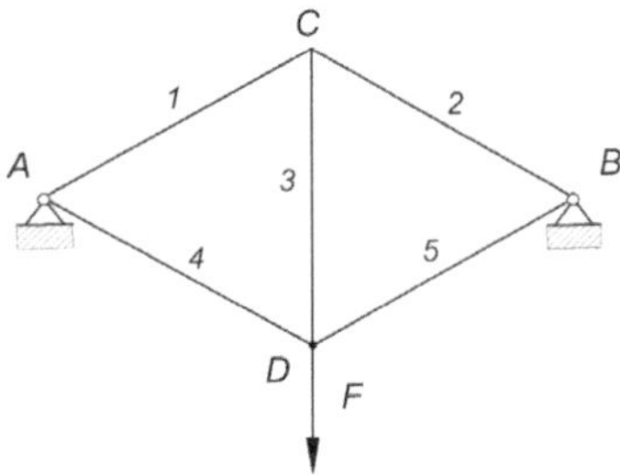

Bild 3.14 Fachwerk mit Belastung $\boldsymbol{F}$ im Knoten D

a) Wie groß sind die Lager- und Stabkräfte bei Belastung des Fachwerks durch eine Kraft $\boldsymbol{F}$ im Knoten D?

b) Wie verändern sich die unter a) gefundenen Werte, wenn man die Kraft $\boldsymbol{F}$ entlang ihrer Wirkungslinie verschiebt, so dass sie im Knoten C angreift?

Lösungsanalyse: Das Fachwerk ist statisch unbestimmt gelagert, da die drei Gleichgewichtsbedingungen der Statik nicht zur Ermittlung der vier Lagerreaktionen ausreichen. Zur Lösung müssen die Verformungen im System mit berücksichtigt werden. Aus den Spannungs-Dehnungsgleichungen für jeden Stab erhält man zusätzliche Gleichungen. Da das Fachwerk in seinem geschlossenen Aufbau auch nach Belastung erhalten bleiben muss, sind die Längenänderungen der Stäbe nicht unabhängig voneinander. Dies führt auf eine weitere geometrische Verträglichkeitsbedingung. Insgesamt hat man ein mathematisches Problem mit 14 Unbekannten: 4 Lagerreaktionen, 5 Stabkräfte und 5 Stabdehnungen. Für die Lösung können 14 Gleichungen aufgestellt werden: Für jeden herausgeschnittenen Knoten 2 Kraftgleichgewichtsbedingungen, 5 Spannungs-Dehnungsgleichungen und eine geometrische Verträglichkeitsbedingung. Die Gleichungsbilanz ist erfüllt. Die Ausnutzung der Symmetrie des Fachwerks vereinfacht die Lösung sehr. In Aufgabe 3.28 wird eine alternative Lösung des Problems mit Anwendung der Energiemethoden der Elasto-Statik gezeigt.

Lösung: a) Zunächst werden alle Knoten A, B, C, D herausgeschnitten, wobei alle Stäbe als Zugstäbe angenommen werden (Bild 3.15)

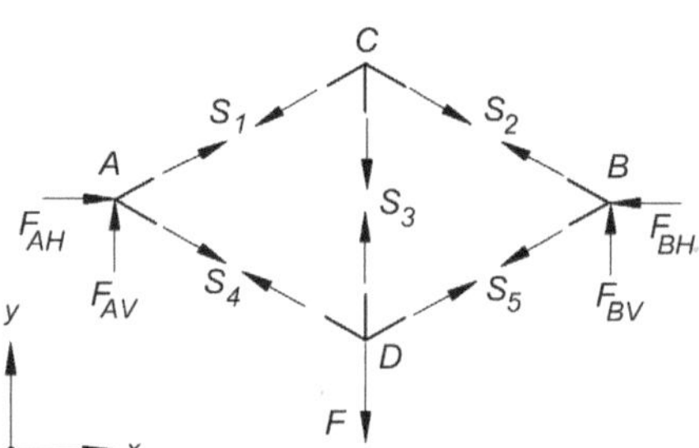

Bild 3.15 Schnittbilder für alle Knoten

Von den insgesamt 8 Gleichgewichtsbedingungen für 4 Knoten können durch Ausnutzung der Fachwerkssymmetrie 5 Gleichungen sofort angegeben werden:

$$\begin{aligned} F_{AV} &= F_{BV} = \tfrac{1}{2} F, \\ F_{AH} &= F_{BH}, \\ S_1 &= S_2, \\ S_4 &= S_5. \end{aligned} \tag{1}$$

Die noch fehlenden 3 Gleichungen erhält man z.B. für die Knoten D und B:

$$\begin{aligned} \text{Knoten D:} \quad & \sum F_y = 2\, S_5 \cos 60° + S_3 - F = 0\,, \\ \text{Knoten B:} \quad & \sum F_x = -S_2 \cos 30° - S_5 \cos 30° - F_{\mathrm{BH}} = 0\,, \\ & \sum F_y = S_2 \cos 60° - S_5 \cos 60° + F_{\mathrm{BV}} = 0\,. \end{aligned} \tag{2}$$

Die Dehnungen der Stäbe 1, … , 5 folgen aus dem HOOKEschen Gesetz. Bei gleicher Dehnsteifigkeit EA gilt

$$\begin{aligned} \varepsilon_i &= \frac{\Delta L_i}{L_i} = \frac{\sigma_i}{EA} = \frac{S_i}{EA}\,, \\ \Delta L_i &= \frac{S_i}{EA} L_i\,, \quad i = 1,2,3,4,5\,. \end{aligned} \tag{3}$$

Die Verformungen ΔL_i sind nicht unabhängig von einander. Bei Belastung des Fachwerks verformen sich die drei Stäbe der Stabgruppe DBC bei Berücksichtigung der angenommenen Kraftrichtungen aus Bild 3.15 wie im Bild 3.16 dargestellt.

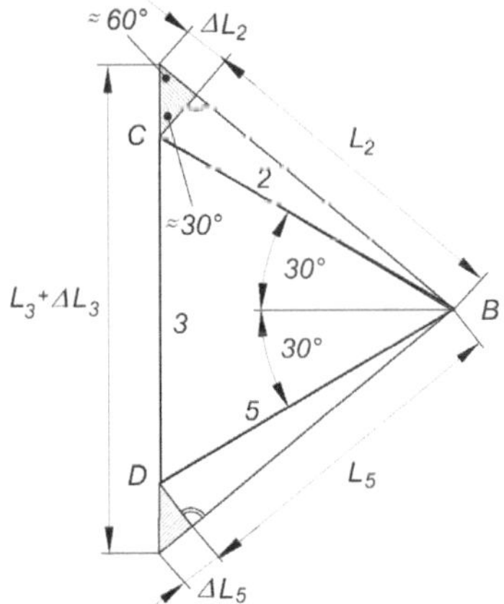

Bild 3.16 Verformung des Elements DBC (stark erhöht gezeichnet)

Stab 3 verlängert sich, bleibt aber in der Symmetrieachse. Mit der Annahme kleiner Verformungen $\Delta L \ll L$ können die aus den Verformungen gebildeten schraffierten Dreiecke bei D und C als rechtwinklige Dreiecke betrachtet werden. Für die Verformungen gilt dann folgender Zusammenhang

$$\Delta L_3 = \frac{\Delta L_2}{\sin 30°} + \frac{\Delta L_5}{\sin 30°} = 2\left(\Delta L_2 + \Delta L_5\right). \tag{4}$$

Damit sind ausreichend viele Gleichungen zur Problemlösung gegeben.

Zur Lösung kann aus den Verformungsbeziehungen (3) und (4) zunächst ein Zusammenhang zwischen den Stabkräften angegeben werden

$$S_3 = 2\left(S_2 + S_5\right). \tag{5}$$

Damit lässt sich das Gleichungssystem (1), (2) und (5) sofort lösen. Man erhält für die Lagerreaktionen und die Stabkräfte

$$\begin{aligned} &F_{AV} = F_{BV} = \frac{1}{2}F, \quad F_{AH} = F_{BH} = -\frac{\sqrt{3}}{10}F, \\ &S_1 = S_2 = -\frac{2}{5}F \text{ (Druckstäbe)}, \\ &S_3 = \frac{2}{5}F \text{ (Zugstab)}, \\ &S_4 = S_5 = \frac{3}{5}F \text{ (Zugstäbe)}. \end{aligned} \tag{6}$$

b) In der Stereo-Statik ist die Kraft ein linienflüchtiger Vektor, der entlang seiner Wirkungslinie verschoben werden kann. Das Gleichgewicht eines Kräftesystems wird dabei nicht verändert. In der Elasto-Statik gilt dies nicht mehr. Im vorliegenden Fall hängen die Vektoren $\boldsymbol{F}_A$ und $\boldsymbol{F}_B$ des im Gleichgewicht stehen Systems ($\boldsymbol{F}$, $\boldsymbol{F}_A$, $\boldsymbol{F}_B$) vom Angriffspunkt der Kraft $\boldsymbol{F}$ ab.

Beim Verschieben der äußeren Belastung $\boldsymbol{F}$ vom Knoten D in den Knoten C ändert sich nur in (2) die Kraftgleichgewichtsbedingung für Knoten D

$$\text{Knoten D}: \sum F_y = 2\, S_5 \cos 60° + S_3 = 0. \tag{7}$$

Damit erhält man jetzt für die Lagerreaktionen und die Stabkräfte

$$\begin{aligned} &F_{AV} = F_{BV} = \frac{1}{2}F, \quad F_{AH} = F_{BH} = \frac{\sqrt{3}}{10}F, \\ &S_1 = S_2 = -\frac{3}{5}F \text{ (Druckstäbe)}, \\ &S_3 = -\frac{2}{5}F \text{ (Druckstab)}, \\ &S_4 = S_5 = \frac{2}{5}F \text{ (Zugstäbe)}. \end{aligned} \tag{8}$$

Aufgabe 3.8 (Bild 3.17)
Ein homogener prismatischer Balken vom Gewicht G ist horizontal an 5 parallelen Stangen der Länge L mit übereinstimmender Dehnsteifigkeit EA aufgehängt. Für Stange 4 wurde ein spezieller Werkstoff mit dem linearen Wärmeausdehnungskoeffizienten $\alpha_4 \neq \alpha_1 = \alpha_2 = \alpha_3 = \alpha_5 = \alpha$ gewählt. Im unbelastetem Zustand und bei der Montagetemperatur T_0 ist die Aufhängung spannungsfrei. Die Verformung des Balkens sowie die Stabgewichte sollen vernachlässigt werden.

a) Wie groß sind die Stangenkräfte F_1 bis F_5 bei Belastung durch das Balkengewicht G und durch eine zusätzliche Kraft F am linken Balkenende, wenn das System die Temperatur T_1 hat?

b) Bei welcher Temperatur T_2 wird die Stangenkraft $F_4 = 0$?

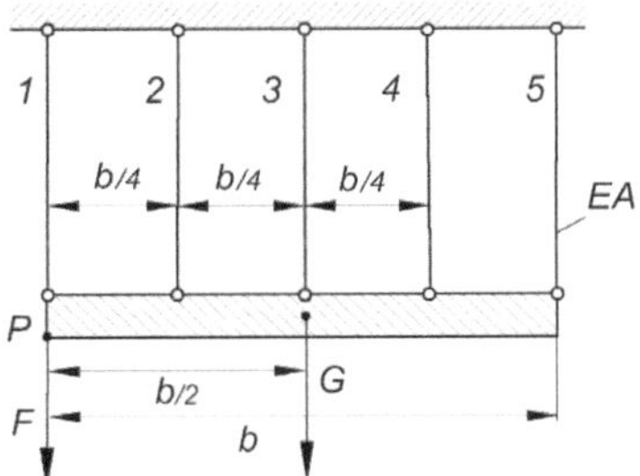

Bild 3.17 Balken mit Stabaufhängung

Lösungsanalyse: Zur Berechnung der statisch unbestimmten Balkenaufhängung mit fünf Stäben unter Kraft- und Temperatureinwirkung sind drei unterschiedliche Gleichungssysteme aufzustellen:

1. Anwenden des Schnittprinzips durch Freischneiden des Balkens,

2. Formulierung des HOOKEschen Gesetzes mit Einbeziehung der Wärmedehnung für jeden Stab,

3. Formulierung der geometrischen Verträglichkeitsbedingungen zwischen den Verformungen der Stäbe.

Lösung: a)

1. Anwenden des Schnittprinzips auf den Balken und Aufstellen der Gleichgewichtsbedingungen. Setzt man die unbekannten Stabkräfte als Zugkräfte an, dann gilt für das Kräftegleichgewicht in z-Richtung (Bild 3.18)

$$\sum F_z = F + G - F_1 - F_2 - F_3 - F_4 - F_5 = 0. \tag{1}$$

Für das Momentengleichgewicht bezogen auf den Kraftangriffspunkt P erhält man

$$\sum M_\mathrm{P} = \frac{b}{4}F_2 + \frac{b}{2}F_3 + \frac{3b}{4}F_4 + bF_5 - \frac{b}{2}G = 0. \tag{2}$$

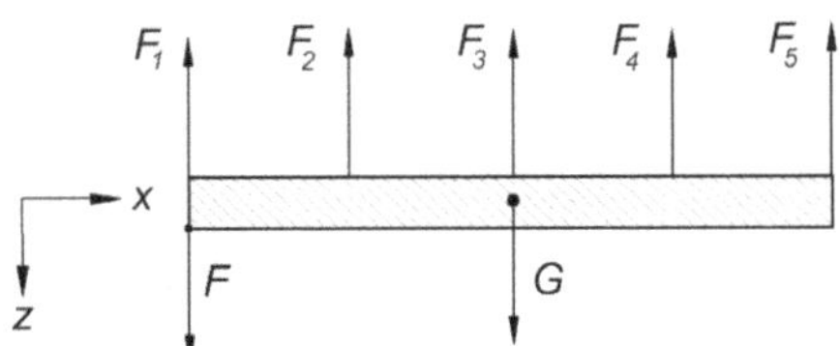

Bild 3.18 Schnittbild für Balken

2. Stoffgesetz: Mit Berücksichtigung der Wärmedehnung folgt aus dem HOOKEschen Gesetz bei einachsigem Spannungszustand

$$\varepsilon = \frac{\sigma}{E} + \alpha\,\Delta T = \frac{\Delta a}{a}, \tag{3}$$

mit $\sigma = F/A$, $\Delta T = T_1 - T_0$ und der Stablänge a.

Für die fünf Stäbe erhält man aus (3) die Längenänderungen

$$\Delta a_i = \left[\frac{F_i}{EA} + \alpha(T_1 - T_0)\right]L, \; i = 1, 2, 3, 5,$$
$$\Delta a_4 = \left[\frac{F_4}{EA} + \alpha_4(T_1 - T_0)\right]L. \qquad (4)$$

3. Geometrische Verträglichkeitsbedingungen: Der starre Balken bewirkt bei Dehnungen der Stäbe die geometrische Abhängigkeit der Längenänderungen nach Bild 3.19

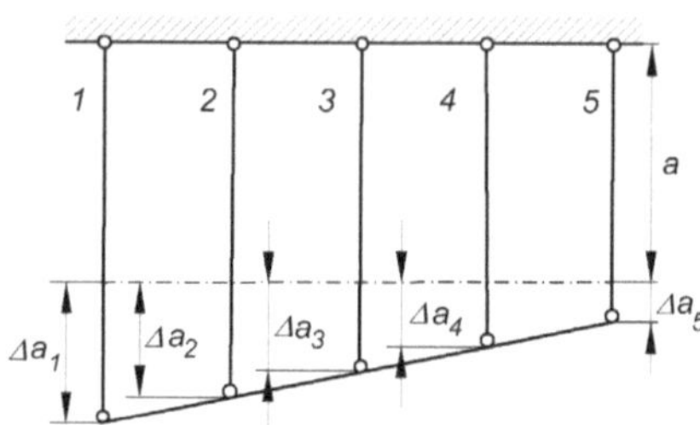

Bild 3.19 Abhängigkeit der Stab-Längenänderungen

Infolge der Gleichverteilung der Stäbe ist die Differenz der Längenänderung von zwei aufeinander folgenden Stäben immer gleich groß. Es lassen sich damit drei unabhängige Gleichungen formulieren

$$\begin{aligned} \Delta a_1 - \Delta a_2 &= \Delta a_2 - \Delta a_3, \\ \Delta a_2 - \Delta a_3 &= \Delta a_3 - \Delta a_4, \\ \Delta a_3 - \Delta a_4 &= \Delta a_4 - \Delta a_5. \end{aligned} \qquad (5)$$

Gleichungsbilanz: Für insgesamt 10 Unbekannte: 5 Stabkräfte und 5 Längenänderungen liegen 10 Gleichungen vor: 2 Gleichgewichtsbedingungen, 5 Spannungs-Dehnungs-Gleichungen und 3 geometrische Verträglichkeitsbedingungen. Die Gleichungsbilanz ist erfüllt. Das Gleichungssystem zur Berechnung der Stabkräfte lautet

$$\begin{aligned} F_1 + F_2 + F_3 + F_4 + F_5 &= F + G, \\ \frac{1}{4}F_2 + \frac{1}{2}F_3 + \frac{3}{4}F_4 + F_5 &= \frac{1}{2}G, \\ F_1 - 2F_2 + F_3 &= 0, \\ F_2 - 2F_3 + F_4 &= EA(\alpha - \alpha_4)(T_1 - T_0), \\ F_3 - 2F_4 + F_5 &= 2EA(\alpha_4 - \alpha)(T_1 - T_0), \end{aligned} \qquad (6)$$

und hat die Lösung

$$\begin{aligned} F_1 &= 0{,}2(G + 3F), \\ F_2 &= 0{,}2(G + 2F) - 0{,}1\,EA(\alpha - \alpha_4)(T_1 - T_0), \\ F_3 &= 0{,}2(G + F) - 0{,}2\,EA(\alpha - \alpha_4)(T_1 - T_0), \\ F_4 &= 0{,}2G + 0{,}7\,EA(\alpha - \alpha_4)(T_1 - T_0), \\ F_5 &= 0{,}2(G - F) - 0{,}4\,EA(\alpha - \alpha_4)(T_1 - T_0). \end{aligned} \qquad (7)$$

Als Kontrollgleichung für (7) kann man die Beziehung $F_1 + F_2 + F_3 + F_4 + F_5 = F + G$ verwenden. Das Ergebnis besagt, dass Wärmespannungen nur innere Kräfte erzeugen, die bei der Summenbildung herausfallen.

b) Nach (7) gilt, der Stab 4 wird kräftefrei bei der Temperatur T_2

$$F_4 = 0{,}2G + 0{,}7\,EA(\alpha - \alpha_4)(T_2 - T_0) = 0,$$

$$T_2 = \frac{2G}{7\,EA(\alpha_4 - \alpha)} + T_0 . \tag{8}$$

Aufgabe 3.9 (Bild 3.20)

Ein kegelstumpfförmiger Stab, der aus zwei verschiedenen Werkstoffen (1: Kupfer, 2: Stahl) zusammengesetzt ist, passt ohne Vorspannung genau zwischen zwei starre Wände.

a) Welche Kräfte werden auf die Wände A und B ausgeübt, wenn am Stab in Achsrichtung die Kräfte $\boldsymbol{F}_1$, $\boldsymbol{F}_2$ und $\boldsymbol{F}_3$ angreifen?

b) Wie groß ist die maximale Spannung im Stab und wo tritt sie auf?

Zahlenwerte: $c = 0{,}2$ m, $d = 0{,}3$ m, $e = 0{,}25$ m, $f = 0{,}15$ m, $g = 0{,}3$ m, $d_A = 0{,}2$ m, $d_B = 0{,}1$ m, $F_1 = 400$ N, $F_2 = 2100$ N, $F_3 = 1800$ N,
Werkstoffkennwerte: $E_1 = 12{,}4 \cdot 10^4$ N/mm², $E_2 = 21{,}6 \cdot 10^4$ N/mm².

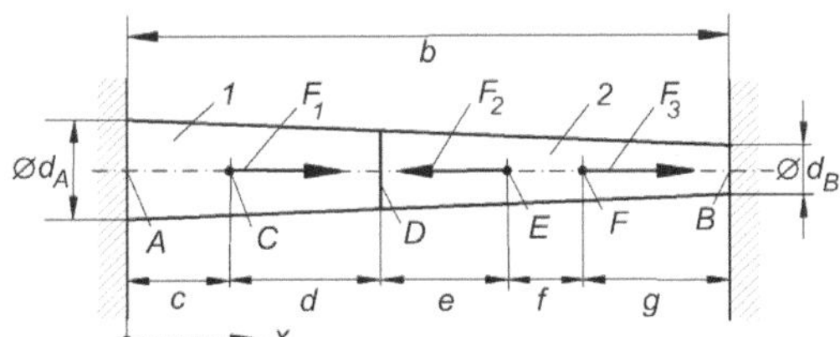

Bild 3.20 Eingespannter Stab

Lösungsanalyse: Zu untersuchen ist ein Stab aus zwei verschiedenen Werkstoffen und mit variablem Querschnitt, an dem mehrere äußere Kräfte angreifen, die zu Verschiebungen ihrer Angriffspunkte führen. Die Dehnungen der fünf unterschiedlichen Teile überlagern sich dabei so, dass die Gesamtdehnung zwischen zwei starren Wänden in der Summe verschwindet. Dieses sehr verwickelt erscheinende Problem kann mit Hilfe logisch strukturierter Lösungsschritte bearbeitet werden. Die Anwendung des Schnittprinzips legt die Lagerkräfte bei den starren Lagern A und B offen und ebenso die Schnittkräfte in Achsrichtung in jedem Querschnitt der fünf unterschiedlichen Stabelemente. Die Längenänderung jedes Teils kann mit Hilfe des HOOKEschen Gesetzes ermittelt werden. Da der Querschnitt des Stabes mit dem Orte variabel ist, folgt die Längenänderung aus dem Ortsintegral über die ortsvariable Dehnung eines Körperelements. Insgesamt treten dabei 7 Unbekannte (2 Lagerkräfte und 5 Längenänderungen der Teilabschnitte) auf. Zur Lösung stehen 1 Kraftgleichgewichtsbedingung in x-Richtung zur Verfügung und 5 Spannungs-Dehnungs-Gleichungen. Die notwendige 7. Gleichung zur Lösung ist eine geometrische Verträglichkeitsbedingung: Die Summe aller Längenänderungen muss verschwinden.

Lösung: a) Mit einem Freischnitt des Stabes an den Lagerstellen A und B können die Kraftgleichgewichtsbedingungen formuliert werden. Die Lagerkräfte $\boldsymbol{F}_A$ und $\boldsymbol{F}_B$ werden dabei in positive x-Richtung angenommen (Bild 3.20):

$$\sum F_x = F_A + F_B + F_1 - F_2 + F_3 = 0. \tag{1}$$

Zur Betrachtung der Längenänderungen müssen im Stab infolge der angreifenden äußeren Kräfte und infolge des Werkstoffwechsels 5 Stabelemente unterschieden werden: AC, CD, DE, EF und FB. In diesen Stababschnitten wirken folgende Schnittkräfte (Anwendung von Schnittprinzip und Gleichgewichtsbedingungen):

$$\begin{aligned} &\text{Abschnitt AC}: && N(x) = -F_A, \\ &\text{Abschnitt CD}: && N(x) = -F_A - F_1, \\ &\text{Abschnitt DE}: && N(x) = -F_A - F_1, \\ &\text{Abschnitt EF}: && N(x) = -F_A - F_1 + F_2, \\ &\text{Abschnitt FB}: && N(x) = -F_A - F_1 + F_2 - F_3. \end{aligned} \tag{2}$$

Alle Stabelemente haben die Form eines Kegelstumpfes. Der Zusammenhang zwischen Kräften und Verformungen beim Kegelstumpf (Bild 3.21) wird zunächst allgemein für einen beliebigen Abschnitt der Länge h und bei der axialen Belastung N (Zugkraft) mit Hilfe des HOOKEschen Gesetzes berechnet.

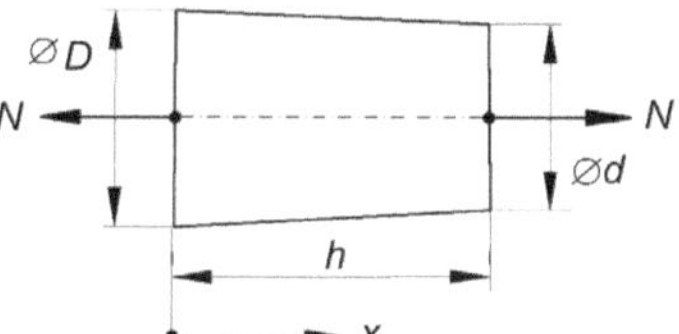

Bild 3.21 Kegelstumpf-Element

Für die Längenänderung des Kegelstumpfs gilt

$$\Delta h = \int_0^h \varepsilon(x)\,\mathrm{d}x = \int_0^h \frac{\sigma(x)}{E}\,\mathrm{d}x = \int_0^h \frac{N}{EA(x)}\,\mathrm{d}x. \tag{3}$$

Mit $A(x) = \frac{1}{4}\pi\, d^2(x) = \frac{1}{4}\pi \left[D - (D-d)\frac{x}{h} \right]^2$ erhält man aus (3)

$$\Delta h = \frac{4N}{\pi E} \int_0^h \frac{1}{\left[D - \left(D-d\right)\frac{x}{h} \right]^2}\,\mathrm{d}x = \frac{4N}{\pi E D d} h. \tag{4}$$

Diese Beziehung gilt für die fünf Stababschnitte nach (2). Die zugehörigen Durchmesserwerte erhält man aus der linearen Beziehung $d(x) = D - (D-d)x/h$:

$$d_A = 0{,}2\text{ m},\ d_C = 0{,}1833\text{ m},\ d_D = 0{,}1583\text{ m},\ d_E = 0{,}1375\text{ m},\ d_F = 0{,}125\text{ m},\ d_B = 0{,}1\text{ m}.$$

Damit folgen die Längenänderungen der Stabelemente nach Bild 3.20:

$$\text{Abschnitt AC: } \Delta c = -\frac{4F_A}{\pi E_1 d_A d_C}\,c\,, \quad \text{Abschnitt CD: } \Delta d = -\frac{4(F_A+F_1)}{\pi E_1 d_C d_D}\,d\,,$$

$$\text{Abschnitt DE: } \Delta e = -\frac{4(F_A+F_1)}{\pi E_2 d_D d_E}\,e\,, \quad \text{Abschnitt EF: } \Delta f = -\frac{4(F_A+F_1-F_2)}{\pi E_2 d_E d_F}\,f, \tag{5}$$

$$\text{Abschnitt FB: } \Delta g = -\frac{4(F_A+F_1-F_2+F_3)}{\pi E_2 d_F d_B}\,f\,.$$

Die Längenänderungen der Stabelemente nach (5) unterliegen noch der geometrischen Zwangsbedingung, dass die Stablänge zwischen den starren Wänden unverändert bleibt, ihre Summe muss verschwinden:

$$\Delta c + \Delta d + \Delta e + \Delta f + \Delta g = 0. \tag{6}$$

Damit sind 7 Gleichungen aus (1), (5) und (6) zur Lösung der 7 Unbekannten (2 Lagerkräfte, 5 Längenänderungen) gegeben. Für die Lagerkräfte erhält man die Lösungen

$$F_A = 8{,}9\ \text{N}\,, \quad F_B = -108{,}9\ \text{N}\,. \tag{7}$$

Beide Kräfte sind Druckkräfte von den Lagern auf den Stab. Im Bild 3.22 sind die axialen Schnittkräfte im Stab aus (2) dargestellt.

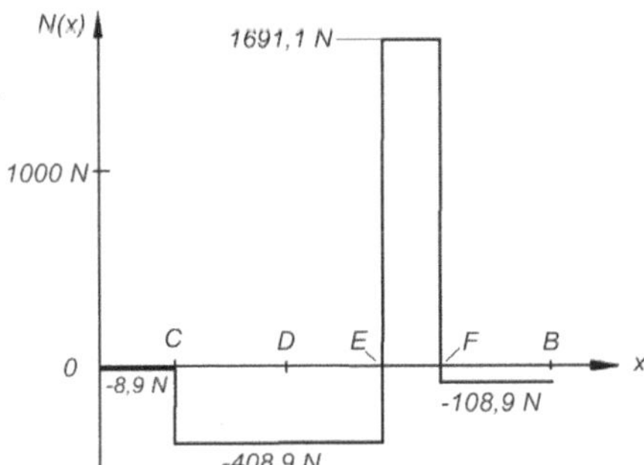

Bild 3.22 Normalkräfte $N(x)$ im Stab

b) Für die Normalspannung im Stab gilt $\sigma(x) = N(x)/A(x)$. Nach Bild 3.22 und mit den Durchmesserwerten der Stabelemente liegt die größte Spannung im Stab am Punkt F

$$\sigma(x_F) = \frac{N(x_F)}{A(x_F)} = \frac{1691{,}1}{\pi d_F{}^2}4 = 13{,}8\ \text{N/cm}^2. \tag{8}$$

Aufgabe 3.10 (Bild 3.23)

In einem Wärmetauscher befindet sich ein aus zwei konzentrischen Rohren bestehendes Doppelrohr. Die bei $T_0 = 20°\text{C}$ durch starre Flansche spannungsfrei miteinander verbundenen Rohre sind aus verschiedenen Werkstoffen (Innenrohr 1: Kupfer, Außenrohr 2: Stahl). Durch die beiden Querschnitte fließen im Gegenstrom Flüssigkeiten mit unterschiedlichen Temperaturen und erwärmen dabei das Rohrsystem. Es kann angenommen werden, dass die Temperatur Innenrohres vom Flansch A nach B von T_{1A} auf T_{1B} und die Temperatur des Außenrohres von T_{2A} auf T_{2B} linear abfällt.

a) Wie groß ist die Längenänderung Δh des Doppelrohres im Betrieb gegenüber der Montagelänge h bei T_0?

b) Welche Spannungen σ_1 und σ_2 treten in den Rohren auf?

c) An welcher Stelle $x = x_0$ tritt die größte relative Verschiebung der beiden Rohre in Achsrichtung auf?

Zahlenwerte: $h = 1{,}40$ m, $d_{1i} = 0{,}11$ m, $d_{1a} = 0{,}115$ m, $d_{2i} = 0{,}16$ m, $d_{2a} = 0{,}165$ m, $T_0 = 20°C$, $T_{1A} = 80°C$, $T_{1B} = 26°C$, $T_{2A} = 60°C$, $T_{2B} = 10°C$,

Werkstoffkennwerte: $E_1 = 12{,}4 \cdot 10^4$ N/mm², $E_2 = 21{,}6 \cdot 10^4$ N/mm², $\alpha_1 = 16{,}5 \cdot 10^{-6}$ K^{-1}, $\alpha_2 = 14 \cdot 10^{-6}$ K^{-1}.

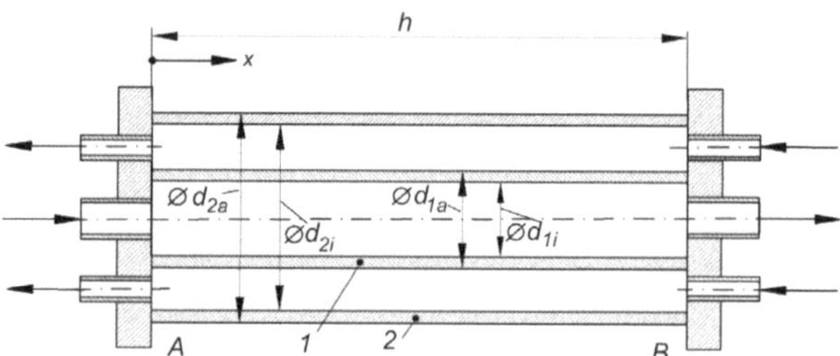

Bild 3.23 Wärmetauscher

Lösungsanalyse: Der Wärmetauscher ist eine Baugruppe, die aus zwei Rohren mit unterschiedlichen Werkstoffen aufgebaut ist und in der die Rohrtemperaturen unterschiedlich und ortsvariabel sind. Starre Flansche zwingen die Rohre immer auf eine gemeinsame, aber mit den Temperaturen veränderliche Rohrlänge. Zur Lösung werden durch Anwendung des Schnittprinzips die Kräfte in den Rohren offen gelegt. Mit Hilfe des verallgemeinerten HOOKEschen Gesetzes mit Berücksichtigung der Temperaturdehnung wird ein Ausdruck für die Dehnung der einzelnen Rohre formuliert. Da die Temperaturen in den Rohren ortsvariabel sind, erhält man auch für die Dehnungen der beiden Rohre Ausdrücke, die von der Ortskoordinate x abhängen. Die gesamte Formänderung der Rohre erhält man aus dem Integral über die Dehnung zwischen den beiden Flanschen. Schließlich muss noch eine geometrische Zwangsbedingung formuliert werden: Die Formänderungen beider Rohre müssen wegen der starren Flansche gleich sein.

Lösung: a) Beschreibung der Kräfte in den Rohren: Durch eine geschlossene Schnittführung werden die inneren Kräfte offen gelegt (Bild 3.24). Das Kraftgleichgewicht in x-Richtung ergibt

$$\sum F_x = F_1 + F_2 = 0, \quad F_1 = -F_2. \tag{1}$$

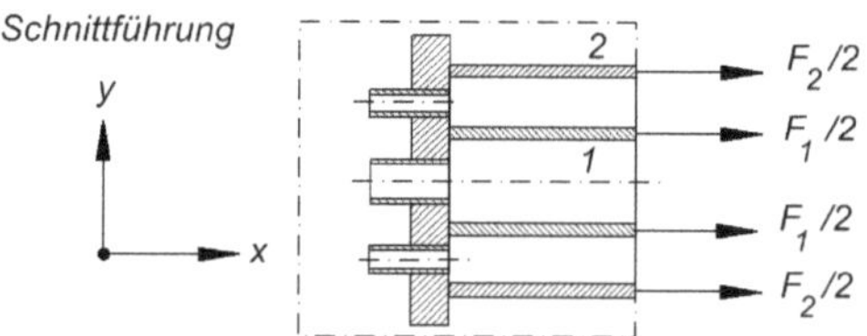

Bild 3.24 Schnittbild

Für die Dehnung in den Rohren gilt das HOOKEsche Gesetz mit Berücksichtigung der Temperaturdehnung

$$\begin{aligned} \varepsilon_1(x) &= \frac{d\xi_1}{dx} = \frac{\sigma_1}{E_1} + \alpha_1\,\Delta T_1(x) = \frac{F_1}{E_1 A_1} + \alpha_1\,\Delta T_1(x)\,, \\ \varepsilon_2(x) &= \frac{d\xi_2}{dx} = \frac{\sigma_2}{E_2} + \alpha_2\,\Delta T_2(x) = \frac{F_2}{E_2 A_2} + \alpha_2 \Delta T_2(x). \end{aligned} \tag{2}$$

Hierin sind $A_k = (d_{ki}^2 - d_{ka}^2)\pi/4,\ k = 1,2.$ Die Temperaturen in den Rohren sind linear mit der Koordinate x zwischen $x = 0$ und $x = h$ veränderlich. Für die Temperaturdifferenzen gegenüber der Montagetemperatur erhält man

$$\begin{aligned} \Delta T_1(x) &= T_{1A} + (T_{1B} - T_{1A})\frac{x}{h} - T_0\,, \\ \Delta T_2(x) &= T_{2A} + (T_{2B} - T_{2A})\frac{x}{h} - T_0\,. \end{aligned} \tag{3}$$

Die Längenänderungen der Rohre erhält man aus dem Integral der Dehnungen (2)

$$\begin{aligned} \Delta h_1 &= \int_0^h \varepsilon_1(x)\,dx = \int_0^h \left\{\frac{F_1}{E_1 A_1} + \alpha_1\left[T_{1A} + (T_{1B} - T_{1A})\frac{x}{h} - T_0\right]\right\} dx \\ &= \left\{\frac{F_1}{E_1 A_1} + \alpha_1\left[\frac{1}{2}(T_{1A} + T_{1B}) - T_0\right]\right\} h, \\ \Delta h_2 &= \int_0^h \varepsilon_2(x)\,dx = \int_0^h \left\{\frac{F_2}{E_2 A_2} + \alpha_2\left[T_{2A} + (T_{2B} - T_{2A})\frac{x}{h} - T_0\right]\right\} dx \\ &= \left\{\frac{F_2}{E_2 A_2} + \alpha_2\left[\frac{1}{2}(T_{2A} + T_{2B}) - T_0\right]\right\} h. \end{aligned} \tag{4}$$

Die starren Flansche erzwingen, dass die Formänderungen der beiden Rohre gleich sein müssen. Damit lautet die geometrische Zwangsbedingung

$$\Delta h_1 = \Delta h_2 = \Delta h. \tag{5}$$

Für die 4 Unbekannten F_1, F_2, Δh_1 und Δh_2 stehen 4 Lösungsgleichungen aus (1), (4) und (5) zur Verfügung. Nach Elimination der Kräfte aus (4) erhält man für die Längenänderung der Rohre

$$\begin{aligned} \Delta h &= \frac{h}{E_1 A_1 + E_2 A_2}\left\{\alpha_1 E_1 A_1\left[\frac{1}{2}(T_{1A} + T_{1B}) - T_0\right] + \alpha_2 E_2 A_2\left[\frac{1}{2}(T_{2A} + T_{2B}) - T_0\right]\right\} \\ &= 0{,}427\,\text{mm}. \end{aligned} \tag{6}$$

b) Für die inneren Kräfte im Rohrsystem folgt aus (4) mit der Längenänderung (6)

$$\begin{aligned} F_1 &= -F_2 = E_1 A_1\left\{\frac{\Delta h}{h} - \alpha_1\left[\frac{1}{2}(T_{1A} + T_{1B}) - T_0\right]\right\}, \\ F_1 &= -26{,}240\,\text{kN},\quad F_2 = 26{,}240\,\text{kN}. \end{aligned} \tag{7}$$

Im Innenrohr 1 herrscht damit die Druckspannung

$$\sigma_1 = \frac{F_1}{A_1} = -29{,}7 \ \text{N/mm}^2$$

und im Außenrohr 2 herrscht Zugspannung

$$\sigma_2 = \frac{F_2}{A_2} = 20{,}6 \ \text{N/mm}^2 .$$

c) Die Verschiebung $\xi(x)$ eines Rohrpunktes bei Betriebstemperatur gegenüber dem Montagezustand, gemessen vom Flansch A, ist das Integral der Dehnung (2) bis zur Koordinate x. Für beliebige Punkte auf beiden Rohren erhält man

$$\begin{aligned} \xi_1(x) &= \int_0^x \varepsilon_1(x)\,\mathrm{d}x = \frac{F_1 x}{E_1 A_1} + \alpha_1 \left[(T_{1\mathrm{A}} - T_0)x + (T_{1\mathrm{B}} - T_{1\mathrm{A}})\frac{x^2}{2h} \right], \\ \xi_2(x) &= \int_0^x \varepsilon_2(x)\,\mathrm{d}x = \frac{F_2 x}{E_2 A_2} + \alpha_2 \left[(T_{2\mathrm{A}} - T_0)x + (T_{2\mathrm{B}} - T_{2\mathrm{A}})\frac{x^2}{2h} \right]. \end{aligned} \tag{8}$$

Der Betrag der relativen Verschiebung von zwei Rohrpunkten, die bei Montagetemperatur auf der gleichen Koordinate x liegen, ist

$$\Delta\xi(x) = \left| \xi_1(x) - \xi_2(x) \right| . \tag{9}$$

Die Extremwertbestimmung aus $\left\{ \frac{\mathrm{d}}{\mathrm{d}x} [\Delta\xi(x)] \right\}_{x=x_0} = 0$ ergibt $\Delta\xi_{\max}$ an der Stelle

$$x_0 = \frac{F_1\left(\frac{1}{E_1 A_1} + \frac{1}{E_2 A_2}\right) + \alpha_1 (T_{1\mathrm{A}} - T_0) - \alpha_2 (T_{2\mathrm{A}} - T_0)}{\alpha_2 (T_{2\mathrm{B}} - T_{2\mathrm{A}}) - \alpha_1 (T_{1\mathrm{B}} - T_{1\mathrm{A}})} h . \tag{10}$$

Mit dem Zahlenwert (7) für die Kraft F_1 im Rohr folgt aus (10) der Ort der maximalen Verschiebung zu $x_0 = h/2$.

Aufgabe 3.11 (Bild 3.25)

Der Deckel einer Kolbenpumpe ist mit sechs Schrauben (Schaftdurchmesser d) am Zylinder befestigt. Bei der Montage werden die Schrauben so weit angezogen, dass ihre Verlängerung Δh_{S1} beträgt. Die relative Längenänderung gegenüber dem Flansch beträgt dabei Δh_R.

a) Wie groß ist die Vorspannkraft F_{V1} zwischen Deckel und Zylinder und die Zugkraft F_{S1} in einer Schraube?

b) Wie groß wird die Vorspannkraft F_{V2} und die Schraubenzugkraft F_{S2}, wenn durch den Innendruck im Zylinder auf den Deckel die Kraft F wirkt?

Zahlenwerte: $\Delta h_{S1} = 0{,}022$ mm, $h = 70$ mm, $\Delta h_R = 0{,}034$ mm, $F = 51$ kN, $d = 12$ mm, *Werkstoffkennwert für Schraube:* $E = 21{,}6 \cdot 10^4$ N/mm².

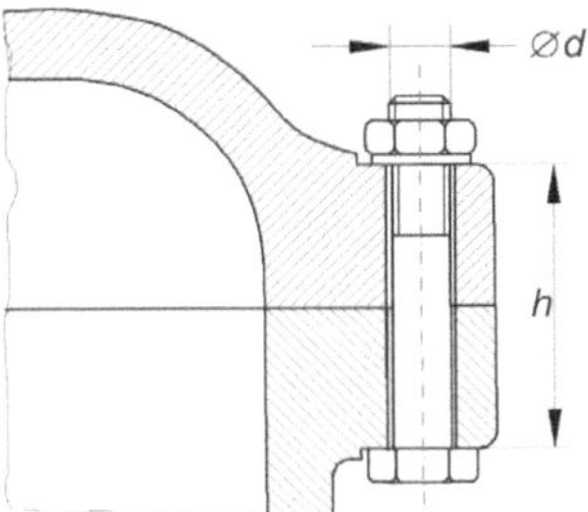

Bild 3.25 Schraubenverbindung

Lösungsanalyse: Zu untersuchen ist eine vorgespannte Schraubenverbindung für einen Pumpendeckel mit und ohne Innendruck. Bevor man Gleichungen für die Lösung formuliert, ist es ratsam, zunächst den physikalischen Vorgang genau zu analysieren, angefangen bei der Montage bis zum Zustand unter erhöhtem Innendruck. Beim Anziehen einer Schraube bei der Montage verlängert sie sich. Die Längenänderung ist gegeben. Dabei wird durch den Druck auf die Deckelverbindung der Flansch zusammengedrückt. Zwischen Schraube und Flansch kann eine relative Längenänderung gemessen werden. Der Wert ist bekannt. Erhöht sich nun der Innendruck im Zylinder, dann verformen sich gleichzeitig Schraube und Flansch: Der Schraubenschaft durch den höheren Innendruck und der Flansch kann sich unter der länger werdenden Schraube dehnen. Wichtig ist, bei diesem Vorgang zu erkennen, dass sich die relative Längenanderung zwischen Schraube und Flansch nicht ändert. Insgesamt liegt ein Problem mit 7 Unbekannten vor: 4 Schrauben- und Flanschkräfte, vor und nach der Erhöhung des Innendrucks und 3 unbekannte Formänderungen für Schraube und Flansch. Für die Lösung lassen sich 2 Kraftgleichgewichtsbedingungen, 2 Kraft-Dehnungsgleichungen, 2 geometrische Zwangsbedingungen und eine weitere Gleichung für das Kraft-Verformungsverhalten des Flansches formulieren. Die Ergebnisse lassen sich in einem Verspannungsdiagramm darstellen, das fundamentale Bedeutung für hochbelastete Schraubenverbindungen hat.

Lösung: a) Die Schraubenkraft folgt aus der gegebenen Schraubenverlängerung Δh_{S1} mit Hilfe des HOOKEschen Gesetzes

$$\varepsilon_S = \frac{\Delta h_{S1}}{h} = \frac{F_{S1}}{EA}, \qquad F_{S1} = E\frac{\pi d^2}{4}\cdot\frac{\Delta h_{S1}}{h} = 7{,}678 \text{ kN (Zugkraft).} \tag{1}$$

Aus dem Schnittbild (Bild 3.26) für den frei geschnittenen Zylinderdeckel liest man die Kraftgleichgewichtsbedingung ab

$$\sum F_y = F_{V1} - 6F_{S1} = 0, \quad F_{V1} = 6F_{S1} = 46{,}068 \text{ kN (Druckkraft).} \tag{2}$$

b) Gesucht wird das Zusammenspiel aus Kräften und Verformungen für die vorgespannten Schrauben eines Zylinderkopfes. Dafür müssen für alle beteiligten Größen analytische Zusammenhänge formuliert werden. Wird der Zylinderdeckel durch den Innendruck durch eine zusätzliche Kraft F belastet, dann folgt aus dem Kraftgleichgewicht analog zu (2)

$$\sum F_y = F_{V2} + F - 6F_{S2} = 0. \tag{3}$$

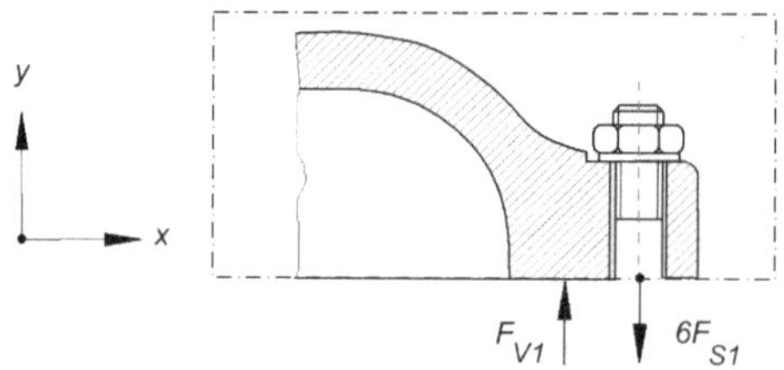

Bild 3.26 Schnittbild für Montagezustand mit Vorspannung

Für den Zusammenhang zwischen Formänderung und Zugkraft gilt jetzt für die Schraubenkraft analog (1)

$$F_{S2} = E\frac{\pi d^2}{4}\cdot\frac{\Delta h_{S2}}{h}. \tag{4}$$

Für die Verformungen können geometrische Zwangsbedingungen angegeben werden: Die relative Längenänderung Δh_R ist die Differenz aus der Längenänderung von Schraube und Flansch (Bild 3.27). Da dies für beide Belastungszustände gilt, erhält man zwei Gleichungen

$$\begin{aligned}\Delta h_{S1} - \Delta h_{F1} &= \Delta h_R\,,\\ \Delta h_{S2} - \Delta h_{F2} &= \Delta h_R\,.\end{aligned} \tag{5}$$

Die Formänderungen in (5) sind vorzeichenbehaftet: Bei Druckkräften sind sie < 0 und bei Zugkräften > 0.

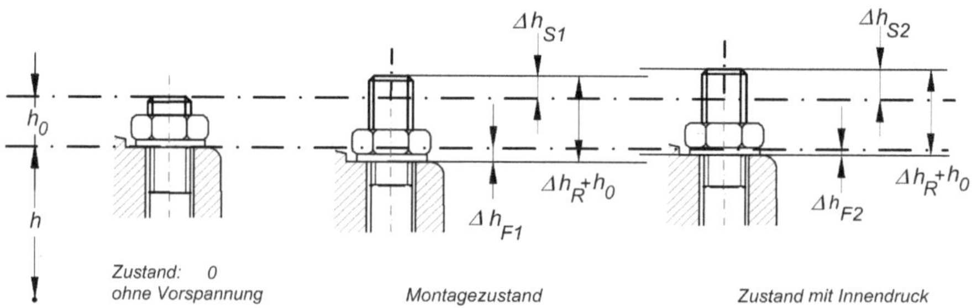

Bild 3.27 Längenänderungen von Schraubenschaft und Flansch (überhöht dargestellt)

Mit (1), (2), (3), (4) und (5) hat man 6 Gleichungen zur Bestimmung der 7 Unbekannten: F_{S1}, F_{S2}, F_{V1}, F_{V2}, Δh_{S2}, Δh_{F1} und Δh_{F2}. Die noch fehlende Gleichung ist eine Beziehung zwischen den Flanschverformungen und den Flanschkräften. Direkt können diese Gleichungen nicht angegeben werden, da Maße und Werkstoffdaten fehlen. Es reicht aus die beiden Gleichungen mit den unbekannten Parametern durch einander zu dividieren. Damit erhält man die fehlende Gleichung

$$\frac{\Delta h_{F1}}{\Delta h_{F2}} = \frac{F_{V1}}{F_{V2}}. \tag{6}$$

Durch Elimination von Δh_{F1} und Δh_{F2} und mit der Beziehung $\Delta h_{S1} / \Delta h_{S2} = F_{S1} / F_{S2}$ lässt sich das Gleichungssystem reduzieren auf zwei Gleichungen mit den beiden Unbekannten F_{S2} und F_{V2}

$$F_{V2} - 6F_{S2} = -F,$$
$$\frac{(\Delta h_R - \Delta h_{S1})}{F_{V1}} F_{V2} + \frac{\Delta h_{S1}}{F_{S1}} F_{S2} = \Delta h_R. \tag{7}$$

Es hat die Lösung

$$F_{V2} = 13{,}068 \text{ kN}, \quad F_{S2} = 10{,}678 \text{ kN}. \tag{8}$$

Aus diesem Ergebnis lassen sich wichtige Erkenntnisse für die Konstruktion von vorgespannten Schraubenverbindungen gewinnen. Obwohl der Innendruck auf den Deckel eine Kraft von $F = 51$ kN ausübt, werden die 6 Schrauben nur mit $\Delta F_S = 6(F_{S2} - F_{S1}) = 18$ kN zusätzlich belastet. Die Ursache hierfür ist die Dehnung der Schrauben, bei der gleichzeitig eine Entlastung des Flansches stattfindet. Will man eine möglichst geringe zusätzliche Belastung der Schrauben bei steigendem Innendruck erreichen, dann müssen die Schrauben so gestaltet sein, dass sie eine geringe Dehnsteifigkeit EA haben, die Flansche dagegen müssen möglichst starr sein. Zu prüfen ist dabei, ob die Vorspannung im Dichtspalt für den Innendruck noch ausreicht. Ein Beispiel für die Verwendung von Dehnschrauben sind Pleuel- und Kurbelwellenlager.

Die Ergebnisse lassen sich in einem Verspannungsdiagramm (Bild 3.28) veranschaulichen. Hierbei werden die Kraft-Verlängerungskurven $F = c\Delta h$, mit der Federsteifigkeit $c = EA/h$, für Schraube und Flansch zusammen in einem Diagramm aufgetragen. Man kann dort ablesen, welche zusätzliche Belastung durch den Innendruck von der Schraube zu übernehmen ist.

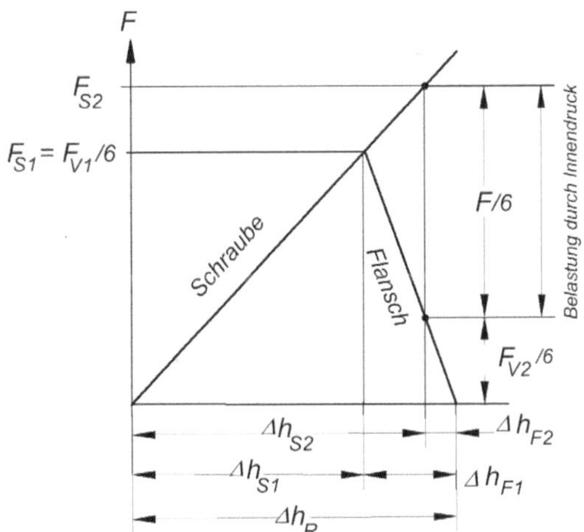

Bild 3.28 Verspannungsdiagramm

Aufgabe 3.12 (Bild 3.29)

Wie groß ist die Torsionsfederkonstante für die skizzierte Welle?

Zahlenwerte: $a = 25$ cm, $b = 50$ cm, $e = 30$ cm, $d_1 = 2$ cm, $d_2 = 4$ cm, Gleitmodul $G = 86$ kN/mm².

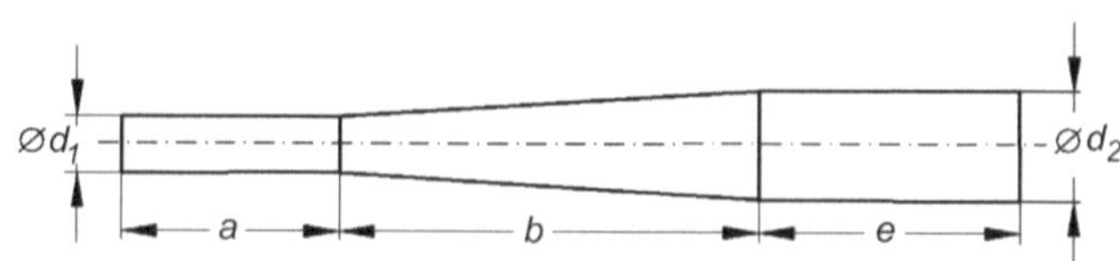

Bild 3.29 Welle als Torsionsfeder

Lösungsanalyse: Der Verdrehungswinkel zwischen den beiden Wellenenden beim Wirken eines Torsionsmomentes setzt sich aus den Verdrehungen der drei unterschiedlichen Abschnitte zusammen. Für den schwach kegelförmigen Mittelabschnitt wird der Verdrehungswinkel durch Integration der Verdrehung eines Stabelements der Länge dx über die Länge b bestimmt.

Lösung: Die Torsionsfederkonstante c ist das Verhältnis von Torsionsmoment M_T zur zugehörigen Verdrehung φ eines Stabes

$$c = \frac{M_T}{\varphi}. \tag{1}$$

Für Stäbe mit konstantem Kreisquerschnitt (Durchmesser d) gilt für den Torsionswinkel

$$\varphi = \frac{h\,M_T}{G I_p}, \tag{2}$$

mit der Stablänge h, dem Gleitmodul G und dem polaren Flächenträgheitsmoment $I_p = \pi d^4/32$. Die Beziehung (2) gilt mit guter Näherung auch für schlanke kegelige Stäbe für ein Stabelement von der Länge dx. Für einen schwach kegelförmigen Stab von der Länge h erhält man

$$\varphi = \int_0^h \frac{M_T}{G I_p}\,\mathrm{d}x. \tag{3}$$

Für den Verdrehungswinkel für die gegebene Welle gilt damit

$$\varphi = \varphi_a + \varphi_b + \varphi_e = \frac{32\,M_T}{\pi G}\left\{\frac{a}{d_1^4} + \int_0^b \frac{\mathrm{d}x}{\left[d_1 + (d_2 - d_1)\frac{x}{b}\right]^4} + \frac{e}{d_2^4}\right\} \tag{4}$$

$$\varphi = \frac{32\,M_T}{\pi G}\left[\frac{a}{d_1^4} + \frac{b}{3(d_2 - d_1)}\left(\frac{1}{d_1^3} - \frac{1}{d_2^3}\right) + \frac{e}{d_2^4}\right].$$

Für die Federkonstante (1) folgt damit aus (4) zu $c = 3258$ Nm/rad.

Aufgabe 3.13 (Bild 3.30)

Die Enden einer abgesetzten Welle sind in den Lagern A und B gegen Verdrehung festgehalten. Auf ein Zahnrad, das mit der Welle fest verbunden ist, wirkt ein Kräftepaar ($\boldsymbol{F}$, $-\boldsymbol{F}$), so dass auf die Welle das Torsionsmoment $M_T = 2rF$ übertragen wird. Der Gleitmodul G des Wellenwerkstoffs sei bekannt.

a) Wie groß sind die von den Lagern A und B aufzunehmenden Torsionsmomente?

b) In welchem Wellenabschnitt tritt für den Fall $a > b > c$ die größte Schubspannung τ_{max} auf und wie groß ist sie?

c) An welcher Stelle müsste das Zahnrad auf dem Wellenabsatz mit d_2 befestigt sein, damit der Verdrehungswinkel φ maximal wird?

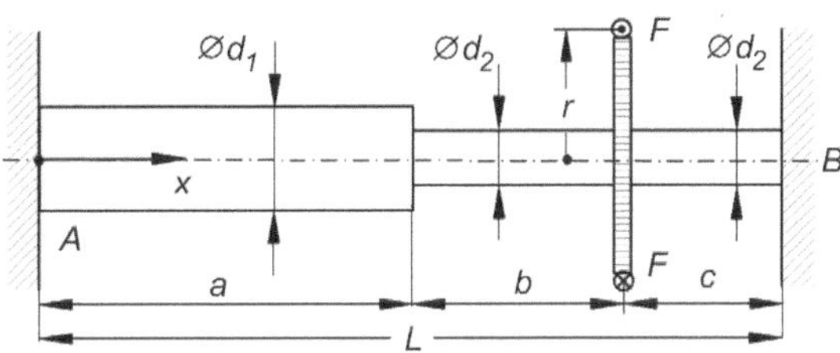

Bild 3.30 Welle mit Zahnrad unter Torsionslast

Lösungsanalyse: Zu untersuchen ist die Verdrehung einer Welle, die durch ein Torsionsmoment belastet wird, bei vorgegebenen geometrischen Randbedingungen. Das Gleichungssystem zur Lösung der Aufgabe kann nach Anwendung des Schnittprinzips aufgebaut werden aus der Momentengleichgewichtsbedingung um die Wellenachse, aus dem Elastizitätsgesetz für die Verdrehung einer Welle mit Kreisquerschnitt und aus der Verträglichkeitsbedingung, die die geometrischen Randbedingungen der Welle erfüllt. In Aufgabe 3.28 wird die Lösung des Problems mit Anwendung der Energiemethoden der Elasto-Statik gezeigt.

Lösung: a) Die Momentengleichgewichtsbedingung um die Wellenachse x erhält man nach Anwendung des Schnittprinzips (Freischneiden der Welle an den Lagern A und B):

$$\sum M_x = M_\mathrm{T} + M_\mathrm{A} + M_\mathrm{B} = 0. \tag{1}$$

Die Schnittmomente wurden hier positiv drehend angenommen. Zwischen dem Torsionsmoment M_T und dem Torsionswinkel φ besteht bei einer Welle mit Kreisquerschnitt und von der Länge h die Beziehung

$$\varphi = \frac{M_\mathrm{T} h}{G I_\mathrm{p}}, \tag{2}$$

mit dem polaren Flächenträgheitsmoment $I_\mathrm{p} = \pi\, d^4/32$. Die geometrische Verträgleichkeitsbedingung muss zum Ausdruck bringen, dass die Summe der Verdrehungen der drei Wellenabschnitte a, b und c zwischen den Lagern verschwinden muss:

$$\varphi_\mathrm{a} + \varphi_\mathrm{b} + \varphi_\mathrm{c} = 0. \tag{3}$$

Die einzelnen Verdrehungen können aus den in den Abschnitten herrschenden Torsionsmomenten über das Elastizitätsgesetz ausgedrückt werden. Die Schnittmomente lauten:

$$\begin{aligned} 0 < x\ a: &\quad M_\mathrm{T}(x) = -M_\mathrm{A}, \\ a < x < (a+b): &\quad M_\mathrm{T}(x) = -M_\mathrm{A}, \\ (a+b) < x < L: &\quad M_\mathrm{T}(x) = M_\mathrm{B}. \end{aligned}$$

Für die Verdrehungen gilt damit auf den einzelnen Abschnitten

$$\varphi_{\mathrm{a}} = -\frac{M_{\mathrm{A}} a}{G I_{\mathrm{p}}(d_1)}, \quad \varphi_{\mathrm{b}} = -\frac{M_{\mathrm{A}} b}{G I_{\mathrm{p}}(d_2)}, \quad \varphi_{\mathrm{c}} = \frac{M_{\mathrm{B}} c}{G I_{\mathrm{p}}(d_2)}. \tag{4}$$

Die Lösungsgleichungen für die beiden Torsionsmomente in den Lagern A und B können jetzt mit (3) und (1) aufgestellt werden

$$\begin{aligned} -M_{\mathrm{A}} - M_{\mathrm{B}} &= M_{\mathrm{T}}, \\ -\left[\frac{a}{G I_{\mathrm{p}}(d_1)} + \frac{b}{G I_{\mathrm{p}}(d_2)}\right] M_{\mathrm{A}} &+ \frac{c}{G I_{\mathrm{p}}(d_2)} M_{\mathrm{B}} = 0, \end{aligned} \tag{5}$$

mit der Lösung

$$M_{\mathrm{A}} = -\frac{c\, d_1^4}{a\, d_2^4 + (b+c)\, d_1^4} M_{\mathrm{T}}, \quad M_{\mathrm{B}} = -\frac{a\, d_2^4 + b\, d_1^4}{a\, d_2^4 + (b+c)\, d_1^4} M_{\mathrm{T}}. \tag{6}$$

b) Die Schubspannung am Rand eines auf Torsion beanspruchten kreiszylindrischen Stabes mit dem Durchmesser d ist

$$\tau = \frac{M_{\mathrm{T}}}{I_{\mathrm{p}}} \cdot \frac{d}{2} = \frac{16\, M_{\mathrm{T}}}{\pi\, d^3}. \tag{7}$$

Aus der Lösung (6) entnimmt man, dass das größte Schnittmoment auf Abschnitt c auftritt. Da dort auch der kleinere Durchmesser vorliegt, tritt im Abschnitt c die maximale Schubspannung auf:

$$\tau_{\max} = \frac{16\, M_{\mathrm{T}}}{\pi\, d_2^3}\left[\frac{a\, d_2^4 + b\, d_1^4}{a\, d_2^4 + (b+c) d_1^4}\right]. \tag{8}$$

c) Der Verdrehungswinkel φ_{Z} des Zahnrades ist der Winkel - φ_c aus (4):

$$\varphi_{\mathrm{Z}} = -\frac{M_{\mathrm{B}} c}{G I_{\mathrm{p}}(d_2)} = \frac{32\, c}{G \pi\, d_2^4}\left[\frac{a\, d_2^4 + b\, d_1^4}{a\, d_2^4 + (b+c)\, d_1^4}\right] M_{\mathrm{T}}. \tag{9}$$

Zur Bestimmung des maximalen Verdrehungswinkels in Abhängigkeit von c muss in (9) die neue Variable c betrachtet werden, wobei auch das Maß b durch $b = L - a - c$ ersetzt wird. Damit folgt aus (9) die Extremwertberechnung für die Zahnradposition

$$\begin{aligned} \left\{\frac{\mathrm{d}}{\mathrm{d}c} \varphi_{\mathrm{Z}}(c)\right\}_{c=c_0} &= a\, d_2^4 + (L-a)\, d_1^4 - 2 c_0\, d_1^4 = 0, \\ c_0 &= \frac{1}{2}\left[L - a + a\left(\frac{d_2}{d_1}\right)^4\right]. \end{aligned} \tag{10}$$

Da die 2. Ableitung negativ ist, ist das Ergebnis c_0 der Zahnradabstand vom Lager B, bei dem die maximale Verdrehung des Rades auftritt.

Aufgabe 3.14 (Bild 3.31)Ein Balken trägt eine gleichmäßig verteilte Last q. Im Balkenquerschnitt sollen zwei axiale Löcher mit dem Durchmesser $d = a/2$ so angeordnet sein, dass die Flächenträgheitsmomente I_y und I_z gleich sind.

a) Wie groß sind die Flächenträgheitsmomente?

b) Bei welchem Winkel zwischen der Belastungsrichtung und der z-Achse tritt im Balken die größte Biegespannung auf und wie groß ist sie?

Zahlenwerte: a = 10 cm, $L = 8$ m, $q = 500$ N/m.

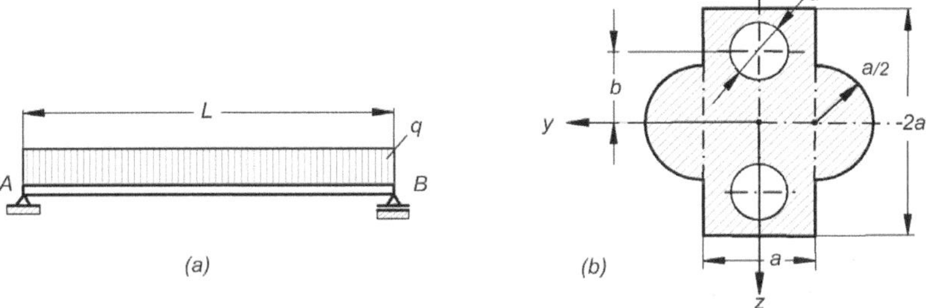

Bild 3.31 a) Balken mit Streckenlast, b) Balkenquerschnitt

Lösungsanalyse: Der Balkenquerschnitt setzt sich aus einfachen geometrischen Flächenelementen zusammen. Aus Tabellenwerken können für sie die Trägheitsmomente bezogen auf Symmetrieachsen entnommen werden. Das Trägheitsmoment der Gesamtfläche setzt sich aus der Summe der einzelnen Trägheitsmomente zusammen, mit Berücksichtigung der Verschiebungsanteile nach dem Satz von HUYGENS-STEINER für Teilflächen, deren Schwerpunkte aus der Bezugsachse verschoben sind. Die größte Biegespannung tritt am Rande in der Lage mit dem größten Randabstand auf. Bei allen Belastungsrichtungen liegt hier sog. *gerade Biegung* vor, da wegen $I_y = I_z$ jede Achse durch S Hauptträgheitsachse ist.

Lösung: a) Der Balkenquerschnitt A setzt sich zusammen aus einem Rechteck A_R, zwei Löchern A_K und zwei Halbkreisflächen A_{HK}

$$A = A_R - 2A_K + 2A_{HK} \,. \tag{1}$$

Wir beginnen mit dem Trägheitsmoment I_z, da es nicht vom gesuchten Maß b abhängt:

$$I_z = \int_A y^2 \,\mathrm{d}A = \int_{A_R} y^2 \,\mathrm{d}A - 2\int_{A_K} y^2 \,\mathrm{d}A + 2\int_{A_{HK}} y^2 \,\mathrm{d}A. \tag{2}$$

Die Werte für das erste und zweite Teilintegral (Rechteck und Kreis) können aus Tabellen für Flächenträgheitsmomente unmittelbar entnommen werden, z.B. [WITTENBURG, 2014]

$$\begin{aligned} &\text{Rechteck:} \quad I_{zR} = \int_{A_R} y^2 \,\mathrm{d}A = \frac{(2a)\cdot a^3}{12} = \frac{a^4}{6}, \\ &\text{Kreis:} \quad I_{zK} = \int_{A_K} y^2 \,\mathrm{d}A = \frac{\pi}{64}\cdot d^4 = \frac{\pi}{1024} a^4. \end{aligned} \tag{3}$$

Beim Auswerten des dritten Summanden von (2) muss der Satz von HUYGENS-STEINER berücksichtigt werden

$$I_{z\,\mathrm{HK}} = \int_{A_{\mathrm{HK}}} y^2 \,\mathrm{d}A = I_{z\mathrm{S}} + y_\mathrm{S}^2 A_{\mathrm{HK}}\,. \tag{4}$$

Hierin ist y_S der Schwerpunktabstand der Halbkreisfläche von der z-Achse

$$y_\mathrm{S} = \frac{a}{2} + \frac{2a}{3\pi}. \tag{5}$$

In (4) ist $I_{z\mathrm{S}}$ das Trägheitsmoment der Halbkreisfläche bezogen auf eine z-Achse durch den Flächenschwerpunkt. Zur Berechnung von $I_{z\mathrm{S}}$ wird ebenfalls vom HUYGENS-STEINER-Satz Gebrauch gemacht, da man das Trägheitsmoment eines Halbkreises bezogen auf den Durchmesser kennt: Es ist halb so groß wie das Trägheitsmoment eines Vollkreises, bezogen auf die Symmetrieachse. Für $I_{z\mathrm{S}}$ gilt

$$I_{z\mathrm{S}} = \frac{1}{2}\left[\frac{\pi a^4}{64} - \left(\frac{2a}{3\pi}\right)^2 \cdot \frac{\pi a^2}{4}\right] = \left(\frac{\pi}{128} - \frac{1}{18\pi}\right) a^4. \tag{6}$$

Damit folgt für das Trägheitsmoment eines Halbkreises nach (4)

$$I_{z\,\mathrm{HK}} = I_{z\mathrm{S}} + y_\mathrm{S}^2 A_{\mathrm{HK}} = \left(\frac{\pi}{128} - \frac{1}{18\pi}\right) a^4 + \left(\frac{1}{2} + \frac{2}{3\pi}\right)^2 \frac{\pi a^4}{8}\,. \tag{7}$$

Für das auf die z-Achse bezogene Trägheitsmoment (2) des Balkenquerschnitts folgt aus (3) und (7)

$$I_z = \left(\frac{1}{3} + \frac{39\pi}{512}\right) a^4 = 5726{,}3\ \mathrm{cm}^4\,. \tag{8}$$

Für das auf die y-Achse bezogene Trägheitsmoment I_y gilt

$$I_y = \int_A z^2 \,\mathrm{d}A = \int_{A_\mathrm{R}} z^2 \,\mathrm{d}A - 2 \int_{A_\mathrm{K}} z^2 \,\mathrm{d}A + 2 \int_{A_{\mathrm{HK}}} z^2 \,\mathrm{d}A, \tag{9}$$

mit $I_{y\mathrm{R}} = \frac{2}{3}a^4$, $I_{y\mathrm{K}} = \frac{\pi}{64}\left(\frac{a}{2}\right)^4 + \frac{1}{16}\pi a^2 b^2$, $I_{y\,\mathrm{HK}} = \frac{1}{2}\left(\frac{\pi a^4}{64}\right)$. Damit folgt für I_y

$$I_y = \left(\frac{2}{3} + \frac{7\pi}{512}\right) a^4 - \frac{1}{8}\pi a^2 b^2\,. \tag{10}$$

Den gesuchte Lochabstand b von der y-Achse findet man aus der Bedingung $I_y = I_z$:

$$b^2 = \left(\frac{1}{3} - \frac{32\pi}{512}\right) \frac{8a^2}{\pi} = 0{,}3488\,a^2\,, \quad b = 5{,}9\,\mathrm{cm}. \tag{11}$$

b) Für die maximale Biegespannung im Balken gilt

$$\sigma = \frac{M_{\max}}{W_{\min}} = \frac{M_{\max}\, e}{I}\,, \tag{12}$$

wobei e der größte Abstand eines Randpunktes der Querschnittsfläche von der neutralen Faser ist. Da im vorliegenden Fall mit $I_y = I_z$ das Trägheitsmoment unabhängig von der Richtung ist, findet man den Winkel α zwischen Belastungsrichtung und der z-Achse mit dem größten Randabstand e nach Bild 3.32 zu

$$\alpha = \arctan\frac{1}{2} = \pm 26{,}6°. \tag{13}$$

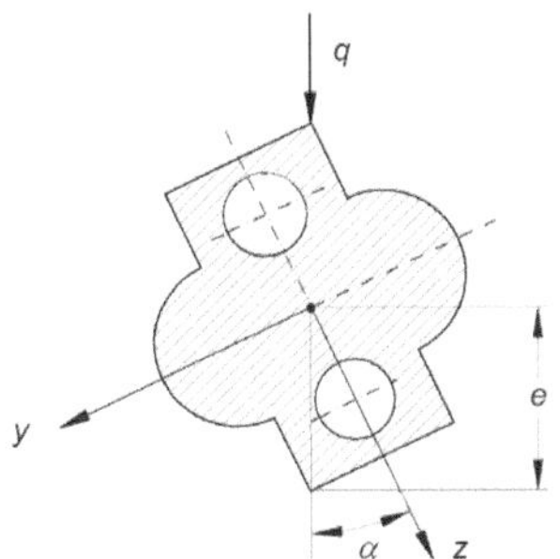

Bild 3.32 Lage des Querschnitts mit der größten Biegespannung

Das maximale Biegemoment für einen Balken (Länge L) mit konstanter Streckenlast q ist

$$M_{\max} = \frac{qL^2}{8}.$$

Damit folgt für die maximale Biegespannung

$$\sigma = \frac{M_{\max}}{I} e = \frac{M_{\max}}{I}\sqrt{5}\,\frac{a}{2} = \frac{\sqrt{5}}{16}\,\frac{aqL^2}{I} = 781 \text{ N/cm}^2.$$

Aufgabe 3.15 (Bild 3.33)

Für den skizzierten Profilquerschnitt bestimme man die Hauptträgheitsachsen und die Hauptträgheitsmomente bezogen auf Achsen durch den Flächenschwerpunkt.

Zahlenwerte: a = 4 cm, b = 3 cm, c = 5 cm, d = 2,8 cm, e = 1,8 cm, f = 4 cm, h = 2 cm, s = 0,5 cm.

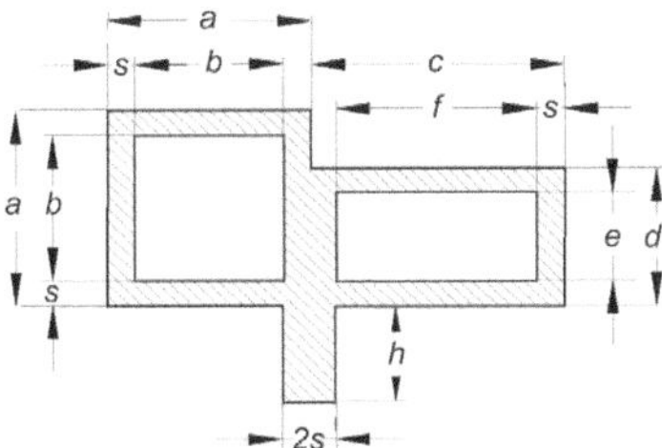

Bild 3.33 Profilquerschnitt

Lösungsanalyse: Es wird zunächst ein y, z-Koordinatensystem eingeführt, das eine einfache Darstellung der Berechnung ermöglicht. Hierfür gelten folgende Überlegungen: Einfache Angaben der Schwerpunkte aller Teilflächen und einfache Formulierung der Trägheits- und Deviationsmomente aller Teilflächen mit Bezug auf die Koordinatenachsen. Im ersten Lösungsschritt wird der Profilquerschnitt in einfache Teilflächen aufgeteilt und der Flächenschwerpunkt der Gesamtfläche im vorgegebenen Koordinatensystem berechnet. In den weiteren Lösungsschritten werden die Flächenträgheitsmomente und das Deviationsmoment, bezogen auf die eingeführten Koordinatenachsen und auf dazu parallele y^S, z^S- Achsen durch den Gesamtschwerpunkt S berechnet. Aus diesen Werten können schließlich die Lagewinkel der Hauptträgheitsachsen y^H, z^H und die Hauptträgheitsmomente ermittelt werden. Zur übersichtlichen Darstellung der Werte eignet sich der Trägheitskreis und als Kontrollrechnung die Invariantenbeziehungen.

Lösung: Für die Berechnungen wird ein Koordinatensystem nach Bild 3.34 mit dem Ursprung O eingeführt.

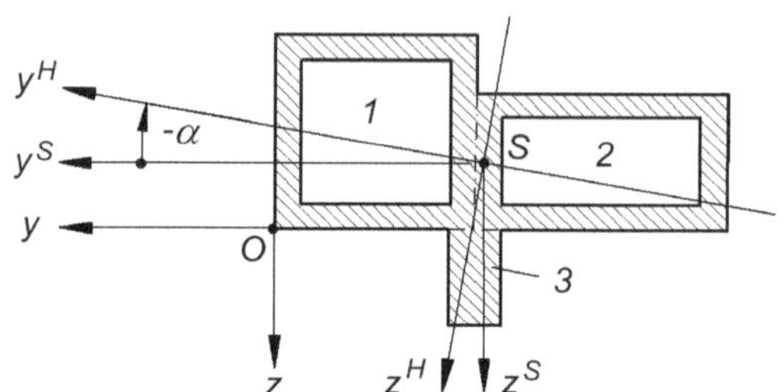

Bild 3.34 Flächenaufteilung, Koordinatensysteme und Hauptträgheitsachsen

Die Gesamtfläche wird in drei einfache Teilflächen aufgeteilt (Bild 3.34)

$$A = A_1 + A_2 + A_3 = (a^2 - b^2) + (cd - ef) + 2sh = 15{,}8\ \text{cm}^2. \tag{1}$$

Für den Ortsvektor $\boldsymbol{r}_{OS}$ vom Koordinatenursprung O zum Profilschwerpunkt S erhält man im y, z-Koordinatensystem (Bild 3.34)

$$\boldsymbol{r}_{OS} = \frac{1}{A}\sum_i \boldsymbol{r}_{OSi}\, A_i ,$$

$$y_S = \frac{1}{A}\left[(b^2 - a^2)\, a/2 + (a + c/2)(ef - cd) - 2\, ash\right] = -4{,}19\ \text{cm}, \tag{2}$$

$$z_S = \frac{1}{A}\left[(b^2 - a^2)\, a/2 + (ef - cd)\, d/2 + h^2 s\right] = -1{,}362\ \text{cm}.$$

Für die Trägheitsmomente, bezogen auf die Achsen des y, z-Systems mit dem Ursprung in O gilt mit Anwendung des Satzes von HUYGENS-STEINER

$$I_y = I_{y1} + I_{y2} + I_{y3}\,, \ \text{mit}$$

$$I_{y1} = I_{yS1} + \left(\frac{a}{2}\right)^2 A_1 = \frac{1}{12}\left(a^4 - b^4\right) + \frac{1}{4}a^2\left(a^2 - b^2\right),$$

$$I_{y2} = I_{yS2} + \left(\frac{d}{2}\right)^2 A_2 = \frac{1}{12}\left(cd^3 - fe^3\right) + \frac{1}{4}d^2\left(cd - ef\right), \tag{3}$$

$$I_{y3} = I_{yS3} + \left(\frac{h}{2}\right)^2 A_3 = \frac{2}{3}sh^3,$$

$$I_y = 65{,}78\ \text{cm}^4.$$

Nach analoger Rechnung folgt für I_z:

$$I_z = I_{z1} + I_{z2} + I_{z3} = 381,62 \text{ cm}^4 . \tag{4}$$

Da das y, z-System offensichtlich kein Hautachsensystem ist, muss noch das Deviationsmoment berechnet werden. Auch hier wird vom HUYGENS-STEINER-Satz Gebrauch gemacht. Dabei sind die Vorzeichen der Schwerpunktkoordinaten der Teilflächen zu beachten. Die Deviationsmomente I_{yzSi}, bezogen auf die Teilflächenschwerpunkte verschwinden jeweils, weil sie sich hier immer auf Symmetrieachsen beziehen

$$\begin{aligned} I_{yz} &= I_{yz1} + I_{yz2} + I_{yz3}\,, \text{ mit} \\ I_{yz1} &= I_{yz\,S1} + \frac{1}{4}a^2\left(a^2 - b^2\right), \\ I_{yz2} &= I_{yz\,S2} + \left(a + \frac{c}{2}\right)\frac{d}{2}(cd - ef)\,, \\ I_{yz3} &= I_{yz\,S3} - \frac{1}{2}ha(2sh), \\ I_{yz} &= 81,88 \text{ cm}^4 . \end{aligned} \tag{5}$$

Die Transformation auf die Achsen des parallel verschobenen y^S, z^S-Koordinatensystems (Bild 3.34) mit dem Flächenschwerpunkt S als Bezugspunkt ergibt aus (2), (3), (4) und (5), wieder mit Anwendung des Satzes von HUYGENS-STEINER

$$\begin{aligned} I_{y^S} &= I_y - z_S^2 A &&= 36,47 \text{ cm}^4 , \\ I_{z^S} &= I_z - y_S^2 A &&= 104,23 \text{ cm}^4 , \\ I_{yz^S} &= I_{yz} - z_S y_S A &&= -8,29 \text{ cm}^4 . \end{aligned} \tag{6}$$

Zum Auffinden des y^H, z^H-Hauptachsensystems muss das y^S, z^S-Koordinatensystem mit dem Ursprung im Schwerpunkt S der Gesamtfläche nun so gedreht werden, bis die Trägheitsmomente I_1, I_2 extrem werden und das Deviationsmoment verschwindet. Die Richtung der Hauptträgheitsmomente beschreibt der Winkel α. Für ihn gilt

$$\tan 2\alpha = \frac{2I_{yz^S}}{I_{z^S} - I_{y^S}} = -0,2447, \quad \alpha = \begin{cases} -6,9° \\ 83,1° \end{cases}. \tag{7}$$

Für die Hauptträgheitsmomente gilt, mit der Vereinbarung $I_1 > I_2$

$$\begin{aligned} \left.\begin{matrix} I_1 \\ I_2 \end{matrix}\right\} &= \frac{1}{2}\left(I_{y^S} + I_{z^S}\right) \pm \sqrt{\frac{1}{4}\left(I_{y^S} - I_{z^S}\right)^2 + I_{yz^S}^2}\,, \\ I_1 &= I_{z^H} = 105,23 \text{ cm}^4, \quad I_2 = I_{y^H} = 35,47 \text{ cm}^4 . \end{aligned} \tag{8}$$

Zur Kontrolle dieser Ergebnisse können die Invarianten

$$I_1 + I_2 = I_{y^S} + I_{z^S}: \qquad 140{,}7 = 140{,}7 \text{ cm}^4,$$

$$I_1 I_2 = I_{y^S} I_{z^S} - I^2_{yz^S}: \quad 3732{,}5 = 3732{,}5 \text{ cm}^4.$$

verwendet werden. Die Darstellung dieser Ergebnisse im Trägheitskreis zeigt Bild 3.35. Dabei ist zu beachten, dass der Abbildungspunkt P für die Trägheitsparameter des Profilquerschnitts im y^S,z^S-Koordinatensystem durch die Koordinaten (I_{yS}, I_{yzS}) gefunden wird. Dagegen würde aus den Koordinaten (I_{zS}, I_{yzS}) ein falsches Ergebnis für den Winkel 2α und damit für die Lage der Hauptachsen resultieren.

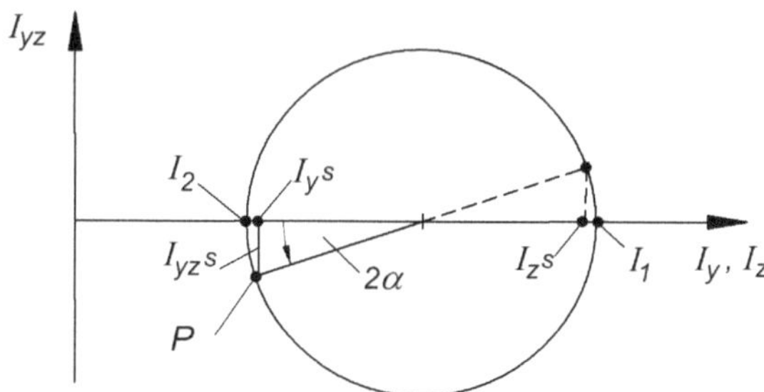

Bild 3.35 Trägheitskreis

Aufgabe 3.16 (Bild 3.36)

Während des Sturmtiefs Kyrill in der Nacht zum 19. Januar 2007 wurden in den Kreisen Sauerland und Siegen-Wittgenstein in Nordrhein-Westfalen über 20 Mio. Bäume zerstört. Bild 3.36 zeigt das typische Bruchbild eines Fichtenstammes: Bruch in mehreren Metern Höhe, wobei der Stamm in der Mitte der Länge nach aufgespalten ist.

a) Wie lässt sich dieses Bruchbild erklären, wenn man berücksichtigt, dass Fichtenholz eine relativ geringe Festigkeit gegen Schub parallel zu den Holzfasern hat?

b) Wie ändert sich die maximale Biegespannung im Stammquerschnitt einer Fichte im Sturm, wenn der zunächst ungeschädigte Baum durch Versagen gegen Schub zuerst in der Mittelebene der Länge nach aufreißt?

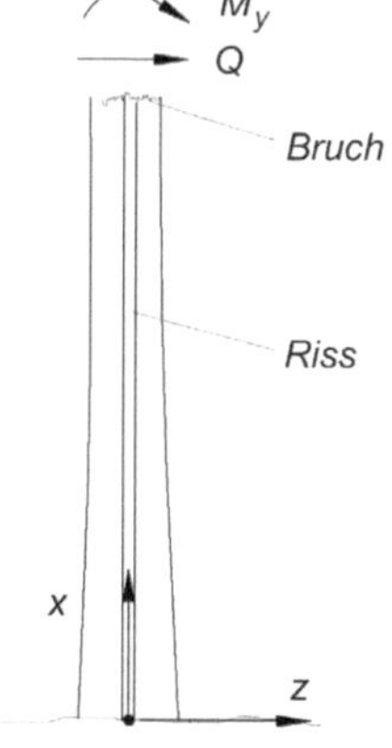

Bild 3.36 Typisches Bruchbild von Fichtenstämmen nach dem Sturmtief Kyrill (Foto: Autor, 2007)

Lösungsanalyse: Die Beanspruchung eines Baumes im Sturm löst im kreisförmigen Querschnitt des Stammes gleichzeitig Biegespannungen und Schubspannungen aus. Die maximale Biegespannung tritt dabei am Rande auf und die maximale Schubspannung in der Mittelebene (Bild 3.37). Versagen tritt dann auf, wenn die vorliegenden Beanspruchungen über den Werkstoffgrenzwerten liegen. Für die Beschreibung des Bruchverlaufs betrachte man die unterschiedlichen Spannungen vor und nach dem Aufreißen des Stammes und der dabei plötzlich veränderte Wert des Widerstandsmoments.

Lösung: a) Bei Belastung eines Baumes durch Sturm treten im Stamm Biege- und Schubspannungen auf (Bild 3.37). Auf Grund der inneren Holzstruktur tritt in einem Fichtenstamm zuerst Versagen gegen Schub parallel zu den Fasern in Richtung der Balkenachse auf: Der Stamm reißt in der Mittelebene auf, weil dort die größten Schubspannungen vorliegen. Der kompakte Kreisquerschnitt des Stammes wird dadurch in zwei getrennte Halbkreisquerschnitte aufgeteilt mit nunmehr stark reduziertem Widerstandsmoment. Der dadurch ausgelöste plötzliche Anstieg der Biegespannung führt zum Bruch des Stammes. Die Größe des Spannungssprunges wird in Frage b) untersucht.

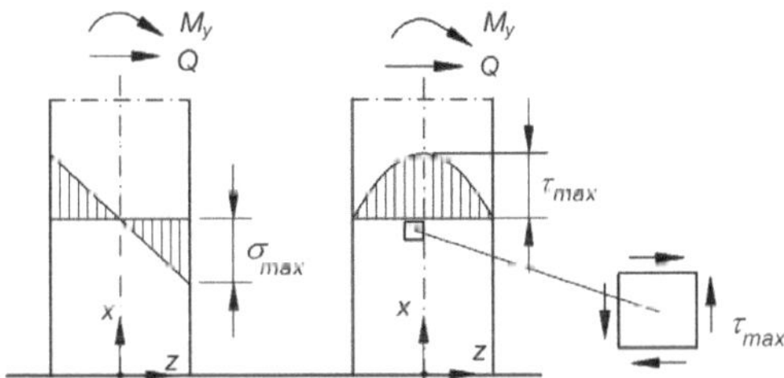

Bild 3.37 Biege- und Schubspannungen in einem Baumstamm bei Sturmbelastung

b) Durch das Aufreißen des Stammes in der Mittelebene verringert sich plötzlich das Widerstandsmoment des Stammquerschnitts (Bild 3.38). Unter der Annahme, dass die beiden Stammhälften reibungsfrei aufeinander gleiten, ist das für die Biegespannung zu berücksichtigende Flächenträgheitsmoment dann nur noch der doppelte Wert einer Halbkreisfläche (Bild 3.38 b). Die Biegung der beiden Stammhälften erfolgt jeweils um die neutrale Faser durch die Teilflächenschwerpunkte S_1 und S_2.

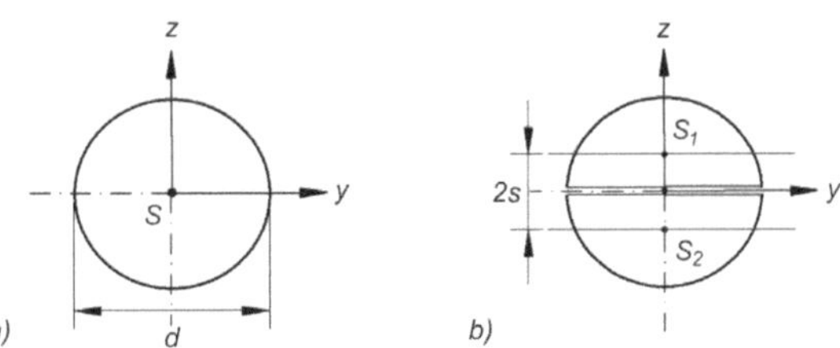

Bild 3.38 Stammquerschnitt (a) vor und (b) nach Versagen durch Schubbelastung

Für die maximale Biegespannung vor dem Versagen durch Schubbelastung gilt

$$\sigma_{\max(a)} = \frac{M_y}{I_{y(\text{Kreis})}} \cdot \frac{d}{2} = M_y \frac{32}{\pi d^3} . \tag{1}$$

Die Werte für das Flächenträgheitsmoment einer Halbkreisfläche bezogen auf eine Achse durch den Flächenschwerpunkt sowie die Lage des Flächenschwerpunktes (Bild 3.38 b) entnimmt man Tabellenwerken, z.B. [WITTENBURG, 2014]

$$I_{y(\text{Halbkreis})} = \left(\frac{\pi}{8} - \frac{8}{9\pi}\right)\frac{d^4}{16}, \quad s = \frac{2d}{3\pi} . \tag{2}$$

Für die maximale Biegespannung nach dem Versagen durch Schubbelastung gilt damit

$$\sigma_{\max(b)} = \frac{M_y\,(\frac{d}{2} - s)}{2\,I_{y(\text{Halbkreis})}} = M_y \frac{8\left(\frac{1}{2} - \frac{2}{3\pi}\right)}{d^3\left(\frac{\pi}{8} - \frac{8}{9\pi}\right)} . \tag{3}$$

Das gesuchte Verhältnis der maximalen Biegespannungen im Stamm nach und vor dem Versagen gegen Schub erhält man zu

$$\frac{\sigma_{\max(b)}}{\sigma_{\max(a)}} = \frac{\left(\frac{\pi}{2} - \frac{2}{3}\right)}{4\left(\frac{\pi}{8} - \frac{8}{9\pi}\right)} = 2{,}06. \tag{4}$$

Durch Aufreißen des Stammes in der Mittelebene erhöht sich die wirkende Biegespannung schlagartig auf etwa den doppelten Wert, was in der Regel zu einer Bruchzerstörung führt.

Aufgabe 3.17 (Bild 3.39)

Ein prismatischer Stab mit rechteckigem Querschnitt ist aus zwei fest miteinander verbundenen Schichten aus Stahl und Kupfer aufgebaut. Bei Belastung durch äußere Kräfte tritt im Stab das maximale Biegemoment M_y auf. Bei Voraussetzung der BERNOULLI-Hypothese bestimme man den Dehnungs- und Spannungsverlauf $\varepsilon(z)$ und $\sigma(z)$.

Zahlenwerte: $a = 70$ mm, $b = 12$ mm, $c = 43$ mm, $M_y = 685$ Nm,

Werkstoffe: $E_{St} = 21{,}6 \cdot 10^4$ N/mm², $E_{Cu} = 12{,}4 \cdot 10^4$ N/mm².

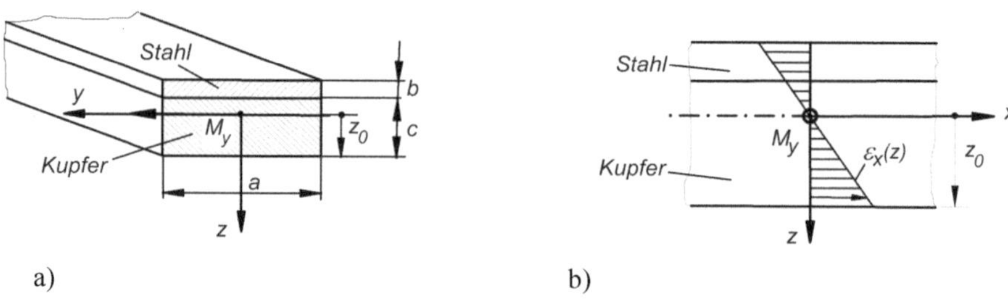

Bild 3.39 Sandwichbalken unter Biegebeanspruchung, BERNOULLI-Hypothese: Linearer Dehnungsverlauf

Lösungsanalyse: In vielen Bereichen der Technik werden zur Optimierung der Werkstoffeigenschaften Schicht- und Verbundwerkstoffe eingesetzt: z. B. im Fahrzeug- und Rohrleitungsbau. Hier soll gezeigt werden, wie derartige Bauteile mit den Grundlagen der Elasto-Statik untersucht werden können. Die BERNOULLI-Hypothese postuliert, dass die Querschnitte in einem durch Biegung belasteten Balken eben bleiben, d. h. die Dehnung $\varepsilon_x(z)$ ist eine lineare Funktion von z über den Querschnitt (Bild 3.39 b). Dies entspricht dem zu beobachtenden Materialverhalten. Unbekannt ist die Lage z_0 der neutralen Faser sowie der Dehnungs- und Spannungsverlauf als Funktion von z über den Querschnitt. Da der Balken bei reiner Biegung nicht durch äußere Normalkräfte belastet wird, muss die Biegespannungsverteilung über den Balkenquerschnitt so sein, dass die Summe der Normalkräfte im Querschnitt in x-Richtung verschwindet. Mit dieser Überlegung lassen sich drei Gleichungen zur Lösung der Aufgabe formulieren: Die lineare Dehungsverteilung $\varepsilon_x(z)$, die Summe der Normalkräfte im Querschnitt $\Sigma N_x = \Sigma N_x[\sigma_x(z)] = 0$ und ein Ausdruck für das gegebene Biegemoment $M_y = M_y[\sigma_x(z)]$.

Lösung: Nach der Hypothese von BERNOULLI bleiben die Balkenquerschnitte auch während der Biegebeanspruchung eben. Daraus folgt ein linearer Dehnungsverlauf $\varepsilon_x(z)$. Legt man das y, z-Koordinatensystem im Bild 3.39 a) so in den Balkenquerschnitt, dass die x-Achse in der noch unbekannten neutralen Faser liegt, dann gilt für die Dehnung

$$\varepsilon_x(z) - \frac{\varepsilon_0}{z_0}\, z. \tag{1}$$

Darin sind z_0 der Randabstand der neutralen Faser nach Bild 3.39 und $\varepsilon_0 = \varepsilon_x(z_0)$ die Dehnung am Rande. Für den Spannungsverlauf $\sigma_x(z)$ gilt jeweils innerhalb der beiden Werkstoffe nach dem HOOKEschen Gesetz

$$\sigma_{\mathrm{St}}(z) = \varepsilon_x(z)\, E_{\mathrm{St}}\,, \quad \sigma_{\mathrm{Cu}}(z) = \varepsilon_x(z)\, E_{\mathrm{Cu}}\,. \tag{2}$$

Mit dem Dehnungsverlauf (1) folgt daraus für die Biegespannung

$$\sigma_x(z) = \begin{cases} \dfrac{\varepsilon_0}{z_0}\, z\, E_{\mathrm{Cu}} \text{ für } & z_0 \geq z \geq (z_0 - c), \\ \dfrac{\varepsilon_0}{z_0}\, z\, E_{\mathrm{St}} \text{ für } & (z_0 - c) \geq z \geq (z_0 - c - b). \end{cases} \tag{3}$$

Die beiden Unbekannten in (3), ε_0 und z_0, können aus der Gleichgewichtsbedingung für die Schnittreaktionen in x-Richtung im Stabquerschnitt bestimmt werden: Die Summe der Normalkräfte N_x muss über den Querschnitt verschwinden und das resultierende Biegemoment M_y muss den vorgegebenen Wert haben. Das Kräftegleichgewicht in x-Richtung liefert mit (3)

$$\begin{aligned} N_x &= \int_A \sigma_x(z)\, dA = a \int_A \sigma_x(z)\, dz = a\, \frac{\varepsilon_0}{z_0} \left(E_{\mathrm{Cu}} \int_{z_0-c}^{z_0} z dz + E_{\mathrm{St}} \int_{z_0-c-b}^{z_0-c} z dz \right) \\ &= \frac{a}{2} \cdot \frac{\varepsilon_0}{z_0} \left\{ E_{\mathrm{Cu}} \left[z^2 \right]_{z_0-c}^{z_0} + E_{\mathrm{St}} \left[z^2 \right]_{z_0-c-b}^{z_0-c} \right\} \\ &= \frac{a}{2} \cdot \frac{\varepsilon_0}{z_0} \left\{ E_{\mathrm{Cu}} \left(2cz_0 - c^2 \right) + E_{\mathrm{St}} \left[2\left(z_0 - c \right) b - b^2 \right] \right\}. \end{aligned} \tag{4}$$

Mit der Gleichgewichtsbedingung der Kräfte im Querschnitt in x-Richtung $N_x = 0$ folgt aus (4)

$$E_{\mathrm{Cu}}\left(2cz_0 - c^2\right) + E_{\mathrm{St}}\left[2\left(z_0 - c\right)b - b^2\right] = 0,$$
$$z_0 = \frac{E_{\mathrm{Cu}}c^2 + E_{\mathrm{St}}\, b\left(2c + b\right)}{2\left(E_{\mathrm{Cu}}\, c + E_{\mathrm{St}}\, b\right)} = 30{,}5 \text{ mm}. \tag{5}$$

Mit $E_{\mathrm{St}} = E_{\mathrm{Cu}}$ folgt daraus der bekannte Wert für die Lage der neutralen Faser in einem Balken mit prismatischem Querschnitt

$$z_0 = \frac{1}{2}(c + b).$$

Mit der Kenntnis der Lage der neutralen Faser kann zunächst der Dehnungsverlauf $\varepsilon_x(z)$ über den Querschnitt ermittelt werden und anschließend der Spannungsverlauf $\sigma_x(z)$.

Das Biegemoment M_y ist die Summe der Momentenwirkungen aller Teilkräfte

$$\Delta F_x = \sigma_x(z)\Delta A = \sigma_x(z)a\Delta z$$

bezogen auf die neutrale Faser:

$$M_y = \int_A z\sigma_x(z)\,dA = \frac{\varepsilon_0}{z_0}\left(E_{\mathrm{Cu}}\int_{z_0-c}^{z_0} a\,z^2 dz + E_{\mathrm{St}}\int_{z_0-c-b}^{z_0-c} a\,z^2 dz\right). \tag{6}$$

Die beiden Integrale sind die Flächen-Trägheitsmomente der beiden Teilquerschnitte, bezogen auf die y-Achse (Bild 3.39 a). Für einen Rechteckquerschnitt mit der Breite a und der Höhe b beträgt das Flächen-Trägheitsmoment, bezogen auf die y-Achse durch den Flächenschwerpunkt S: $I_{Sy} = ab^3/12$, s. [WITTENBURG, 2014]. Die Bezugslinie y für die Trägheitsmomente der beiden Rechteckflächen im hier untersuchten Balkenquerschnitt verläuft nicht durch die Flächenschwerpunkte. Deshalb muss der Satz von HUYGENS-STEINER angewendet werden. Damit erhält man für die beiden Teilquerschnitte folgende Ausdrücke für die Trägheitsmomente

$$I_{y,\mathrm{Cu}} = \int_{z_0-c}^{z_0} a\,z^2 dz = I_{S,\mathrm{Cu}} + s_{\mathrm{Cu}}^2 A_{\mathrm{Cu}} = \frac{ac^3}{12} + \left(z_0 - \frac{c}{2}\right)^2 ac = ac\left[\frac{c^2}{12} + \left(z_0 - \frac{c}{2}\right)^2\right],$$
$$I_{y,\mathrm{St}} = \int_{z_0-c-b}^{z_0-c} a\,z^2 dz = I_{S,\mathrm{St}} + s_{\mathrm{St}}^2 A_{\mathrm{St}} = \frac{ab^3}{12} + \left(z_0 - c - \frac{b}{2}\right)^2 ab = ab\left[\frac{b^2}{12} + \left(z_0 - \frac{b}{2}\right)^2\right]. \tag{7}$$

Mit diesen beiden Ausdrücken für die Integrale folgt aus (6)

$$M_y = a\,\frac{\varepsilon_0}{z_0}\left\{E_{\mathrm{Cu}}\, c\left[\frac{c^2}{12} + \left(z_0 - \frac{c}{2}\right)^2\right] + E_{\mathrm{St}}\, b\left[\frac{b^2}{12} + \left(z_0 - c - \frac{b}{2}\right)^2\right]\right\} = 685 \text{ Nm}. \tag{8}$$

Nach dem Randwert ε_0 für die Dehnung aufgelöst erhält man

$$\varepsilon_0 = \frac{z_0 M_y}{a} \cdot \frac{1}{\left\{ E_{Cu} c \left[\frac{c^2}{12} + \left(z_0 - \frac{c}{2} \right)^2 \right] + E_{St} b \left[\frac{b^2}{12} + \left(z_0 - c - \frac{b}{2} \right)^2 \right] \right\}} \qquad (9)$$

$$\varepsilon_0 = 1{,}374 \cdot 10^{-4}.$$

Mit den Werten aus (5) und (9) kann der Dehnungs- und Spannungsverlauf (1) und (3) bestimmt werden (Bild 3.40). Man erhält für den Spannungsverlauf im Kupfer:

$$\sigma_x(z_0) = 17{,}0 \text{ N/mm}^2, \quad \sigma_x(z_0 - c) = -7{,}0 \text{ N/mm}^2 \qquad (8)$$

und für die Biegespannung im Stahl:

$$\sigma_x(z_0 - c) = -12{,}2 \text{ N/mm}^2, \quad \sigma_x(z_0 - c - b) = -23{,}8 \text{ N/mm}^2. \qquad (9)$$

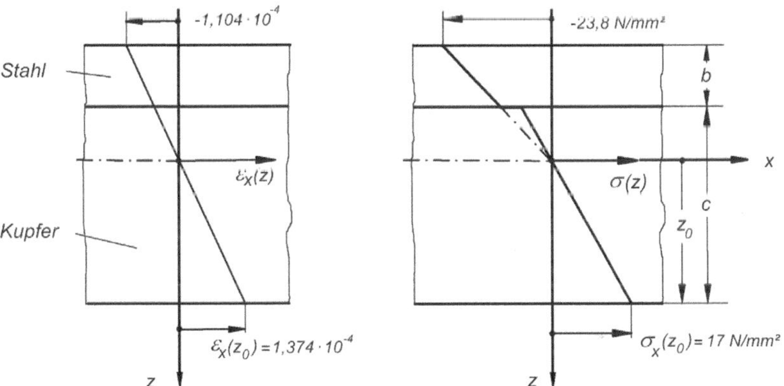

Bild 3.40 Dehnungs- und Spannungsverlauf

Bemerkenswert ist, dass in einem biegebeanspruchten Balken aus unterschiedlichen Materialien die neutrale Faser nicht mehr durch den Flächenschwerpunkt des Querschnitts läuft und dass die Spannungsverteilung an der Stelle des Werkstoffwechsels eine Unstetigkeitsstelle hat. Durch die feste Verbindung der Bauteile aus unterschiedlichen Werkstoffen muss die Dehnung an beiden Schnittufern der Kontaktstelle übereinstimmen. Aufgrund des unterschiedlichen E-Moduls beider Materialien nimmt die Spannung unterschiedliche Werte an. In dünnen Werkstoffschichten mit hohem E-Modul kann es dabei zu hohen Spannungen kommen. Zur überschlägigen Beurteilung von Beanspruchungen in einem Bauteil lasse man sich immer vom möglichen Dehnungszustand unter der herrschenden Belastung leiten. Dies ist unserer Vorstellung leichter zugänglich als die Beurteilung von Spannungszuständen. Über das HOOKEsche Gesetz können aus dem Dehnungszustand die herrschenden Spannungen erkannt werden.

Aufgabe 3.18 (Bild 3.41)

Auf einen einseitig eingespannten kegelförmigen Balken mit Kreisquerschnitt wirkt eine konstante, gleichmäßig verteilte Last q. Wie groß ist die Absenkung des Balkens am freien Ende?

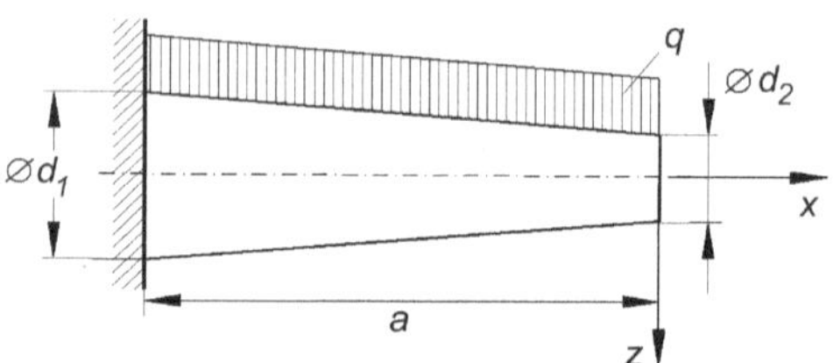

Bild 3.41 Balken mit kegelförmigem Querschnitt

Lösungsanalyse: Zur Lösung der Aufgabe müssen zunächst wichtige Voraussetzungen postuliert werden: Die Schubverformung der Balkenquerschnitte soll vernachlässigbar sein und die Neigung der verformten Balkenachse soll klein sein. Damit kann für die Berechnung der Absenkung des Balkens die Differenzialgleichung der Biegelinie in der Form

$$EI_y(x)\,w''(x) = -M_y(x) \tag{1}$$

genutzt werden. Die Dgl (1) setzt ein Koordinatensystem mit der x-Achse als Balkenachse und mit der z-Achse in Richtung des Gravitationspfeils voraus. Aus (1) findet man die Lösung durch formale Integration. Dabei treten zwei Integrationskonstanten C_1 und C_2 auf, die durch Einsetzen bekannter Werte der Biegelinie des Balkens bestimmt werden. Dies sind die Verschiebung und die Neigung an der Einspannstelle, beide verschwinden.

Lösung: Die Lage des Koordinatenursprungs wählt man so, dass der Momentenausdruck $M(x)$ in (1) möglichst einfach wird. Dies ist der Fall für das freie Balkenende. Damit gilt für das Biegemoment

$$M_y(x) = -\frac{1}{2}qx^2. \tag{2}$$

Für das Flächenträgheitsmoment mit linear veränderlichem Durchmesser $d(x)$ gilt

$$\begin{aligned} d(x) &= d_2 + (d_2 - d_1)\frac{x}{a}, \\ I_y(x) &= \frac{1}{64}\pi d^4(x) = \frac{1}{64}\pi\left[d_2 + (d_2 - d_1)\frac{x}{a}\right]^4. \end{aligned} \tag{3}$$

Für die zweite Ableitung der Biegelinie folgt damit aus (1)

$$w''(x) = \frac{-M_y(x)}{EI_y(x)} = \frac{32q}{E\pi}\frac{x^2}{\left[d_2 + (d_2 - d_1)\frac{x}{a}\right]^4}. \tag{4}$$

Die zweimalige Integration liefert aus (4)

$$w'(x) = \frac{32qa^3}{E\pi(d_2-d_1)^3}\cdot\left\{-\frac{1}{d_2+(d_2-d_1)\frac{x}{a}}+\frac{d_2}{\left[d_2+(d_2-d_1)\frac{x}{a}\right]^2}-\right.$$
$$\left.-\frac{d_2^2}{3\left[d_2+(d_2-d_1)\frac{x}{a}\right]^3}\right\}+C_1\,,$$
$$w(x) = \frac{32qa^4}{E\pi(d_2-d_1)^4}\cdot\left\{-\ln\left[d_2+(d_2-d_1)\frac{x}{a}\right]-\frac{d_2}{d_2+(d_2-d_1)\frac{x}{a}}+\right.$$
$$\left.+\frac{d_2^2}{6\left[d_2+(d_2-d_1)\frac{x}{a}\right]^2}\right\}+C_1x+C_2. \tag{5}$$

Für die Konstanten C_1 und C_2 erhält man aus (5) mit den Randbedingungen in der Balkeneinspannung $w'(x=-a)=0$ und $w(x=-a)=0$:

$$C_1 = \frac{32qa^3}{E\pi(d_2-d_1)^3}\left(\frac{1}{d_1}-\frac{d_2}{d_1^2}+\frac{d_2^2}{3d_1^3}\right),$$
$$C_2 = \frac{32qa^4}{E\pi(d_2-d_1)^4}\left[\ln d_1+3\frac{d_2}{d_1}-\frac{3}{2}\left(\frac{d_2}{d_1}\right)^2+\frac{1}{3}\left(\frac{d_2}{d_1}\right)^3-1\right]. \tag{6}$$

Aus (5.2) folgt damit die gesuchte Absenkung $w(0)$ des Balkens am freien Ende

$$w(0) = \frac{32qa^4}{E\pi(d_2-d_1)^4}\left[\ln\frac{d_1}{d_2}+3\frac{d_2}{d_1}-\frac{3}{2}\left(\frac{d_2}{d_1}\right)^2+\frac{1}{3}\left(\frac{d_2}{d_1}\right)^3-\frac{11}{6}\right]. \tag{7}$$

Aufgabe 3.19 (Bild 3.42)

Ein auf beiden Seiten fest eingespannter Träger mit einem Gelenk hat die Biegesteifigkeit EI. Er ist spannungsfrei montiert. Man berechne die Lagerreaktionen sowie den Verlauf der Querkraft und des Biegemoments im Träger für den Fall, dass sich die Lagerwände um eine kleine Strecke s vertikal parallel verschieben.

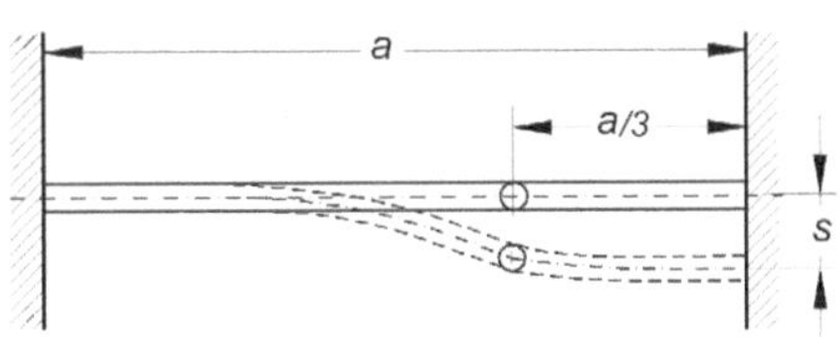

Bild 3.42 Gelenkbalken mit verschobenen Lagern

Lösungsanalyse: Die komplex erscheinende Aufgabe wird wesentlich durchsichtiger, wenn man sich die Grundelemente betrachtet, aus denen das System aufgebaut ist: Es sind zwei einseitig eingespannte Balken, die durch ein Gelenk miteinander verbunden sind. Führt man einen Schnitt durch das Gelenk, dann lassen sich die beiden Balken, jeweils belastet mit der Gelenkkraft F_G getrennt voneinander untersuchen (Bild 3.43). Für die drei Unbekannten: F_G und die beiden Verschiebungen w_1 und w_2 der Freiträger-Endpunkte können drei Gleichungen aufgestellt werden zur Lösung der Aufgabe.

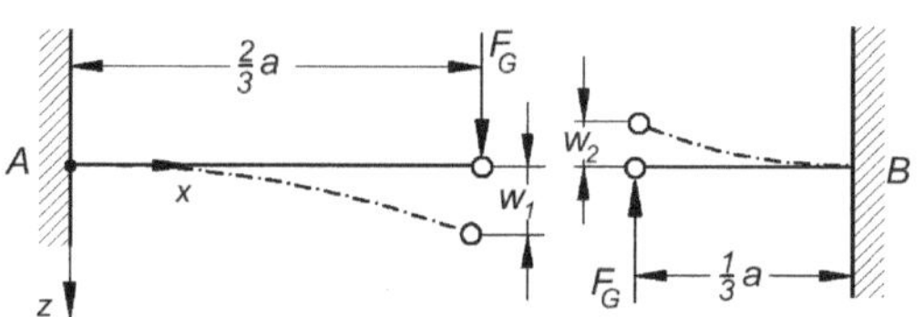

Bild 3.43 Balkenaufteilung in zwei Freiträger

Lösung: Mit einem Schnitt durch das Trägergelenk wird das System in zwei einseitig eingespannte Balken aufgeteilt, die jeweils am Ende mit der Gelenkkraft $\pm F_G$ belastet sind. Für die Absenkung w eines Freiträgers von der Länge L bei Belastung mit F gilt, z. B. [WITTENBURG, 2014]

$$w = \frac{L^3 F}{3EI}. \tag{1}$$

Zusammen mit der geometrischen Verträglichkeitsbedingung für die Gesamtverschiebung s erhält man drei Gleichungen zur Lösung der Aufgabe

$$w_1 = \left(\frac{2}{3}a\right)^3 \frac{F_G}{3EI}, \quad w_2 = \left(\frac{1}{3}a\right)^3 \frac{F_G}{3EI}, \quad s = w_1 + w_2. \tag{2}$$

Für die Gelenkkraft F_G folgt aus dem Gleichungssystem (2)

$$F_G = \frac{9EI}{a^3} s. \tag{3}$$

Mit Anwendung des Schnittprinzips erhält man die Lagerreaktionen in A und B:

$$\begin{aligned} F_{Az} &= -F_{Bz} = -\frac{9EI}{a^3} s, \\ M_{Ay} &= \frac{2}{3} a F_G = \frac{6EI}{a^2} s, \quad M_{By} = -\frac{1}{3} a F_G = -\frac{3EI}{a^2} s. \end{aligned} \tag{4}$$

Durch einen Schnitt an einer beliebigen Balkenstelle erhält man über die Gleichgewichtsbedingungen den Verlauf für die Querkraft $Q(x)$ und das Biegemoment $M(x)$. Beide Funktionen sind im Bild 3.44 skizziert.

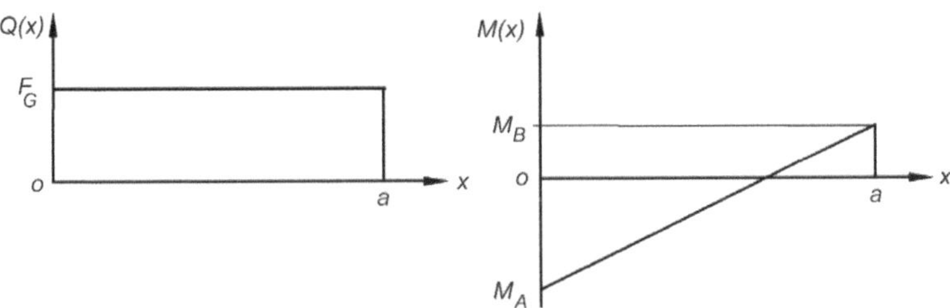

Bild 3.44 Verlauf von Querkraft $Q(x)$ und Biegemoment $M(x)$ im Träger

Aufgabe 3.20 (Bild 3.45a)

Der skizzierte statisch unbestimmt gelagerte Balken mit der Biegesteifigkeit EI wird durch eine Einzelkraft F und durch ein Moment $M_A = bF$ belastet. Man bestimme:

a) Die Lagerreaktionen des Balkens, den Verlauf des Biegemomentes im Balken und die Biegelinie sowie

b) den Ort und Betrag der größten Durchbiegung des Balkens.

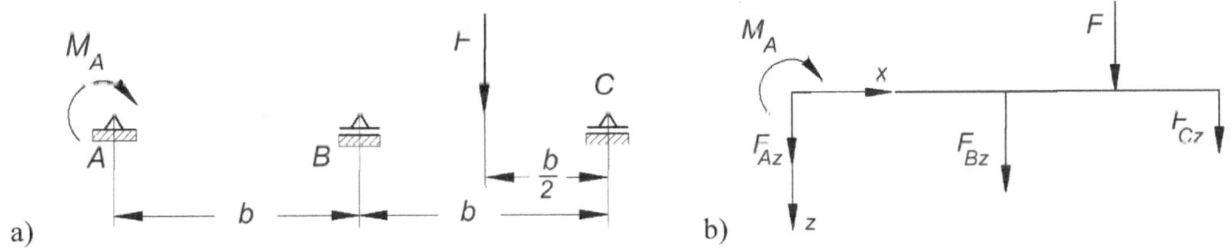

Bild 3.45 (a) Statisch unbestimmt gelagerter Balken, (b) Schnittbild

Lösungsanalyse: Der Balken ist 1-fach statisch unbestimmt gelagert, da die Zahl der unbekannten Lagerreaktionen um eins größer ist als die Zahl der Gleichgewichtsbedingungen. Zur Berechnung ist folglich eine zusätzliche Gleichung aus der Verformung des Balkens zu ermitteln. Dafür ist zunächst die Dgl der Biegelinie aufzustellen und deren Integral für eine bekannte Balkenverformung, z. B. am Lager B: $w_B = 0$, auszuwerten.

Lösung: a) Die Gleichungen zur Ermittlung der Lagerreaktionen werden an Hand des Schnittbildes (Bild 3.45 b) aufgestellt. Aus den Gleichgewichtsbedingungen folgt

$$\begin{aligned} \sum F_z &= 0: F_{Az} + F_{Bz} + F + F_{Cz} = 0, \\ \sum M_{Ay} &= 0: -M_A - b\,F_{Bz} - \frac{3}{2} b\,F - 2b\,F_{Cz} = 0. \end{aligned} \tag{1}$$

Eine weitere Beziehung zur Ermittlung der drei unbekannten Lagerreaktionen erhält man aus der Biegelinie $w(x)$ des Balkens. Die Dgl der Biegelinie lautet im Koordinatensystem nach Bild 3.45 b

$$EI\,w''(x) = -M(x). \tag{2}$$

Für die Bestimmung der Momentenfunktion $M(x)$ benutzt man zur Vereinfachung der Darstellung auf den drei unterschiedlichen Balkenbereichen das Klammersymbol (vgl. Aufgabe 2.19). Man erhält mit Berücksichtigung der Vorgabe $M_A = bF$

$$M(x) = bF\{x\}^0 - F_{Az}\{x\}^1 - F_{Bz}\{x-b\}^1 - F\left\{x-\frac{3}{2}b\right\}^1. \tag{3}$$

Die Integration der Dgl der Biegelinie (2) ergibt damit

$$\begin{aligned} EI\,w'(x) &= -bF\{x\}^1 + \frac{1}{2}F_{Az}\{x\}^2 + \frac{1}{2}F_{Bz}\{x-b\}^2 + \frac{1}{2}F\left\{x-\frac{3}{2}b\right\}^2 + C_1, \\ EI\,w(x) &= -\frac{1}{2}bF\{x\}^2 + \frac{1}{6}F_{Az}\{x\}^3 + \frac{1}{6}F_{Bz}\{x-b\}^3 + \frac{1}{6}F\left\{x-\frac{3}{2}b\right\}^3 + C_1x + C_2. \end{aligned} \tag{4}$$

Zur Bestimmung der Integrationskonstanten C_1 und C_2 werden in (4) die Randbedingungen $w(0) = w(2b) = 0$ eingesetzt:

$$\begin{aligned} C_1 &= \frac{95}{96}Fb^2 - \frac{2}{3}F_{Az}b^2 - \frac{1}{12}F_{Bz}b^2, \\ C_2 &= 0. \end{aligned} \tag{5}$$

Damit ist die Durchbiegung an jeder beliebigen Balkenkoordinate x bekannt. Für die noch fehlende Gleichung zur Bestimmung der Lagerreaktionen kann man z. B. die Biegelinie am Lager B: $w(x=b) = 0$ aus (4) und (5) auswerten

$$\frac{47}{96}F - \frac{1}{2}F_{Az} - \frac{1}{12}F_{Bz} = 0. \tag{6}$$

Aus den drei Gleichungen (1) und (6) folgen schließlich die drei Lagerreaktionen

$$F_{Az} = \frac{43}{32}F, \quad F_{Bz} = -\frac{35}{16}F, \quad F_{Cz} = -\frac{5}{32}F. \tag{7}$$

Der Biegemomentenverlauf im Balken kann jetzt aus (3) angegeben werden (Bild 3.46)

$$M(x) = bF - \frac{43}{32}Fx + \frac{35}{16}F\{x-b\}^1 - F\left\{x-\frac{3}{2}b\right\}^1. \tag{8}$$

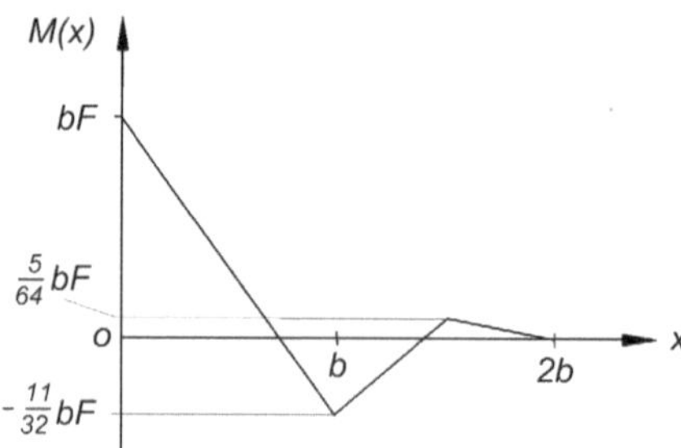

Bild 3.46 Biegemoment $M(x)$

Für die Biegelinie (4) des Balkens erhält man mit den Integrationskonstanten und den Lagerreaktionen

$$w(x) = \frac{F}{EI}\left[\frac{53}{192}b^2x - \frac{1}{2}bx^2 + \frac{43}{192}x^3 - \frac{35}{96}\{x-b\}^3 + \frac{1}{6}\left\{x - \frac{3}{2}b\right\}^3\right]. \qquad (9)$$

Die Funktion $w(x)$ ist im Bild 3.47 skizziert.

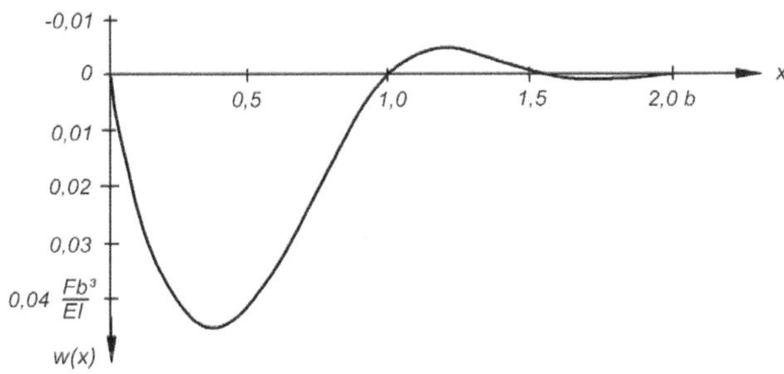

Bild 3.47 Biegelinie des 3-fach gelagerten Balkens

b) Ort und Betrag der größten Durchbiegung des Balkens findet man analytisch aus der Biegelinie (9) mit der notwendigen Bedingung $w'(x_0) = 0$. Ob diese Bedingung auch hinreichend ist, ergibt die Auswertung von (9). Für die Ableitung der Biegelinie gilt

$$w'(x) = \frac{F}{EI}\left[\frac{53}{192}b^2 - bx + \frac{129}{192}x^2 - \frac{105}{96}\{x-b\}^2 + \frac{1}{2}\left\{x - \frac{3}{2}b\right\}^2\right]. \qquad (10)$$

Für die Nullstellen x_0 erhält man drei Werte für die unterschiedlichen Bereiche der Klammersymbole

$$\begin{aligned} 0 &\le x < b: & x_{01} &= 0{,}3661\,b, \\ b &\le x < \tfrac{3}{2}b: & x_{02} &= 1{,}2012\,b, \\ \tfrac{3}{2}b &\le x \le 2b: & x_{03} &= 1{,}7418\,b. \end{aligned} \qquad (11)$$

Die Auswertung der Biegelinie an diesen drei Koordinaten führt auf die maximale Durchbiegung $w_{\max}$

$$w(x_{01}) = 0{,}045\,\frac{Fb^3}{EI} = w_{\max}\,,\; w(x_{02}) = -0{,}0047\,\frac{Fb^3}{EI},\; w(x_{03}) = 0{,}0009\,\frac{Fb^3}{EI}. \qquad (12)$$

Aufgabe 3.21 (Bild 3.48)

Ein vertikal stehender Träger (Länge h, Biegesteifigkeit EI_y) ist im Punkt A fest eingespannt. Im oberen Punkt B trägt er einen Stab (Länge a), der mit einer Kraft F_1 belastet ist. Zur Verringerung der Auslenkung des Trägers bei B wird er über einen Seilzug mit der Kraft F_2 belastet. Das Seil läuft über die bei C reibungsfrei gelagerte Rolle. Sämtliche Massen sollen unberücksichtigt bleiben.

a) Wie lauten die Lagerreaktionen in der Einspannstelle A?

b) Wie lautet die Gleichung für die Biegelinie $w(x)$ und wie groß muss F_2 sein, damit die Auslenkung des Trägers im Punkt B verschwindet: $w(h) = 0$?

c) In welcher Höhe $x = x_m$ ist im Fall b) die Durchbiegung $w(x)$ am größten und wie groß ist sie?

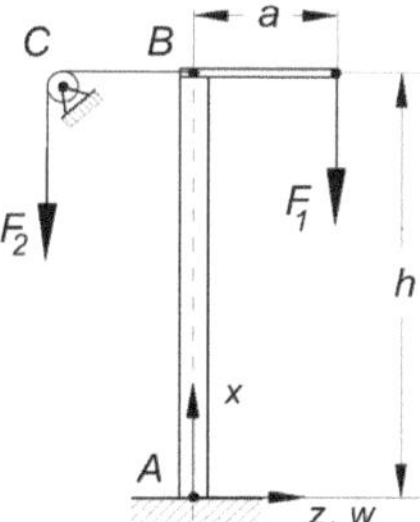

Bild 3.48 Vertikal stehender Träger

Lösungsanalyse: Es handelt sich um ein statisch bestimmtes Problem. Die Lagerreaktionen bei A findet man nach einer Schnittführung bei A und Ansatz der drei Gleichgewichtsbedingungen für das ebene Problem. Für die Dgl der Biegelinie gilt mit den bekannten Voraussetzungen (Schubverformungen des Trägerquerschnitts sind vernachlässigbar und die Neigung der verformten Trägerachse wird als klein angenommen):

$$EI_y(x)w''(x) = -M_y(x). \tag{1}$$

Zweifache Integration von (1) mit Berücksichtigung der Randbedingungen bei A: $w(0) = 0$ und $w'(0)=0$, führen auf die Biegelinie $w(x)$. Mit der Bedingung $w(x = h) = 0$ erhält man eine Gleichung für die Kraft F_2. Die Koordinate $x = x_m$ mit der Durchbiegung $|w(x_m)| = w_{max}$ folgt aus einer Extremwertberechnung mit Hilfe der Biegelinie.

Lösung: a) Aus dem Schnittbild (Bild 3.49) für den Träger liest man die Gleichgewichtsbedingungen ab

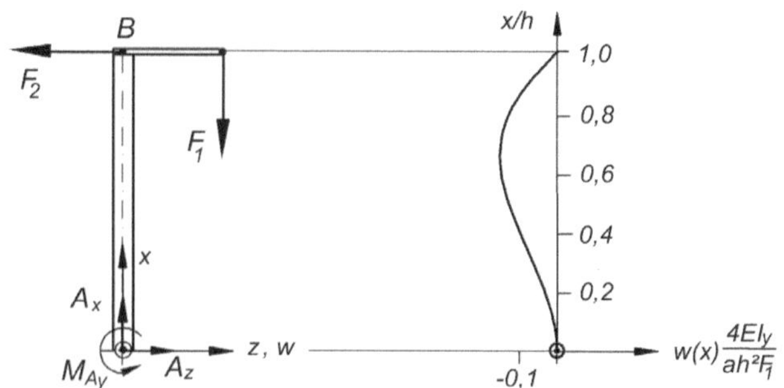

Bild 3.49 Schnittbild und Biegelinie

$$\begin{aligned}\sum F_x &= -F_1 + A_x = 0,\\ \sum F_z &= -F_2 + A_z = 0,\\ \sum M_{Ay} &= hF_2 - aF_1 + M_{Ay} = 0.\end{aligned} \tag{2}$$

Daraus folgen die Lagerreaktionen bei A:

$$A_x = F_1,\ A_z = F_2,\ M_{Ay} = aF_1 - hF_2. \tag{3}$$

b) Die Dgl für die Biegelinie ist in (1) angegeben. Mit Berücksichtigung der Randbedingungen in A: $w'(0)=0$ und $w(0)=0$ kann die zweifache Integration ausgeführt werden:

$$\begin{aligned}EI_y\, w''(x) &= -M_y(x) = aF_1 - (h-x)F_2,\\ EI_y\, w'(x) &= (aF_1 - hF_2)x + F_2\frac{x^2}{2} + C_1,\\ EI_y\, w(x) &= (aF_1 - hF_2)\frac{x^2}{2} + F_2\frac{x^3}{6} + C_1 x + C_2.\end{aligned}$$

Mit den oben angegebenen Randbedingungen erhält man für die Konstanten $C_1 = C_2 = 0$ die Biegelinie

$$w(x) = \frac{1}{EI_y}\left[(aF_1 - hF_2)\frac{x^2}{2} + F_2\frac{x^3}{6}\right]. \tag{4}$$

Aus (4) liest man ab: Die Auslenkung $w(x = h)$ bei B verschwindet für

$$\begin{aligned}&(aF_1 - hF_2)\frac{x^2}{2} + F_2\frac{x^3}{6} = 0,\\ &F_2 = \frac{3a}{2h}F_1.\end{aligned} \tag{5}$$

c) Die größte Auslenkung $|w(x_m)| = w_{max}$ findet man aus einer Extremwertberechnung aus (4) mit der Kraftbedingung (5):

$$\begin{aligned}w(x) &= \frac{1}{EI_y}\left[(aF_1 - hF_2)\frac{x^2}{2} + F_2\frac{x^3}{6}\right], \text{ mit: } F_2 = \frac{3a}{2h}F_1,\\ w(x) &= \frac{aF_1}{4EI_y}\left[-x^2 + \frac{x^3}{h}\right] = \frac{ah^2F_1}{4EI_y}\left[-\left(\frac{x}{h}\right)^2 + \left(\frac{x}{h}\right)^3\right],\ 0 \le x \le h,\\ \left.\frac{d}{dx}w(x)\right|_{x_m} &= \frac{aF_1}{4EI_y}\left[-2x_m + 3\frac{x_m^{\ 2}}{h}\right] = 0 \to \frac{x_m}{h} = \tfrac{2}{3},\\ \left.\frac{d^2}{dx^2}w(x)\right|_{x_m} &= \frac{aF_1}{4EI_y}\left[-2 + 6\frac{x_m}{h}\right] = 0 \to \frac{x_m}{h} = \tfrac{2}{3} \to \left. d^2w/dx^2\right|_{x_m} > 0 \to w = w_{min}.\end{aligned} \tag{6}$$

Dies Ergebnis bedeutet, bei $x/h = 2/3$ liegt im Träger die größte negative Auslenkung vor, wie man es dem Bild 3.49 entnehmen kann.

Aufgabe 3.22 (Bild 3.50)

Für den skizzierten Gelenkbalken aus Walzprofil I40 bestimme man die Durchsenkung am Gelenkpunkt G.

Zahlenwerte: $I_y = 29210\ \text{cm}^4$, $E = 20{,}6 \cdot 10^6\ \text{N/cm}^2$, $F_1 = 40$ kN, $F_2 = 15$ kN, $F_3 = 30$ kN, $q_1 = 30$ kN/m, $q_2 = 60$ kN/m, $a = 1$ m, $b = 3$ m, $c = 6$ m, $d = 7$ m, $e = 8{,}5$ m, $f = 10$ m, $g = 11$ m, $h = 12$ m.

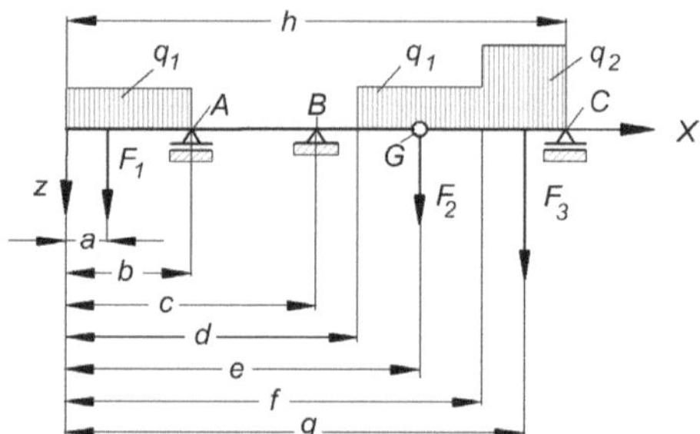

Bild 3.50 Gelenkbalken

Lösungsanalyse: Der Balken ist statisch bestimmt gelagert, da infolge des Gelenkes G zusätzliche Gleichgewichtsbedingungen $\Sigma M_G = 0$ für die linke und für die rechte Balkenhälfte zur Verfügung stehen. Mit den berechneten Lagerreaktionen F_A, F_B und F_C ist auch das Biegemoment $M(x)$ im Balken bestimmbar. Die gesuchte Absenkung des Gelenkes G ergibt sich schließlich mit dem Biegemoment aus der Integration der Dgl der Biegelinie.

Lösung: Zur Bestimmung der Lagerreaktionen mit Hilfe der Gleichgewichtsbedingungen wird als Momentenbezugspunkt das Gelenk G gewählt. Da in G keine Momente übertragen werden, muss die Momentensumme für jede Balkenhälfte für sich verschwinden. Man erhält die Gleichungen

$$\sum M_{G(\text{rechts})} = -F_{Cz}(h-e) - F_3(g-e) - q_2(h-f)(g-e) - \frac{1}{2}q_1(f-e)^2 = 0,$$

$$\sum M_{G(\text{links})} = F_1(e-a) + q_1\left(e-\frac{b}{2}\right)b + F_{Az}(e-b) + F_{Bz}(e-c) + \frac{1}{2}q_1(e-d)^2 = 0, \qquad (1)$$

$$\sum F_z = F_1 + q_1 b + F_{Az} + F_{Bz} + F_2 + q_1(f-d) + F_3 + q_2(h-f) + F_{Cz} = 0.$$

Damit folgen die Lagerreaktionen

$$F_{Az} = -97{,}74\ \text{kN}, \quad F_{Bz} = -170{,}47\ \text{kN}, \quad F_{Cz} = -116{,}79\ \text{kN}. \qquad (2)$$

Das Biegemoment $M(x)$ erhält man bei Verwendung des Koordinatensystems im Bild 3.50 durch zweimalige Integration der äußeren Belastungen $q(x)$. Nach der Lösung von Aufgabe 2.17, Glch (4) gilt

$$Q(x) = -\sum_{i=1}^{n} F_{zi}\{x-\xi_i\}^0 - \int_0^x q(\xi)\,d\xi,$$

$$M(x) = -\sum_{i=1}^{n} M_{yi}\{x-\xi_i\}^0 + \int_0^x Q(\xi)\,d\xi.$$

Daraus erhält man für die hier gegebene Belastung

$$\begin{aligned} q(x) &= q_1\{x\}^0 - q_1\{x-b\}^0 + q_1\{x-d\}^0 + (q_2-q_1)\{x-f\}^0, \\ Q(x) &= -F_1\{x-a\}^0 - F_{Az}\{x-b\}^0 - F_{Bz}\{x-c\}^0 - F_2\{x-e\}^0 - F_3\{x-g\}^0 - \\ &\quad - q_1\{x\}^1 + q_1\{x-b\}^1 - q_1\{x-d\}^1 - (q_2-q_1)\{x-f\}^1, \\ M(x) &= -F_1\{x-a\}^1 - F_{Az}\{x-b\}^1 - F_{Bz}\{x-c\}^1 - F_2\{x-e\}^1 - F_3\{x-g\}^1 - \\ &\quad -\frac{1}{2}q_1\{x\}^2 + \frac{1}{2}q_1\{x-b\}^2 - \frac{1}{2}q_1\{x-d\}^2 - \frac{1}{2}(q_2-q_1)\{x-f\}^2. \end{aligned} \tag{3}$$

Aus der Dgl der Biegelinie

$$EI\,w''(x) = -M(x) \tag{4}$$

erhält man mit der Momentenfunktion $M(x)$ aus (3) nach zweimaliger Integration die Biegelinie. Da die Ableitung der Biegelinie am Gelenk unstetig ist: $w'(x_G-0) \neq w'(x_G+0)$, müssen die Integrationsbereiche $0 \le x < e$ und $e < x \le h$ getrennt betrachtet werden. Für den linken Balkenbereich folgt:

$$0 \le x < e:$$

$$\begin{aligned} w(x) = \frac{1}{EI}\Bigg[&\frac{1}{6}\Big(F_1\{x-a\}^3 + F_{Az}\{x-b\}^3 + F_{Bz}\{x-c\}^3\Big) + \\ &+\frac{1}{24}q_1\Big(\{x\}^4 - \{x-b\}^4 + \{x-d\}^4\Big) + C_1x + C_2\Bigg]. \end{aligned} \tag{5}$$

Zur Ermittlung der Absenkung am Gelenk reicht dieser Teil der Biegelinie aus, da auf diesem Integrationsbereich zwei Randbedingungen: $w(x_A) = w(x_B) = 0$ zur Bestimmung der beiden Konstanten gegeben sind:

$$C_1 = -585{,}89\ \text{kNm}^2,\ C_2 = 1603{,}09\ \text{kNm}^3. \tag{6}$$

Für die Durchbiegung des Balkens am Gelenk G folgt damit aus (5)

$$w_G = 27{,}7\,\text{mm}. \tag{7}$$

Im Bild 3.51 ist die Biegelinie für den ganzen Balken skizziert. Zur Bestimmung der Biegelinie im Bereich $e < x \le h$ wurden die beiden zusätzlichen Integrationskonstanten C_3 und C_4 aus den Gleichungen $w(h) = 0$ und $w(e)_{\text{links}} = w(e)_{\text{rechts}}$ ermittelt.

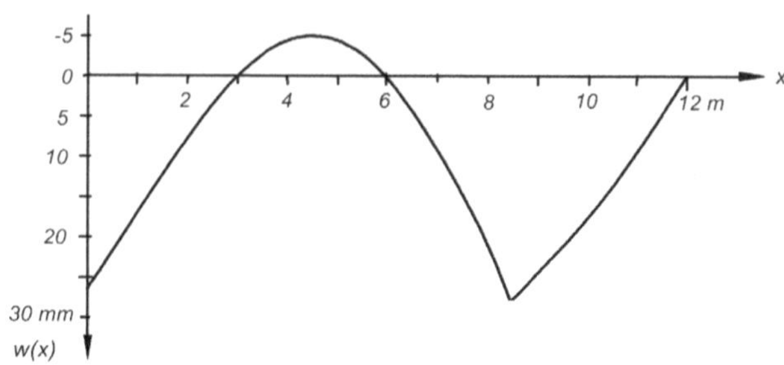

Bild 3.51 Biegelinie des Gelenkbalkens

Aufgabe 3.23 (Bild 3.52)

Um im skizzierten Balken die maximale Durchbiegung in vertikaler Richtung zu verringern, wird der Balkenquerschnitt auf der ganzen Länge L nach Bild 3.52 b verstärkt. Die Balkenteile werden dabei auf der ganzen Berührungsfläche fest miteinander verbunden. Der Balken und die Verstärkungselemente sind aus dem gleichen Werkstoff.

Wie groß werden die maximale Biegespannung und die maximale Durchbiegung für die beiden Anordnungen der Verstärkungselemente im Bild 3.52 b?

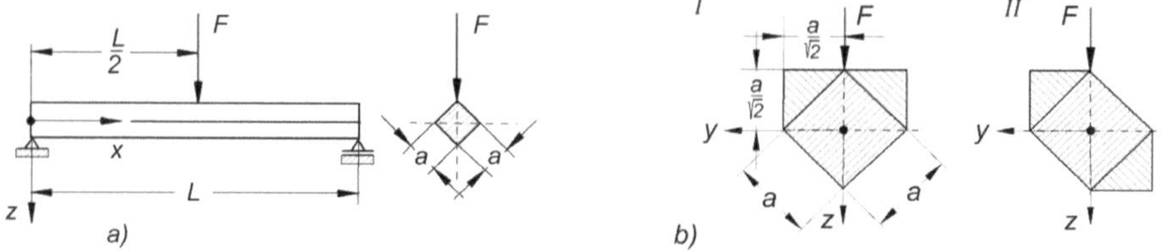

Bild 3.52 a) Balken mit Belastung, b) Verstärkungselemente für den Balkenquerschnitt

Lösungsanalyse: Die Belastung $\boldsymbol{F}$ liegt im Querschnitt I in einer Symmetrieachse der Querschnittsfläche. Sie fällt also mit der Richtung einer Hauptträgheitsachse des Querschnitts zusammen. Das bedeutet, der Balken verformt sich in Belastungsrichtung und die maximale Biegespannung liegt an der Stelle des größten Randabstands im Querschnitt von der horizontalen neutralen Linie durch den Flächenschwerpunkt.

Im Querschnitt II ist die Belastungsrichtung $\boldsymbol{F}$ offensichtlich gegen die Hauptträgheitsachsen verdreht. Es liegt schiefe Biegung vor, wobei der Balken nicht nur in Belastungsrichtung, sondern auch quer dazu ausweicht. Bei schiefer Biegung muss das wirkende Biegemoment zunächst in die y^H, z^H-Koordinatenrichtungen der Hauptträgheitsachsen der Querschnittsfläche zerlegt werden. Mit den bekannten Gleichungen können in diesem Koordinatensystem die Biegespannungen, die die beiden Momentenkomponenten verursachen, ermittelt werden. Die insgesamt vorliegende Biegespannung ist die Überlagerung der Biegespannungen aus den einzelnen Momentenkomponenten. Diese Gleichung für die gesamte Biegespannung kann auch genutzt werden für die Ableitung der Geradengleichung für die neutrale Linie im Querschnitt. Für alle Querschnittspunkte auf dieser Geraden gilt $\sigma(y^H, z^H) = 0$.

Die Balkenverformung muss zunächst getrennt für die beiden Richtungen der Hauptträgheitsachsen ermittelt und anschließend vektoriell überlagert werden. Der damit gebildete Verformungsvektor ***f*** des Balkens steht senkrecht auf der neutralen Linie.

Lösung: Das maximale Biegemoment für den Balken mit Mittellast liegt bei $x = L/2$

$$M_{max} = \frac{1}{4} FL \,. \tag{1}$$

Die maximale Biegespannung auf Grund eines Biegemoments M_{iH} in Richtung einer Hauptträgheitsachse i^H (sog. gerade Biegung) beträgt

$$\sigma_{max} = \frac{M_{iH}}{I_{iH}} s_{max} \,, \tag{2}$$

mit dem Hauptträgheitsmoment I_{iH} und dem maximalen Randabstand s_{max} von der neutralen Linie.

Querschnitt I:

Für diesen Fall liegt gerade Biegung vor. Das Hauptträgheitsmoment I_{yH} wird mit den Koordinatenbezeichnungen nach Bild 3.53 ermittelt.

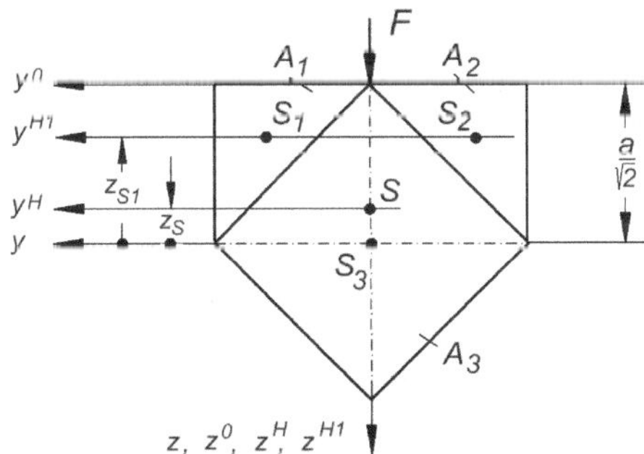

Bild 3.53 Querschnitt I mit Flächenaufteilung und Koordinatensysteme

y, z: Lagesystem für den Balken und Hauptachsensystem für die Teilfläche A_3;

y^H, z^H: Hauptachsensystem der Gesamtfläche durch den Flächenschwerpunkt S;

y^{H1}, z^{H1}: Hauptachsensystem für A_1 und A_2 durch die Flächenschwerpunkt $S_{1,2}$;

y^0, z^0: Zweckmäßiges System zur Berechnung der Hauptträgheitsmomente $I_{yH1}(A_1, A_2)$.

Für das Flächenträgheitsmoment I_{yH} des Querschnitts gilt mit den Bezeichnungen nach Bild 3.53

$$I_{yH} = I_{yH}(A_3) + I_{yH}(A_1, A_2) \,, \tag{3}$$

mit $I_{yH}(A_3) = I_y(A_3) + z_S^2 A_3$

und $$I_{yH}(A_1, A_2) = I_{yH1}(A_1, A_2) + \left(|z_{S1}| - |z_S|\right)^2 (A_1 + A_2)$$

$$= I_{y0}(A_1, A_2) - \left(\frac{a}{\sqrt{2}} - |z_{S1}|\right)^2 (A_1 + A_2) + \left(|z_{S1}| - |z_S|\right)^2 (A_1 + A_2).$$

Für den Schwerpunktsabstand z_{S1} der Teilflächen A_1 und A_2 liest man aus Bild 3.53 ab:

$$|z_{S1}| = \frac{1}{2} \cdot \frac{a}{\sqrt{2}} + \frac{1}{3} \cdot \frac{a}{2} \cdot \frac{1}{\sqrt{2}} = \frac{1}{3} a\sqrt{2}. \tag{4}$$

Für die Koordinate z_S des Flächenschwerpunktes S der Gesamtfläche gilt

$$z_S = \frac{1}{A_1 + A_2 + A_3}\left(-2|z_{S1}| A_1\right) = \frac{1}{\frac{1}{2}a^2 + a^2}\left[-2\left(\frac{a}{3}\sqrt{2}\right)\frac{a^2}{4}\right] = -\frac{1}{9}\sqrt{2}\, a. \tag{5}$$

Für das Hauptträgheitsmoment des unverstärkten Balkenquerschnitts gilt

$$I_y(A_3) = \frac{a^4}{12}. \tag{6}$$

Hierbei wurde berücksichtigt, dass die Trägheitsmomente bei einem quadratischen Querschnitt für alle durch den Schwerpunkt laufenden Achsen gleich groß sind.

Für die Berechnung des Trägheitsmomentes der Teilflächen A_1+A_2 geht man zweckmäßigerweise von der Querschnittsoberkante (y^0-Achse) aus:

$$I_{y0}(A_1, A_2) = \frac{1}{2} I_y(A_3) = \frac{a^4}{24}. \tag{7}$$

Zusammengefasst erhält man für das Flächenträgheitsmoment I_{yH} des Querschnitts nach (3)

$$I_{yH} = \frac{a^4}{12} + \left(\frac{1}{9}\sqrt{2}\, a\right)^2 a^2 + \frac{a^4}{24} - \left(\frac{a}{\sqrt{2}} - \frac{1}{3}a\sqrt{2}\right)^2 \frac{a^2}{2} + \left(\frac{1}{3}a\sqrt{2} - \frac{1}{9}\sqrt{2}\, a\right)^2 \frac{a^2}{2} = \frac{37}{216} a^4. \tag{8}$$

Der maximale Randabstand von der neutralen Faser durch S beträgt nach Bild 3.53

$$z_{\max} = |z_S| + \frac{a}{\sqrt{2}} = \frac{11}{18}\sqrt{2}\, a. \tag{9}$$

Für den Querschnitt I erhält man damit die maximale Biegespannung zu

$$\sigma_{\max I} = \frac{M_{yH}}{I_{yH}} s_{\max} = \frac{33}{37}\sqrt{2}\frac{F L}{a^3} = 1{,}2613\, \frac{F L}{a^3}. \tag{10}$$

Für die maximale Durchbiegung an der Stelle $x = L/2$ entnimmt man Tabellenwerken, z.B. [WITTENBURG, 2014]

$$w_{\max} = w(L/2) = \frac{FL^3}{48\, EI_{yH}}. \tag{11}$$

Mit dem Trägheitsmoment I_{yH} nach (8) folgt für die maximale Durchbiegung des Balkens mit dem Querschnitt I

$$w_{\max} = \frac{9\,FL^3}{74\,Ea^4} = 0{,}1216\frac{FL^3}{Ea^4}. \tag{12}$$

Querschnitt II:

Da die Belastung hier nicht mit einer Hauptträgheitsachse des Querschnitts zusammenfällt, wird der Balken durch *schiefe Biegung* beansprucht. In diesem Fall muss das Biegemoment $\boldsymbol{M}(x)$ in seine Komponenten in Richtung der Hauptträgheitsachsen (y^{H}, z^{H}) zerlegt werden (Bild 3.54). Die gesamte Biegespannung im Querschnitt erhält man durch Überlagerung der Biegespannungen infolge der Momentkomponenten. Die gesamte Durchbiegung ist die vektorielle Summe der Einzeldurchbiegungen in Richtung der Hauptträgheitsachsen.

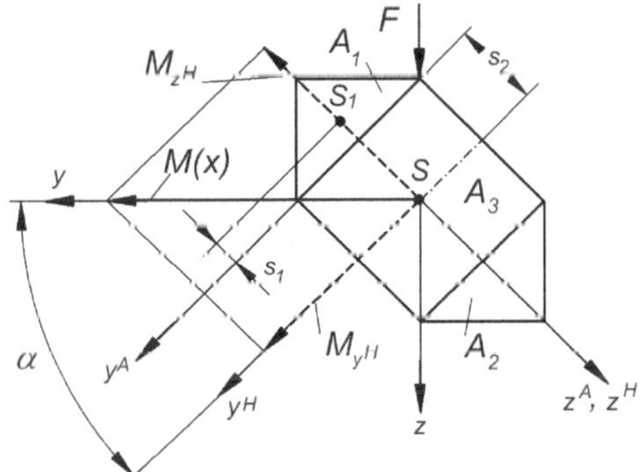

Bild 3.54 Querschnitt II mit Flächenaufteilung und Koordinatensysteme

Für die an einem beliebigen Punkt im Querschnitt II wirkende Biegespannung gilt im Hauptachsensystem mit den Bezeichnungen nach Bild 3.54

$$\sigma\left(y^{\mathrm{H}}, z^{\mathrm{H}}\right) = -\frac{M_{z^{\mathrm{H}}}}{I_{z^{\mathrm{H}}}} y^{\mathrm{H}} + \frac{M_{y^{\mathrm{H}}}}{I_{y^{\mathrm{H}}}} z^{\mathrm{H}}. \tag{13}$$

Mit $\boldsymbol{M} = [M_{y\mathrm{H}},\ M_{z\mathrm{H}}]^{\mathrm{T}} = [M\cos\alpha,\ M\sin\alpha]^{\mathrm{T}}$ und $\alpha = -45°$ folgt aus (13)

$$\sigma\left(y^{\mathrm{H}}, z^{\mathrm{H}}\right) = -\frac{M\sin\alpha}{I_{z^{\mathrm{H}}}} y^{\mathrm{H}} + \frac{M\cos\alpha}{I_{y^{\mathrm{H}}}} z^{\mathrm{H}} = \frac{M}{\sqrt{2}\,I_{z^{\mathrm{H}}}} y^{\mathrm{H}} + \frac{M}{\sqrt{2}\,I_{y^{\mathrm{H}}}} z^{\mathrm{H}}, \tag{14}$$

mit dem Moment $M = M_{\max}$ aus (1). Der Winkel α wird vom Hauptachsensystem aus gemessen. Für die Hauptträgheitsmomente gilt (Bild 3.54)

$$I_{y^{\mathrm{H}}} = I_{y^{\mathrm{H}}}(A_3) + I_{y^{\mathrm{H}}}(A_1, A_2)\,,$$

$$I_{y^{\mathrm{H}}}(A_3) = \frac{a^4}{12},$$

$$I_{y^{\mathrm{H}}}(A_1, A_2) = I_{y^{\mathrm{A}}}(A_1, A_2) - s_1^2 (A_1 + A_2) + (s_1 + s_2)^2 (A_1 + A_2)$$

$$= \frac{1}{12}\left(\frac{a}{\sqrt{2}}\right)^4 - \left(\frac{1}{3}\cdot\frac{a}{2}\right)^2\left(\frac{a}{\sqrt{2}}\right)^2 + \left(\frac{a}{2} + \frac{1}{3}\cdot\frac{a}{2}\right)^2\left(\frac{a}{\sqrt{2}}\right)^2, \tag{15}$$

$$I_{y^{\mathrm{H}}} = \frac{5}{16}a^4,$$

$$I_{y^{\mathrm{H}}} = I_{y^{\mathrm{H}}}(A_3) + I_{y^{\mathrm{H}}}(A_1, A_2) = \frac{a^4}{12} + \frac{1}{12}\left(\frac{a}{\sqrt{2}}\right)^4 = \frac{5}{48}a^4.$$

In welchen Querschnittspunkten die Biegespannung (14) maximal wird, kann aus der Lage der neutralen Linie bestimmt werden. Für alle Querschnittspunkte auf dieser Geraden gilt

$$\sigma\left(y^{\mathrm{H}}, z^{\mathrm{H}}\right) = -\frac{M\sin\alpha}{I_{z^{\mathrm{H}}}}\,y^{\mathrm{H}} + \frac{M\cos\alpha}{I_{y^{\mathrm{H}}}}\,z^{\mathrm{H}} = 0. \tag{16}$$

Aus (16) erhält man die Geradengleichung für die neutrale Linie

$$z^{\mathrm{H}} = \left(\frac{I_{y^{\mathrm{H}}}}{I_{z^{\mathrm{H}}}}\tan\alpha\right) y^{\mathrm{H}} = (3\tan\alpha)\, y^{\mathrm{H}} = (\tan\beta)\, y^{\mathrm{H}}, \tag{17}$$

mit $\alpha = -45°$. Im Bild 3.55 ist die neutrale Linie (17) für den Querschnitt II eingezeichnet. Mit der y^{H}-Achse bildet sie den Winkel

$$\beta = \arctan\left(\frac{I_{y^{\mathrm{H}}}}{I_{z^{\mathrm{H}}}}\tan\alpha\right) = \arctan(-3) = -71{,}6°. \tag{18}$$

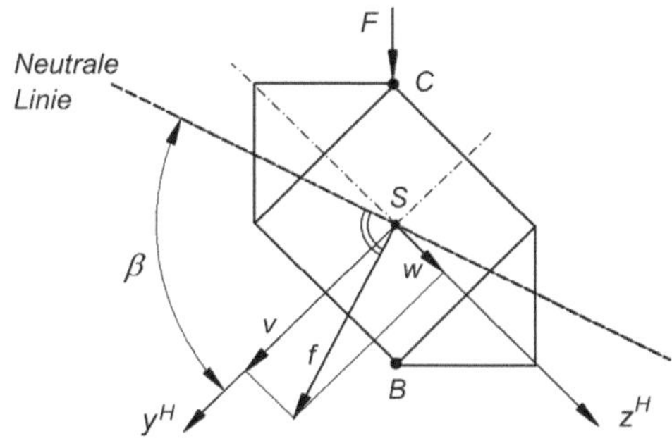

Bild 3.55 Querschnitt II mit neutraler Linie und Verformungskomponenten *v* und *w*

Die maximale Spannung tritt in den Punkten des Querschnitts auf, die am weitesten von der neutralen Linie entfernt liegen. Aus Bild 3.55 liest man ab, dass dies für die Punkte B und C der Fall ist. Sie haben die Koordinaten $\left[y_B^H, z_B^H\right]^T = \left[-y_C^H, -z_C^H\right]^T = [a/2, a/2]^T$.

Damit ergibt sich die maximale Biegespannung im Querschnitt II zu

$$\sigma_{\max II} = \sigma(B) = -\sigma(C) = \frac{M}{\sqrt{2}\, I_{z^H}} y_B^H + \frac{M}{\sqrt{2}\, I_{y^H}} z_B^H = \frac{4}{5}\sqrt{2}\,\frac{FL}{a^3} = 1{,}131\frac{FL}{a^3}. \quad (19)$$

Die maximalen Durchbiegungen $w(L/2)$ in Richtung z^H und $v(L/2)$ in Richtung y^H für den zweiseitig gelagerten Balken mit Mittellast $\boldsymbol{F} = [F_{yH}, F_{zH}]^T = [F/\sqrt{2}, F/\sqrt{2}\,]^T$ entnimmt man Tabellenwerken, z.B. [WITTENBURG, 2014]

$$w\left(\frac{L}{2}\right) = \frac{F_{z^H} L^3}{48\,EI_{y^H}} = \frac{FL^3}{15\sqrt{2}\,Ea^4}, \qquad v\left(\frac{L}{2}\right) = \frac{F_{y^H} L^3}{48\,EI_{z^H}} = \frac{FL^3}{5\sqrt{2}\,Ea^4}. \quad (20)$$

Die vektorielle Addition der Durchbiegungen in Richtung der Hauptachsen ergibt die maximale Durchbiegung $f_{\max}$ des Balkens

$$f_{\max} = f\left(\frac{L}{2}\right) = \sqrt{w^2\left(\frac{L}{2}\right) + v^2\left(\frac{L}{2}\right)} = \frac{\sqrt{5}FL^3}{15Ea^4} = 0{,}1491\frac{FL^3}{Ea^4}. \quad (21)$$

Im Bild 3.55 ist der Vektor der maximalen Durchbiegung eingezeichnet. Man überzeugt sich leicht, dass die neutrale Linie senkrecht auf $\boldsymbol{f}_{\max}$ steht. Das Skalarprodukt aus einem Vektor in Richtung der neutralen Linie $[n, -3n\,]^T$ und $\boldsymbol{f}_{\max}$ verschwindet:

$$[n\,,\ -3n]\cdot\left[\frac{FL^3}{5\sqrt{2}\,Ea^4}, \frac{FL^3}{15\sqrt{2}\,Ea^4}\right]^T = 0.$$

Vergleich der Ergebnisse für die Querschnitte I und II:

In Tabelle 3.1 sind die Ergebnisse für die maximale Biegespannung und die maximale Durchbiegung für beide Querschnitte zusammengestellt. Die Lage der Verstärkungselemente führen im Querschnitt I auf eine höhere Biegespannung, aber auf eine geringere Durchbiegung als im Querschnitt II. Zur Beurteilung der Ergebnisse muss aber berücksichtigt werden, dass sich der Balken bei Querschnitt II in vertikaler und horizontaler Richtung verformt.

Tabelle 3.1 Zusammenstellung der Ergebnisse

Querschnitt		Maximale Spannung σ_{max}	Maximale Durchbiegung
I		$\sigma_{\max \mathrm{I}} = 1{,}2613 \dfrac{FL}{a^3}$	$f_{\max \mathrm{I}} = 0{,}1216 \dfrac{FL^3}{Ea^4}$
II		$\sigma_{\max \mathrm{II}} = 1{,}131 \dfrac{FL}{a^3}$	$f_{\max \mathrm{II}} = 0{,}1491 \dfrac{FL^3}{Ea^4}$
Ergebnis		$\sigma_{\max \mathrm{I}} = 1{,}115\, \sigma_{\max \mathrm{II}}$	$f_{\max \mathrm{I}} = 0{,}816 f_{\max \mathrm{II}}$

Aufgabe 3.24 (Bild 3.56)

Ein Stab mit rechteckigem Querschnitt wird durch eine exzentrisch angreifende Zugkraft ***F*** belastet.

a) Man gebe die Normalspannung σ_x im Stab als Funktion von x und z an

b) Wo wechselt die Spannung σ_x am oberen und unteren Stabrande das Vorzeichen?

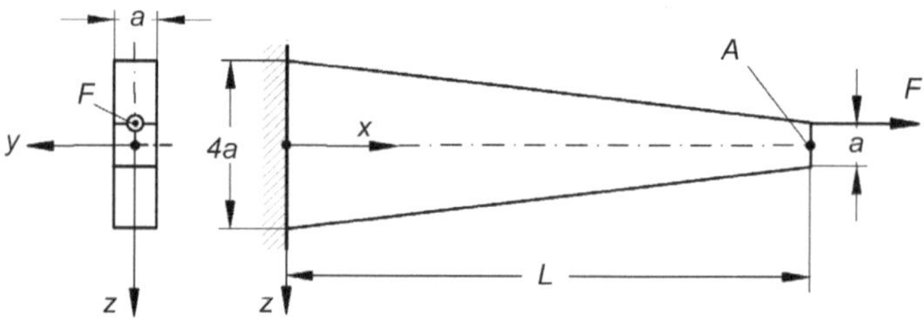

Bild 3.56 Stab mit exzentrisch angreifender Zugkraft

Lösungsanalyse: Die exzentrisch angreifende Kraft bewirkt Biegung und Zug im Stabquerschnitt. Zur Rückführung der zusammengesetzten Belastung auf die elementaren Lastfälle wird sie durch den Kraftwinder ($\boldsymbol{F}$, $\boldsymbol{M}_A$) mit dem Bezugspunkt A auf der x-Achse (neutrale Linie) beschrieben. Der Stab wird demnach durch die Einzelkraft $F_x = F$ in A und durch ein äußeres Moment $M_{Ay} = -Fa/2$ belastet. Die im Stab wirkende Normalspannung σ_x ist die Überlagerung aus der Normalspannung der Einzelkraft und aus der Biegespannung auf Grund des Momentes.

Lösung: a) In einem beliebigen Querschnitt des Balkens an der Stelle x wirkt der Schnittwinder

$$\left(N_x\,,\,M_{\mathrm{A}\,y}\right)=\left(F\,,\,-\frac{1}{2}aF\right). \tag{1}$$

Damit kann die Stabbelastung als Überlagerung von Zug und Biegung betrachtet werden. Die im Stab wirkende Summe der Normalspannungen lautet

$$\sigma_x\left(z\right)=\frac{N_x}{A\left(x\right)}+\frac{M_{\mathrm{A}\,y}}{I_y\left(x\right)}z\,. \tag{2}$$

Mit der variablen Balkenhöhe

$$h(x)=a\left(4-3\frac{x}{L}\right) \tag{3}$$

lautet die Querschnittsfläche

$$A\left(x\right)=a^2\left(4-3\frac{x}{L}\right) \tag{4}$$

und das Flächenträgheitsmoment

$$I_y\left(x\right)-\frac{1}{12}a\left[a\left(1-3\frac{x}{L}\right)\right]^3-\frac{a^4}{12}\left(1-3\frac{x}{L}\right)^3. \tag{5}$$

Damit folgt aus (2) die Normalspannung im Stab als Funktion der Koordinaten x und z

$$\sigma_x\left(z,x\right)=\frac{F\left[a\left(4-3\frac{x}{L}\right)^2-6\,z\right]}{\left[a\left(4-3\frac{x}{L}\right)\right]^3}. \tag{6}$$

b) Die Normalspannung am oberen und unteren Stabrand folgt aus (6) mit der Randkoordinate

$$z\;=\;\pm\frac{a}{2}\left(4-3\frac{x}{L}\right), \tag{7}$$

$$\sigma_x\left(z,x\right)=\frac{F\left(1-3\frac{x}{L}\right)}{\left[a\left(4-3\frac{x}{L}\right)\right]^2}\quad\text{für}\quad z>0\,,$$

$$\sigma_x\left(z,x\right)=\frac{F\left(7-3\frac{x}{L}\right)}{\left[a\left(4-3\frac{x}{L}\right)\right]^2}\quad\text{für}\quad z<0\,. \tag{8}$$

Diese Spannung wechselt im Bereich $0\leq x\leq L$ das Vorzeichen nur für $z>0$ bei

$$x = \frac{1}{3} L. \tag{9}$$

Ein Spannungswechsel liegt nur am unteren Stabrand vor. Hier überlagern sich Zugspannungen mit Druck-Biegespannungen. Im Bereich $z < 0$ überlagern sich Zugspannungen und Zug-Biegespannungen, so dass hier kein Vorzeichenwechsel eintreten kann. Im Bild 3.57 ist die Überlagerung der Spannungen an einer beliebigen Stelle x skizziert.

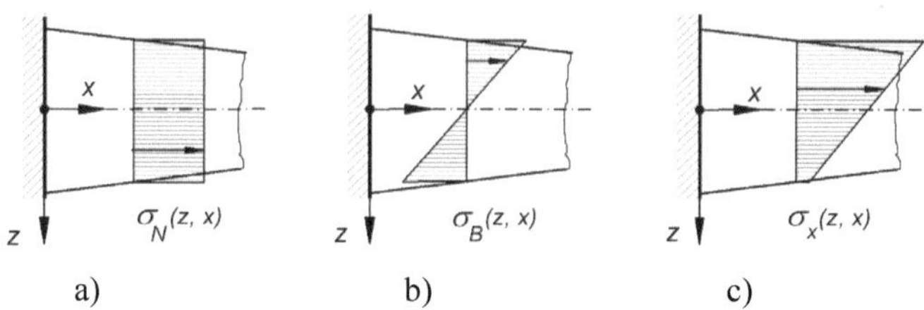

Bild 3.57 Normalspannungen im Stab: a) Zugspannung, b) Biegespannung, c) Spannungsüberlagerung

Aufgabe 3.25 (Bild 3.58)

Der Stab 1 mit Kreisquerschnitt ist einseitig bei B fest eingespannt. Im Abstand a von der Einspannstelle ist der Stab 2 angeschweißt, der im Punkt A durch die Kraft $\boldsymbol{F}$ belastet wird. Beide Stäbe sind aus gleichem Werkstoff.

a) Wie groß ist die maximale Vergleichsspannung σ_V im Stab 1 an der am stärksten beanspruchten Stelle B nach der Hypothese der Gestaltänderungsenergie?

b) Wie groß ist die Absenkung des Punktes A in Kraftrichtung?

Zahlenwerte: $a = 1{,}5$ m, $b = 0{,}8$ m, $d_1 = 40$ mm, $d_2 = 20$ mm, $F = 350$ N,

Werkstoffkennwerte: $E = 20{,}6 \cdot 10^4$ N/mm², $G = 8{,}1 \cdot 10^4$ N/mm².

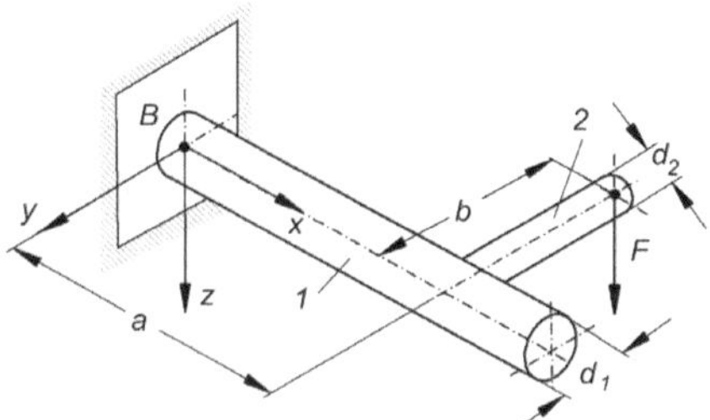

Bild 3.58 Belastetes Stabsystem

Lösungsanalyse: Das Stabsystem ist mit einer exzentrischen Kraft $\boldsymbol{F}$ belastet. Dies führt im System zu drei unterschiedlichen Lastfällen. Stab 1 wird auf Biegung und Torsion belastet und Stab 2 auf Biegung. Zusätzlich tritt noch Querkraftschub auf, der aber unter der Voraussetzung schlanker Bauteile (Stäbe mit kleinem Durchmesser-Längen-Verhältnissen) gegenüber den anderen Lastfällen vernachlässigbar ist. Unter der Voraussetzung eines linear-elastischen Werkstoffverhaltens können die einzelnen Lastfälle getrennt berechnet werden und die Wirkungen (Spannungen und Verformungen) anschließend überlagert werden (Anwendung des Superpositionsprinzip). Für die Beurteilung des hier vorliegenden zweiachsigen Spannungszustandes an der Einspannstelle B benötigt man eine Vergleichsspannung σ_V, um die vorliegende Werkstoffbeanspruchung mit Werkstoffkennwerten, die aus einachsigen Zugversuchen gewonnen werden, vergleichen zu können. Für zähen Werkstoff, der durch sog. Gleitbruch versagt und bei Berechnungen auf Dauerfestigkeit ergibt die Hypothese der Gestaltänderungsenergie gute Übereinstimmung mit Laborversuchen. Die Vergleichsspannung wird aus den vorliegenden Hauptspannungen im Punkt B berechnet. Dafür wird der Spannungskreis nach MOHR genutzt.

Auch die Verformungen des Stabsystems können unter der Voraussetzung linear-elastischen Werkstoffverhaltens aus den einzelnen Lastfällen überlagert werden. Die Berechnung der Verformung mit Hilfe der Energiemethode (1. Satz von CASTIGLIANO) bietet einen sehr effektiven alternativen Lösungsweg.

Lösung: a) Die Lagerreaktionen in der Einspannstelle B setzen sich zusammen aus einer Einzelkraft $F_{Bz} = -F$, einem Torsionsmoment $M_{Bx} = M_T = bF$ und einem Biegemoment $M_{By} = aF$. Diese Lagerreaktionen rufen im Werkstoff Spannungen hervor, die für die einzelnen Belastungsarten getrennt berechnet und dann überlagert werden können. Im Folgenden sollen die Schubspannungen infolge der Querkraft unberücksichtigt bleiben. Sie sind bei Stäben mit kleinem Durchmesser-Längen-Verhältnis vernachlässigbar klein.

In der am stärksten beanspruchten Stelle des Stabes 1 bei B an der Ober- bzw. Unterkante herrscht ein ebener Spannungszustand mit der Normalspannung σ aus der Biegebeanspruchung und der Schubspannung τ aus der Torsionsbeanspruchung. Aus diesen Spannungswerten lässt sich eine Vergleichsspannung berechnen.

Das Biegemoment ruft an der Staboberkante bei B eine Zugspannung (bzw. an der Stabunterkante eine entsprechende Druckspannung) hervor. Der Maximalwert der Biegespannung beträgt

$$\sigma = \frac{M_{By}}{I_{1y}} \cdot \frac{d_1}{2} = \frac{32\,aF}{\pi d_1^3} = 8355{,}6\ \text{N/cm}^2 . \tag{1}$$

Die maximale Schubspannung an der Oberfläche des Stabes 1 infolge des Torsionsmomentes beträgt

$$\tau = \frac{M_T}{W_{1p}} = \frac{16\,bF}{\pi d_1^3} = 2228{,}2\ \text{N/cm}^2 . \tag{2}$$

Nach der Hypothese der Gestaltänderungsenergie gilt für den allgemeinen dreiachsigen Spannungszustand

$$\sigma_V = \sqrt{\frac{1}{2}\left[(\sigma_1-\sigma_2)^2+(\sigma_2-\sigma_3)^2+(\sigma_3-\sigma_1)^2\right]} . \tag{3}$$

Für den hier vorliegenden ebenen Spannungszustand gilt $\sigma_3 = 0$. Die Hauptspannungen σ_1 und σ_2 werden aus den maximalen Spannungen bei B, σ und τ nach (1) und (2) am einfachsten mit Hilfe des Spannungskreises nach MOHR bestimmt. Er ist im Bild 3.59 für den Punkt an der Oberkante des Stabes 1 in B für die Spannungswerte

$$\sigma_x = \sigma,\ \sigma_y = 0,\ \tau_{xy} = \tau_{yx} = \tau \tag{4}$$

gezeichnet.

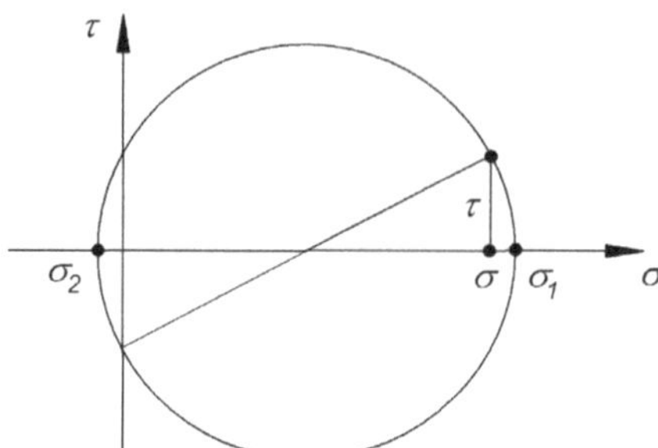

Bild 3.59 Spannungskreis nach MOHR für die Oberkante des Stabes 1 bei B

Aus Bild 3.59 liest man für die Hauptspannungen bei B ab

$$\sigma_{1,2} = \frac{1}{2}\sigma \pm \sqrt{\left(\frac{\sigma}{2}\right)^2 + \tau^2} \,,$$

$$\sigma_1 = 8912{,}94 \text{ N/cm}^2, \tag{5}$$

$$\sigma_2 = -556{,}94 \text{ N/cm}^2 .$$

Damit folgt aus (3) die Vergleichsspannung

$$\sigma_V = 9204{,}1 \text{ N/cm}^2 . \tag{6}$$

b) Die Absenkung w_A des Kraftangriffspunktes A setzt sich bei Vernachlässigung der Schubabsenkung durch Querkräfte aus drei Anteilen zusammen. Bei der Voraussetzung kleiner Verformungen gilt:

Verdrehung des Stabes 1:

$$w_{A,1} = b\varphi = b\frac{M_T a}{GI_{1p}} = \frac{ab^2 F}{GI_{1p}} \,, \quad I_{1p} = \frac{1}{32}\pi d_1^4 \,,$$

Biegung des Stabes 1:

$$w_{A,2} = \frac{Fa^3}{3EI_{1y}} \,, \quad I_{1y} = \frac{1}{64}\pi d_1^4 \,,$$

Biegung des Stabes 2:

$$w_{A,3} = \frac{Fb^3}{3EI_{2x}} \,, \quad I_{2x} = \frac{1}{64}\pi d_2^4 .$$

Zusammengefasst erhält man für die Absenkung von A

$$w_A = \frac{F}{3E}\left(\frac{a^3}{I_{1y}} + \frac{b^3}{I_{2x}}\right) + \frac{ab^2 F}{GI_{1p}} = 68{,}6\,\text{mm}. \tag{7}$$

Alternativer Lösungsweg:

Die Absenkung des Lastangriffspunktes A kann unter der Voraussetzung eines linearen Zusammenhangs zwischen Kraft und Verformung auch mit Hilfe der Energiemethoden mit dem 1. Satz von CASTIGLIANO berechnet werden

$$w_A = \frac{\partial U}{\partial F}, \tag{8}$$

mit der Formänderungsenergie U. Berücksichtigt man wie zuvor nur die Biege- und Torsionsverformung, dann gilt für die Formänderungsenergie im ganzen System

$$\begin{aligned} U &= U_{\text{Biegung},1} + U_{\text{Biegung},2} + U_{\text{Torsion}} \\ &= \frac{1}{2}\left[\int_0^a \frac{M_{1y}^2(x)}{EI_{1y}}dx + \int_{-b}^0 \frac{M_{2x}^2(y)}{EI_{2x}}dy + \int_0^a \frac{M_T^2(x)}{GI_{1p}}dx\right], \end{aligned} \tag{9}$$

mit

$$M_{1y}(x) = -F(a-x),\; M_{2x}(y) = -F(b+y),\; M_T(x) = -bF.$$

Die Auswertung von (9) ergibt wieder die Absenkung (7).

Aufgabe 3.26 (Bild 3.60)

Ein gelenkig gelagerter Kreisbogenträger (Radius r, Biegesteifigkeit EI_y) ist im Punkte C durch die horizontale Kraft F belastet.

a) Man bestimme die Lagerreaktionen in A und B, sowie den Biegemomentenverlauf im Kreisbogenträger.

b) Wie groß ist die Verschiebung des Lagers B? Hierbei soll der Querkraft- und Normalkrafteinfluss vernachlässigt werden.

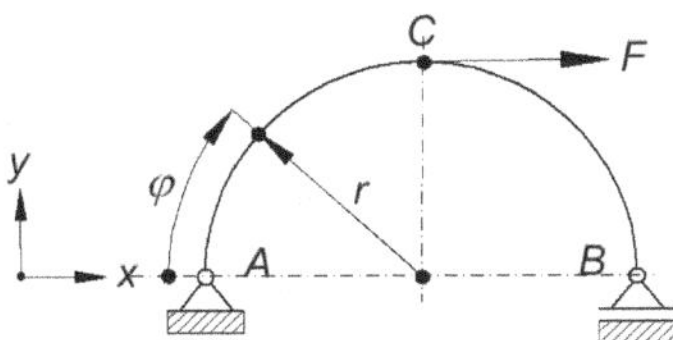

Bild 3.60 Kreisbogenträger

Lösungsanalyse: Die Lagerreaktionen und der Biegemomentenverlauf im Kreisbogenträger können nach Anwendung des Schnittprinzips bestimmt werden. Für die Verschiebung des Lagers B soll der 1. Satz von CASTIGLIANO angewandt werden. Er sagt aus: Die partielle Ableitung der in einem linear-elastischen Körper gespeicherten Formänderungsenergie U nach einer äußeren Kraft ist gleich der Verschiebung des Kraftangriffspunktes in Richtung dieser Kraft. Will man, wie im vorliegenden Fall, die Verschiebung an einem Punkt bestimmen, an dem keine Kraft in Verschiebungsrichtung angreift, muss die mathematische Analyse einschließlich einer Hilfskraft $\boldsymbol{F}_{\mathrm{H}}$ in Richtung der gesuchten Verschiebung durchgeführt werden. Nach der abschließenden partiellen Ableitung wird die Hilfskraft zu Null gesetzt. Für den Kreisbogenträger kann noch festgehalten werden, dass der wesentliche Anteil der Formänderungsenergie vom Biegemoment herrührt. Der Einfluss von Querkraft und Normalkraft kann im Träger vernachlässigt werden. Die gesuchte Verschiebung f folgt dann aus

$$\begin{aligned} f &= \left[\frac{\partial U(F_{\mathrm{H}})}{\partial F_{\mathrm{H}}}\right]_{F_{\mathrm{H}}=0} = \left[\frac{\partial U_{\mathrm{Biegung}}(F_{\mathrm{H}})}{\partial F_{\mathrm{H}}}\right]_{F_{\mathrm{H}}=0} = \frac{\partial}{\partial F_{\mathrm{H}}}\left[\frac{1}{2}\int_0^L \frac{M^2(x,F_{\mathrm{H}})}{EI_{\mathrm{y}}}dx\right]_{F_{\mathrm{H}}=0} \\ &= \left[\int_0^L \frac{M(x,F_{\mathrm{H}})}{EI_{\mathrm{y}}}\frac{\partial}{\partial F_{\mathrm{H}}}\left[M(x,F_{\mathrm{H}})\right]dx\right]_{F_{\mathrm{H}}=0} . \end{aligned} \tag{1}$$

Lösung: a) Aus dem Schnittbild (Bild 3.61) erhält man aus den Gleichgewichtsbedingungen die Lagerreaktionen

$$\begin{aligned} \sum F_{\mathrm{x}} &= F + A_{\mathrm{x}} = 0, \\ \sum F_{\mathrm{y}} &= A_{\mathrm{y}} + B_{\mathrm{y}} = 0, \\ \sum M_{\mathrm{Az}} &= -rF + 2rB_{\mathrm{y}} = 0, \\ A_{\mathrm{x}} &= -F,\ B_{\mathrm{y}} = \tfrac{1}{2}F,\ A_{\mathrm{y}} = -\tfrac{1}{2}F. \end{aligned} \tag{2}$$

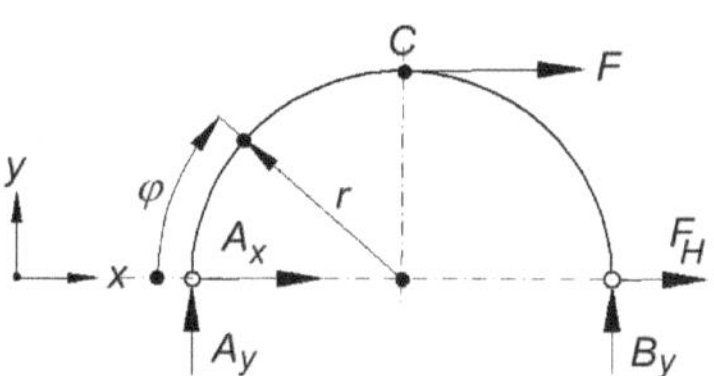

Bild 3.61 Schnittbild einschließlich Hilfskraft F_{H}

Der Biegemomentenverlauf im Kreisbogenträger wird in Abhängigkeit der Variablen φ angegeben:

$$M_{\mathrm{z}}(\varphi) = \begin{cases} -Fr(1-\sin\varphi) + B_{\mathrm{y}}r(1+\cos\varphi) = \tfrac{1}{2}Fr(2\sin\varphi + \cos\varphi - 1), & 0 \le \varphi \le \tfrac{\pi}{2} \\ B_{\mathrm{y}}r(1+\cos\varphi) = \tfrac{1}{2}Fr(1+\cos\varphi), & \tfrac{\pi}{2} \le \varphi \le \pi \end{cases} . \tag{3}$$

Der Verlauf des Biegemomentes ist im Bild 3.62 gezeigt. Den Ort $\varphi_{\max}$ für das maximale Biegemoment findet man aus (3) im Bereich $0 \le \varphi \le \pi/2$ mit Hilfe einer Extremwertberechnung

$$\begin{aligned} &\left.\frac{d}{d\varphi}M_{\mathrm{z}}(\varphi)\right|_{\varphi=\varphi_{\max}} = \tfrac{1}{2}Fr(2\cos\varphi_{\max} - \sin\varphi_{\max}) = 0,\ 0 \le \varphi_{\max} \le \tfrac{\pi}{2}, \\ &\tan\varphi_{\max} = 2 \ \rightarrow\ \varphi_{\max} = 63{,}4^\circ. \end{aligned} \tag{4}$$

Es hat den Betrag $M_{\max} = 0{,}618\ Fr$.

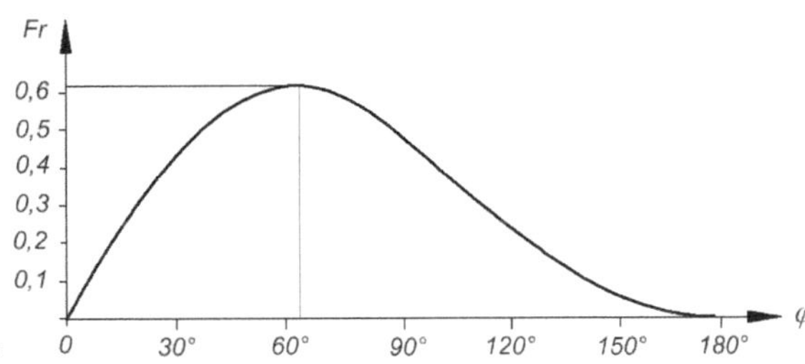

Bild 3.62 Biegemoment im Kreisbogenträger

b) Für die Berechnung der horizontalen Verschiebung f des Lagers B wird der 1. Satz von CASTIGLIANO angewandt. Hierbei ist zu beachten, dass die Formänderungsenergie für das ganze Volumen des Bogenträgers zu berechnen ist. Das Bogenelement hat hiernach die Größe $dx = rd\varphi$. Nach (1) gilt

$$f = \left[\int_0^{\pi} \frac{M(\varphi, F_{\mathrm{H}})}{EI_{\mathrm{y}}} \frac{\partial}{\partial F_{\mathrm{H}}} \left[M(\varphi, F_{\mathrm{H}}) \right] r d\varphi \right]_{F_{\mathrm{H}}=0} . \tag{5}$$

Das Moment im Kreisbogenträger entspricht dem Ausdruck (3), wobei die Hilfskraft F_{H} aus Schnittbild 3.61 noch einzuführen ist. Man erhält

$$M_{\mathrm{z}}(\varphi) = \begin{cases} \frac{1}{2} Fr(2\sin\varphi + \cos\varphi - 1) + F_{\mathrm{H}} r \sin\varphi, & 0 \le \varphi \le \frac{\pi}{2} \\ \frac{1}{2} Fr(1 + \cos\varphi) + F_{\mathrm{H}} r \sin\varphi, & \frac{\pi}{2} \le \varphi \le \pi \end{cases} . \tag{6}$$

Mit dem Ausdruck (6) für das Biegemoment folgt nach dem Satz von CASTIGLIANO nach (5) die horizontale Verschiebung f des Lagers B:

$$\begin{aligned} f &= \frac{1}{EI_{\mathrm{y}}} \left\{ \int_0^{\pi/2} \left[\tfrac{1}{2} Fr(2\sin\varphi + \cos\varphi - 1) + F_{\mathrm{H}} r \sin\varphi \right] r \sin\varphi \, r d\varphi \, + \right. \\ &\quad \left. + \int_{\pi/2}^{\pi} \left[\tfrac{1}{2} Fr(1 + \cos\varphi) + F_{\mathrm{H}} r \sin\varphi \right] r \sin\varphi \, r d\varphi \right\}_{F_{\mathrm{H}}=0} \\ &= \frac{Fr^3}{2EI_{\mathrm{y}}} \left\{ \int_0^{\pi/2} (2\sin\varphi + \cos\varphi - 1) \sin\varphi \, d\varphi + \int_{\pi/2}^{\pi} (1 + \cos\varphi) \sin\varphi \, d\varphi \right\} \\ &= \frac{\pi F r^3}{4EI_{\mathrm{y}}} . \end{aligned} \tag{7}$$

Aufgabe 3.27 (Bild 3.63)

Für eine Getriebewelle bestimme man die Durchbiegung am Angriffspunkt der Kraft $\boldsymbol{F}_1$.

Zahlenwerte: $F_1 = 9500$ N, $F_2 = 1900$ N, $d_1 = 80$ mm, $d_2 = 120$ mm, $a = 150$ mm, $b = 200$ mm, $c = 450$ mm, $d = 700$ mm, $e = 850$ mm, *Werkstoffkennwert:* $E = 2\cdot10^5$ N/mm².

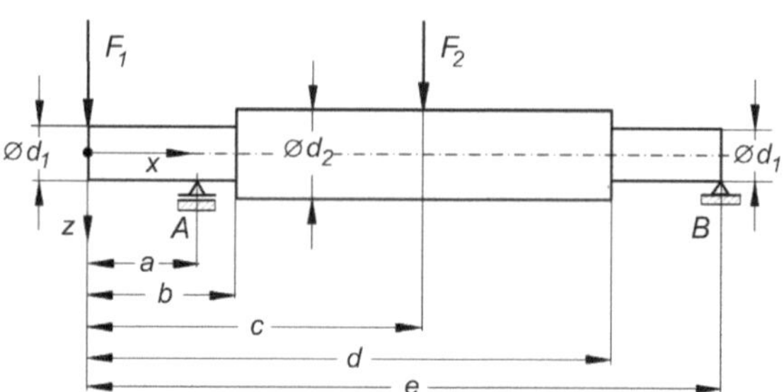

Bild 3.63 Getriebewelle unter Last

Lösungsanalyse: Für die Berechnung der Durchbiegung stehen im Allgemeinen zwei Verfahren zur Verfügung: Die Integration der Dgl der Biegelinie und die Energiemethoden der Elastostatik. Der Weg über die Biegelinie ist hier sehr aufwendig, da der Wellenquerschnitt veränderlich ist. Auch bei Anwendung der Klammerfunktion muss hier wegen der Durchmesseränderungen mit drei Balkenabschnitten gerechnet werden, so dass insgesamt sechs Integrationskonstanten zu bestimmen sind. Effektiver ist hier die Anwendung des Satzes von CASTIGLIANO. Voraussetzung ist ein linearer Zusammenhang zwischen Kraft und Verformung. Dies ist hier gegeben; man betrachte aber als Gegenbeispiel Aufgabe 3.5 mit einem nichtlinearen Zusammenhang zwischen Kraft und Verformung.

Lösung: Die Verformung der Welle am Angriffspunkt der Kraft F_1 wird mit Hilfe des 1. Satzes von CASTIGLIANO berechnet

$$w_1 = \frac{\partial U}{\partial F_1} . \tag{1}$$

Die in der Welle insgesamt gespeicherte Formänderungsenergie U setzt sich zusammen aus Anteilen der Biege- und Schubverformung. Da die Formänderung infolge der Schubspannungen bei Balkenproblemen im Allgemeinen vernachlässigbar klein ist, soll hier nur der Biegeeinfluss berücksichtigt werden. Hierfür gilt

$$U_{\text{Biegung}} = \frac{1}{2}\int_0^e \frac{M_y^2(x)}{EI_y(x)}\,dx . \tag{2}$$

Die Auswertung der Glchn (1) und (2) vereinfacht sich, wenn vor dem Auswerten des Integrals die partielle Differenziation ausgeführt wird. Damit folgt

$$w_1 = \int_0^e \frac{M_y(x)}{EI_y(x)}\cdot\frac{\partial M_y(x)}{\partial F_1}\,dx . \tag{3}$$

Für die Bestimmung der Momentenfunktion $M_y(x)$ müssen zunächst die Lagerreaktionen ermittelt werden. Mit Hilfe der Gleichgewichtsbedingungen erhält man

$$F_{Az} = -\frac{17}{14}F_1 - \frac{4}{7}F_2, \quad F_{Bz} = \frac{3}{14}F_1 - \frac{3}{7}F_2. \tag{4}$$

Das Biegemoment und die partiellen Ableitungen werden auf drei Belastungsabschnitten getrennt angegeben

$$\begin{aligned}
0 \le x \le a:&\quad M_y(x) = -F_1 x, && \frac{\partial M_y(x)}{\partial F_1} = -x,\\
a \le x \le c:&\quad M_y(x) = \left(\frac{3}{14}F_1 + \frac{4}{7}F_2\right)x - \left(\frac{17}{14}F_1 + \frac{4}{7}F_2\right)a, && \frac{\partial M_y(x)}{\partial F_1} = \frac{3}{14}x - \frac{17}{14}a,\\
c \le x \le e:&\quad M_y(x) = -\left(\frac{3}{14}F_1 - \frac{3}{7}F_2\right)(e-x), && \frac{\partial M_y(x)}{\partial F_1} = -\frac{3}{14}(e-x).
\end{aligned} \tag{5}$$

Das Integral (3) wird nun feldweise nach Belastungsänderungen und Durchmesser-Änderungen ausgewertet

$$\begin{aligned}
w_1 = {} & \frac{1}{EI_{1y}}\left\{\int_0^a F_1 x^2 dx + \int_a^b \left[\left(\frac{3}{14}F_1 + \frac{4}{7}F_2\right)x - \left(\frac{17}{14}F_1 + \frac{4}{7}F_2\right)a\right]\left(\frac{3}{14}x - \frac{17}{14}a\right)dx\right\} + \\
& + \frac{1}{EI_{2y}}\left\{\int_b^c \left[\left(\frac{3}{14}F_1 + \frac{4}{7}F_2\right)x - \left(\frac{17}{14}F_1 + \frac{4}{7}F_2\right)a\right]\left(\frac{3}{14}x - \frac{17}{14}a\right)dx + \right.\\
& \left. + \int_c^d \frac{3}{14}\left(\frac{3}{14}F_1 - \frac{3}{7}F_2\right)(e-x)^2\, dx\right\} + \frac{1}{EI_{1y}}\int_d^e \frac{3}{14}\left(\frac{3}{14}F_1 - \frac{3}{7}F_2\right)(e-x)^2\, dx.
\end{aligned} \tag{6}$$

Die Auswertung der Verschiebungsgleichung (6) ergibt

$$w_1 = 0{,}067\,\text{mm}. \tag{7}$$

Aufgabe 3.28 (Bild 3.30)

Man bestimme die Torsionsmomente in den Lagern der statisch unbestimmt gelagerten Welle von Aufgabe 3.13 mit Hilfe der Energiemethoden der Elasto-Statik.

Lösungsanalyse: Bei der Berechnung von Lagerreaktionen statisch unbestimmt gelagerter Systeme erhält man neben den Gleichgewichtsbedingungen zusätzliche Gleichungen aus dem Satz von MENABREA. Hierfür wird das System an den Lagern freigeschnitten und die Formänderungsenergie U in Abhängigkeit von allen äußeren Belastungen, einschließlich der Schnittreaktionen, bestimmt. Die Schnittreaktionen S_i, $i = 1, \ldots, n$, nehmen immer solche Werte an, dass die Formänderungsenergie im System zum Minimum wird. Damit erhält man n zusätzliche Gleichungen

$$\frac{\partial U}{\partial S_i} = 0, \quad i = 1, \ldots, n. \tag{1}$$

Lösung: Im Fall der zweiseitig eingespannten Welle unter Torsionslast reicht es aus, die Welle am Lager A freizuschneiden und das Lager-Reaktionsmoment M_{Ax} anzutragen. Das Torsionsmoment $M_T(x)$ an einer beliebigen Stelle x in der Welle lautet

$$M_T(x) = -M_{Ax}\{x\}^0 - M_T\{x-a-b\}^0, \tag{2}$$

mit $M_T = 2rF$.

Die Formänderungsenergie bei Torsionsbelastung lautet

$$U_{\text{Torsion}} = \frac{1}{2}\int_0^L \frac{M_T^2(x)}{GI_p(x)}dx\,. \tag{3}$$

Mit der Anwendung des Satzes von MENABREA folgt aus (3) bei Beachtung der Unstetigkeitsstellen des Integranden

$$\begin{aligned}\frac{\partial U}{\partial M_{Ax}} &= \int_0^L \frac{M_T(x)}{GI_p(x)} \cdot \frac{\partial M_T(x)}{\partial M_{Ax}} dx \\ &= \frac{1}{GI_{p1}}\int_0^a M_{Ax}\,dx + \frac{1}{GI_{p2}}\int_a^{a+b} M_{Ax}\,dx + \frac{1}{GI_{p2}}\int_{a+b}^L \left(M_{Ax} - M_T\right)dx = 0.\end{aligned} \tag{4}$$

Aus (4) kann das Lagerreaktionsmoment M_{Ax} unmittelbar berechnet werden

$$M_{Ax} = -M_T \frac{c\,I_{p1}}{a\,I_{p2} + (b+c)I_{p1}} = -M_T \frac{c\,d_1^4}{a\,d_2^4 + (b+c)\,d_1^4}. \tag{5}$$

Das Reaktionsmoment im Lager B folgt aus der Gleichgewichtsbedingung für die freigeschnittene Welle

$$M_{Bx} = M_T\left[\frac{c\,d_1^4}{a\,d_2^4 + (b+c)\,d_1^4} - 1\right]. \tag{6}$$

Aufgabe 3.29 (Bild 3.14)

Man löse die Aufgabe 3.7 mit Hilfe der Energiemethoden der Elasto-Statik.

Lösungsanalyse: Das System ist statisch unbestimmt gelagert. Zur Lösung werden zunächst nach Anwendung des Schnittprinzips auf das gesamte System und auf die Knotenpunkte des Fachwerks die Gleichgewichtsbedingungen aufgestellt. Noch fehlende Gleichungen liefert der Satz von MENABREA: Die Lagerreaktionen nehmen immer solche Werte an, so dass die Formänderungsenergie im System ein Minimum wird. Die Formänderungsenergie liegt hier ausschließlich in Form von axial belasteten Stäben vor.

Lösung: a) Zur Lösung der Aufgabe 3.7 wurden zunächst aus den Gleichgewichtsbedingungen für das Fachwerk und für die herausgeschnittenen Knoten acht Gleichungen aufgestellt (Bezeichnungen nach Bild 3.15)

$$\begin{aligned} & F_{AV} - \frac{1}{2}F = 0, \; F_{BV} - \frac{1}{2}F = 0, \; F_{AH} - F_{BH} = 0, \\ & S_1 - S_2 = 0, \; S_4 - S_5 = 0, \; S_5 + S_3 - F = 0, \\ & -\frac{\sqrt{3}}{2}S_2 - \frac{\sqrt{3}}{2}S_5 - F_{BH} = 0, \\ & \frac{1}{2}S_2 - \frac{1}{2}S_5 + F_{BV} = 0, \end{aligned} \tag{1}$$

Für die noch fehlende Gleichung zur Lösung der neun Unbekannten in (1) wird der Satz von MENABREA angewandt, wobei die unbekannte Lagerreaktion die Kraft F_{BH} ist

$$\frac{\partial U}{\partial F_{BH}} = 0, \tag{2}$$

mit der Formänderungsenergie U und der Lagerreaktionen F_{BH}. Die Formänderungsenergie liegt im System ausschließlich durch axial belastete Stäbe vor. Für sie gilt hier

$$U_{Zug} - \frac{1}{2}\int_0^L \frac{F^2(x)}{EA(x)}dx - \frac{1}{2EA}\sum_{i=1}^{5} S_i^2 L_i . \tag{3}$$

Damit erhalt man als zusätzliche Gleichung

$$\frac{\partial U_{Zug}}{\partial F_{BH}} = \frac{1}{EA}\sum_{i=1}^{5} S_i \, L_i \frac{\partial S_i}{\partial F_{BH}} = 0. \tag{4}$$

Um diese Gleichung auswerten zu können, muss zunächst das Gleichungssystem (1) soweit aufgelöst werden, dass alle Stabkräfte als Funktion der Lagerreaktion F_{BH} dargestellt sind. Dabei erhält man das System

$$\begin{aligned} S_1 &= -\frac{1}{2}F - \frac{1}{\sqrt{3}}F_{BH}, \\ S_2 &= S_1, \\ S_3 &= \frac{1}{2}F + \frac{1}{\sqrt{3}}F_{BH}, \\ S_4 &= \frac{1}{2}F - \frac{1}{\sqrt{3}}F_{BH}, \\ S_5 &= S_4 . \end{aligned} \tag{5}$$

Jetzt kann Glch (4) ausgewertet werden. Man erhält

$$\begin{aligned} & \frac{L}{EA}\left[\sqrt{3}\left(\frac{1}{2}F + \frac{1}{\sqrt{3}}F_{BH}\right) + \frac{2}{\sqrt{3}}\left(-\frac{1}{2}F + \frac{1}{\sqrt{3}}F_{BH}\right)\right] = 0, \\ & F_{BH} = -\frac{\sqrt{3}}{10}F. \end{aligned} \tag{6}$$

Die Stabkräfte folgen damit aus (5)

$$S_1 = S_2 = -S_3 = -\frac{2}{5}F, \quad S_4 = S_5 = \frac{3}{5}F. \tag{7}$$

b) Greift $\boldsymbol{F}$ im Knoten C an, dann ändern sich die Knotengleichgewichtsbedingungen in C und D. Dabei ändert sich das System (5). Es lautet jetzt

$$\begin{aligned} S_1 &= -\frac{1}{2}F - \frac{1}{\sqrt{3}}F_{BH}, \quad S_2 = S_1, \\ S_3 &= -\frac{1}{2}F + \frac{1}{\sqrt{3}}F_{BH}, \\ S_4 &= \frac{1}{2}F - \frac{1}{\sqrt{3}}F_{BH}, \quad S_5 = S_4. \end{aligned} \tag{8}$$

Die Auswertung der Gleichung von MENABREA ergibt damit

$$\begin{aligned} &\frac{L}{EA}\left[\frac{2}{\sqrt{3}}\left(\frac{1}{2}F + \frac{1}{\sqrt{3}}F_{BH}\right) + \sqrt{3}\left(-\frac{1}{2}F + \frac{1}{\sqrt{3}}F_{BH}\right)\right] = 0, \\ &F_{BH} = \frac{\sqrt{3}}{10}F. \end{aligned} \tag{9}$$

Für die Stabkräfte erhält man

$$\begin{aligned} S_1 &= S_2 = -\frac{3}{5}F, \\ S_4 &= S_5 = -S_3 = \frac{2}{5}F. \end{aligned} \tag{10}$$

Aufgabe 3.30 (Bild 3.64)

Zwei homogene Balken 1 und 2 mit quadratischem Querschnitt (Seitenlänge: a, Balkenlängen: h_1 und h_2) sind an ihren Enden an Boden und Wand fest eingespannt. Im Punkt C sind sie mit einem reibungsfreien Gelenk miteinander verbunden. Im unbelasteten Fall sind sie spannungsfrei, ihre Längsachsen bilden dann einen rechten Winkel. Unter einem Winkel α greift im Punkt C die Kraft $\boldsymbol{F}$ an.

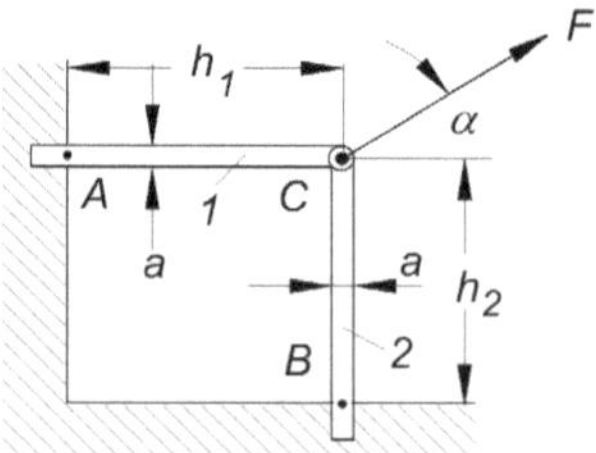

Bild 3.64 Balkensystem

a) Man berechne mit Hilfe von Spannungs-Verschiebungs-Gleichungen und mit Hilfe der Energiemethoden der Elasto-Statik die Lagerreaktionen in den Einspannstellen A und B und die Verschiebung des Punktes C in der skizzierten Ebene.

b) An welcher Stelle und für welchen Lastangriffswinkel α $(0 \leq \alpha \leq \pi/2)$ tritt im Fall $h_1 = h_2$ die maximale Normalspannung in einem der Balken auf und wie groß ist sie?

Lösungsanalyse: Die gekoppelten, eingespannten Balken stellen ein statisch unbestimmtes System dar. Die Gleichgewichtsbedingungen der Statik reichen nicht zur Lösung aus, vielmehr müssen die Verformungen der Balken bei der Lösung mit berücksichtigt werden. Hier sollen zwei Lösungswege beschritten werden.

Im ersten Weg werden nach Aufschneiden des Gelenkes C sämtliche Formänderungen in C einzeln berechnet, obwohl die zugehörigen Schnittkräfte in C noch nicht bekannt sind (Bild 3.65).

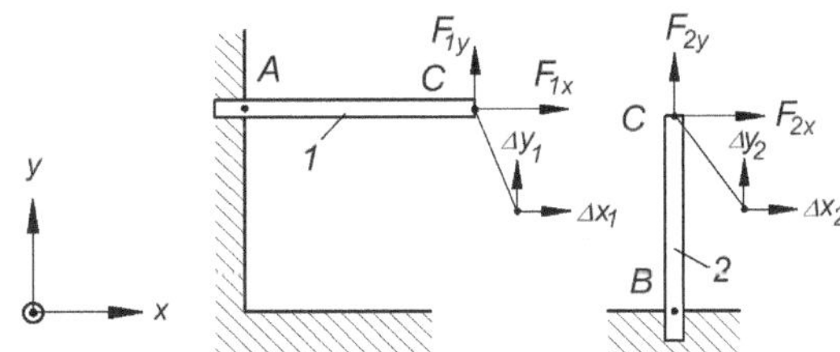

Bild 3.65 Balkensystem mit Schnitt in C

Zwei Gleichungen stellen die Überlagerungen der vier Schnittkräfte zur äußeren Kraft $\boldsymbol{F}$ dar

$$F_{1x} + F_{2x} = F\cos\alpha, \tag{1}$$

$$F_{1y} + F_{2y} = F\sin\alpha. \tag{2}$$

Die einzelnen Formänderungen entnimmt man Tabellenwerken, z. B. [WITTENBURG, 2014]. Für die Dehnung eines Zugstabes der Länge L mit der Zugkraft F gilt

$$\Delta L = \frac{FL}{AE}$$

und für die Biegeverformung eines Balkens mit der Querkraft F am Balkenende

$$\Delta L = \frac{FL^3}{3EI}.$$

Für den Querschnitt A und das Flächen-Trägheitsmoment I der quadratischen Balkenquerschnitte mit der Kantenlänge a gilt

$$A = a^2,\ I = \frac{a^4}{12}.$$

Damit erhält man 4 Gleichungen für die Verformung der Balken im Bild 3.65

$$\Delta x_1 = F_{1x}\frac{L_1}{AE},\ \Delta y_2 = F_{2y}\frac{L_2}{AE},\ \Delta y_1 = F_{1y}\frac{L_1^3}{3EI},\ \Delta x_2 = F_{2x}\frac{L_2^3}{3EI}. \qquad (3),\ldots,(6)$$

Die Kräfte müssen sich so einstellen, dass bei C kein Klaffen auftritt, d. h. die Verschiebungen der beiden Balken bei C müssen in den beiden Koordinatenrichtungen jeweils gleich sein, damit sich die Schnittufer genau zusammenfügen lassen. Die dafür notwendigen geometrischen Verträglichkeitsbedingungen lauten

$$\Delta x_1 = \Delta x_2 = \Delta x, \tag{7}$$

$$\Delta y_1 = \Delta y_2 = \Delta y. \tag{8}$$

Damit hat man insgesamt 8 Gleichungen für die 8 Unbekannten: F_{1x}, F_{1y} F_{2x}, F_{2y}, Δx_1, Δx_2, Δy_1 und Δy_2; die Lösung des Problems ist damit möglich.

Für die Bestimmung der Lagerreaktionen werden die Balken bei den Punkten A, B und C völlig frei geschnitten.

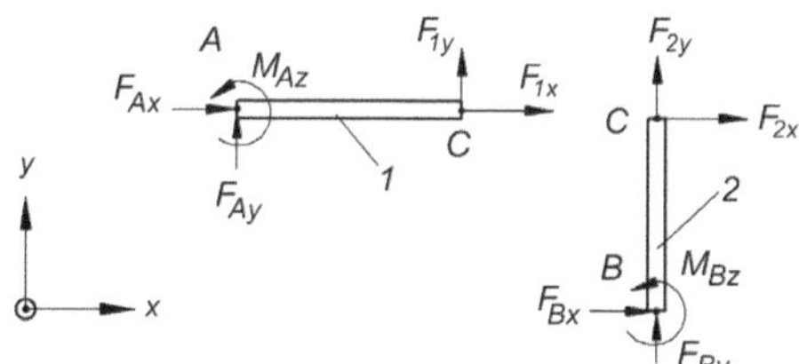

Bild 3.66 Freigeschnittene Balken

Aus Bild 3.66 liest man die Gleichgewichtsbedingungen ab

$$\begin{aligned}
\sum F_x\big|_{\text{Balken 1}} &= F_{Ax} + F_{1x} = 0,\\
\sum F_x\big|_{\text{Balken 2}} &= F_{Bx} + F_{2x} = 0,\\
\sum F_y\big|_{\text{Balken 1}} &= F_{Ay} + F_{1y} = 0,\\
\sum F_x\big|_{\text{Balken 2}} &= F_{By} + F_{2y} = 0,\\
\sum_i M_{Azi}\big|_{\text{Balken 1}} &= M_{Az} + h_1 F_{1y} = 0,\\
\sum_i M_{Bzi}\big|_{\text{Balken 2}} &= M_{Bz} - h_2 F_{2x} = 0.
\end{aligned} \qquad (9), \ldots, (14)$$

Mit den zuvor bestimmten Schnittkräften in C folgen aus (9) bis (14) direkt die Lagerreaktionen in A und B.

Die Lösung der Aufgabe mit Hilfe der Energiemethoden der Elasto-Statik geht aus von dem insgesamt frei geschnittenen statisch unbestimmten System (Bild 3.67).

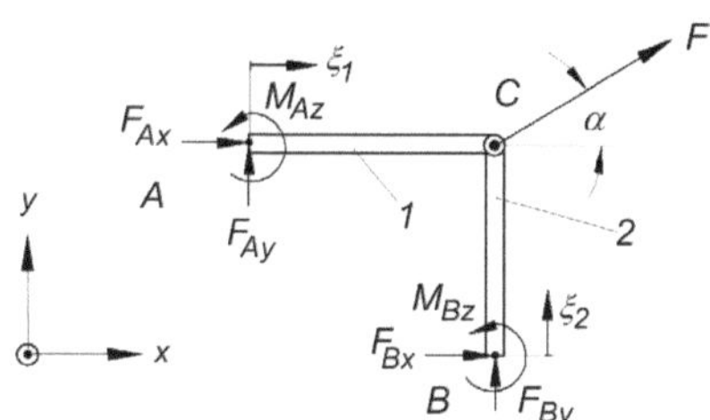

Bild 3.67 Freigeschnittenes Gesamtsystem

Die Gleichgewichtsbedingungen ergeben die ersten 4 Gleichungen des mathematischen Modells, wobei der Ansatz $\sum M_{Cz} = 0$ für beide Balken einzeln angeschrieben werden kann.

$$\begin{aligned}
&\sum F_x = F_{Ax} + F\cos\alpha + F_{Bx} = 0,\\
&\sum F_y = F_{Ay} + F\sin\alpha + F_{By} = 0,\\
&\sum M_{Cz}\big|_{\text{Balken 1}} = M_{Az} - F_{Ay}h_1 = 0,\\
&\sum M_{Cz}\big|_{\text{Balken 2}} = M_{Bz} + F_{Bx}h_2 = 0.
\end{aligned} \qquad (15), \ldots, (18)$$

Die noch fehlenden 2 Gleichungen für die 6 Unbekannten F_{Ax} , F_{Ay} , F_{Bx} , F_{By} , M_{Az} , M_{Bz} liefert der Satz von MENABREA: Leisten die Lagerreaktionen F_i^R in einem statisch unbestimmten System keine Arbeit, dann nehmen sie Werte an, für die die Formänderungsenergie U zum Extremwert wird und es gilt

$$\frac{\partial U}{\partial F_i^R} = 0. \qquad (19)$$

Hierin sind F_i^R Reaktionskräfte und Reaktionsmomente, die in den Lagern keine Arbeit leisten. Die noch fehlenden 2 Gleichungen findet man aus (19) nach partieller Ableitung der Formänderungsenergie z. B. nach F_{Ax} und F_{Ay}

$$\frac{\partial U}{\partial F_{Ax}} = 0, \quad \frac{\partial U}{\partial F_{Ay}} = 0. \qquad (20), (21)$$

Mit (15), …, (18) und (20), (21) hat man das Gleichungssystem zur Lösung des Problems. In der Formänderungsenergie sind hier die Anteile der Zugverzerrung und der Biegeverformung in beiden Balken zu berücksichtigen. Für die Angabe der einzelnen Anteile sind z. B. die beiden Balkenkoordinaten ξ_1 und ξ_2 aus Bild 3.67 zu wählen. Die Verschiebungen des Gelenkpunktes C werden mit Hilfe des 1. Satzes von CASTIGLIANO berechnet:

$$\Delta x = \frac{\partial U}{\partial (F\cos\alpha)}, \quad \Delta y = \frac{\partial U}{\partial (F\sin\alpha)}. \qquad (22), (23)$$

Die Angabe des Ortes der maximalen Normalspannung im Balkensystem führt sofort zu den Einspannstellen A und B, denn dort sind die Biegemomente am größten, während die Zugspannungen in den Balken jeweils über der ganzen Balkenachse konstant sind.

Lösung: a) Berechnung der Verschiebungen im Gelenk C und der Lagerreaktionen mit Hilfe von Verschiebungsgleichungen:

Aus den Gleichungen (1) bis (8) lassen sich die beiden Verschiebungen des Punktes C: Δx und Δy ermitteln:

$$\begin{aligned}
\Delta x &= \frac{h_1}{a^2 E} \cdot \frac{F\cos\alpha}{1 + \dfrac{h_1 a^2}{4h_2^3}},\\
\Delta y &= \frac{h_2}{a^2 E} \cdot \frac{F\sin\alpha}{1 + \dfrac{h_2 a^2}{4h_1^3}}.
\end{aligned} \qquad (24), (25)$$

Zur Bestimmung der Lagerreaktionen aus (9) bis (14) müssen zuerst die Schnittgrößen F_{1x}, F_{1y} F_{2x}, F_{2y} im Gelenk C aus (3) bis (6) ermittelt werden:

$$F_{1x} = \frac{F\cos\alpha}{1+\frac{h_1 a^2}{4h_2^3}},\quad F_{1y} = \frac{F\sin\alpha}{1+\frac{4h_1^3}{h_2 a^2}},\quad F_{2x} = \frac{F\cos\alpha}{1+\frac{4h_2^3}{h_1 a^2}},\quad F_{2y} = \frac{F\sin\alpha}{1+\frac{h_2 a^2}{4h_1^3}}. \qquad (26),\ldots,(29)$$

Für die Lagerreaktionen erhält man damit schließlich:

$$F_{Ax} = -\frac{F\cos\alpha}{1+\frac{h_1 a^2}{4h_2^3}},\quad F_{Ay} = -\frac{F\sin\alpha}{1+\frac{4h_1^3}{h_2 a^2}},\quad F_{Bx} = -\frac{F\cos\alpha}{1+\frac{4h_2^3}{h_1 a^2}},\quad F_{By} = -\frac{F\sin\alpha}{1+\frac{h_2 a^2}{4h_1^3}},$$

$$M_{Az} = -\frac{h_1 F\sin\alpha}{1+\frac{4h_1^3}{h_2 a^2}},\quad M_{Bz} = \frac{h_2 F\cos\alpha}{1+\frac{4h_2^3}{h_1 a^2}}. \qquad (30),\ldots,(35)$$

Berechnung der Verschiebungen im Gelenk C und der Lagerreaktionen mit Hilfe der Energiemethoden der Elasto-Statik:

Für die Bestimmung der 6 unbekannten Lagerreaktionen an den Einspannstellen des Balkensystems hat man zunächst 4 Gleichungen (15), …, (18) aus den Gleichgewichtsbedingungen. Hinzu kommen noch die beiden Gleichungen

$$\frac{\partial U}{\partial F_{Ax}} = 0,\quad \frac{\partial U}{\partial F_{Ay}} = 0 \qquad (20), (21)$$

des Satzes von MENABREA. Die Formänderungsenergie U ist hierin die Überlagerung von Zugverzerrung und Biegeverformung. Als Koordinaten werden ξ_1 für Balken 1und ξ_2 für Balken 2 eingeführt. Man erhält [MAGNUS, MÜLLER-SLANY, 2009]

$$U = U_{Zug} + U_{Biegung}$$
$$= \frac{1}{2}\int_0^{h_1} \frac{F_1^2(\xi_1)}{EA}d\xi_1 + \frac{1}{2}\int_0^{h_2} \frac{F_2^2(\xi_2)}{EA}d\xi_2 + \frac{1}{2}\int_0^{h_1} \frac{M_{1z}^2(\xi_1)}{EI}d\xi_1 + \frac{1}{2}\int_0^{h_2} \frac{M_{2z}^2(\xi_2)}{EI}d\xi_2. \qquad (36)$$

Für die einzelnen Balkenschnittgrößen in (36) liest man aus Bild 3.67 ab

$$F_1(\xi_1) = -F_{Ax},$$
$$F_2(\xi_2) = -F_{By} = F_{Ay} + F\sin\alpha,$$
$$M_{1z}(\xi_1) = F_{Ay}\xi_1 - M_A = F_{Ay}(\xi_1 - h_1),$$
$$M_{2z}(\xi_2) = -F_{Bx}\xi_2 - M_B = -F_{Bx}(\xi_2 - h_2) = \left(F_{Ax} + F\cos\alpha\right)(\xi_2 - h_2). \qquad (37),\ldots,(40)$$

In der Auswertung des Satzes von MENABREA nach (20), (21) und (36) wird zur einfacheren Rechnung vor der Integration zuerst die partielle Ableitung durchgeführt. Man erhält mit $A = a^2$, $I = a^4/12$

$$U=\frac{1}{2}\left[\int_0^{h_1}\frac{F_1^2(\xi_1)}{EA}d\xi+\int_0^{h_2}\frac{F_2^2(\xi_2)}{EA}d\xi_2+\int_0^{h_1}\frac{M_{1z}^2(\xi_1)}{EI}d\xi_1+\int_0^{h_2}\frac{M_{2z}^2(\xi_2)}{EI}d\xi_2\right]$$

$$=\frac{1}{2}\left[\int_0^{h_1}\frac{F_{Ax}{}^2}{Ea^2}d\xi_1+\int_0^{h_2}\frac{\left(F_{Ay}+F\sin\alpha\right)^2}{Ea^2}d\xi_2+\right.$$

$$\left.+\int_0^{h_1}\frac{\left[F_{Ay}(\xi_1-h_1)\right]^2}{E\,a^4/12}d\xi_1+\int_0^{h_2}\frac{\left[(F_{Ax}+F\cos\alpha)(\xi_2-h_2)\right]^2}{E\,a^4/12}d\xi_2\right], \qquad (41),\ldots,(43)$$

$$\frac{\partial U}{\partial F_{Ax}}=\frac{1}{Ea^2}\left[F_{Ax}h_1+\frac{12}{a^2}(F_{Ax}+F\cos\alpha)\frac{h_2^3}{3}\right]=0,$$

$$\frac{\partial U}{\partial F_{Ay}}=\frac{1}{Ea^2}\left[\left(F_{Ay}+F\sin\alpha\right)h_2+\frac{4F_{Ay}h_1^3}{a^2}\right]=0.$$

Aus (42) und (43) erhält man die Lagerreaktionen F_{Ax} und F_{Ay} und aus (15) bis (18) die restlichen 4 Lagerreaktionen. Sie entsprechen den Werten aus (32) bis (35).

Die Verschiebungen des Gelenkpunktes C werden nach dem 1. Satz von CASTIGLIANO berechnet. Dazu werden zunächst die Ergebnisse für F_{Ax} und F_{Ay} über (37) bis (40) in die Formänderungsenergie nach (36) eingeführt und danach die partiellen Ableitungen gebildet, sowie die Integration durchgeführt. Man erhält

$$\Delta x=\frac{\partial U}{\partial\left(F\cos\alpha\right)}=\frac{h_1F\cos\alpha}{a^2E}\cdot\frac{1}{1+\dfrac{a^2h_1}{4h_2^3}},$$

$$\Delta y=\frac{\partial U}{\partial\left(F\sin\alpha\right)}=\frac{h_2F\sin\alpha}{a^2E}\cdot\frac{1}{1+\dfrac{a^2h_2}{4h_1^3}}.$$

Dies entspricht wieder den Ergebnissen (24) und (25).

b) Die Spannung in den Balken ist eine Überlagerung von Zug- und Biegespannung. Die Zugspannung infolge der Kraft $\boldsymbol{F}$ ist in den einzelnen Balken konstant. Die maximale Biegespannung liegt am Ort des jeweils größten Biegemomentes vor. Dies tritt in den beiden Einspannstellen auf. Für den Querschnitt bei A gilt

$$\sigma_A=\frac{F_{Ax}}{A}\pm\frac{M_{Az}}{W}=\frac{F_{Ax}}{a^2}\pm\frac{6M_{Az}}{a^3}$$

$$=\frac{F\cos\alpha}{a^2+\dfrac{a^4h_1}{4h_2^3}}\pm\frac{6h_1F\sin\alpha}{a^3+\dfrac{4ah_1^3}{h_2}},\quad \text{mit: } h_1=h_2=h \qquad (44)$$

$$=\frac{hF}{a\left(4h^2+a^2\right)}\left(\frac{4h}{a}\cos\alpha+6\sin\alpha\right).$$

Der Winkel α, für den die maximale Normalspannung im Querschnitt A auftritt, folgt aus einer Extremwertbestimmung:

$$\left.\frac{d\sigma(\alpha)}{d\alpha}\right|_{\alpha=\alpha_{\text{Extrem}}} = \left.\left(-\frac{4h}{a}\sin\alpha + 6\cos\alpha\right)\frac{hF}{a\left(4h^2+a^2\right)}\right|_{\alpha=\alpha_{\text{Extrem}}} = 0 \tag{45}$$

$$\tan\alpha_{\text{Extrem}} = \frac{3a}{2h}.$$

Damit folgt schließlich die maximale Normalspannung im Querschnitt A:

$$\sigma_{\text{A}}(\alpha_{\text{Extrem}}) = \frac{2hF}{a^2(4h^2+a^2)}\sqrt{4h^2+9a^2}\,. \tag{46}$$

Die Maximalspannung (46) tritt in A an der Stelle auf, wo sich die Zugspannung mit der positiven Biegespannung überlagern. Im Bild 3.67 tritt dies an der Unterseite des Balkens bei A auf. Die Berechnung für den Balken 2 liefert den gleichen Wert bei $\alpha_2 = 90°\text{-}\ \alpha_{\text{Extrem}}$. Dort tritt die Maximalspannung an der linken Seite in der Einspannstelle B auf.

Aufgabe 3.31 (Bild 3.68)

In Aufgabe 2.27 wurden die Biegemomente in einem durch zwei Einzelkräfte F symmetrisch belasteten Kreisring diskutiert. Der Ring war aus drei gelenkig verbundenen Bogenelementen aufgebaut (Bild 2.46).

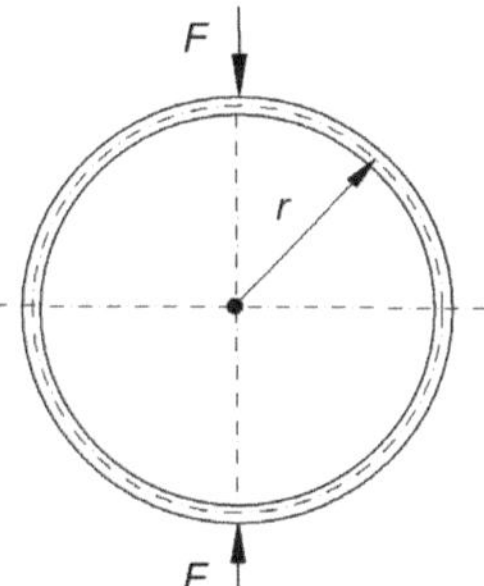

Bild 3.68 Geschlossener Kreisring unter Last

a) Wie ist der Verlauf des Biegemomentes in einem gelenklosen, geschlossenen Kreisring unter der Belastung durch zwei Kräfte F?

b) Um welches Maß f_{F} wird der Ring in Richtung der Kräfte zusammengedrückt, wenn man nur die Verformung infolge der Biegemomente berücksichtigt?

c) Um welches Maß f_{H} weitet sich der Ring in der zur Kraftrichtung senkrechten Ebene auf?

Lösungsanalyse: Der geschlossene Kreisring ist ein innerlich statisch unbestimmtes System, d. h. die Gleichgewichtsbedingungen reichen zur Bestimmung der Schnittgrößen nicht aus. Statisch unbestimmte Schnittreaktionen können mit Hilfe des Satzes von MENABREA bestimmt werden. Dazu muss ein Schnitt durch den Ring geführt werden und die Formänderungsenergie U als Funktion aller äußeren Kräfte, einschließlich der freigelegten Schnittreaktionen angegeben werden. Für die Schnittführung ist es entscheidend, einen Ort zu finden, wo möglichst wenig unbekannte Schnittreaktionen auftreten. Hier ist dies der Fall für einen einseitigen horizontalen Schnitt in der Symmetrieebene senkrecht zur Belastungsebene. Die Normalkraft im Schnitt kann aus Symmetriegründen sofort mit $N = F/2$ angegeben werden. Die Querkraft muss in diesem Schnitt verschwinden, da die Schnittufer offensichtlich nicht gegeneinander verschoben werden. Den überwiegenden Einfluss auf die Formänderung hat das Biegemoment im Kreisring, deshalb können die Wirkungen von Querkraft und Normalkraft in der Formänderungsenergie unberücksichtigt bleiben.

Die Ermittlung der Formänderung des Ringes quer zur Belastungsrichtung nach CASTIGLIANO setzt eine äußere Kraft an dieser Stelle und in der gesuchten Richtung voraus. Dafür wird dort eine äußere Hilfskraft F_H eingeführt, mit der die Berechnung nach CASTIGLIANO weitergeführt wird. Zum Schluss wird die Hilfskraft $F_H = 0$ gesetzt und man erhält die gesuchte Verformung.

Lösung: a) Zur Bestimmung des Biegemomentes wird der Satz von MENABREA angewandt. Dafür muss ein Schnitt geführt werden. Es ist vorteilhaft, den Ring in einer Symmetrieebene senkrecht zur Belastungsebene zu schneiden (Bild 3.69), weil dort nur das Biegemoment M_0 unbekannt ist. Die Schnittgrößen werden in einem begleitenden x, y-Koordinatensystem in Abhängigkeit des Winkels φ angegeben. In diesem Schnitt bei $\varphi = 0$ gilt für die Querkraft $Q(\varphi = 0) = Q_0 = 0$, da die Schnittufer nicht gegeneinander verschoben werden. Für die Normalkraft gilt aus Symmetriegründen $N(\varphi = 0) = N_0 = F/2$.

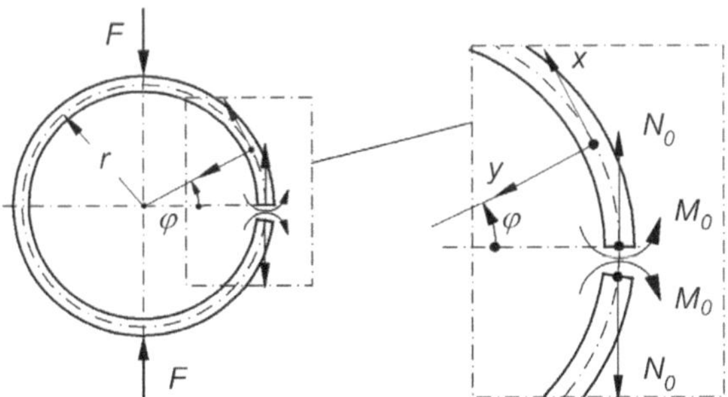

Bild 3.69 Schnittführung im geschlossenen Kreisring

In der Formänderungsenergie sollen im Folgenden nur die Einflüsse des Biegemoments berücksichtigt werden. Für das Biegemoment gilt in Abhängigkeit der Koordinate φ (Bild 3.69) und mit den Schnittgrößen M_0 und N_0 an der Stelle $\varphi = 0$

$$-\frac{\pi}{2} \le \varphi \le \frac{\pi}{2}: \quad M(\varphi) = -M_0 - r(1-\cos\varphi)N_0 = -M_0 - \frac{r}{2}(1-\cos\varphi)F,$$

$$\frac{\pi}{2} \le \varphi \le \frac{3\pi}{2}: \quad M(\varphi) = -M_0 - r(1-\cos\varphi)N_0 + rF\sin\left(\varphi - \frac{\pi}{2}\right) \tag{1}$$

$$= -M_0 - r(1-\cos\varphi)\frac{F}{2} - rF\cos\varphi = -M_0 - \frac{r}{2}(1+\cos\varphi)F.$$

Für die Formänderungsenergie gilt mit Einführung der Koordinate $x = r\varphi$

$$U \approx U_{\text{Biegung}} = \frac{1}{2}\int_0^L \frac{M^2(x)}{EI}dx = \frac{r}{2}\int_0^{2\pi}\frac{M^2(\varphi)}{EI}d\varphi. \tag{2}$$

Die Anwendung des Satzes von MENABREA ergibt

$$\frac{\partial U}{\partial M_0} = r\int_0^{2\pi}\frac{M(\varphi)}{EI}\cdot\frac{\partial M(\varphi)}{\partial M_0}d\varphi = 0. \tag{3}$$

Setzt man die Funktion (1) des Biegemomentes in (3) ein und wertet das Integral abschnittsweise aus, dann folgt

$$\frac{\partial U}{\partial M_0} = \frac{r}{EI}\left[2\pi M_0 + rF(\pi - 2)\right] = 0,$$
$$M_0 = rF\left(\frac{1}{\pi} - \frac{1}{2}\right). \tag{4}$$

Dieses Ergebnis lässt sich noch einfacher ableiten, wenn man die Symmetrie des belasteten Ringes in den vier Quadranten ausnützt. Dann folgt aus

$$\frac{\partial U}{\partial M_0} = \frac{4r}{EI}\int_0^{\pi/2}\left[-M_0 - \frac{r}{2}(1-\cos\varphi)F\right]d\varphi = \frac{4r}{EI}\left[-M_0\frac{\pi}{2} - \frac{rF}{2}\left(\frac{\pi}{2}-1\right)\right] = 0 \tag{5}$$

wieder das Ergebnis (4).

Mit den bekannten Schnittreaktionen im Schnitt bei $\varphi = 0$ folgt für den Biegemomentenverlauf im Ring nach (1)

$$M(\varphi) = rF\left(\frac{1}{\pi} - \frac{1}{2}|\cos\varphi|\right), \quad 0 \le \varphi \le 2\pi. \tag{6}$$

Diese Biegemomentenfunktion ist in Bild 3.70 skizziert. Sie hat ein Maximum an den Angriffsstellen der Kräfte F bei $\varphi = \pi/2$ und $\varphi = 3\pi/2$

$$M_{\max} = 0{,}3183\, rF. \tag{7}$$

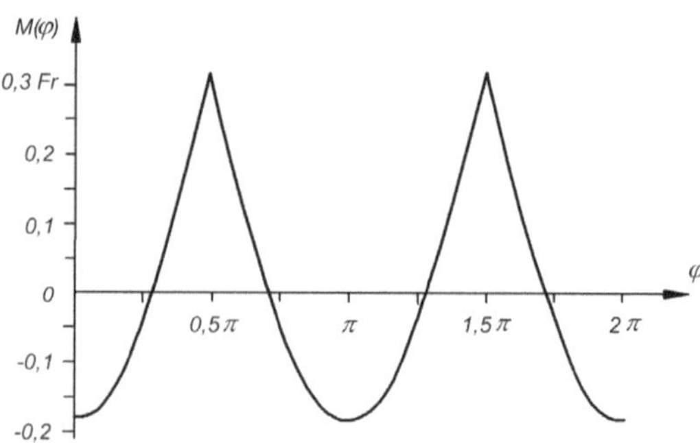

Bild 3.70 Biegemoment im Kreisring

Interessant ist der Vergleich mit den in Aufgabe 2.27 erhaltenen Werten für einen Ring mit drei gleichverteilten Gelenken (Bild 3.71). Dort ist das maximale Biegemoment für alle Belastungsfälle immer größer als im geschlossenen Kreisring.

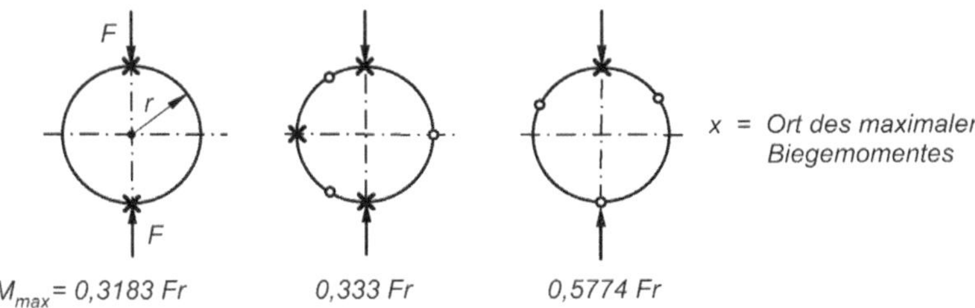

Bild 3.71 Maximale Biegemomente im Vergleich: Geschlossener Kreisring – Kreisring mit drei Gelenken

b) Berücksichtigt man nur die Formänderungsenergie infolge der Biegebeanspruchung, dann gilt für die Verschiebung f_F der Angriffspunkte der zueinander gerichteten Kräfte F nach dem 1. Satz von CASTIGLIANO und nach Einführen der Koordinate $x = r\varphi$

$$f_F = \frac{\partial U}{\partial F} = \frac{\partial}{\partial F}\left[\frac{1}{2}\int_0^L \frac{M^2(x)}{EI}dx\right] = r\int_0^{2\pi} \frac{M(\varphi)}{EI}\cdot\frac{\partial M(\varphi)}{\partial F}d\varphi. \tag{8}$$

Mit der Momentenfunktion (6) folgt hieraus

$$f_F = 4\frac{r^3 F}{EI}\int_0^{\pi/2}\left(\frac{1}{\pi}-\frac{1}{2}\cos\varphi\right)^2 d\varphi = 2\frac{r^3 F}{EI}\left(\frac{\pi}{8}-\frac{1}{\pi}\right) = 0{,}1488\frac{r^3 F}{EI}. \tag{9}$$

c) Zur Bestimmung der Verschiebung eines Bauteils an einer Stelle ohne Kraftangriff muss an dieser Stelle zunächst eine in Verschiebungsrichtung wirkende Hilfskraft F_H eingeführt werden (Bild 3.72). Die gesuchte Verschiebung kann dann nach CASTIGLIANO in gewohnter Weise bestimmt werden, wobei im Endergebnis $F_H = 0$ einzusetzen ist.

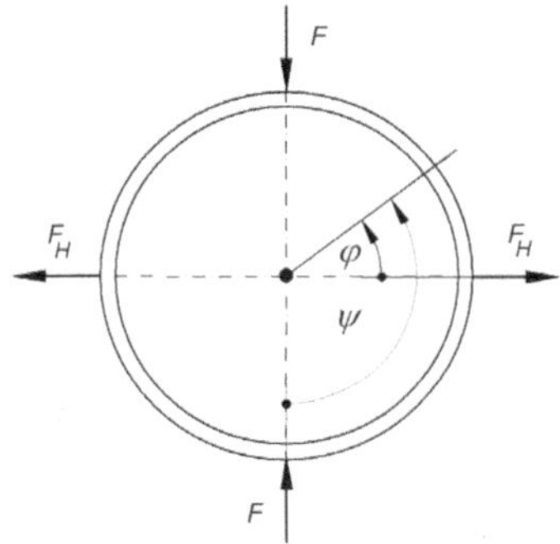

Bild 3.72 Hilfskraft F_H zur Bestimmung der Querverschiebung f_H

Im vorliegenden Fall gilt

$$f_H = \left[\frac{\partial U(F, F_H)}{\partial F_H}\right]_{F_H=0} = \left[r\int_0^{2\pi}\frac{M(\varphi)}{EI}\cdot\frac{\partial M(\varphi)}{\partial F_H}d\varphi\right]_{F_H=0} . \tag{10}$$

Das Biegemoment kann leicht durch Superposition gefunden werden

$$M(\varphi) = M(F, \varphi) + M(F_H, \varphi). \tag{11}$$

Der erste Anteil des Biegemoments ist mit (6) gegeben. Nach Bild 3.72 kann der zweite Anteil $M(F_H, \varphi)$ sofort aus (6) mit der neuen Koordinate ψ angegeben werden, wenn man berücksichtigt, dass die Richtung der Kräfte F_H um $\varphi = \pi/2$ gegenüber F gedreht ist und das Vorzeichen umgedreht werden muss

$$M(F_H, \psi) = -rF_H\left(\frac{1}{\pi} - \frac{1}{2}|\cos\psi|\right).$$

Mit $\psi = \varphi + \pi/2$ folgt

$$M(F_H, \varphi) = -rF_H\left(\frac{1}{\pi} - \frac{1}{2}|\sin\varphi|\right), \quad 0 \le \varphi \le 2\pi. \tag{12}$$

Zusammengefasst erhält man aus (10) für die Querverschiebung f_H

$$\begin{aligned} f_H &= -\frac{4r^3}{EI}\left\{\int_0^{\pi/2}\left[F\left(\frac{1}{\pi} - \frac{1}{2}\cos\varphi\right) - F_H\left(\frac{1}{\pi} - \frac{1}{2}\sin\varphi\right)\right]\left(\frac{1}{\pi} - \frac{1}{2}\sin\varphi\right)d\varphi\right\}_{F_H=0} \\ &= -\frac{4Fr^3}{EI}\int_0^{\pi/2}\left(\frac{1}{\pi} - \frac{1}{2}\cos\varphi\right)\left(\frac{1}{\pi} - \frac{1}{2}\sin\varphi\right)d\varphi \\ &= \frac{2Fr^3}{EI}\left(\frac{1}{\pi} - \frac{1}{4}\right) = 0{,}1366\,\frac{Fr^3}{EI} . \end{aligned} \tag{13}$$

Die Aufweitung f_H des Ringes ist um 8,2 % kleiner als die Zusammendrückung f_F. Im vorliegenden Fall wurde nur der Formänderungseinfluss des Biegemomentes berücksichtigt. Das gilt mit guter Näherung für dünne Kreisringe. Andernfalls muss auch die Formänderungsenergie infolge der Querkräfte $Q(x)$ und der Normalkräfte $N(x)$ im Ring berücksichtigt werden.

Aufgabe 3.32 (Bild 3.73)

Ein statisch unbestimmt gelagerter Rahmen mit festverschweißten (winkeltreuen) Ecken wird durch eine Kraft $\boldsymbol{F}$ belastet.

a) Wie groß sind die Lagerreaktionen?

b) Wie groß ist die Verschiebung der Ecke C in horizontaler Richtung?

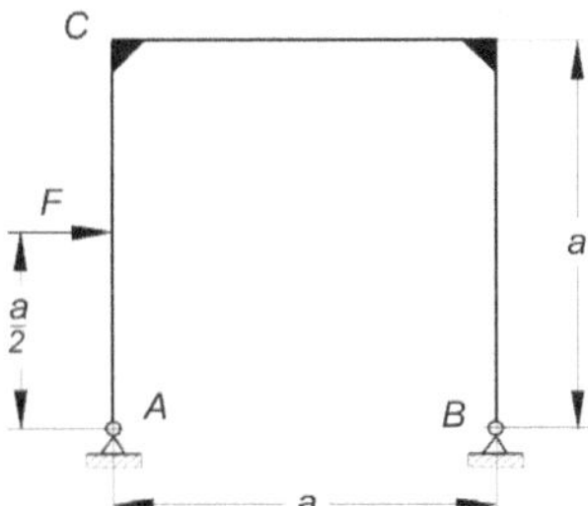

Bild 3.73 Rahmen mit Belastung

Lösungsanalyse: Der statisch unbestimmt gelagerte Rahmen hat vier Lagerreaktionen, für die nur drei Gleichgewichtsbedingungen zur Verfügung stehen. Eine vierte Gleichung liefert der Satz von MENABREA. Dafür wird das Lager B freigeschnitten, sodass es horizontal beweglich ist. Zusätzlich wird eine horizontale Kraftkomponente F_{BH} eingefügt. Zur Auswertung des Satzes von MENABREA müssen die Biegemomentenverläufe im ganzen Rahmen in Abhängigkeit aller äußeren Kräfte, einschließlich aller Lagerreaktionen bestimmt werden. Die Einflüsse von Querkraft und Normalkraft auf die Formänderungsarbeit im Rahmen können vernachlässigt werden. Für eine übersichtlichere Darstellung der Momentenfunktionen und zur Vereinfachung der Auswertungen wird vom Superpositionsprinzip Gebrauch gemacht.

Die Gesamtbelastung des Rahmens wird in zwei Lastfälle aufgeteilt: In die Belastung des durch einen Schnitt bei B statisch bestimmt gelagerten Rahmens plus einer Horizontalkraft F_{BH} am Lager B. Auch die Biegemomente werden für die beiden Lastfälle getrennt bestimmt und bei der Auswertung der Integrale überlagert. Für die Bestimmung der horizontalen Rahmenverschiebung bei C mit Hilfe des 1. Satzes von CASTIGLIANO muss eine Hilfskraft F_C angetragen werden, die nach der Auswertung auf $F_C = 0$ gesetzt wird. Auch für diese Rechnung wird die gesamte Belastung in einzelne Lastfälle aufgeteilt und die Ergebnisse anschließend überlagert.

Durch die mehrfache Anwendung des Superpositionsverfahrens werden die komplexen Rechengänge in einfachere, aufeinander folgende Berechnungen übersichtlich aufgeteilt.

Lösung: a) Der Rahmen ist einfach statisch unbestimmt gelagert. Zur Berechnung der Lagerreaktionen stehen drei Gleichgewichtsbedingungen und der Satz von MENABREA zur Verfügung, wobei die vierte unbekannte Lagerreaktion z. B. die Kraft F_{BH} ist

$$\frac{\partial U}{\partial F_{BH}} = 0. \tag{1}$$

In der Formänderungsenergie des Rahmens sollen nur die Biegemomente berücksichtigt werden. Die Momentenfunktion $M(x)$ lässt sich am übersichtlichsten angeben, wenn vom Superpositionsverfahren Gebrauch gemacht wird. Nach Bild 3.74 kann der belastete statisch unbestimmt gelagerte Rahmen durch zwei zu überlagernde Lastfälle beschrieben werden, mit der unbekannten Horizontalkraft F_{BH} im Lager B.

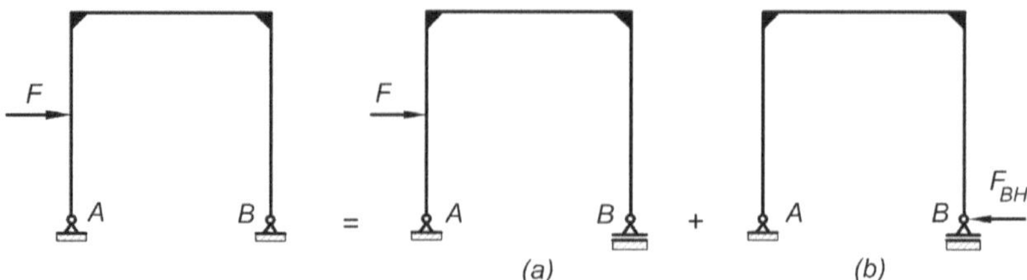

Bild 3.74 Rahmenlagerung als Superposition von zwei verschiedenen Lastfällen (a) und (b)

Die Schnittbilder für beide Rahmenlastfälle (a) und (b) nach Bild 3.74 führen mit Anwendung der Gleichgewichtsbedingungen sofort auf die Lagerreaktionen nach Bild 3.75. Die Kraft F_{BH} nimmt nach Anwendung des Satzes von MENABRA denjenigen Wert an, der die Formänderungsenergie im System zum Minimum macht.

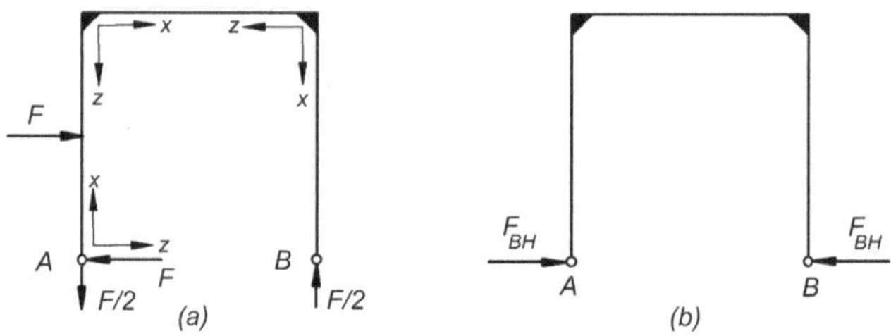

Bild 3.75 Schnittbilder für Lagerbedingungen (a) und (b) nach Bild 3.74

Das gesamte Biegemoment $M(x)$ im Rahmen folgt aus der Superposition der beiden Momentenverläufe nach Bild 3.76,

$$M(x) = M_a(F,\, x) + M_b(F_{\mathrm{BH}},\, x) \tag{2}$$

die sich aus den beiden getrennt untersuchten Lastfällen a und b ergeben.

Für die Auswertung von (1) folgt mit

$$\begin{aligned} U \approx U_{\mathrm{Biegung}} &= \frac{1}{2}\int_0^L \frac{M^2(x)}{EI}\,dx = \frac{1}{2EI}\int_0^L \left[M_a(F,\, x) + M_b(F_{\mathrm{BH}},\, x)\right]^2 dx \\ \frac{\partial V\left[M(x)\right]}{\partial F_{\mathrm{BH}}} &= \frac{1}{EI}\int_0^L \left[M_a(F,\, x) + M_b(F_{\mathrm{BH}},\, x)\right]\cdot\frac{\partial M_b(F_{\mathrm{BH}}, x)}{\partial F_{\mathrm{BH}}}\,dx = 0. \end{aligned} \tag{3}$$

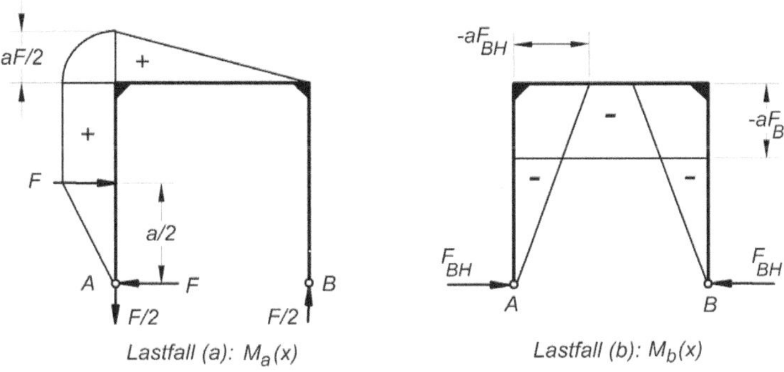

Bild 3.76 Biegemomente im Rahmen aus Lastfall (a) und (b)

Die abschnittsweise Auswertung des Integrals in (3) mit den Momenten aus Bild 3.76 ergibt

$$\frac{1}{EI}\left\{-\int_0^{a/2}\left(F\,x-F_{\mathrm{BH}}\,x\right)x\,dx-\int_{a/2}^{a}\left(\frac{1}{2}F\,a-F_{\mathrm{BH}}\,x\right)x\,dx-\int_0^a\left[\frac{1}{2}F\left(a-x\right)-F_{\mathrm{BH}}\,a\right]a\,dx+\right.$$
$$\left.+\int_0^a F_{\mathrm{BH}}\left(a-x\right)\left(a-x\right)dx\right\}=0\,. \tag{4}$$

Aus (4) erhält man für die Horizontalkraft am Lager B

$$F_{\mathrm{BH}}\;=\frac{23}{80}F. \tag{5}$$

Die weiteren Lagerreaktionen folgen aus den Gleichgewichtsbedingungen für den Rahmen

$$F_{\mathrm{AV}}\;=F_{\mathrm{BV}}\;=\frac{F}{2}\,,\;F_{\mathrm{AH}}\;=F_{\mathrm{BH}}-F, \tag{6}$$

wobei die Vorzeichen den Vektorrichtungen im Bild 3.75 entsprechen.

b) Die horizontale Verschiebung im Punkt C findet man nach Antragen einer horizontalen Hilfskraft F_{C} im Punkt C und Anwendung des Satzes von CASTIGLIANO

$$f_{\mathrm{C}}=\left\{\frac{\partial U\left[M(x)\right]}{\partial F_C}\right\}_{F_{\mathrm{C}}=0}=\left[\int_0^L\frac{M(x)}{EI}\cdot\frac{\partial M(x)}{\partial F_{\mathrm{C}}}dx\right]_{F_{C=0}}\,, \tag{7}$$

wobei auch hier wieder angenommen wird, dass der Einfluss von Quer- und Normalkraft auf die Formänderungsenergie gering ist. Zur Auswertung von (7) müssen zuerst wieder die Lagerreaktionen des Rahmens mit Berücksichtigung der Hilfskraft F_{C} mit Hilfe der Gleichgewichtsbedingungen und des Satzes von MENABREA bestimmt werden.

Die dafür notwendige Momentenfunktion $M(x)$ lässt sich wieder am einfachsten angeben, wenn vom Superpositionsverfahren Gebrauch gemacht wird. Nach Bild 3.77 kann der mit F und F_C belastete statisch unbestimmt gelagerte Rahmen durch drei zu überlagernde Lastfälle beschrieben werden, mit der unbekannten zusätzlichen Horizontalkraft F_{BH}^* im Lager B.

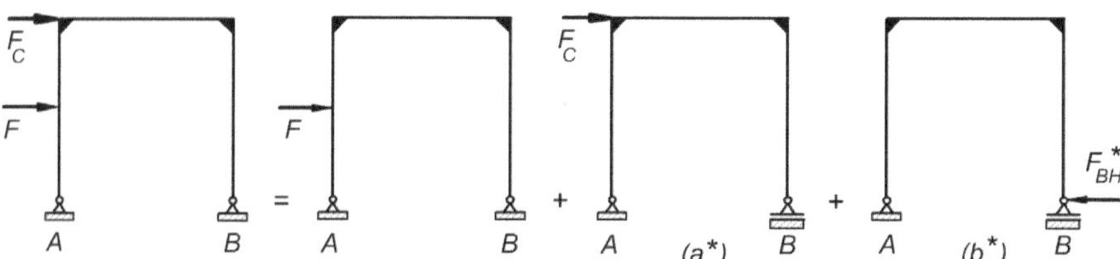

Bild 3.77 Rahmen mit Hilfskraft $\boldsymbol{F}_C$, beschrieben durch Superposition von drei verschiedenen Lastfällen

Da die Lagerreaktionen für den Rahmen mit der Belastung $\boldsymbol{F}$ bereits bekannt sind, genügt es, den Einfluss der Hilfskraft $\boldsymbol{F}_C$ auf die Lager zu bestimmen und beide Ergebnisse zu überlagern. Geht man wie unter a) vor, dann folgt mit den in Bild 3.78 eingetragenen Momenten für die zusätzliche Horizontalkraft F_{BH}^* im Lager B auf Grund der Hilfskraft F_C

$$\frac{\partial U\left[M^*(x)\right]}{\partial F_{BH}^*} = \frac{1}{EI}\int_0^L \left[M_a^*(F_C,\, x) + M_b^*(F_{BH}^*,\, x)\right]\cdot\frac{\partial M_b^*(F_{BH}^*,\, x)}{\partial F_{BH}^*}\,dx = 0\,,$$

$$= \frac{1}{EI}\left\{-\int_0^a \left(F_C x - F_{BH}^* x\right) x\,dx - \int_0^a \left[F_C\left(a-x\right) - F_{BH}^* a\right] a\,dx + \right.$$
$$\left. + \int_0^a F_{BH}^*\left(a-x\right)^2 dx\right\} = 0, \qquad (8)$$

$$F_{BH}^* = \frac{1}{2}F_C.$$

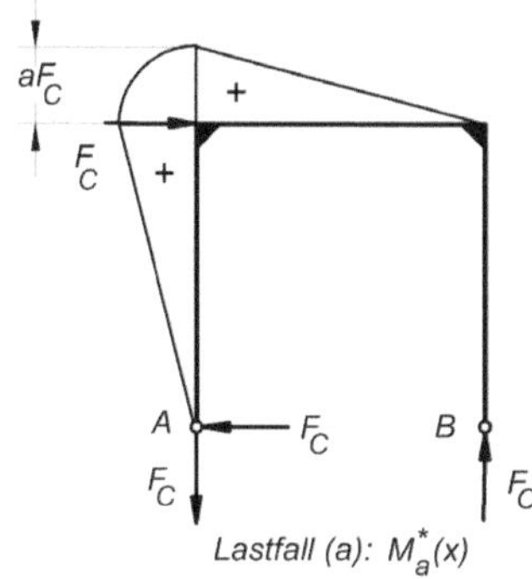

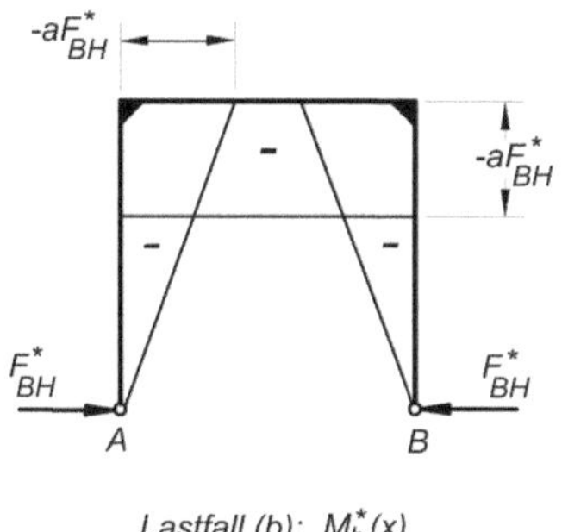

Bild 3.78 Biegemomente im Rahmen aus Lastfall (a*) und (b*) nach Bild 3.77

Die Verschiebung f_C folgt nun aus (7) mit dem Biegemoment

$$M(x) = M_a(F, x)+M_b(F_{BH}, x)+M_a^*(F_C, x)+M_b^*(F_{BH}^*, x). \tag{9}$$

Die einzelnen Momentenanteile werden aus den Bildern 3.76 und 3.78 entnommen. Für die Faktoren $\partial M(x)/\partial F_C$ entnimmt man dem Bild 3.78 für das linke Rahmenelement

$$\frac{\partial M(x)}{\partial F_C} = \frac{\partial}{\partial F_C}\left(F_C\, x - F_{BH}^* x\right) = \frac{\partial}{\partial F_C}\left(F_C\, x - \frac{1}{2}F_C\, x\right) = \frac{1}{2}x\,. \tag{10}$$

Für das mittlere Rahmenelement lautet der Faktor

$$\frac{\partial M(x)}{\partial F_C} = \frac{\partial}{\partial F_C}\left[F_C\left(a-x\right)-\frac{1}{2}aF_C\right]=\left(\frac{a}{2}-x\right) \tag{11}$$

und für das rechte Rahmenelement

$$\frac{\partial M(x)}{\partial F_C} = \frac{\partial}{\partial F_C}\left[-F_{BH}^*\left(a-x\right)\right] = \frac{\partial}{\partial F_C}\left[-\frac{1}{2}F_C\left(a-x\right)\right] = \frac{x-a}{2}\,. \tag{12}$$

Da die Hilfskraft $F_C = 0$ gesetzt wird, verkürzt sich die Momentenfunktion $M(x)$ in (7) auf die Funktion (2)

$$M(x) = M_a(F, x)+M_b(F_{BH}, x).$$

Mit der Momentenfunktion (2) nach Bild 3.76 und den Faktoren (10), (11) und (12) erhält man schließlich für die horizontale Verschiebung am Punkt C

$$f_C = \frac{1}{EI}\left\{\int_0^{a/2}\left(Fx-\frac{23}{80}Fx\right)\frac{1}{2}x\,dx + \int_{a/2}^{a}\left(\frac{1}{2}Fa-\frac{23}{80}Fx\right)\frac{1}{2}x\,dx + \right.$$
$$\left. + \int_0^a\left[\frac{1}{2}F\left(a-x\right)-\frac{23}{80}Fa\right]\left(\frac{a}{2}-x\right)dx + \int_0^a\frac{23}{80}F\left(a-x\right)\frac{\left(x-a\right)}{2}dx\right\},$$

$$f_C = \frac{5Fa^3}{32EI}\,. \tag{13}$$

Aufgabe 3.33 (Bild 3.79)

Eine einseitig fest eingespannte, teilweise aufgebohrte Stütze ist durch ein axial wirkendes Gewicht G belastet.

Bei welchem Wert für die Bohrungstiefe h_2 der genau zentrischen Bohrung knickt die Stütze aus?

Zahlenwerte: $G = 4000$ N, $h = 460$ mm, $d_1 = 14$ mm, $d_2 = 10$ mm

Werkstoffkennwert: $E = 20{,}6\cdot 10^4$ N/mm^2.

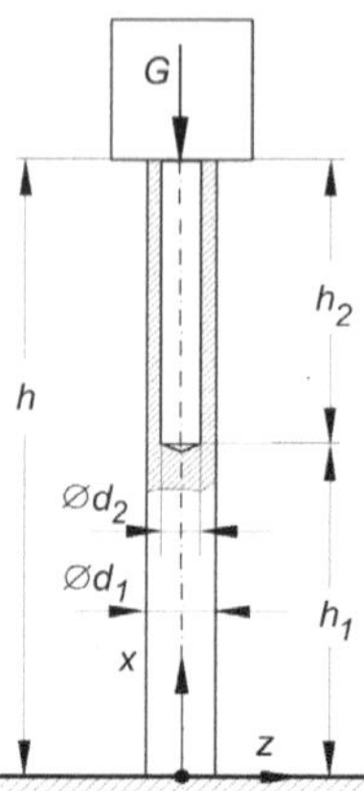

Bild 3.79 Vertikal belastete Stütze

Lösungsanalyse: Stabilitätsprobleme lassen sich mit den Gleichungen der Elasto-Mechanik lösen, wenn man in den geometrischen Beziehungen die Verformungen des System infolge der Belastung mit berücksichtigt. Bisher wurde dies immer vernachlässigt, da die Verformungen stets als kleine Größen vorausgesetzt wurden. Das Ausknicken einer Stütze kann als Sonderfall der Biegeverformung eines Balkens aufgefasst werden, wobei auch die Veränderung der Systemgeometrie unter Last zu berücksichtigen ist. Das bedeutet, als mathematisches Modell für das Ausknicken kann die Differenzialgleichung der Biegelinie zu Grunde gelegt werden, für deren Lösung man auf ein Eigenwertproblem geführt wird. In den Eigenwerten sind die gesuchten konstruktiven Grenzwerte für das System enthalten.

Lösung: Im Bild 3.80 ist die unter Last verformte Stütze mit extrem überhöhter Formänderung skizziert.

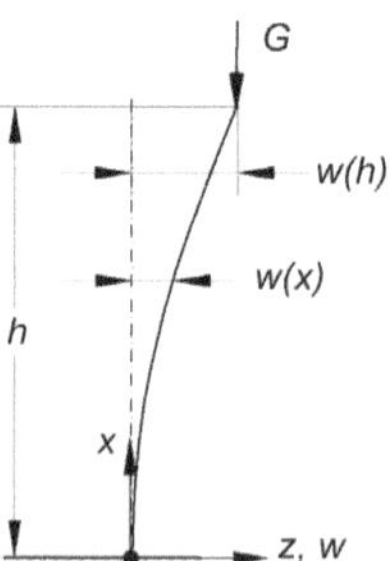

Bild 3.80 Biegemoment infolge Formänderung unter Last

Bei Verwendung des Koordinatensystems aus Bild 3.80 lautet die Dgl für die Biegelinie der verformten Stütze

$$EI\, w''(x) = -\, M(x). \tag{1}$$

Für das Biegemoment $M(x)$ gilt nach Bild 3.80

$$M(x) = -G\left[w(h) - w(x)\right]. \tag{2}$$

Da sich das Trägheitsmoment der Stütze bei der Länge h_1 ändert, muss die Dgl für die Biegelinie auf zwei Längenbereichen angegeben werden. Mit dem Biegemoment (2) erhält man aus (1)

$$\begin{aligned} 0 \le x \le h_1: &\quad w''(x) + \kappa_1^2\, w(x) = \kappa_1^2\, w(h), \\ h_1 \le x \le h: &\quad w''(x) + \kappa_2^2\, w(x) = \kappa_2^2\, w(h), \end{aligned} \tag{3}$$

mit den Parametern

$$\begin{aligned} \kappa_1 &= \sqrt{\frac{G}{EI_1}} = \sqrt{\frac{64G}{E\pi d_1^4}} = 3,209\cdot 10^{-3}\ \ 1/\text{mm}, \\ \kappa_2 &= \sqrt{\frac{G}{EI_2}} = \sqrt{\frac{64G}{E\pi\left(d_1^4 - d_2^4\right)}} = 3,731\cdot 10^{-3}\ \ 1/\text{mm}. \end{aligned} \tag{4}$$

Das lineare Dgl-System (3) hat vier linear unabhängige Lösungen

$$\begin{aligned} 0 \le x \le h_1: &\quad w_1(x) = C_1 \sin\left(\kappa_1 x\right) + C_2 \cos\left(\kappa_1 x\right) + w(h), \\ h_1 \le x \le h: &\quad w_2(x) = C_3 \sin\left(\kappa_2 x\right) + C_4 \cos\left(\kappa_2 x\right) + w(h). \end{aligned} \tag{5}$$

Die Lösungen (5) müssen über die vier Konstanten C_1, C_2, C_3 und C_4 an die geometrischen Randbedingungen der Stütze angepasst werden

$$\begin{aligned} &w_1(0) = 0, \\ &w_1'(0) = 0, \\ &w_1(h_1) = w_2(h_1), \\ &w_1'(h_1) = w_2'(h_1), \\ &w_2(h_1 + h_2) = w(h). \end{aligned} \tag{6}$$

Setzt man die Randbedingungen (6) in die Lösungen (5) ein, dann erhält man ein lineares Gleichungssystem zur Bestimmung der vier Konstanten

$$\begin{aligned} &C_2 = -w(h), \\ &C_1 = 0, \\ &C_1 \sin\left(\kappa_1 h_1\right) + C_2 \cos\left(\kappa_1 h_1\right) - C_3 \sin\left(\kappa_2 h_1\right) - C_4 \cos\left(\kappa_2 h_1\right) = 0, \\ &C_1\kappa_1 \cos\left(\kappa_1 h_1\right) - C_2\kappa_1 \sin\left(\kappa_1 h_1\right) - C_3\kappa_2 \cos\left(\kappa_2 h_1\right) + C_4\kappa_2 \sin\left(\kappa_2 h_1\right) = 0, \\ &C_3 \sin\left[\kappa_2\left(h_1 + h_2\right)\right] + C_4 \cos\left[\kappa_2\left(h_1 + h_2\right)\right] = 0. \end{aligned} \tag{7}$$

Werden die beiden ersten Glchn von (7) in die 3. und 4. Glch eingeführt, dann erhält man nach weiterer Umformung ein homogenes lineares Gleichungssystem für die Konstanten C_3 und C_4

$$
\begin{aligned}
&C_3\left[-\kappa_2\cos(\kappa_1 h_1)\cos(\kappa_2 h_1)-\kappa_1\sin(\kappa_1 h_1)\sin(\kappa_2 h_1)\right]+\\
&\qquad + C_4\left[\kappa_2\sin(\kappa_2 h_1)\cos(\kappa_1 h_1)-\kappa_1\sin(\kappa_1 h_1)\cos(\kappa_2 h_1)\right]=0, \qquad (8)\\
&C_3\sin\left[\kappa_2(h_1+h_2)\right] + C_4\cos\left[\kappa_2(h_1+h_2)\right]=0.
\end{aligned}
$$

Die Glchn (8) haben entweder die triviale Lösung $C_3 = C_4 = 0$, was physikalisch der Gleichgewichtslage bei unverformter Stabachse entspricht, oder eine nicht-triviale einfach unbestimmte Lösung. Für die nicht-triviale Lösung muss die Determinante des Systems (8) verschwinden. Zur Lösung wird man auf ein Eigenwertproblem geführt, das die Bedingungen für die Lösungsparameter enthält:

$$
D=\begin{vmatrix}
\begin{array}{l}-\kappa_2\cos(\kappa_1 h_1)\cos(\kappa_2 h_1)\\ \qquad -\kappa_1\sin(\kappa_1 h_1)\sin(\kappa_2 h_1)\end{array} & \begin{array}{l}\kappa_2\sin(\kappa_2 h_1)\cos(\kappa_1 h_1)\\ \qquad -\kappa_1\sin(\kappa_1 h_1)\cos(\kappa_2 h_1)\end{array}\\
\sin\left[\kappa_2(h_1+h_2)\right] & \cos\left[\kappa_2(h_1+h_2)\right]
\end{vmatrix}= \qquad (9)
$$

$$
\begin{aligned}
&=\left[-\kappa_2\cos(\kappa_1 h_1)\cos(\kappa_2 h_1)-\kappa_1\sin(\kappa_1 h_1)\sin(\kappa_2 h_1)\right]\cos\left[\kappa_2(h_1+h_2)\right]-\\
&\quad-\left[\kappa_2\sin(\kappa_2 h_1)\cos(\kappa_1 h_1)-\kappa_1\sin(\kappa_1 h_1)\cos(\kappa_2 h_1)\right]\sin\left[\kappa_2(h_1+h_2)\right]=0.
\end{aligned}
$$

Die Auswertung von (9) ergibt eine Bestimmungsgleichung für die gesuchte Größe h_2 an der Knickgrenze

$$
\tan\left[\kappa_2(h_1+h_2)\right]-\frac{1+\dfrac{\kappa_1}{\kappa_2}\tan(\kappa_1 h_1)\tan(\kappa_2 h_1)}{\dfrac{\kappa_1}{\kappa_2}\tan(\kappa_1 h_1)-\tan(\kappa_2 h_1)}=0. \qquad (10)
$$

Mit den Zahlenwerten (4) findet man durch Iterationsrechnung aus (10) als Nullstelle den kleinsten Lösungswert für die Bohrlochtiefe zu

$$
h_2 = 300\,\text{mm}. \qquad (11)
$$

Bei dieser Bohrungstiefe beginnt die Stütze unter dem Einfluss der Belastung G elastisch auszuknicken.

Aufgabe 3.34 (Bild 3.81)

Man bestimme die Federkonstante $c = F_V/w(0)$ für die Biegung eines zusätzlich axial belasteten Rundstabes mit der Biegesteifigkeit EI.

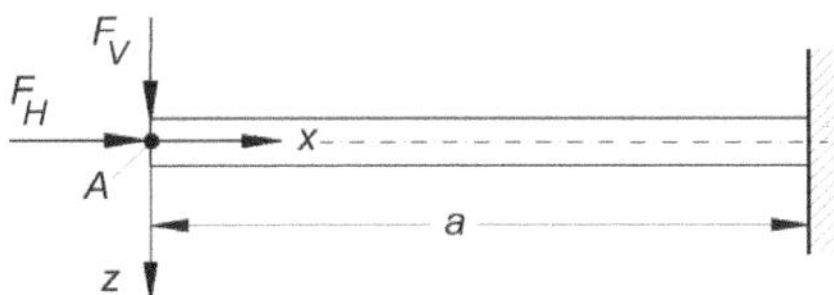

Bild 3.81 Axial belasteter Balken als Biegefeder

Lösungsanalyse: Mit der gesuchten Federkonstante c soll der Zusammenhang zwischen der Vertikalkraft F_V und der Durchbiegung $w(x=0)$ am freien Ende eines Balkens ermittelt werden. Zusätzlich ist der Balken mit einer axial wirkenden Druckkraft F_H belastet. Die Aufgabenstellung führt auf ein Problem der Balkenbiegung, die mit Hilfe der Dgl der Biegelinie gelöst werden kann. Besonders zu beachten ist hier, dass das im Balken wirkende Biegemoment $M(x)$ am elastisch verformten System aufzustellen ist. Die Durchbiegung $w(x) = w(x, \mathrm{F_V}, F_H)$ erhält man über die Lösung der Dgl.

Lösung: Für die Bestimmung der Biegefederkonstante

$$c = \frac{F_V}{w(0)} \tag{1}$$

muss die Durchbiegung $w(0)$ am freien Ende des Balkens ermittelt werden. Der Balken ist mit der vertikalen Kraft F_V und einer axial wirkenden Druckkraft F_H belastet. Im Koordinatensystem aus Bild 3.81 lautet die Dgl für die Biegelinie

$$EI\,w''(x) = -\,M(x). \tag{2}$$

Das Biegemoment $M(x)$ liest man aus Bild 3.82 im verformten Balken ab

$$M(x) = -xF_V - \left[w(0) - w(x)\right]F_H\,. \tag{3}$$

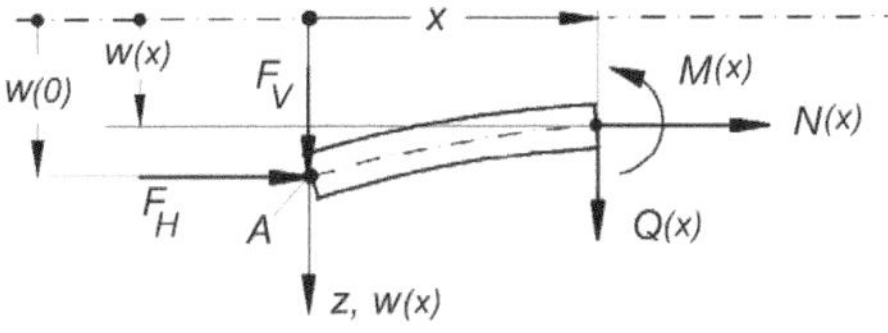

Bild 3.82 Zur Ableitung des Biegemoments $M(x)$ im verformten Balken

Damit lautet die Dgl der Biegelinie für die Balkenfeder

$$EI\,w''(x) + F_H\,w(x) - F_V\,x = F_H\,w(0). \tag{4}$$

Ihre allgemeine Lösung lautet

$$w(x) = C_1 \sin(\kappa x) + C_2 \cos(\kappa x) + C_3\,x + C_4\,. \tag{5}$$

Die Lösung (5) erfüllt die Dgl (4) nur für weitere Nebenbedingungen. Durch Einsetzen von (5) in (4) erhält man

$$\begin{aligned}\left(F_H C_1 - EI\,C_1\,\kappa^2\right)\sin(\kappa x) + \left(F_H C_2 - EI\,C_2\,\kappa^2\right)\cos(\kappa x) + \left(F_H C_3 - F_V\right)x +&\\ +\left[F_H C_4 - F_H\,w(0)\right] = 0.&\end{aligned} \tag{5}$$

Der Ausdruck (5) muss für alle Werte der Variablen x verschwinden. Dies ist nur möglich, wenn die Klammerausdrücke vor den Funktionen jeweils für sich verschwinden. Damit erhält man vier Gleichungen zur Konstantenbestimmung

$$\begin{aligned} F_H C_1 - EI\,C_1\,\kappa^2 &= 0,\\ F_H C_2 - EI\,C_2\,\kappa^2 &= 0,\\ F_H C_3 - F_V &= 0,\\ F_H C_4 - F_H\,w(0) &= 0, \end{aligned} \tag{6}$$

mit der Lösung

$$\kappa^2 = \frac{F_H}{EI},\quad C_3 = \frac{F_V}{F_H},\quad C_4 = w(0). \tag{7}$$

Weitere Informationen zur Bestimmung der Konstanten C_1 und C_2 gewinnt man aus den Randbedingungen für die Biegelinie: $w(x{=}a) = 0$, $w'(x{=}a) = 0$, an die die Lösung $w(x)$ angepasst werden muss. Aus der allgemeine Lösung (5) der Dgl und aus deren 1. Ableitung folgt mit den Randbedingungen

$$\begin{aligned} w(a) &= C_1 \sin(\kappa a) + C_2 \cos(\kappa a) + C_3\,a + C_4\\ &= C_1 \sin(\kappa a) + C_2 \cos(\kappa a) + \frac{F_V}{F_H}\,a + w(0) = 0, \end{aligned} \tag{8}$$

$$w'(a) = \kappa C_1 \cos(\kappa a) - \kappa C_2 \sin(\kappa a) + C_3 = \kappa C_1 \cos(\kappa a) - \kappa C_2 \sin(\kappa a) + \frac{F_V}{F_H} = 0.$$

Die Lösung der Gleichungen (8) sind die Konstanten C_1 und C_2

$$\begin{aligned} C_1 &= -\left[\frac{a\,F_V}{F_H} + w(0)\right]\sin(\kappa a) - \frac{F_V}{\kappa F_H}\cos(\kappa a),\\ C_2 &= -\left[\frac{a\,F_V}{F_H} + w(0)\right]\cos(\kappa a) + \frac{F_V}{\kappa F_H}\sin(\kappa a). \end{aligned} \tag{9}$$

Setzt man die Konstanten aus (7) und (9) in die allgemeine Lösung (5) der Dgl ein, dann erhält man für die Durchbiegung am Kraftansatzpunkt $x = 0$:

$$w(0) = \frac{F_V}{F_H}\left[\frac{1}{\kappa}\tan(\kappa a) - a\right]. \tag{10}$$

Die Biegefederkonstante kann jetzt aus (1) und (10) angegeben werden

$$c = \frac{F_V}{w(0)} = \frac{F_H}{\sqrt{\frac{EI}{F_H}}\tan\left(a\sqrt{\frac{EI}{F_H}}\right) - a}. \tag{11}$$

Die Biegefederkonstante (11) hängt von der axial wirkenden Balkenbelastung ab. Für die kritische Knicklast einer einseitig fest eingespannten Stütze, s. [WITTENBURG, 2014],

$$F_{H\,krit} = \frac{EI\,\pi^2}{4a^2} \tag{12}$$

wird $c = 0$ und für den axial nicht belasteten Freiträger wird mit $F_H = 0$ die Biegefederkonstante

$$c_0 = \frac{3EI}{a^3}. \tag{13}$$

Die Funktion $c = c(F_H)$ ist im Bild 3.83 aufgetragen. Der Kurvenverlauf kann mit sehr guter Näherung durch die Gerade

$$c = c_0\left(1 - \frac{F_H}{F_{krit}}\right) \tag{14}$$

ersetzt werden.

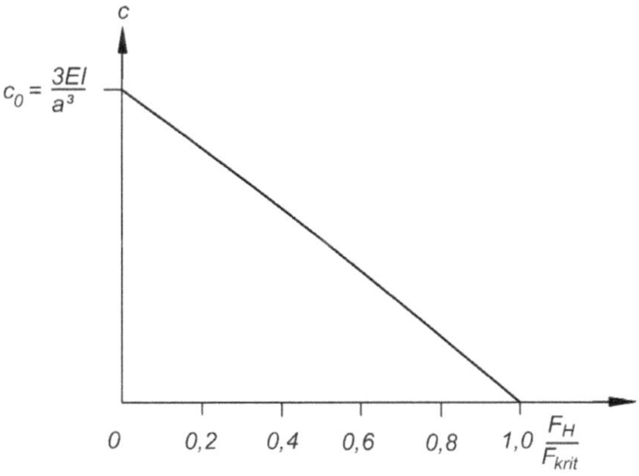

Bild 3.83 Federkonstante $c = c(F_H)$ für eine axial belastete Biegefeder

4 Kinematik

In der Kinematik werden zeitabhängige Lage- und Bewegungszustände von Punkten und starren Körpern im Raum beschrieben, ohne Betrachtung der Bewegungsursachen. Fragestellungen der Kinematik werden in der mathematischen Darstellung häufig sehr komplex und umfangreich. Es empfiehlt sich deshalb, die Lösung in formalen Teilschritten zu erarbeiten. Die mathematische Modellbildung im Rahmen der Kinematik beginnt mit der Beschreibung der Lage- und Bewegungszustände durch Vektoren. Für komplexe geometrische Zusammenhänge führe man Ortsvektorketten ein, deren Koordinaten einfacher anzugeben sind. Für die Koordinatendarstellung werden dabei zur durchsichtigeren Analyse mehrere Koordinatensysteme eingeführt. Mit der Ableitung von Transformationsmatrizen für den Übergang der Koordinaten eines Vektors von einem Koordinatensystem in ein anderes hat man die Möglichkeit, auch sehr undurchsichtige Zusammenhänge formal zu beschreiben. Die eindeutige Zuordnung der dabei auftretenden Fülle von Bezugspunkten und Koordinatensystembenennungen wird bei der Beschreibung durch die Ergänzung von Vektoren mit Indizes sichergestellt.

Details zur Schreibweise von Vektoren und Transformationsmatrizen:

- Ortsvektorkette: Beschreibung eines Ortsvektors vom Bezugspunkt O zum Endpunkt A durch Zwischenpunkte B, C, D:

$$\boldsymbol{r}_{\mathrm{OA}} = \boldsymbol{r}_{\mathrm{OB}} + \boldsymbol{r}_{\mathrm{BC}} + \boldsymbol{r}_{\mathrm{CD}} \,. \tag{1}$$

- Vektoren in unterschiedlichen Koordinatensystemen werden mit hochgestellten Indizes ergänzt. Beschreibung eines Vektors $\boldsymbol{a}$ im Inertialsystem I(x, y, z):

$$\boldsymbol{a}^{\mathrm{I}} = \left[a_x^{\mathrm{I}}, a_y^{\mathrm{I}}, a_z^{\mathrm{I}} \right]^{\mathrm{T}} . \tag{2}$$

- Der Übergang bei der Beschreibung eines Vektors von einem Koordinatensystem F(x, y, z) in ein anderes System I(x, y, z) kann formal durch die Multiplikation mit einer Transformationsmatrix $\mathbf{T}^{\mathrm{FI}}$ ausgeführt werden. Dabei zeigen zwei hochgestellte Indizes am Matrixsymbol die Transformationsrichtung zwischen den Systemen. Die Reihenfolge der Indizes bedeutet hier: Der Übergang vom F- ins I-System. Der physikalische Inhalt des Vektors verändert sich dabei nicht, lediglich die Koordinaten. Diese Transformation kann mit allen Vektoren (z. B. Kraft, Ort, Geschwindigkeit, Beschleunigung) ausgeführt werden. Für einen Ortsvektor $\boldsymbol{r}_{\mathrm{OA}}{}^{\mathrm{F}}$, der im F-System gegeben ist, erhält man seine Koordinaten im I-System aus der Transformationsvorschrift

$$\boldsymbol{r}_{\mathrm{OA}}^{\mathrm{I}} = \mathbf{T}^{\mathrm{FI}} \, \boldsymbol{r}_{\mathrm{OA}}^{\mathrm{F}} \,. \tag{3}$$

  Die Elemente der Transformationsmatrix $\mathbf{T}^{\mathrm{FI}}$ bei einer Drehung φ um die z^{F}-Achse entnimmt man Bild 4.1. Aus

$$\boldsymbol{r}_{\mathrm{OA}}^{\mathrm{F}} = \begin{bmatrix} r_x^{\mathrm{F}} \\ r_y^{\mathrm{F}} \\ r_z^{\mathrm{F}} \end{bmatrix}$$

H.H. Müller-Slany, *Aufgaben und Lösungsmethodik Technische Mechanik*, https://doi.org/10.1007/978-3-658-22420-2_4

folgt für den Übergang ins I-System

$$\boldsymbol{r}_{\mathrm{OA}}^{\mathrm{I}} = \begin{bmatrix} r_x^{\mathrm{I}} \\ r_y^{\mathrm{I}} \\ r_z^{\mathrm{I}} \end{bmatrix} = \begin{bmatrix} r_x^{\mathrm{F}} \cos\varphi + r_y^{\mathrm{F}} \sin\varphi \\ r_y^{\mathrm{F}} \cos\varphi - r_x^{\mathrm{F}} \sin\varphi \\ r_z^{\mathrm{F}} \end{bmatrix} = \begin{bmatrix} \cos\varphi & \sin\varphi & 0 \\ -\sin\varphi & \cos\varphi & 0 \\ 0 & 0 & 1 \end{bmatrix} \begin{bmatrix} r_x^{\mathrm{F}} \\ r_y^{\mathrm{F}} \\ r_z^{\mathrm{F}} \end{bmatrix} = \mathbf{T}^{\mathrm{FI}} \boldsymbol{r}_{\mathrm{OA}}^{\mathrm{F}},$$

mit der gesuchten Transformationsmatrix

$$\mathbf{T}^{\mathrm{FI}} = \begin{bmatrix} \cos\varphi & \sin\varphi & 0 \\ -\sin\varphi & \cos\varphi & 0 \\ 0 & 0 & 1 \end{bmatrix}. \tag{4}$$

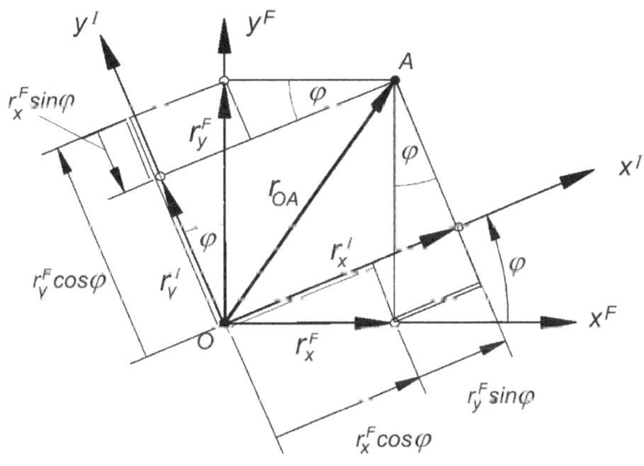

Bild 4.1 Vektorkomponenten im gedrehten System: Zur Ableitung der Transformationsmatrix $\mathbf{T}^{\mathrm{FI}}$

In der linearen Algebra wird gezeigt, dass Transformationsmatrizen zwischen kartesischen Koordinatensystemen orthogonale Matrizen sind, mit der besonderen Eigenschaft [PAPULA, 2017]

$$\left(\mathbf{T}^{\mathrm{FI}}\right)^{-1} = \left(\mathbf{T}^{\mathrm{FI}}\right)^{\mathrm{T}} = \mathbf{T}^{\mathrm{IF}}, \tag{5}$$

d. h. für die Rücktransformation eines Vektors vom I- ins F-System muss die zugehörige inverse Transformationsmatrix lediglich transponiert werden. Nach Linksmultiplikation von (3) mit $(\mathbf{T}^{\mathrm{FI}})^{-1}$ folgt mit $(\mathbf{T}^{\mathrm{FI}})^{-1}\,\mathbf{T}^{\mathrm{FI}} = \mathbf{E}$

$$\begin{aligned} \left(\mathbf{T}^{\mathrm{FI}}\right)^{-1} \boldsymbol{r}_{\mathrm{OA}}^{\mathrm{I}} &= \left(\mathbf{T}^{\mathrm{FI}}\right)^{-1} \mathbf{T}^{\mathrm{FI}} \boldsymbol{r}_{\mathrm{OA}}^{\mathrm{F}} \\ \mathbf{T}^{\mathrm{IF}} \boldsymbol{r}_{\mathrm{OA}}^{\mathrm{I}} &= \boldsymbol{r}_{\mathrm{OA}}^{\mathrm{F}}. \end{aligned} \tag{6}$$

Aufgabe 4.1

Ein Pkw 1 (Länge a = 5m) fährt auf einer geraden Straße hinter einem Lkw L (Länge b = 20 m) im Abstand von c = 40 m. Beide Fahrzeuge haben die Geschwindigkeit $v_1 = v_L$ = 80 km/h. Es ist zu ermitteln, unter welcher Voraussetzung ein sicheres Überholen möglich ist, wenn ein Pkw 2 mit v_2 = 100 km/h entgegenkommt und die zulässige Höchstgeschwindigkeit v_{max} = 120 km/h beträgt.

Aus den Leistungsdaten des Pkw 1 ist bekannt: Beschleunigung von 0 auf 100 km/h in 14 sec, wobei eine konstante Maximalbeschleunigung a_{max} vorausgesetzt werden soll. Während des Überholvorgangs beschleunigt der Pkw 1 bis zum Zeitpunkt t_B mit der Maximalbeschleunigung auf die zulässige Höchstgeschwindigkeit. Zum Zeitpunkt t_E ist der Überholvorgang abgeschlossen und der Pkw 1 fährt im Abstand von d = 20 m vor den Lkw. Der Sicherheitsabstand zwischen den entgegenkommenden Fahrzeugen soll nach Abschluss des Überholvorgangs s_G = 250 m betragen.

Wie groß muss die Entfernung s_0 zwischen den Pkw 1 und 2 anfangs mindestens sein, um den Überholvorgang gefahrlos mit dem Sicherheitsabstand s_G abschließen zu können?

Lösungsanalyse: Die Verknüpfung der unterschiedlichen Lageparameter der beteiligten Fahrzeuge erkennt man am übersichtlichsten aus einem Lageplan für die Lagezustände zu den beiden Zeitpunkten t = 0 und $t = t_E$ zu Beginn und am Ende des Überholvorgangs (Bild 4.2).

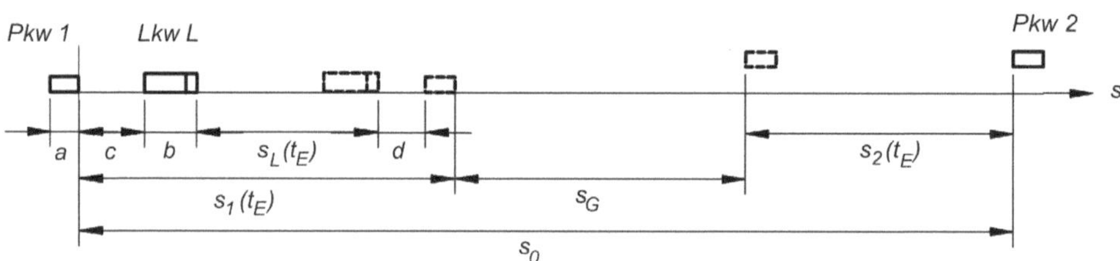

Bild 4.2 Lageplan für das Zeitintervall $t = [0, t_E]$.

Aus Bild 4.2 können zwei Gleichungen für die Strecken $s_1(t_E)$ und s_0 direkt abgelesen werden. Die einzelnen Terme in diesen Gleichungen sind entweder vorgegebene Daten oder sie lassen sich aus den bekannten Fahrzeugparametern und den Grundgleichungen der Punktkinematik zwischen Beschleunigung, Geschwindigkeit und Weg errechnen. Zuerst wird die maximale Beschleunigung des Pkw 1 aus den Leistungsdaten ermittelt. Damit lassen sich jetzt die einzelnen Anteile der Überholstrecke $s_1(t_E)$ durch Geschwindigkeits-Zeit-Ausdrücke formulieren und daraus die Gesamtzeit t_E und die Strecke $s_1(t_E)$ errechnen. Die Gleichung für s_0 liefert schließlich den notwendigen Minimalabstand der Fahrzeuge zu Beginn des Vorgangs.

Lösung: Aus Bild 4.2 liest man zwei Lagebeziehungen zwischen den Fahrzeugen vor und nach dem Überholvorgang ab:

$$\begin{aligned} s_1(t_E) &= a + b + c + d + s_L(t_E), \\ s_0 &= s_1(t_E) + s_G + s_2(t_E). \end{aligned} \tag{1}$$

Die Strecke $s_1(t_E)$ wird im Zeitintervall $[0, t_B]$ mit konstanter Beschleunigung a_{max} und im Intervall $[t_B, t_E]$ mit konstanter Geschwindigkeit v_{max} zurückgelegt. Mit den Leistungsdaten des Pkw 1 ist ein Zusammenhang zwischen Beschleunigung, Geschwindigkeit und Zeit, gegeben. Hierfür gilt die physikalische Beziehung

$$a = \frac{dv}{dt}. \tag{2}$$

Durch Umstellung der Variablen und Integration erhält man im Falle konstanter Beschleunigung für die Maximalbeschleunigung a_{max} des Pkw 1 mit $v_0 = 100\ \text{kmh}^{-1}$ in $t_0 = 14$ s:

$$\int_0^{t_0} a_{max}\, dt = \int_0^{v_0} dv, \quad a_{max}\, t_0 = v_0\,, \quad a_{max} = \frac{v_0}{t_0} = \frac{100\ \text{kmh}^{-1}}{14\ \text{s}} = 1{,}984\ \text{ms}^{-2}. \tag{3}$$

Für die Umrechnung der physikalischen Größen in die internationalen Grundeinheiten wende man sinnvollerweise die Brucherweiterung an, wobei die zu ersetzenden Einheiten herausgekürzt werden können:

$$a_{max} = \frac{100\ \text{km} \cdot 1000\,\text{m} \quad \cdot\ \text{h}}{14\ \text{s} \cdot \text{h} \quad \cdot \quad \text{km} \quad \cdot \quad 3600\,\text{s}} = \frac{100\ \text{m}}{14 \cdot 3{,}6\ \text{s}^2} = 1{,}984\ \text{ms}^{-2}.$$

Mit dieser Beschleunigung vergrößert das Fahrzeug 1 seine Geschwindigkeit von v_{10} auf v_{max}. Dafür wird die Zeit t_B benötigt. Bei konstanter Beschleunigung kann wieder die Beziehung (2) mit der Umformung analog (3) zu Grunde gelegt werden. Hier gilt

$$\int_0^{t_B} a_{max}\, dt = \int_{v_{10}}^{v_{max}} dv,$$

$$t_B = \frac{1}{a_{max}}\left(v_{max} - v_{10}\right) = \frac{(120 - 80)\,\text{km}\,\text{h}^{-1}}{1{,}984\ \text{ms}^{-2}} = 5{,}60\ \text{s}. \tag{4}$$

Aus der ersten Gleichung von (1) kann jetzt die Zeit t_E für den Überholvorgang berechnet werden, indem die rechte und linke Seite der Gleichung getrennt betrachtet werden. Man erhält mit Hilfe der Anwendung der Grundgleichungen der Punktkinematik

$$s_1(t_E) = \int_0^{t_E} v_1(t) dt = \int_0^{t_B} v_1(t) dt + \int_{t_B}^{t_E} v_1(t_B) dt\,, \ \text{mit: } v_1(t_B) = v_{max},$$

$$= \int_0^{t_B} \left(v_{10} + a_{max}\, t\right) dt + v_{max} \int_{t_B}^{t_E} dt = v_{10} t_B + \frac{1}{2} a_{max}\, t_B^2 + v_{max}\left(t_E - t_B\right), \tag{5}$$

$$s_L(t_E) = \int_0^{t_E} v_L\, dt = v_L\, t_E\,.$$

Aus (5) erhält man für die Zeit des Überholvorgangs

$$t_E = \frac{a + b + c + d + \left(v_{max} - v_{10}\right) t - a_{max}\, t_B^2 / 2}{v_{max} - v_L} = 10{,}45\ \text{s}. \tag{6}$$

Aus der zweiten Gleichung von (1) kann jetzt der notwendige Abstand s_0 der beiden Pkw zum sicheren Überholen berechnet werden:

$$s_0 = s_1(t_E) + s_G + s_2(t_E) = a + b + c + d + s_L(t_E) + s_G + s_2(t_E). \tag{7}$$

Mit $s_L(t_E) = \int_0^{t_E} v_L \, dt = v_L t_E, \quad s_2(t_E) = \int_0^{t_E} v_2 \, dt = v_2 t_E$

erhält man aus (7) für den notwendigen Minimalabstand

$$\begin{aligned} s_0 &= a + b + c + d + v_L t_E + s_G + v_2 t_E \\ &= 85\,\text{m} + 80\,\text{kmh}^{-1} \cdot 10{,}45\,\text{s} + 250\,\text{m} + 100\,\text{kmh}^{-1} \cdot 10{,}45\,\text{s} = 857{,}5\ \text{m}. \end{aligned} \tag{8}$$

Aufgabe 4.2 (Bild 4.3)

Von der Bewegung eines Transportbehälters in einer Förderanlage mit zeitveränderlicher Beschleunigung $a(t)$ ist die skizzierte Beschleunigungs-Zeit-Funktion bekannt. Die Anfangsbedingungen zu Beginn der Bewegung sind: $v(t_0) = 0$, $s(t_0) = 0$, mit $t_0 = 0$.

Wie groß ist die maximale Geschwindigkeit v_{max} des Behälters und welcher Zeitpunkt $t = t_E$ muss gewählt werden, damit der Behälter nach Abschluss der Verzögerungsphase genau zum Stillstand kommt? Welchen Weg $s(t_E)$ hat er dann zurückgelegt?

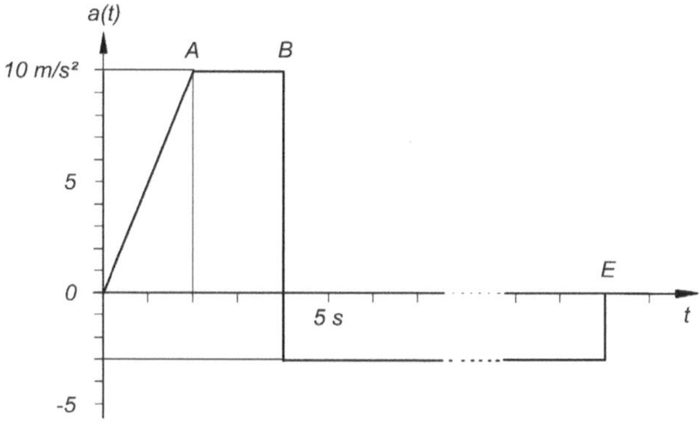

Bild 4.3 Beschleunigungs-Zeit-Funktion

Lösungsanalyse: Für die Bewegung sind die Anfangsbedingungen für Geschwindigkeit und Weg sowie die Beschleunigung als Funktion der Zeit gegeben. Mit Hilfe der Grundgleichungen der Punktkinematik

$$a = \frac{dv}{dt}, \quad v = \frac{ds}{dt} \tag{1}$$

können die gesuchten Größen durch Auswertung bestimmter Integrale ermittelt werden. Die maximale Geschwindigkeit liegt zum Zeitpunkt t_B vor, wenn die Beschleunigung verschwindet.

Lösung: Für die maximale Geschwindigkeit des Behälters gilt nach (1)

$$\begin{aligned} v_{max} &= v(t_B) = \int_0^{t_B} a(t)\,dt + v(0)\,, \quad \text{mit } v(0) = 0 \\ &= \int_0^{t_A} a_1(t)\,dt + \int_{t_A}^{t_B} a_2(t)\,dt = \int_0^2 5t\,dt + \int_2^4 10\,dt = \frac{5}{2}t^2\Big|_0^2 + 10t\Big|_2^4 = 30 \text{ ms}^{-1}. \end{aligned} \tag{2}$$

Für die gesuchte Zeit t_E wird die Endgeschwindigkeit $v(t_E)$ des Behälters formuliert

$$\begin{aligned} v(t_E) &= \int_0^{t_E} a(t)\,dt = \int_0^{t_A} a_1(t)\,dt + \int_{t_A}^{t_B} a_2(t)\,dt + \int_{t_B}^{t_E} a_3(t)\,dt \\ &= v_{max} + \int_4^{t_E} -3\,dt = 30 - 3t\Big|_4^{t_E} = 30 - 3t_E + 12 \text{ ms}^{-1}. \end{aligned} \tag{3}$$

Mit der Bedingung für den Ruhezustand beim Punkt E erhält man aus (3) die Bestimmungsgleichung für t_E

$$30 - 3t_E + 12 = 0, \quad t_E = 14 \text{ s}. \tag{4}$$

Der bis zum Stillstand zurückgelegte Weg folgt aus dem Zeitintegral über die Geschwindigkeit

$$s(t_E) = \int_0^{t_E} v(t)\,dt + s(0) = \int_0^{t_A} v_1(t)\,dt + \int_{t_A}^{t_B} v_2(t)\,dt + \int_{t_B}^{t_E} v_3(t)\,dt. \tag{5}$$

Die Geschwindigkeiten in den 3 Zeitintervallen erhält man aus dem Zeitintegral über die Beschleunigung

$$\begin{aligned} &\text{Intervall } [0, t_A]: \quad v_1(t) = \int_0^t a_1(t)\,dt + v_1(0) = \int_0^t 5t\,dt = \frac{5}{2}t^2, \\ &\text{Intervall } [t_A, t_B]: v_2(t) = \int_{t_A}^t a_2(t)\,dt + v_1(t_A) = \int_{t_A}^t 10\,dt + \frac{5}{2}t_A^2 = 10(t - t_A) + \frac{5}{2}t_A^2, \\ &\text{Intervall } [t_B, t_E]: v_3(t) = \int_{t_B}^t a_3(t)\,dt + v_2(t_B) \\ &\qquad = \int_{t_B}^t -3\,dt + 10(t_B - t_A) + \frac{5}{2}t_A^2 = -3(t - t_B) + 10(t_B - t_A) + \frac{5}{2}t_A^2. \end{aligned} \tag{6}$$

Für den Gesamtweg $s(t_E)$ erhält man schließlich

$$
\begin{aligned}
s(t_E) &= \int_0^{t_A} v_1(t)\,dt + \int_{t_A}^{t_B} v_2(t)\,dt + \int_{t_B}^{t_E} v_3(t)\,dt \\
&= \int_0^{t_A} \frac{5}{2}t^2\,dt + \int_{t_A}^{t_B}\left[10(t-t_A)+\frac{5}{2}{t_A}^2\right]dt + \int_{t_B}^{t_E}\left[-3(t-t_B)+10(t_B-t_A)+\frac{5}{2}{t_A}^2\right]dt \qquad (7) \\
&= 196{,}67\text{ m}.
\end{aligned}
$$

Der hier gezeigte formale Lösungsweg führt über (7) auf eine lange Auswertungsrechnung, wobei viele Einzelterme sich wieder gegenseitig aufheben. Wesentlich einfacher erhält man das Ergebnis aus einer Skizze der Geschwindigkeits-Zeit-Funktion $v(t)$. Im Bild 4.4 ist die Funktion skizziert. Der zurückgelegte Weg ist die Fläche unter der $v(t)$-Kurve. Da die Beschleunigung die zeitliche Ableitung der Geschwindigkeitsfunktion ist, ist der Verlauf der $v(t)$-Kurve leicht angebbar: In Zeitintervallen mit konstanter Beschleunigung hat die Geschwindigkeit einen linearen Verlauf und bei linear zunehmender Beschleunigung einen parabelförmigen.

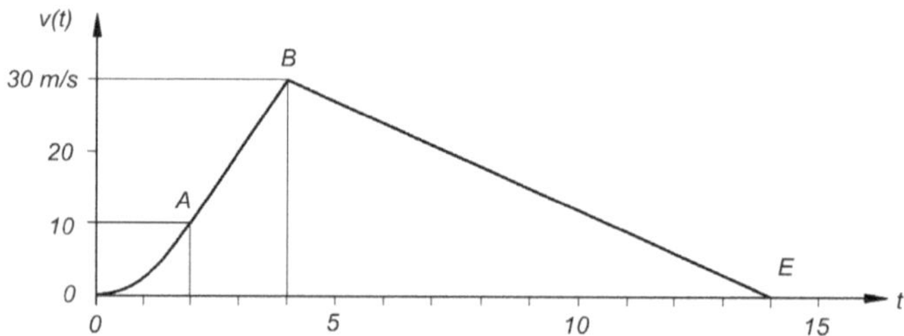

Bild 4.4 Geschwindigkeits-Zeit-Funktion

Für den Flächeninhalt unter der $v(t)$-Kurve gilt in den drei Zeitintervallen nach Bild 4.3:

Intervall $[0, t_A]$: $$s_1 = \int_0^{t_A} v_1(t)\,dt = \int_0^{t_A} \frac{5}{2}t^2\,dt = \frac{5}{6}t_A^3 = \frac{40}{6}\text{ m},$$

Intervall $[t_A, t_B]$: $$s_2 = \frac{1}{2}(10+30)\cdot 2 = 40\text{ m},$$

Intervall $[t_B, t_E]$: $$s_3 = \frac{1}{2}30\cdot 10 = 150\text{ m}.$$

Für den Gesamtweg folgt

$$s(t_E) = s_1 + s_2 + s_3 = 196{,}67\,\text{m}. \qquad (8)$$

Aufgabe 4.3 (Bild 4.5)

Das $v(s)$-Diagramm zeigt angenähert den Verlauf der Geschwindigkeit über dem Weg bei einem Weltklasse 100-m-Lauf. Der Sprinter verlässt die Startblöcke durch Abstoßen mit der Anfangsgeschwindigkeit $v_0 = 2{,}7$ m/s und beschleunigt danach angenähert linear mit dem zurückgelegten Weg bis auf die maximale Geschwindigkeit v_{max} = 12 m/s. Weltklasseläufer können diese Geschwindigkeit bis zur 100-m-Marke angenähert halten.

In welcher Zeit durchläuft der Sprinter bei den gegebenen Werten die 100-m-Strecke?

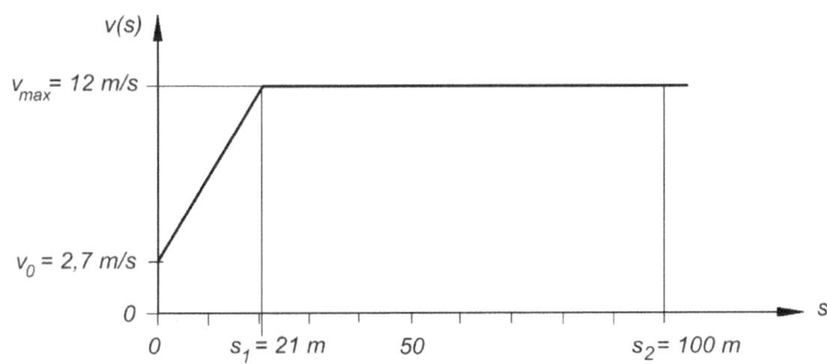

Bild 4.5 Geschwindigkeits-Weg-Funktion für 100-m-Lauf

Lösungsanalyse: Die Basis für Aufgaben der Punktkinematik liefern immer die Grundgleichungen

$$a = \frac{dv}{dt}, \quad v = \frac{ds}{dt}. \tag{1}$$

Je nach Problemtyp werden die vier Variablen a, v, s und t unterschiedlich als abhängige oder unabhängige Variablen betrachtet. Normalerweise ist t die unabhängige Variable, im vorliegenden Fall jedoch ist dies der Weg s. Aus der zweiten Gleichung in (1) folgt durch Umgruppierung der Variablen

$$dt = \frac{ds}{v(s)}, \tag{2}$$

womit s zur neuen unabhängigen Variablen wird. Da $v(s)$ bekannt ist, kann (2) auf dem Wegintervall $[0, s_2]$ gelöst werden.

Lösung: Aus der Beziehung (2) folgt durch Integration über das Wegintervall $[0, s_2]$ direkt die Laufzeit für den 100-m-Läufer. Zunächst bestimmt man die Geschwindigkeits-Weg-Funktionen in den beiden Wegintervallen:

Intervall $[0, s_1]$: $\quad v_1(s) = 2{,}7 + 9{,}3/21 \cdot s \quad \text{m/s},$

Intervall $[s_1, s_2]$: $\quad v_2(s) = 12 \quad \text{m/s}.$

Damit folgt durch Integration von (2)

$$\int_0^{t_2} dt = \int_0^{s_2} \frac{ds}{v(s)} = \int_0^{s_1} \frac{ds}{v_1(s)} + \int_{s_1}^{s_2} \frac{ds}{v_2(s)} = \int_0^{s_1} \frac{ds}{2{,}7 + 0{,}4429 \cdot s} + \int_{s_1}^{s_2} \frac{ds}{12} \ \text{ms}^{-1}. \tag{3}$$

Das erste Integral aus (3) kann z. B. aus einer Integraltabelle entnommen werden [PAPULA, 2017]

$$\int \frac{dx}{ax+b} = \frac{1}{a}\ln\left|ax+b\right|.$$

Damit erhält man für die Laufzeit aus (3)

$$t_2 = \frac{1}{0,4429}\left[\ln\left|2,7+0,4429\cdot 21\right| - \ln\left|2,7\right|\right] + \frac{100-21}{12} = 9,95\ \text{s}. \qquad (4)$$

Aufgabe 4.4 (Bild 4.6)

Das sog. Phasendiagramm $v(s)$ für einen elektrisch betriebenen Zug kann zwischen zwei Haltepunkten näherungsweise durch eine Beschleunigungs- und eine Verzögerungsparabel sowie einen dazwischen liegenden Streckenabschnitt mit konstanter Geschwindigkeit beschrieben werden.

a) Bis zu welcher Geschwindigkeit v_{max} muss der Zug beschleunigt werden, wenn eine Strecke s_3 = 6500 m zwischen zwei Haltepunkten in t_3 = 5,5 min durchfahren werden soll?

b) Man skizziere das $a(t)$-, $v(t)$- und $s(t)$-Diagramm für den Zug.

Zahlenwerte: k_1 = 0,6 $m^{1/2}/s$, k_2 = 1,2 $m^{1/2}/s$.

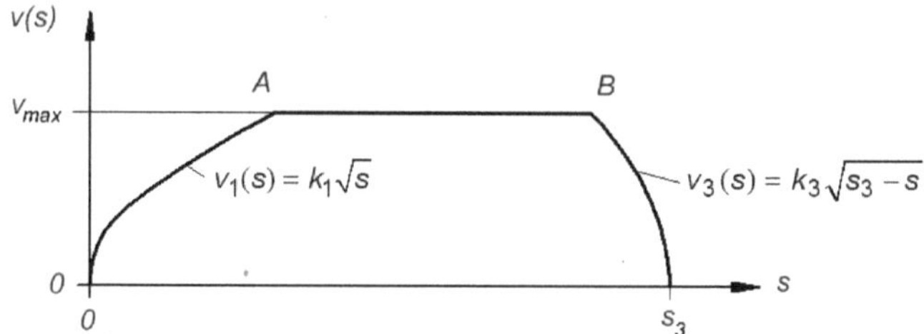

Bild 4.6 Phasendiagramm

Lösungsanalyse: Unbekannt sind die Wegpunkte s_A, s_B und die Geschwindigkeit v_{max}. Die Grundgleichungen der Punktkinematik müssen zunächst so umgeformt werden, dass ein Integralausdruck mit diesen Unbekannten formuliert werden kann. Dies wird möglich durch Umstellen der Grundgleichung $v = ds/dt$ zu $dt = (1/v)ds$ und der Integration im Intervall $[0, s_3]$. Mit den gegebenen $v(s)$-Funktionen im Beschleunigungs- und Verzögerungsabschnitt der Strecke kann diese Aufgabe direkt gelöst werden. Man erhält eine Gleichung mit 3 Unbekannten. Zwei weitere Gleichungen folgen aus den gegebenen $v(s)$-Funktionen: $v_{max} = v_1(s_A)$ und $v_{max} = v_2(s_B)$.

Für die Ermittlung der Zeitfunktionen für Beschleunigung, Geschwindigkeit und Weg ermittelt man zunächst die Beschleunigungen im Anfahr- und Bremsabschnitt. Bekannt sind die Funktionen $v(s)$. Durch Umformen der Grundgleichungen der Punktkinematik können daraus Beziehungen für die direkte Bestimmung der Beschleunigungen ermittelt werden. Durch weitere Integrationsschritte erhält man die Geschwindigkeits- und Wegfunktion.

Lösung: a) Aus der Umformung

$$\frac{ds}{dt} = v \Rightarrow dt = \frac{1}{v(s)} ds$$

und der Integration über den Weg folgt

$$t_3 - t_0 = \int_0^{s_3} \frac{1}{v(s)} ds = \int_0^{s_A} \frac{1}{k_1\sqrt{s}} ds + \int_{s_A}^{s_B} \frac{1}{v_{max}} ds + \int_{s_B}^{s_3} \frac{1}{k_3\sqrt{s_3 - s}} ds$$

$$t_3 = \frac{2}{k_1}\sqrt{s}\Bigg|_0^{s_A} + \frac{1}{v_{max}} s\Bigg|_{s_A}^{s_B} - \frac{2}{k_3}\sqrt{s_3 - s}\Bigg|_{s_B}^{s_3} .$$

Zusammen mit den gegebenen Werten $v_{max} = v_1(s_A)$ und $v_{max} = v_2(s_B)$ hat man ein Gleichungssystem zur Bestimmung der Unbekannten s_A, s_B und v_{max}

$$\begin{aligned} t_3 &= \frac{2}{k_1}\sqrt{s_A} + \frac{s_B - s_A}{v_{max}} + \frac{2}{k_3}\sqrt{s_3 - s_B}, \\ v_{max} &= k_1\sqrt{s_A}, \\ v_{max} &= k_3\sqrt{s_3 - s_B}. \end{aligned} \tag{1}$$

Die Auflösung nach v_{max} führt auf die quadratische Gleichung

$$\begin{aligned} &v_{max}^2 - v_{max}\frac{t_3}{\left(\frac{1}{k_1^2}+\frac{1}{k_3^2}\right)} + \frac{s_3}{\left(\frac{1}{k_1^2}+\frac{1}{k_3^2}\right)} = 0 \\ &v_{max}^2 - 95,04\, v_{max} + 1872 = 0, \end{aligned} \tag{2}$$

mit der Lösung $v_{max} = 27,869$ m/s. Die zweite Lösung ist physikalisch unrealistisch.

b) Zur Bestimmung der Zeitfunktionen $a(t)$, $v(t)$ und $s(t)$ wird zunächst aus den Grundgleichungen der Punktkinematik ein neuer Ausdruck zur Bestimmung der Beschleunigung formuliert:

$$a = \frac{dv}{dt},\ v = \frac{ds}{dt} \Rightarrow a = v\,\frac{dv}{ds}.$$

Damit erhält man auf den 3 Streckenabschnitten folgende Beschleunigungen:

$$\begin{aligned} &\text{Intervall } [0, s_A]: && a_1 = k_1\sqrt{s}\,\frac{d}{ds}\left(k_1\sqrt{s}\right) = \frac{1}{2}k_1^2 = 0{,}18\ \text{ms}^{-2}, \\ &\text{Intervall } [s_A, s_B]: && a_2 = 0, \\ &\text{Intervall } [s_B, s_3]: && a_3 = k_3\sqrt{s_3 - s}\,\frac{d}{ds}\left(k_3\sqrt{s_3 - s}\right) = -\frac{1}{2}k_3^2 = -0{,}72\ \text{ms}^{-2}. \end{aligned} \tag{3}$$

Die Beschleunigungen sind jeweils auf den Streckenabschnitten konstant, folglich auch im Zeitbereich. Für die weiteren Integrationen werden die Zeitpunkte t_A und t_B benötigt. Man findet sie aus dem Beschleunigungs- und Verzögerungsabschnitt:

$$\begin{aligned}
&\int_0^{t_A} dv = \int_0^{t_A} a_1\,dt \Rightarrow v_{max} = a_1 t_A \Rightarrow t_A = \frac{v_{max}}{a_1} = 154{,}83\ \text{s},\\
&\int_{t_B}^{t_3} dv = \int_{t_B}^{t_3} a_3\,dt \Rightarrow -v_{max} = a_3\left(t_3 - t_B\right) \Rightarrow t_B = \frac{v_{max} + a_3 t_3}{a_3} = 291{,}29\ \text{s}.
\end{aligned} \tag{4}$$

Das Zeitintegral über die Beschleunigung liefert die Geschwindigkeits-Zeit-Funktion:

Intervall $[0, t_A]$: $$v_1(t) = \int_0^t a_1 dt + v(0) = a_1 t,$$

Intervall $[t_A, t_B]$: $$v_2(t) = \int_{t_A}^t a_2 dt + v_1(t_A) = a_1 t_A = v_{max}, \tag{5}$$

Intervall $[t_B, t_3]$: $$v_3(t) = \int_{t_B}^t a_3\,dt + v_2\left(t_B\right) = a_3\left(t - t_B\right) + v_{max}.$$

Das Zeitintegral über die Geschwindigkeit liefert die Weg-Zeit-Funktion:

Intervall $[0, t_A]$: $$s_1(t) = \int_0^t v_1(t)\,dt + s(0) = \frac{1}{2} a_1\,t^2,$$

Intervall $[t_A, t_B]$: $$s_2(t) = \int_{t_A}^t v_2(t)\,dt + s_1(t_A) = v_{max}\left(t - t_A\right) + \frac{1}{2} a_1\,t_A^2, \tag{6}$$

Intervall $[t_B, t_3]$:

$$\begin{aligned}
s_3(t) &= \int_{t_B}^t v_3(t)\,dt + s_2(t_B) = \int_{t_B}^t \left[a_3\left(t - t_B\right) + v_{max}\right] dt + v_{max}\left(t_B - t_A\right) + \frac{1}{2} a_1\,t_A^2\\
&= a_3\left(\frac{t}{2} - t_B\right) t + \frac{1}{2} a_3 t_B^2 + v_{max}\left(t - t_A\right) + \frac{1}{2} a_1 t_A^2 .
\end{aligned}$$

Die Zeitfunktionen der Zugbewegung sind im Bild 4.7 aufgetragen.

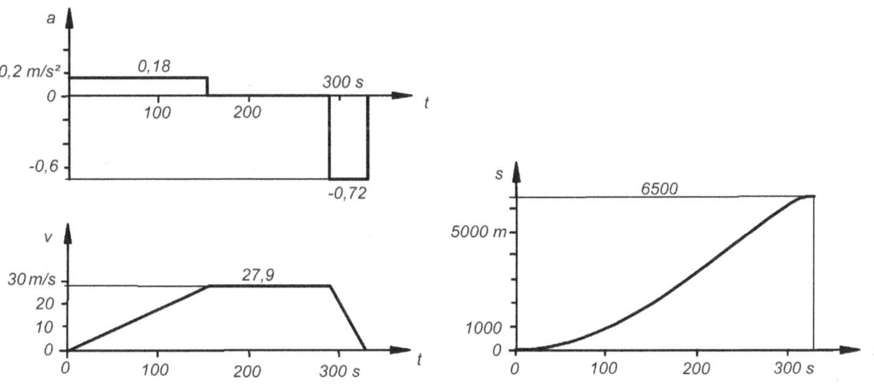

Bild 4.7 Zeitfunktionen $a(t)$, $v(t)$ und $s(t)$

Aufgabe 4.5 (Bild 4.8)

Ein Schiff S fährt in einer Wasserströmung, die die konstante Geschwindigkeit $\boldsymbol{v}_\mathrm{W}$ hat und in x-Richtung verläuft. Gegenüber dem Wasser bewegt es sich mit der Geschwindigkeit $\boldsymbol{v}_\mathrm{S}$. Sein Kurs verändert sich dabei so, dass der Peilwinkel zu einem Leuchtturm L unverändert $\vartheta = 90°$ beträgt.

Welche Bahnkurven sind für das Schiff in Abhängigkeit der Schiffsgeschwindigkeit im Inertialsystem (x, y) möglich?

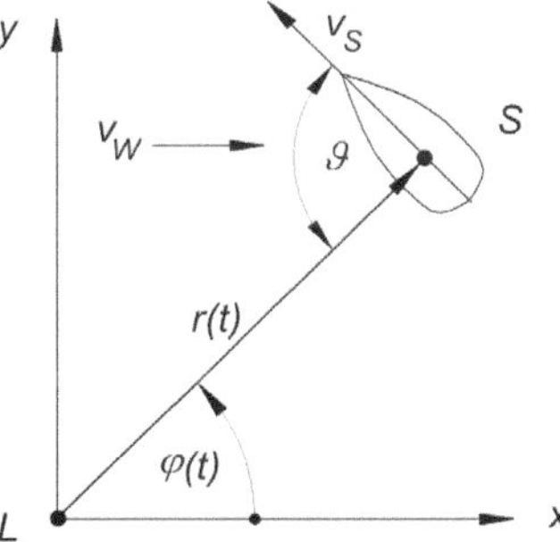

Bild 4.8 Schiff in Wasserströmung

Lösungsanalyse: Die Schiffsgeschwindigkeit gegenüber dem (x, y)-Inertialsystem (sog. Fahrt über Grund) ist die Summe aus der Strömungsgeschwindigkeit des Wassers und der Relativgeschwindigkeit des Schiffes gegenüber dem Wasser (sog. Fahrt durchs Wasser). Damit ist eine Gleichung für die Bewegung des Schiffes bekannt. Ebenso kann die Fahrt über Grund durch die zeitliche Ableitung des Ortsvektors $\boldsymbol{r}_\mathrm{LS}(t)$ angegeben werden. Seine Komponenten lassen sich durch die Polarkoordinaten r_LS und φ ausdrücken. Damit hat man zwei Gleichungen zur Lösung des Problems. Nach Elimination der Zeit erhält man eine Dgl, deren Lösung die Bahnkurve $r_\mathrm{LS}(\varphi)$ für das Schiff ist. Je nach Größenverhältnis von Wasser- zu Schiffsgeschwindigkeit wird die Bahnkurve durch unterschiedliche Kegelschnittkurven beschrieben.

Lösung: Für die absolute Schiffsgeschwindigkeit $\boldsymbol{v}_G$ (Fahrt über Grund) gilt

$$\boldsymbol{v}_G(t) = \boldsymbol{v}_S + \boldsymbol{v}_W = \begin{bmatrix} -v_S \sin\varphi(t) + v_W \\ v_S \cos\varphi(t) \end{bmatrix}. \tag{1}$$

Ebenso kann man $\boldsymbol{v}_G$ durch die Ableitung des Ortsvektors $\boldsymbol{r}_{LS}(t)$ angeben

$$\boldsymbol{v}_G(t) = \frac{d}{dt}\boldsymbol{r}_{LS}(t) = \frac{d}{dt}\begin{bmatrix} r_{LS}(t)\cos\varphi(t) \\ r_{LS}(t)\sin\varphi(t) \end{bmatrix} = \begin{bmatrix} \dot{r}_{LS}(t)\cos\varphi(t) - r_{LS}(t)\dot{\varphi}\sin\varphi(t) \\ \dot{r}_{LS}(t)\sin\varphi(t) + r_{LS}(t)\dot{\varphi}\cos\varphi(t) \end{bmatrix}. \tag{2}$$

Aus den Komponenten der beiden Ausdrücke für $\boldsymbol{v}_G$ erhält man zwei Gleichungen für die Unbekannten $r_{LS}(t)$ und $\varphi(t)$

$$\begin{aligned} -v_S \sin\varphi + v_W &= \dot{r}_{LS}\cos\varphi - r_{LS}\,\dot{\varphi}\sin\varphi\,, \\ v_S\cos\varphi &= \dot{r}_{LS}\sin\varphi + r_{LS}\,\dot{\varphi}\cos\varphi\,. \end{aligned} \tag{3}$$

Gesucht wird die Bahnkurve $r_{LS}(\varphi)$ für das Schiff im Inertialsystem. Dafür muss die Zeit aus (3) eliminiert werden. Zunächst kann (3) vereinfacht werden, indem man die 1. Glch mit *cos* φ und die 2. mit *sin* φ multipliziert und beide addiert; ebenso wird die 1. Glch mit *sin* φ und die 2. mit *-cos* φ multipliziert und beide addiert. Man erhält

$$\begin{aligned} v_W\cos\varphi &= \dot{r}_{LS}\,, \\ v_W\sin\varphi - v_S &= -r_{LS}\,\dot{\varphi}. \end{aligned} \tag{4}$$

Die Elimination der Zeit durch Division beider Gleichungen führt auf eine Dgl für die Bahnkurve

$$\frac{1}{r}dr = \frac{v_W\cos\varphi}{v_S - v_W\sin\varphi}d\varphi. \tag{5}$$

Die Integration ergibt

$$\begin{aligned} \int_{r_0}^{r}\frac{1}{r}dr &= \int_{\varphi_0}^{\varphi}\frac{v_W\cos\varphi}{v_S - v_W\sin\varphi}d\varphi, \\ \ln\left|\frac{r}{r_0}\right| &= -\ln\left|\frac{v_S - v_W\sin\varphi}{v_S - v_W\sin\varphi_0}\right|, \\ r &= r_0\frac{v_S - v_W\sin\varphi_0}{v_S - v_W\sin\varphi}. \end{aligned} \tag{6}$$

Durch Einführen der konstanten Parameter

$$a_1 = \frac{v_W}{v_S}, \quad a_0 = r_0(1 - a_1\sin\varphi_0)$$

erhält man für die Bahnkurve in Polarkoordinaten

$$r(1 - a_1\sin\varphi) = a_0. \tag{7}$$

Diese Gleichung lässt sich mit den Beziehungen (vgl. Bild 4.8)

$$r_x = r\cos\varphi, \; r_y = r\sin\varphi, \; r^2 = r_x^2 + r_y^2$$

in kartesische Koordinaten übertragen

$$\sqrt{r_x^2 + r_y^2} - a_1 r_y = a_0 .$$

Nach Umformung auf die allgemeine Gleichung von Kegelschnitten lassen sich die möglichen Bahnkurven für das Schiff diskutieren:

$$r_x^2 + (1 - a_1^2) r_y^2 - 2 a_0 a_1 \, r_y - a_0^2 = 0. \tag{8}$$

Abhängig vom Parameter $(1 - a_1^2)$ wird die Bahnkurve durch folgende Kurven beschrieben, s. [PAPULA, 2017]:

$$(1 - a_1^2) = 0 : \text{Parabel}, \quad (1 - a_1^2) > 0 : \text{Ellipse},$$
$$(1 - a_1^2) < 0 : \text{Hyperbel}, \; (1 - a_1^2) = 1 : \text{Kreis}.$$

Die Fallunterscheidung mit Hilfe des Parameters $(1 - a_1^2) = [1 - (v_W/v_S)^2]$ entspricht dem Vergleich der Schiffsgeschwindigkeit durchs Wasser mit der Strömungsgeschwindigkeit des Wassers. Für die möglichen Bahnkurven des Schiffes gilt schließlich

$$\begin{aligned} v_W = v_S &: \text{Parabel}, \quad v_W < v_S : \text{Ellipse}, \\ v_W > v_S &: \text{Hyperbel}, \quad v_W = 0 : \text{Kreis}. \end{aligned} \tag{9}$$

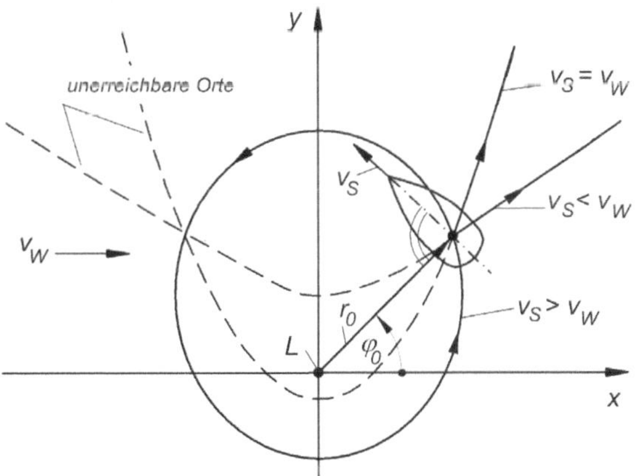

Bild 4.9 Mögliche Bahnkurven des Schiffes

Aufgabe 4.6 (Bild 4.10)

Ein Flugzeug F fliegt auf einer geradlinigen Flugbahn in der konstanten Höhe h mit der konstanten Geschwindigkeit v_F an einer Radarstation R vorbei. Im eingezeichneten bodenfesten Koordinatensystem (x, y, z) sei die Projektion der Flugbahn auf die horizontale x, y-Ebene durch die Geradengleichung $y = ax + b$ beschrieben.

a) Wie lautet der Geschwindigkeitsvektor $\boldsymbol{v}_F$ des Flugzeuges im x, y, z-System?

b) Wie lautet der zeitabhängige Ortsvektor $\boldsymbol{r}_{RF}(t)$ von der Radarstation zum Flugzeug, wenn zum Zeitpunkt $t = 0$ gerade die y-Achse überflogen wird?

c) Wie lauten die Winkel-Zeit-Funktionen $\psi(t)$ und $\vartheta(t)$ für die Einstellung des Radarschirmes für die Erfassung des Flugzeugs?

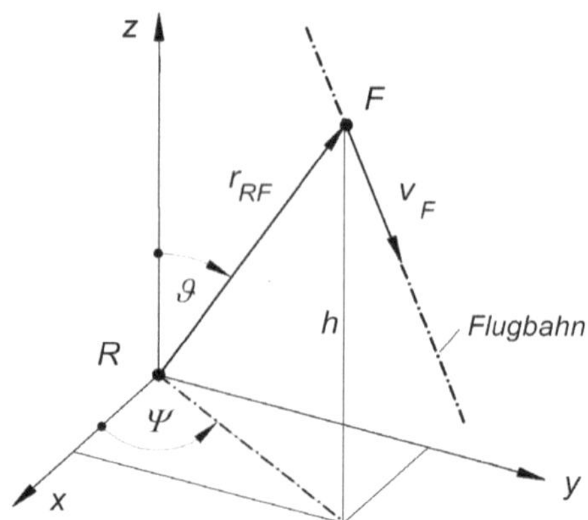

Bild 4.10 Flugbahn eines Flugzeugs

Lösungsanalyse: Für die Angabe der Bahnkurve $\boldsymbol{r}_{\mathrm{RF}}(t)$ des Flugzeugs im Raum werden die 3 Koordinaten r_x, r_y und r_z benötigt. Gegeben ist die Projektion der Bahnkurve auf die x, y-Ebene. Damit ist eine Beziehung zwischen der x- und y-Koordinate bekannt. Eine weitere Information für die drei gesuchten Koordinaten ist durch die Angabe der z-Koordinate gegeben. Die dritte Gleichung zur Lösung des Problems muss über die gegebene Fluggeschwindigkeit v_{F} gewonnen werden. Die gesuchte Gleichung liefert der physikalische Zusammenhang zwischen dem Ortsvektor $\boldsymbol{r}_{\mathrm{RF}}(t)$ und dem Geschwindigkeitsvektor $\boldsymbol{v}_{\mathrm{F}}(t)$

$$\boldsymbol{v}_{\mathrm{F}}(t) = \frac{d\boldsymbol{r}_{\mathrm{RF}}(t)}{dt}. \tag{1}$$

Die Koordinaten in (1) lassen sich durch den bekannten Betrag v_{F} der Fluggeschwindigkeit ausdrücken. Den zeitabhängigen Ortsvektor $\boldsymbol{r}_{\mathrm{RF}}(t)$ findet man schließlich durch Integration des Fluggeschwindigkeitsvektors $\boldsymbol{v}_{\mathrm{F}}(t)$. Die Zeitfunktionen für die Einstellwinkel der Radaranlage zur Erfassung des Flugzeugs kann man unmittelbar aus der Lageskizze als tan-Werte ablesen.

Lösung: a) Der Geschwindigkeitsvektor $\boldsymbol{v}_{\mathrm{F}}$ folgt nach (1) aus dem zeitvariablen Ortsvektor $\boldsymbol{r}_{\mathrm{RF}}(t)$, wobei die gegebene Flughöhe h und der Zusammenhang zwischen der x- und y-Koordinate nach der gegebenen Geradengleichung eingesetzt wird

$$\boldsymbol{r}_{\mathrm{RF}}(t) = \left[r_x,\, r_y,\, r_z\right]^{\mathrm{T}} = \left[r_x,\, ar_x + b,\, h\right]^{\mathrm{T}}. \tag{2}$$

Unter der Voraussetzung der Beschreibung in einem Inertialsystem (x, y, z) folgt für den Geschwindigkeitsvektor

$$\boldsymbol{v}_{\mathrm{F}}(t) = \frac{d\boldsymbol{r}_{\mathrm{RF}}(t)}{dt} = \left[\dot{r}_x,\, \dot{r}_y,\, \dot{r}_z\right]^{\mathrm{T}} = \left[\dot{r}_x,\, a\dot{r}_x,\, 0\right]^{\mathrm{T}}. \tag{3}$$

Die noch verbleibende Unbekannte $\dot{r}_x$ in (3) wird mit Hilfe des Betrages v_{F} der Fluggeschwindigkeit eliminiert

$$\begin{aligned} v_F &= \sqrt{v_x^2+v_y^2+v_z^2} = \dot{r}_x\sqrt{1+a^2}\,, \\ \dot{r}_x &= v_F\frac{1}{\sqrt{1+a^2}}\,. \end{aligned} \tag{4}$$

Damit folgt für den Vektor der Fluggeschwindigkeit

$$\boldsymbol{v}_F = \left[v_F\frac{1}{\sqrt{1+a^2}}\,,\; v_F\frac{a}{\sqrt{1+a^2}}\,,\; 0 \right]^T . \tag{5}$$

b) Der zeitvariable Ortsvektor zum Flugzeug folgt aus der Integration von (5) zwischen den Grenzen $[0, t]$. Mit dem bekannten Ortsvektor $\boldsymbol{r}_{RF}(t = 0) = [0, b, h]^T$ erhält man

$$\boldsymbol{r}_{RF}(t) = \int_0^t \boldsymbol{v}_F(t)dt + \boldsymbol{r}_{RF}(0) = \left[v_F\frac{t}{\sqrt{1+a^2}}\,,\; v_F\frac{at}{\sqrt{1+a^2}}+b,\; h \right]^T . \tag{6}$$

c) Die Winkel-Zeit-Funktionen $\psi(t)$ und $\vartheta(t)$ für die Einstellung des Radarschirmes auf das Flugzeug können direkt aus Bild 4.10 abgelesen werden

$$\begin{aligned} \tan\psi(t) &= \frac{r_y}{r_x}\,, & \psi(t) &= \arctan\left(a+\frac{b\sqrt{1+a^2}}{v_F t} \right), \\ \tan\vartheta(t) &= \frac{1}{r_z}\sqrt{r_x^2+r_y^2}\,, & \vartheta(t) &= \arctan\left[\frac{1}{h}\sqrt{\frac{v_F^2t^2}{1+a^2}+\left(\frac{av_Ft}{\sqrt{1+a^2}}+b\right)^2}\, \right]. \end{aligned} \tag{7}$$

Aufgabe 4.7 (Bild 4.11)

Einem Handbuch für die Jägerprüfung kann man folgenden Hinweis für den Gebrauch einer Jagdwaffe entnehmen: „*Bergauf, bergrunter, halt immer drunter*“, d. h. es wird empfohlen, beim Winkelschuss die Visierlinie unter den Zielpunkt zu halten.

a) Man begründe diese Regel ohne Rechnung an Hand der Betrachtung der Flugbahn eines Geschosses.

b) Wie groß muss für einen horizontalen Schuss der Winkel ε sein, zwischen der Visierlinie und der Ausrichtung des Büchsenlaufs?

c) Wie groß muss der Winkel ε nach b) sein für einen Schuss unter dem Schusswinkel φ = 45° zwischen der Horizontalen und der Visierlinie?

Zahlenwerte: Schussweite S = 200 m, *Mündungsgeschwindigkeit* v_0 = 800 m/s (Anfangsbedingung für die Geschwindigkeit).

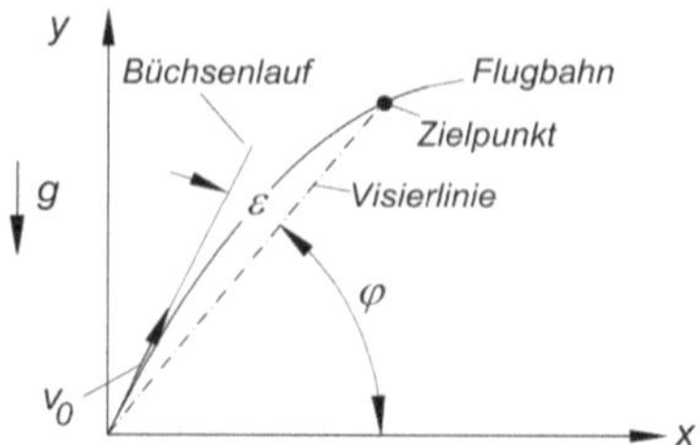

Bild 4.11 Winkel ε zwischen Büchsen-Lauf und Visierlinie bei einem Schusswinkel φ

Lösungsanalyse: Bei Vernachlässigung aller störenden Einflüsse kann die Flugbahn durch einen Parabelbogen beschrieben werden, analog zum schiefen Wurf unter dem Einfluss der Erdanziehungskraft. Durch zweifache Integration findet man die Flugbahn mit der Zeit t als Parameter aus der Erdbeschleunigung und den Anfangsbedingungen. Nach Elimination der Zeit ergibt sich die Flugbahn in Koordinatendarstellung. Der gesuchte Winkel ε zwischen der Visierlinie (beim Horizontalschuss die Waagerechte) und der Ausrichtung des Büchsenlaufs geht über die Geschwindigkeits-Anfangsbedingung v_0 in die Gleichungen ein. Die Anfangsgeschwindigkeit v_0 hat bei einem beliebigen Schusswinkel φ zwischen Visierlinie und Horizont den Winkel $(\varphi + \varepsilon)$ mit der Horizontlinie. Die Koordinaten des Zielpunktes x_S , y_S können schließlich durch die Schussweite S und die Neigung φ der Visierlinie beschrieben werden. Nach Einsetzen der Koordinaten in die Flugbahn $y(x)$ kann der Winkel ε ermittelt werden.

Lösung: a) Die Geschossbewegung entspricht einer freien Flugbahn unter der Einwirkung der Erdanziehung. Bei Vernachlässigung störender Einflüsse ist dies eine Parabel. Die Krümmung der Flugbahn und damit die Differenz zwischen Flugbahn und Visierlinie ist davon abhängig, in welchem Bereich der Parabelbahn die Geschossbahn liegt. Wie im Bild 4.12 dargestellt, bestimmt der Schusswinkel φ den Bereich des Parabelastes für die Bewegung. Der Lauf der Waffe liegt immer tangential an der Parabel. Man erkennt, größere Krümmung und damit größere Winkel ε liegen vor bei kleineren Schusswinkeln. Die Jagdwaffe wird aber so kalibriert, dass sie bei dem Schusswinkel $\varphi = 0$ (Horizontalschuss) den Zielpunkt S trifft. Der Winkel ε wird hierbei maximal eingestellt. Mit zunehmendem Schusswinkel wird der notwendige Winkel ε immer kleiner. Die Waffe mit dem fixierten Winkel ε_{max} zwischen Lauf und Visier führt dann zu Fehlschüssen oberhalb des Zielpunktes. Die gleichen Verhältnisse gelten für den Winkelschuss bergab.

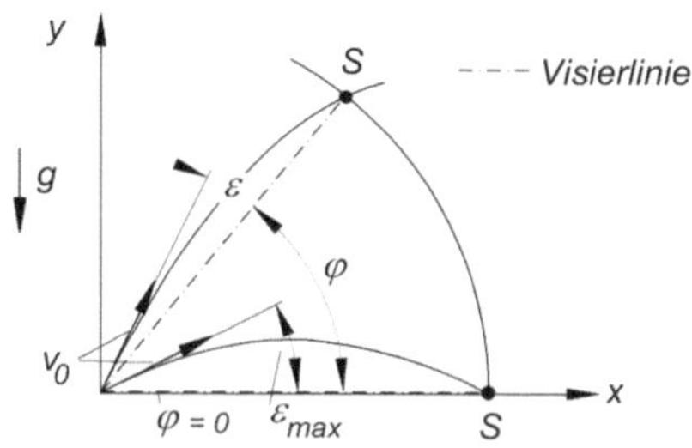

Bild 4.12 Einfluss des Schusswinkels φ auf den Winkel ε zwischen Lauf und Visierlinie

b) Ausgehend von der Erdbeschleunigung $\boldsymbol{g}$ wird die Parameterdarstellung der Bahnkurve für den Horizontalschuss durch zweifache Integration ermittelt (Bild 4.13):

Anfangsbedingungen:

$$\boldsymbol{r}_{0G}(0) = [0,\ 0]^T,\ \boldsymbol{v}_G(0) = [v_0 \cos\varepsilon,\ v_0 \sin\varepsilon]^T,\ \boldsymbol{a}_G(t) = [0,\ -g]^T. \tag{1}$$

Für die Flugbahn erhält man:

$$\boldsymbol{v}_G(t) = \int_0^t \boldsymbol{a}_G(t)\,dt + \boldsymbol{v}_G(0) = \int_0^t \begin{bmatrix} 0 \\ -g \end{bmatrix} dt + \begin{bmatrix} v_0 \cos\varepsilon \\ v_0 \sin\varepsilon \end{bmatrix} = \begin{bmatrix} v_0 \cos\varepsilon \\ v_0 \sin\varepsilon - gt \end{bmatrix},$$

$$\boldsymbol{r}_{0G}(t) = \int_0^t \boldsymbol{v}_G(t)\,dt + \boldsymbol{r}_{0G}(0) = \begin{bmatrix} v_0 t \cos\varepsilon \\ v_0 t \sin\varepsilon - \frac{1}{2} g t^2 \end{bmatrix},$$

$$\begin{aligned} x_G(t) &= v_0 t \cos\varepsilon, \\ y_G(t) &= v_0 t \sin\varepsilon - \tfrac{1}{2} g t^2. \end{aligned} \tag{2}$$

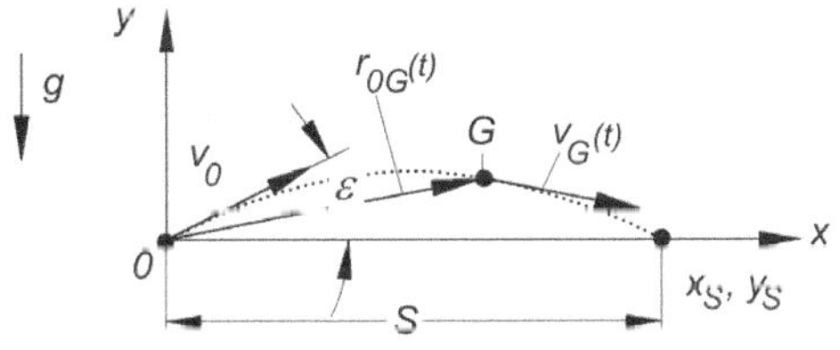

Bild 4.13 Ermittlung der Flugbahn des Geschosses G

Nach Elimination der Zeit aus (2) erhält man die Flugbahn des Geschosses G in Koordinatendarstellung:

$$\begin{aligned} x_G &= v_0 t \cos\varepsilon \rightarrow t = \frac{x_G}{v_0 \cos\varepsilon} \rightarrow \\ y_G &= x_G \tan\varepsilon - \frac{g}{2 v_0^2 \cos^2\varepsilon} x_G^2. \end{aligned} \tag{3}$$

Gleichung (3) muss auch für den Zielpunkt S zum Zeitpunkt t_S erfüllt sein. Dies führt direkt auf die Lösung für ε:

$$t = t_S:\ y_G(t_S) = y_S = 0,\ x_G(t_S) = x_S = S \rightarrow$$

$$\begin{aligned} y_G &= x_G \tan\varepsilon - \frac{g}{2 v_0^2 \cos^2\varepsilon} x_G^2, \\ 0 &= \tan\varepsilon - \frac{g}{2 v_0^2 \cos^2\varepsilon} S. \end{aligned} \tag{4}$$

Mit Hilfe der Umformung $\cos^2\varepsilon = \pm 1/\left(1 + \tan^2\varepsilon\right)$ erhält man die quadratische Gleichung

$$\tan^2\varepsilon - \frac{2 v_0^2}{gS} \tan\varepsilon + 1 = 0, \tag{5}$$

mit der Lösung $\varepsilon = 0{,}0878°$.

Hinweis zur Zahlenrechnung: Die Gleichung (5) ist extrem empfindlich gegen Rundungsfehler, da zwei fast gleiche, große Zahlenwerte voneinander abgezogen werden müssen. Man muss mit mindestens 6 Nachkommastellen rechnen.

Da sich der Lösungswinkel als sehr klein erweist, ist es zweckmäßiger, bereits in (4) die trigonometrischen Funktionen mit dem Ansatz $|\varepsilon| \ll 1$: $\tan\varepsilon \approx \varepsilon$, $\cos\varepsilon \approx 1$ zu linearisieren. Man erhält:

$$0 = \tan\varepsilon - \frac{g}{2v_0^2\cos^2\varepsilon}S \rightarrow |\varepsilon| \ll 1:\ 0 = \varepsilon - \frac{gS}{2v_0^2} \rightarrow \varepsilon = 0{,}0015328\ [\text{rad}]$$
$$\varepsilon = 0{,}0015328 \cdot \frac{180}{\pi} = 0{,}0878°. \tag{6}$$

Bei der Rechnung ist hier die mathematische Winkeleinheit *Radiant* zu beachten.

c) *Winkel ε bei beliebigem Winkelschuss:* Bei beliebigem Winkelschuss ist der Winkel zwischen der Horizontlinie und dem Büchsenlauf ($\varphi + \varepsilon$). Hier soll der für einen Schusswinkel φ notwendige Winkel ε ermittelt werden, damit der Zielpunkt getroffen wird. Die Geschwindigkeitsanfangsbedingung lautet jetzt (Bild 4.14)

$$v_G(0) = \left[v_0\cos(\varepsilon+\varphi),\ v_0\sin(\varepsilon+\varphi)\right]^T \tag{7}$$

und für die Gleichung (2) für die Parameterdarstellung der Flugbahn erhält man

$$x_G(t) = v_0 t\cos(\varepsilon+\varphi),$$
$$y_G(t) = v_0 t\sin(\varepsilon+\varphi) - \tfrac{1}{2}gt^2. \tag{8}$$

Nach Elimination des Parameters t ergibt sich die Flugbahn $y_G(x_G)$ in Koordinatendarstellung:

$$y_G(x_G) = x_G\tan(\varepsilon+\varphi) - \frac{g\,x_G^2}{2v_0^2\cos^2(\varepsilon+\varphi)}. \tag{9}$$

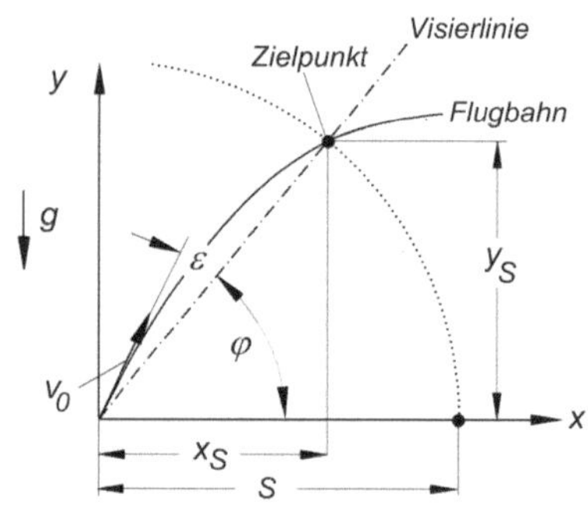

Bild 4.14 Beschreibung des Zielpunktes

Die Kriterien für den Zielpunkt $y_S(x_S)$ lauten: Lage auf der Flugbahn $y_G(x_G)$ im Abstand S vom Koordinatenursprung und auf der Visierlinie $y_V(x_V)$. Setzt man die Zielpunktkoordinaten

$$x_S = S\cos\varphi,\ y_S = S\sin\varphi \tag{10}$$

in die Flugbahn (6) ein, dann erhält man eine Bestimmungsgleichung für den Winkel ε

$$\tan(\varepsilon+\varphi) - \tan\varphi - \frac{g\,S\cos\varphi}{2v_0^2\cos^2(\varepsilon+\varphi)} = 0. \tag{11}$$

Da sich der Winkel ε als sehr klein erweist, ist es zweckmäßig, auf (11) die trigonometrischen Additionstheoreme und anschließend die Linearisierung für kleine Winkel anzuwenden. Es gilt

$$|\varepsilon| \ll 1:\quad \tan(\varphi+\varepsilon) = \frac{\tan\varphi+\tan\varepsilon}{1-\tan\varphi\tan\varepsilon} \approx \frac{\varepsilon+\tan\varphi}{1-\varepsilon\tan\varphi},$$

$$\cos(\varphi+\varepsilon) = \cos\varepsilon\cos\varphi - \sin\varepsilon\sin\varphi \approx \cos\varphi - \varepsilon\sin\varphi.$$

Damit erhält man aus (11) einen nichtlinearen Ausdruck zur Ermittlung des Winkels ε

$$\varepsilon - \frac{gS\cos^3\varphi(1-\varepsilon\tan\varphi)}{2v_0^2(\cos\varphi-\varepsilon\sin\varphi)^2} = 0. \tag{12}$$

Setzt man in (12) den Schusswinkel $\varphi = 45°$ ein, dann folgt für den Winkel ε

$$\varepsilon = \frac{\sqrt{2}}{4}\cdot\frac{gS}{v_0^2} = 0{,}00108\ [\text{rad}] \mathrel{\hat{=}} 0{,}062°. \tag{13}$$

Der erforderliche Winkel zwischen Büchsenlauf und Visierlinie wird mit zunehmendem Winkel φ kleiner. Mit der Jagdwaffe würde man bei dem Schuss unter 45° eine Abweichung nach oben erhalten, da sie auf die Verhältnisse beim Horizontalschuss kalibriert ist. Aus der Differenz der Winkel aus (6) und (13) in der Einheit *rad* erhält man für die Höhenabweichung im Ziel beim Winkelschuss

$$\Delta h = (\varepsilon_0 - \varepsilon_{45})S = (0{,}00153-0{,}00108)200 = 0{,}09\ \text{m}.$$

Aufgabe 4.8:

Bei Kraftfahrzeugverkehr auf Rollsplitt werden leicht Steine vom Reifenprofil mitgenommen und gegen nachfolgende Fahrzeuge geschleudert.

a) Wie groß ist die Wurfweite eines Steines, der beim Überrollen vom Reifen aufgenommen wurde, in Abhängigkeit der Fahrzeuggeschwindigkeit v_F und des unbekannten Ablösepunktes vom Reifen bei Vernachlässigung des Luftwiderstandes?

b) Auf Autobahnen wird bei Rollsplittauflage die Geschwindigkeit in der Regel auf 80 km/h begrenzt. Wie groß sollte man den Sicherheitsabstand zu einem vorausfahrenden Pkw mindestens machen, um auch im ungünstigsten Fall nicht von einem hoch geschleuderten Stein getroffen zu werden? Dabei sollen Steine berücksichtigt werden, die auf Grund der Karosserieform bis zum Ablösewinkel $\varphi_0 = 34°$ hoch geschleudert werden (Bild 4.15).

Lösungsanalyse: Zu untersuchen ist die Bahnkurve der freien Bewegung eines hochgeschleuderten Steines im Schwerefeld der Erde. Von der Bewegung ist die Fahrzeuggeschwindigkeit $\boldsymbol{v}_F$ und die Beschleunigung des Steines $\boldsymbol{a}_S$ bekannt (Erdbeschleunigung).

Zur Übersichtlichen Bearbeitung der Aufgabe wird der Vorgang in einem Inertialsystem I(x, y, z) beschrieben. Nach Bild 4.16 wird der Ortsvektor formal zur Beschreibung der Lage eines Steines auf dem Reifen durch eine Vektorkette dargestellt. Die Lösung wird sehr vereinfacht, wenn man dafür geeignete Zwischenpunkte wählt, deren Bewegungen leicht angebbar sind. Die Ableitung dieses Ortsvektors im Inertialsystem beschreibt den Geschwindigkeitsvektor des Steines auf dem Reifenumfang. Im Moment der Ablösung vom Reifen hat man damit die Lage- und Geschwindigkeits-Anfangsbedingung für die gesuchte Steinbewegung. Dabei ist allerdings zu berücksichtigen, dass nur bis zu einem Grenzablösewinkel φ_0 einer freier Flug des Steines möglich ist, andernfalls wird er durch den Kotflügel abgefangen. Im Bild 4.15 ist die Bewegung eines Punktes auf einem rollenden Rad anschaulich erläutert.

Die Integration führt auf seine Orts-Zeit-Funktion. Nach Elimination der Zeit erhält man die Bahnkurve zur Ermittlung der Wurfweite. Zur Berechnung des Sicherheitsabstandes für einen nachfolgenden Pkw wird die relative Bahnkurve in einem fahrzeugfesten Koordinatensystem F(x, y, z), das sich mit der Geschwindigkeit v_F bewegt, dargestellt. Dabei wird ein Steinschlag nach Abprallen eines Steines von der Straße nicht berücksichtigt.

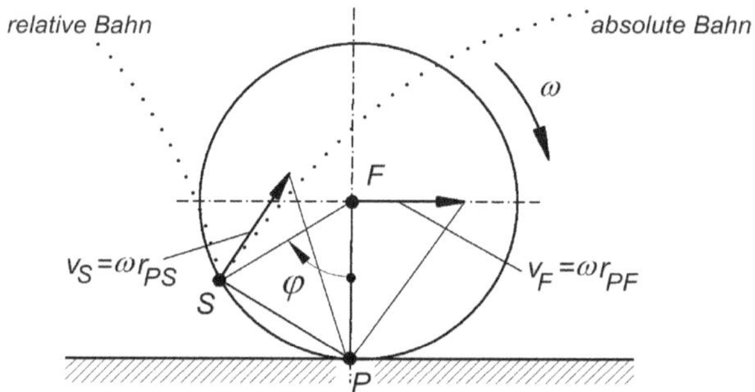

Bild 4.15 Darstellung der Bewegung eines Rad-Punktes und Flugbahnen nach Ablösung

Lösung: a) Die Geschwindigkeit eines am Reifen haftenden Steines wird durch Ableitung des ortsbeschreibenden Lagevektors ermittelt. Nach Bild 4.16 werden dafür zunächst folgende Lage-Punkte eingeführt:

O: Fixpunkt im Inertialsystem I(x, y, z), P: Reifen-Fahrbahn-Kontaktpunkt, mitbewegt,
F: Radmittelpunkt, fahrzeugfest, S: mitgenommener, bzw. sich ablösender Stein.

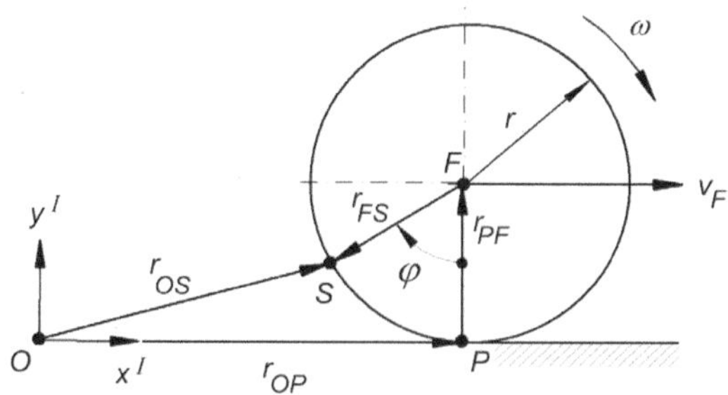

Bild 4.16 Beschreibung eines Radumfangspunktes durch Ortsvektoren

Die Lage des haftenden Steines wird durch eine Vektorkette beschrieben. Im Inertialsystem $I(x, y, z)$ erhält man in der x, y-Ebene

$$\boldsymbol{r}_{\mathrm{OS}}(t) = \boldsymbol{r}_{\mathrm{OP}} + \boldsymbol{r}_{\mathrm{PF}} + \boldsymbol{r}_{\mathrm{FS}} = \begin{bmatrix} x_{\mathrm{OP}} \\ 0 \end{bmatrix} + \begin{bmatrix} 0 \\ r \end{bmatrix} + \begin{bmatrix} -r\sin\varphi \\ -r\cos\varphi \end{bmatrix} = \begin{bmatrix} x_{\mathrm{OP}} - r\sin\varphi \\ r - r\cos\varphi \end{bmatrix}, \tag{1}$$

mit der Ableitung

$$\boldsymbol{v}_{\mathrm{S}}(t) = \frac{d}{dt}\left(\boldsymbol{r}_{\mathrm{OS}}\right) = \begin{bmatrix} v_{\mathrm{P}} - r\dot{\varphi}\cos\varphi \\ r\dot{\varphi}\sin\varphi \end{bmatrix}. \tag{2}$$

Hierin ist die Geschwindigkeit des Punktes P gleich der Fahrzeuggeschwindigkeit $\boldsymbol{v}_{\mathrm{F}}$, da der Berührpunkt zwischen Fahrzeug und Fahrbahn mit der Fahrgeschwindigkeit wandert. Der Reifen gleitet nicht auf der Fahrbahn, der Punkt P ist also für das Rad gleichzeitig der Momentanpol für die Drehbewegung. Deshalb gilt für das Rad

$$\boldsymbol{v}_{\mathrm{F}} = \boldsymbol{\omega} \times \boldsymbol{r}_{\mathrm{PF}} = \begin{bmatrix} 0 \\ 0 \\ -\omega \end{bmatrix} \times \begin{bmatrix} 0 \\ r \\ 0 \end{bmatrix} = \begin{bmatrix} r\omega \\ 0 \\ 0 \end{bmatrix} = \begin{bmatrix} r\dot{\varphi} \\ 0 \\ 0 \end{bmatrix} = \begin{bmatrix} v_{\mathrm{F}} \\ 0 \\ 0 \end{bmatrix}. \tag{3}$$

Löst sich der Stein vom Reifen, dann führt er mit der Anfangsbedingung

$$\boldsymbol{r}_{\mathrm{OS}}(0) = \begin{bmatrix} x_0 \\ y_0 \end{bmatrix}, \quad \boldsymbol{v}_{\mathrm{S}}(0) = \begin{bmatrix} v_{\mathrm{F}} - v_{\mathrm{F}}\cos\varphi_0 \\ v_{\mathrm{F}}\sin\varphi_0 \end{bmatrix} \tag{4}$$

und unter dem Einfluss der Erdbeschleunigung

$$\boldsymbol{a}_{\mathrm{S}}(t) = [0, \ -g]^{\mathrm{T}}$$

eine Wurfbahn aus. Für die Geschwindigkeit und den Ortsvektor des Steines folgt nach zwei Integrationsschritten:

$$\begin{aligned} \boldsymbol{v}_{\mathrm{S}}(t) &= \int_0^t \boldsymbol{a}_{\mathrm{S}}\,dt + \boldsymbol{v}_{\mathrm{S}}(0) = \int_0^t \begin{bmatrix} 0 \\ -g \end{bmatrix} dt + \begin{bmatrix} v_{\mathrm{F}}(1-\cos\varphi_0) \\ v_{\mathrm{F}}\sin\varphi_0 \end{bmatrix} = \begin{bmatrix} v_{\mathrm{F}}(1-\cos\varphi_0) \\ -gt + v_{\mathrm{F}}\sin\varphi_0 \end{bmatrix}, \\ \boldsymbol{r}_{\mathrm{OS}}(t) &= \int_0^t \boldsymbol{v}_{\mathrm{S}}\,dt + \boldsymbol{r}_{\mathrm{OS}}(0) = \int_0^t \begin{bmatrix} v_{\mathrm{F}}(1-\cos\varphi_0) \\ -gt + v_{\mathrm{F}}\sin\varphi_0 \end{bmatrix} dt + \begin{bmatrix} x_0 \\ y_0 \end{bmatrix} = \begin{bmatrix} v_{\mathrm{F}}(1-\cos\varphi_0)t + x_0 \\ -gt^2/2 + v_{\mathrm{F}}t\sin\varphi_0 + y_0 \end{bmatrix}. \end{aligned} \tag{5}$$

Aus (5) kann die gesuchte Wurfhöhe ermittelt werden. Zunächst wird aus der Bedingung $v_{\mathrm{S}y} = 0$ der zugehörige Zeitpunkt ermittelt:

$$t = \frac{v_{\mathrm{F}}\sin\varphi_0}{g}.$$

Mit diesem Zeitwert folgt aus der y-Koordinate des Ortsvektors die Wurfhöhe

$$y_{\max} = \frac{1}{2g} v_{\mathrm{F}}^2 \sin^2\varphi_0 + y_0. \tag{6}$$

Nach Elimination der Zeit erhält man aus dem Ortsvektor die Bahnkurve $y_{\mathrm{OS}}(x_{\mathrm{OS}})$ für den hoch geschleuderten Stein. Aus der x-Koordinate von (5.2) folgt zunächst

$$t = \frac{x_{OS}(t) - x_0}{v_F(1 - \cos\varphi_0)}. \tag{7}$$

Dies in die y-Koordinate von (5.2) eingesetzt ergibt die Bahnkurve

$$y_{OS} - y_0 + \frac{g(x_{OS} - x_0)^2}{2v_F^2(1 - \cos\varphi_0)^2} - \frac{(x_{OS} - x_0)\sin\varphi_0}{(1 - \cos\varphi_0)} = 0. \tag{8}$$

Aus (8) folgt die Wurfweite mit dem Ansatz $y_{OS}(x_{max}) = 0$. Dies führt auf eine quadratische Gleichung für $(x_{OS} - x_0)$ mit der Lösung

$$x_{max} = \frac{v_F}{g}(1 - \cos\varphi_0)\left(v_F \sin\varphi_0 + \sqrt{v_F^2 \sin^2\varphi_0 + 2gy_0}\right) + x_0. \tag{9}$$

b) Der notwendige Sicherheitsabstand zum Schutz vor Steinschlag ist die Wurfweite im fahrzeugfesten Koordinatensystem F(x, y). Es ist die relative Flugbahn eines abgelösten Steines zu untersuchen. Die absolute Geschwindigkeit im Inertialsystem setzt sich zusammen aus der Eigengeschwindigkeit des Fahrzeugs und der relativen Bewegung, die ein mitfahrender Beobachter wahrnimmt:

$$\boldsymbol{v}_S = \boldsymbol{v}_F + \boldsymbol{v}_{Srel} \Rightarrow \boldsymbol{v}_{Srel} = \boldsymbol{v}_S - \boldsymbol{v}_F = \begin{bmatrix} -v_F \cos\varphi_0 \\ -gt + v_F \sin\varphi_0 \end{bmatrix}. \tag{10}$$

Hieraus wird wieder durch Integration der relative Ortsvektor $\boldsymbol{r}_{Srel}$ bestimmt und durch Zeitelimination die Bahnkurve. Aus ihr kann direkt die Wurfweite ermittelt werden. Für die Bestimmung ihres Maximalwertes muss der ungünstigste Ablösepunkt des Steines vom Reifen gesucht werden:

$$\boldsymbol{r}_{Srel}(t) = \int_0^t \begin{bmatrix} -v_F \cos\varphi_0 \\ -gt + v_F \sin\varphi_0 \end{bmatrix} dt + \boldsymbol{r}_{Srel}(0),$$

$$\begin{bmatrix} x_{rel} \\ y_{rel} \end{bmatrix} = \begin{bmatrix} -v_F t\cos\varphi_0 + x_{rel}(0) \\ -\frac{1}{2}gt^2 + v_F t\sin\varphi_0 + y_{rel}(0) \end{bmatrix}.$$

Die Elimination der Zeit mit

$$t = \frac{x_{rel}(0) - x_{rel}}{v_F \cos\varphi_0}$$

führt auf die Bahnkurve im fahrzeugfesten Koordinatensystem

$$y_{rel} - y_{rel}(0) + \frac{g\left[x_{rel}(0) - x_{rel}\right]^2}{2v_F^2\cos^2\varphi_0} - \left[x_{rel}(0) - x_{rel}\right]\frac{\sin\varphi_0}{\cos\varphi_0} = 0. \tag{11}$$

Mit der Höhenkoordinate $y_{rel} = 0$ erhält man aus (11) die maximale Wurfweite x_{max} im fahrzeugfesten Koordinatensystem. Mit guter Näherung können die Koordinaten des Ablösepunktes vernachlässigt werden: $x_{rel}(0) = 0,\ y_{rel}(0) = 0$. Damit folgt aus (11)

$$x_{max} = -\frac{2}{g} v_F^2 \sin\varphi_0 \cos\varphi_0. \tag{12}$$

Zu bestimmen ist noch der Ablösewinkel φ_0 , der auf die größte Wurfweite führt. Im konstruktiv möglichen Wertebereich $[0, \varphi_0] = [0; 34°]$ liegt das Maximum beim Grenzwert $\varphi_0 = 34°$. Mit diesem Winkel gilt für die maximale Wurfweite

$$x_{max} = -\frac{2}{g} v_F^2 \sin 34° \cos 34° = -0,0945\, v_F^2. \tag{13}$$

Bei einer Geschwindigkeit von $v_F = 80$ km/h sollte der Mindestabstand $s \geq 46,7$ m betragen, um nicht direkt vom Steinschlag getroffen zu werden.

Aufgabe 4.9 (Bild 4.17)

Eine um den Punkt B drehbar gelagerte Scheibe wird durch eine Kurbel AC mit verstellbarer Armlänge r angetrieben. Die Kurbel dreht sich mit konstanter Winkelgeschwindigkeit ω um den Gelenkpunkt C. Der an der Kurbel befestigte Kulissenstein A gleitet dabei in der durch den Scheibenmittelpunkt verlaufenden Nut.

a) Man gebe die Funktion für die Winkelgeschwindigkeit $\dot{\psi}(\varphi, \dot{\varphi})$ der Scheibe in Abhängigkeit von der Kurbel-Winkelgeschwindigkeit ω und vom Kurbel-Winkel φ an. Für die Kurbelverhältnisse $r = 2b$ und $r = b/2$ skizziere man die Funktionsverläufe $\dot{\psi}(\varphi)$.

b) Wie groß ist die Gleitgeschwindigkeit $\dot{s} = ds/dt$ des Kulissensteins in der Scheibennut in Abhängigkeit vom Kurbelwinkel φ ?

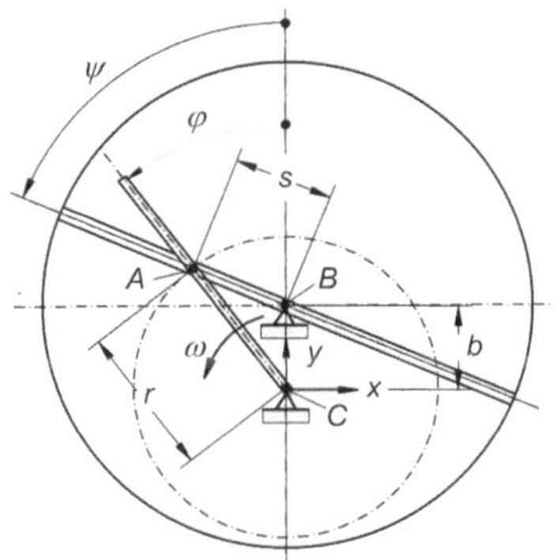

Bild 4.17 Kurbelantrieb mit Kulissenstein A

Lösungsanalyse: Gesucht wird der Zusammenhang zwischen An- und Abtrieb in einem sog. Kulissenantrieb. Die gleichförmige Antriebswinkelgeschwindigkeit $\omega = d\varphi/dt$ wird offensichtlich in eine ungleichförmige Abtriebswinkelgeschwindigkeit $d\psi/dt$ umgewandelt. Den einfachsten Zugang zum Zusammenhang der verschiedenen geometrischen Größen findet man, indem man die Vektorkette $\boldsymbol{r}_{CA} = \boldsymbol{r}_{CB} + \boldsymbol{r}_{BA}$ im (x, y)-System formuliert. Damit erhält man zwei Gleichungen, aus denen die Unbekannte s eliminiert werden kann. Gesucht ist der Zusammenhang zwischen den Winkelgeschwindigkeiten von An- und Abtrieb. Durch zeitliche Ableitung der geometrischen Beziehungen gewinnt man eine zusätzliche Gleichung zur Lösung der Aufgabe.

Lösung: a) Zur Beschreibung des Zusammenhangs der geometrischen Größen wird eine Kette von Ortsvektoren formuliert

$$\boldsymbol{r}_{\text{CA}} = \boldsymbol{r}_{\text{CB}} + \boldsymbol{r}_{\text{BA}} \Rightarrow \begin{bmatrix} -r\sin\varphi \\ r\cos\varphi \end{bmatrix} = \begin{bmatrix} 0 \\ b \end{bmatrix} + \begin{bmatrix} -s\sin\psi \\ s\cos\psi \end{bmatrix}. \tag{1}$$

Für die Beschreibung des Zusammenhangs der Winkelgeschwindigkeiten muss (1) abgeleitet werden. Zur wesentlichen Erleichterung der nachfolgenden Eliminationsarbeit ist es sinnvoll, vor der Ausführung der Ableitung die zeitvariable Größe s aus (1) zu eliminieren. Aus

$$\begin{aligned} -r\sin\varphi &= -s\sin\psi , \\ r\cos\varphi &= b + s\cos\psi \end{aligned} \tag{2}$$

erhält man nach Elimination von s

$$-r\sin\varphi\cos\psi + r\cos\varphi\sin\psi = b\sin\psi. \tag{3}$$

Zur Gewinnung weiterer Zusammenhänge wird (3) nach der Zeit abgeleitet

$$\begin{aligned} -r\dot{\varphi}\cos\varphi\cos\psi + r\dot{\psi}\sin\varphi\sin\psi - r\dot{\varphi}\sin\varphi\sin\psi + r\dot{\psi}\cos\varphi\cos\psi &= b\dot{\psi}\cos\psi , \\ \dot{\psi} = \frac{r\dot{\varphi}\left(\cos\varphi + \sin\varphi\tan\psi\right)}{r\left(\cos\varphi + \sin\varphi\tan\psi\right) - b} &. \end{aligned} \tag{4}$$

Aus (2) kann der Ausdruck

$$\tan\psi = \frac{r\sin\varphi}{r\cos\varphi - b} \tag{5}$$

gewonnen werden. Dies in (4) eingesetzt ergibt den gesuchten Zusammenhang

$$\dot{\psi} = \omega\,\frac{r^2 - rb\cos\varphi}{r^2 - 2rb\cos\varphi + b^2}. \tag{6}$$

In Bild 4.18 ist die Funktion $\dot{\psi}\,/\,\dot{\varphi}(\varphi)$ für die Kurbelarmdaten $r = 2b$ und $r = b/\,2$ aufgetragen. Im Werkzeugmaschinenbau wird dieser Antriebsmechanismus für $r < b$ bei sog. Shapingmaschinen (Horizontalstoßmaschinen) verwendet. Kennzeichen des Bewegungsablaufs sind ein verhältnismäßig gleichmäßiger Maschinenvorlauf und ein schneller Rücklauf.

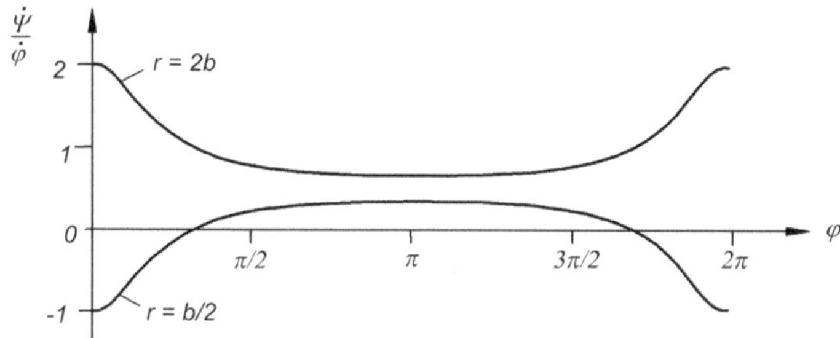

Bild 4.18 Funktionsverlauf $\dot{\psi}\,/\,\dot{\varphi}(\varphi)$ für den Kurbelantrieb mit Kulissenstein

b) Die Relativgeschwindigkeit *ds/dt* zwischen Kulissenstein und Scheibe erhält man durch Ableiten der ersten Glch von (2)

$$r\dot{\varphi}\cos\varphi = \dot{s}\sin\psi + s\dot{\psi}\cos\psi . \tag{7}$$

Die Elimination von $s\cos\psi$ erfolgt mit Hilfe der zweiten Glch von (2), von $\dot{\psi}$ mit Hilfe von (6) und $\sin\psi$ wird über $\sin\psi = \sqrt{\tan^2\psi / \left(1+\tan^2\psi\right)}$ mit Hilfe von (5) eliminiert. Für die Relativgeschwindigkeit des Kulissensteins erhält man

$$\dot{s} = \dot{\varphi}\,\frac{rb\sin\varphi}{\sqrt{r^2 + b^2 - 2rb\cos\varphi}} . \tag{8}$$

Aufgabe 4.10 (Bild 4.19)

Die Kinematik für den skizzierten Schubkurbelmechanismus ist zu untersuchen. Die Antriebsscheibe dreht sich mit konstanter Winkelgeschwindigkeit ω um den Fixpunkt O. Das Schubelement B wird durch die Schubstange AB geführt.

Mit welcher Geschwindigkeit bewegt sich das Schubelement B in Abhängigkeit vom Kurbelwinkel? Mit welcher Winkelgeschwindigkeit bewegt sich die Schubstange AB, wenn der Kurbelpunkt A den Winkel $\varphi = 0$ durchläuft?

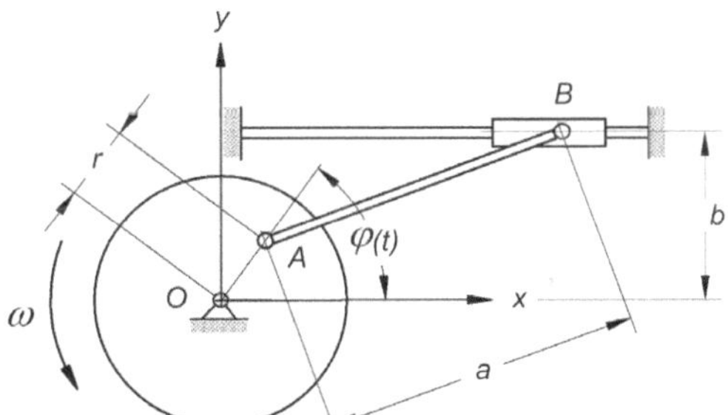

Bild 4.19 Schubkurbelmechanismus

Lösungsanalyse: Für die Darstellung des Zusammenhangs der geometrischen Größen wird zuerst der Ortsvektor $\boldsymbol{r}_{OB}$ durch eine Vektorkette im Inertialsystem (x, y) beschrieben. Die Ableitung dieses Ortsvektors nach der Zeit ist die gesuchte Geschwindigkeit $\boldsymbol{v}_B$ des Schubelements. Die Winkelgeschwindigkeit der Schubstange AB findet man aus der Grundgleichung für den allgemeinen Bewegungszustand eines starren Körpers

$$\boldsymbol{v}_B = \boldsymbol{v}_A + \boldsymbol{\omega}\times\boldsymbol{r}_{AB} , \tag{1}$$

worin A und B zwei beliebige Punkte des starren Körpers sind. Die zugehörigen Geschwindigkeiten $\boldsymbol{v}$ sind die absoluten Geschwindigkeiten der Starrkörperpunkte und $\boldsymbol{\omega}$ sein Winkelgeschwindigkeitsvektor gegenüber einem Inertialsystem.

Lösung: *Geschwindigkeit des Schubelements*: Die Lagebeschreibung des Punktes B erfolgt durch Angabe seines Ortsvektors vom Inertialpunkt O zum Schubelement B durch eine leicht angebbare Vektorkette

$$\boldsymbol{r}_{\mathrm{OB}}(t)=\boldsymbol{r}_{\mathrm{OA}}+\boldsymbol{r}_{\mathrm{AB}}=\begin{bmatrix} r\cos\varphi \\ r\sin\varphi \end{bmatrix}+\begin{bmatrix} \sqrt{a^2-(b-r\sin\varphi)^2} \\ b-r\sin\varphi \end{bmatrix}=\begin{bmatrix} r\cos\varphi+\sqrt{a^2-(b-r\sin\varphi)^2} \\ b \end{bmatrix}. \quad (2)$$

Für den Winkel φ gilt in (2) bei konstanter Winkelgeschwindigkeit ω: $\varphi(t) = \varphi_0 + \omega t$. Die Schubelementgeschwindigkeit ist die Ableitung von (2) nach der Zeit

$$\boldsymbol{v}_{\mathrm{B}}=\frac{d}{dt}\boldsymbol{r}_{\mathrm{OB}}(t)=\begin{bmatrix} -r\omega\sin\varphi+\dfrac{(b-r\sin\varphi)r\omega\cos\varphi}{\sqrt{a^2-(b-r\sin\varphi)^2}} \\ 0 \end{bmatrix}. \quad (3)$$

Ermittlung der Winkelgeschwindigkeit der Schubstange: Für die Berechnung des Winkelgeschwindigkeitsvektors eines starren Körpers nach (1) benötigt man die absoluten Geschwindigkeiten von zwei Körperpunkten. Im Bild 4.20 ist die Bewegungssituation für die Schubstange bei $\varphi_0 = 0$ dargestellt.

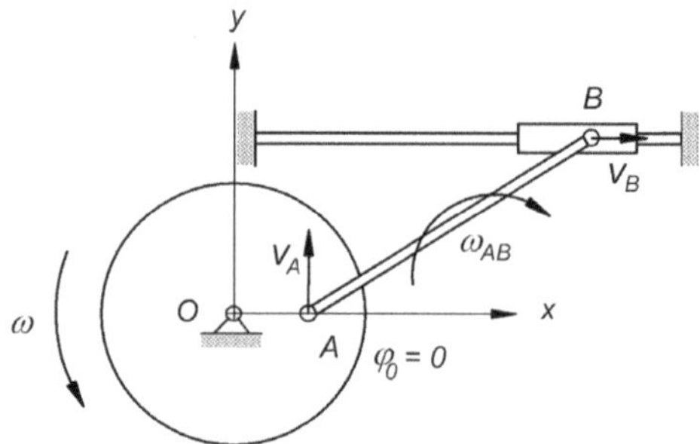

Bild 4.20 Bewegungszustand der Schubstange bei $\varphi = 0$

Der Bewegungszustand der Schubstange folgt aus (1): $\boldsymbol{v}_{\mathrm{B}} = \boldsymbol{v}_{\mathrm{A}} + \boldsymbol{\omega}\times\boldsymbol{r}_{\mathrm{AB}}$, mit den einzelnen Vektoren im Lagezustand $\varphi_0 = 0$:

$$\boldsymbol{v}_{\mathrm{A}}=\begin{bmatrix} 0 \\ r\omega \\ 0 \end{bmatrix},\ \boldsymbol{v}_{\mathrm{B}}=\begin{bmatrix} \dfrac{br\omega}{\sqrt{a^2-b^2}} \\ 0 \\ 0 \end{bmatrix},\ \boldsymbol{r}_{\mathrm{AB}}=\begin{bmatrix} \sqrt{a^2-b^2} \\ b \\ 0 \end{bmatrix},\ \boldsymbol{\omega}_{\mathrm{AB}}=\begin{bmatrix} 0 \\ 0 \\ \omega_{\mathrm{AB}} \end{bmatrix}. \quad (4)$$

Zur Vermeidung von Vorzeichenfehlern ist beim Ortsvektor $\boldsymbol{r}_{\mathrm{AB}}$ besonders auf die Reihenfolge der Bezugspunkte im Index zu achten. Mit den Vektoren aus (4) erhält man aus (1) zwei skalare Gleichungen

$$\begin{aligned} \frac{br\omega}{\sqrt{a^2-b^2}} &= -\omega_{\mathrm{AB}}b, \\ 0 &= r\omega+\omega_{\mathrm{AB}}\sqrt{a^2-b^2}, \end{aligned} \quad (5)$$

die beide auf die Winkelgeschwindigkeit für die Schubstange im Nulldurchgang des Gelenkpunktes A führen

$$\omega_{\mathrm{AB}} = -\frac{r\omega}{\sqrt{a^2 - b^2}}. \qquad (6)$$

Aufgabe 4.11 (Bild 4.21)

Die Greiferposition (Punkt D) eines 3-achsigen Montage-Roboters werde beschrieben durch die veränderlichen Lagewinkel $\alpha(t)$, $\beta(t)$ und $\gamma(t)$. Der Greifer soll für eine bestimmte Montage-Aufgabe die skizzierte horizontale, gerade Bahn $s(t)$ in der Höhe p ausführen.

Welche Winkel-Zeit-Funktionen $\alpha(t)$, $\beta(t)$ und $\gamma(t)$ muss die Robotersteuerung für diese Bewegung vorgeben? Man führe die Lösung nur bis zur Aufstellung des nichtlinearen algebraischen Gleichungssystems für die 3 Achswinkel aus.

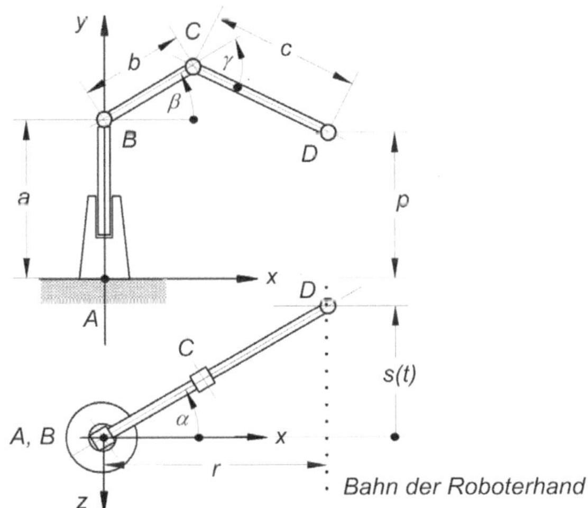

Bild 4.21 3-achsiger Montage-Roboter mit vorgegebener Bahn

Lösungsanalyse: Zur Beschreibung der geforderten Bahn der Roboterhand wird eine Ortsvektorkette $\boldsymbol{r}_{\mathrm{AD}}$ aufgebaut, in der als Variablen die drei Achswinkel α, β und γ auftreten. Man erhält ein hochgradig nichtlineares algebraisches Gleichungssystem, das analytisch nicht nach den Achswinkeln aufgelöst werden kann. Die Weiterbehandlung der Aufgabenstellung ist nur numerisch mit entsprechenden Algorithmen am Computer möglich.

Lösung: Die Roboterhand D soll eine vorgegebene Bahn ausführen. Das lässt sich durch folgende Vektorkette beschreiben

$$\boldsymbol{r}_{\mathrm{AD}}(t) = \boldsymbol{r}_{\mathrm{AB}}(t) + \boldsymbol{r}_{\mathrm{BC}}(t) + \boldsymbol{r}_{\mathrm{CD}}(t). \qquad (1)$$

Für die einzelnen Ortsvektoren liest man aus Bild 4.21 folgende Komponenten ab

$$\boldsymbol{r}_{\mathrm{AD}}(t) = \begin{bmatrix} r \\ p \\ -s(t) \end{bmatrix}, \boldsymbol{r}_{\mathrm{AB}}(t) = \begin{bmatrix} 0 \\ a \\ 0 \end{bmatrix}, \boldsymbol{r}_{\mathrm{BC}}(t) = \begin{bmatrix} b\cos\alpha\cos\beta \\ b\sin\beta \\ -b\sin\alpha\cos\beta \end{bmatrix}, \boldsymbol{r}_{\mathrm{CD}}(t) = \begin{bmatrix} c\cos\alpha\cos(\beta-\gamma) \\ c\sin(\beta-\gamma) \\ -c\sin\alpha\cos(\beta-\gamma) \end{bmatrix}.$$

Aus den Komponenten dieser Vektoren erhält man 3 skalare Gleichungen

$$\begin{aligned} r &= b\cos\alpha\cos\beta + c\cos\alpha\cos(\beta-\gamma), \\ p &= a + b\sin\beta + c\sin(\beta-\gamma), \\ s(t) &= b\sin\alpha\cos\beta + c\sin\alpha\cos(\beta-\gamma). \end{aligned} \tag{2}$$

Die Lösung dieses nichtlinearen algebraischen Gleichungssystems sind die 3 gesuchten Winkel-Zeit-Funktionen $\alpha(t)$, $\beta(t)$ und $\gamma(t)$, um die vorgegebene Montage-Bahn $s(t)$ auszuführen. Analytisch lässt sich das Gleichungssystem nicht nach den 3 Achswinkeln auflösen, man ist dafür auf numerische Routinen angewiesen.

Aufgabe 4.12 (Bild 4.22)

Ein Seil wird von einer ruhenden Walze abgewickelt. Der Berührpunkt P des Seiles mit der Walze soll dabei mit konstanter Winkelgeschwindigkeit $\omega = d\varphi/dt$ um die Walze herumlaufen. Zum Zeitpunkt $t = 0$ liegt der Seilendpunkt bei A_0 auf der Walzenoberfläche.

Wie groß ist die Geschwindigkeit $\boldsymbol{v}_{\mathrm{A}}$ und die Beschleunigung $\boldsymbol{a}_{\mathrm{A}}$ des Seilendpunktes A in Abhängigkeit der Zeit?

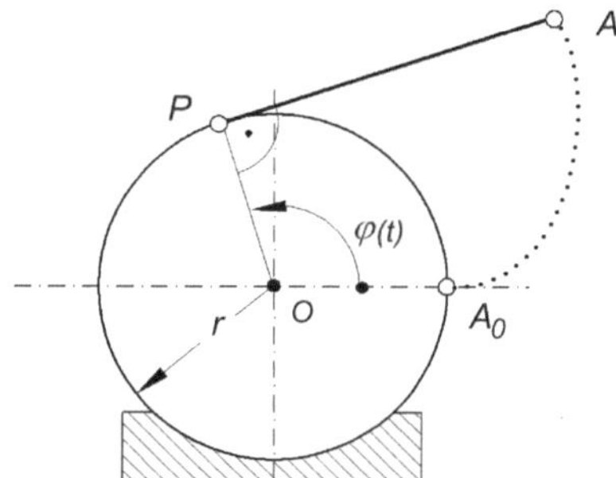

Bild 4.22 Abwickeln eines Seiles

Lösungsanalyse: Die Geschwindigkeit und Beschleunigung des Seilendpunktes A sind die erste und zweite zeitliche Ableitung des Ortsvektors $\boldsymbol{r}_{\mathrm{OA}}$. Dafür muss vorausgesetzt werden: Der Anfangspunkt des Ortsvektors muss ein Fixpunkt sein und der Ortsvektor muss im Inertialsystem $\mathrm{I}(x, y, z)$ beschrieben werden. Wird der Orts- oder Geschwindigkeitsvektor in einem sich drehendem Koordinatensystem beschrieben, dann muss bei den Ableitungen berücksichtigt werden, dass sich die Einheitsvektoren (Basisvektoren) des Systems zeitlich verändern und sie deshalb bei der Ableitung zu berücksichtigen sind. Bei der Ableitung eines Vektors, der in einem drehenden Koordinatensystem $\mathrm{F}(x, y, z)$ angegeben ist, muss die Differenziationsregel

$$\frac{d}{dt}\boldsymbol{r}_{\mathrm{OA}}^{\mathrm{F}} = \frac{d^{rel}}{dt}\boldsymbol{r}_{\mathrm{OA}}^{\mathrm{F}} + \boldsymbol{\omega}^{\mathrm{F}} \times \boldsymbol{r}_{\mathrm{OA}}^{\mathrm{F}} \tag{1}$$

benutzt werden, mit dem Winkelgeschwindigkeitsvektor $\boldsymbol{\omega}$ des Koordinatensystems. Der hochgestellte Index F weist in (1) darauf hin, dass die Vektoren durch Projektionen auf die Achsen des drehenden Systems F(x, y, z) anzugeben sind.

Bei der Wahl eines Koordinatensystems ist entscheidend, in welchem System die einfachste Darstellung der Vektoren möglich ist. Im vorliegenden Fall ist dies das mit dem Punkt P mitdrehende System. Eine weitere, sehr formale Methode arbeitet mit Transformationsmatrizen, mit deren Hilfe Vektoren durch Matrizenmultiplikation in anderen Koordinatensystemen dargestellt werden können. Durch formale Differenziation der Matrizenprodukte wird die Differenziationsregel ersetzt. Diese Vorgehensweise eignet sich besonders bei der Analyse sehr großer technischer Systeme, die mit Computereinsatz behandelt werden. In Folgendem sollen alle hier genannten Verfahren angewendet werden.

Lösung: Geschwindigkeit und Beschleunigung des Seilendpunktes A findet man durch die 1. und 2. Ableitung des Ortsvektors mit dem Fixpunkt O (Bild 4.23):

$$\boldsymbol{r}_{\mathrm{OA}} = \boldsymbol{r}_{\mathrm{OP}} + \boldsymbol{r}_{\mathrm{PA}}\,, \quad \boldsymbol{v}_{\mathrm{A}} = \frac{d}{dt}\boldsymbol{r}_{\mathrm{OA}}\,, \quad \boldsymbol{a}_{\mathrm{A}} = \frac{d}{dt}\boldsymbol{v}_{\mathrm{A}}\,. \tag{2}$$

Der Umfang der Auswertung von (2) hängt ab von der Wahl des Koordinatensystems in dem die Vektoren dargestellt werden. Drei Lösungsvarianten sollen für die Aufgabe beschrieben werden. Dafür werden die Koordinatensysteme nach Bild 4.23 eingeführt: Das Inertialsystem I(x, y, z) und das mitdrehende System F(x, y, z). Zur eindeutigen Kennzeichnung erhalten Vektoren, die in bestimmten Koordinatensystemen beschrieben werden, hochgestellte Indizes.

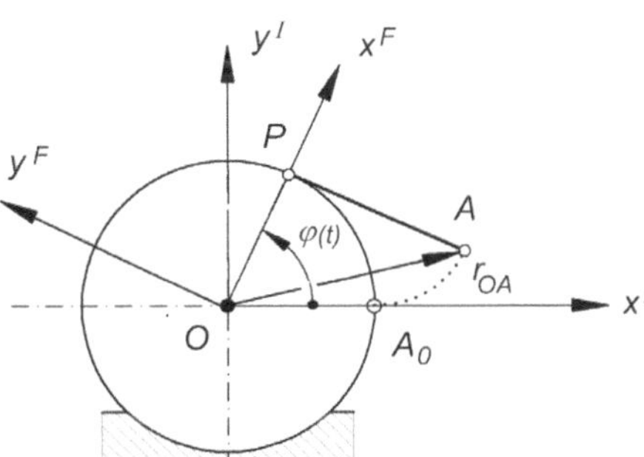

Bild 4.23 Ortsvektor und Koordinatensysteme

Lösung im mitdrehenden System F(x, y, z):

In diesem Koordinatensystem lässt sich die Ortsvektorkette nach (2) am einfachsten angeben:

$$\boldsymbol{r}_{\mathrm{OA}}^{\mathrm{F}} = \boldsymbol{r}_{\mathrm{OP}}^{\mathrm{F}} + \boldsymbol{r}_{\mathrm{PA}}^{\mathrm{F}} = \begin{bmatrix} r \\ 0 \\ 0 \end{bmatrix} + \begin{bmatrix} 0 \\ -r\varphi \\ 0 \end{bmatrix} = \begin{bmatrix} r \\ -r\varphi \\ 0 \end{bmatrix}. \tag{3}$$

Da sich die Basisvektoren des Systems F(x, y, z) gegenüber dem Inertialraum verdrehen, muss zur Berechnung von Geschwindigkeit und Beschleunigung nach (2) die Differenziationsregel (1) angewandt werden. Für die Geschwindigkeit $\boldsymbol{v}_{\mathrm{A}}^{\mathrm{F}}$ gilt

$$\boldsymbol{v}_{\mathrm{A}}^{\mathrm{F}}(t)=\frac{d^{rel}}{dt}\boldsymbol{r}_{\mathrm{OA}}^{\mathrm{F}}+\boldsymbol{\omega}^{\mathrm{F}}\times\boldsymbol{r}_{\mathrm{OA}}^{\mathrm{F}}\ ,\ \text{mit}\ \boldsymbol{\omega}^{\mathrm{F}}=\begin{bmatrix}0\\0\\\dot{\varphi}\end{bmatrix},$$
$$=\frac{d^{rel}}{dt}\begin{bmatrix}r\\-r\varphi\\0\end{bmatrix}+\begin{bmatrix}0\\0\\\dot{\varphi}\end{bmatrix}\times\begin{bmatrix}r\\-r\varphi\\0\end{bmatrix}=\begin{bmatrix}0\\-r\dot{\varphi}\\0\end{bmatrix}+\begin{bmatrix}r\dot{\varphi}\varphi\\r\dot{\varphi}\\0\end{bmatrix}=\begin{bmatrix}r\dot{\varphi}\varphi\\0\\0\end{bmatrix}. \tag{4}$$

Für die Beschleunigung $\boldsymbol{a}_{\mathrm{A}}^{\mathrm{F}}$ gilt

$$\boldsymbol{a}_{\mathrm{A}}^{\mathrm{F}}(t)=\frac{d^{rel}}{dt}\boldsymbol{v}_{\mathrm{A}}^{\mathrm{F}}+\boldsymbol{\omega}^{\mathrm{F}}\times\boldsymbol{v}_{\mathrm{A}}^{\mathrm{F}}\ ,$$
$$=\frac{d^{rel}}{dt}\begin{bmatrix}r\dot{\varphi}\varphi\\0\\0\end{bmatrix}+\begin{bmatrix}0\\0\\\dot{\varphi}\end{bmatrix}\times\begin{bmatrix}r\dot{\varphi}\varphi\\0\\0\end{bmatrix}=\begin{bmatrix}r\dot{\varphi}^2+r\varphi\ddot{\varphi}\\0\\0\end{bmatrix}+\begin{bmatrix}0\\r\dot{\varphi}^2\varphi\\0\end{bmatrix}=\begin{bmatrix}r\dot{\varphi}^2+r\varphi\ddot{\varphi}\\r\dot{\varphi}^2\varphi\\0\end{bmatrix}. \tag{5}$$

Die Beträge von Geschwindigkeit und Beschleunigung lauten bei $\ddot{\varphi}=0$

$$\begin{aligned}v_{\mathrm{A}}&=\sqrt{v_{\mathrm{A}x}^2+v_{\mathrm{A}y}^2+v_{\mathrm{A}z}^2}=r\varphi\dot{\varphi},\\a_{\mathrm{A}}&=\sqrt{a_{\mathrm{A}x}^2+a_{\mathrm{A}y}^2+a_{\mathrm{A}z}^2}=r\dot{\varphi}^2\sqrt{1+\varphi^2}\,.\end{aligned} \tag{6}$$

Lösung im Inertialsystem I(x, y, z):

$$\boldsymbol{r}_{\mathrm{OA}}^{\mathrm{I}}=\boldsymbol{r}_{\mathrm{OP}}^{\mathrm{I}}+\boldsymbol{r}_{\mathrm{PA}}^{\mathrm{I}}=\begin{bmatrix}r\cos\varphi\\r\sin\varphi\\0\end{bmatrix}+\begin{bmatrix}r\varphi\sin\varphi\\-r\varphi\cos\varphi\\0\end{bmatrix}=\begin{bmatrix}r(\varphi\sin\varphi+\cos\varphi)\\r(\sin\varphi-\varphi\cos\varphi)\\0\end{bmatrix}. \tag{7}$$

Für die Geschwindigkeit $\boldsymbol{v}_{\mathrm{A}}$ gilt im Inertialsystem

$$\boldsymbol{v}_{\mathrm{A}}^{\mathrm{I}}(t)=\frac{d}{dt}\boldsymbol{r}_{\mathrm{OA}}^{\mathrm{I}}(t)=\frac{d}{dt}\begin{bmatrix}r(\varphi\sin\varphi+\cos\varphi)\\r(\sin\varphi-\varphi\cos\varphi)\\0\end{bmatrix}=\begin{bmatrix}r\varphi\dot{\varphi}\cos\varphi\\r\varphi\dot{\varphi}\sin\varphi\\0\end{bmatrix}. \tag{8}$$

Für die Beschleunigung $\boldsymbol{a}_{\mathrm{A}}$ gilt im Inertialsystem

$$\boldsymbol{a}_{\mathrm{A}}^{\mathrm{I}}(t)=\frac{d}{dt}\boldsymbol{v}_{\mathrm{A}}^{\mathrm{I}}(t)=\frac{d}{dt}\begin{bmatrix}r\varphi\dot{\varphi}\cos\varphi\\r\varphi\dot{\varphi}\sin\varphi\\0\end{bmatrix}=\begin{bmatrix}r\left[(\dot{\varphi}^2+\varphi\ddot{\varphi})\cos\varphi-\varphi\dot{\varphi}^2\sin\varphi\right]\\r\left[(\dot{\varphi}^2+\varphi\ddot{\varphi})\sin\varphi+\varphi\dot{\varphi}^2\cos\varphi\right]\\0\end{bmatrix}. \tag{9}$$

Für die Beträge von Geschwindigkeit und Beschleunigung erhält man wieder mit $\ddot{\varphi}=0$ die Werte aus (6).

Lösung im mitdrehenden System F(x, y, z) mit Hilfe von Transformationsmatrizen:

Der Übergang bei der Beschreibung eines Vektors von einem Koordinatensystem I(x, y, z) zu einem System F(x, y, z) kann formal durch die Multiplikation mit einer Transformationsmatrix $\mathbf{T}^{\mathrm{IF}}$ ausgeführt werden. Dabei bedeuten die hochgestellten Indizes die Transformationsrichtung I → F

$$\boldsymbol{r}_{\mathrm{OA}}^{\mathrm{F}} = \mathbf{T}^{\mathrm{IF}}\, \boldsymbol{r}_{\mathrm{OA}}^{\mathrm{I}}\,. \tag{10}$$

Transformationsmatrizen zwischen kartesischen Koordinatensystemen sind orthogonale Matrizen mit der besonderen Eigenschaft [PAPULA, 2017]

$$\left(\mathbf{T}^{\mathrm{IF}}\right)^{-1} = \left(\mathbf{T}^{\mathrm{IF}}\right)^{\mathrm{T}} = \mathbf{T}^{\mathrm{FI}}, \tag{11}$$

d. h. für die Rücktransformation eines Vektors zwischen den Systemen F → I muss die zugehörige inverse Transformationsmatrix lediglich transponiert werden. Nach Linksmultiplikation von (10) mit $(\mathbf{T}^{\mathrm{IF}})^{-1}$ folgt mit $(\mathbf{T}^{\mathrm{IF}})^{-1}\,\mathbf{T}^{\mathrm{IF}} = \mathbf{E}$ (Einheitsmatrix)

$$\boldsymbol{r}_{\mathrm{OA}}^{\mathrm{I}} = \left(\mathbf{T}^{\mathrm{IF}}\right)^{-1} \boldsymbol{r}_{\mathrm{OA}}^{\mathrm{F}} = \left(\mathbf{T}^{\mathrm{IF}}\right)^{\mathrm{T}} \boldsymbol{r}_{\mathrm{OA}}^{\mathrm{F}} = \mathbf{T}^{\mathrm{FI}} \boldsymbol{r}_{\mathrm{OA}}^{\mathrm{F}}. \tag{12}$$

Die Elemente der Transformationsmatrix $\mathbf{T}^{\mathrm{IF}}$ bei einer Drehung φ um die z^{I}-Achse (Bild 4.23) findet man nach Bild 4.1 im Vorspann zu

$$\mathbf{T}^{\mathrm{IF}} = \begin{bmatrix} \cos\varphi & \sin\varphi & 0 \\ -\sin\varphi & \cos\varphi & 0 \\ 0 & 0 & 1 \end{bmatrix}. \tag{13}$$

Werden die Komponenten eines Vektors in einem Inertialsystem beschrieben, dann treten keine zeitlichen Ableitungen der Basisvektoren auf. Nutzt man die Transformationsmatrix (13) zur Beschreibung eines Vektors im Inertialsystem, dann folgt aus (2) und (10) für die Berechnung der Geschwindigkeit $\boldsymbol{v}_{\mathrm{A}}$ und Beschleunigung $\boldsymbol{a}_{\mathrm{A}}$, wenn man von der einfachsten Darstellung des Ortsvektors im F(x, y, z)-System ausgeht:

$$\begin{aligned} \boldsymbol{r}_{\mathrm{OA}}^{\mathrm{I}} &= \mathbf{T}^{\mathrm{FI}} \boldsymbol{r}_{\mathrm{OA}}^{\mathrm{F}} = \mathbf{T}^{\mathrm{FI}} \left(\boldsymbol{r}_{\mathrm{OP}}^{\mathrm{F}} + \boldsymbol{r}_{\mathrm{PA}}^{\mathrm{F}}\right), \text{ mit } \boldsymbol{r}_{\mathrm{OA}}^{\mathrm{F}} = \left[r,\, -r\varphi,\, 0\right]^{\mathrm{T}}, \\ \boldsymbol{v}_{\mathrm{A}}^{\mathrm{I}}(t) &= \frac{d}{dt}\boldsymbol{r}_{\mathrm{OA}}^{\mathrm{I}} = \frac{d}{dt}\left(\mathbf{T}^{\mathrm{FI}}\, \boldsymbol{r}_{\mathrm{OA}}^{\mathrm{F}}\right) = \dot{\mathbf{T}}^{\mathrm{FI}}\, \boldsymbol{r}_{\mathrm{OA}}^{\mathrm{F}} + \mathbf{T}^{\mathrm{FI}}\, \dot{\boldsymbol{r}}_{\mathrm{OA}}^{\mathrm{F}}, \\ \boldsymbol{a}_{\mathrm{A}}^{\mathrm{I}}(t) &= \frac{d}{dt}\boldsymbol{v}_{\mathrm{A}}^{\mathrm{I}}\,. \end{aligned} \tag{14}$$

Zu (14) ist anzumerken, dass sich die zeitlichen Ableitungen im Ergebnis ausschließlich auf die skalaren Vektor- und Matrixelemente, nicht aber auf Basisvektoren beziehen.

Mit der Transformationsmatrix

$$\mathbf{T}^{\mathrm{FI}} = \begin{bmatrix} \cos\varphi & -\sin\varphi & 0 \\ \sin\varphi & \cos\varphi & 0 \\ 0 & 0 & 1 \end{bmatrix} \tag{15}$$

erhält man für die Geschwindigkeit aus (14)

$$\boldsymbol{v}_{\mathrm{A}}^{\mathrm{I}}(t)=\dot{\mathbf{T}}^{\mathrm{FI}}\boldsymbol{r}_{\mathrm{OA}}^{\mathrm{F}}+\mathbf{T}^{\mathrm{FI}}\dot{\boldsymbol{r}}_{\mathrm{OA}}^{\mathrm{F}}=\begin{bmatrix}-\dot{\varphi}\sin\varphi & -\dot{\varphi}\cos\varphi & 0\\ \dot{\varphi}\cos\varphi & -\dot{\varphi}\sin\varphi & 0\\ 0 & 0 & 0\end{bmatrix}\cdot\begin{bmatrix}r\\ -r\varphi\\ 0\end{bmatrix}+\begin{bmatrix}\cos\varphi & -\sin\varphi & 0\\ \sin\varphi & \cos\varphi & 0\\ 0 & 0 & 1\end{bmatrix}\cdot\begin{bmatrix}0\\ -r\dot{\varphi}\\ 0\end{bmatrix}$$
$$=\begin{bmatrix}-r\dot{\varphi}\sin\varphi+r\varphi\dot{\varphi}\cos\varphi\\ r\dot{\varphi}\cos\varphi+r\varphi\dot{\varphi}\sin\varphi\\ 0\end{bmatrix}+\begin{bmatrix}r\dot{\varphi}\sin\varphi\\ -r\dot{\varphi}\cos\varphi\\ 0\end{bmatrix}=\begin{bmatrix}r\varphi\dot{\varphi}\cos\varphi\\ r\varphi\dot{\varphi}\sin\varphi\\ 0\end{bmatrix}. \tag{16}$$

Für die Beschleunigung $\boldsymbol{a}_{\mathrm{A}}{}^{\mathrm{I}}(t)$ erhält man wieder den Ausdruck (9) im Inertialsystem.

Aufgabe 4.13 (Bild 4.24)

Ein ringförmig gebogenes Rohr dreht sich mit konstanter Winkelgeschwindigkeit $\boldsymbol{\Omega}$ um die Achse O senkrecht zur Ringebene. Relativ zum Rohr wird eine Punktmasse M mit konstanter Winkelgeschwindigkeit $\boldsymbol{\omega}$ geführt.

a) Man bestimme die absolute Geschwindigkeit $\boldsymbol{v}_{\mathrm{M}}(t)$ und die absolute Beschleunigung $\boldsymbol{a}_{\mathrm{M}}(t)$ der Punktmasse und gebe sie im Inertialsystem I(x, y, z) und im rohrfesten Koordinatensystem R(x, y, z) an.

b) Man untersuche, für welche Winkel ψ, Winkelgeschwindigkeitsverhältnisse ω/Ω und Geometrieverhältnisse b/r die Beschleunigung $a_{\mathrm{M}} = 0$ werden kann.

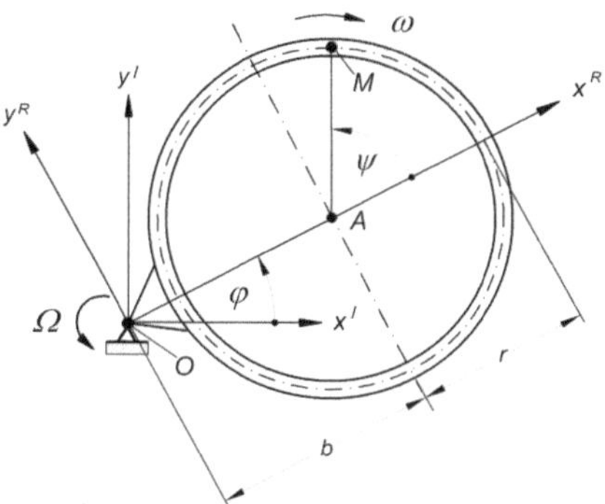

Bild 4.24 Rotierendes Rohr mit umlaufendem Massenpunkt M

Lösungsanalyse: Die absolute Geschwindigkeit und Beschleunigung der Punktmasse M folgen aus den Ableitungen des Ortsvektors $\boldsymbol{r}_{\mathrm{OM}}(t)$ nach der Zeit. Der Ortsvektor kann leicht im Inertialsystem I(x, y, z) durch eine Vektorkette angegeben werden. Die Angabe in Koordinaten des rohrfesten Systems R(x, y, z) erfolgt anschließend mit der Transformationsmatrix $\mathbf{T}^{\mathrm{IR}}$. Für ihre Bestimmung vgl. Aufgabe 4.12.

Hier soll noch die weitere Möglichkeit für die Berechnung der absoluten Geschwindigkeit und Beschleunigung aus anschaulichen Termen der Relativkinematik gezeigt werden bei Betrachtung vom mitgeführten Koordinatensystem.

Lösung: a) *Bestimmung der absoluten Geschwindigkeit und Beschleunigung im Inertialsystem:*

Der Ortsvektor $\boldsymbol{r}_{\mathrm{OM}}(t)$ wird durch eine Vektorkette angegeben

$$\boldsymbol{r}_{\mathrm{OM}}^{\mathrm{I}} = \boldsymbol{r}_{\mathrm{OA}}^{\mathrm{I}} + \boldsymbol{r}_{\mathrm{AM}}^{\mathrm{I}} = \begin{bmatrix} b\cos\varphi \\ b\sin\varphi \\ 0 \end{bmatrix} + \begin{bmatrix} r\cos(\varphi+\psi) \\ r\sin(\varphi+\psi) \\ 0 \end{bmatrix} = \begin{bmatrix} b\cos\varphi + r\cos(\varphi+\psi) \\ b\sin\varphi + r\sin(\varphi+\psi) \\ 0 \end{bmatrix}, \tag{1}$$

mit $\varphi(t) = \varphi_0 + \Omega t,\ \psi(t) = \psi_0 - \omega t$. Durch Ableitung der skalaren Koordinaten nach der Zeit findet man die Geschwindigkeit und Beschleunigung im Inertialsystem

$$\boldsymbol{v}_{\mathrm{M}}^{\mathrm{I}}(t) = \frac{d}{dt}\boldsymbol{r}_{\mathrm{OM}}^{\mathrm{I}} = \begin{bmatrix} r(\omega-\Omega)\sin(\varphi+\psi) - \Omega b\sin\varphi \\ -r(\omega-\Omega)\cos(\varphi+\psi) + \Omega b\cos\varphi \\ 0 \end{bmatrix},$$

$$\boldsymbol{a}_{\mathrm{M}}^{\mathrm{I}}(t) = \frac{d}{dt}\boldsymbol{v}_{\mathrm{M}}^{\mathrm{I}} = \begin{bmatrix} \left[2r\omega\Omega - r(\omega^2+\Omega^2)\right]\cos(\varphi+\psi) - \Omega^2 b\cos\varphi \\ \left[2r\omega\Omega - r(\omega^2+\Omega^2)\right]\sin(\varphi+\psi) - \Omega^2 b\sin\varphi \\ 0 \end{bmatrix}. \tag{2}$$

Für die Transformation dieser Größen in das mitgeführte Koordinatensystem R(x, y, z) gilt

$$\boldsymbol{v}_{\mathrm{M}}^{\mathrm{R}}(t) = \mathbf{T}^{\mathrm{IR}}\boldsymbol{v}_{\mathrm{M}}^{\mathrm{I}},\quad \boldsymbol{a}_{\mathrm{M}}^{\mathrm{R}}(t) = \mathbf{T}^{\mathrm{IR}}\boldsymbol{a}_{\mathrm{M}}^{\mathrm{I}}. \tag{3}$$

Nach Bild 4.24 gilt für die Transformationsmatrix (vgl. Aufgabe 4.12)

$$\mathbf{T}^{\mathrm{IR}} = \begin{bmatrix} \cos\varphi & \sin\varphi & 0 \\ -\sin\varphi & \cos\varphi & 0 \\ 0 & 0 & 1 \end{bmatrix}. \tag{4}$$

Man erhält damit

$$\boldsymbol{v}_{\mathrm{M}}^{\mathrm{R}}(t) = \mathbf{T}^{\mathrm{IR}}\boldsymbol{v}_{\mathrm{M}}^{\mathrm{I}} = \begin{bmatrix} r(\omega-\Omega)\sin\psi \\ -r(\omega-\Omega)\cos\psi + \Omega b \\ 0 \end{bmatrix},$$

$$\boldsymbol{a}_{\mathrm{M}}^{\mathrm{R}}(t) = \mathbf{T}^{\mathrm{IR}}\boldsymbol{a}_{\mathrm{M}}^{\mathrm{I}} = \begin{bmatrix} \left[2r\omega\Omega - r(\omega^2+\Omega^2)\right]\cos\psi - \Omega^2 b \\ \left[2r\omega\Omega - r(\omega^2+\Omega^2)\right]\sin\psi \\ 0 \end{bmatrix}. \tag{5}$$

Alternative Lösung aus Größen der Relativkinematik:

Bei einer Betrachtung der Bewegung der Punktmasse M vom rohrfesten Koordinatensystem R(x, y, z) aus, setzt sich die Absolutgeschwindigkeit zusammen aus der Relativgeschwindigkeit $\boldsymbol{v}_M^{rel}$ und aus der Führungsgeschwindigkeit $\boldsymbol{v}_F$ des Koordinatensystems am koinzidierenden Punkt

$$\boldsymbol{v}_M = \boldsymbol{v}_M^{rel} + \boldsymbol{v}_F = \boldsymbol{\omega}\times\boldsymbol{r}_{AM} + \boldsymbol{\Omega}\times\boldsymbol{r}_{OM}. \tag{6}$$

Die Darstellung im System R(x, y, z) ergibt

$$\boldsymbol{\Omega}^R = \begin{bmatrix} 0 \\ 0 \\ \Omega \end{bmatrix},\ \boldsymbol{\omega}^R = \begin{bmatrix} 0 \\ 0 \\ -\omega \end{bmatrix},\ \boldsymbol{r}_{AM}^R = \begin{bmatrix} r\cos\psi \\ r\sin\psi \\ 0 \end{bmatrix},\ \boldsymbol{r}_{OM}^R = \boldsymbol{r}_{OA}^R + \boldsymbol{r}_{AM}^R = \begin{bmatrix} b + r\cos\psi \\ r\sin\psi \\ 0 \end{bmatrix}$$

$$\boldsymbol{v}_M^R(t) = \begin{bmatrix} 0 \\ 0 \\ -\omega \end{bmatrix} \times \begin{bmatrix} r\cos\psi \\ r\sin\psi \\ 0 \end{bmatrix} + \begin{bmatrix} 0 \\ 0 \\ \Omega \end{bmatrix} \times \begin{bmatrix} b + r\cos\psi \\ r\sin\psi \\ 0 \end{bmatrix} = \begin{bmatrix} r(\omega-\Omega)\sin\psi \\ -r(\omega-\Omega)\cos\psi + \Omega b \\ 0 \end{bmatrix}. \tag{7}$$

Die absolute Beschleunigung ist die Summe aus Relativ-, Führungs- und CORIOLIS-Beschleunigung

$$\boldsymbol{a}_M = \boldsymbol{a}_M^{rel} + \boldsymbol{a}_F + \boldsymbol{a}_C = \boldsymbol{\omega}\times(\boldsymbol{\omega}\times\boldsymbol{r}_{AM}) + \boldsymbol{\Omega}\times(\boldsymbol{\Omega}\times\boldsymbol{r}_{OM}) + 2\boldsymbol{\Omega}\times(\boldsymbol{\omega}\times\boldsymbol{r}_{AM}). \tag{8}$$

Die Darstellung im System R(x, y, z) ergibt

$$\boldsymbol{a}_M^R = \begin{bmatrix} 0 \\ 0 \\ -\omega \end{bmatrix} \times \left(\begin{bmatrix} 0 \\ 0 \\ -\omega \end{bmatrix} \times \begin{bmatrix} r\cos\psi \\ r\sin\psi \\ 0 \end{bmatrix} \right) + \begin{bmatrix} 0 \\ 0 \\ \Omega \end{bmatrix} \times \left(\begin{bmatrix} 0 \\ 0 \\ \Omega \end{bmatrix} \times \begin{bmatrix} b + r\cos\psi \\ r\sin\psi \\ 0 \end{bmatrix} \right) + 2 \begin{bmatrix} 0 \\ 0 \\ \Omega \end{bmatrix} \times \left(\begin{bmatrix} 0 \\ 0 \\ -\omega \end{bmatrix} \times \begin{bmatrix} r\cos\psi \\ r\sin\psi \\ 0 \end{bmatrix} \right)$$

$$\boldsymbol{a}_M^R = \begin{bmatrix} \left[2r\omega\Omega - r(\omega^2+\Omega^2)\right]\cos\psi - \Omega^2 b \\ \left[2r\omega\Omega - r(\omega^2+\Omega^2)\right]\sin\psi \\ 0 \end{bmatrix}. \tag{9}$$

Beide Lösungswege führen zum gleichen Ergebnis. Bei sehr durchsichtiger Kinematik eines Problems kann die Lösung mit Ausdrücken der Relativkinematik durchaus vorteilhaft sein. Der sicherere formale Lösungsweg über die Ableitungen im Inertialsystem, ggf. mit Anwendung von Transformationsmatrizen, ist bei komplexeren Aufgaben immer vorzuziehen.

b) Für die gesuchte Bedingung $a_M(\psi, \omega/\Omega, b/r) = 0$ wird zunächst eine Aussage über den Winkel ψ gesucht. Dies kann auf anschaulichem Wege über die Größen der Relativkinematik erfolgen (Bild 4.25). Aus der Formulierung (8)

$$\boldsymbol{a}_{\mathrm{M}} = \boldsymbol{a}_{\mathrm{M}}^{\mathrm{rel}} + \boldsymbol{a}_{\mathrm{F}} + \boldsymbol{a}_{\mathrm{C}} = \boldsymbol{\omega}\times\left(\boldsymbol{\omega}\times\boldsymbol{r}_{\mathrm{AM}}\right) + \boldsymbol{\Omega}\times\left(\boldsymbol{\Omega}\times\boldsymbol{r}_{\mathrm{OM}}\right) + 2\boldsymbol{\Omega}\times\left(\boldsymbol{\omega}\times\boldsymbol{r}_{\mathrm{AM}}\right)$$

für die Beschleunigungsterme kann man ablesen, dass die Relativ- und die CORIOLIS-Beschleunigung unabhängig von ψ antiparallel sind $\boldsymbol{a}_{\mathrm{M}}^{\mathrm{rel}} \uparrow\downarrow \boldsymbol{a}_{\mathrm{C}}$. Die Summe der Einzelterme kann folglich nur verschwinden, wenn auch der dritte Term, die Führungsbeschleunigung, in diesem Moment mit ihnen gleichgerichtet ist. Dies setzt voraus, dass der Vektor $\boldsymbol{r}_{\mathrm{OM}}$ parallel zum Vektor $\boldsymbol{r}_{\mathrm{AM}}$ liegt. Das ist nur der Fall für die beiden Winkelwerte $\psi_{1,2} = 0, \pi$.

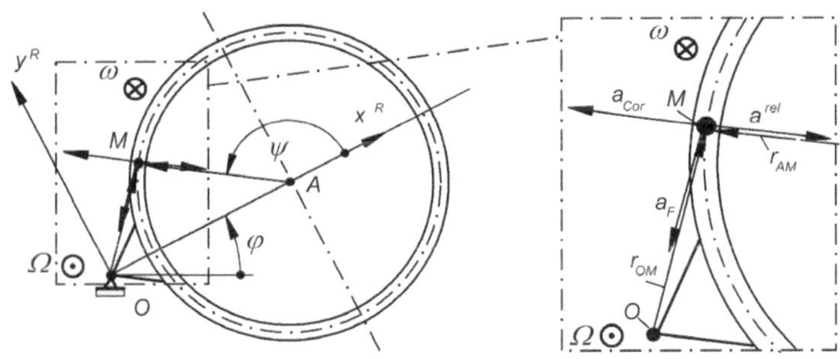

Bild 4.25 Beschleunigungsterme der Relativkinematik für den Massenpunkt M

Zur Ermittlung der anderen Variablenwerte wird der Betrag der Beschleunigung ermittelt

$$\begin{aligned}\left(a_{\mathrm{M}}^{\mathrm{R}}\right)^2 &= \left(a_x^{\mathrm{R}}\right)^2 + \left(a_y^{\mathrm{R}}\right)^2 + \left(a_z^{\mathrm{R}}\right)^2 \\ &= \left[2r\omega\Omega - r(\omega^2+\Omega^2)\right]^2 + \Omega^4 b^2 - 2\Omega^2 b\left[2r\omega\Omega - r(\omega^2+\Omega^2)\right]\cos\psi .\end{aligned}$$

Die Beschleunigung verschwindet für

$$\cos\psi = \frac{\left[2r\omega\Omega - r(\omega^2+\Omega^2)\right]^2 + \Omega^4 b^2}{2\Omega^2 b\left[2r\omega\Omega - r(\omega^2+\Omega^2)\right]}. \tag{10}$$

Nach Einführung des Winkelgeschwindigkeitsverhältnisses $\varepsilon = \omega/\Omega$ und des Geometrieverhältnisses $\kappa = b/r$ folgt aus (10)

$$\cos\psi = \frac{\left[2\varepsilon - (\varepsilon^2+1)\right]^2 + \kappa^2}{2\kappa\left[2\varepsilon - (\varepsilon^2+1)\right]} = \frac{\left(\varepsilon-1\right)^4 + \kappa^2}{-2\kappa\left(\varepsilon-1\right)^2} < 0. \tag{11}$$

Der Ausdruck (11) ist offensichtlich immer negativ, d. h. der Massenpunkt muss im 2. oder 3. Quadranten liegen. Nach den Überlegungen mit Ausdrücken der Relativkinematik ist damit nur der Winkel $\psi = \pi$ möglich, bei dem die Massenbeschleunigung a_{M} verschwinden kann. Für die weiteren hierfür notwendigen Parameterwerte findet man aus (11) mit $\psi = \pi$

$$\frac{(\varepsilon-1)^4+\kappa^2}{-2\kappa(\varepsilon-1)^2} = -1 \Rightarrow (\varepsilon-1)^4 - 2\kappa(\varepsilon-1)^2 + \kappa^2 = 0 \Rightarrow \left[(\varepsilon-1)^2-\kappa\right]^2 = 0. \tag{12}$$

Die Bedingung $a_M = 0$ ist damit erfüllt für die Parameterkombinationen

$$\varepsilon = 1+\sqrt{\kappa} \Rightarrow \frac{\omega}{\Omega} = 1+\sqrt{\frac{b}{r}}\,,\; \psi = \pi. \tag{13}$$

Aufgabe 4.14 (Bild 4.26)

Ein Fahrzeug A durchfährt mit der Geschwindigkeit $\boldsymbol{v}_A$ eine Kurve mit dem Radius r. Vom Fahrzeug aus wird eine Kugel K unter dem Winkel α zur Fahrtrichtung mit der Relativgeschwindigkeit $\boldsymbol{v}_K^{rel}$ horizontal nach außen geworfen. Die Abwurfhöhe über dem ebenen Gelände ist h.

Welche Bahn $\boldsymbol{r}_{AK}(t)$, Geschwindigkeit $\boldsymbol{v}_K^{rel}(t)$ und Beschleunigung $\boldsymbol{a}_K^{rel}(t)$ der Kugel nimmt ein mitfahrender Beobachter wahr.

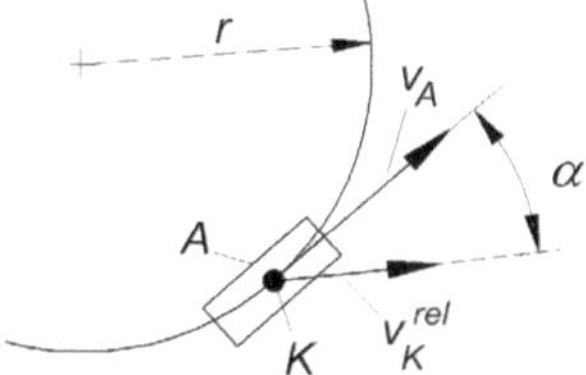

Bild 4.26 Absolute Fahrzeugbewegung $\boldsymbol{v}_A$ und relative Kugelbewegung $\boldsymbol{v}_K^{rel}$

Lösungsanalyse: Die Wahrnehmung des mitfahrenden Beobachters sind die relativen Größen der Kugelbahn, ihrer Geschwindigkeit und Beschleunigung. Die relativen Größen findet man durch Ableitungen der relativen Kugelbahn im Fahrzeugsystem F(x, y, z). Dies sind sog. relative Ableitungen ohne Berücksichtigung der sich drehenden Basisvektoren des F-Systems. Im Bild 4.27 wird gezeigt, wie sich die absolute Bahn $\boldsymbol{r}_{OK}$ durch die Vektorkette aus Führungsbahn $\boldsymbol{r}_{OA}$ und relativer Bahn $\boldsymbol{r}_{AK}$ zusammensetzt. Hierbei ist die Richtung der absoluten Bahn durch die Richtung der absoluten Geschwindigkeit $\boldsymbol{v}_K$ der Kugel zum Zeitpunkt $t = 0$ (Punkt O) gegeben

$$\begin{aligned} \boldsymbol{v}_K &= \boldsymbol{v}_A + \boldsymbol{v}_K^{rel}\,, \\ \boldsymbol{r}_{OK} &= \boldsymbol{r}_{OA} + \boldsymbol{r}_{AK} = \boldsymbol{r}_{OM} + \boldsymbol{r}_{MA} + \boldsymbol{r}_{AK}\,. \end{aligned} \tag{1}$$

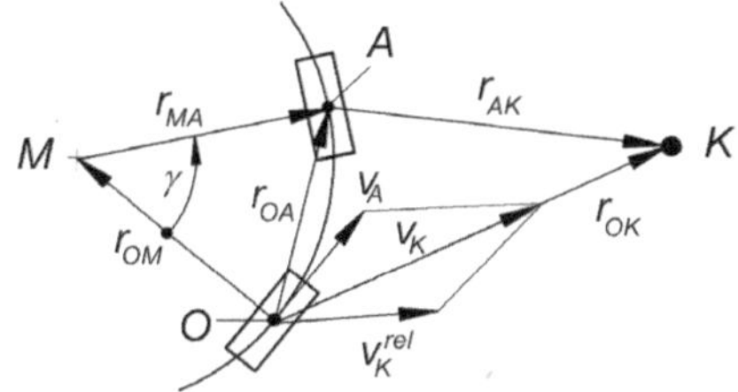

Bild 4.27 Absolute Geschwindigkeit $\boldsymbol{v}_K$, absolute Bahn $\boldsymbol{r}_{OK}$ und relative Bahn $\boldsymbol{r}_{AK}$ der Kugel K

Die Lösung der Aufgabe beginnt mit der Ermittlung der absoluten Kugelbahn $\boldsymbol{r}_{OK}$. Die absolute Beschleunigung der Kugel ist die Erdbeschleunigung. Durch Integration im Inertialsystem I(x, y, z) findet man daraus die absoluten Größen Geschwindigkeit und Bahn der Kugel. Aus (1) wird anschließend die relative Kugelbahn $\boldsymbol{r}_{AK}$ berechnet. Der mitfahrende Beobachter nimmt die relativen Größen gegenüber seinem System wahr. Um sie ermitteln zu können muss zunächst $\boldsymbol{r}_{AK}{}^{I}$ durch Koordinatentransformation in den Koordinaten des mitbewegten Fahrzeugsystems F(x, y, z) dargestellt werden. Die Ableitungen des relativen Bahnvektors in diesem System sind die gesuchten relativen Größen Geschwindigkeit und Bahn der Kugel.

Lösung:

Von dem zu untersuchenden Bewegungszustand sind die Anfangsbedingungen von Ort und Geschwindigkeit, $\boldsymbol{r}_{OK}(0)$ und $\boldsymbol{v}_{K}(0)$ bekannt und die absolute Beschleunigung $\boldsymbol{a}_{K}(t)$ der Kugel. Im Inertialsystem erhält man nach Bild 4.28 die Vektorgrößen

$$\boldsymbol{r}_{OK}{}^{I}(0)=\begin{bmatrix}0\\0\\h\end{bmatrix},\ \boldsymbol{v}_{K}{}^{I}(0)=\boldsymbol{v}_{A}{}^{I}(0)+\left(\boldsymbol{v}_{K}^{rel}\right)^{I}(0)=\begin{bmatrix}v_{A}(0)+v_{K}^{rel}(0)\cos\alpha\\-v_{K}^{rel}(0)\sin\alpha\\0\end{bmatrix},\ \boldsymbol{a}_{K}{}^{I}(t)=\begin{bmatrix}0\\0\\-g\end{bmatrix}. \quad (2)$$

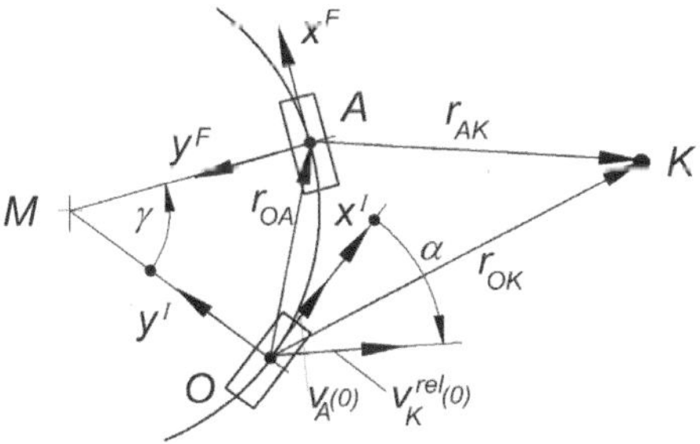

Bild 4.28 Koordinatensysteme I(x, y, z) und F(x, y, z)

Die unbekannten relativen Größen sind im fahrzeugfesten Koordinatensystem F(x, y, z) gesucht. Dennoch ist es zweckmäßig, zunächst von einem Inertialsystem auszugehen I(x, y, z).

Für die absolute Geschwindigkeit folgt nach Integration mit den Vektoren in (2)

$$\boldsymbol{v}_{K}{}^{I}(t)=\int_{0}^{t}\boldsymbol{a}_{K}{}^{I}dt+\boldsymbol{v}_{K}{}^{I}(0)=\begin{bmatrix}v_{A}(0)+v_{K}^{rel}(0)\cos\alpha\\-v_{K}^{rel}(0)\sin\alpha\\-gt\end{bmatrix}. \quad (3)$$

Nochmalige Integration führt auf die absolute Kugelbahn

$$\boldsymbol{r}_{\mathrm{OK}}{}^{\mathrm{I}}(t) = \int_0^t \boldsymbol{v}_{\mathrm{K}}{}^{\mathrm{I}} dt + \boldsymbol{r}_{\mathrm{OK}}{}^{\mathrm{I}}(0) = \begin{bmatrix} \left[v_{\mathrm{A}}(0) + v_{\mathrm{K}}^{\mathrm{rel}}(0)\cos\alpha \right] t \\ -v_{\mathrm{K}}^{\mathrm{rel}}(0)\, t \sin\alpha \\ -\frac{1}{2} g t^2 + h \end{bmatrix}. \tag{4}$$

Die relative Kugelbahn $\boldsymbol{r}_{\mathrm{AK}}$ erhält man schließlich aus der Vektorkette (1), vgl. Bild 4.27

$$\boldsymbol{r}_{\mathrm{AK}}{}^{\mathrm{I}} = \boldsymbol{r}_{\mathrm{OK}}{}^{\mathrm{I}} - \boldsymbol{r}_{\mathrm{OM}}{}^{\mathrm{I}} - \boldsymbol{r}_{\mathrm{MA}}{}^{\mathrm{I}} = \begin{bmatrix} \left[v_{\mathrm{A}}(0) + v_{\mathrm{K}}^{\mathrm{rel}}(0)\cos\alpha \right] t \\ -v_{\mathrm{K}}^{\mathrm{rel}}(0)\, t \sin\alpha \\ -\frac{1}{2} g t^2 + h \end{bmatrix} - \begin{bmatrix} 0 \\ r \\ 0 \end{bmatrix} - \begin{bmatrix} r\sin\gamma \\ -r\cos\gamma \\ 0 \end{bmatrix},$$

$$\boldsymbol{r}_{\mathrm{AK}}{}^{\mathrm{I}} = \begin{bmatrix} \left[v_{\mathrm{A}}(0) + v_{\mathrm{K}}^{\mathrm{rel}}(0)\cos\alpha \right] t - r\sin\gamma \\ -v_{\mathrm{K}}^{\mathrm{rel}}(0)\, t \sin\alpha - r\left(1 - \cos\gamma\right) \\ -\frac{1}{2} g t^2 + h \end{bmatrix}. \tag{5}$$

Hierin ist der Winkel γ im Bogenmaß der durchlaufene Kreisbogen dividiert durch den Radius r der Bahnkurve

$$\gamma(t) = \frac{v_{\mathrm{A}} t}{r}. \tag{6}$$

Überträgt man die relative Kugelbahn in das fahrzeugfeste Koordinatensystem F(x, y, z), dann können durch relative Ableitungen im sich drehenden System die anderen relativen Größen ermittelt werden. Relative Ableitung bedeutet, dass die Änderungen der drehenden Basisvektoren unberücksichtigt bleiben.

Die Übertragung in das System F(x, y, z) erfolgt mit der Transformationsmatrix $\mathbf{T}^{\mathrm{IF}}$. Aus Bild 4.28 entnimmt man (vgl. Aufgabe 4.12)

$$\mathbf{T}^{\mathrm{IF}} = \begin{bmatrix} \cos\gamma & \sin\gamma & 0 \\ -\sin\gamma & \cos\gamma & 0 \\ 0 & 0 & 1 \end{bmatrix}. \tag{7}$$

Die relative Kugelbahn lautet damit im Fahrzeug-System

$$\boldsymbol{r}_{\mathrm{AK}}{}^{\mathrm{F}}(t) = \mathbf{T}^{\mathrm{IF}}\, \boldsymbol{r}_{\mathrm{AK}}{}^{\mathrm{I}} = \begin{bmatrix} v_{\mathrm{A}}(0)\, t\cos\gamma + v_{\mathrm{K}}^{\mathrm{rel}}(0)\, t\cos\left(\alpha+\gamma\right) - r\sin\gamma \\ -v_{\mathrm{A}}(0)\, t\sin\gamma - v_{\mathrm{K}}^{\mathrm{rel}}(0)\, t\sin\left(\alpha+\gamma\right) + r\left(1-\cos\gamma\right) \\ -\frac{1}{2} g t^2 + h \end{bmatrix}. \tag{8}$$

In (8) wurden die Additionstheoreme angewendet:

$$\sin(\alpha+\beta) = \sin\alpha\cos\beta + \cos\alpha\sin\beta,$$
$$\cos(\alpha+\beta) = \cos\alpha\cos\beta - \sin\alpha\sin\beta.$$

Im Bild 4.29 ist die Projektion der relativen Kugelbahn auf die x^F, y^F-Ebene dargestellt. Dafür wurde (8) für die Daten $v_A(0) = 22$ m/s, $v_K^{rel}(0) = 20$ m/s, $r = 50$ m und $\alpha = 30°$ ausgewertet.

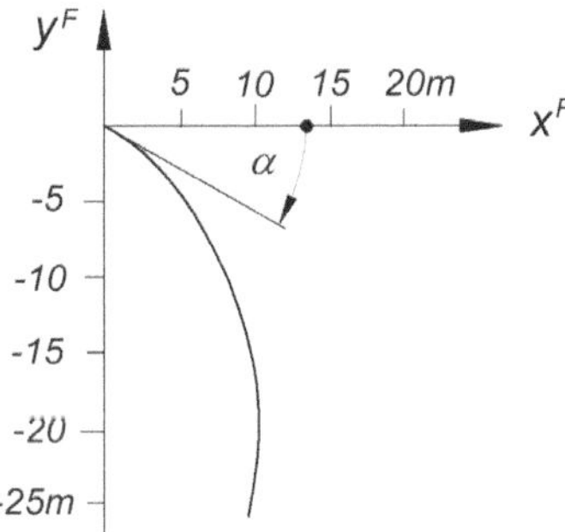

Bild 4.29 Relative Kugelbahn im System F(x, y)

Die relative Geschwindigkeit und Beschleunigung der Kugel gegenüber dem Fahrzeugsystem folgen aus der 1. und 2. Ableitung der Koordinaten von (8)

$$\left(\boldsymbol{v}_K^{rel}\right)^F = \frac{d^{rel}}{dt}\boldsymbol{r}_{AK}^F = \begin{bmatrix} -\frac{1}{r}v_A^2(0)t\sin\gamma + v_K^{rel}(0)\left[\cos(\alpha+\gamma) - \frac{1}{r}v_A(0)t\sin(\alpha+\gamma)\right] \\ -\frac{1}{r}v_A^2(0)t\cos\gamma - v_K^{rel}(0)\left[\sin(\alpha+\gamma) + \frac{1}{r}v_A(0)t\cos(\alpha+\gamma)\right] \\ -gt \end{bmatrix}, \qquad (9)$$

$$\left(\boldsymbol{a}_K^{rel}\right)^F = \frac{d^{rel}}{dt}\left(\boldsymbol{v}_K^{rel}\right)^F = \begin{bmatrix} -\frac{1}{r}v_A^2(0)\sin\gamma - \frac{1}{r^2}v_A^3(0)t\cos\gamma + \\ \quad + v_K^{rel}(0)\left[-\frac{2}{r}v_A(0)\sin(\alpha+\gamma) - \frac{1}{r^2}v_A^2(0)t\cos(\alpha+\gamma)\right] \\ -\frac{1}{r}v_A^2(0)\cos\gamma + \frac{1}{r^2}v_A^3(0)t\sin\gamma + \\ \quad + v_K^{rel}(0)\left[-\frac{2}{r}v_A(0)\cos(\alpha+\gamma) + \frac{1}{r^2}v_A^2(0)t\sin(\alpha+\gamma)\right] \\ -g \end{bmatrix}. \qquad (10)$$

Aufgabe 4.15 (Bild 4.30)

Drei gelenkig miteinander verbundene Stäbe 1, 2 und 3 führen eine ebene Bewegung aus. Von dieser Bewegung sind die Punkt-Geschwindigkeiten $\boldsymbol{v}_A$ und $\boldsymbol{v}_D$ sowie die Winkelgeschwindigkeit $\boldsymbol{\omega}_2$ des Stabes 2 bekannt.

a) Man gebe die Geschwindigkeitsvektoren für die Punkte B und C sowie die Winkelgeschwindigkeiten der Stäbe 1 und 3 an.

b) Man bestimme die Lage der Momentanpole Q, R und S für die Bewegungen der drei Stäbe.

Zahlenwerte: $\boldsymbol{v}_A = [1\ ;\ 4\ ;\ 0]^T$ m/s, $\boldsymbol{v}_D = [3\ ;\ -3\ ;\ 0]^T$ m/s, $\boldsymbol{\omega}_2 = [0\ ;\ 0\ ;\ 3]^T$ rad/s, $\boldsymbol{r}_{AB} = [0{,}866;\ 0{,}5\ ;\ 0]^T$ m, $\boldsymbol{r}_{BC} = [1\ ;\ 0\ ;\ 0]^T$ m, $\boldsymbol{r}_{CD} = [0\ ;\ -2\ ;\ 0]^T$ m.

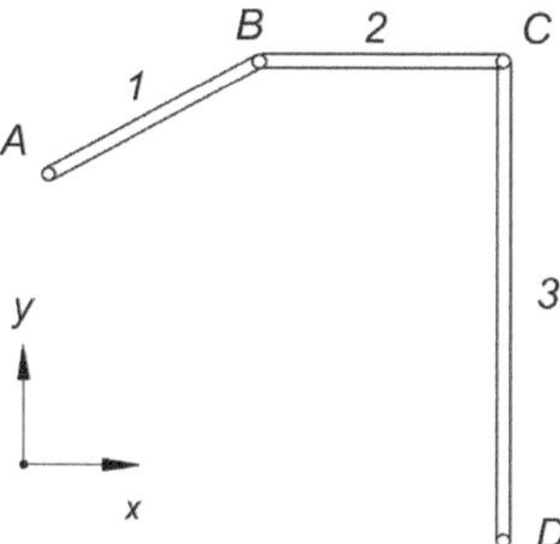

Bild 4.30 Ebene Bewegung von drei Gelenkstäben

Lösungsanalyse: Der allgemeine Bewegungszustand eines starren Körpers K mit den Körperpunkten A und B wird beschrieben durch

$$\boldsymbol{v}_B = \boldsymbol{v}_A + \boldsymbol{\omega}_K \times \boldsymbol{r}_{AB}\,. \tag{1}$$

Hierin sind $\boldsymbol{v}_A$ und $\boldsymbol{v}_B$ die absoluten Geschwindigkeiten von zwei beliebigen Punkten des starren Körpers und $\boldsymbol{\omega}_K$ ist sein Winkelgeschwindigkeitsvektor gegenüber einem Inertialsystem. Dies kann für jeden der drei Stäbe formuliert werden. Man erhält im Falle einer ebenen Bewegung damit ein Gleichungssystem mit 6 algebraischen Gleichungen mit 11 skalaren Bewegungsgrößen: v_{Ax}, v_{Ay}, v_{Bx}, v_{By}, v_{Cx}, v_{Cy}, v_{Dx}, v_{Dy}, ω_1, ω_2, ω_3,. Da 5 Größen bekannt sind, lässt sich das Problem lösen.

Definition des Momentanpols: Jede ebene Bewegung eines starren Körpers kann zu jedem Zeitpunkt als reine Drehung um einen momentan festen Punkt beschrieben werden. Der Momentanpol kann deshalb zum Zeitpunkt der Betrachtung als Fixpunkt aufgefasst werden, der gleichzeitig mit dem Körper fest verbunden ist. Es sei Q der Momentanpol für die ebene Bewegung eines starren Körpers. Wegen $\boldsymbol{v}_Q = 0$ geht (1) dann über in

$$\boldsymbol{v}_A + \boldsymbol{\omega}_K \times \boldsymbol{r}_{AQ} = \boldsymbol{0}\,. \tag{2}$$

Damit kann der Ortsvektor $\boldsymbol{r}_{AQ}$ vom Körperpunkt A zum Momentanpol Q ermittelt werden.

Lösung: a) Für jeden Stab des Systems kann die Gleichung (1) für den Bewegungszustand eines starren Körpers formuliert werden

$$\begin{aligned} \boldsymbol{v}_{\mathrm{B}} &= \boldsymbol{v}_{\mathrm{A}} + \boldsymbol{\omega}_1 \times \boldsymbol{r}_{\mathrm{AB}}, \\ \boldsymbol{v}_{\mathrm{C}} &= \boldsymbol{v}_{\mathrm{B}} + \boldsymbol{\omega}_2 \times \boldsymbol{r}_{\mathrm{BC}}, \\ \boldsymbol{v}_{\mathrm{D}} &= \boldsymbol{v}_{\mathrm{C}} + \boldsymbol{\omega}_3 \times \boldsymbol{r}_{\mathrm{CD}}. \end{aligned} \tag{2}$$

Setzt man in (2) die gegebenen Größen ein, dann erhält man das folgende algebraische Gleichungssystem

$$\begin{aligned} v_{\mathrm{B}x} + 0,5\,\omega_1 &= 1, \\ v_{\mathrm{B}y} - 0,866\,\omega_1 &= 4, \\ v_{\mathrm{B}x} - v_{\mathrm{C}x} &= 0, \\ v_{\mathrm{B}y} - v_{\mathrm{C}y} &= -3, \\ v_{\mathrm{C}x} + 2\,\omega_3 &= 3, \\ v_{\mathrm{C}y} &= -3. \end{aligned} \tag{3}$$

Die Lösung des Gleichungssystems (3) sind die gesuchten Bewegungsgrößen der Stäbe

$$\boldsymbol{v}_{\mathrm{B}} = \begin{bmatrix} 6,77 \\ -6 \\ 0 \end{bmatrix} \mathrm{m/s}, \ \boldsymbol{v}_{\mathrm{C}} = \begin{bmatrix} 6,77 \\ -3 \\ 0 \end{bmatrix} \mathrm{m/s}, \ \boldsymbol{\omega}_1 = \begin{bmatrix} 0 \\ 0 \\ -11,55 \end{bmatrix} \mathrm{rad/s}, \ \boldsymbol{\omega}_3 = \begin{bmatrix} 0 \\ 0 \\ -1,89 \end{bmatrix} \mathrm{rad/s}. \tag{4}$$

b) Für den Momentanpol Q des Stabes 1 gilt nach (2)

$$\boldsymbol{v}_{\mathrm{A}} + \boldsymbol{\omega}_1 \times \boldsymbol{r}_{\mathrm{AQ}} = \boldsymbol{0} \Rightarrow \begin{bmatrix} 1 \\ 4 \\ 0 \end{bmatrix} + \begin{bmatrix} 0 \\ 0 \\ -11,55 \end{bmatrix} \times \begin{bmatrix} x_{\mathrm{AQ}} \\ y_{\mathrm{AQ}} \\ 0 \end{bmatrix} = \begin{bmatrix} 0 \\ 0 \\ 0 \end{bmatrix} \Rightarrow \begin{bmatrix} 1 + 11,55 y_{\mathrm{AQ}} \\ 4 - 11,55 x_{\mathrm{AQ}} \\ 0 \end{bmatrix} = \begin{bmatrix} 0 \\ 0 \\ 0 \end{bmatrix}$$

mit der Lösung

$$\boldsymbol{r}_{\mathrm{AQ}} = [0,346 \,;\, -0,087 \,;\, 0]^{\mathrm{T}} \ \mathrm{m}. \tag{5}$$

Für die Momentanpole R des Stabes 2 und S des Stabes 3erhält man

$$\boldsymbol{v}_{\mathrm{B}} + \boldsymbol{\omega}_2 \times \boldsymbol{r}_{\mathrm{BR}} = \boldsymbol{0} \Rightarrow \begin{bmatrix} 6,77 \\ -6 \\ 0 \end{bmatrix} + \begin{bmatrix} 0 \\ 0 \\ 3 \end{bmatrix} \times \begin{bmatrix} x_{\mathrm{BR}} \\ y_{\mathrm{BR}} \\ 0 \end{bmatrix} = \begin{bmatrix} 0 \\ 0 \\ 0 \end{bmatrix} \Rightarrow \begin{bmatrix} 6,77 - 3 y_{\mathrm{BR}} \\ -6 + 3 x_{\mathrm{BR}} \\ 0 \end{bmatrix} = \begin{bmatrix} 0 \\ 0 \\ 0 \end{bmatrix}$$

mit der Lösung

$$\boldsymbol{r}_{\mathrm{BR}} = [2 \,;\, 2,26 \,;\, 0]^{\mathrm{T}} \ \mathrm{m}, \tag{6}$$

und

$$\boldsymbol{v}_{\mathrm{D}} + \boldsymbol{\omega}_3 \times \boldsymbol{r}_{\mathrm{DS}} = \boldsymbol{0} \Rightarrow \begin{bmatrix} 3 \\ -3 \\ 0 \end{bmatrix} + \begin{bmatrix} 0 \\ 0 \\ -1,89 \end{bmatrix} \times \begin{bmatrix} x_{\mathrm{DS}} \\ y_{\mathrm{DS}} \\ 0 \end{bmatrix} = \begin{bmatrix} 0 \\ 0 \\ 0 \end{bmatrix} \Rightarrow \begin{bmatrix} 3 + 1,89 y_{\mathrm{DS}} \\ -3 - 1,89 x_{\mathrm{DS}} \\ 0 \end{bmatrix} = \begin{bmatrix} 0 \\ 0 \\ 0 \end{bmatrix}$$

mit der Lösung

$$\boldsymbol{r}_{\mathrm{DS}} = [-1,59 \,;\, -1,59 \,;\, 0]^{\mathrm{T}} \ \mathrm{m}. \tag{7}$$

Die Geschwindigkeiten der Körperpunkte und die Lage der Momentanpole ist im Bild 4.31 dargestellt. Eine Kontrollmöglichkeit für die Punktgeschwindigkeiten ist für die Punkte C und D angedeutet: Die Projektionen der Punktgeschwindigkeiten eines Stabes auf die Punktverbindungslinie müssen übereinstimmen, da die Punkte eines starren Körpers gegeneinander fixiert sind.

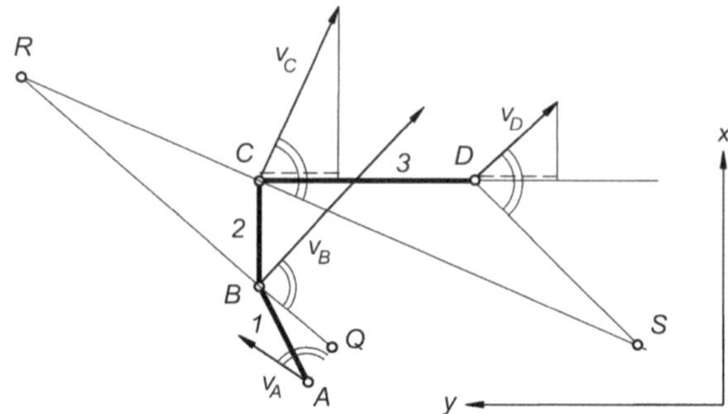

Bild 4.31 Punktgeschwindigkeiten der Gelenkpunkte und Lage der Momentanpole Q, R und S

Aufgabe 4.16 (Bild 4.32)

Ein Hebel H führt zwei Zahnräder 2 und 3 um den Fixpunkt A um ein feststehendes Zahnrad 1 herum. Die Zahnrad 2 rollt dabei auf dem Zahnrad 1 ab und treibt das Rad 3 an. Die Winkelgeschwindigkeit des Hebels ist ω_H und die Wälzkreisradien sind r_1, r_2 und r_3.

Wie groß ist die Winkelgeschwindigkeit ω_3 des Rades 3?

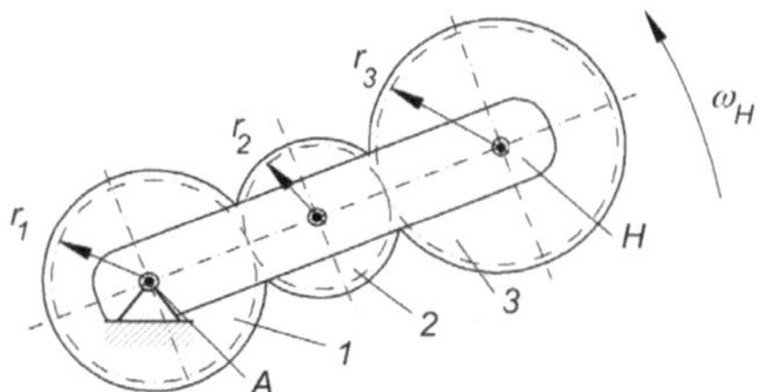

Bild 4.32 Hebel mit Zahnrädern

Lösungsanalyse: Der allgemeine Bewegungszustand eines starren Körpers mit den Körperpunkten A und B lautet

$$\boldsymbol{v}_B = \boldsymbol{v}_A + \boldsymbol{\omega}_K \times \boldsymbol{r}_{AB}, \tag{1}$$

wobei $\boldsymbol{v}_A$ und $\boldsymbol{v}_B$ die Geschwindigkeiten von zwei Körperpunkten A und B sind und $\boldsymbol{\omega}_K$ die Winkelgeschwindigkeit des Körpers ist (Bild 4.33).

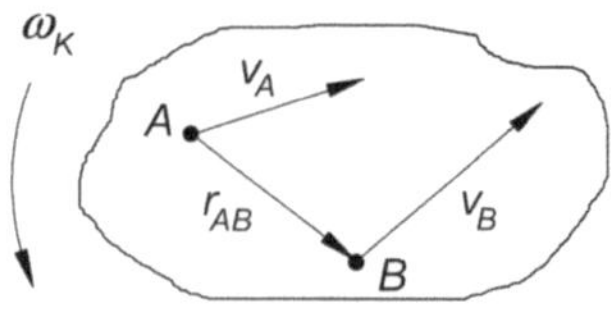

Bild 4.33 Bewegungszustand eines starren Körpers

Die Gleichung (1) ist die Grundgleichung für das mathematische Modell zur Beschreibung der Kinematik des zusammenhängenden Systems. Die Gleichung kann für jeden beteiligten Teilkörper aufgestellt werden, wobei die Auswahl der zu beschreibenden Punkte von Bedeutung ist. Sie muss so getroffen werden, dass nicht zu viele zusätzliche Unbekannte auftreten. Die Überlegung zur Auswahl der Körperpunkte muss die Kriterien einbeziehen: Welche Punktgeschwindigkeiten sind bekannt und an welchen Stellen treten in benachbarten Körpern übereinstimmende Geschwindigkeiten auf. Das mathematische Modell zur Problemlösung wird schließlich aufgebaut aus mehreren Gleichungen vom Typ (1).

Lösung: Die Punktauswahl zum Aufstellen der Systemgleichungen wird im Bild 4.34 gezeigt mit Angabe des Koordinatensystems, in dem die Vektoren zu beschreiben sind.

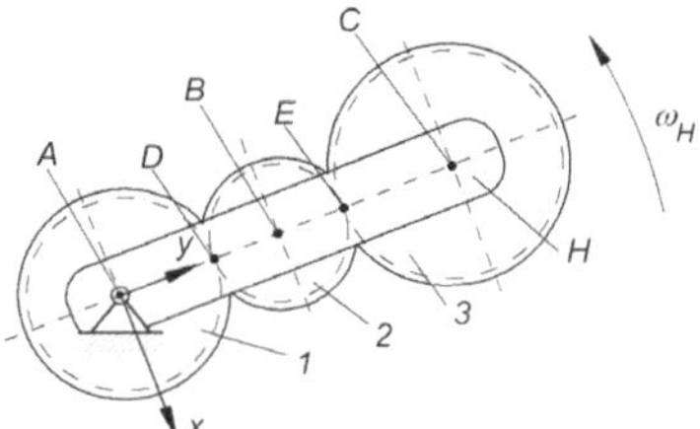

Bild 4.34 Auswahl der Beschreibungspunkte

Begründung für die Auswahl der Beschreibungspunkte: Für Punkte A und D gilt: $v_A = v_D = 0$. Für v_A ist das offensichtlich. Punkt D ist der Berührpunkt eines rollenden Rades auf einer fest stehenden Raumkurve (Rad 1). Dieser Berührpunkt ist momentan in Ruhe. Man vergleiche dies mit einem rollenden Reifen. Wäre der Reifenkontaktpunkt mit der Straße nicht momentan in Ruhe, dann wäre das Profil schnell verbraucht. Die Punkte B, E und C wurden gewählt, weil dort jeweils die Geschwindigkeiten von zwei unterschiedlichen Körpern gleich sind. Damit erhält man folgendes Gleichungssystem

$$\begin{aligned}
&\text{Rad 2:} && \boldsymbol{v}_D = \boldsymbol{v}_B + \boldsymbol{\omega}_2 \times \boldsymbol{r}_{BD} = \boldsymbol{0}, \\
&\text{Rad 2:} && \boldsymbol{v}_E = \boldsymbol{v}_B + \boldsymbol{\omega}_2 \times \boldsymbol{r}_{BE}, \\
&\text{Hebel:} && \boldsymbol{v}_B = \boldsymbol{v}_A + \boldsymbol{\omega}_H \times \boldsymbol{r}_{AB}, \quad \boldsymbol{v}_A = \boldsymbol{0}, \\
&\text{Hebel:} && \boldsymbol{v}_C = \boldsymbol{v}_A + \boldsymbol{\omega}_H \times \boldsymbol{r}_{AC}, \quad \boldsymbol{v}_A = \boldsymbol{0}, \\
&\text{Rad 3:} && \boldsymbol{v}_E = \boldsymbol{v}_C + \boldsymbol{\omega}_3 \times \boldsymbol{r}_{CE}.
\end{aligned} \qquad (2),\ldots,(6)$$

Dies sind 5 Gleichungen für die 5 Unbekannten: $\boldsymbol{\omega}_2$, $\boldsymbol{\omega}_3$, $\boldsymbol{v}_E$, $\boldsymbol{v}_C$, $\boldsymbol{v}_B$. Das System (2) bis (6) kann noch vor dem Einsetzen von Koordinaten vereinfacht werden. Durch Elimination der drei Punktbewegungen $\boldsymbol{v}_E$, $\boldsymbol{v}_C$, $\boldsymbol{v}_B$ erhält man 2 Vektorgleichungen, die nur noch die Winkelgeschwindigkeiten als Unbekannte enthalten

$$\begin{aligned}
&\boldsymbol{\omega}_H \times \boldsymbol{r}_{AC} + \boldsymbol{\omega}_3 \times \boldsymbol{r}_{CE} = \boldsymbol{\omega}_H \times \boldsymbol{r}_{AB} + \boldsymbol{\omega}_2 \times \boldsymbol{r}_{BE}, \\
&\boldsymbol{\omega}_H \times \boldsymbol{r}_{AB} + \boldsymbol{\omega}_2 \times \boldsymbol{r}_{BD} = \boldsymbol{0}.
\end{aligned} \qquad (7),(8)$$

Dies sind 2 Gleichungen für $\boldsymbol{\omega}_2$ und $\boldsymbol{\omega}_3$. Zum Übergang auf Koordinatenschreibweise werden folgende Vektoren eingesetzt. Sie folgen direkt aus Bild 4.34.

$$\boldsymbol{\omega}_{\mathrm{H}} = \begin{bmatrix} 0 \\ 0 \\ \omega_{\mathrm{H}} \end{bmatrix}, \quad \boldsymbol{\omega}_2 = \begin{bmatrix} 0 \\ 0 \\ \omega_2 \end{bmatrix}, \boldsymbol{\omega}_3 = \begin{bmatrix} 0 \\ 0 \\ \omega_3 \end{bmatrix}, \boldsymbol{r}_{\mathrm{AC}} = \begin{bmatrix} 0 \\ r_1 + 2r_2 + r_3 \\ 0 \end{bmatrix},$$

$$\boldsymbol{r}_{\mathrm{CE}} = \begin{bmatrix} 0 \\ -r_3 \\ 0 \end{bmatrix}, \boldsymbol{r}_{\mathrm{AB}} = \begin{bmatrix} 0 \\ r_1 + r_2 \\ 0 \end{bmatrix}, \boldsymbol{r}_{\mathrm{BE}} = \begin{bmatrix} 0 \\ r_2 \\ 0 \end{bmatrix}, \boldsymbol{r}_{\mathrm{BD}} = \begin{bmatrix} 0 \\ -r_2 \\ 0 \end{bmatrix}.$$

Mit diesen Vektoren folgen aus (7) und (8) zwei skalare Gleichungen für die Berechnung von ω_2 und ω_3.

$$-\omega_{\mathrm{H}}(r_1 + 2r_2 + r_3) + \omega_3 r_3 = -\omega_{\mathrm{H}}(r_1 + r_2) - \omega_2 r_2,$$
$$-\omega_{\mathrm{H}}(r_1 + r_2) + \omega_2 r_2 = 0.$$

Für die gesuchte Winkelgeschwindigkeit ω_3 erhält man aus diesen Gleichungen

$$\omega_3 = \omega_{\mathrm{H}} \frac{r_3 - r_1}{r_3}. \tag{9}$$

Im Fall übereinstimmender Wälzkreisdurchmesser von Rad 1 und 3 würde sich das Zahnrad 3 gegenüber dem Inertialraum nicht drehen. Sein Mittelpunkt C würde auf einem Kreis herumgeführt und das Rad dabei eine reine Translation ausführen.

Aufgabe 4.17 (Bild 4.35)

Mit Planetengetrieben können bei kompakter Bauweise hohe Momente bei gleichachsiger An- und Abtriebswellen-Lage übertragen werden. Bild 4.35 zeigt eine der möglichen Getriebestrukturen. Der Antrieb A wirkt auf das Zahnrad 1 (Sonnenrad, Wälzkreis-Radius r_1) und treibt die zusammenhängenden Zahnräder 2 und 3 (Planetenräder, Wälzkreis-Radien r_2 und r_3), die innen im feststehenden Hohlrad 4 (Wälzkreis-Radius r_4) abrollen. Die Planetenräder sind auf der Abtriebswelle B gelagert und nehmen diese beim Abrollen im Hohlrad mit.

Wie groß ist das Übersetzungsverhältnis ω_A/ω_B?

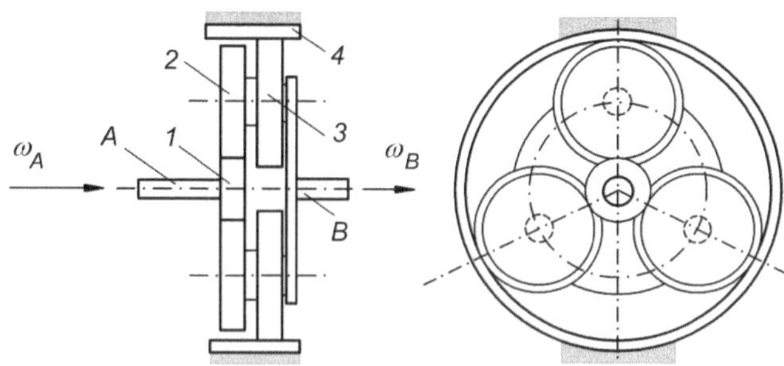

Bild 4.35 Planetengetriebe

Lösungsanalyse: Für die Bewegungsanalyse reicht es aus, einen der drei parallelen Wirkungszweige zu betrachten. In ihm sind drei Starrkörper miteinander im Eingriff: Das Antriebsrad 1, der Block der Planetenräder 2 und 3 und die Abtriebswelle B mit dem Radträger. Für jeden der drei Körper kann der allgemeine Bewegungszustand für einen starren Körper formuliert werden

$$\boldsymbol{v}_B = \boldsymbol{v}_A + \boldsymbol{\omega}_K \times \boldsymbol{r}_{AB}. \tag{1}$$

Bei der Aufstellung der Gleichungen (1) ist es entscheidend, welche Starrkörper-Punkte man zum Aufbau des Gleichungssystems auswählt. Richtlinien dafür sind die Überlegungen: Welche Punktgeschwindigkeiten sind bekannt und in welchen Punkten haben zwei Körper übereinstimmende Geschwindigkeiten. Mit diesen Vorgaben gelingt es, ein Gleichungssystem vom Typ (1) aufzustellen, mit dem die Unbekannten des Bewegungszustandes bestimmt werden können.

Lösung: Zunächst wird ein Gleichungssystem durch wiederholtes Formulieren des Bewegungszustandes eines starren Körpers angegeben. Die Auswahl der zu beschreibenden Punkte erfolgt nach den Analyseüberlegungen und an Hand des Bildes 4.36.

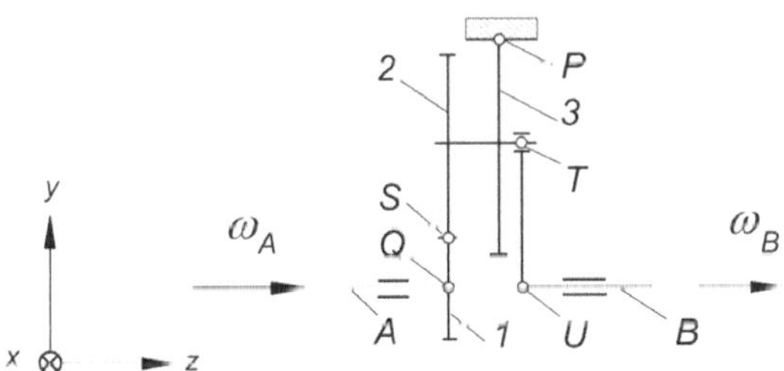

Bild 4.36 Wirkungsschema und Auswahl der Starrkörperpunkte

Kriterien zur Punktauswahl sind: Punkte mit bekannten Geschwindigkeiten $\boldsymbol{v}_Q = \boldsymbol{v}_P = \boldsymbol{v}_U = \boldsymbol{0}$ und Punkte mit übereinstimmenden Geschwindigkeiten von 2 Körpern $\boldsymbol{v}_{S1} = \boldsymbol{v}_{S2}$ und $\boldsymbol{v}_{TB} = \boldsymbol{v}_{T3}$.

Damit lassen sich nach (1) für die drei beteiligten Körper und für die vier ausgewählten Punkte folgende Gleichungen aufstellen

$$\begin{aligned} &\text{Welle A:} && \boldsymbol{v}_S = \boldsymbol{v}_Q + \boldsymbol{\omega}_A \times \boldsymbol{r}_{QS}, \\ &\text{Zahnrad 2,3:} && \boldsymbol{v}_S = \boldsymbol{v}_P + \boldsymbol{\omega}_2 \times \boldsymbol{r}_{PS}, \\ &\text{Zahnrad 2,3:} && \boldsymbol{v}_T = \boldsymbol{v}_P + \boldsymbol{\omega}_2 \times \boldsymbol{r}_{PT}, \\ &\text{Welle B:} && \boldsymbol{v}_T = \boldsymbol{v}_U + \boldsymbol{\omega}_B \times \boldsymbol{r}_{UT}. \end{aligned} \tag{2}$$

Für die einzelnen Vektoren gilt im angegebenen Koordinatensystem

$$\boldsymbol{\omega}_A = \begin{bmatrix} 0 \\ 0 \\ \omega_A \end{bmatrix}, \boldsymbol{\omega}_2 = \begin{bmatrix} 0 \\ 0 \\ \omega_2 \end{bmatrix}, \boldsymbol{\omega}_B = \begin{bmatrix} 0 \\ 0 \\ \omega_B \end{bmatrix}, \boldsymbol{r}_{QS} = \begin{bmatrix} 0 \\ r_1 \\ 0 \end{bmatrix}, \boldsymbol{r}_{PS} = \begin{bmatrix} 0 \\ -r_3 - r_2 \\ 0 \end{bmatrix}, \boldsymbol{r}_{PT} = \begin{bmatrix} 0 \\ -r_3 \\ 0 \end{bmatrix}, \boldsymbol{r}_{UT} = \begin{bmatrix} 0 \\ r_1 + r_2 \\ 0 \end{bmatrix}$$

Es ist sinnvoll, vor der skalaren Darstellung die Vektorgleichungen (2) durch Elimination der Geschwindigkeitsvektoren zu vereinfachen. Man erhält

$$\begin{aligned} \boldsymbol{\omega}_A \times \boldsymbol{r}_{QS} &= \boldsymbol{\omega}_2 \times \boldsymbol{r}_{PS}, \\ \boldsymbol{\omega}_2 \times \boldsymbol{r}_{PT} &= \boldsymbol{\omega}_B \times \boldsymbol{r}_{UT}. \end{aligned} \tag{3}$$

Die skalaren Gleichungen lauten

$$\begin{aligned} &\begin{bmatrix} 0 \\ 0 \\ \omega_A \end{bmatrix} \times \begin{bmatrix} 0 \\ r_1 \\ 0 \end{bmatrix} = \begin{bmatrix} 0 \\ 0 \\ \omega_2 \end{bmatrix} \times \begin{bmatrix} 0 \\ -r_3 - r_2 \\ 0 \end{bmatrix} \Rightarrow -\omega_A r_1 = \omega_2 \left(r_3 + r_2\right), \\ &\begin{bmatrix} 0 \\ 0 \\ \omega_2 \end{bmatrix} \times \begin{bmatrix} 0 \\ -r_3 \\ 0 \end{bmatrix} = \begin{bmatrix} 0 \\ 0 \\ \omega_B \end{bmatrix} \times \begin{bmatrix} 0 \\ r_1 + r_2 \\ 0 \end{bmatrix} \Rightarrow \quad \omega_2 r_3 = -\omega_B \left(r_1 + r_2\right), \end{aligned} \tag{4}$$

mit der Lösung

$$\omega_B = \omega_A \frac{r_1 r_2}{\left(r_1 + r_2\right)\left(r_2 + r_3\right)}. \tag{5}$$

Aufgabe 4.18 (Bild 4.37)

In dem skizzierten gleichachsigen Untersetzungsgetriebe stehen vier Kegelräder im Eingriff. Das Rad 1 ist mit der Antriebswelle und das Rad 3 mit dem feststehenden Gehäuse verbunden. Die beiden umlaufenden Räder 2 rollen auf den Rädern 1 und 4 ab und nehmen dabei die Abtriebswelle 3 mit.

Wie groß sind die Winkelgeschwindigkeiten ω_3 der Abtriebswelle und ω_2 der umlaufenden Räder?

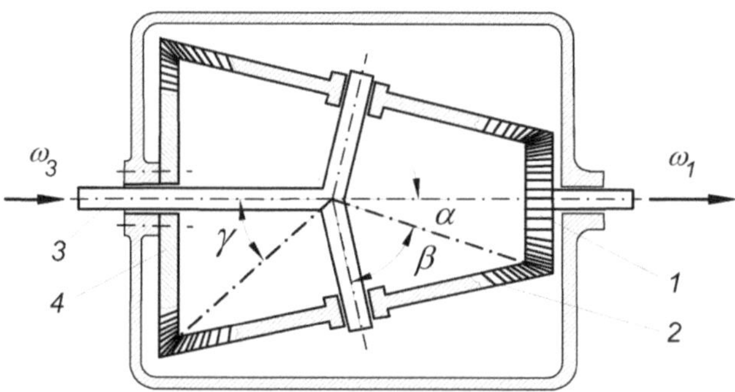

Bild 4.37 Kegelradgetriebe

Lösungsanalyse: In einem Wirkungszweig des Getriebes bewegen sich 3 starre Körper in Abhängigkeit von einander. Für jeden der drei Körper kann der allgemeine Bewegungszustand für einen starren Körper formuliert werden

$$\boldsymbol{v}_B = \boldsymbol{v}_A + \boldsymbol{\omega}_K \times \boldsymbol{r}_{AB} . \tag{1}$$

Für die Bezugspunkte werden dabei Kontaktpunkte und Punkte mit bekannten Geschwindigkeiten gewählt. Damit erhält man ein Gleichungssystem zur Ermittlung des Untersetzungsverhältnisses ω_3/ω_1 . Für die Bestimmung der Winkelgeschwindigkeit des Planetenrades 2 muss noch eine zusätzliche Information gefunden werden. Man findet sie aus der Überlegung, dass das Rad 2 auf dem Kegelmantel des feststehenden Rades 4 mit dem Kegelwinkel 2γ abrollt. Die Mantellinie ist damit die Momentanpollinie der Bewegung von 2 und gibt die Richtung von $\boldsymbol{\omega}_2$ an.

Lösung: Zur Aufstellung des Gleichungssystems sind im Bild 4.38 in das Wirkungsschema des Getriebes die zu wählenden Körperpunkte eingetragen. Alle Vektoren werden in dem eingezeichneten Koordinatensystem dargestellt.

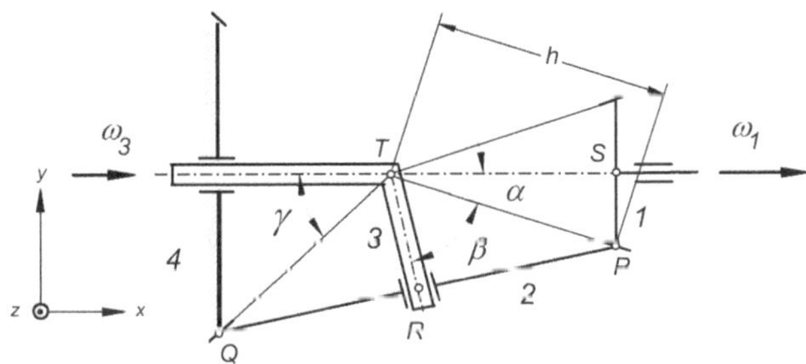

Bild 4.38 Wirkungsschema und Auswahl der Starrkörperpunkte

Das Gleichungssystem für die Analyse der Bewegung der drei gekoppelten Körper lautet nach (1) für die ausgewählten Punkte

$$\begin{aligned}
&\text{Zahnrad 1:} && \boldsymbol{v}_P = \boldsymbol{v}_S + \boldsymbol{\omega}_1 \times \boldsymbol{r}_{SP} ,\\
&\text{Zahnrad 2:} && \boldsymbol{v}_Q = \boldsymbol{v}_R + \boldsymbol{\omega}_2 \times \boldsymbol{r}_{RQ} ,\\
&\text{Zahnrad 2:} && \boldsymbol{v}_P = \boldsymbol{v}_Q + \boldsymbol{\omega}_2 \times \boldsymbol{r}_{QP} ,\\
&\text{Welle 3:} && \boldsymbol{v}_R = \boldsymbol{v}_T + \boldsymbol{\omega}_3 \times \boldsymbol{r}_{TR} .
\end{aligned} \tag{2}$$

Für die einzelnen Vektoren gilt im angegebenen Koordinatensystem

$$\boldsymbol{\omega}_1 = \begin{bmatrix} \omega_1 \\ 0 \\ 0 \end{bmatrix}, \ \boldsymbol{\omega}_2 = \begin{bmatrix} \omega_{2x} \\ \omega_{2y} \\ \omega_{2z} \end{bmatrix}, \ \boldsymbol{\omega}_3 = \begin{bmatrix} \omega_3 \\ 0 \\ 0 \end{bmatrix}, \ \boldsymbol{r}_{SP} = \begin{bmatrix} 0 \\ -r_1 \\ 0 \end{bmatrix}, \ \boldsymbol{r}_{RQ} = \begin{bmatrix} -r_2 \sin(\alpha+\beta) \\ -r_2 \cos(\alpha+\beta) \\ 0 \end{bmatrix},$$

$$\boldsymbol{r}_{QP} = -\,2\boldsymbol{r}_{RQ} = \begin{bmatrix} 2r_2 \sin(\alpha+\beta) \\ 2r_2 \cos(\alpha+\beta) \\ 0 \end{bmatrix}, \ \boldsymbol{r}_{TR} = \frac{r_2}{\tan\beta} \begin{bmatrix} \cos(\alpha+\beta) \\ -\sin(\alpha+\beta) \\ 0 \end{bmatrix},$$

$$\boldsymbol{v}_Q = \boldsymbol{v}_T = \boldsymbol{v}_S = \boldsymbol{0} .$$

Hierbei wurde der Vektor $\boldsymbol{\omega}_2$ als voll besetzt angenommen, obwohl die Koordinate ω_{2z} offensichtlich verschwindet. Vor dem Übergang auf skalare Darstellung von (2) können alle Geschwindigkeitsvektoren eliminiert werden

$$\begin{aligned} \boldsymbol{\omega}_2 \times \boldsymbol{r}_{\mathrm{RQ}} + \boldsymbol{\omega}_3 \times \boldsymbol{r}_{\mathrm{TR}} &= \mathbf{0}, \\ \boldsymbol{\omega}_1 \times \boldsymbol{r}_{\mathrm{SP}} - \boldsymbol{\omega}_2 \times \boldsymbol{r}_{\mathrm{QP}} &= \mathbf{0}. \end{aligned} \tag{3}$$

Mit den beiden ersten skalaren Gleichungen von (3) wird mit dem Ergebnis $\omega_{2z} = 0$ die Annahme bestätigt, dass die Winkelgeschwindigkeit in der x, y-Ebene liegt. Die übrigen skalaren Gleichungen lauten

$$\begin{aligned} -\omega_{2x} r_2 \cos(\alpha+\beta) + \omega_{2y} r_2 \sin(\alpha+\beta) &= \omega_3 \sin(\alpha+\beta) \frac{r_2}{\tan\beta}, \\ -\omega_{2x} 2r_2 \cos(\alpha+\beta) + \omega_{2y} 2r_2 \sin(\alpha+\beta) &= \omega_1 r_1. \end{aligned} \tag{4}$$

Aus (4) findet man als Lösung für das Untersetzungsverhältnis

$$\omega_3 = \omega_1 \frac{r_1 \tan\beta}{2r_2 \sin(\alpha+\beta)}.$$

Das Radienverhältnis r_1/r_2 entnimmt man Bild 4.38 indem man die Berührungslinie h der Radkegel zu 1 und 2 beschreibt

$$h \sin\alpha = r_1, \; h \sin\beta = r_2 \;\Rightarrow\; \frac{r_1}{r_2} = \frac{\sin\alpha}{\sin\beta}.$$

Damit lautet das Untersetzungsverhältnis

$$\omega_3 = \omega_1 \frac{\sin\alpha}{2\sin(\alpha+\beta)\cos\beta}. \tag{5}$$

Die Gleichungen (4) reichen nicht zur Bestimmung der Winkelgeschwindigkeit des Planetenrades 2 aus. Benötigt wird noch eine weitere Information über das Verhältnis ω_{2x}/ω_{2y}. Man findet es aus der Lage des Vektors $\boldsymbol{\omega}_2$. Da das Kegelrad 2 auf dem feststehenden Kegelmantel des Rades 4 abrollt, muss die absolute Winkelgeschwindigkeit $\boldsymbol{\omega}_2$ in der Berührungslinie beider Kegel liegen. Diese Linie ist die Momentanpollinie für die Bewegung des Rades 2. Für die Komponenten von $\boldsymbol{\omega}_2$ erhält man damit nach Bild 4.38

$$\omega_{2x} = \omega_2 \cos\gamma, \; \omega_{2y} = \omega_2 \sin\gamma.$$

Aus (4) folgt damit für die Winkelgeschwindigkeit des Planetenrades 2

$$\omega_2 = \omega_1 \frac{\sin\alpha}{2\sin\beta\cos\beta}. \tag{6}$$

Aufgabe 4.19 (Bild 4.39)

Zwei Wellen 1 und 2 sind gegeneinander um den Lagewinkel α abgeknickt. Sie sind mit einem Kardangelenk miteinander verbunden, so dass die Drehung der Welle 1 auf die Welle 2 übertragen wird.

Mit welcher Winkelgeschwindigkeit $\omega_2(t)$ dreht sich die Abtriebswelle 2 bei konstanter Antriebswinkelgeschwindigkeit ω_1?

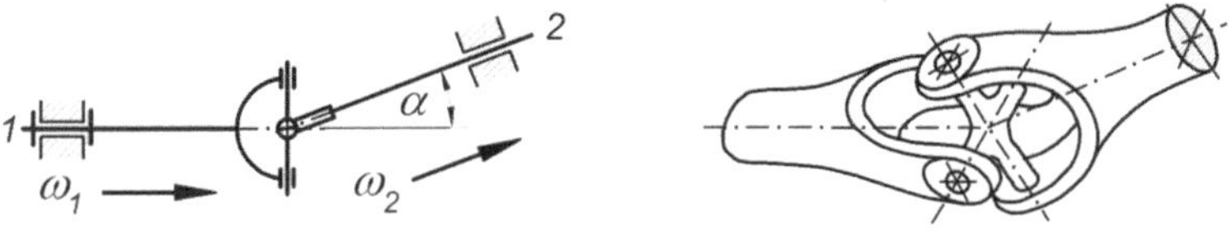

Bild 4.39 Verbindung von zwei Wellen mit einem Kardangelenk

Lösungsanalyse: In einem Kardangelenk sind drei starre Körper drehbar miteinander gekoppelt (Bild 4.40): Zwei Gabeln G und H an den Enden der An- und Abtriebswelle und ein dazwischen liegendes Kreuzelement K.

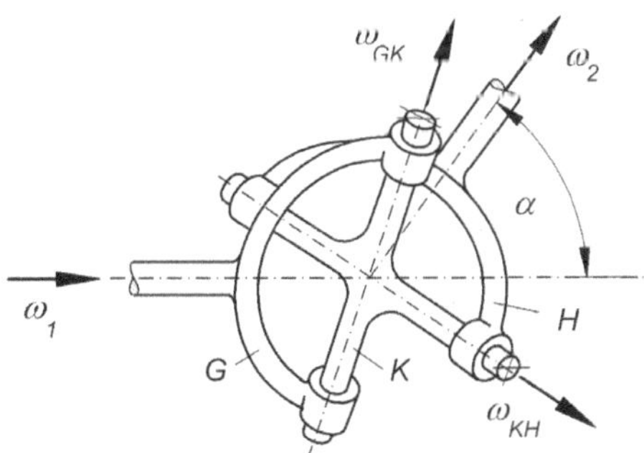

Bild 4.40 Drehbewegungen im Kardangelenk

Die Antriebsdrehbewegung $\boldsymbol{\omega}_1$ wird von der Gabel G auf das Kreuz K übertragen, wobei sich K mit der zusätzlichen relativen Drehung $\boldsymbol{\omega}_{GK}$ um die erste Gelenkachse gegenüber G drehen kann. Die gesamte Drehbewegung wird auf die Abtriebsgabel H übertragen, die sich mit der zusätzlichen relativen Drehung $\boldsymbol{\omega}_{KH}$ von H gegenüber K um die zweite Gelenkachse dreht. Damit ist der Zusammenhang zwischen An- und Abriebswinkelgeschwindigkeit gegeben: Die Gesamtbewegung ist die Summe der Einzeldrehungen beim Übergang von der Antriebswelle zur Abtriebswelle und kann durch eine Vektorsumme dargestellt werden.

Zur Beschreibung der einzelnen Vektorkomponenten führt man sinnvollerweise jeweils neue Koordinatensysteme ein, von denen jeweils eine Achse in die Richtung der möglichen relativen Drehrichtung zeigt. In der Summengleichung der Vektoren müssen alle Einzelvektoren in einem einzigen Koordinatensystem beschrieben werden. Dafür müssen Transformationsmatrizen zwischen den Koordinatensystemen eingeführt werden. Wie man leicht feststellt, reichen die 3 skalaren Gleichungen der Vektorsumme nicht zur Lösung der unbekannten Winkel und relativen Einzeldrehungen aus. Eine zweite Vektorgleichung erhält man über die Darstellung der Abtriebswinkelgeschwindigkeit. Sie kann zunächst leicht im Inertialsystem (Bild 4.41) über den Winkel α angegeben werden. Eine zweite Beschreibungsmöglichkeit läuft über die Koordinatentransformationen vom H-System über die Kette aller hinter einander liegenden bauteilfesten Koordinatensysteme: H → K → G → I bis zum I-System. Damit hat man insgesamt 6 skalare Gleichungen zur Elimination aller Unbekannten.

Lösung: Der Abtriebswinkelgeschwindigkeitsvektor $\boldsymbol{\omega}_2$ ist die vektorielle Summe aus der Antriebsdrehung und den relativen Drehbewegungen

$$\boldsymbol{\omega}_2 = \boldsymbol{\omega}_1 + \boldsymbol{\omega}_{\mathrm{GK}} + \boldsymbol{\omega}_{\mathrm{KH}} \,. \tag{1}$$

Für den Übergang der Vektorgleichung (1) auf skalare Gleichungen müssen alle Vektoren im gleichen Koordinatensystem dargestellt werden. Dies kann am übersichtlichsten formal mit Transformationsmatrizen durchgeführt werden.

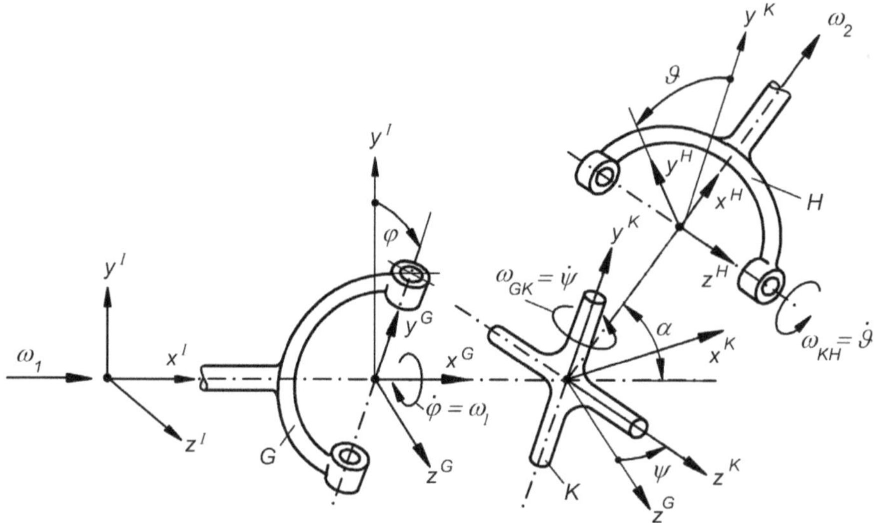

Bild 4.41 Koordinatensysteme im Kardangelenk zur Beschreibung der Drehbewegungen

Wie im Bild 4.41 gezeigt, werden zunächst für jeden Einzelkörper bauteilfeste Koordinatensysteme eingeführt, wobei das jeweils folgende System durch eine Drehung um eine Achse aus dem Ausgangssystem entsteht.

I(x, y, z): Inertialsystem; die von den Wellen 1 und 2 aufgespannte Ebene ist die (x^{I}, y^{I})-Ebene.
G(x, y, z): 1. Gabelsystem (Welle 1); gegenüber dem I-System um den Winkel φ verdreht.
K(x, y, z): Kreuzsystem; gegenüber dem G-System um den Winkel ψ verdreht.
H(x, y, z): 2. Gabelsystem (Welle 2); mit der Abtriebswelle fest verbunden und gegenüber dem K-System um den Winkel ϑ verdreht.

Für die Winkelgeschwindigkeiten aus (1) gilt nach Bild 4.41 in den verschiedenen Koordinatensystemen

$$\boldsymbol{\omega}_1{}^{\mathrm{I}} = \omega_1 \boldsymbol{e}_x^{\mathrm{I}} = \dot{\varphi} \boldsymbol{e}_x^{\mathrm{I}} = \begin{bmatrix} \omega_1 \\ 0 \\ 0 \end{bmatrix}, \quad \boldsymbol{\omega}_{\mathrm{GK}}{}^{\mathrm{G}} = \omega_{\mathrm{GK}} \boldsymbol{e}_y^{\mathrm{G}} = \dot{\psi} \boldsymbol{e}_y^{\mathrm{G}} = \begin{bmatrix} 0 \\ \omega_{\mathrm{GK}} \\ 0 \end{bmatrix},$$

$$\boldsymbol{\omega}_{\mathrm{KH}}{}^{\mathrm{K}} = \omega_{\mathrm{KH}} \boldsymbol{e}_z^{\mathrm{K}} = \dot{\vartheta} \boldsymbol{e}_z^{\mathrm{K}} = \begin{bmatrix} 0 \\ 0 \\ \omega_{\mathrm{KH}} \end{bmatrix}, \quad \boldsymbol{\omega}_2{}^{\mathrm{H}} = \begin{bmatrix} \omega_2 \\ 0 \\ 0 \end{bmatrix}, \quad \boldsymbol{\omega}_2{}^{\mathrm{I}} = \begin{bmatrix} \omega_2 \cos\alpha \\ \omega_2 \sin\alpha \\ 0 \end{bmatrix}. \tag{2}$$

Für die Abtriebswinkelgeschwindigkeit $\boldsymbol{\omega}_2$ bieten sich zwei Darstellungsmöglichkeiten im H- und im I-System an. Die Vektoren sind in 4 verschiedenen Koordinatensystemen angegeben. Die Transformationsmatrizen für den Koordinatenübergang zwischen jeweils zwei Systemen lauten (vgl. Aufgabe 4.12)

$$\mathbf{T}^{\mathrm{IG}} = \begin{bmatrix} 1 & 0 & 0 \\ 0 & \cos\varphi & \sin\varphi \\ 0 & -\sin\varphi & \cos\varphi \end{bmatrix}, \mathbf{T}^{\mathrm{GK}} = \begin{bmatrix} \cos\psi & 0 & -\sin\psi \\ 0 & 1 & 0 \\ \sin\psi & 0 & \cos\psi \end{bmatrix}, \mathbf{T}^{\mathrm{KH}} = \begin{bmatrix} \cos\vartheta & \sin\vartheta & 0 \\ -\sin\vartheta & \cos\vartheta & 0 \\ 0 & 0 & 1 \end{bmatrix}. \tag{3}$$

Damit kann die Vektorgleichung (1) in nur einem Koordinatensystem geschrieben werden. Für die Darstellung im Inertialsystem erhält man

$$\boldsymbol{\omega}_2{}^{\mathrm{I}} = \boldsymbol{\omega}_1{}^{\mathrm{I}} + \mathbf{T}^{\mathrm{GI}} \boldsymbol{\omega}_{\mathrm{GK}}{}^{\mathrm{G}} + \mathbf{T}^{\mathrm{GI}} \mathbf{T}^{\mathrm{KG}} \boldsymbol{\omega}_{\mathrm{KH}}{}^{\mathrm{K}}. \tag{4}$$

Die Transformationsmatrizen in (4) sind die jeweils Transponierten zu (3), vgl. Aufgabe 4.12, d. h. man erhält sie durch Vertauschen von Zeilen und Spalten. Hier bedeutet es lediglich, das Minuszeichen wandert auf die andere Nebendiagonale. Aus (4) folgen die Koordinatengleichungen

$$\begin{aligned} \omega_2 \cos\alpha &= \omega_1 + \omega_{\mathrm{KH}} \sin\psi, \\ \omega_2 \sin\alpha &= \omega_{\mathrm{GK}} \cos\varphi - \omega_{\mathrm{KH}} \cos\psi \sin\varphi, \\ 0 &= \omega_{\mathrm{GK}} \sin\varphi + \omega_{\mathrm{KH}} \cos\psi \cos\varphi. \end{aligned} \tag{5}$$

Zur Bestimmung der 4 Unbekannten: ω_2, ω_{GK}, ω_{KH} und ψ reicht das System (5) nicht aus. Eine weitere Vektorgleichung als Beziehung zwischen den Winkelgrößen erhält man durch Beschreibung der Abtriebswinkelgeschwindigkeit $\boldsymbol{\omega}_2$ durch Koordinatentransformation vom H-System ins I-System

$$\boldsymbol{\omega}_2{}^{\mathrm{I}} = \mathbf{T}^{\mathrm{GI}} \mathbf{T}^{\mathrm{KG}} \mathbf{T}^{\mathrm{HK}} \boldsymbol{\omega}_2{}^{\mathrm{H}}. \tag{6}$$

Daraus folgen die Koordinatengleichungen

$$\begin{aligned} \omega_2 \cos\alpha &= \omega_2 \cos\vartheta \cos\psi, \\ \omega_2 \sin\alpha &= \omega_2 \left(\sin\vartheta \cos\varphi + \cos\vartheta \sin\varphi \sin\psi\right), \\ 0 &= \omega_2 \left(\sin\vartheta \sin\varphi - \cos\vartheta \cos\varphi \sin\psi\right). \end{aligned} \tag{7}$$

Das Gleichungssystem (5) und (7) ist lösbar. Aus (5) erhält man zunächst durch Elimination von ω_{GK} und ω_{KH}

$$\omega_2 = \omega_1 \frac{1}{\cos\alpha + \sin\alpha \sin\varphi \tan\psi} \tag{8}$$

und aus (7) folgt durch Elimination von ω_2 und ϑ

$$\tan\psi = \tan\alpha \sin\varphi. \tag{9}$$

Beides zusammengefasst ergibt das Endergebnis für die Abtriebswinkelgeschwindigkeit ω_2 hinter einem Kardangelenk

$$\omega_2 = \omega_1 \frac{1}{\cos\alpha + \sin\alpha \tan\alpha \sin^2\varphi}, \tag{10}$$

mit $\alpha < \pi/2$, $\varphi = \omega_1 t + \varphi_0$.

Im Bild 4.42 ist die Funktion $\omega_2/\omega_1 = f(\alpha, \varphi)$ dargestellt.

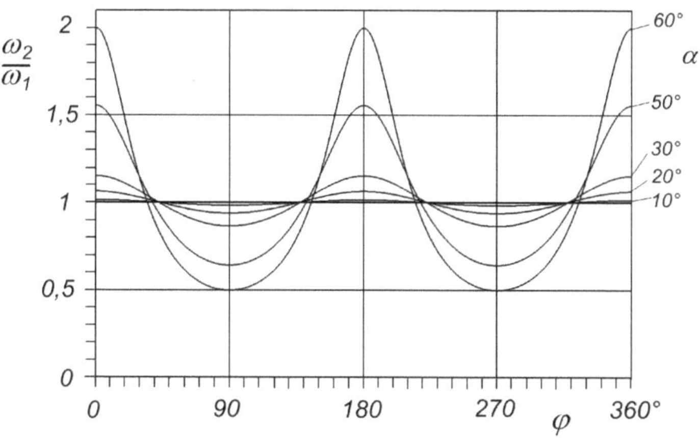

Bild 4.42 Einfluss des Knickwinkels α beim Kardangelenk auf das Drehzahlverhältnis: Abtrieb/Antrieb. $\varphi = \omega_1 t + \varphi_0$: Wellenwinkel auf der Antriebsseite

Hinter einem Kardangelenk wird ein gleichförmiger Antrieb mit einer vom Knickwinkel α abhängigen Störung weitergeleitet. Die Störung kann erhebliche Werte annehmen. Die Frequenz der Störung ist dabei doppelt so groß wie die Antriebsdrehfrequenz. Dies kann man in (10) leicht dem Term $\sin^2\varphi = (1\text{-}\cos 2\varphi)/2$ entnehmen. Aus diesem Grunde werden Kardangelenke grundsätzlich paarweise eingebaut. Beim Einbau ist darauf zu achten, dass die Kardangelenke so zueinander gedreht sind, dass sich die Störungen im Abtrieb hinter dem zweiten Kardangelenk wieder aufheben. Die Kardanwelle selbst dreht sich aber immer ungleichförmig und bleibt damit ein Schwingungserreger im technischen System.

Aufgabe 4.20 (Bild 4.43)

Ein starrer Körper führt eine ebene Bewegung ($\boldsymbol{v}_\text{A}$, $\boldsymbol{\omega}$) aus. Zur Ermittlung der Bewegung eines anderen körperfesten Punktes B gilt die allgemeine Beziehung $\boldsymbol{v}_\text{B} = \boldsymbol{v}_\text{A} + \boldsymbol{\omega} \times \boldsymbol{r}_\text{AB}$.

Man bestimme $\boldsymbol{v}_\text{B}{}^\text{K}$ im Koordinatensystem K(x, y, z) ohne Anwendung dieser Beziehung durch formale Ableitung des Ortsvektors $\boldsymbol{r}_\text{OB}{}^\text{K}$ mit Anwendung der Transformationsmatrix $\mathbf{T}^\text{IK}$ und ihrer Ableitung nach der Zeit. Hierbei ist O ein Fixpunkt im Inertialsystem I(x, y, z) und K(x, y, z) ist ein körperfestes Koordinatensystem.

Zahlenwerte: $\boldsymbol{v}_\text{A}{}^\text{K} = [1;\ -4;\ 0]^\text{T}$ m/s, $\boldsymbol{\omega}^\text{K} = [0;\ 0;\ 4]^\text{T}$ rad/s, $\boldsymbol{r}_\text{AB}{}^\text{K} = [1{,}2;\ 4{,}1;\ 0]^\text{T}$ m.

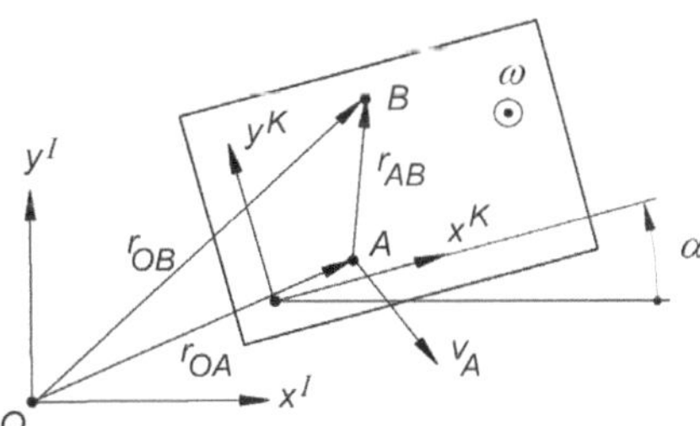

Bild 4.43 Bewegung eines starren Körpers

Lösungsanalyse: Die gesuchte absolute Geschwindigkeit $\boldsymbol{v}_\text{B}$ des Körperpunktes B folgt formal aus der zeitlichen Ableitung des Ortsvektors $\boldsymbol{r}_\text{OB}$:

$$\boldsymbol{v}_\text{B} = \frac{d}{dt}\boldsymbol{r}_\text{OB}, \tag{1}$$

mit dem Fixpunkt O. Vektorgleichungen beschreiben in der Technischen Mechanik symbolisch Beziehungen zwischen physikalischen Größen. Die Einführung konkreter Zahlenwerte setzt die Beschreibung in Koordinatensystemen voraus. Dabei gilt, alle Vektoren in einer Vektorgleichung müssen im gleichen Koordinatensystem angegeben werden. Ableitungen in einer Vektorgleichung müssen auf die Koordinaten und auf die Basisvektoren angewendet werden. Die Ableitungen der Basisvektoren verschwinden nur, wenn man sich auf ein Inertialsystem bezieht. Dies soll im Folgenden angewendet werden: Die Vektorgleichung wird vor der Anwendung von Ableitungen zunächst in einem Inertialsystem dargestellt. Vektoren, die in einem bewegten körperfesten Koordinatensystem bekannt sind, müssen dabei durch Multiplikation mit Transformationsmatrizen in das eingeführte Inertialsystem übertragen werden. Jetzt können alle Ableitungen durch formale Anwendung der Differenziationsregeln bestimmt werden, ohne Berücksichtigung der Basisvektoren. Diese formale Vorgehensweise ist allgemeine Praxis bei komplexen kinematischen Aufgabenstellungen.

Lösung: Die absolute Geschwindigkeit des Punktes B folgt aus (1). Will man bei der Ausführung der Differenziation ausschließlich die skalaren Koordinaten des Ortsvektors $\boldsymbol{r}_{\mathrm{OB}}$ berücksichtigen, dann muss der Vektor in einem Inertialsystem angegeben sein. Nur in diesem Fall bleiben die Basisvektoren unberücksichtigt. Zur Verdeutlichung wird die Operation (1) dann mit einem Punkt über dem Vektorsymbol beschrieben und ein hochgestellter Index I zeigt an, dass diese Berechnungsweise ausschließlich in einem Inertialsystem gilt

$$\boldsymbol{v}_{\mathrm{B}}^{\mathrm{I}} = \dot{\boldsymbol{r}}_{\mathrm{OB}}^{\mathrm{I}}. \tag{2}$$

Der Ortsvektor $\boldsymbol{r}_{\mathrm{OB}}$ wird am einfachsten durch eine Vektorkette dargestellt

$$\boldsymbol{r}_{\mathrm{OB}} = \boldsymbol{r}_{\mathrm{OA}} + \boldsymbol{r}_{\mathrm{AB}}. \tag{3}$$

Die relative Lage der beiden Körperpunkte A und B kann am einfachsten in einem körperfesten System K angegeben werden. Die notwendige Übertragung in das Inertialsystem leistet die Transformationsmatrix $\mathbf{T}^{\mathrm{KI}}$.

$$\boldsymbol{r}_{\mathrm{OB}}^{\mathrm{I}} = \boldsymbol{r}_{\mathrm{OA}}^{\mathrm{I}} + \boldsymbol{r}_{\mathrm{AB}}^{\mathrm{I}} = \boldsymbol{r}_{\mathrm{OA}}^{\mathrm{I}} + \mathbf{T}^{\mathrm{KI}}\boldsymbol{r}_{\mathrm{AB}}^{\mathrm{K}}. \tag{4}$$

Jeder einzelne Summand in (4) stellt die Koordinatenschreibweise eines Vektors im Inertialsystem dar, auch das Produkt $\mathbf{T}^{\mathrm{KI}}\boldsymbol{r}_{\mathrm{AB}}^{\mathrm{K}}$. Der Ausdruck (4) kann deshalb direkt in die Vorschrift (2) eingesetzt werden. Dabei ist bei der Ableitung zu berücksichtigen, dass die Transformationsmatrix $\mathbf{T}^{\mathrm{KI}} = \mathbf{T}^{\mathrm{KI}}[\alpha(t)]$ zeitvariabel ist, mit $\dot{\alpha} = \omega$:

$$\boldsymbol{v}_{\mathrm{B}}^{\mathrm{I}} = \dot{\boldsymbol{r}}_{\mathrm{OB}}^{\mathrm{I}} = \frac{d}{dt}\left(\boldsymbol{r}_{\mathrm{OA}}^{\mathrm{I}} + \mathbf{T}^{\mathrm{KI}}\boldsymbol{r}_{\mathrm{AB}}^{\mathrm{K}}\right) = \dot{\boldsymbol{r}}_{\mathrm{OA}}^{\mathrm{I}} + \dot{\mathbf{T}}^{\mathrm{KI}}\boldsymbol{r}_{\mathrm{AB}}^{\mathrm{K}} + \mathbf{T}^{\mathrm{KI}}\dot{\boldsymbol{r}}_{\mathrm{AB}}^{\mathrm{K}},$$

$$\boldsymbol{v}_{\mathrm{B}}^{\mathrm{I}} = \dot{\boldsymbol{r}}_{\mathrm{OA}}^{\mathrm{I}} + \dot{\mathbf{T}}^{\mathrm{KI}}\boldsymbol{r}_{\mathrm{AB}}^{\mathrm{K}}. \tag{5}$$

Die Ableitung der Koordinaten des Ortsvektors $\boldsymbol{r}_{\mathrm{AB}}^{\mathrm{K}}$ im Körpersystems K verschwindet, da beide Punkte in K zueinander fixiert sind. Multipliziert man (5) von links mit der inversen Transformationsmatrix (vgl. Aufgabe 4.12)

$$\left(\mathbf{T}^{\mathrm{KI}}\right)^{-1} = \left(\mathbf{T}^{\mathrm{KI}}\right)^{\mathrm{T}} = \mathbf{T}^{\mathrm{IK}}, \tag{6}$$

dann erhält man die gesuchte Beziehung zwischen den Geschwindigkeiten von zwei Körperpunkten, angegeben im Koordinatensystem K

$$\mathbf{T}^{\mathrm{IK}}\boldsymbol{v}_{\mathrm{B}}^{\mathrm{I}} = \mathbf{T}^{\mathrm{IK}}\dot{\boldsymbol{r}}_{\mathrm{OA}}^{\mathrm{I}} + \mathbf{T}^{\mathrm{IK}}\,\dot{\mathbf{T}}^{\mathrm{KI}}\boldsymbol{r}_{\mathrm{AB}}^{\mathrm{K}},$$

$$\boldsymbol{v}_{\mathrm{B}}^{\mathrm{K}} = \boldsymbol{v}_{\mathrm{A}}^{\mathrm{K}} + \mathbf{T}^{\mathrm{IK}}\,\dot{\mathbf{T}}^{\mathrm{KI}}\boldsymbol{r}_{\mathrm{AB}}^{\mathrm{K}}. \tag{7}$$

Die Elemente der Transformationsmatrix $\mathbf{T}^{\mathrm{IK}}$, die die Drehung $\alpha(t)$ um die z^{I}-Achse beschreibt (Bild 4.43), findet man nach Bild 4.1 im Vorspann zu

$$\mathbf{T}^{\mathrm{IK}} = \begin{bmatrix} \cos\alpha & \sin\alpha & 0 \\ -\sin\alpha & \cos\alpha & 0 \\ 0 & 0 & 1 \end{bmatrix}, \quad \mathbf{T}^{\mathrm{KI}} = \left(\mathbf{T}^{\mathrm{IK}}\right)^{\mathrm{T}} = \begin{bmatrix} \cos\alpha & -\sin\alpha & 0 \\ \sin\alpha & \cos\alpha & 0 \\ 0 & 0 & 1 \end{bmatrix}. \tag{8}$$

Für die Ableitung nach der Zeit folgt

$$\dot{\mathbf{T}}^{\mathrm{KI}} = \begin{bmatrix} -\dot{\alpha}\sin\alpha & -\dot{\alpha}\cos\alpha & 0 \\ \dot{\alpha}\cos\alpha & -\dot{\alpha}\sin\alpha & 0 \\ 0 & 0 & 0 \end{bmatrix}. \tag{9}$$

Aus (7) erhält man damit in Koordinatenschreibweise

$$\begin{bmatrix} v_{\mathrm{B}x} \\ v_{\mathrm{B}y} \\ 0 \end{bmatrix} = \begin{bmatrix} v_{\mathrm{A}x} \\ v_{\mathrm{A}y} \\ 0 \end{bmatrix} + \begin{bmatrix} \cos\alpha & \sin\alpha & 0 \\ -\sin\alpha & \cos\alpha & 0 \\ 0 & 0 & 1 \end{bmatrix} \cdot \begin{bmatrix} -\dot{\alpha}\sin\alpha & -\dot{\alpha}\cos\alpha & 0 \\ \dot{\alpha}\cos\alpha & -\dot{\alpha}\sin\alpha & 0 \\ 0 & 0 & 0 \end{bmatrix} \cdot \begin{bmatrix} r_{\mathrm{AB}x} \\ r_{\mathrm{AB}y} \\ 0 \end{bmatrix}$$

$$\begin{bmatrix} v_{\mathrm{B}x} \\ v_{\mathrm{B}y} \\ 0 \end{bmatrix} = \begin{bmatrix} 1 \\ -4 \\ 0 \end{bmatrix} + \begin{bmatrix} 0 & -\dot{\alpha} & 0 \\ \dot{\alpha} & 0 & 0 \\ 0 & 0 & 0 \end{bmatrix} \begin{bmatrix} 1,2 \\ 4,1 \\ 0 \end{bmatrix} = \begin{bmatrix} 1-4,1\omega \\ -4+1,2\omega \\ 0 \end{bmatrix} = \begin{bmatrix} -15,4 \\ 0,8 \\ 0 \end{bmatrix} \mathrm{m/s}. \tag{10}$$

Das gleiche Ergebnis erhält man aus der Beziehung

$$\boldsymbol{v}_{\mathrm{B}}^{\mathrm{K}} = \boldsymbol{v}_{\mathrm{A}}^{\mathrm{K}} + \boldsymbol{\omega}^{\mathrm{K}} \times \boldsymbol{r}_{\mathrm{AB}}^{\mathrm{K}},$$

$$\begin{bmatrix} v_{\mathrm{B}x} \\ v_{\mathrm{B}y} \\ 0 \end{bmatrix} = \begin{bmatrix} 1 \\ -4 \\ 0 \end{bmatrix} + \begin{bmatrix} 0 \\ 0 \\ \omega_z \end{bmatrix} \times \begin{bmatrix} 1,2 \\ 4,1 \\ 0 \end{bmatrix} = \begin{bmatrix} 1-4,1\omega_z \\ -4+1,2\omega_z \\ 0 \end{bmatrix} = \begin{bmatrix} -15,4 \\ 0,8 \\ 0 \end{bmatrix} \mathrm{m/s}.$$

Bei komplexen Aufgabenstellungen, z. B. aus dem Arbeitsgebiet der Mehrkörper-Systeme (MKS), in denen mehrere starre Körper miteinander gekoppelt sind, empfiehlt sich grundsätzlich die hier gezeigte formale Lösungsstrategie. Symbolisch rechnende Computerprogramme für die MKS-Analyse arbeiten mit diesen Ansätzen.

Durch einen Vergleich der kinematischen Beziehungen

$$\boldsymbol{v}_{\mathrm{B}}^{\mathrm{K}} = \boldsymbol{v}_{\mathrm{A}}^{\mathrm{K}} + \boldsymbol{\omega}^{\mathrm{K}} \times \boldsymbol{r}_{\mathrm{AB}}^{\mathrm{K}} \quad \Leftrightarrow \quad \boldsymbol{v}_{\mathrm{B}}^{\mathrm{K}} = \boldsymbol{v}_{\mathrm{A}}^{\mathrm{K}} + \mathbf{T}^{\mathrm{IK}}\,\dot{\mathbf{T}}^{\mathrm{KI}}\boldsymbol{r}_{\mathrm{AB}}^{\mathrm{K}}$$

erkennt man, dass das Vektor-Kreuzprodukt mit dem Winkelgeschwindigkeitsvektor durch ein Matrizenprodukt ersetzt werden kann. Dieser Zusammenhang gilt für beliebige räumliche Bewegungen.

5 Kinetik

In der Kinetik werden die Zusammenhänge zwischen den Bewegungszuständen von Punktmassen und Körpern und den auf sie einwirkenden äußeren Kräften und Momenten untersucht.

Die Aufgabensammlung zur Kinetik umfasst folgende Anwendungsbereiche:

- Bewegung und Lage von Massenpunkten und starren Körpern im Raum.
- Systeme mit mehreren gekoppelten Körpern.
- Trägheitstensor eines starren Körpers, Hauptträgheitsmomente und Hauptträgheitsachsen.
- Kreiselbewegungen des starren Körpers, Auswuchten.
- Anwendung des Impulssatzes auf Systeme mit Massenänderung (Raketengleichung).
- Schwingungssysteme, Eigenschwingungen und harmonisch zwangserregte Systeme.
- Systeme mit Stoßvorgängen: Elastischer, plastischer und rauer Stoß.
- LAGRANGEsche Gleichungen 2. Art.

Die mathematische Modellbildung zur Lösung einer Aufgabe erfolgt durch eine strukturierte Arbeitsmethode. Abhängig vom Aufgabentyp treten dabei folgende Einzelschritte auf:

- Anwendung des *Schnittprinzips* oder bei möglicher globaler Betrachtung des Gesamtsystems in verschiedenen Zuständen, die Formulierung der *Erhaltungssätze* (Impuls- oder Drallerhaltungssatz) oder des *Energiesatzes*.
- *Impuls-* und *Drallsatz*: Darstellung des Zusammenhangs zwischen äußeren Kräften und der Schwerpunktsbewegung, sowie zwischen äußeren Momenten und der Drehbewegung eines Systems für jeden Teilkörper.
- Formulierung der *eingeprägten Kräfte* (Reibungs-, Feder- und Dämpferkräfte) und Beschreibung der *kinematischen Zwangsbedingungen* zwischen den Lagekoordinaten.

Zur Lösung des Mathematischen Modells wird man auf folgende Aufgabenbereiche der Mathematik geführt:

- Lineare und nichtlineare algebraische Gleichungen.
- Koordinatentransformation für Vektoren mit Hilfe von Transformationsmatrizen.
- Gewöhnliche homogene und inhomogene Differentialgleichungen (Dgln) mit konstanten Koeffizienten.
- Eigenwertprobleme.

In der mathematischen Modellbildung wird ausgiebig vom Impuls- und Drallsatz Gebrauch gemacht. Beide Axiome sollen hier deshalb dargestellt werden.

Impuls: Für den Impuls $\boldsymbol{p}$ eines beliebigen abgeschlossenen Systems von Massen (Bild 5.1a) mit der Gesamtmasse m und der Schwerpunktsgeschwindigkeit $\boldsymbol{v}_S$ gilt

$$\boldsymbol{p} = m\,\boldsymbol{v}_S\,. \tag{1}$$

H.H. Müller-Slany, *Aufgaben und Lösungsmethodik Technische Mechanik*, https://doi.org/10.1007/978-3-658-22420-2_5

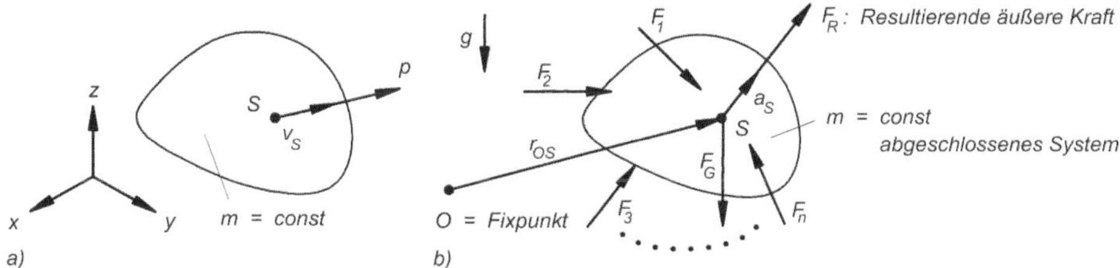

Bild 5.1 a) Impuls eines Systems von Massen, b) zur Beschreibung des Impulssatzes

Impulssatz: Für die absolute Beschleunigung $\boldsymbol{a}_S$ des Massenmittelpunktes S eines beliebigen abgeschlossenen mechanischen Systems mit den äußeren Kräften $\boldsymbol{F}_i$, i = 1,..., n und mit der resultierenden äußeren Kraft $\boldsymbol{F}_R$ gilt:

$$m\frac{d}{dt}\boldsymbol{p} = m\frac{d^2}{dt^2}\boldsymbol{r}_{OS} = \sum_i \boldsymbol{F}_i = \boldsymbol{F}_R\,, \tag{2}$$

mit dem Fixpunkt O. Der Impulssatz gilt für ein abgeschlossenes mechanisches System, d. h. durch die Oberfläche des Schnittraumes darf weder Masse zu- oder abgeführt werden. Die Summe der Kräfte wird unabhängig von der Lage der Kräfte gebildet, d. h. die Kräfte müssen nicht durch den Massenmittelpunkt S verlaufen. Derartige Kräfte führen aber zu Drehbewegungen des Systems. Diese werden durch den Drallsatz beschrieben. Der Impulssatz für Systeme mit zeitlich veränderlicher Masse wird in der Lösungsanalyse zu Aufgabe 5.32 abgeleitet.

Drall, Drehimpuls: Der Drall $\boldsymbol{L}_O$ eines beliebigen abgeschlossenen Systems ist die Summe aller Impulsmomente bezogen auf einen raumfesten Punkt O (Bild 5.2):

$$\boldsymbol{L}_O = \int_K d\boldsymbol{L}_O = \int_K \boldsymbol{r}_{OK} \times d\boldsymbol{p} = \int_K \boldsymbol{r}_{OK} \times \frac{d}{dt}\boldsymbol{r}_{OK}\, dm = \int_K \boldsymbol{r}_{OK} \times \boldsymbol{v}_K\, dm. \tag{3}$$

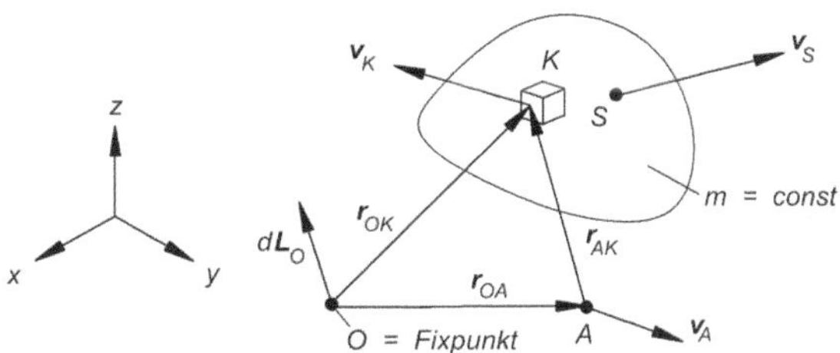

Bild 5.2 Zur Dralldefinition

Man kann diese Definition gemäß Bild 5.2 umformulieren auf einen Drall $\boldsymbol{L}_A$ für das System mit Bezug auf einen mit $\boldsymbol{v}_A$ beliebig bewegtem Punkt A. Mit den Vektorbeziehungen

$$\boldsymbol{r}_{OK} = \boldsymbol{r}_{OA} + \boldsymbol{r}_{AK}\,, \quad \frac{d}{dt}\boldsymbol{r}_{OK} = \frac{d}{dt}\boldsymbol{r}_{OA} + \frac{d}{dt}\boldsymbol{r}_{AK} = \boldsymbol{v}_A + \frac{d}{dt}\boldsymbol{r}_{AK}$$

folgt aus (3)

$$\begin{aligned} \boldsymbol{L}_{\mathrm{O}} &= \int_{\mathrm{K}} (\boldsymbol{r}_{\mathrm{OA}} + \boldsymbol{r}_{\mathrm{AK}}) \times \frac{d}{dt}(\boldsymbol{r}_{\mathrm{OA}} + \boldsymbol{r}_{\mathrm{AK}})\, dm \\ &= \boldsymbol{r}_{\mathrm{OA}} \times \boldsymbol{v}_{\mathrm{A}} m + \boldsymbol{r}_{\mathrm{OA}} \times (\boldsymbol{v}_{\mathrm{S}} - \boldsymbol{v}_{\mathrm{A}}) m + \boldsymbol{r}_{\mathrm{AS}} \times \boldsymbol{v}_{\mathrm{A}} m + \int_{\mathrm{K}} \boldsymbol{r}_{\mathrm{AK}} \times \frac{d}{dt} \boldsymbol{r}_{\mathrm{AK}}\, dm. \end{aligned} \tag{4}$$

Der letzte Term in (4) ist der sog. Relativdrall $\boldsymbol{L}_{\mathrm{A}}$, bezogen auf einen beliebig bewegten Punkt A [MAGNUS, MÜLLER-SLANY, 2009]

$$\boldsymbol{L}_{\mathrm{A}} = \int_{\mathrm{K}} \boldsymbol{r}_{\mathrm{AK}} \times \frac{d}{dt} \boldsymbol{r}_{\mathrm{AK}}\, dm. \tag{5}$$

Für den Drall $\boldsymbol{L}_{\mathrm{A}}$ gilt damit nach (4)

$$\boldsymbol{L}_{\mathrm{A}} = \boldsymbol{L}_{\mathrm{O}} - \boldsymbol{r}_{\mathrm{OA}} \times \boldsymbol{v}_{\mathrm{S}} m - \boldsymbol{r}_{\mathrm{AS}} \times \boldsymbol{v}_{\mathrm{A}} m. \tag{6}$$

Aus (6) folgen die Drallvektoren für die Sonderfälle: A = Fixpunkt und A = Schwerpunkt. Für einen starren Körper gilt mit dem Trägheitstensor $\boldsymbol{J}_{\mathrm{S}}$ bezogen auf den Schwerpunkt S:

$$\boldsymbol{L}_{\mathrm{S}} = \boldsymbol{J}_{\mathrm{S}}\, \boldsymbol{\omega}, \quad \text{mit:} \quad \boldsymbol{J}_{\mathrm{S}} = \begin{bmatrix} J_{xx} & J_{xy} & J_{xz} \\ J_{xy} & J_{yy} & J_{yz} \\ J_{xz} & J_{yz} & J_{zz} \end{bmatrix}. \tag{7}$$

Drallsatz: Für die zeitliche Änderung des Dralls eines abgeschlossenen mechanischen Systems mit den äußeren Momenten $\boldsymbol{M}_{\mathrm{Oi}}$, i = 1,..., n mit Bezug auf einen Fixpunkt O gilt

$$\frac{d}{dt} \boldsymbol{L}_{\mathrm{O}} = \sum_{\mathrm{i}} \boldsymbol{M}_{\mathrm{Oi}} = \boldsymbol{M}_{\mathrm{O}}. \tag{8}$$

Der Drallsatz für einen beliebig bewegten Bezugspunkt A folgt aus (8) mit $\boldsymbol{L}_{\mathrm{O}}$ aus (6)

$$\frac{d}{dt}\left(\boldsymbol{L}_{\mathrm{A}} + \boldsymbol{r}_{\mathrm{OA}} \times \boldsymbol{v}_{\mathrm{S}} m + \boldsymbol{r}_{\mathrm{AS}} \times \boldsymbol{v}_{\mathrm{A}} m\right) = \boldsymbol{M}_{\mathrm{O}} \quad \Rightarrow \quad \frac{d}{dt} \boldsymbol{L}_{\mathrm{A}} + \boldsymbol{r}_{\mathrm{AS}} \times \boldsymbol{a}_{\mathrm{A}} m = \boldsymbol{M}_{\mathrm{A}}. \tag{9}$$

Hierin ist $\boldsymbol{L}_{\mathrm{A}}$ der Drall nach (5). Damit folgt der wichtige Sonderfall des Drallsatzes bezogen auf den beliebig bewegten Massenmittelpunkt S eines Systems

$$\frac{d}{dt} \boldsymbol{L}_{\mathrm{S}} = \boldsymbol{M}_{\mathrm{S}}. \tag{10}$$

Für einen starren Körper lautet der Drallsatz mit Bezug auf den beliebig bewegten Massenmittelpunkt S und mit dem Drallvektor $\boldsymbol{L}_{\mathrm{S}}$ nach (7)

$$\frac{d}{dt}\left(\boldsymbol{J}_{\mathrm{S}}\, \boldsymbol{\omega}\right) = \boldsymbol{M}_{\mathrm{S}}. \tag{11}$$

Alle zeitlichen Ableitungen müssen im Inertialraum durchgeführt werden. Für den drehenden Körper würden dabei Ableitungen der zeitvariablen Trägheitselemente auftreten. Durch Übergang auf ein körperfestes Koordinatensystem K(x, y, z) kann man dies vermeiden. Mit der Rechenregel für Ableitungen in drehenden Koordinatensystemen erhält man für (11) die sog. dynamische EULERgleichung für den starren Körper im körperfesten Koordinatensystem K

$$\frac{d}{dt} \boldsymbol{L}_{\mathrm{S}}^{\mathrm{K}} = \frac{d^{\mathrm{rel}}}{dt} \boldsymbol{L}_{\mathrm{S}}^{\mathrm{K}} + \boldsymbol{\omega}^{\mathrm{K}} \times \boldsymbol{L}_{\mathrm{S}}^{\mathrm{K}} = \boldsymbol{M}_{\mathrm{S}}^{\mathrm{K}} \quad \Rightarrow \quad \boldsymbol{J}_{\mathrm{S}}^{\mathrm{K}}\, \dot{\boldsymbol{\omega}}^{\mathrm{K}} + \boldsymbol{\omega}^{\mathrm{K}} \times \boldsymbol{J}_{\mathrm{S}}^{\mathrm{K}}\, \dot{\boldsymbol{\omega}}^{\mathrm{K}} = \boldsymbol{M}_{\mathrm{S}}^{\mathrm{K}}. \tag{12}$$

Aufgabe 5.1 (Bild 5.3)

In einem Aufzug steht ein Transportbehälter auf einer Waage, die nach dem Federmesssystem arbeitet. Die Seilkraft im Tragseil des Aufzugs kann über eine eingebaute Kraftmessdose gemessen werden. Während der Aufwärtsfahrt wird bei konstanter Aufzugs-Beschleunigung die Seilkraft F_S = 9700 N gemessen. Die Masse des Aufzugs einschließlich Zuladung beträgt m_A = 850 kg und die Masse des Transportbehälters m_T = 95 kg.

a) Wie groß ist die Aufzugsbeschleunigung a_A?

b) Welches Gewicht m_T^* wird während der Beschleunigungsphase von der Waage angezeigt?

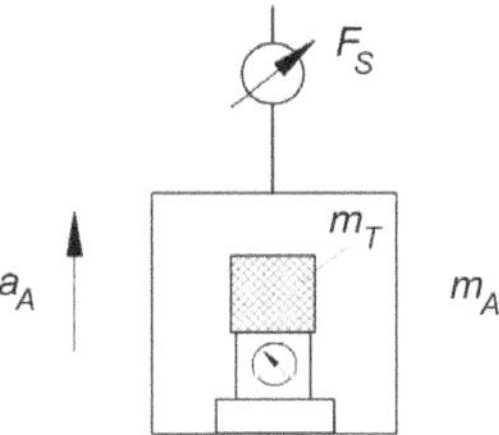

Bild 5.3 Aufzug mit Transportbehälter und Waage

Lösungsanalyse: Der Zusammenhang zwischen Kräften und der Beschleunigung des Massenmittelpunktes eines technischen Systems kann mit Hilfe des Impulssatzes bestimmt werden. Alle Kraftwirkungen auf ein System einschließlich der Gewichtskräfte werden aufgedeckt, wenn das technische System durch einen geschlossenen Schnitt von seiner Umgebung völlig gelöst wird. Durch die geschlossene Schnittführung werden dabei zwei wichtige Voraussetzungen bei der Anwendung des Impulssatzes erfüllt: Die Schnittkräfte in sämtlichen Kontaktstellen zur Umgebung werden aufgedeckt und die Schnittfläche kann von Massen nicht durchdrungen werden, d. h. die Masse innerhalb der geschlossenen Schnittführung bleibt konstant.

Zur Lösung der beiden Teilaufgaben ist zunächst die jeweils geeignete Schnittführung für einen geschlossenen Schnitt zu überlegen. Die erste Frage nach der Aufzugsbeschleunigung erfordert eine Schnittführung um den gesamten Aufzug herum. Als Schnittkraft tritt dabei die Zugkraft F_S im Tragseil auf. Die zweite Frage zielt auf die Kraftübertragung F_W an der Kontaktstelle zwischen Transportkiste und Waage. Hierfür muss der Schnitt an dieser Kontaktstelle um die Transportkiste herum geführt werden. Damit erhält man die beiden Schnittbilder im Bild 5.4.

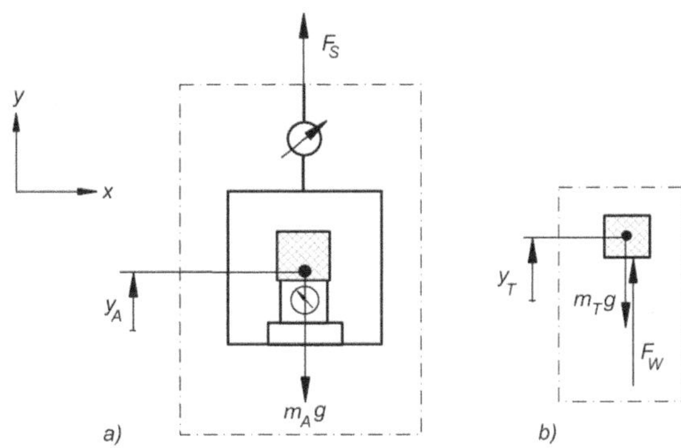

Bild 5.4 Schnittbilder

Für die Lagebeschreibung von Aufzug und Transportbehälter wird ein (x, y)-Inertialsystem eingeführt. Die beiden Koordinaten y_A und y_T zur Beschreibung der Lage der Massenmittelpunkte vom Aufzug und vom Transportbehälter werden von Fixpunkten im Inertialsystem aus gemessen. Sie unterscheiden sich lediglich um einen konstanten Betrag. Die Beschleunigungen der beiden Massenmittelpunkte stimmen überein.

Lösung: a) Die Aufzugsbeschleunigung erhält man aus dem Impulssatz für das Gesamtsystem. Aus dem Schnittbild a) im Bild 5.4 liest man die y-Koordinate für den Impulssatz ab:

$$m_A \ddot{y}_A = \sum F_y = F_S - m_A g, \quad \text{mit } \ddot{y}_A = a_A,$$

$$a_A = \frac{F_S}{m_A} - g = \frac{9700}{850} - 9{,}81 = 1{,}6 \text{ ms}^{-2}. \tag{1}$$

b) Die Anzeige der Federwaage im beschleunigten Aufzug folgt aus der Kraft F_W, die zwischen Transportbehälter und Waage ausgeübt wird. Die y-Koordinate des Impulssatzes für den Transportbehälter liest man aus dem Schnittbild b) im Bild 5.4 ab:

$$m_T \ddot{y}_T = \sum F_y = F_W - m_T g, \quad \text{mit } \ddot{y}_T = \ddot{y}_A = a_A,$$

$$F_W = m_T (g + a_A) = 95(9{,}81 + 1{,}6) = 1083{,}95 \text{ N}. \tag{2}$$

Da die Federwaage für eine ruhende Position in *kg* mit dem Wert der Erdbeschleunigung $g = 9{,}81$ ms^{-2} kalibriert ist, zeigt sie für den Wert der Kraftwirkung F_W nach (2) die Masse

$$m_T^* = \frac{F_W}{g} = \frac{1083{,}95}{9{,}81} = 110{,}5 \text{ kg} \tag{3}$$

an.

Aufgabe 5.2 (Bild 5.5)

Ein horizontal liegender Stößeltrieb besteht aus einer um das Lager A gleichförmig rotierenden Kreisnockenscheibe (Masse m_2) und einem auf ihr gleitenden Stößel (Massen m_1). Der Stößel wird dabei durch eine Druckfeder (Federkonstante c) gegen die Nockenscheibe gedrückt. Bei dem Nockenwinkel $\varphi = 0$ hat die Federvorspannung die Kraft F_0.

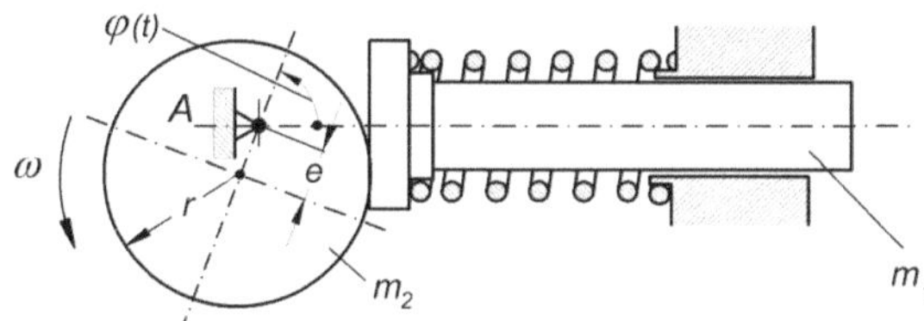

Bild 5.5 Stößeltrieb mit Kreisnocken

a) Wie groß ist bei Vernachlässigung der Reibung die Horizontalkraft im Nockenlager A in Abhängigkeit der Zeit?

b) Bei welchem Nockenwinkel φ_N und bei welcher Winkelgeschwindigkeit ω_N verliert der Stößel den Kontakt mit der Nockenscheibe?

Lösungsanalyse: Das mechanische System besteht aus zwei Einzelkörpern, die eine vorgegebene Bewegung ausführen. Gesucht sind die dabei auftretende Kontaktkraft zwischen beiden Körpern und die Horizontalkomponente der Lagerkraft $\boldsymbol{F}_A$.

Bei Aufgabenstellungen zur Analyse des dynamischen Verhaltens von Systemen, die aus mehreren Körpern aufgebaut sind, werden in der Regel zuerst alle beteiligten Körper durch geschlossene Schnittführungen einzeln herausgeschnitten. Zur Beschreibung aller auftretenden Kräfte (Schnittkräfte, Gewichtskräfte und vorgegebene äußere Kräfte) wird ein geeignetes Inertialsystem eingeführt. Danach können die Koordinaten aller Kräfte und die Lagekoordinaten der Schwerpunkte der Einzelkörper in die Schnittbilder eingetragen werden (Bild 5.6).

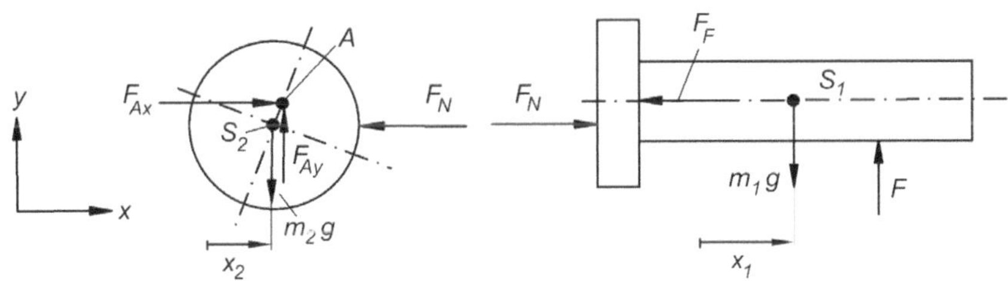

Bild 5.6 Schnittbilder für Kreisnocken und Stößel

Das Gleichungssystem zur Lösung der Aufgabenstellung wird aus folgenden Elementen aufgebaut

- x-Koordinaten der Impulssätze für die Einzelkörper,
- kinematische Beziehung zwischen der Nockenrotation und den x-Koordinaten der Schwerpunkte S_1 und S_2 (kinematische Bindungsgleichungen),
- Federkraft F_F.

Lösung: a) Zuerst wird das mathematische Modell zur Lösung der Aufgabe aufgebaut:

Impulssätze für beide Starrkörperelemente: Aus Bild 5.6 liest man für die x-Koordinate ab

$$\begin{aligned} m_1\,\ddot{x}_1 &= F_N - F_F, \\ m_2\,\ddot{x}_2 &= F_{Ax} - F_N. \end{aligned} \tag{1}$$

Kinematische Beziehungen zwischen x_1, x_2, ω und φ:

Gegeben ist der Zwangslauf des rotierenden Nockens

$$\varphi = \omega t. \tag{2}$$

Die x-Lagen der Schwerpunkte von Stößel und Nocken, S_1 und S_2, unterscheiden sich nur um einen konstanten Wert k

$$x_1 = x_2 + k. \tag{3}$$

Aus Bild 5.7 liest man die kinematische Bindungsgleichung zwischen den Lagekoordinaten x_A, x_2 und φ ab:

$$x_A = x_2 + e\cos\varphi. \tag{4}$$

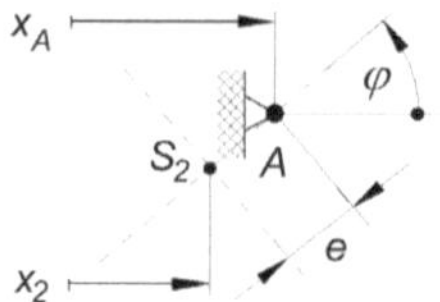

Bild 5.7 Kinematische Bindungsgleichung für Kreisnocken

Die Federkraft F_F setzt sich zusammen aus der Federvorspannung F_0 und der Kraftzunahme mit dem Federweg f. Dieser stimmt überein mit der x-Verschiebung des Kreisnockens:

$$F_F = F_0 + c\,f = F_0 + c\big[x_2(t) - x_2(0)\big] = F_0 + ce(1-\cos\varphi). \tag{5}$$

Die Beschleunigung von Kreisnocken und Stößel findet man durch zweimaliges Ableiten der kinematischen Bindungsgleichung (4)

$$\ddot{x}_2 = \ddot{x}_1 = e\omega^2\cos\omega t. \tag{6}$$

Aus den Gleichungen (1) bis (6) kann die Horizontalkraft im Nockenlager ermittelt werden

$$F_{Ax} = \left[(m_1+m_2)\omega^2 - c\right]e\cos\omega t + F_0 + ce. \tag{7}$$

b) Der Stößel löst sich von der Nockenscheibe, wenn die Normalkraft F_N zu Null wird. Aus (1), (5) und (6) kann man die Normalkraft bestimmen

$$F_N = F_0 + ce + (m_1\,\omega^2 - c)\,e\cos\varphi. \tag{8}$$

Die Normalkraft wird minimal, wenn der Nockenwinkel abhängig vom Vorzeichen des Klammerausdrucks in (8) $\varphi = 0$ oder π ist. Wie man an (8) leicht erkennt, kann bei $\varphi = 0$ die Normalkraft nicht Null werden. Folglich bleibt nur die Lösung bei $\varphi_N = \pi$ und man erhält damit aus (8) die Grenzwinkelgeschwindigkeit ω_N bei $F_N = 0$ zu

$$\omega_N = \sqrt{\frac{F_0 + 2ce}{e\,m_1}}. \tag{9}$$

Steigert man die Nockenwinkelgeschwindigkeit über ω_N hinaus, dann ist die Beschleunigung der Nockenscheibe bei $\varphi_N = \pi$ größer als die Beschleunigung, die dem Stößel durch die Federkraft erteilt wird. Er kann der Nockenscheibe dann nicht mehr folgen.

Aufgabe 5.3 (Bild 5.8)

Das skizzierte System besteht aus den beiden Massen m_A und m_B, die mit einem Seil über Umlenkrollen durch eine dritte Masse m_C über eine horizontale Fläche gezogen werden. Zwischen den Massen m_A, m_B und den Kontaktflächen herrscht Gleitreibung mit den Reibungskoeffizienten μ_A und μ_B. Reibungsverluste treten in den Seilrollen nicht auf, und die Seilrollen sollen als masselos angenommen werden.

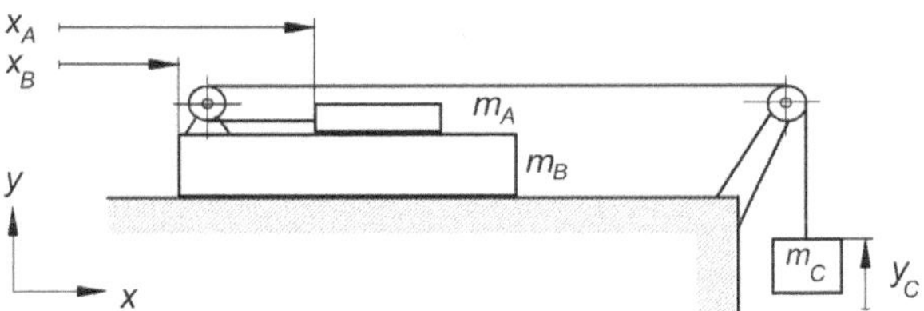

Bild 5.8 Mechanisches System mit Gleitreibung

a) Wie groß ist die Beschleunigung der Masse m_C und wie groß ist die Seilkraft S?

b) Unter welchen Bedingungen für die Reibungsbeiwerte wird die Beschleunigung $\ddot{x}_A < 0$.

Zahlenwerte: $m_A = 25$ kg, $m_B = 120$ kg, $m_C = 80$ kg, $\mu_A = 0{,}6$; $\mu_B = 0{,}1$.

Lösungsanalyse: Drei starre Körper sind über ein Seilzug-Rollen-System miteinander gekoppelt. Zur Lösung mit Hilfe des Impulssatzes müssen die drei Körper zuerst frei geschnitten werden. Die dabei auftretenden Reibungskräfte zwischen m_A und m_B sowie zwischen m_B und der Horizontalfläche müssen im Schnittbild korrekt eingetragen werden, d. h. der tatsächlichen Relativbewegung entgegengerichtet. Ist die Bewegungsrichtung nicht eindeutig erkennbar, muss die getroffene Annahme über das Endergebnis verifiziert werden.

Wegen der Annahme der Reibungsfreiheit im Seilzug und der Masselosigkeit der Seilrollen ist die Seilkraft S überall im Seil gleich.

Insgesamt treten damit in der mathematischen Systembeschreibung 6 Unbekannte auf (s. Schnittbilder im Bild 5.9): Die Lagekoordinaten x_A, x_B, y_C, die Reibungskräfte R_A, R_B und die Seilkraft S. Für das mathematische Modell stehen folgende Gleichungen zur Verfügung: Jeweils eine Koordinatengleichung für die Impulssätze der 3 Massen und 2 Gleichungen für die Gleitreibungskräfte.

Die fehlende 6. Gleichung zur Lösung des Gleichungssystems ist die kinematische Bindungsgleichung zwischen den Koordinaten x_A, x_B und y_C. Sie sind nicht unabhängig voneinander. Man findet die Bindungsgleichung mit folgender Überlegung: Welchen Einfluss haben die Beiträge x_A und x_B auf das Absenken der Masse m_C aus einer Ruhelage x_{A0}, x_{B0} und y_{C0} heraus? Man erkennt: Eine Zunahme von x_A bei gleichzeitig konstantem x_B bedeutet eine gleichgroße Verschiebung von x_C nach oben und bei einer Zunahme von x_B bei gleichzeitig konstantem x_A muss der doppelte Seilbetrag durchgezogen werden. Die Masse m_C senkt sich entsprechend um $2x_B$. Die gesuchte Bindungsgleichung ist die Überlagerung beider Einflüsse. Sie und ihre 2. Ableitung nach der Zeit lauten damit

$$\begin{aligned} (y_C - y_{C0}) &= (x_A - x_{A0}) - 2(x_B - x_{B0}), \\ \ddot{y}_C &= \ddot{x}_A - 2\ddot{x}_B. \end{aligned} \qquad (1)$$

Lösung: a) Die Schnittbilder für die drei Körper sind im Bild 5.9 dargestellt. Für die Gleitreibungskräfte wird dabei angenommen, dass sich die Masse m_A in Richtung der Seilrolle auf m_B bewegt.

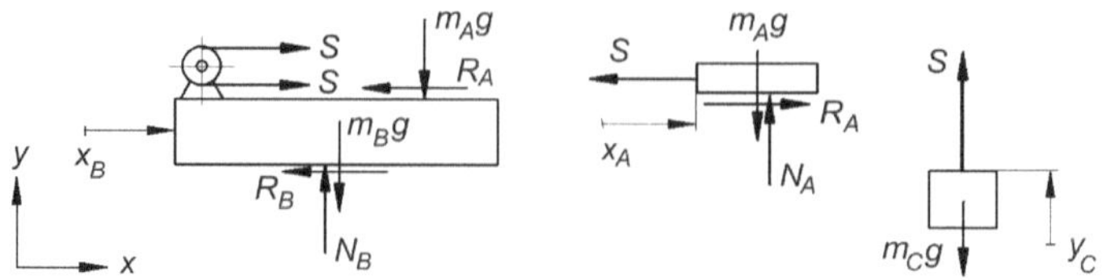

Bild 5.9 Schnittbilder

Für die Impulssätze liest man aus den Schnittbildern folgende Koordinatengleichungen ab:

$$\begin{aligned} m_A \ddot{x}_A &= -S + R_A, \\ m_B \ddot{x}_B &= 2S - R_A - R_B, \\ m_C \ddot{y}_C &= S - m_C g. \end{aligned} \tag{2}$$

Für die Gleitreibungskräfte gilt

$$\begin{aligned} R_A &= m_A g \mu_A, \\ R_B &= (m_A + m_B) g \mu_B. \end{aligned} \tag{3}$$

Zusammen mit der kinematischen Bindungsgleichung (1) hat man damit 6 Gleichungen für die 6 Unbekannten x_A, x_B, y_C, R_A, R_B und S.

Die Auflösung der Gleichungen nach der Seilkraft S und der Beschleunigung $\ddot{y}_C$ der Masse m_C ergibt:

$$S = \left[1 + \left(1 + 2\frac{m_A}{m_B}\right)\mu_A + 2\frac{m_A + m_B}{m_B}\mu_B\right] \frac{g}{\frac{1}{m_A} + \frac{4}{m_B} + \frac{1}{m_C}} = 239{,}06 \text{ N}. \tag{4}$$

$$\ddot{y}_C = \frac{S}{m_C} - g = -6{,}82 \text{ ms}^{-2}. \tag{5}$$

b) Zur Ermittlung der Voraussetzung für $\ddot{x}_A < 0$ kann die erste Gleichung von (2), der Impulssatz für die Masse m_A, herangezogen werden. Hiernach muss gelten

$$\ddot{x}_A = \frac{1}{m_A}\left(-S + R_A\right) = -\frac{S}{m_A} + g\mu_A < 0. \tag{6}$$

Mit der Seilkraft (4) erhält man nach weiterer Umformung aus (6) die Bedingung

$$\mu_B > \frac{1}{2\left(1 + \frac{m_A}{m_B}\right)}\left[\left(2\frac{m_A}{m_B} + \frac{m_A}{m_C}\right)\mu_A - 1\right]. \tag{7}$$

Aufgabe 5.4 (Bild 5.10)

In einer Förderanlage befindet sich eine Rampe, auf der die zu befördernden Kisten K (Masse m) herunterrutschen. Am Ende der Gleitstrecke s werden sie durch einen elastischen Anschlag (Federkonstante c) abgebremst. Zwischen Kiste und Rampe kann Gleitreibung mit dem Reibungsbeiwert μ angenommen werden.

a) Welche Zeit t_1 benötigt die Kiste bis zum Berühren des Anschlags und welche Geschwindigkeit v_1 hat sie dann, wenn sie aus der Ruhelage bei $x = 0$ freigegeben wird?

b) Wie groß ist der Federweg x_{Fmax}, der zum Abbremsen einer Kiste auf die Geschwindigkeit Null notwendig ist? Dabei soll die Masse des elastischen Anschlags vernachlässigt werden.

c) In welchem Bereich $x_{F1} \leq x_F \leq x_{F2}$ kann die Kiste unabhängig von den Anfangsbedingungen endgültig zur Ruhe kommen?

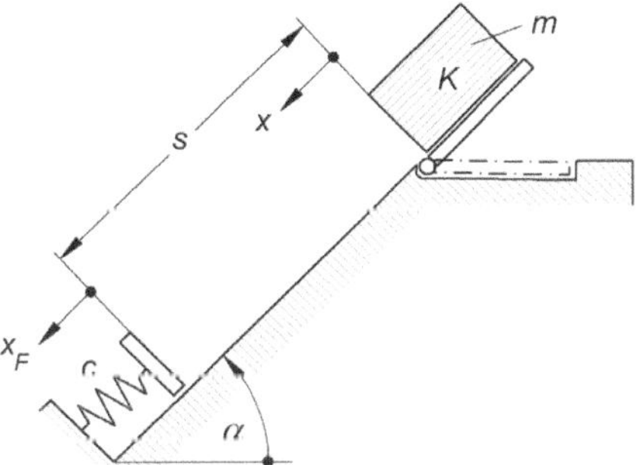

Bild 5.10 Förderanlage mit Gleitstrecke

Lösungsanalyse: Nach Anwendung des Schnittprinzips auf die Kiste kann die x-Koordinate des Impulssatzes mit allen bekannten Kräften formuliert werden. Man erhält eine konstante Beschleunigung der Kiste. Die zweimalige zeitliche Integration führt auf die Zeit t_1 und die Geschwindigkeit v_1. Nach Erreichen des Federanschlags ändern sich die Kräfte an der frei geschnittenen Kiste: Es wirkt zusätzlich die Federkraft F_F, die als Funktion des Federweges gegeben ist. Die x-Koordinate des Impulssatzes führt jetzt auf eine wegabhängige Beschleunigungs-Funktion, die über den Ansatz

$$\ddot{x} = \frac{d\dot{x}}{dt} = \frac{d\dot{x}}{dx} \cdot \frac{dx}{dt} = \frac{d\dot{x}}{dx} \dot{x} \tag{1}$$

und nach Trennung der Variablen integriert werden kann.

Wesentlich schneller führt die Anwendung des Energiesatzes zur Bestimmung der Geschwindigkeit v_1 und des Federweges x_{Fmax}. Dabei werden die Energiebeträge im System, die potentielle und kinetische Energie, sowie die abgeführte Reibungsenergie in den unterschiedlichen Systemzuständen bilanziert: Zustand 0: Start der Bewegung, Zustand 1: Erreichen des Federanschlags und Zustand 2: Erreichen der unteren Ruhelage. Dabei muss berücksichtigt werden, dass während der ganzen Gleitbewegung dem System mechanische Energie durch Reibung entzogen wird.

Den Bereich der möglichen endgültigen Ruhelage für die Kisten unabhängig von den Anfangsbedingungen findet man mit Hilfe der statischen Gleichgewichtsbedingung $\sum F_x = 0$ für die frei geschnittene Kiste.

Lösung: a) Aus dem Schnittbild für die frei geschnittene Kiste (Bild 5.11) liest man die x-und y-Koordinate für den Impulssatz ab. Da die Bewegung in y-Richtung gesperrt ist, entspricht die y-Koordinate des Impulssatzes einer statischen Gleichgewichtsbedingung. Die Reibungskraft F_R muss der Bewegungsrichtung entgegengesetzt eingetragen werden.

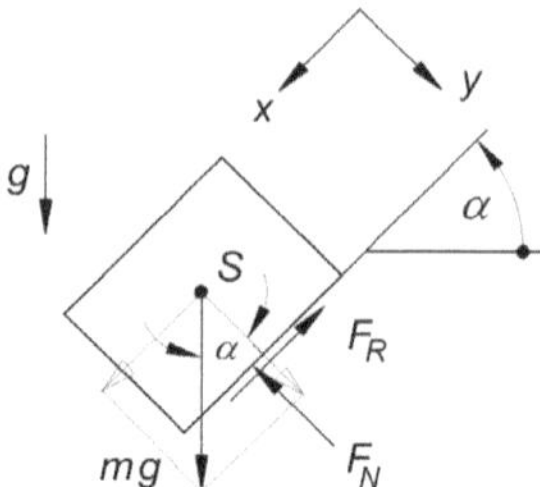

Bild 5.11 Schnittbild für die Kiste auf der Gleitstrecke s

$$\begin{aligned} m\ddot{x}_S &= -F_R + mg\sin\alpha, \\ 0 &= mg\cos\alpha - F_N. \end{aligned} \tag{2}$$

Für die Reibungskraft gilt

$$F_R = \mu F_N = \mu\, mg\cos\alpha. \tag{3}$$

Für die Beschleunigung der Kiste folgt damit

$$\ddot{x}_S = g(\sin\alpha - \mu\cos\alpha) = \text{const}. \tag{4}$$

Hieraus erkennt man, dass Gleiten nur einsetzen kann, wenn $\tan\alpha > \mu$ ist bzw. $\alpha > \rho$ mit dem Reibungswinkel ρ. Zweimalige Integration führt auf die Geschwindigkeits- und Weg-Zeit-Funktion:

$$\begin{aligned} \dot{x}_S &= g(\sin\alpha - \mu\cos\alpha)t + C_1, \quad \text{mit } \dot{x}_S(0) = 0: C_1 = 0, \\ x_S &= \frac{1}{2}g(\sin\alpha - \mu\cos\alpha)t^2 + C_2, \text{ mit } x_S(0) = 0: C_2 = 0. \end{aligned} \tag{5}$$

Am Ende der freien Gleitstrecke gilt $x_S(t_1) = s$. Damit folgt zunächst aus (5.2) die Zeit

$$t_1 = \sqrt{\frac{2s}{g(\sin\alpha - \mu\cos\alpha)}} \tag{6}$$

und aus (5.1) die Geschwindigkeit

$$v_1 = \sqrt{2gs(\sin\alpha - \mu\cos\alpha)}\,. \tag{7}$$

b) Wenn die Kiste den Anschlag berührt, muss im Schnittbild zusätzlich die Federkraft F_F berücksichtigt werden (Bild 5.12).

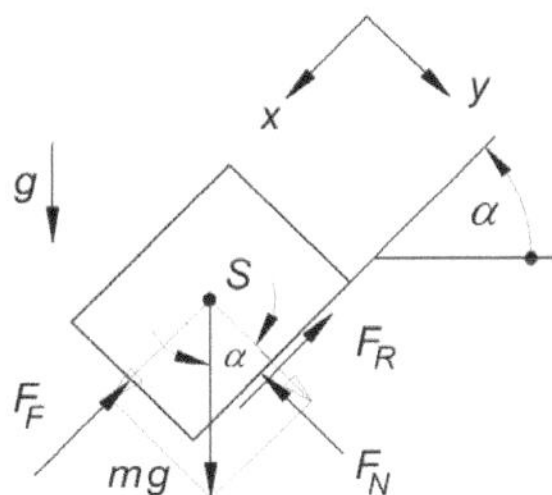

Bild 5.12 Schnittbild für die Kiste mit Federanschlag

Die x-Koordinate des Impulssatzes lautet

$$m\ddot{x}_\mathrm{F} = -F_\mathrm{R} - F_\mathrm{F} + mg\sin\alpha, \tag{8}$$

mit der Reibungskraft nach (3) und der Federkraft

$$F_\mathrm{F} = c\,x_\mathrm{F}. \tag{9}$$

Für die Beschleunigung der Kiste erhält man eine wegabhängige Funktion

$$\ddot{x}_\mathrm{F} = g(\sin\alpha - \mu\cos\alpha) - \frac{c}{m}x_\mathrm{F}. \tag{10}$$

Wie in der Analyse gezeigt, kann die Beschleunigung durch $\ddot{x} = \dot{x}\,\mathrm{d}\dot{x}/\mathrm{d}x$ ersetzt werden. Nach Einsetzen und Trennung der Variablen kann damit der Ausdruck (10) für die Beschleunigung integriert werden:

$$\dot{x}_\mathrm{F}\,d\dot{x}_\mathrm{F} = \left[g(\sin\alpha - \mu\cos\alpha) - \frac{c}{m}x_\mathrm{F}\right]dx_\mathrm{F},$$

$$\int_{v_1}^{0}\dot{x}_\mathrm{F}\,d\dot{x}_\mathrm{F} = \int_{0}^{x_\mathrm{Fmax}}\left[g(\sin\alpha - \mu\cos\alpha) - \frac{c}{m}x_\mathrm{F}\right]dx_\mathrm{F},$$

$$-\frac{1}{2}v_1^2 = g(\sin\alpha - \mu\cos\alpha)\,x_\mathrm{Fmax} - \frac{c}{2m}x_\mathrm{Fmax}^2,$$

$$x_\mathrm{Fmax}^2 - \frac{2m}{c}g(\sin\alpha - \mu\cos\alpha)\,x_\mathrm{Fmax} - \frac{m}{c}v_1^2 = 0, \tag{11}$$

mit der Lösung

$$x_\mathrm{Fmax} = \frac{m}{c}\left[g(\sin\alpha - \mu\cos\alpha) \pm \sqrt{g^2(\sin\alpha - \mu\cos\alpha)^2 + \frac{c}{m}v_1^2}\right]. \tag{12}$$

Darin ist nur das positive Vorzeichen physikalisch sinnvoll. Mit der Endgeschwindigkeit (7) auf der ersten Gleitstrecke folgt die maximale Einfederung

$$x_\mathrm{Fmax} = \frac{m}{c}\left\{g(\sin\alpha - \mu\cos\alpha) + \sqrt{g(\sin\alpha - \mu\cos\alpha)\left[g(\sin\alpha - \mu\cos\alpha) + \frac{2cs}{m}\right]}\right\}. \tag{13}$$

Alternativer Lösungsweg: Die Lösung für die Geschwindigkeit v_1 am Ende der ersten Gleitstrecke und den Betrag x_{Fmax} der Einfederung des Anschlags findet man schneller mit Anwendung des Energiesatzes. Es liegt ein allgemeines mechanisches System vor, in dem potentielle Energie U und kinetische Energie T gespeichert ist und Reibungsenergie W_R abgeführt wird.

Zur Ermittlung der Geschwindigkeit v_1 betrachte man die Energiebilanz zwischen den Punkten 0 zu Beginn der Bewegung und 1 am Ende der ersten Gleitstrecke:

$$U_0 + T_0 = U_1 + T_1 + W_R\,,$$

$$mgs\sin\alpha = \frac{1}{2}mv_1^2 + F_R s = \frac{1}{2}mv_1^2 + \mu\, mgs\cos\alpha\,, \tag{14}$$

$$v_1 = \sqrt{2gs(\sin\alpha - \mu\cos\alpha)}\,.$$

Man erhält wieder das Ergebnis (7). Für die Ermittlung der maximalen Einfederung des Anschlags mit Hilfe des Energiesatzes betrachte man die Energiebilanz im Punkt 0 und im Punkt 2, wenn die Kiste die untere Ruhelage erreicht. Die in der Anschlagfeder gespeicherte potentielle Energie beträgt dabei

$$U_{2F} = \int_0^{x_{Fmax}} F_F\,dx = \int_0^{x_{Fmax}} cx\,dx = \frac{1}{2}c\,x_{Fmax}^2. \tag{15}$$

Für die Energiebilanz folgt

$$U_0 + T_0 = U_2 + T_2 + W_R\,,$$

$$mg\left(s + x_{Fmax}\right)\sin\alpha = \frac{1}{2}c\,x_{Fmax}^2 + F_R\left(s + x_{Fmax}\right) = \frac{1}{2}c\,x_{Fmax}^2 + \mu\, mg\left(s + x_{Fmax}\right)\cos\alpha\,,$$

$$x_{Fmax}^2 - \frac{2gm}{c}(\sin\alpha - \mu\cos\alpha)x_{Fmax} - \frac{2gms}{c}(\sin\alpha - \mu\cos\alpha) = 0. \tag{16}$$

Mit (16) hat man wieder die quadratische Gleichung (11) mit der Lösung (12).

c) Die Bestimmung des möglichen Bereichs der endgültigen Ruhelage für die Kiste ist ein statisches Problem. Zunächst wird vorausgesetzt, dass die Gleitbedingung $\tan\alpha > \mu$ aus (4) erfüllt ist und die Kiste auf der Gleitstrecke rutschen kann. Dann sind statische Ruhelagen der Kiste nur im Bereich des Federanschlags möglich. Berücksichtigt man, dass die Reibungskraft wegen der beiden möglichen Bewegungsrichtungen verschiedene Vorzeichen haben kann, dann gilt für die Gleichgewichtsbedingung in x_F-Richtung nach Bild 5.12 und (8)

$$\pm F_R - F_F + mg\sin\alpha = 0.$$

Mit der Reibungskraft (3) und der Federkraft (9) folgt daraus der Ruhebereich für die Kiste

$$\left.\begin{matrix} x_{F1} \\ x_{F2} \end{matrix}\right\} = \frac{mg}{c}\left(\sin\alpha \mp \mu\cos\alpha\right). \tag{18}$$

Aufgabe 5.5 (Bild 5.13)

Zwei Massen sind mit einem Seil, das durch eine Druckfeder vorgespannt ist, miteinander verbunden. Die Feder ist um den Federweg f zusammengedrückt, die Federkonstante ist c. Die Massen gleiten reibungsfrei mit der Geschwindigkeit v_0 geradlinig auf einer Horizontalebene. Während des Gleitens wird das Seil durch einen internen Mechanismus zum Zeitpunkt t_0 gelöst.

Wie groß sind die Geschwindigkeiten der beiden Massen nach dem Lösen der Verbindung? Die Masse der Feder soll unberücksichtigt bleiben.

Zahlenwerte: $m_1 = 2$ kg, $m_2 = 5$ kg, $v_0 = 8$ m/s, $c = 1000$ N/m, $f = 10$ cm.

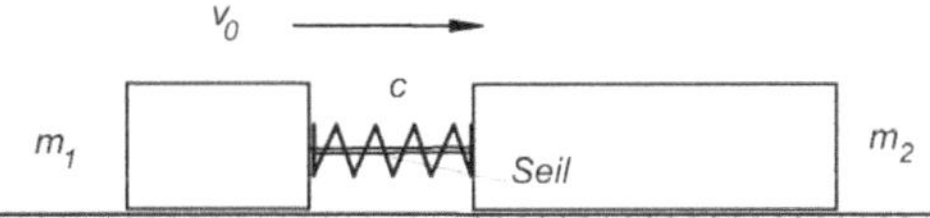

Bild 5.13 Zwei elastisch gekoppelte Massen

Lösungsanalyse: Zu untersuchen ist die Änderung mechanischer Zustände vor und nach einem internen Ereignis. Das kann mit Hilfe des Energiesatzes erfolgen. Im System aus den beiden elastisch gekoppelten Massen ist vor der Trennung ein bekannter Energieinhalt aus kinetischer und potentieller Energie gespeichert. Aufgrund der verlustfreien Bewegung bleibt der gesamte Energieinhalt nach der Trennung gleich. Damit ist eine Gleichung für die mathematische Beschreibung gefunden. Sie reicht aber nicht zur Lösung der Geschwindigkeiten der beiden Massen nach der Trennung aus. Die zweite Gleichung gewinnt man aus dem Impulssatz. Da interne Kräfte den Impuls eines geschlossenen mechanischen Systems nicht ändern können, liefert die Erhaltung des Impulses die zweite Gleichung zur Lösung. Die Anwendung von Erhaltungssätzen ist immer dann eine geeignete Lösungsstrategie, wenn Zustände vor und nach Ereignissen gesucht sind und wenn die genauen Abläufe, z. B. interne Kraftverläufe, nicht gesucht werden.

Lösung: Für die Anwendung des Energiesatzes wird der Energiezustand im Zustand 0 zu Beginn der Bewegung und im Zustand 1 nach der Trennung bilanziert. Die potentielle Energie der Feder ist dabei die Arbeit der Federkraft $F_F = cx_F$ längs des Federweges x_F: $2U_F = cx_F^2$. Da keine Verluste an mechanischer Energie auftreten gilt:

$$\begin{aligned} U_0 + T_0 &= U_1 + T_1 , \\ \frac{1}{2}cf^2 + \frac{1}{2}(m_1 + m_2)v_0^2 &= \frac{1}{2}(m_1 v_1^2 + m_2 v_2^2) . \end{aligned} \tag{1}$$

Die notwendige zweite Gleichung gewinnt man aus der Betrachtung des Impulses des geschlossenen Systems aus m_1 und m_2. Der Impuls des Gesamtsystems verändert sich nicht. Das Integral über den Impulssatz liefert den Impulserhaltungssatz zwischen den Zuständen 0 und 1:

$$\begin{aligned} \boldsymbol{p}_0 &= \boldsymbol{p}_1 , \\ (m_1 + m_2)\boldsymbol{v}_0 &= m_1\boldsymbol{v}_1 + m_2\boldsymbol{v}_2 . \end{aligned} \tag{2}$$

Da die Bewegung nur in einer durch den Zustand 0 vorgegebenen Richtung erfolgt, kann aus der Vektorgleichung (2) die skalare Koordinatengleichung formuliert werden

$$(m_1 + m_2)v_0 = m_1 v_1 + m_2 v_2 . \tag{3}$$

Aus (1) und (3) erhält man zunächst eine quadratische Gleichung für v_1

$$v_1^2 - 2v_0 v_1 + v_0^2 - \frac{m_2}{m_1(m_1 + m_2)} c f^2 = 0, \tag{4}$$

mit der Lösung

$$v_1 = v_0 \pm f \sqrt{\frac{m_2 c}{m_1(m_1 + m_2)}}, \tag{5}$$

$$v_1 = 6{,}110 \text{ m/}s.$$

Es gilt nur das untere Vorzeichen in (5). Das obere Vorzeichen entspricht keiner physikalisch realistischen Lösung, da $v_1 > v_0$ nicht möglich ist. Aus (3) erhält man für die Bewegung von m_2

$$v_2 = \frac{(m_1 + m_2)}{m_2} v_0 - \frac{m_1}{m_2} v_1 = 8{,}756 \text{ m/s}. \tag{6}$$

Aufgabe 5.6 (Bild 5.14)

Bungee-Springen ist eine Sportart, bei der ein Sportler von einem hohen Bauwerk hinab springt und unter der Wirkung eines elastischen Sprungseils im Fallen verzögert wird bis auf die Geschwindigkeit Null und wieder zurückgeschleudert wird. Eine grundlegende Sicherheitsmaßnahme für diese Sportart ist unter anderem die genaue Abstimmung des elastischen Verhaltens des Sprungseils an die Masse des Springers.

Es soll eine Sprungsituation mit folgenden Systemdaten untersucht werden: Die Absprungstelle befindet sich auf einer Brücke in h = 48 m Höhe über dem Wasserspiegel eines Flusses. Das verwendete Sprungseil hat eine ungespannte Länge von s_0 = 10 m. Ein Sportler mit der Masse von m_1 = 75 kg erreicht beim Sprung eine minimale Höhe von $y_{\min}$ = 6 m über dem Wasserspiegel bevor er wieder zurückgeschleudert wird. Es soll angenommen werden, dass für das Sprungseil ein lineares Kraft-Verlängerungsgesetz mit der Federkonstanten c gilt.

a) Man berechne aus den angegebenen Daten die Federkonstante c für das linear-elastisch angenommene Sprungseil.

b) Welche Masse m_2 darf ein Springer haben, wenn er mit dem gleichen Sprungseil springt und dabei gerade das Wasser erreichen darf?

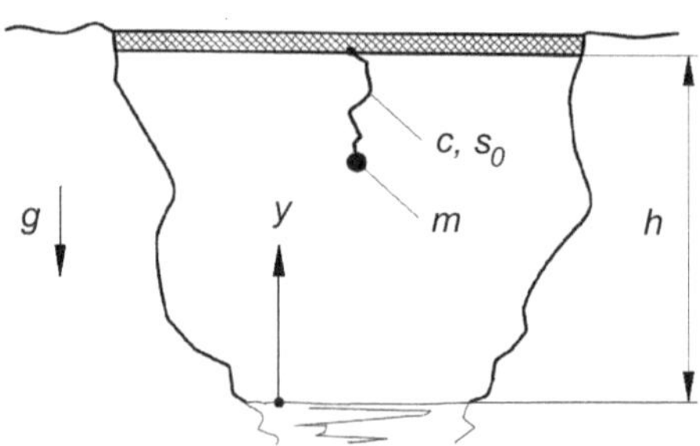

Bild 5.14 Bungee-Sprung

Lösungsanalyse: Untersucht wird ein konservatives mechanisches System in unterschiedlichen Lagezuständen. Dies kann am effektivsten mit dem Energiesatz durchgeführt werden. Die unterschiedlichen Lagezustände werden dafür zur Klärung im Detail festgehalten (Bild 5.15).

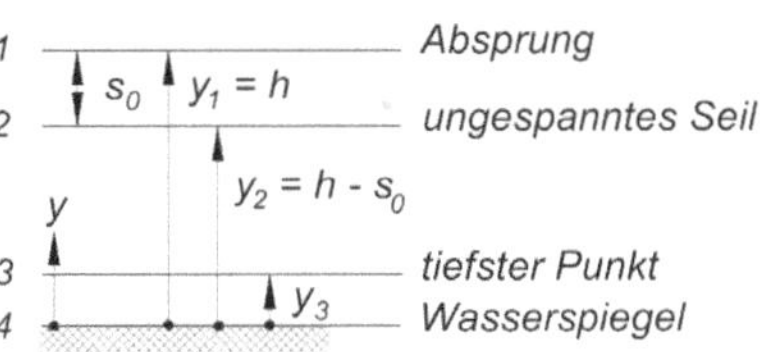

Bild 5.15 Betrachtete Lagezustände

Lösung: a) Die Federkonstante des Sprungseils kann aus dem Vergleich der Energiezustände in den Punkten 1 und 3 nach Bild 5.15 ermittelt werden. Für das konservative System gilt

$$T_1 + U_1 = T_3 + U_3. \tag{1}$$

In beiden Lagezuständen verschwindet jeweils die kinetische Energie. Legt man das Lagepotential in Höhe der Wasserlinie willkürlich zu U_0 fest, dann beträgt das Lagepotential in Absprunghöhe

$$U_1 = mgh + U_0.$$

Das Lagepotential im Zustand 3 setzt sich zusammen aus einem Lageanteil und der in der Feder gespeicherten potentiellen Energie, wobei die Feder um die Länge $f = h - s_0 - y_3$ gespannt wird:

$$U_3 = U_3^{\text{Lage}} + U_3^{\text{Feder}} + U_0 = mg\, y_3 + \frac{1}{2} c\left(h - s_0 - y_3\right)^2 + U_0 .$$

Die einzelnen Energiebeträge werden im Energiesatz (1) zusammengefasst:

$$mgh + U_0 = mg\, y_3 + \frac{1}{2} c\, (h - s_0 - y_3)^2 + U_0, \text{ mit } y_3 = y_{\min} . \tag{2}$$

Für die Federkonstante erhält man

$$c = 2mg \frac{h - y_{\min}}{\left(h - s_0 - y_{\min}\right)^2} = 60{,}36 \text{ N/m}. \tag{3}$$

b) Zur Untersuchung des Maximalgewichtes eines Springer, wenn er gerade die Wasseroberfläche erreichen darf, wird der Energiesatz für die beiden Lagezustände 1 und 4 und mit der unbekannten Springermasse m_2 formuliert:

$$\begin{aligned} T_1 + U_1 &= T_4 + U_4 , \\ m_2 gh + U_0 &= \frac{1}{2} c\left(h - s_0\right)^2 + U_0 . \end{aligned} \tag{4}$$

Für die maximale Springermasse erhält man

$$m_2 = \frac{c\left(h - s_0\right)^2}{2gh} = 92{,}54 \text{ kg}. \tag{5}$$

Aufgabe 5.7 (Bild 5.16)

Eine homogene Walze (Masse: m_3, Massenträgheitsmoment bezüglich S: J_S) ist über zwei Seilzüge mit den Gewichten m_1 und m_2 verbunden. Die Walze rollt, ohne zu gleiten, auf der Unterlage und die Seilumlenkung erfolgt an den Punkten A und B reibungsfrei.

Wie groß ist die Winkelbeschleunigung $\ddot{\varphi}$ der Walze?

Zahlenwerte: $m_1 = 12$ kg, $m_2 = 36$ kg, $m_3 = 20$ kg, $J_S = 1{,}8$ kgm², $r_1 = 0{,}3$ m, $r_2 = 0{,}1$ m.

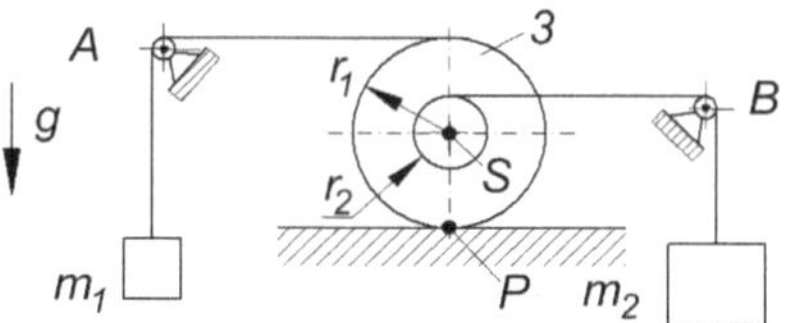

Bild 5.16 Rollende Walze mit Seilzügen

Lösungsanalyse: Zunächst werden die drei beteiligten Körper des gekoppelten Gesamtsystems einzeln herausgeschnitten und die Schnittgrößen werden in einem für alle geltendem Koordinatensystem eingetragen.

Da hier auch eine Reibungskraft im Punkt P zwischen Walze und Unterlage auftritt, muss zuerst ihre korrekte Richtung ermittelt werden. Es gilt: Die Reibungskraft muss der möglichen oder der tatsächlichen Relativbewegung zwischen den Kontaktflächen entgegen gerichtet sein. Den korrekten Richtungssinn findet man hier durch Vergleich der beiden Gewichtskraftmomente von Masse m_1 und m_2 bezüglich des Kontaktpunktes P zwischen Walze und Unterlage.

Es können schließlich 4 skalare Gleichungen für Impuls- und Drallsatz der einzelnen Körper mit insgesamt 7 unbekannten Schnitt- und kinematischen Größen formuliert werden. Drei weitere Gleichungen findet man aus der Beschreibung der kinematischen Zwangsbedingungen, die zwischen den Lagegrößen der Einzelkörper bestehen. Zusammen ergeben 7 Gleichungen das mathematische Modell für die Lösung des Problems.

Lösung: Zur Ermittlung der korrekten Richtung der Reibungskraft F_R im Punkt P zwischen Walze und Unterlage wird das resultierende Gewichtskraftmoment bezüglich P berechnet, mit Berücksichtigung des Koordinatensystems im Bild 5.17.

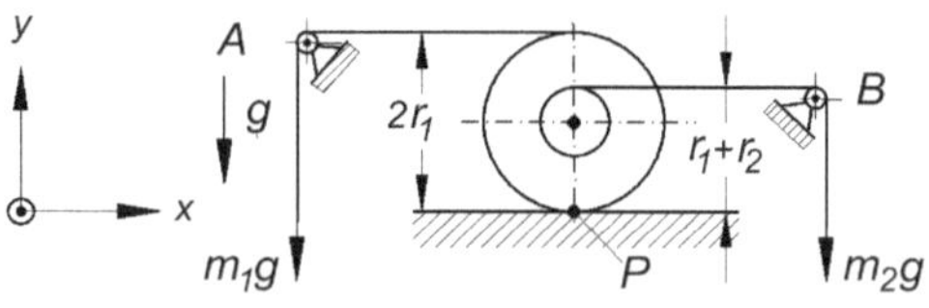

Bild 5.17 Richtung der einsetzenden Bewegung

Man erhält

$$\sum M_P = m_1 g\, 2r_1 - m_2 g\,(r_1 + r_2) = 12g \cdot 0{,}6 - 36g(0{,}3+0{,}1) = -70{,}6 < 0. \qquad (1)$$

Das Ergebnis bedeutet, die Walze beginnt nach rechts zu rollen und die Schnittkraft F_R ist nach links gerichtet, der vorstellbaren rutschenden Bewegung entgegen gerichtet. Damit lassen sich die Schnittbilder (Bild 5.18) zeichnen.

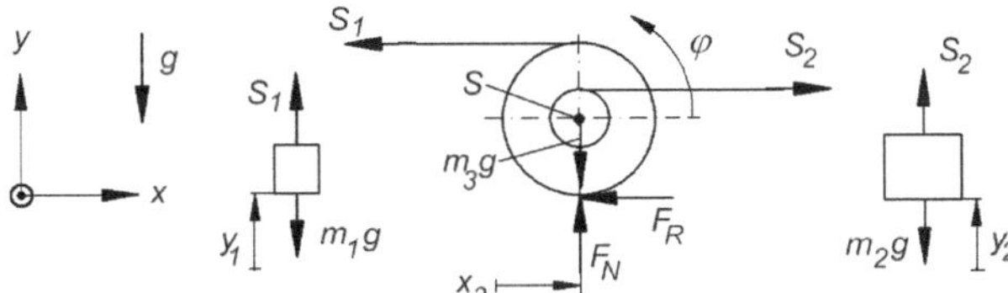

Bild 5.18 Schnittbilder

Aus den Schnittbildern liest man die skalaren Gleichungen für Impuls- und Drallsatz ab:

$$\begin{aligned} m_1\,\ddot{y}_1 &= S_1 - m_1 g\,, \\ m_2\,\ddot{y}_2 &= S_2 - m_2 g\,, \\ m_3\,\ddot{x}_3 &= -S_1 + S_2 - F_R\,, \\ J_S\ddot{\varphi} &= r_1 S_1 \quad r_2 S_2 \quad r_1 F_R\,. \end{aligned} \qquad (2),\ldots,(5)$$

Die noch fehlenden Gleichungen sind 3 kinematische Verträglichkeitsbedingungen. Da kein Gleiten und kein Seilschlupf auftritt, gilt:

$$\begin{aligned} \dot{x}_3 &= -r_1\dot{\varphi}\,, \\ \dot{y}_1 &= -2r_1\dot{\varphi}\,, \\ \dot{y}_2 &= (r_1 + r_2)\dot{\varphi}\,. \end{aligned} \qquad (6),\ldots,(8)$$

Mit (2), ..., (8) hat man 7 Gleichungen für die 7 Unbekannten: y_1 , y_2 , x_3 , φ , S_1 , S_2 , F_R. Zur Lösung des Gleichungssystems müssen die Gleichungen (6), ..., (8) einmal nach der Zeit abgeleitet werden.

Nach Einsetzen der Zahlenwerte erhält man für die Winkelbeschleunigung der Walze

$$\ddot{\varphi} = -0{,}5263\text{ g} = -5{,}163\text{ rad/s}^2. \qquad (9)$$

Aufgabe 5.8 (Bild 5.19)

Das skizzierte mechanische System besteht aus einer homogenen Walze 1 (Masse: m_1, Massenträgheitsmoment um den Walzenschwerpunkt: J_S), um die ein Seil gewickelt ist sowie aus einer Masse m_2, die das Seil auf Zug belastet und die Walze gegen eine Wand zieht. Die Masse m_2 soll so groß sein, dass sich die Walze gegen die Reibungskräfte an Wand und Ebene drehen kann. Der Gleitreibungskoeffizient μ ist in beiden Kontaktstellen gleich. Der Trägheitseinfluss der Umlenkrolle soll unberücksichtigt bleiben.

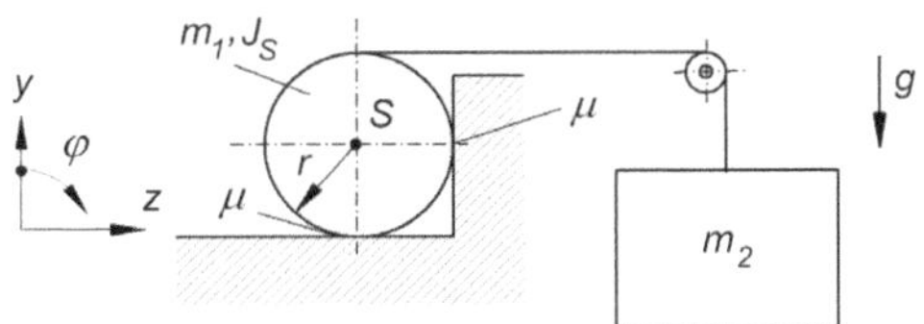

Bild 5.19 Mechanisches System mit Gleitreibung

a) Wie groß ist die Beschleunigung der Masse m_2?

b) Welche Voraussetzung muss für den Gleitreibungskoeffizienten vorliegen, damit sich die Walze drehen kann?

Lösungsanalyse: Das mechanische System besteht aus zwei starren Körpern: Der sich geradlinig bewegenden Masse 2 und der sich drehenden Walze 1. Zur Lösung müssen beide Körper zunächst frei geschnitten werden. Dabei treten folgende Schnittkräfte auf: Seilkraft S, Normalkräfte N_y und N_z und die Gleitreibungskräfte R_y und R_z an den Walzenkontaktstellen. Die Reibungskräfte müssen der Drehbewegung entgegen gerichtet angenommen werden. Zusammen mit der Beschleunigung $\ddot{y}_2$ und der Winkelbeschleunigung $\ddot{\varphi}_1$ hat man 7 Unbekannte.

Zur Lösung können folgende 7 Gleichungen aufgestellt werden: y-Koordinate des Impulssatzes für m_2, x-Koordinate des Drallsatzes für die Walze 1, y- und z-Koordinate des Impulssatzes für die Walze 1, 2 Gleichungen für die Reibungskräfte und eine kinematische Zwangsbedingung ür den Zusammenhang $\ddot{y}_2 = f(\ddot{\varphi}_1)$. Die Aufgabe ist damit lösbar.

Lösung: a) Die Schnittbilder für beide starren Körper sind im Bild 5.20 gezeigt.

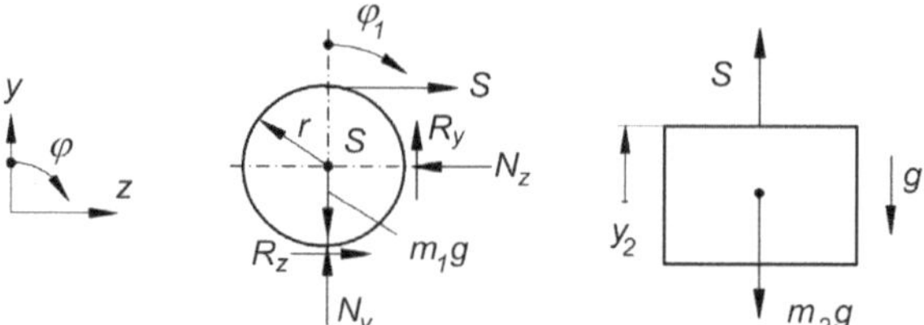

Bild 5.20 Schnittbilder

Damit kann das Gleichungssystem zur Lösung aufgestellt werden:

- y-Koordinate des Impulssatzes für Masse m_2

$$m_2\ddot{y}_2 = \sum F_y = S - m_2 g. \tag{1}$$

- x-Koordinate des Drallsatzes für Walze

$$L_{S1x} = \sum M_{Sx},$$

$$J_S\ddot{\varphi}_1 = Sr - R_y r - R_z r. \tag{2}$$

- y- und z-Koordinate des Impulssatzes für Walze: Da die Bewegungen in beide Richtungen gesperrt sind, entspricht dies den statischen Gleichgewichtsbedingungen in y- und z-Richtung

$$0 = -m_1 g + N_y + R_y, \tag{3}$$

$$0 = S - N_z + R_z. \tag{4}$$

- Gleitreibungskräfte

$$R_y = \mu N_z, \tag{5}$$

$$R_z = \mu N_y. \tag{6}$$

- Kinematische Bindungsgleichung: Bei einer Verschiebung der Masse m_2 in vertikaler Richtung wird die gleiche Seillänge auf- bzw. abgewickelt. Da zu einer positiven y-Verschiebung ein negativer Drehwinkel gehört, enthält die Bindungsgleichung ein Minuszeichen

$$\ddot{\varphi}_1 r = -\ddot{y}_2 . \tag{7}$$

Damit hat man 7 Gleichungen für die 7 Unbekannten: y_2, φ, S, R_y, R_z, N_y und N_z.

Vor der Auflösung des Gleichungssystems wird das Massenträgheitsmoment J_S für die Walze eingesetzt. Für einen homogenen Kreiszylinder gilt für das Trägheitsmoment, bezogen auf die Zylinderachse [WRIGGERS, 2006]

$$J_S = \frac{1}{2} m r^2 . \tag{8}$$

Die Auflösung der Gleichungen (1) bis (8) führt auf

$$\ddot{y}_2 = 2g \frac{\mu m_1 - m_2}{(1+\mu) m_1 + 2m_2} . \tag{9}$$

b) Die Walze kann sich nur drehen, wenn die Reibungskräfte unter einem Grenzwert liegen und $\ddot{y}_2 < 0$ ist. Aus (9) liest man dafür die Bedingung ab:

$$\mu < \frac{m_2}{m_1} . \tag{10}$$

Aufgabe 5.9 (Bild 5.21)

Betrachtet man die Wendigkeit großer Landtiere im Vergleich mit kleineren, dann fallen besonders die reduzierten Drehbewegungen großer Tiere auf, wie etwa bei der Bewegungsstudie von Giraffen.

Man zeige, dass sich dies durch den Vergleich der dynamischen Parameter von zwei Lebewesen erklären lässt, deren Größen sich linear proportional mit dem Geometrie-Faktor κ_G zueinander verhalten.

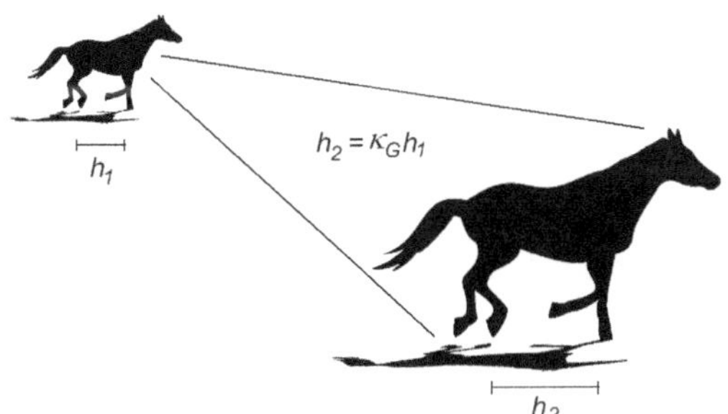

Bild 5.21 Größenvergleich von Lebewesen

Lösungsanalyse: Zur Analyse des Bewegungsverhaltens sind zunächst die wesentlichen Parameter festzustellen, die in die Grundgleichungen der Kinetik eingehen. Für geradlinige Bewegungen ist es nach dem Impulssatz

$$m \frac{d}{dt} \boldsymbol{v}_S = \boldsymbol{F}_S \tag{1}$$

die Masse m.

Für Drehbewegungen gilt der Drallsatz, z. B. für einen starren Körper mit Bezug auf seinen Massenmittelpunkt S

$$\frac{d}{dt}\boldsymbol{L}_S = \boldsymbol{M}_S\,,\ \boldsymbol{L}_S = \boldsymbol{J}_S\,\boldsymbol{\omega}\,. \tag{2}$$

Hierin sind die Elemente des Trägheitstensors $\boldsymbol{J}_S$ die Massenträgheits- und Deviationsmomente. Die Trägheitsmomente werden aus Integralausdrücken gebildet. Beispielsweise gilt für das Trägheitsmoment J_{Sz} bezüglich der z-Achse durch den Massenmittelpunkt S eines Körpers K mit der Dichte ρ und dem Volumen V:

$$J_{Sz} = \int_K (x^2+y^2)\,dm = \rho \int_K (x^2+y^2)\,dV.$$

Für die Beurteilung der Kräfte und Momente, die von einem Lebewesen aufgebracht werden können, ist die Muskelmasse entscheidend. In einer ersten Betrachtung ist diese bei Vergleich von zwei Körpern proportional zum Körpervolumen.

Das Ergebnis des Vergleichs lautet: Will man zwei geometrisch linear proportionale Körper miteinander vergleichen, dann sind für die Beurteilung des dynamischen Verhaltens folgende Daten entscheidend

Körper 1: Masse m_1, Trägheitsmoment J_1, Muskelmasse m_{M1},

Körper 2: Masse m_2, Trägheitsmoment J_2, Muskelmasse m_{M2}.

Bei Betrachtung der Verhältniswerte Körper 1/Körper 2 der einzelnen dynamischen Parameter kann jetzt der Proportionalitätsfaktor

$$\kappa_G = \frac{h_2}{h_1} \tag{3}$$

zwischen den Körpergeometrien eingeführt werden.

Lösung: Zu untersuchen ist, wie lauten die Faktoren zwischen den Massen, einschließlich Muskelmassen und den Trägheitsmomenten von zwei ähnlichen Körpern 1 und 2 bei gegebenen Verhältnissen der Körpermaße:

Gegeben: Geometrische Maßverhältnisse: $h_2/h_1 = \kappa_G$,

gesucht: Verhältnis der Körpermassen: $m_2/m_1 = \kappa_M$,

Verhältnis der Trägheitsmomente: $J_2/J_1 = \kappa_J$.

Für die gesuchten Verhältnisse κ_M und κ_J folgt:

$$\kappa_M = \frac{m_2}{m_1} = \frac{V_2}{V_1} = \left(\frac{h_2}{h_1}\right)^3 = \kappa_G^3,$$
$$\kappa_J = \frac{J_2}{J_1} = \frac{m_2}{m_1}\cdot\left(\frac{h_2}{h_1}\right)^2 = \left(\frac{h_2}{h_1}\right)^5 = \kappa_G^5. \tag{4), (5}$$

Das Ergebnis zeigt, die Trägheitsmomente vergleichbarer Körperteile steigen mit der 5. Potenz des geometrischen Proportionalitätsfaktors an, während die zur Verfügung stehende Muskelmasse und damit angenähert auch die verfügbaren Kräfte nur mit der 3. Potenz des Faktors ansteigen.

Zwei geometrisch ähnliche Tiere mit dem Faktor der Größenverhältnisse $\kappa_G = 2$ unterscheiden sich in der Muskelmasse um den Faktor $2^3 = 8$, aber zum „Antrieb“ der Gliedmaßen müssen sie ein um den Faktor $2^5 = 32$ höheres Trägheitsmoment überwinden. Dieses Missverhältnis kann an der Verringerung der maximal möglichen Winkelbeschleunigung beobachtet werden.

Aufgabe 5.10 (Bild 5.22)

Ein Pkw befindet sich auf einer Bergstraße mit 13% Steigung. Welche maximale Beschleunigung a_{max} kann er bei der Bergfahrt erreichen, wenn man die Trägheitsmomente der Räder vernachlässigt und einen Haftreibungsbeiwert $\mu_0 = 0{,}6$ zwischen Reifen und Fahrbahn annimmt?

Man berechne a_{max} für die drei Antriebsmöglichkeiten: Hinterrad-, Front- und Allrad-Antrieb.

Zahlenwerte: $b = 0{,}52$ m, $c = 1{,}5$ m.

Bild 5.22 Pkw auf einer Bergstrecke

Lösungsanalyse: Es wird mit einem 2D-Modell mit 2 Rädern für den Pkw gearbeitet. Nach Anwendung des Schnittprinzips auf den gesamten Pkw mit Allradantrieb ergeben sich insgesamt 5 Unbekannte: Die Aufstandskräfte der beiden Räder, die beiden Haftreibungskräfte zwischen Fahrbahn und Räder und die Beschleunigung des Pkw-Schwerpunktes. Zur Lösung können folgende Gleichungen aufgestellt werden: Die x- und y-Koordinate des Impulssatzes für den Schwerpunkt des Pkw und die z-Koordinate des Drallsatzes um eine Achse durch S. Zusammen mit den beiden Gleichungen für die Haftreibung zwischen Räder und Fahrbahn kann die Aufgabe gelöst werden. Die Gleichungen für die zu untersuchenden Abtriebesarten verändern sich nur durch das unterschiedliche Auftreten der Reibungskräfte zwischen Räder und Fahrbahn. Zur Vereinfachung werden deshalb die Gleichungen zunächst für Allradantrieb abgeleitet. Über Steuerparameter der Haftreibungskräfte, die 0 oder 1 werden können, lassen sich daraus leicht die Gleichungen für die anderen Antriebsarten angeben.

Beim Aufstellen der Reibungsgleichungen wird vorausgesetzt, dass die Kräfte von der Fahrbahn auf die Räder in positive y-Richtung weisen. Negative Kräfte können nicht übertragen werden. Diese Voraussetzung ist für alle Antriebsarten zu verifizieren.

Lösung: Die Darstellung der Lösungen für die drei unterschiedlichen Antriebsarten lassen sich mit einem für alle geltenden System von Gleichungen beschreiben, wenn die Reibungskräfte zwischen Räder und Fahrbahn in den Aufstandspunkten A und B, mit den Steuerparametern $k_A = 0$ oder 1 und $k_B = 0$ oder 1 ab- oder zugeschaltet werden. Für die einzelnen Antriebsarten gilt folgende Steuertabelle:

Tabelle 5.1 Steuerparameter für die Antriebskräfte in den Bewegungsgleichungen

Antriebsart		Hinterrad	Vorderrad	Allrad
Parameter	k_A	0	1	1
	k_B	1	0	1

Das Schnittbild für den Pkw ist im Bild 5.23 dargestellt.

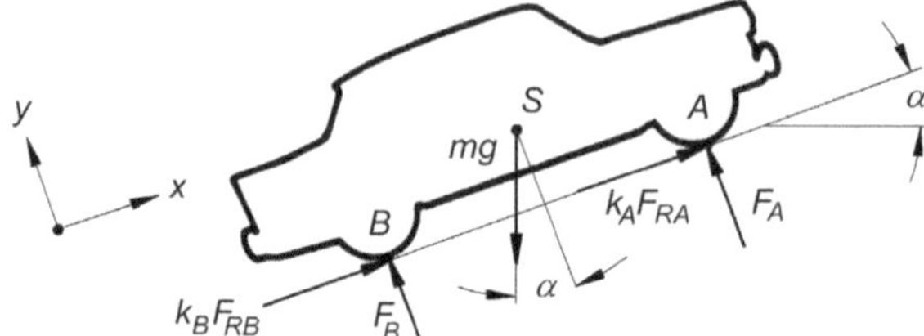

Bild 5.23 Schnittbild für Pkw

Damit kann das Gleichungssystem zur Lösung aufgestellt werden. Die Reibungskräfte werden mit den Steuerparametern k_A und k_B eingefügt. Erst nach vollständiger Auflösung des Gleichungssystems werden die zutreffenden Zahlen für das Endergebnis gemäß Tabelle 5.1 für die Antriebsarten eingesetzt. Die Steigung von 13% bedeutet: tan α = 0,13. Der Winkel beträgt $\alpha = 7{,}4°$. Im Einzelnen erhält man folgende Gleichungen:

- x- und y-Koordinaten des Impulssatzes für den Pkw

$$m\ddot{x}_S = k_A F_{RA} + k_B F_{RB} - mg \sin\alpha, \tag{1}$$

$$0 = F_A + F_B - mg\cos\alpha. \tag{2}$$

- Haftreibungskräfte: Der Haftreibungskoeffizient gibt immer die obere Grenze der Kraft an. Deshalb gilt

$$F_{RA} \le \mu_0 F_A, \tag{3}$$

$$F_{RB} \le \mu_0 F_B. \tag{4}$$

  Im zusammenfassenden Gleichungssystem werden die Glchn (3) und (4) immer mit dem oberen Grenzwert eingesetzt.

- z-Komponente des Drallsatzes bezogen auf den Schwerpunkt S

$$\frac{dL_{Sz}}{dt} = \sum M_{Sz},$$

$$0 = cF_A - cF_B + bk_A F_{RA} + bk_B F_{RB}. \tag{5}$$

Aus dem Gleichungssystem (1) bis (5) erhält man die gesuchte Pkw-Beschleunigung für alle drei Antriebsarten. Am günstigsten wird das System zunächst nach den Reifenkräften F_A und F_B aufgelöst. Für die abschließende Überprüfung der Richtungsannahmen für diese Kräfte werden sie ohnehin benötigt. Die Auflösung ergibt

$$F_A = mg\cos\alpha - F_B,$$
$$F_B = \frac{mg\left(c + k_A \mu_0 b\right)}{2c + \left(k_A - k_B\right)\mu_0 b}\cos\alpha. \tag{6}$$

Für die Pkw-Beschleunigung erhält man

$$\ddot{x}_S = k_A g \mu_0 \cos\alpha + \left(k_B - k_A\right) g \mu_0 \cos\alpha \left[\frac{c + k_A \mu_0 b}{2c + \left(k_A - k_B\right)\mu_0 b}\right] - g\sin\alpha. \tag{7}$$

Im Einzelnen ergeben sich folgende Beschleunigungswerte für die unterschiedlichen Antriebskonzepte mit den Parametern aus Tabelle 5.1:

- Fahrzeug mit Hinterradantrieb ($k_A = 0$, $k_B = 1$):

$$\ddot{x}_S = \frac{g\mu_0 c}{2c - \mu_0 b}\cos\alpha - g\sin\alpha = 1{,}99 \text{ m/s}^2. \tag{8}$$

- Fahrzeug mit Vorderradantrieb ($k_A = 1$, $k_B = 0$):

$$\ddot{x}_S = \frac{g\mu_0 c}{2c + \mu_0 b}\cos\alpha - g\sin\alpha = 1{,}38 \text{ m/s}^2. \tag{9}$$

- Fahrzeug mit Allradantrieb ($k_A = 1$, $k_B = 1$):

$$\ddot{x}_S = g\left(\mu_0 \cos\alpha - \sin\alpha\right) = 4{,}57 \text{ m/s}^2. \tag{10}$$

Als Ergebnis der Untersuchung, welche Antriebsart die größte Beschleunigung ermöglicht, stellt sich der Allradantrieb als überlegenes Konzept dar.

Die Überprüfung der Radkräfte mit Glch (6) ergibt für die drei Antriebskonzepte die Werte in Tabelle 5.2.

Tabelle 5.2 Radkräfte F_A und F_B für die Antriebskonzepte

Antriebsart		Hinterrad	Vorderrad	Allrad
Radkräfte	F_A/mg	0,438	0,449	0,393
	F_B/mg	0,553	0,543	0,599

Mit den Kraftwerten aus Tabelle 5.2 werden die Annahmen im Schnittbild bestätigt.

Aufgabe 5.11 (Bild 5.24)

Eine Walze mit homogener Massenverteilung wird auf einer schiefen Ebene stoßfrei losgelassen. Wie groß muss der Reibungsbeiwert μ zwischen Walze und Ebene sein, wenn kein Gleiten auftreten soll?

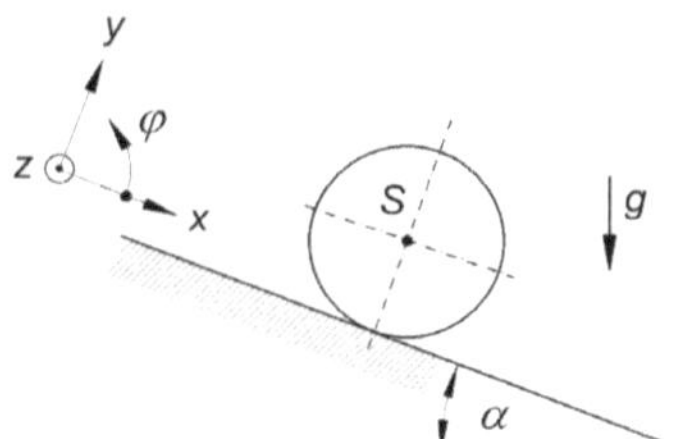

Bild 5.24 Rollende Walze auf schiefer Ebene

Lösungsanalyse: Nach Anwendung des Schnittprinzips auf die Walze kann das Gleichungssystem zur Lösung formuliert werden: 2 Koordinatengleichungen für den Impulssatz, bezogen auf den Massenmittelpunkt S der Walze, eine Gleichung für den Drallsatz, bezogen auf die Walzenachse durch S, eine Gleichung für die Reibungskraft, die Formulierung der Rollbedingung und eine Gleichung zur Bestimmung des Massenträgheitsmoments der Walze um S. Im Schnittbild ist zu beachten, dass die Reibungskraft in ihrer tatsächlichen Wirkungsrichtung einzutragen ist.

Lösung: Das Schnittbild für die Walze ist im Bild 5.25 dargestellt.

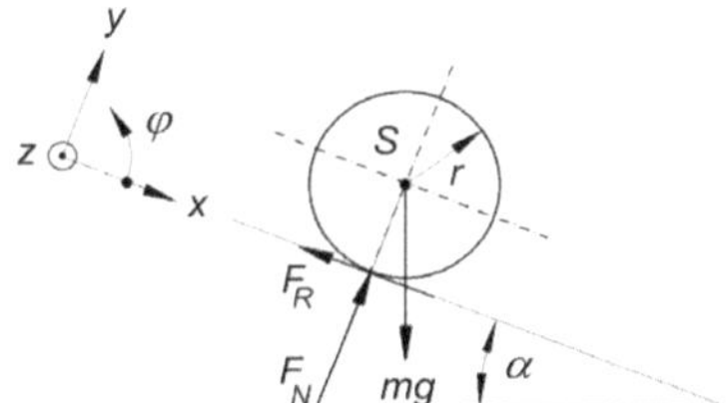

Bild 5.25 Schnittbild

Für den Impulssatz folgen damit im eingezeichneten x, y-Inertialsystem die beiden Koordinatengleichungen

$$m\ddot{x}_S = -F_R + mg\sin\alpha, \tag{1}$$

$$0 = F_N - mg\cos\alpha. \tag{2}$$

Im Falle einer reinen Rollbewegung wird die Reibungskraft F_R zwischen Walze und Ebene durch ihren oberen Grenzwert ausgedrückt

$$F_R \leq \mu F_N. \tag{3}$$

Die z-Koordinate des Drallsatzes bezogen auf eine Achse durch S lautet

$$\dot{L}_{Sz} = J_S\ddot{\varphi} = -r F_R, \tag{4}$$

mit dem Massenträgheitsmoment für eine homogene Walze mit der Masse m und dem Radius r

$$J_S = \frac{1}{2} m r^2. \tag{5}$$

Die kinematische Zwangsbedingung zwischen der Rollbewegung und der dabei auftretenden Geschwindigkeit des Walzenschwerpunktes S in x-Richtung ist die Rollbedingung

$$\dot{x}_S = -\dot{\varphi} r. \tag{6}$$

Damit hat man 6 Gleichungen zur Lösung der Aufgabe. Die Auflösung nach der Reibungskraft F_R ergibt zunächst

$$F_R = \frac{1}{3} mg \sin\alpha \tag{7}$$

und zusammen mit (2) folgt die Bedingung für den Reibungsbeiwert für reines Rollen auf der schiefen Ebene

$$\mu \geq \frac{1}{3} \tan\alpha. \tag{8}$$

Ist der Reibungsbeiwert kleiner als der Mindestwert nach (8), reicht das Moment der Reibungskraft zwischen Walze und schiefer Ebene nicht aus, um die Rollbedingung (6) zu erfüllen und die Walze beginnt zu gleiten.

Aufgabe 5.12 (Bild 5.26)

Zwei gleichachsige, gegenläufig drehende Rotoren sollen mit einer Reibungskupplung miteinander verbunden werden. Der Rotor A hat das Massenträgheitsmoment J_A und der Rotor B das Trägheitsmoment J_B um die Drehachse. Vor dem Einschalten der Kupplung hat der Rotor A die Drehzahl n_A mit dem Drehrichtungsvektor nach rechts und der Rotor B die Drehzahl n_B mit dem Drehrichtungsvektor nach links. Die Rotoren sollen sich reibungsfrei in ihren Lagern drehen. Das Reibungsmoment M_K in der Kupplung K bleibt während des ganzen Kupplungsvorgangs konstant.

a) Wie groß ist die gemeinsame Drehzahl der Rotoren nach dem Kupplungsvorgang?

b) Wie lange dauert der Kupplungsvorgang?

c) Wie groß ist der Verlust an mechanischer Energie während des Kupplungsvorgangs?

Zahlenwerte: J_A = 65 kgm², J_B = 120 kgm², n_A = 3000 min^{-1}, n_B = 260 min^{-1}, M_K = 450 Nm.

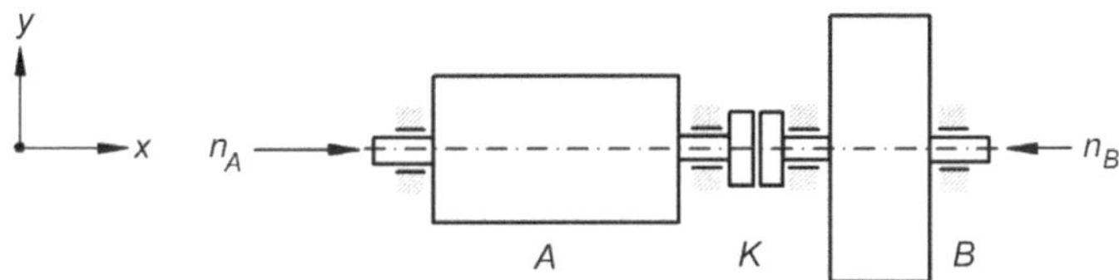

Bild 5.26 Zwei Rotoren mit Reibungskupplung

Lösungsanalyse: Zur Beurteilung der Drehzahl nach dem Kupplungsvorgang legt man eine Schnittfläche um beide Rotoren, so dass das in der Reibungskupplung übertragene Moment M_K ein inneres Moment im abgeschlossenen System ist. Für dieses System, auf das keine äußeren Momente einwirken, gilt der Drallerhaltungssatz: Der Gesamtdrall des Systems wird durch den Kupplungsvorgang nicht verändert. Offensichtlich hat damit auch die Größe des Kupplungsmoments keinen Einfluss auf die Größe der sich einstellenden Drehzahl nach dem Kupplungsvorgang.

Für die Berechnung der Kupplungszeit muss ein Rotor herausgeschnitten werden. Über den Drallsatz findet man die Winkelbeschleunigung und nach einer Integration die Kupplungszeit.

Aus dem Vergleich der Rotationsenergie vor und nach dem Kupplungsvorgang findet man den Verlust an mechanischer Energie.

Lösung: Im Drallerhaltungssatz wird der Zustand 1 (vor dem Kuppeln) mit dem Zustand 2 (nach dem Kuppeln) verglichen. Im Folgenden werden alle variablen Größen vor dem Einkuppeln mit dem Index 1 und alle Größen nach Erreichen des stationären Zustands mit dem Index 2 versehen. Es gilt

$$\begin{aligned} \boldsymbol{L}_1 &= \boldsymbol{L}_2 , \\ \left(\boldsymbol{L}_A + \boldsymbol{L}_B\right)_1 &= \left(\boldsymbol{L}_A + \boldsymbol{L}_B\right)_2 . \end{aligned} \tag{1}$$

Da sich die Rotoren nur um eine raumfeste Achse drehen, reduziert sich (1) auf die x-Koordinate

$$\begin{aligned} \left(L_{Ax} + L_{Bx}\right)_1 &= \left(L_{Ax} + L_{Bx}\right)_2 , \\ \left(J_A\omega_A + J_B\omega_B\right)_1 &= \left(J_A + J_B\right)\omega_2 , \end{aligned} \tag{2}$$

mit der gemeinsamen Winkelgeschwindigkeit ω_2 am Schluss des Kupplungsvorgangs. Für die gemeinsame Drehzahl n_2 nach dem Kuppeln erhält man

$$\begin{aligned} \omega_2 &= \frac{\left(J_A\omega_A + J_B\omega_B\right)_1}{J_A + J_B} , \\ n_2 &= \frac{\left(J_A n_A - J_B n_B\right)_1}{J_A + J_B} = \frac{65 \cdot 3000 - 120 \cdot 260}{65 + 120} = 885{,}4 \text{ min}^{-1} . \end{aligned} \tag{3}$$

Beide Rotoren drehen sich gemeinsam mit der Drehzahl n_2 im positiven Drehrichtungssinn. Bei der Berechnung von n_2 ist keine Umrechnung von der Einheit Winkelgeschwindigkeit ω[rad/s] auf n[min^{-1}] erforderlich, da der Umrechnungsfaktor in allen Summanden auftaucht.

b) Aus dem Schnittbild für den herausgeschnittenen Rotor A (Bild 5.27) erhält man für die x-Koordinate des Drallsatzes

$$\frac{d}{dt} L_{Ax} = \frac{d}{dt}\left[J_A\,\omega_A(t)\right] = -M_K . \tag{4}$$

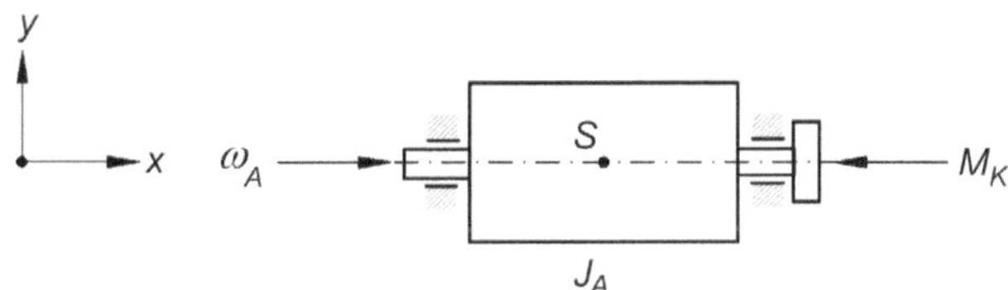

Bild 5.27 Schnittbild für Rotor A

Nach Trennung der Variablen folgt aus der Integration des Drallsatzes die erforderliche Kupplungszeit t_K

$$\int_0^{t_K} d(J_A\,\omega_A) = -\int_0^{t_K} M_K\,dt,$$

$$J_A\left[\omega_A(t_K) - \omega_{A0}\right] = -M_K t_K,$$

$$t_K = \frac{J_A}{M_K}\left[\omega_{A0} - \omega_A(t_K)\right] = \frac{65}{450}(3000 - 885{,}4)\frac{\pi}{30} = 32\text{ s}. \qquad (5)$$

c) Der Energieverlust W_{12} ist die Abnahme der kinetischen Energie T im gesamten Rotorsystem während des Kupplungsvorgangs. Nach dem Arbeitssatz der Mechanik gilt

$$(T_A + T_B)_1 + W_{12} = (T_A + T_B)_2\,. \qquad (6)$$

Mit $T = \frac{1}{2}J\omega^2$ erhält man

$$W_{12} = \frac{1}{2}\left[(J_A + J_B)\omega_2^2 - J_A\omega_{A1}{}^2 - J_B\omega_{B1}{}^2\right].$$

Setzt man hier das Ergebnis (3) ein, dann folgt

$$W_{12} = -\frac{1}{2}\left(\omega_{A1} - \omega_{B1}\right)^2 \frac{J_A J_B}{J_A + J_B} = -\frac{1}{2}(3000 + 260)^2\left(\frac{\pi}{30}\right)^2 \frac{65\cdot 120}{65 + 120} = -2456{,}9\,\text{kJ}. \qquad (7)$$

In (7) sind besonders die Vorzeichen der Winkelgeschwindigkeitskoordinaten zu beachten. Der Energieverlust beim Kuppeln ist nur von den Anfangszuständen der Rotoren abhängig, nicht von den Daten der Kupplung.

Aufgabe 5.13 (Bild 5.28)

Auf einer schiefen Ebene rollen zwei mit einer Stange gekoppelte Walzen W und R hinab ohne zu gleiten. Beide Walzen haben den gleichen Außenradius r und übereinstimmende Massen m. Die Walze W ist ein homogener Vollzylinder, die Walze R ein dünnwandiges Rohr. Bei der Untersuchung sollen die Massen der Stange und der Lagerkonstruktionen unberücksichtigt bleiben.

Wie groß ist die Beschleunigung des Systems und welche Kraft F_S wirkt in der Verbindungsstange?

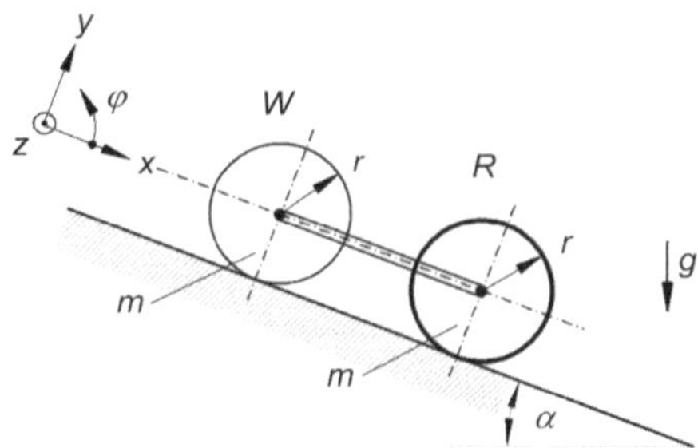

Bild 5.28 Zwei gekoppelte Walzen auf einer schiefen Ebene

Lösungsanalyse: Das System ist konservativ, da nur die Gewichtskraft während der Bewegung Arbeit am System leistet. Die Haftreibungskräfte zwischen den Walzen und der schiefen Ebene, die das Rollen erzwingen, leisten keine Arbeit, da der Kraftangriffspunkt auf der Walze momentan in Ruhe ist. Es ist der Momentanpol einer Walzenbewegung. Aus diesem Grunde kann der Zusammenhang zwischen der Geschwindigkeit und der Lage des Systems mit Hilfe des Energiesatzes ermittelt werden. Aus der zeitlichen Ableitung dieses Ausdrucks erhält man die Beschleunigung.

Für die Ermittlung der Stangenkraft wird eine Walze mit Hilfe einer geschlossenen Schnittlinie um die Walze und durch die Stange herausgeschnitten. Aus Impulssatz, Drallsatz und kinematischer Rollbedingung für dieses Teilsystem erhält man ausreichend viele Gleichungen zur Berechnung von F_S.

Lösung: Mit Hilfe des Energiesatzes werden die Systemzustände in zwei verschiedenen Lagen miteinander verglichen (Bild 5.29). Lage 1: Schwerpunktkoordinaten des Gesamtsystems zu Beginn der Bewegung (Ruhelage); Lage 2: Schwerpunktkoordinaten zu einem beliebigen Zeitpunkt. Zur Vereinfachung wird das raumfeste Koordinatensystem in den Schwerpunkt des Gesamtsystems im Zustand 1 gelegt.

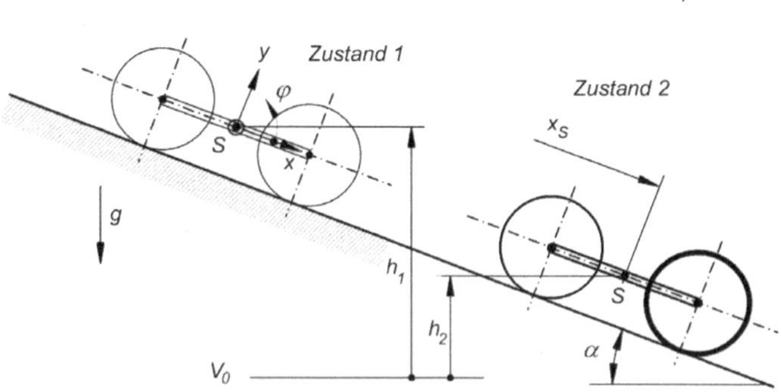

Bild 5.29 Zur Anwendung des Energiesatzes

Für das konservative System gilt

$$T_1 + U_1 = T_2 + U_2. \tag{1}$$

Die gesamte kinetische Energie setzt sich zusammen aus der Translationsenergie und der Rotationsenergie der beiden Walzen

$$T = T_{\text{trans}} + T_{\text{rot}} = \frac{1}{2} \cdot 2m\dot{x}_S^2 + \frac{1}{2} J_W \omega^2 + \frac{1}{2} J_R \omega^2, \tag{2}$$

mit der kinematischen Rollbedingung

$$\dot{x}_S = -\dot{\varphi} r = -\omega r \tag{3}$$

und den Massenträgheitsmomenten für die Voll- und Hohlwalze bezogen auf ihre Symmetrieachsen

$$J_W = \frac{1}{2} m r^2, \quad J_R = \int_K r^2 dm = r^2 \int_K dm = m r^2. \tag{4}$$

Im Zustand 1 gilt für die kinetische Energie $T_1 = 0$.

Die potentielle Energie der Walzen wird durch das Lagepotential beschrieben. Mit der willkürlichen Konstante U_0 in der Lage $h = 0$ folgt

$$\begin{aligned} U &= 2mgh + U_0, \\ U_1 - U_2 &= 2mg\left(h_1 - h_2\right) = 2mg\, x_S \sin\alpha. \end{aligned} \tag{5}$$

Zusammengefasst erhält man aus dem Energiesatz (1) für die Geschwindigkeit der Walzen

$$U_1 - U_2 = T_2,$$

$$2mg\, x_S \sin\alpha = \frac{7}{4} m \dot{x}_S^2 \Rightarrow \dot{x}_S = \sqrt{\frac{8}{7} g\, x_S \sin\alpha}. \tag{6}$$

Die Ableitung dieses Ausdrucks nach der Zeit ist die gesuchte System-Beschleunigung

$$\ddot{x}_S = \frac{4}{7} g \sin\alpha. \tag{7}$$

Zur Ermittlung der Kraft in der Verbindungsstange wird die Walze W herausgeschnitten (Bild 5.30).

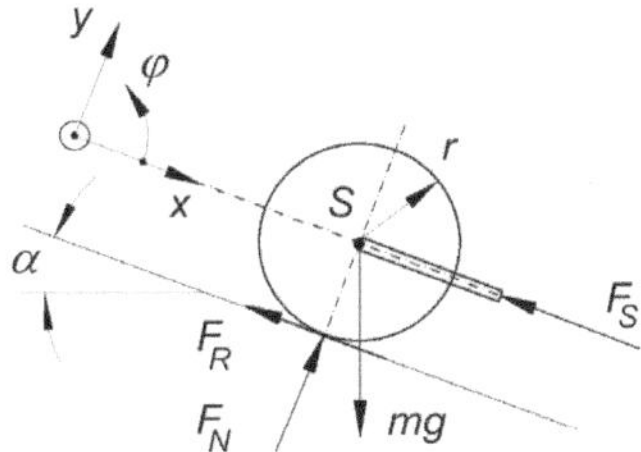

Bild 5.30 Schnittbild für Walze W

Das Gleichungssystem zur Bestimmung der Stangenkraft wird aufgebaut aus der z-Koordinate des Drallsatzes

$$\frac{d}{dt}\left(J_{\mathrm{W}}\,\omega\right) = M_{\mathrm{S}} \;\Rightarrow\; \frac{1}{2} m r^2 \ddot{\varphi} = -rF_{\mathrm{R}}, \tag{8}$$

der x-Koordinate des Impulssatzes

$$m\,\ddot{x}_{\mathrm{S}} = -F_{\mathrm{R}} - F_{\mathrm{S}} + mg\sin\alpha, \tag{9}$$

der Rollbedingung (3) und der Systembeschleunigung (7). Nach Elimination der Reibungskraft F_{R} erhält man für die Kraft in der Verbindungsstange zwischen beiden Walzen

$$F_{\mathrm{S}} = \frac{1}{7} mg\sin\alpha. \tag{10}$$

Das positive Vorzeichen bedeutet nach Bild 5.30, F_{S} ist eine Druckkraft in der Verbindungsstange, d. h. die Vollwalze schiebt die Hohlwalze vor sich her. Auf Grund des höheren Massenträgheitsmoments würde die freie Hohlwalze nicht so stark beschleunigen wie die Vollwalze.

Aufgabe 5.14 (Bild 5.31)

In einer Förderanlage soll die Hubbeschleunigung des Förderkorbes $a_{\mathrm{A}} = 1{,}8\ \mathrm{m/s^2}$ betragen. Die Anlage ist zur Unterstützung des Motors beim Aufwärtsbeschleunigen mit einem Gegengewicht m_{G} ausgestattet. Die Gesamtmasse des Förderkorbes einschließlich Zuladung sei m_{A}. Der Motor entwickelt das Antriebsmoment M_0 an der Seiltrommel. Der Radius der Seiltrommel sei r_0. Bei den Untersuchungen sollen die Seilmassen und die Massen der Seilscheiben sowie alle Reibungseinflüsse unberücksichtigt bleiben.

a) Wie groß muss das Antriebsmoment M_0 bei der geforderten Aufwärtsbeschleunigung des Förderkorbes sein?

b) Wie groß sind dabei die Seilkräfte im Trag- und im Ausgleichsseil?

c) Wie groß müsste das Antriebsmoment M_0 sein, wenn die Förderanlage ohne Ausgleichsmasse m_{G} ausgerüstet wäre und wie groß wäre dann die Tragseilkraft?

Zahlenwerte: $m_{\mathrm{A}} = 300$ kg, $m_{\mathrm{G}} = 150$ kg, $r_0 = 0{,}2$ m.

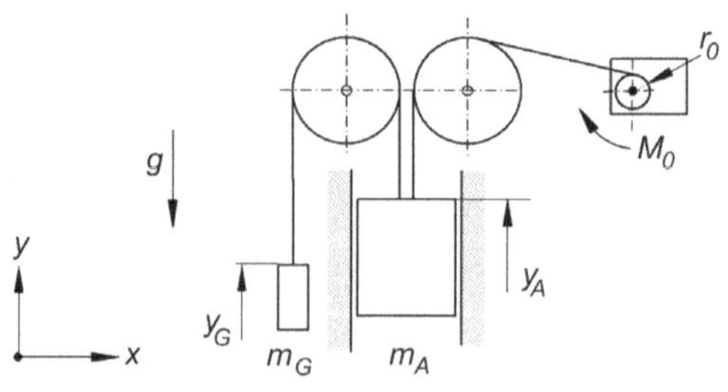

Bild 5.31 Förderanlage

Lösungsanalyse: Da innere Systemkräfte zu ermitteln sind, müssen die beteiligten Massen und die Seiltrommel einzeln herausgeschnitten werden. Danach kann ein Gleichungssystem aus den y-Koordinaten der Impulssätze für die beiden Massen, der kinematischen Bindungsgleichung zwischen den Lagekoordinaten und einer Gleichung für den Zusammenhang zwischen Seilkraft und Moment an der Seiltrommel aufgestellt werden.

Lösung: a) Zunächst werden die Schnittbilder für alle Teile des Systems gezeichnet (Bild 5.32).

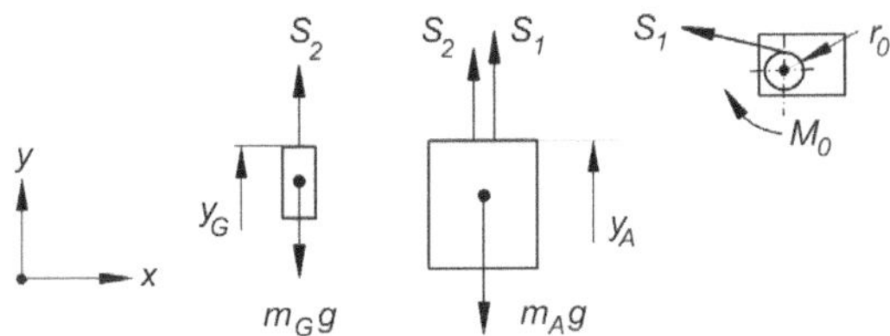

Bild 5.32 Schnittbilder

Damit kann das Gleichungssystem zur Lösung aufgestellt werden:

- y-Koordinaten der Impulssätze für die Massen m_G und m_A

$$m_G \ddot{y}_G = -m_G g + S_2 , \tag{1}$$

$$m_A \ddot{y}_A = -m_A g + S_1 + S_2 . \tag{2}$$

- Zusammenhang zwischen Seilkraft S_1 und Trommelmoment (Gleichgewichtsbedingung)

$$M_0 - r_0 S_1 = 0. \tag{3}$$

- Kinematische Bindungsgleichung zwischen den Koordinaten y_A und y_G

$$\dot{y}_A = -\dot{y}_G \Rightarrow \ddot{y}_A = -\ddot{y}_G . \tag{4}$$

Eliminiert man aus den Gleichungen (1) bis (4) die Unbekannten S_1, S_2 und $\ddot{y}_G$, dann erhält man den Zusammenhang zwischen M_0 und $\ddot{y}_A = a_A$

$$M_0 = r_0 (m_A + m_G) a_A + r_0 (m_A - m_G) g = 456{,}3 \text{ Nm}. \tag{5}$$

b) Für die Seilkräfte erhält man mit dem Antriebsmoment M_0 nach (5)

$$S_1 = \frac{M_0}{r_0} = 2281{,}5 \text{ N}, \tag{6}$$

$$S_2 = m_G (g + \ddot{y}_G) = m_G (g - a_A) = 1201{,}5 \text{ N}. \tag{7}$$

c) Im Falle der fehlenden Ausgleichsmasse m_G entfällt (1) und in (2) wird $S_2 = 0$. Aus den Gleichungen (2) und (3) erhält man sofort das notwendige Trommelmoment zu

$$M_0 = r_0 \, m_A (a_A + g) = 696{,}6 \text{ Nm} \tag{8}$$

und die Seilkraft

$$S_1 = \frac{M_0}{r_0} = 3483 \text{ N}. \tag{9}$$

Man erkennt, bei der geforderten Aufwärtsbeschleunigung von $a_A = 1{,}8$ m/s^2 würde im Falle der einfacheren Konstruktion ohne Ausgleichsmasse ein um 53% höheres Trommelmoment erforderlich sein und die Tragkraft im Seil würde um den gleichen Faktor ansteigen.

Aufgabe 5.15 (Bild 5.33)

Das skizzierte Hubwerk besteht aus einem zwischen zwei Führungswänden reibungsfrei gleitenden Förderkorb F mit der Masse m_F, der Seiltrommel 1 und den Seilumlenkrollen 2 und 3, die in den Punkten D, C und B gelagert sind. Die Seiltrommel und die Umlenkrollen sollen gleiche Massen m und gleiche Radien r haben. Es soll für alle Systemteile vereinfachend eine homogene Massenverteilung angenommen werden. Die Seilscheiben sollen als Kreiszylinder betrachtet werden. Die Reibung in den Lagern der Trommel und Umlenkrollen soll unberücksichtigt bleiben.

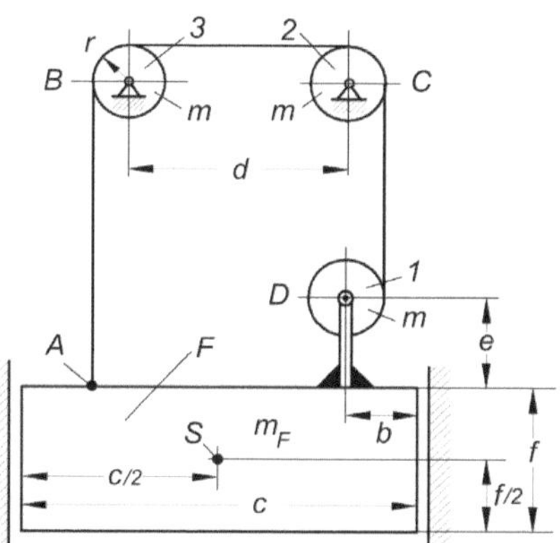

Bild 5.33 Hubwerk

a) Wie groß muss der Rollenabstand d gewählt werden, wenn der Förderkorb im Ruhezustand bei vertikalen Seilsträngen zwischen den Führungswänden schweben soll, ohne eine Kraft auf sie auszuüben?

b) Wie groß ist die Beschleunigung des Förderkorbes, wenn die Trommelbremse aus dem Ruhezustand freigegeben wird und welches Moment wird dabei von den Führungswänden auf den Förderkorb ausgeübt?

Lösungsanalyse: Die Analyse des Ruhezustandes ist ein statisches Problem, das mit den Gleichgewichtsbedingungen der Statik gelöst werden kann. Beim Freigeben der Trommelbremse werden auch horizontale Kräfte von den Wänden auf den Förderkorb ausgeübt, die eine Drehbewegung um die horizontale Achse durch seinen Schwerpunkt S verhindern. Zur Berechnung der gesuchten Vertikalbeschleunigung werden sämtliche massebehafteten Bauelemente einzeln herausgeschnitten und mit Hilfe der Axiome der Mechanik und der kinematischen Zwangsbedingungen wird das Gleichungssystem zur Lösung aufgestellt. Da die Massen der Seilscheiben zu berücksichtigen sind, sind die Seilkräfte in den drei Seilabschnitten unterschiedlich.

Lösung: a) Dieses Problem der Statik wird an Hand des Schnittbildes Bild 5.34 mit Hilfe der Gleichgewichtsbedingungen gelöst. Dabei ist zu beachten: Im Ruhezustand ist die Seilkraft in allen Seilabschnitten gleich groß, da keine Trägheitswirkungen der Seilscheiben auftreten.

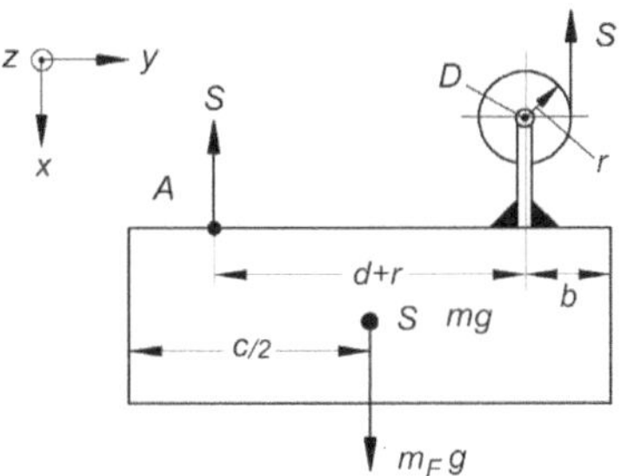

Bild 5.34 Schnittbild für statische Untersuchung

Die Gleichgewichtsbedingungen lauten

$$\sum F_x = 2S + (m_F + m)g = 0,$$
$$\sum M_A = S(d+2r) - mg(d+r) - m_F g(d+r+b-c/2) = 0.$$

Nach Elimination von S erhält man hieraus das für die Konstruktion gesuchte Maß

$$d = \frac{m_F}{m_F + m}(c - 2b). \tag{1}$$

b) Zur Berechnung der Beschleunigung nach Lösen der Trommelbremse in D werden alle Seilscheiben und der Förderkorb einzeln herausgeschnitten (Bild 5.35), wobei an den Seilscheiben 2 und 3 nur die Seile vor und hinter den Scheiben getrennt werden, nicht aber ihre Lager. Das von den Wänden rückwirkende Moment wird durch zwei horizontale Kraftwirkungen F_{Ey} und F_{Gy} in den Punkten E und G in den Förderkorb eingeleitet.

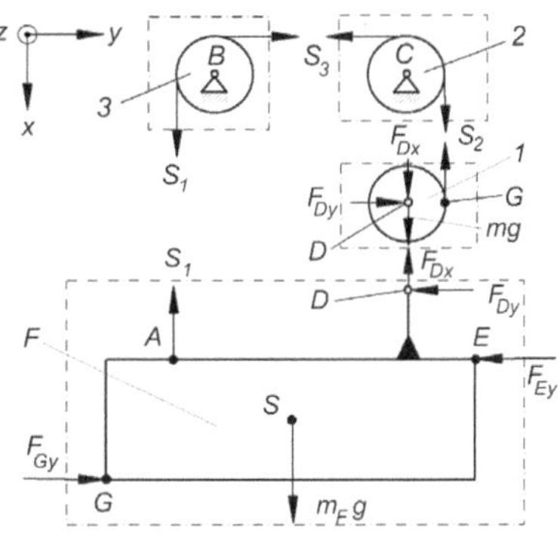

Bild 5.35 Schnittbilder für das Hubwerk

Impuls- und Drallsatz lassen sich für jeden herausgeschnittenen Teilkörper formulieren. Um Vorzeichenfehler zu vermeiden, sollte man die Koordinatengleichungen stets im gleichen Koordinatensystem angeben. Der Drallsatz wird jeweils auf den Schwerpunkt des betrachteten Teilsystems bezogen. Aus Bild 5.35 ergibt der Impuls- und Drallsatz für Förderkorb, Seiltrommel und Seilscheiben

$$\begin{aligned}
m_F\,\ddot{x}_S &= -S_1 - F_{Dx} + m_F g,\\
m_F\,\ddot{y}_S &= -F_{Dy} + F_{Gy} - F_{Ey},\\
m\,\ddot{x}_D &= -S_2 + F_{Dx} + m g,\\
m\,\ddot{y}_D &= F_{Dy},\\
J_S\dot{\omega}_F &= \sum M_{Sz} = -\left(-\frac{c}{2} + b + d + r\right)S_1 + \left(\frac{f}{2} + e\right)F_{Dy} + \left(\frac{c}{2} - b\right)F_{Dx} + \frac{f}{2}F_{Ey} + \frac{f}{2}F_{Gy},\\
J_1\dot{\omega}_1 &= \sum M_{Dz} = rS_2,\\
J_2\dot{\omega}_2 &= \sum M_{Cz} = rS_3 - rS_2,\\
J_3\dot{\omega}_3 &= \sum M_{Bz} = rS_1 - rS_3.
\end{aligned} \tag{2}$$

Diese 8 Gleichungen enthalten 15 Unbekannte. Zur Lösung können noch 7 kinematische Bedingungen angegeben werden.

Da der Förderkorb vertikal zwischen Führungswänden geführt wird, verschwindet die Horizontalbewegung der Punkte S und D sowie die Drehbewegung des Korbes und es gelten die 4 Gleichungen

$$\ddot{y}_D = 0,\ \ddot{y}_S = 0,\ \dot{\omega}_F = 0,\ \ddot{x}_D = \ddot{x}_S. \tag{3}$$

Dem Zwangslauf des undehnbaren Seiles über die drei Seilscheiben entnimmt man folgende kinematische Bindungsgleichungen: Die Scheiben 2 und 3 müssen sich gleich drehen

$$\dot{\omega}_2 = \dot{\omega}_3. \tag{4}$$

und der ganze Weg, um den sich der Förderkorb absenkt, muss als Seilabschnitt über die Scheiben 2 und 3 gezogen werden

$$\dot{x}_S = r\omega_3. \tag{5}$$

Da sich die Seiltrommel selbst nach unten bewegt, ist das von der Seiltrommel abgerollte Seil gleich der Summe aus dem über die Scheibe 2 gezogenen Seilabschnitts und dem Betrag der Absenkung des Förderkorbes

$$r\omega_1 = \dot{x}_S + r\omega_2. \tag{6}$$

Damit hat man 15 Gleichungen mit 15 Unbekannten. Setzt man noch das Massenträgheitsmoment für eine zylindrische Scheibe mit homogener Massenverteilung um die Zylinderachse ein $J_S = mr^2/2$, dann folgt für die gesuchte Förderkorbbeschleunigung

$$\ddot{x}_S = \frac{m + m_F}{4m + m_F}\,g. \tag{7}$$

Das von den Wänden auf den Förderkorb ausgeübte Moment M ist die Wirkung des Kräftepaars (F_{Ey}, F_{Gy}). Man erhält dafür aus dem Gleichungssystem

$$M = f\,F_{\mathrm{E}y} = \frac{mg}{4m+m_{\mathrm{F}}}\left[2\left(d+r\right)m+\left(3b+2d+2r-\frac{3}{2}c\right)m_{\mathrm{F}}\right]. \tag{8}$$

Aufgabe 5.16 (Bild 5.36)

Ein rechteckiges Tor ist in den senkrecht übereinander liegenden Punkten A und B gelagert. Das Tor kann als ebene, dünne Platte mit homogener Massenverteilung betrachtet werden. An dem Griff im Punkt C wird mit einer senkrecht zur Torfläche gerichteten Kraft $\boldsymbol{F}_{\mathrm{C}}$ gezogen.

Wie groß ist die Winkelbeschleunigung des sich öffnenden Tores und wie groß sind die Lagerreaktionen in den Torlagern A und B am Anfang der Bewegung in x-Richtung?

Zahlenwerte: $b = 2{,}5$ m; $c = 0{,}1$ m; $d = 1{,}5$ m; $e = 1{,}1$ m; $f = 0{,}15$ m; $h = 0{,}2$ m; $m = 36$ kg; $F_{Cx} = 80$ N.

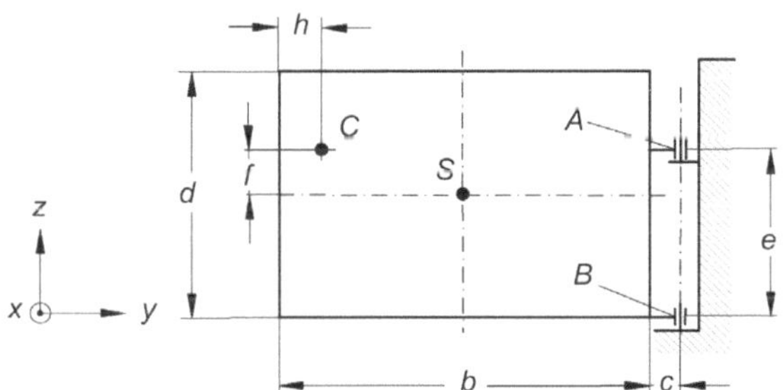

Bild 5.36 Tor mit Lagern A und B

Lösungsanalyse: Die Winkelbeschleunigung und die dynamischen Lagerreaktionen in A und B können mit Hilfe von Impuls- und Drallsatz bezogen auf den Torschwerpunkt S ermittelt werden. Da die Tordrehachse durch AB parallel zu einer Hauptträgheitsachse der Torplatte liegt und raumfest ist, kann der hier zu untersuchende Beginn der Bewegung in einem raumfesten Koordinatensystem betrachtet werden. Wären diese Voraussetzungen nicht gegeben, dann würden die Elemente des Trägheitstensors im Inertialsystem zeitvariabel sein und es würde sich das Arbeiten in einem körperfesten System empfehlen. Beim Differenzieren wären dann die Ableitungsregeln in bewegten Koordinatensystemen zu beachten (vgl. Aufgabe 5.45). Der Impulssatz wird in x-Richtung betrachtet und für den Drallsatz werden die z- und y-Koordinate angeschrieben. Neben den Axiomen der Mechanik wird eine kinematische Bindungsgleichung formuliert, die den Zusammenhang zwischen der Winkelgeschwindigkeit ω_z des Tores und seiner Schwerpunktbewegung beschreibt.

Lösung: Das Schnittbild für die Torplatte ist im Bild 5.37 dargestellt.

Die x-Koordinate des Impulssatzes lautet im skizzierten Inertialsystem

$$m\ddot{x}_{\mathrm{S}} = F_{\mathrm{C}x} + F_{\mathrm{A}x} + F_{\mathrm{B}x}\,. \tag{1}$$

Die z- und y-Koordinate des Drallsatzes bezogen auf Achsen durch den Schwerpunkt S lauten

$$\dot{L}_{Sz} = \sum M_{Sz} \Rightarrow J_{Sz}\dot{\omega}_z = \left(\frac{b}{2} - h\right) F_{Cx} - \left(\frac{b}{2} + c\right)\left(F_{Ax} + F_{Bx}\right), \tag{2}$$

$$\dot{L}_{Sy} = \sum M_{Sy} \Rightarrow J_{Sy}\dot{\omega}_y = f\, F_{Cx} + \left(e - \frac{d}{2}\right) F_{Ax} - \frac{d}{2} F_{Bx} = 0. \tag{3}$$

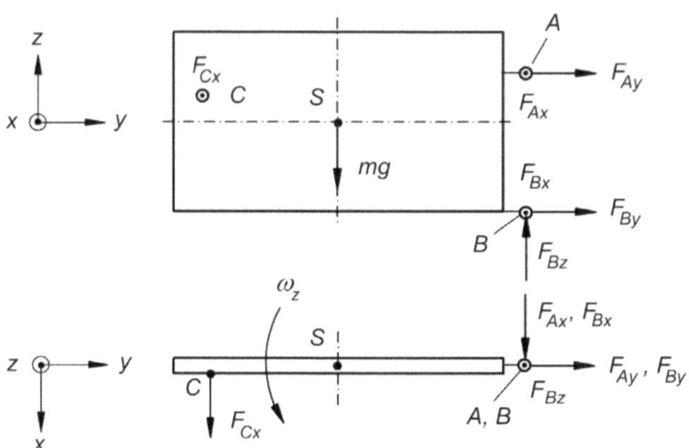

Bild 5.37 Schnittbild

Die y-Koordinate des Drallsatzes (3) darf hier nicht mit dem Momentengleichgewicht der Statik verglichen werden. Während in der Statik die Gleichgewichtsbedingung $\sum \boldsymbol{M}_P = \boldsymbol{0}$ für jeden Bezugspunkt P gilt, ist (3) eine aus dem Drallsatz erhaltene Aussage, die nur für den Bezugspunkt S gilt.

Eine weitere Gleichung liefert die kinematische Verträglichkeitsbedingung zwischen der Bewegung des Schwerpunktes und der Drehbewegung des Tores

$$\dot{x}_S = \left(\frac{b}{2} + c\right)\omega_z \Rightarrow \ddot{x}_S = \left(\frac{b}{2} + c\right)\dot{\omega}_z. \tag{4}$$

Für das Massenträgheitsmoment J_{Sz} des Tores, bezogen auf eine Achse durch S, parallel zur z-Achse, gilt für die Annahme einer dünnen Platte [WRIGGERS, 2006]

$$J_{Sz} = \frac{1}{12} m b^2. \tag{5}$$

Damit sind ausreichend viele Gleichungen zur Lösung bekannt. Zur weiteren Auflösung des Gleichungssystems nach den gesuchten Größen $d\omega_z/dt$, F_{Ax} und F_{Bx} ist es zweckmäßig, zuvor Zahlenwerte einzusetzen. Damit erhält man das Gleichungssystem

$$\begin{aligned} 48{,}6\ \dot{\omega}_z &= 80 + F_{Ax} + F_{Bx}, \\ 18{,}75\,\dot{\omega}_z &= 84 - 1{,}35\left(F_{Ax} + F_{Bx}\right), \\ 0 &= 12 + 0{,}35\,F_{Ax} - 0{,}75\,F_{Bx}. \end{aligned} \tag{6}$$

mit der Lösung

$$\begin{aligned} \dot{\omega}_z &= 2{,}276\ \text{rad/s}^2, \\ F_{\text{A}x} &= \ \ 9{,}96\,\text{N}, \\ F_{\text{B}x} &= 20{,}65\,\text{N}. \end{aligned} \tag{7}$$

Aufgabe 5.17 (Bild 5.38)

Ein dünner, homogener Stab wird aus der skizzierten Lage $\varphi_0 = 35°$ stoßfrei losgelassen und rutscht danach reibungsfrei in den Stabpunkten A und B an Wand und Boden entlang.

Wie groß ist die Winkelgeschwindigkeit $\omega = \dot{\varphi}$ des Stabes in Abhängigkeit von φ bis zum Lösen des Stabpunktes A von der Wand und bei welchem Winkel φ_1 tritt das Ablösen auf?

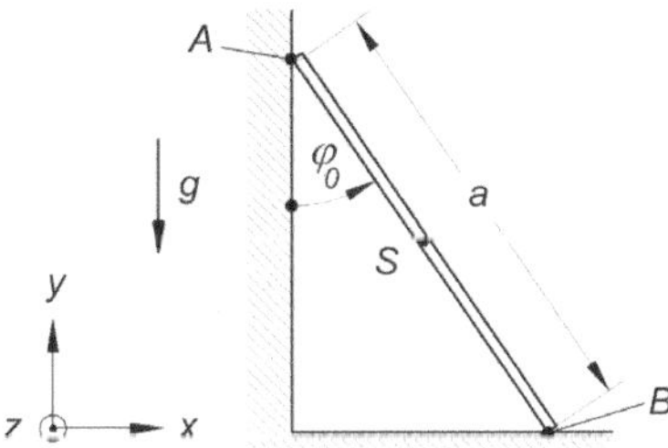

Bild 5.38 Abrutschender Stab

Lösungsanalyse: Das Gleichungssystem zur Lösung der Aufgabe wird aufgebaut aus der x- und y-Koordinate des Impulssatzes und der z-Koordinate des Drallsatzes, bezogen auf den Schwerpunkt S des Stabes. Da es sich hier um eine ebene Bewegung um eine Hauptträgheitsachse des Stabes handelt, kann das skizzierte Inertialsystem zur Beschreibung der Vektoren genutzt werden. Bis zum Ablösen von der Wand kann zwischen den Lagekoordinaten (x_S, y_S) des Stabschwerpunktes und dem Lagewinkel φ eine Bindungsgleichung angegeben werden. Diese Gleichungen reichen zur Lösung aus. Zunächst erhält man eine nichtlineare Dgl $\ddot{\varphi}(\varphi)$, deren Integration auf den gesuchten Ausdruck $\omega(\varphi)$ führt. Den Ablösewinkel φ_1 findet man aus der Betrachtung der Kontaktkraft F_A.

Den Ausdruck für die Winkelgeschwindigkeit des Stabes findet man einfacher aus einer Anwendung des Energiesatzes. Die Kräfte in den Kontaktpunkten A und B stehen immer normal zum Wegelement, leisten also keine Arbeit. Das System ist deshalb konservativ und ein einfacher Vergleich der Energiezustände zwischen Zustand 1 (Beginn der Bewegung) und Zustand 2 (beliebiger Zustand mit Kontakt zur Wand) ist möglich. Mit Hilfe des Energiesatzes können Schnittgrößen nicht ermittelt werden.

Lösung: Die Analysen werden an Hand des Schnittbildes (Bild 5.39) durchgeführt. Das Bild ist gültig für den Zustand des Systems vom Beginn der Bewegung bis zum Ablösen des Stabes von der Wand.

Die x- und y-Koordinaten des Impulssatzes für die Schwerpunktsbewegung lauten

$$\begin{aligned} m\ddot{x}_S &= F_A, \\ m\ddot{y}_S &= F_B - mg. \end{aligned} \tag{1}$$

Die z-Koordinate des Drallsatzes bezogen auf S lautet

$$J_{Sz}\dot{\omega}_z = F_B \frac{a}{2}\sin\varphi - F_A \frac{a}{2}\cos\varphi. \tag{2}$$

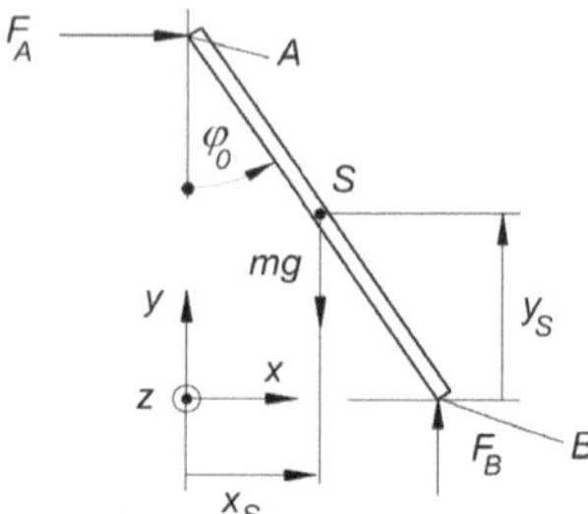

Bild 5.39 Schnittbild für den Kontaktzustand bei A und B

Solange der Stab Wand und Boden berührt, gilt eine kinematische Zwangsbedingung zwischen den Lagekoordinaten von S und dem Lagewinkel des Stabes. Aus Bild 5.39 liest man ab

$$x_S = \frac{a}{2}\sin\varphi,\ y_S = \frac{a}{2}\cos\varphi. \tag{3}$$

Nach zweimaligem Differenzieren erhält man

$$\begin{aligned} \ddot{x}_S &= \frac{a}{2}\left(\ddot{\varphi}\cos\varphi - \dot{\varphi}^2\sin\varphi\right), \\ \ddot{y}_S &= -\frac{a}{2}\left(\ddot{\varphi}\sin\varphi + \dot{\varphi}^2\cos\varphi\right). \end{aligned} \tag{4}$$

Für das Trägheitsmoment für den dünnen Stab um S gilt [WRIGGERS, 2006]

$$J_{Sz} = \frac{1}{12}ma^2. \tag{5}$$

Aus dem Gleichungssystem (1), (2), (4) und (5) folgt die Winkelbeschleunigung

$$\ddot{\varphi} = \frac{3g}{2a}\sin\varphi. \tag{6}$$

Diese nichtlineare Dgl kann mit dem Ansatz

$$\ddot{\varphi} = \frac{d\dot{\varphi}}{dt},\ \dot{\varphi} = \frac{d\varphi}{dt} \Rightarrow \ddot{\varphi} = \dot{\varphi}\frac{d\dot{\varphi}}{d\varphi}$$

und Trennung der Variablen umgeformt werden

$$\dot{\varphi}d\dot{\varphi} = \left(\frac{3g}{2a}\sin\varphi\right)d\varphi. \tag{7}$$

Die Integration liefert den gesuchten Ausdruck $\omega(\varphi)$

$$\int_0^{\omega} \omega\, d\omega = \frac{3g}{2a} \int_{\varphi_0}^{\varphi} \sin\varphi\, d\varphi,$$

$$\omega = \sqrt{\frac{3g}{a}\left(\cos\varphi_0 - \cos\varphi\right)}. \tag{8}$$

Die Bedingung für die Lage φ_1, bei der sich der Stab von der Wand löst, folgt aus $F_A(\varphi_1) = 0$. Für die Kraft F_A erhält man aus dem Gleichungssystem

$$F_A = \frac{1}{4} mg\left(9\cos\varphi - 6\cos\varphi_0\right)\sin\varphi. \tag{9}$$

Dieser Ausdruck verschwindet für

$$\cos\varphi_1 = \frac{2}{3}\cos\varphi_0. \tag{10}$$

Für den gegebenen Anfangswert der Bewegung $\varphi_0 = 35°$ löst sich der Stab bei $\varphi_1 = 56{,}9°$ von der Wand.

Alternative Lösung: Das Ergebnis (8) für $\omega(\varphi)$ lässt sich schneller direkt aus dem Energiesatz herleiten. Für das konservative System werden die beiden Zustände 1 (Beginn der Bewegung) und 2 (beliebiger Zustand mit Kontakt zur Wand) betrachtet.

$$\begin{aligned} T_1 + U_1 &= T_2 + U_2 \Rightarrow U_1 - U_2 = T_2 - T_1\,, \\ mg\left(y_{S1} - y_S\right) &= \frac{1}{2} J_{Sz}\omega^2 + \frac{1}{2} m\left(\dot{x}_S^2 + \dot{y}_S^2\right). \end{aligned} \tag{11}$$

Setzt man hier die kinematische Bindungsgleichung (3) und deren erste Ableitung nach der Zeit

$$\dot{x}_S = \frac{1}{2} a\dot{\varphi}\cos\varphi, \quad \dot{y}_S = -\frac{1}{2} a\dot{\varphi}\sin\varphi,$$

ein, dann erhält man direkt den Ausdruck $\omega(\varphi)$ nach (8).

Aufgabe 5.18 (Bild 5.40)

Auf einer Welle W mit vertikaler Achse laufen 4 Walzen K, die außen einen Ring R tragen. Die Trägheitsmomente der Systemteile, jeweils bezogen auf ihre Symmetrieachse, sind J_W, J_K und J_R. Die Masse einer Walze sei m_K.

Wie groß ist die Winkelbeschleunigung des Ringes, wenn an der Welle ein Antriebsmoment M angreift und die Reibung zwischen Walzen, Welle und Ring so groß ist, dass kein Gleiten auftritt? Der Rollwiderstand soll vernachlässigt werden.

Lösungsanalyse: Die inneren Kräfte im Rollensystem werden durch Herausschneiden einer Walze exemplarisch sichtbar. Das Gleichungssystem zur Lösung der Aufgabe wird aufgebaut aus dem Impulssatz für eine Walze und aus dem Drallsatz für die Welle, für den Ring und für

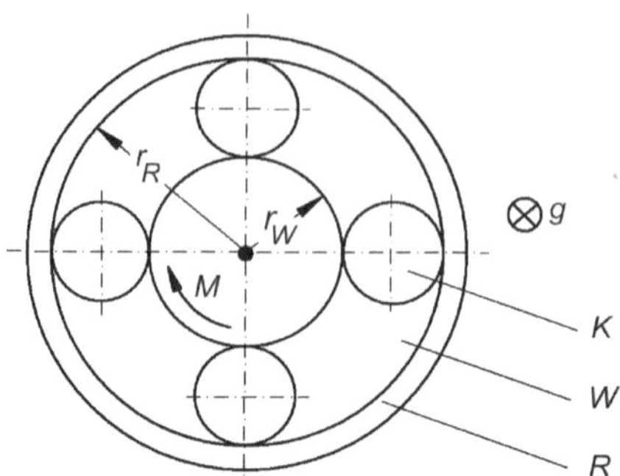

Bild 5.40 Rollensystem

eine Walze. Das Gleichungssystem enthält 4 kinematische Größen als Unbekannte und 2 Kräfte, die an einer Walze an den Kontaktstellen zur Welle und zum Ring angreifen. Zwei weitere Gleichungen findet man als kinematische Bindungsgleichungen. In Aufgabe 4.17 wird gezeigt, wie mit Hilfe der Beziehung für den allgemeinen Bewegungszustand eines starren Körpers mit den Körperpunkten A und B

$$\boldsymbol{v}_{\mathrm{B}} = \boldsymbol{v}_{\mathrm{A}} + \boldsymbol{\omega}_{\mathrm{K}} \times \boldsymbol{r}_{\mathrm{AB}}, \tag{1}$$

kinematische Bindungsgleichungen zwischen den Punktgeschwindigkeiten in A und B sowie der Winkelgeschwindigkeit des Körpers aufgestellt werden können. Diese Beziehung kann hier zweimal für unterschiedliche Punkte einer Walze aufgestellt werden. Da hier eine ebene Bewegung um Hauptträgheitsachsen vorliegt, kann mit einem Inertialsystem gearbeitet werden.

Lösung: Die Kräfte im System werden durch das Schnittbild für eine Walze erkennbar (Bild 5.41). Es wird angenommen, dass an allen vier Walzen entsprechende, übereinstimmende Kräfte wirken.

Das Gleichungssystem zur Lösung wird aus folgenden Gleichungen aufgebaut:

- x-Koordinate des Impulssatzes für den Schwerpunkt S einer Walze

$$m_{\mathrm{K}} \ddot{x}_{\mathrm{S}} = F_{\mathrm{W}} - F_{\mathrm{R}}. \tag{2}$$

- z-Koordinate des Drallsatzes für eine Walze um den Walzenschwerpunkt S

$$J_{\mathrm{K}} \dot{\omega}_{\mathrm{K}} = \frac{1}{2}\left(r_{\mathrm{R}} - r_{\mathrm{W}}\right)\left(F_{\mathrm{W}} + F_{\mathrm{R}}\right). \tag{3}$$

- z-Koordinate des Drallsatzes für die Welle um den Wellenmittelpunkt

$$J_{\mathrm{W}} \dot{\omega}_{\mathrm{W}} = -M + 4 r_{\mathrm{W}} F_{\mathrm{W}}. \tag{4}$$

- z-Koordinate des Drallsatzes für den Ring um den Ringmittelpunkt

$$J_{\mathrm{R}} \dot{\omega}_{\mathrm{R}} = -4 r_{\mathrm{R}} F_{\mathrm{R}}. \tag{5}$$

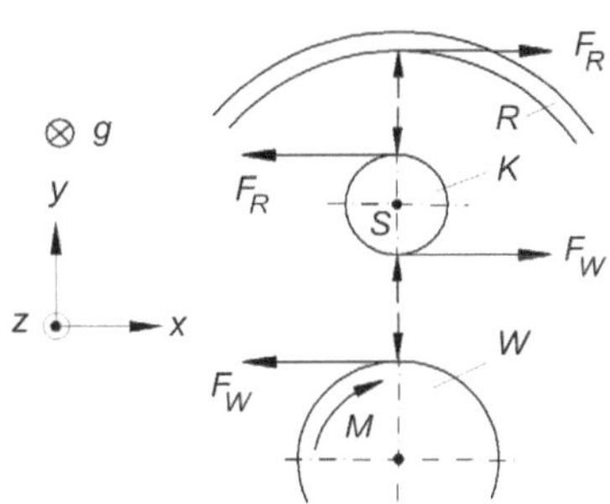

Bild 5.41 Schnittbild für Ring, Welle und eine Walze

Die noch fehlenden zwei Gleichungen zur Bestimmung der 6 Unbekannten in den Glchn (2) bis (5) können als kinematische Bindungsgleichungen formuliert werden. Sie werden mit Hilfe des Bildes 5.40 aufgestellt.

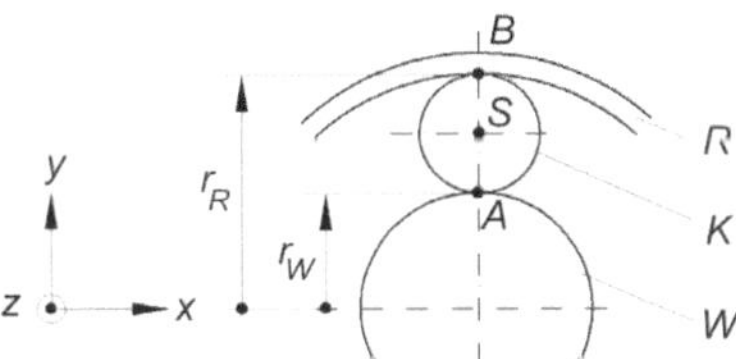

Bild 5.42 Kontaktpunkte für Ring, Welle und eine Walze

Die allgemeine Beziehung (1) für die Bewegung eines starren Körpers stellt den Zusammenhang zwischen den Geschwindigkeiten von zwei Körperpunkten und dem Winkelgeschwindigkeitsvektor des Körpers dar. Hier werden kinematische Bindungen zwischen den drei Bauteilen Ring, Walze und Welle gesucht. Man findet sie, indem man (1) einmal für das Punktepaar A, B und einmal für das Punktepaar A, S formuliert, denn die Geschwindigkeiten in A und B stimmen jeweils für zwei Bauteile immer überein; sie sind entsprechend kinematisch gebunden.

Für das Punktepaar A, B erhält man

$$\boldsymbol{v}_{\mathrm{B}} = \boldsymbol{v}_{\mathrm{A}} + \boldsymbol{\omega}_{\mathrm{K}} \times \boldsymbol{r}_{\mathrm{AB}},$$

$$\begin{bmatrix} -r_{\mathrm{R}}\omega_{\mathrm{R}} \\ 0 \\ 0 \end{bmatrix} = \begin{bmatrix} -r_{\mathrm{W}}\omega_{\mathrm{W}} \\ 0 \\ 0 \end{bmatrix} + \begin{bmatrix} 0 \\ 0 \\ \omega_{\mathrm{K}} \end{bmatrix} \times \begin{bmatrix} 0 \\ r_{\mathrm{R}} - r_{\mathrm{W}} \\ 0 \end{bmatrix},$$

$$r_{\mathrm{R}}\omega_{\mathrm{R}} = r_{\mathrm{W}}\omega_{\mathrm{W}} + \omega_{\mathrm{K}}(r_{\mathrm{R}} - r_{\mathrm{W}}). \quad (6)$$

Für das Punktepaar A, S erhält man

$$\boldsymbol{v}_{\mathrm{S}} = \boldsymbol{v}_{\mathrm{A}} + \boldsymbol{\omega}_{\mathrm{K}} \times \boldsymbol{r}_{\mathrm{AS}},$$

$$\begin{bmatrix} \dot{x}_{\mathrm{S}} \\ 0 \\ 0 \end{bmatrix} = \begin{bmatrix} -r_{\mathrm{W}}\omega_{\mathrm{W}} \\ 0 \\ 0 \end{bmatrix} + \begin{bmatrix} 0 \\ 0 \\ \omega_{\mathrm{K}} \end{bmatrix} \times \begin{bmatrix} 0 \\ (r_{\mathrm{R}} - r_{\mathrm{W}})/2 \\ 0 \end{bmatrix},$$

$$\dot{x}_S = -r_W \omega_W - \frac{1}{2}\omega_K (r_R - r_W). \tag{7}$$

Die zeitlichen Ableitungen von (6) und (7) sind die noch fehlenden Gleichungen zur Lösung der Aufgabe.

Aus den 6 Gleichungen können die 4 Unbekannten $\ddot{x}_S$, $\dot{\omega}_K$, F_R und F_W eliminiert werden. Man erhält dann ein lineares algebraisches Gleichungssystem $\boldsymbol{A}\dot{\boldsymbol{\omega}} = \boldsymbol{M}$ für die beiden Unbekannten $\dot{\omega}_R$ und $\dot{\omega}_W$:

$$\begin{aligned}
&\left[\frac{2J_K}{(r_R - r_W)^2} + \frac{m_K}{2} + \frac{J_R}{2r_R^2}\right] r_R \dot{\omega}_R + \left[\frac{m_K}{2} - \frac{2J_K}{(r_R - r_W)^2}\right] r_W \dot{\omega}_W = 0,\\
&\left[\frac{m_K}{2} - \frac{2J_K}{(r_R - r_W)^2}\right] r_R \dot{\omega}_R + \left[\frac{2J_K}{(r_R - r_W)^2} + \frac{m_K}{2} + \frac{J_W}{2r_W^2}\right] r_W \dot{\omega}_W = -\frac{M}{2r_W}.
\end{aligned} \tag{8}$$

Aus dem Gleichungssystem (8) findet man für die Ringbeschleunigung $\dot{\omega}_R$ die Lösung [PAPULA, 2017]

$$\dot{\omega}_R = \frac{M}{D}\left[\frac{m_K}{4} - \frac{J_K}{(r_R - r_W)^2}\right], \tag{9}$$

worin D die Determinante der Matrix $\boldsymbol{A}$ der Gleichung (8) ist:

$$D = \left\{\left[\frac{2J_K}{(r_R - r_W)^2} + \frac{m_K}{2} + \frac{J_R}{2r_R^2}\right]\left[\frac{2J_K}{(r_R - r_W)^2} + \frac{m_K}{2} + \frac{J_W}{2r_W^2}\right] - \left[\frac{m_K}{2} - \frac{2J_K}{(r_R - r_W)^2}\right]^2\right\} r_R r_W. \tag{10}$$

Aufgabe 5.19 (Bild 5.43)

Ein starrer Körper besteht aus einem dünnwandigen Hohlzylinder, auf dessen Mantel ein dünner Stab in radialer Richtung befestigt ist. Stab und Holzylinder haben jeweils die gleiche Masse m. Aus der skizzierten instabilen Gleichgewichtslage beginnt der Körper infolge einer kleinen Störung zu kippen.

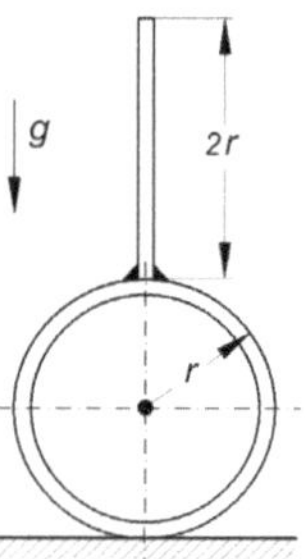

Bild 5.43 Kippender Körper

Wie groß ist die Winkelgeschwindigkeit ω des Körpers beim Aufschlagen des Stabendes auf die Unterlage, wenn

a) der Zylinder auf der Unterlage rollt,

b) die Unterlage völlig glatt ist, so dass zwischen Zylinder und Unterlage keine Reibungskräfte auftreten?

Lösungsanalyse: In beiden Fällen handelt es sich um ein konservatives System. Beim rollenden System leistet die Reibungskraft zwischen Zylinder und Unterlage keine Arbeit, da sie momentan immer an einem ruhenden Punkt angreift. Beim völlig glatten System existiert keine Reibungskraft. Deshalb kann der Zusammenhang zwischen der Veränderung der Schwerpunkthöhenlage und der Winkelgeschwindigkeit für beide Aufgabenteile mit dem Energiesatz gelöst werden. Verglichen werden die Energiebeträge im Zustand 1 (Anfangslage) und Zustand 2 (Erreichen der Endlage). Die Bewegung des Gesamtschwerpunktes des Körpers und seine Winkelgeschwindigkeit sind in beiden Fällen durch unterschiedliche kinematische Bindungsgleichungen miteinander gekoppelt.

Lösung: Die Gleichungssysteme für beide Aufgabenteile bestehen aus der Formulierung des Energiesatzes und einer jeweils zutreffenden kinematischen Bindungsgleichung. Die Lagezustände für die Anwendung des Energiesatzes sind im Bild 5.44 dargestellt.

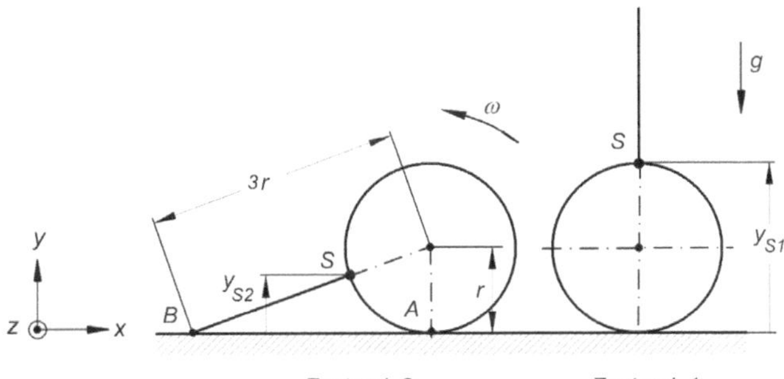

Bild 5.44 Lagezustände 1 und 2

Für den Energiesatz gilt für beide Bewegungen nach Bild 5.44

$$T_1 + U_1 = T_2 + U_2 \Rightarrow U_1 - U_2 = T_2 - T_1,$$
$$2mg\left(y_{S1} - y_{S2}\right) = \frac{1}{2} J_{Sz} \omega_2^{\,2} + m\left(\dot{x}_{S2}^2 + \dot{y}_{S2}^2\right). \tag{1}$$

Das Trägheitsmoment des Systems, bezogen auf eine Achse durch den Gesamtschwerpunkt S, setzt sich zusammen aus den Anteilen von Stab und Hohlzylinder um die jeweiligen Schwerpunkte und den Verschiebungsanteilen nach HUYGENS-STEINER. Man erhält [WRIGGERS, 2006]

$$J_{Sz} = \left(J_{S,\text{Hohlzyl}} + mr^2\right) + \left(J_{S,\text{Stab}} + mr^2\right) = \left(mr^2 + mr^2\right) + \left(\frac{1}{12} m(2r)^2 + mr^2\right) = \frac{10}{3} mr^2. \tag{2}$$

Zusammengefasst erhält man aus dem Energiesatz

$$2\left(2r - y_{S2}\right)g = \frac{5}{3}r^2\omega_2{}^2 + \left(\dot{x}_{S2}^2 + \dot{y}_{S2}^2\right) = \frac{5}{3}r^2\omega_2{}^2 + v_{S2}^2. \tag{3}$$

Zur Lösung dieser Gleichung mit 3 Unbekannten müssen noch 2 kinematische Bindungsgleichungen aufgestellt werden. Die Koordinate y_{S2} zum Schluss der Bewegung folgt aus einfachen geometrischen Ähnlichkeitsbetrachtungen aus Bild 5.44:

$$\frac{y_{S2}}{2r} = \frac{r}{3r} \Rightarrow y_{S2} = \frac{2}{3}r. \tag{4}$$

Zwischen den Lage- und Geschwindigkeitsgrößen in (3) existieren je nach der Körperbewegung zwei unterschiedliche kinematische Bindungsgleichung.

a) Beim reinen Rollen folgt aus der Gleichung für den allgemeinen Bewegungszustand eines starren Körpers mit den Körperpunkten A und S und der Winkelgeschwindigkeit ω_2 (Bild 5.44)

$$\boldsymbol{v}_S = \boldsymbol{v}_A + \boldsymbol{\omega}_2 \times \boldsymbol{r}_{AS},$$

mit $\boldsymbol{v}_A = \boldsymbol{0}$ (Momentanpol A), $r_{ASx} = -r_{AB}/3 = -\sqrt{9r^2 - r^2}/3 = -\sqrt{8}\,r/3$, $r_{ASy} = y_{S2} = 2r/3$,

$$\begin{bmatrix} \dot{x}_S \\ \dot{y}_S \\ 0 \end{bmatrix} = \begin{bmatrix} 0 \\ 0 \\ \omega_2 \end{bmatrix} \times \begin{bmatrix} -\sqrt{8}\,r/3 \\ 2r/3 \\ 0 \end{bmatrix} = \begin{bmatrix} -2\omega_2 r/3 \\ -\sqrt{8}\omega_2 r/3 \\ 0 \end{bmatrix},$$

$$v_{S2}^2 = \dot{x}_S^2 + \dot{y}_S^2 = \frac{4}{3}\omega_2^2 r^2 . \tag{5}$$

Aus (3), (4) und (5) erhält man für das Kippen mit reinem Rollen für die Winkelgeschwindigkeit am Ende der Bewegung

$$\omega_2 = \frac{\sqrt{8}}{3}\sqrt{\frac{g}{r}} = 0{,}9428\sqrt{\frac{g}{r}}. \tag{6}$$

b) Beim reibungsfreien Gleiten treten keine Horizontalkräfte auf und der Gesamtschwerpunkt S fällt vertikal herunter (Bild 5.45).

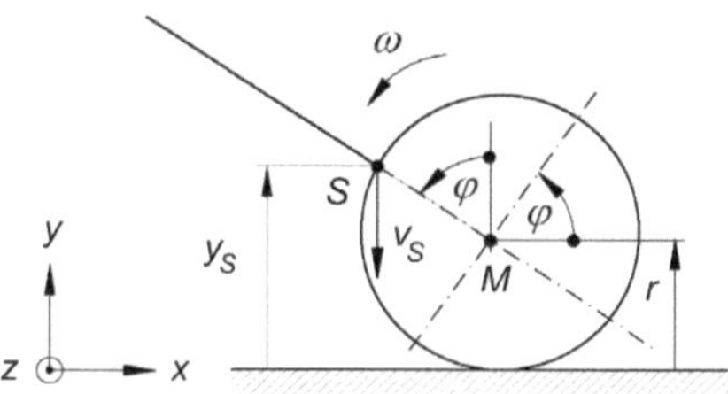

Bild 5.45 Bewegung bei Reibungsfreiheit

Für die damit gegebene Bahn von S lässt sich ein Zusammenhang zwischen der Lage von S und dem Winkel φ angeben. Aus Bild 5.45 liest man die geometrische Bindung ab

$$y_S = r + r\cos\varphi.$$

Die Ableitung dieser Gleichung ist die gesuchte kinematische Bindungsgleichung zur Lösung. Im Zustandspunkt 2 lautet sie

$$\dot{y}_{S2} = -r\dot{\varphi}_2 \sin\varphi_2 = -r\omega_2 \sin\varphi_2. \tag{7}$$

Alternative Lösung: Da die Richtungen der Geschwindigkeiten von den beiden Körperpunkten S und M bekannt sind, kann auch hier wieder von der Gleichung für den Bewegungszustand eines starren Körpers Gebrauch gemacht werden:

$$\boldsymbol{v}_S = \boldsymbol{v}_M + \boldsymbol{\omega}\times\boldsymbol{r}_{MS},$$

$$\begin{bmatrix} 0 \\ v_{Sy} \\ 0 \end{bmatrix} = \begin{bmatrix} v_{Mx} \\ 0 \\ 0 \end{bmatrix} + \begin{bmatrix} 0 \\ 0 \\ \omega \end{bmatrix} \times \begin{bmatrix} -r\sin\varphi \\ r\cos\varphi \\ 0 \end{bmatrix}.$$

Die y-Koordinate liefert eine Beziehung zwischen der Geschwindigkeit des Punktes S und der Winkelgeschwindigkeit ω. Im Lagezustand 2 lautet sie

$$v_{S2y} = -r\omega_2 \sin\varphi_2. \tag{8}$$

Hiermit hat man wieder die kinematische Bindungsgleichung (7). Aus dem Gleichungssystem (3), (4) und (7) erhält man die Winkelgeschwindigkeit für reibungsloses Kippen. Zunächst erhält man durch Zusammenführen der drei Gleichungen den Ausdruck

$$2\left(2r - \frac{2}{3}r\right)g = \frac{5}{3}r^2\omega_2{}^2 + r^2\omega_2^2 \sin^2\varphi_2. \tag{9}$$

Für den Term $\sin^2\varphi_2$ liest man aus Bild 5.46 folgende Zusammenhänge ab:

$$\sin^2\varphi_2 = 1-\cos^2\varphi_2 = 1-\cos^2(\pi-\varphi_2) = 1-\left(\frac{r}{3r}\right)^2 = \frac{8}{9}. \tag{10}$$

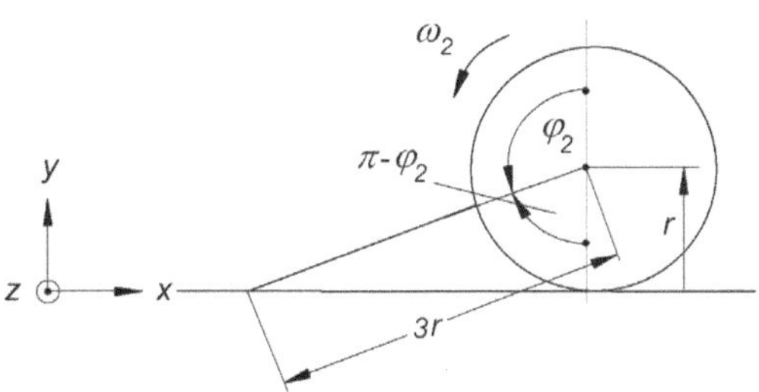

Bild 5.46 Zum Bestimmen des Terms $\sin^2\varphi_2$

Damit erhält man aus (9) für ω_2 beim reibungsfreien Kippen

$$\omega_2 = \sqrt{\frac{24g}{23r}} = 1{,}0215\sqrt{\frac{g}{r}}. \tag{11}$$

Die Winkelgeschwindigkeit beim Aufschlagen des Stabendes ist beim reibungsfreien Kippen größer als bei reinem Rollen. Beim Rollen wird ein Teil der potenziellen Energie im Ausgangszustand für die horizontale Geschwindigkeit des Schwerpunktes eingesetzt und steht für die Drehbewegung nicht mehr zur Verfügung.

Aufgabe 5.20 (Bild 5.47)

Ein Wagen soll auf einer schiefen Ebene durch eine vorgespannte Druckfeder mit der Federkonstanten c so beschleunigt werden, dass er am Ende der horizontalen Auslaufstrecke an einem Anschlag eine Platzpatrone P zur Zündung bringt. Hierfür ist ein Kraftstoß Δp_P erforderlich. Der Wagen hat die Gesamtmasse m, von der ein Viertel auf die homogenen, zylindrischen Räder entfällt.

Wie groß muss der Vorspannungsweg s der Druckfeder mindestens sein, wenn Bewegungswiderstände vernachlässigt werden? Die Räder sollen während des gesamten Vorgangs nicht gleiten.

Zahlenwerte: $h = 0{,}7$ m; $c = 250$ N/m; $\Delta p_P = 80$ kgm/s; $m = 16$ kg; $\alpha = 30°$.

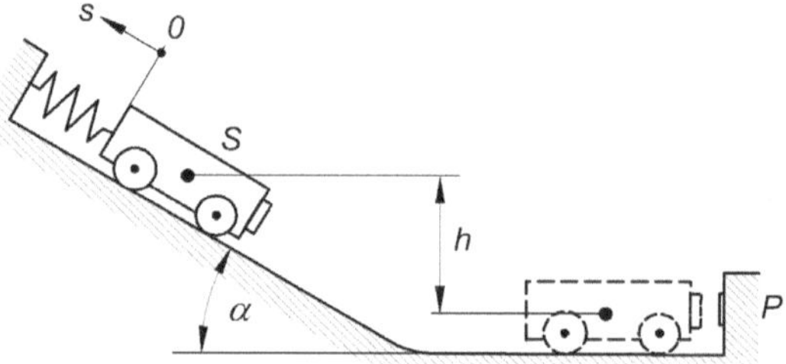

Bild 5.47 Wagen auf schiefer Ebene

Lösungsanalyse: Für die Lösung sind zwei Problembereiche getrennt zu untersuchen. Zunächst ist zu ermitteln, wie schnell sich der Wagen bewegen muss, damit der Kraftstoß Δp_P am Punkte P wirken kann. Dafür ist der Vorgang während des Aufpralls zu analysieren. Mit Hilfe eines Schnittbildes für das ganze Fahrzeug erkennt man, dass während des Aufpralls nicht nur die Kraft F_P am Punkte P wirkt, sondern die dabei plötzlich verzögerten Räder üben zusätzlich antreibende Kräfte auf das Fahrzeug aus. Das Zeitintegral des Impulssatzes über die Stoßzeit Δt enthält damit nicht nur den zum Zünden erforderlichen Kraftstoß Δp_P, sondern auch den von den Rädern ausgeübten Kraftstoß Δp_R. Die Größe dieses Stoßes findet man über das Zeitintegral des Drallsatzes für die vier Räder des Wagens. Die Integration des Impulssatzes liefert die notwendige Geschwindigkeit v_S des Wagens vor dem Stoß bei P.

Im zweiten Problembereich wird analysiert, wie die Geschwindigkeit v_S erreicht werden kann. Dieser Teil der Aufgabe lässt sich am einfachsten mit dem Energiesatz lösen, da hier ein konservatives System vorliegt. Der Lagezustand 1 (obere Ruhelage mit vorgespannter Feder) muss so gewählt werden, dass die Summe aus potentieller Lageenergie und Federenergie im Zustand 2 (Stoßlage vor P) in ausreichende kinetische Energie umgewandelt wird.

Lösung: Die Bestimmung der notwendigen Fahrzeuggeschwindigkeit unmittelbar vor dem Stoß erfolgt an Hand eines Schnittbildes für das ganze Fahrzeug. Der Zeitpunkt für dieses Schnittbild muss in der Zeitspanne Δt während des Stoßes liegen, weil nur dann alle interessierenden Schnittkräfte auftreten. Im Bild 5.48 sind die Schnittkräfte F_P und F_R eingezeichnet. F_P ist die Stoßkraft auf den Punkt P und F_R ist die Kraft von der Bahn auf die rollenden Räder.

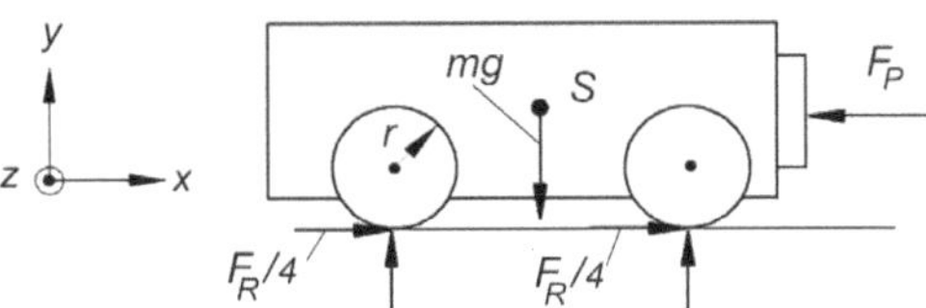

Bild 5.48 Schnittbild während des Stoßes

Die x-Koordinate des Impulssatzes für das Fahrzeug während des Stoßes lautet nach Bild 5.48

$$m\ddot{x}_S = F_R - F_P. \tag{1}$$

Die Zustandsgrößen vor dem Aufprall sollen im Folgenden mit dem Index 2 bezeichnet werden. Das Zeitintegral von (1) über die Stoßzeit Δt, in der der Wagen vollständig abgestoppt wird, lautet

$$\int_0^{\Delta t} m\,d\dot{x}_S = \int_0^{\Delta t} \left(F_R - F_P\right)dt,$$

$$-m\dot{x}_{S2} = \int_0^{\Delta t} F_R\,dt - \int_0^{\Delta t} F_P\,dt = \int_0^{\Delta t} F_R\,dt - \Delta p_P. \tag{2}$$

Hierin ist das erste Integral auf der rechten Seite der über alle Räder auf den Wagen ausgeübte Kraftstoß und das zweite Integral ist der zur Zündung auf P ausgeübte Kraftstoß Δp_P. Der über die Räder eingeleitete Kraftstoß kann über den Drallsatz für ein Rad um den Radmittelpunkt ermittelt werden

$$\frac{dL_{Rz}}{dt} = M_{Rz} \Rightarrow J_R\dot{\omega} = \frac{1}{4} r\,F_R, \tag{3}$$

mit $J_R = \frac{1}{2} m_R\, r^2 = \frac{1}{32} m r^2$ und der kinematischen Zwangsbedingung (Rollbedingung)

$$\dot{x}_S = -r\omega. \tag{4}$$

Das Zeitintegral des Drallsatzes (3) über die Stoßzeit Δt lautet mit Berücksichtigung der Rollbedingung (4)

$$\int_0^{\Delta t} J_R\,d\omega = \frac{1}{4}\int_0^{\Delta t} r\,F_R\,dt,$$

$$\frac{1}{8} m\dot{x}_{S2} = \int_0^{\Delta t} F_R\,dt. \tag{5}$$

Mit diesem Ausdruck für das Kraftstoßintegral der Räder findet man aus (2) die erforderliche Geschwindigkeit des Wagens vor dem Aufprall auf P

$$\dot{x}_{S2} = \frac{8}{9m}\Delta p_P . \tag{6}$$

Dies gilt nur unter der Annahme, dass die Räder während des Stoßvorgangs nicht gleiten.

Jetzt ist zu untersuchen, wie weit die Feder vorgespannt werden muss, damit die Geschwindigkeit (6) erreicht wird. Dies kann am einfachsten mit dem Energiesatz gelöst werden. Die in einer gespannten Feder gespeicherte potentielle Energie beträgt

$$U_F = \frac{1}{2}cs^2, \tag{7}$$

mit der Federkonstanten c und dem Federweg s aus der entspannten Lage. Vergleicht man den Zustand 1 (obere Ruhelage mit gespannter Feder) mit dem Zustand 2 (Lage vor dem Stoß) dann gilt für den Energiesatz

$$T_1 + U_1 = T_2 + U_2 \Rightarrow U_1 - U_2 = T_2 - T_1,$$

$$mg\left(h + s\sin\alpha\right) + \frac{1}{2}cs^2 = \frac{1}{2}m\dot{x}_{S2}^2 + \frac{1}{2}\left(4J_R\right)\omega_2^2. \tag{8}$$

Mit der Rollbedingung (4), der notwendigen Geschwindigkeit (6) und dem Ausdruck für J_R erhält man aus (8) die quadratische Gleichung

$$s^2 + \left(\frac{2}{c}mg\sin\alpha\right)s + \frac{m}{c}\left(2gh - \frac{8\Delta p_P^2}{9m^2}\right) = 0. \tag{9}$$

Für die Lösung gilt das obere Vorzeichen vor der Wurzel

$$s_{1,2} = -\frac{mg}{c}\sin\alpha \pm \sqrt{\left(\frac{mg}{c}\sin\alpha\right)^2 - \frac{m}{c}\left(2gh - \frac{8\Delta p_P^2}{9m^2}\right)} = 0{,}487\,\mathrm{m}. \tag{10}$$

Aufgabe 5.21 (Bild 5.49)

Ein Schiff A nähert sich nach Abstellen des Motors mit einer Restgeschwindigkeit v_{A0} einem Prahm (flacher Schwimmkörper), an den es anlegt und nach Erreichen der gestrichelt skizzierten Lage festgemacht wird. Der Prahm ist nicht verankert und ist vor dem Anlegen in Ruhe. Die Massenverteilung von Prahm und Schiff sei homogen. Der Gesamtschwerpunkt sei S. D ist ein Fixpunkt im Inertialsystem.

a) Wie lautet der Bewegungszustand ($\boldsymbol{v}_{S1}$, $\boldsymbol{\omega}_1$) des fest verbundenen Systems Schiff/Prahm nach dem Anlegemanöver bei Vernachlässigung des Wasserwiderstandes?

b) Wie groß müsste die Breite b_B des Prahms sein, wenn der Momentenstoß infolge der Normalkräfte zwischen Schiff und Prahm verschwinden soll?

Zahlenwerte: v_{A0} = 0,3 m/s; m_A = 20 t; m_B = 10 t; b_A = 3 m; b_B = 4 m; J_{AS} = 200 tm²; J_{BS} = 40 tm².

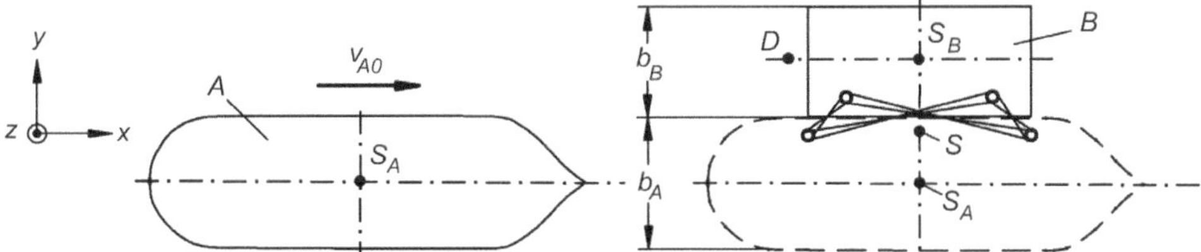

Bild 5.49 Schiffsanlegemanöver

Lösungsanalyse: Gesucht ist der Bewegungszustand von zwei Schwimmkörpern (Schiff und Prahm) nach einem Anlegemanöver. Der Zustand vor dem Anlegen ist bekannt. Während des Vorganges gibt es von außen keine Krafteinwirkung auf das System. Derartige Probleme lassen sich am einfachsten mit Hilfe von Erhaltungssätzen lösen, indem um das gesamte System ein Kontrollraum gelegt wird, der den Zustand vor und nach dem Ereignis umfasst. Dabei muss der Kontrollraum so gewählt werden, dass keine Kräfte oder Momente während des Ereignisses durch ihn hindurch auf das Innere einwirken können. Legt man einen entsprechenden Raum um Schiff und Prahm, dann bleiben der Gesamtimpuls und der Gesamtdrall aller Systemteile innerhalb des Raumes vor (Index 0) und nach (Index 1) dem Ereignis unverändert erhalten. Es gilt für die Bilanz von Impuls und Drall

$$\sum_i \boldsymbol{p}_{0i} = \sum_i \boldsymbol{p}_{1i}, \quad \sum_i \boldsymbol{L}_{\mathrm{D}0i} = \sum_i \boldsymbol{L}_{\mathrm{D}1i}, \tag{1}$$

mit dem Fixpunkt D als Drallbezugspunkt.

Im zweiten Teil der Untersuchung werden Aussagen über die Kräfte zwischen den Systemteilen gesucht. Jetzt müssen die Körper einzeln durch geschlossene Schnittlinien herausgeschnitten werden. In den Schnittbildern werden zwischen Schiff und Prahm tangentiale und normale Kräfte ausgeübt. Die über die Bordwand verteilten normalen Kräfte können für jedes Schnittufer zu einem Kraftwinder mit Bezug auf die Einzelschwerpunkte von Schiff und Prahm zusammengefasst werden. Der Kraftwinder setzt sich aus einer normalen Einzelkraft in Richtung der Einzelschwerpunkte und einem Moment zusammen. Das Zeitintegral über dieses Moment ist der gesuchte Momentenstoß während des Anlegemanövers. Er führt zum Verdrehen des Gesamtsystems. Den besonderen Fall der Momentenfreiheit findet man aus der allgemeinen Betrachtung der Bewegung von Schiff und Prahm unter dem Einfluss der Schnittkräfte mit Hilfe des Drallsatzes für jedes Systemteil. Das Zeitintegral führt auf eine Beziehung für den Momentenstoß. Hieraus kann schließlich der Sonderfall der Momentenfreiheit ermittelt werden.

Lösung: a) Schiff und Prahm zusammen werden während des Anlegens als ein System betrachtet, auf das keine weiteren Kräfte oder Momente von außen einwirken. Für dieses Gesamtsystem gilt der Impuls- und der Drallerhaltungssatz (Impuls- und Drallbilanz)

$$\begin{aligned} \boldsymbol{p}_{\mathrm{A}0} + \boldsymbol{p}_{\mathrm{B}0} &= \boldsymbol{p}_{\mathrm{A}1} + \boldsymbol{p}_{\mathrm{B}1}, \\ \boldsymbol{L}_{\mathrm{D}0}^{\mathrm{A}} + \boldsymbol{L}_{\mathrm{D}0}^{\mathrm{B}} &= \boldsymbol{L}_{\mathrm{D}1}^{\mathrm{A}} + \boldsymbol{L}_{\mathrm{D}1}^{\mathrm{B}}, \end{aligned} \tag{2}$$

mit den Indices: 0 Zustand vor Anlegen, 1 Zustand nach Anlegen, A Schiff, B Prahm, D Drallbezugspunkt/Fixpunkt (Bild 5.49). Für die x-Koordinate der Impulsbilanz erhält man

$$m_A v_{A0} = (m_A + m_B) v_{S1}. \tag{3}$$

Für den Drallvektor $\boldsymbol{L}_D^A$ für das Schiff A, bezogen auf den Fixpunkt D gilt

$$\boldsymbol{L}_D^A = \boldsymbol{r}_{DA} \times m_A \boldsymbol{v}_A \Rightarrow \begin{bmatrix} 0 \\ 0 \\ L_{Dz}^A \end{bmatrix} = \begin{bmatrix} r_{DAx} \\ -\frac{1}{2}(b_A + b_B) \\ r_{DAz} \end{bmatrix} \times \begin{bmatrix} m_A v_A \\ 0 \\ 0 \end{bmatrix} \Rightarrow L_{Dz}^A = \frac{1}{2}(b_A + b_B) m_A v_A.$$

Hierin ist der Ortsvektor $\boldsymbol{r}_{DA}$ der Vektor zwischen dem Drallbezugspunkt D und dem Schwerpunkt des Schiffes.

Nach dem Anlegen bewegt sich das System Schiff/Prahm mit der Schwerpunktsgeschwindigkeit $\boldsymbol{v}_{S1}$ und es dreht sich mit $\boldsymbol{\omega}_1$ um den Gesamtschwerpunkt. Der Drallvektor setzt sich für das Gesamtsystem jetzt aus zwei Anteilen zusammen: dem Impulsmoment für den Drallbezugspunkt D und dem Drallanteil aus der Rotation um den Schwerpunkt

$$\boldsymbol{L}_{D1} = \boldsymbol{r}_{DS} \times (m_A + m_B) \boldsymbol{v}_{S1} + \boldsymbol{J}_S \boldsymbol{\omega}_1, \tag{4}$$

mit dem Ortsvektor $\boldsymbol{r}_{DS} = [0, -d, 0]^T$.

Für das Anlegemanöver erhält man damit für den Vorgang von 0 nach 1 für die Drallbilanz nach (2)

$$\frac{1}{2}(b_A + b_B) m_A v_{A0} = J_S \omega_1 + d(m_A + m_B) v_{S1}. \tag{5}$$

Hierin ist J_S das Trägheitsmoment von Schiff und Prahm, bezogen auf den gemeinsamen Schwerpunkt S nach dem Anlegen und d ist der Betrag der y-Koordinate des Ortsvektors zwischen D und S (Bild 5.50).

Man erhält für d aus der Schwerpunktsberechnung:

$$\begin{aligned} &\frac{1}{2}(b_A + b_B) m_A + 0 \cdot m_B = d(m_A + m_B), \\ &d = \frac{1}{2}(b_A + b_B) \frac{m_A}{m_A + m_B} = b \frac{m_A}{m_A + m_B}, \text{ mit } b = \frac{1}{2}(b_A + b_B) \end{aligned} \tag{6}$$

und für J_S mit Hilfe des Satzes nach HUYGENS-STEINER:

$$J_S = J_{AS} + J_{BS} + d^2 m_B + (b - d)^2 m_A. \tag{7}$$

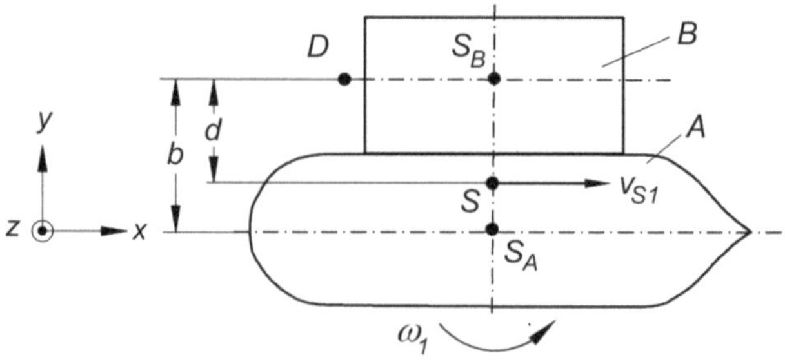

Bild 5.50 Lagegrößen nach dem Anlegen

Aus den Gleichungen (3) und (5) kann jetzt mit den Ausdrücken (6) und (7) der Bewegungszustand des Systems nach dem Anlegen ermittelt werden. Für die Geschwindigkeit des Schwerpunktes des Gesamtsystems erhält man

$$v_{S1} = v_{A0}\frac{m_A}{m_A + m_B}, \quad \boldsymbol{v}_{S1} = [0,2;\ 0;\ 0]^T \text{ m/s} \tag{8}$$

und für die Winkelgeschwindigkeit um die z-Achse

$$\omega_1 = \frac{b v_{A0}}{b^2 + (J_{AS} + J_{BS})\left(\dfrac{1}{m_A} + \dfrac{1}{m_B}\right)} = 0,0218 \text{ rad/s}. \tag{9}$$

b) Zur Ermittlung der Kräfte zwischen Schiff und Prahm müssen beide Systemteile einzeln herausgeschnitten werden (Bild 5.51).

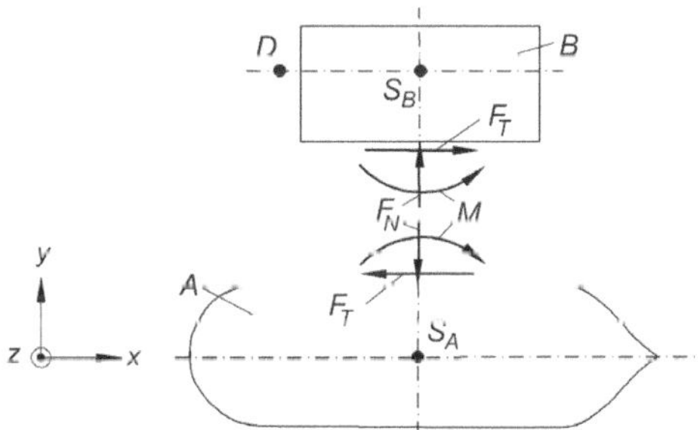

Bild 5.51 Schnittbilder für Schiff und Prahm

Die gesamte Kraftwirkung beim Anlegen kann in die tangential wirkende Kraft F_T und in eine normal dazu gerichtete Kräfteverteilung entlang der Bordwand aufgeteilt werden. Diese normal gerichtete Kräfteverteilung kann in beiden Schnittufern jeweils durch einen Kraftwinder ($\boldsymbol{F}_N^A$, $\boldsymbol{M}_S^A$) und ($\boldsymbol{F}_N^B$, $\boldsymbol{M}_S^B$), bezogen auf die Einzelschwerpunkte ersetzt werden, mit $\boldsymbol{F}_N^A = -\boldsymbol{F}_N^B$ und $\boldsymbol{M}_S^A = -\boldsymbol{M}_S^B$. Das Zeitintegral über das Moment während des Anlegevorgangs ist der hier zu betrachtende Momentenstoß.

Aus den Schnittbildern im Bild 5.51 liest man für den Drallsatz für Schiff und Prahm folgende Beziehungen ab:

$$\begin{aligned} J_{AS}\,\dot{\omega}_A &= \frac{1}{2} b_A F_T - M, \\ J_{BS}\,\dot{\omega}_B &= \frac{1}{2} b_B F_T + M. \end{aligned} \tag{10}$$

Integriert man (10) über die Anlegezeit Δt

$$\begin{aligned} J_{AS}\,\omega_A &= \frac{1}{2} b_A \int_0^{\Delta t} F_T\,dt - \int_0^{\Delta t} M dt, \\ J_{BS}\,\omega_B &= \frac{1}{2} b_B \int_0^{\Delta t} F_T\,dt + \int_0^{\Delta t} M dt, \end{aligned} \tag{11}$$

dann folgt mit $\omega_A = \omega_B = \omega_1$ nach (9) und nach Elimination des Kraftstoßes für den Momentenstoß

$$\int_0^{\Delta t} M dt = \frac{1}{2} v_{A0} \frac{J_{BS} b_A - J_{AS} b_B}{b^2 + (J_{AS} + J_{BS})\left(\frac{1}{m_A} + \frac{1}{m_B}\right)} . \tag{12}$$

Der Momentenstoß (12) verschwindet für die Prahmbreite

$$b_B = b_A \frac{J_{BS}}{J_{AS}} . \tag{13}$$

Die Prahmbreite b_B und das Trägheitsmoment J_{BS} des Prahms hängen im Allgemeinen voneinander ab. Bei konstant angenommenem J_{BS} erhält man im vorliegenden Fall für $b_B = 0{,}6$ m keinen Momentenstoß beim Anlegen.

Aufgabe 5.22 (Bild 5.52)

Ein Pkw fährt mit der Geschwindigkeit $v = 130$ km/h auf einer Straße mit einer Steigung von 5%. Die Gesamtmasse des Fahrzeugs ist $m = 1100$ kg und der Strömungswiderstand F_S des Fahrzeugs in der Luft zusammen mit dem Rollwiderstand F_R der Reifen auf der Straße beträgt $F_W = 1150$ N. Der Verlust in der Kraftübertragung zwischen Motor und Räder, sowie der Verbrauch der Motorhilfsaggregate wird mit dem Wirkungsgrad $\eta = 0{,}85$ berücksichtigt.

Wie groß ist die erforderliche Motorleistung für den Pkw?

Bild 5.52 Leistung eines Pkw-Motors

Lösungsanalyse: Für die Leistung gilt allgemein

$$P = \boldsymbol{F}\boldsymbol{v} \tag{1}$$

und der Wirkungsgrad einer Anlage ist definiert durch

$$\eta = \frac{P_{Nutzen}}{P_{Aufwand}} \quad \to \quad P_{Aufwand} = \frac{1}{\eta} P_{Nutzen} . \tag{2}$$

Zur Ermittlung der erforderlichen Motorleistung des Pkw sind sämtliche Kräfte in Bewegungsrichtung zu ermitteln. Mit Einführung der Koordinate x in Bewegungsrichtung erhält man aus (1) und (2)

$$P_{Motor} = \frac{1}{\eta} \Sigma\left(F_x v_x\right) . \tag{3}$$

Lösung: In das Schnittbild für den Pkw (Bild 5.53) werden sämtliche äußeren Kräfte, die auf den Pkw wirken eingetragen.

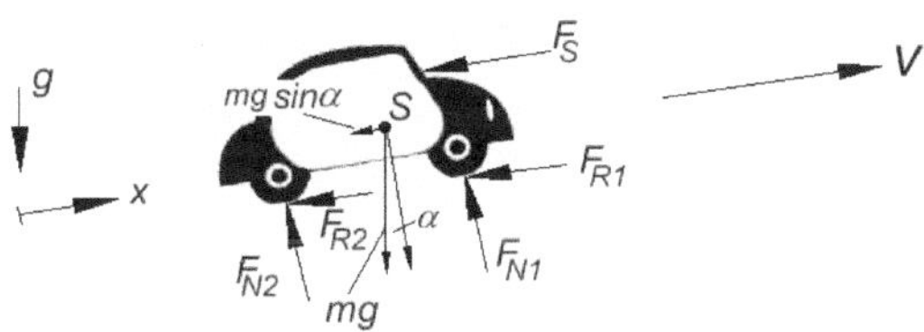

Bild 5.53 Schnittbild für den Pkw

Der Steigungswinkel α für die Fahrbahn folgt aus der Definition für die Angabe in % auf Verkehrszeichen. Die Angabe x% führt auf den Fahrbahnwinkel

$$\alpha = \arctan 0{,}01x. \tag{4}$$

Die Angabe 5% führt mit (4) auf den Fahrbahnwinkel $\alpha = 2{,}86°$. Damit kann die Gleichung (3) ausgewertet werden

$$\begin{aligned} P_{\text{Motor}} &= \frac{1}{\eta}\sum\left(F_x v_x\right) = \frac{1}{\eta}\left(F_S + F_{R1} + F_{R2} + mg\sin\alpha\right)v = \frac{1}{\eta}\left(F_W + mg\sin\alpha\right)v \\ &= \frac{1}{0{,}85}\left(1150 + 1100\cdot 9{,}81\cdot\sin 2{,}86°\right)130\cdot\frac{1000}{3600}\left[\mathrm{N}\frac{\mathrm{km}}{\mathrm{h}}\frac{\mathrm{m}}{\mathrm{km}}\frac{\mathrm{h}}{\mathrm{s}} = \frac{\mathrm{Nm}}{\mathrm{s}} = \mathrm{W}\right] \\ &= 71{,}7\ \mathrm{kW}. \end{aligned} \tag{5}$$

Aufgabe 5.23 (Bild 5.54)

Die skizzierte Fördereinrichtung wird über ein Getriebe durch zwei gleichartige Elektromotoren M_1 und M_2 angetrieben, deren aufgenommene Leistung P je Motor nach der Kennlinie $P = 15\ n/(n + 600)$ [kW] von der Motordrehzahl n [min^{-1}] abhängt. Für die Zugkraft im Förderseil wurde bei konstanter Fördergeschwindigkeit v [m/s] und bei der Masse m [kg] von Förderkorb und Ladung zusammen die Beziehung $F_{S0} = m(11 + 1{,}5\ v)$ [N] ermittelt.

Die Motoren arbeiten mit einem Wirkungsgrad von $\eta_M = 0{,}83$. Für das Getriebe gilt $\eta_G = 0{,}9$. Das Getriebe hat ein Untersetzungsverhältnis von $u = 6 : 1$. Die Trägheitsmomente der rotierenden Bauteile betragen: Motorläufer mit Ritzel: $J_L = 0{,}4$ kgm^2; Getriebewelle mit Seiltrommel: $J_T = 0{,}6$ kgm^2. Der Trommeldurchmesser beträgt $d_T = 0{,}4$ m.

a) Wie groß ist die Anlaufbeschleunigung a_F des Förderkorbes bei $m = 250$ kg?

b) Wie groß ist die erreichbare stationäre Trommeldrehzahl bei $m = 250$ kg?

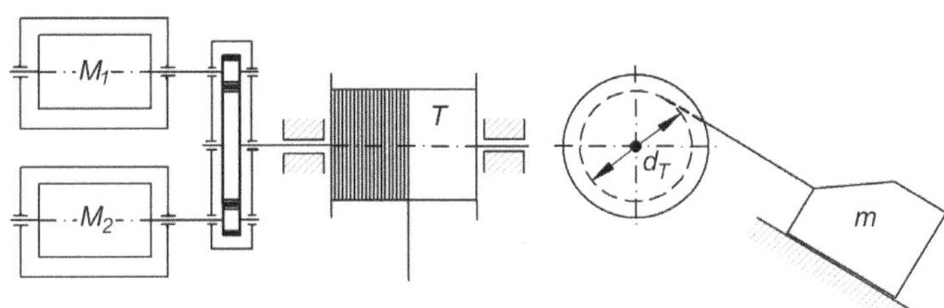

Bild 5.54 Fördereinrichtung

Lösungsanalyse: Für die Lösung der Aufgabe ist das innere Kräftespiel zwischen den einzelnen Bauteilen zu analysieren. Aus diesem Grunde müssen beide Motorläufer mit Ritzel, die Trommelwelle mit Getrieberad und der Förderkorb einzeln herausgeschnitten werden. Das Gleichungssystem zur Lösung wird aufgebaut aus den Drallsätzen für die Motorwellen, für die Trommelwelle sowie aus dem Impulssatz für den Förderkorb. Mit der Angabe der Motorkennlinie $P(n)$ ist über den Zusammenhang $P = M\omega$ das Motormoment in Abhängigkeit der Drehzahl bekannt. Die Angabe der Wirkungsgrade bedeutet eine Verlustangabe, was bei den entsprechenden Momenten durch Faktoren zu berücksichtigen ist. Aus dem Gleichungssystem kann die Beschleunigung des Förderkorbs ermittelt werden. Die stationäre maximale Trommeldrehzahl wird erreicht, wenn die Beschleunigung verschwindet.

Lösung: a) Die Schnittbilder für die Fördereinrichtung zeigt das Bild 5.55.

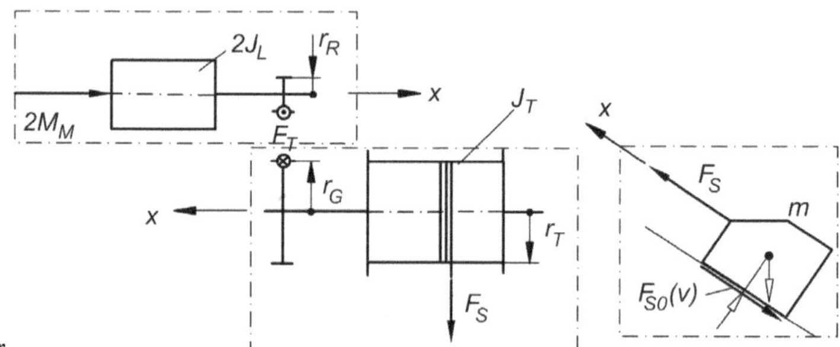

Bild 5.55 Schnittbilder

Beide Motoren sind in einem Schnittbild zusammengefasst. Die mechanischen Verluste in den Motoren und im Getriebe müssen mit Hilfe der Wirkungsgrade als Faktoren vor den jeweils antreibenden Momenten berücksichtigt werden. Zur Vereinfachung wird die positive Koordinatenrichtung in den einzelnen Schnittbildern so angenommen, dass sie immer mit der Wirkung der antreibenden Momente zusammenfällt.

Das Gleichungssystem wird aus folgenden Beziehungen aufgebaut:

- Drallsatz für beide Motorwellen:

$$2J_{\mathrm{L}}\dot{\omega}_{\mathrm{M}} = 2\eta_{\mathrm{M}}M_{\mathrm{M}} - r_{\mathrm{R}}F_{\mathrm{T}}, \tag{1}$$

- Drallsatz für Trommel und Getrieberad:

$$J_{\mathrm{T}}\dot{\omega}_{\mathrm{T}} = \eta_{\mathrm{G}}r_{\mathrm{G}}F_{\mathrm{T}} - r_{\mathrm{T}}F_{\mathrm{S}}. \tag{2}$$

- Impulssatz für Förderkorb:

$$m\,a_{\mathrm{F}} = F_{\mathrm{S}} - F_{\mathrm{S0}}(v_{\mathrm{F}}), \tag{3}$$

  mit der gegen die Förderrichtung wirkenden Kraft

$$F_{\mathrm{S0}}(v_{\mathrm{F}}) = m\left(11 + 1{,}5v_{\mathrm{F}}\right). \tag{4}$$

- Motormoment: Aus der Beziehung

$$P = M_{\mathrm{M}}\omega_{\mathrm{M}},$$

erhält man mit der Motorkennlinie $P = \dfrac{15\cdot 10^3 n_M}{n_M + 600}$ [W] und der Umrechnung $\omega_M = \dfrac{\pi n_M}{30}$

für das Motormoment

$$M_M = \frac{45\cdot 10^4}{\pi\left(n_M + 600\right)} \text{ [Nm]} \tag{5}$$

- Kinematische Zwangsbedingungen: Mit der Angabe des Untersetzungsverhältnisses $u = 6$ des Getriebes sind die Verhältnisse zwischen den Winkelgeschwindigkeiten und die Radienverhältnisse von Getrieberad zu Motorritzel gegeben:

$$\omega_M = u\,\omega_T = u\frac{v_F}{r_T}, \tag{6}$$

$$\frac{r_G}{r_R} = u. \tag{7}$$

Die Beschleunigung des Förderkorbes kann aus (1) … (7) ermittelt werden

$$a_F = \frac{2\eta_M u\dfrac{45\cdot 10^4}{\pi\left(n_M + 600\right)} - \dfrac{r_T m}{\eta_G}\left(11 + 1{,}5 v_F\right)}{\dfrac{m r_T}{\eta_G} + \dfrac{J_T}{\eta_G r_T} + \dfrac{2 J_L u^2}{r_T}}. \tag{8}$$

Die Anlaufbeschleunigung findet man aus (8) mit $n_M = 0$ und $v_F = 0$ zu

$$a_F = 8{,}71 \text{ m/s}^2. \tag{9}$$

b) Bei stationärer Trommeldrehzahl $n_{T\max}$ ist die Förderkorbbeschleunigung $a_F = 0$. Nach (8) gilt dafür die Bedingung

$$2\eta_M u\frac{45\cdot 10^4}{\pi\left(n_{M\max} + 600\right)} = \frac{r_T m}{\eta_G}\left(11 + 1{,}5 v_F\right). \tag{10}$$

In (10) kann die Motordrehzahl n_M und die Förderkorbgeschwindigkeit v_F durch die Trommeldrehzahl n_T ausgedrückt werden

$$n_M = n_T u\,,\quad v_F = r_T\omega_T = r_T\frac{\pi n_T}{30}. \tag{11}$$

Aus (10) erhält man damit eine quadratische Gleichung für $n_{T\max}$

$$n_{T\max}^2 + \left(\frac{220}{r_T\pi} + \frac{600}{u}\right)n_{T\max} + \frac{13{,}2\cdot 10^4}{u\,r_T\pi} - \frac{18\cdot 10^6\,\eta_M\eta_G}{r_T^2\pi^2 m} = 0, \tag{12}$$

mit der einen sinnvollen Lösung

$$n_{T\max} = 164{,}6 \text{ min}^{-1}. \tag{13}$$

Aufgabe 5.24 (Bild 5.56)

Ein Kreiskegel mit der Masse m und homogener Massenverteilung rollt auf einer waagerechten Ebene. Die konstante Winkelgeschwindigkeit, mit der die Kegelachse um die Lotrichtung geführt wird, ist ω_P.

a) Wie lautet der Drallvektor des Kegels, bezogen auf seine Spitze P?

b) An welcher Stelle greift die resultierende Normalkraft $\boldsymbol{F}_N$ zwischen Boden und Kegel an und wie groß ist sie?

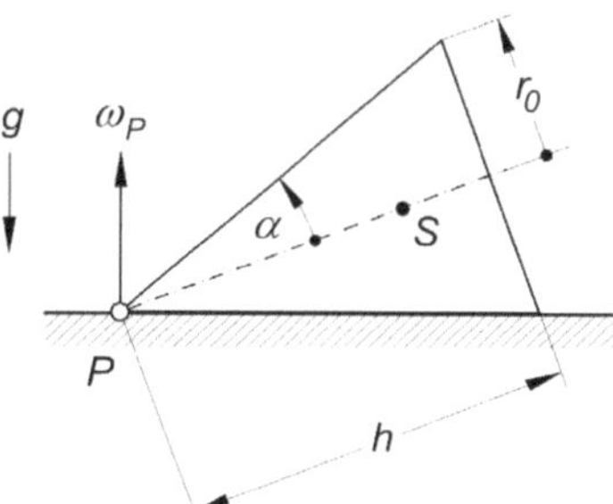

Bild 5.56 Rollender Kreiskegel

Lösungsanalyse: Für die Bestimmung des Drallvektors für einen bewegten starren Körper ist zunächst die Eigenschaft des Drallbezugspunktes festzustellen. Dabei sind folgende Fälle zu unterscheiden: Der Bezugspunkt ist ein beliebig bewegter Bezugspunkt, ein beliebiger Fixpunkt, ein körperfester Fixpunkt oder der Schwerpunkt des Körpers. Im vorliegenden Fall ist der Bezugspunkt P ein Fixpunkt, der gleichzeitig körperfest ist. Damit gilt für den Drallvektor

$$\boldsymbol{L}_P = \boldsymbol{J}_P \boldsymbol{\omega}, \tag{1}$$

mit dem Trägheitstensor $\boldsymbol{J}_P$ und dem Vektor der absoluten Winkelgeschwindigkeit $\boldsymbol{\omega}$ des Kegels. Von diesem Vektor kennt man nur den Anteil ω_P mit dem die Kegelachse um die Senkrechte geführt wird. Außerdem kennt man die Lage der Wirkungslinie der absoluten Geschwindigkeit. Sie liegt in der Berührungslinie des Kegelmantels mit der Unterlage, denn dies ist die momentane Drehachse des Kegels. Es fehlt noch die Komponente der Winkelgeschwindigkeit um die Kegelachse. Da ihre Wirkungslinie als Symmetrieachse des Kegels bekannt ist, kann $\boldsymbol{\omega}$ ermittelt werden.

Die Überlegungen zur Wahl eines geeigneten Koordinatensystems orientieren sich an einer möglichst einfachen Darstellung der Elemente des Drallvektors. In einem Inertialsystem würden die Elemente des Trägheitstensors zeitvariabel sein mit entsprechenden Ableitungen im Drallsatz. Am einfachsten wird die Darstellung in einem mit ω_P drehenden Koordinatensystem H(x, y, z) dessen z^H-Achse mit der Kegelachse zusammenfällt und dessen x^H-Achse immer in der Horizontalebene liegt.

Die Elemente des Trägheitstensors werden durch Einteilung des Kegels in dünne Kreisscheiben und mit Anwendung des Satzes nach HUYGENS-STEINER und anschließender Integration ermittelt.

Für die Lage der resultierenden Normalkraft zwischen Kegelmantel und Unterlage wird der Drallsatz formuliert. Die günstigste Darstellung erhält man im bewegten H(x, y, z)-System. Dafür muss die Differenziationsregel für Vektoren in drehenden Koordinatensystemen angewendet werden.

Lösung: a) Die absolute Winkelgeschwindigkeit des rollenden Kreiskegels ist die Summe aus der Winkelgeschwindigkeit $\boldsymbol{\omega}_P$, mit der die Kegelachse um P herumgeführt wird und der Drehung $\boldsymbol{\omega}_F$ um die Kegelachse. Damit gilt

$$\boldsymbol{\omega} = \boldsymbol{\omega}_P + \boldsymbol{\omega}_F . \tag{2}$$

Im Bild 5.57 ist die Lage der absoluten Winkelgeschwindigkeit $\boldsymbol{\omega}$ des Kegels angegeben sowie das Koordinatensystem H(x, y, z) zur einfachsten Koordinatendarstellung von (1) und (2). Die x^H-Achse liegt während des Rollens immer in der Horizontalebene

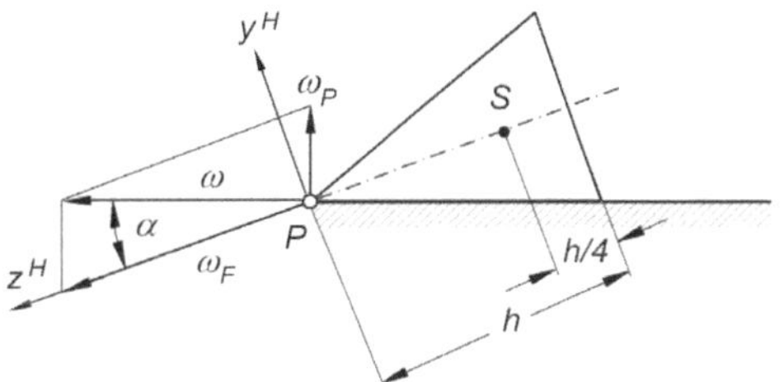

Bild 5.57 Winkelgeschwindigkeit des Kreiskegels

Nach Bild 5.57 erhält man im H-System die Koordinaten

$$\boldsymbol{\omega}^H - \frac{\omega_P}{\tan\alpha}\begin{bmatrix} 0 \\ \sin\alpha \\ \cos\alpha \end{bmatrix}. \tag{3}$$

Im H-System lautet der Drall (1)

$$\boldsymbol{L}_P^H = \boldsymbol{J}_P^H \boldsymbol{\omega}^H$$

$$\begin{bmatrix} L_{Px} \\ L_{Py} \\ L_{Pz} \end{bmatrix} = \frac{\omega_P}{\tan\alpha}\begin{bmatrix} J_{Px} & 0 & 0 \\ 0 & J_{Px} & 0 \\ 0 & 0 & J_{Pz} \end{bmatrix}\begin{bmatrix} 0 \\ \sin\alpha \\ \cos\alpha \end{bmatrix}. \tag{4}$$

Für die Ermittlung der Elemente des Trägheitstensors J_{Px} und J_{Pz} wird der Kreiskegel in Körperelemente dm von einfacher geometrischer Gestalt unterteilt, für die die Trägheitsmomente bekannt sind. Für eine Kreisscheibe dm von der Dicke dz und mit dem Radius r gelten für Achsen durch den Scheibenmittelpunkt die Trägheitsmomente

$$dJ_x = dJ_y = \frac{1}{4}r^2 dm, \; dJ_z = \frac{1}{2}r^2 dm \tag{5}$$

und mit Bezug auf Achsen durch den Kegelpunkt P folgt nach dem HUYGENS-STEINER-Satz

$$dJ_{Px} = dJ_{Py} = \frac{1}{4}r^2 dm + z^2 dm \, , \; dJ_{Pz} = \frac{1}{2}r^2 dm. \tag{6}$$

Mit $dm = \rho\pi r^2 dz$ und $r = -z\tan\alpha$ folgt aus dem Integral über den ganzen Körper aus (6)

$$J_{Px} = J_{Py} = \int_K \left(\frac{r^2}{4} + z^2\right) dm,$$

$$J_{Px} = \rho\pi \tan^2\alpha \left(\frac{\tan^2\alpha}{4}+1\right)\int_{-h}^{0} z^4 dz = \rho\pi\tan^2\alpha\left(\frac{\tan^2\alpha}{4}+1\right)\frac{h^5}{5}. \tag{7}$$

Für das Trägheitsmoment um die Symmetrieachse folgt

$$J_{Pz} = \frac{1}{2}\int_K r^2 dm = \frac{1}{2}\rho\pi\tan^4\alpha\int_{-h}^{0} z^4 dz = \frac{h^5}{10}\rho\pi\tan^4\alpha. \tag{8}$$

Mit der Kegelmasse

$$m = \frac{1}{3}\rho\pi r_0^2 h = \frac{1}{3}\rho\pi h^3\tan^2\alpha$$

erhält man aus (7) und (8) die Trägheitsmomente

$$J_{Px} = \frac{3}{20}m\left(4h^2 + r_0^2\right), \tag{9}$$

$$J_{Pz} = \frac{3}{10}m r_0^2. \tag{10}$$

Für den Drallvektor des Kegels mit Bezug auf Punkt P folgt schließlich im H-System

$$\boldsymbol{L}_P^H = \begin{bmatrix} 0 \\ \frac{3}{20}m\left(4h^2+r_0^2\right)\omega_P\cos\alpha \\ \frac{3}{10}m r_0^2\omega_P\frac{\cos\alpha}{\tan\alpha} \end{bmatrix}. \tag{11}$$

b) Das Schnittbild für den rollenden Kegel zeigt Bild 5.58.

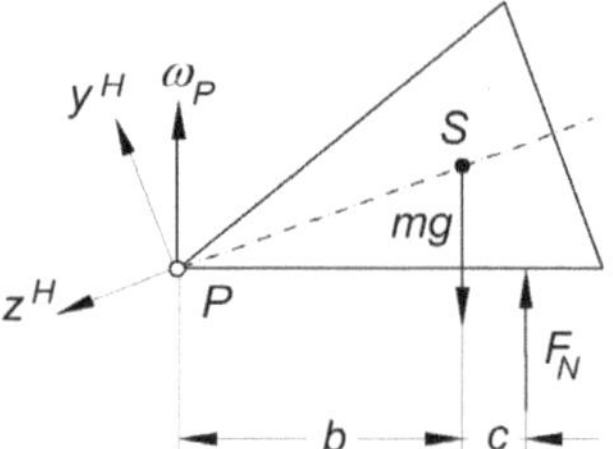

Bild 5.58 Schnittbild für den rollenden Kreiskegel

Auf den Kegel wirken als äußere Kräfte die Gewichtskraft $\boldsymbol{F}_G = m\boldsymbol{g}$ und die Normalkraft $\boldsymbol{F}_N$. Aus dem Impulssatz in vertikaler Richtung folgt

$$F_N = mg. \tag{12}$$

Der Drallsatz bezogen auf den Fixpunkt P, der gleichzeitig körperfest ist, lautet

$$\frac{d\boldsymbol{L}_P}{dt} = \boldsymbol{M}_P. \tag{13}$$

Schreibt man (13) im drehenden Koordinatensystem H an, dann muss man die Differenziationsregel für Vektoren in drehenden Koordinatensystemen beachten. Hier gilt

$$\frac{d}{dt}\boldsymbol{L}_{\mathrm{P}}^{\mathrm{H}} = \frac{d^{rel}}{dt}\boldsymbol{L}_{\mathrm{P}}^{\mathrm{H}} + \boldsymbol{\omega}_{\mathrm{P}}^{\mathrm{H}} \times \boldsymbol{L}_{\mathrm{P}}^{\mathrm{H}} = \boldsymbol{M}_{\mathrm{P}}^{\mathrm{H}}. \tag{14}$$

Hierin ist $d^{rel}\boldsymbol{L}_{\mathrm{P}}^{\mathrm{H}}/dt$ die relative Ableitung im H-System ohne Berücksichtigung der Ableitung der sich verändernden Basisvektoren und $\boldsymbol{\omega}_{\mathrm{P}}$ ist der Winkelgeschwindigkeitsvektor des Koordinatensystems H. Im vorliegenden Fall verschwindet die relative Ableitung, da sich der Drallvektor im H-System nicht ändert. Man erhält mit den Angaben im Bild 5.58 aus (12) und (14)

$$\boldsymbol{0} + \omega_{\mathrm{P}}\begin{bmatrix} 0 \\ \cos\alpha \\ -\sin\alpha \end{bmatrix} \times \begin{bmatrix} 0 \\ \frac{3}{20}m\left(4h^2 + r_0^2\right)\omega_{\mathrm{P}}\cos\alpha \\ \frac{3}{10}m r_0^2 \omega_{\mathrm{P}}\frac{\cos\alpha}{\tan\alpha} \end{bmatrix} = \begin{bmatrix} mg(b+c) - mgb \\ 0 \\ 0 \end{bmatrix}.$$

Für den Angriffsort der Normalkraft $\boldsymbol{F}_{\mathrm{N}}$ folgt

$$c = \frac{3\omega_{\mathrm{P}}^2}{20g\tan\alpha}\left[4h^2\sin^2\alpha + r_0^2\left(1+\cos^2\alpha\right)\right]. \tag{15}$$

Der Kegel beginnt zu kippen, wenn $c = \dfrac{h}{\cos\alpha} - b$ wird.

Aufgabe 5.25 (Bild 5.59)

Der skizzierte Maschinenrotor soll ausgewuchtet werden.

a) Wie lautet der Trägheitstensor $\boldsymbol{J}_{\mathrm{P}}$ im eingezeichneten körperfesten Koordinatensystem?

b) Zum Auswuchten werden am Umfang der beiden Rotorstirnflächen U und V zwei punktförmige Ausgleichsmassen m_{U} und m_{V} angebracht, so dass der Rotorschwerpunkt S auf der z-Achse liegt und diese Achse gleichzeitig Hauptträgheitsachse des Rotors wird. Man berechne m_{U} und m_{V} und ihre Lagen φ_{U} und φ_{V}.

Zahlenwerte: $r_1 = 0{,}35$ m; $r_2 = 0{,}11$ m; $r_3 = 0{,}07$ m; $h = 0{,}5$ m; $b = 0{,}3$ m; $c = 0{,}2$ m; $e = 0{,}12$ m; $f = 0{,}16$ m; $g = 0{,}15$ m; $\rho = 2{,}7$ kg/dm^3.

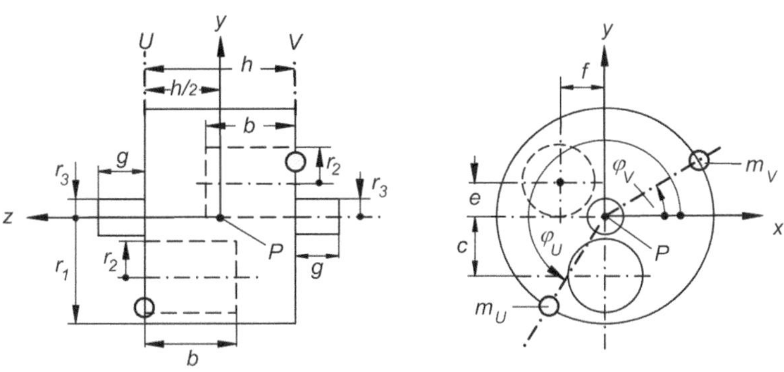

Bild 5.59 Rotor mit Unwucht

Lösungsanalyse: Der Trägheitstensor eines starren Körpers mit Bezug auf einen Körperpunkt P und auf die Achsen eines vorgegebenen Koordinatensystems wird beschrieben durch die symmetrische Trägheitsmatrix

$$\boldsymbol{J}_\mathrm{P} = \begin{bmatrix} J_{\mathrm{P}x} & J_{\mathrm{P}xy} & J_{\mathrm{P}xz} \\ J_{\mathrm{P}xy} & J_{\mathrm{P}y} & J_{\mathrm{P}yz} \\ J_{\mathrm{P}xz} & J_{\mathrm{P}yz} & J_{\mathrm{P}z} \end{bmatrix}. \tag{1}$$

Auf der Hauptdiagonalen stehen die Trägheitsmomente, auf den Nebendiagonalen die Deviationsmomente. Da sich der Rotor aus einfachen geometrischen Teilkörpern zusammensetzt, hier ausschließlich Kreiszylinder, lassen sich die Elemente des Trägheitstensors mit Hilfe des HUYGENS-STEINER-Satzes angeben. Die Deviationsmomente aller Teilkörper mit Bezug auf ihre Symmetrieachsen und die jeweiligen Teilschwerpunkte S_i verschwinden wegen der Symmetrieeigenschaften. Es verbleiben in den Deviationstermen von $\boldsymbol{J}_\mathrm{P}$ nur mehr die Verschiebungs-Anteile aus dem HUYGENS-STEINER-Satz.

Auswuchten um eine vorgegebene Achse bedeutet, dass der Schwerpunkt auf der Drehachse liegt und der Drallvektor bei einer Drehung des Körpers um diese Achse mit dem Winkelgeschwindigkeitsvektor zusammenfällt

$$\boldsymbol{L}_\mathrm{P} = \boldsymbol{J}_\mathrm{P}\,\boldsymbol{\omega} \parallel \boldsymbol{\omega}, \tag{2}$$

d. h. die Drehachse ist Hauptträgheitsachse. Dafür sind Zusatzmassen m_U und m_V in zwei vorgegebenen Körperebenen U und V anzubringen. Die Größe und Lage der Auswuchtmassen werden aus den Bestimmungsgleichungen für den Schwerpunkt und für die Deviationsmomente ermittelt.

Lösung: a) Im Bild 5.60 sind die geometrischen Teilkörper angegeben, aus denen der Rotor aufgebaut werden kann.

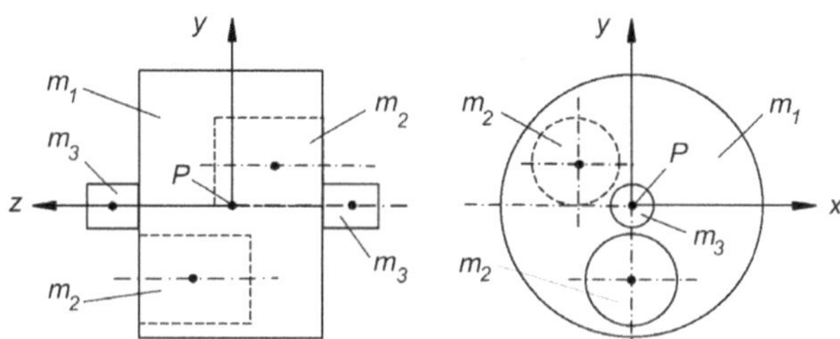

Bild 5.60 Teilmassen des Rotors

Die Rotormasse m setzt sich zusammen aus den Zylindermassen

$$m = m_1 - 2m_2 + 2m_3, \tag{3}$$

mit

$$m_1 = 519{,}541\ \mathrm{kg}, \quad m_2 = 30{,}791\ \mathrm{kg}, \quad m_3 = 6{,}234\ \mathrm{kg}.$$

Die nicht vorhandene Masse m_2 (2 Bohrungen) wird in den Gleichungen für die Elemente des Trägheitstensors mit negativem Vorzeichen berücksichtigt.

Die Hauptträgheitsmomente für einen Kreiszylinder mit dem Radius r, der Länge h und der Masse m mit Bezug auf seinen Schwerpunkt S sind [WRIGGERS, 2006]

$$J_{\mathrm{S}x} = J_{\mathrm{S}y} = \frac{1}{4}mr^2 + \frac{1}{12}mh^2, \quad J_{\mathrm{S}z} = \frac{1}{2}mr^2, \tag{4}$$

mit der z-Achse als Symmetrieachse und der x- und y-Achse als Querachsen. Da diese Achsen Hauptträgheitsachsen sind, verschwinden die Deviationsmomente

$$J_{\mathrm{S}xy} = J_{\mathrm{S}xz} = J_{\mathrm{S}yz} = 0. \tag{5}$$

Die Elemente des Trägheitstensors $\boldsymbol{J}_\mathrm{P}$ nach (1) findet man mit Hilfe des Satzes nach HUYGENS-STEINER, wobei für Deviationsmomente gilt:

$$J_{\mathrm{P}xy} = J_{\mathrm{S}xy} - m\,x_{\mathrm{PS}}y_{\mathrm{PS}}. \tag{6}$$

$$J_{\mathrm{P}x} = \frac{1}{4}m_1r_1^2 + \frac{1}{12}m_1h^2 - \left\{2\left(\frac{1}{4}m_2r_2^2 + \frac{1}{12}m_2b^2\right) + m_2\left[2\left(\frac{h}{2}-\frac{b}{2}\right)^2 + e^2 + c^2\right]\right\} +$$
$$+2\left[\frac{1}{4}m_3r_3^2 + \frac{1}{12}m_3g^2 + \left(\frac{h}{2}+\frac{g}{2}\right)^2 m_3\right] = 25{,}1513\ \mathrm{kgm}^2,$$

$$J_{\mathrm{P}y} = \frac{1}{4}m_1r_1^2 + \frac{1}{12}m_1h^2 - \left\{2\left(\frac{1}{4}m_2r_2^2 + \frac{1}{12}m_2b^2\right) + m_2\left[2\left(\frac{h}{2}-\frac{b}{2}\right)^2 + f^2\right]\right\} +$$
$$+2\left[\frac{1}{4}m_3r_3^2 + \frac{1}{12}m_3g^2 + \left(\frac{h}{2}+\frac{g}{2}\right)^2 m_3\right] = 26{,}0381\ \mathrm{kgm}^2,$$

$$J_{\mathrm{P}z} = \frac{1}{2}m_1r_1^2 - \left[m_2r_2^2 + \left(c^2 + e^2 + f^2\right)m_2\right] + m_3r_3^2 = 29{,}0166\ \mathrm{kgm}^2,$$

$$J_{\mathrm{P}xy} = -(-f)e(-m_2) = -fem_2 = -0{,}5912\ \mathrm{kgm}^2,$$

$$J_{\mathrm{P}xz} = -(-m_2)(-f)\left(-\frac{h}{2}+\frac{b}{2}\right) = -m_2f\left(-\frac{h}{2}+\frac{b}{2}\right) = 0{,}4927\ \mathrm{kgm}^2,$$

$$J_{\mathrm{P}yz} = -(-c)\left(\frac{h}{2}-\frac{b}{2}\right)(-m_2) - e\left(-\frac{h}{2}+\frac{b}{2}\right)(-m_2) = -0{,}9853\ \mathrm{kgm}^2.$$

Der Trägheitstensor lautet damit

$$\boldsymbol{J}_\mathrm{P} = \begin{bmatrix} 25{,}1513 & -0{,}5912 & 0{,}4927 \\ -0{,}5912 & 26{,}0381 & -0{,}9853 \\ 0{,}4927 & -0{,}9853 & 29{,}0166 \end{bmatrix} \mathrm{kgm}^2. \tag{6}$$

b) Ein Rotor ist ausgewuchtet, wenn sein Schwerpunkt auf der Drehachse liegt und seine Drehachse Hauptträgheitsachse ist. Um beide Bedingungen zu erreichen, werden in zwei vorgegebenen Ebenen U und V des Rotors zwei Zusatzmassen m_U und m_V angebracht. Im Bild 5.61 sind die zu berechnenden Auswuchtparameter m_U, m_V, x_U, y_U, x_V, y_V angegeben.

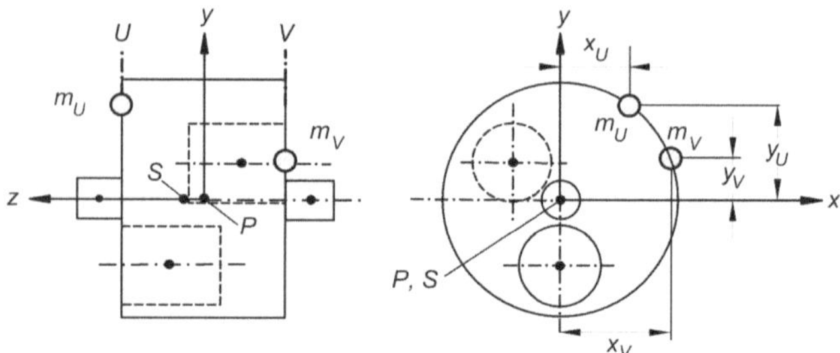

Bild 5.61 Auswuchtparameter für einen Rotor

Folgende Gleichungen stehen zur Ermittlung der Auswuchtparameter zur Verfügung. Für die Lage des Schwerpunktes auf der Drehachse erhält man zwei Gleichungen

$$\begin{aligned} \sum_i x_{\mathrm{PS}i}\, m_i &= x_{\mathrm{PS}} \sum_i m_i = 0, \\ \sum_i y_{\mathrm{PS}i}\, m_i &= y_{\mathrm{PS}} \sum_i m_i = 0. \end{aligned} \tag{7}$$

Mit den Daten aus den Bildern 5.57, 5.58 und 5.59 lauten die Gleichungen (7)

$$\begin{aligned} m_{\mathrm{U}} x_{\mathrm{U}} + m_{\mathrm{V}} x_{\mathrm{V}} - m_2(-f) &= 0, \\ m_{\mathrm{U}} y_{\mathrm{U}} + m_{\mathrm{V}} y_{\mathrm{V}} - m_2(-c) - m_2 e &= 0. \end{aligned} \tag{8}$$

Die zweite Bedingung für den ausgewuchteten Körper fordert: Die Drehachse muss Hauptträgheitsachse sein. Damit wird gefordert, der Drallvektor muss in der Drehachse liegen, d. h. Drallvektor und Winkelgeschwindigkeitsvektor sind gleichgerichtet. Bei einer Drehung um die z-Achse und vollbesetztem Trägheitstensor weichen die Richtungen von Drall und Winkelgeschwindigkeit voneinander ab:

$$\boldsymbol{L}_{\mathrm{P}} = \boldsymbol{J}_{\mathrm{P}}\, \boldsymbol{\omega} = \begin{bmatrix} J_{\mathrm{P}x} & J_{\mathrm{P}xy} & J_{\mathrm{P}xz} \\ J_{\mathrm{P}xy} & J_{\mathrm{P}y} & J_{\mathrm{P}yz} \\ J_{\mathrm{P}xz} & J_{\mathrm{P}yz} & J_{\mathrm{P}z} \end{bmatrix} \begin{bmatrix} 0 \\ 0 \\ \omega_z \end{bmatrix} = \begin{bmatrix} J_{\mathrm{P}xz}\omega_z \\ J_{\mathrm{P}yz}\omega_z \\ J_{\mathrm{P}z}\omega_z \end{bmatrix}. \tag{9}$$

Nach (9) muss für den Auswuchtzustand gefordert werden, dass die Deviationsmomente $J_{\mathrm{P}xz}$ und $J_{\mathrm{P}yz}$ verschwinden. Damit hat man zwei weitere Gleichungen zur Bestimmung der Auswuchtparameter:

$$\begin{aligned} J_{\mathrm{P}xz} &= J_{\mathrm{P}xz0} - m_{\mathrm{U}} x_{\mathrm{U}} \frac{h}{2} - m_{\mathrm{V}} x_{\mathrm{V}} \left(-\frac{h}{2}\right) = 0, \\ J_{\mathrm{P}yz} &= J_{\mathrm{P}yz0} - m_{\mathrm{U}} y_{\mathrm{U}} \frac{h}{2} - m_{\mathrm{V}} y_{\mathrm{V}} \left(-\frac{h}{2}\right) = 0. \end{aligned} \tag{10}$$

Hierin sind die Werte $J_{\mathrm{P}xz0}$ und $J_{\mathrm{P}yz0}$ die Deviationsmomente des unwuchtigen Rotors. Die vier Gleichungen (8) und (10) sind die Auswuchtgleichungen für den starren Rotor. Sie reichen nicht aus zur eindeutigen Lösung der 6 Auswuchtparameter. In der Praxis wird deshalb der

Begriff Unwucht G = mr eingeführt. Dies ist das Produkt aus Auswuchtmasse und Abstand von der Drehachse. Führt man anstelle der kartesischen Koordinaten x_U, y_U, x_V und y_V Polarkoordinaten r_U, φ_U, r_V und φ_V ein, dann bilden die 4 Größen $m_U r_U$, φ_U, $m_V r_V$ und φ_V die Lösung des Auswuchtproblems. Je nach dem gewählten Abstand r von der Drehachse erhält man hiernach die anzubringende Auswuchtmasse.

Bringt man die Auswuchtmassen in den Ausgleichsebenen U und V im Abstand r_1 von der Drehachse an (vgl. Bild 5.61), dann erhält man aus (8) und (10) mit

$$x_U = r_1 \cos\varphi_U\,, \quad x_V = r_1 \cos\varphi_V\,, \quad y_U = r_1 \sin\varphi_U\,, \quad y_V = r_1 \sin\varphi_V \tag{11}$$

die Auswuchtgleichungen

$$m_U \cos\varphi_U + m_V \cos\varphi_V = -m_2 \frac{f}{r_1} = -14{,}076 \text{ kg}, \tag{12}$$

$$m_U \sin\varphi_U + m_V \sin\varphi_V = m_2 \frac{e-c}{r_1} = -7{,}038 \text{ kg}, \tag{13}$$

$$m_U \cos\varphi_U - m_V \cos\varphi_V = \frac{2J_{P\,xz0}}{hr_1} = 5{,}631 \text{ kg}, \tag{14}$$

$$m_U \sin\varphi_U - m_V \sin\varphi_V = \frac{2J_{P\,yz0}}{hr_1} = -11{,}261 \text{ kg}. \tag{15}$$

Nach Addition der Gleichungen (12) und (14) sowie (13) und (15) erhält man

$$2m_U \cos\varphi_U = -8{,}445, \quad 2m_U \sin\varphi_U = -18{,}299.$$

Hieraus folgt tan φ_U = 2,1668. Da die Massen nur positiv sein können, sin φ_U aber negativ ist, muss der Winkel φ_U im 3. Quadranten liegen. Als Lösung erhält man aus den Auswuchtgleichungen (12) bis (15)

$$m_U = m_V = 10{,}07 \text{ kg}, \quad \varphi_U = 245{,}2°, \quad \varphi_V = 167{,}9°. \tag{16}$$

Hier wurden die Ausgleichsgewichte als Punktmassen angenommen. Haben die Zusatzgewichte endliche Ausdehnung, dann wird ihre Gestalt nur durch die Bedingung eingeschränkt, dass eine ihrer Hauptträgheitsachsen durch ihren Schwerpunkt parallel zur Rotorachse liegen muss.

Aufgabe 5.26 (Bild 5.62)

Für die skizzierte Kurbelwelle berechne man

a) die Hauptträgheitsmomente, bezogen auf den Wellenschwerpunkt S,
b) die Lage der Hauptträgheitsachsen durch S und
c) die Kräfte in den Ebenen der Wellenlager A und B bei einer Wellendrehzahl von n = 1500 min^{-1}.

Zahlenwerte: r_1 = 210 mm, r_2 = 50 mm, r_3 = 45 mm, a = 20 mm, b = 155 mm, c = 90 mm, d = 110 mm, e = 165 mm, f = 200 mm, ρ = 7,85 kg/dm^3.

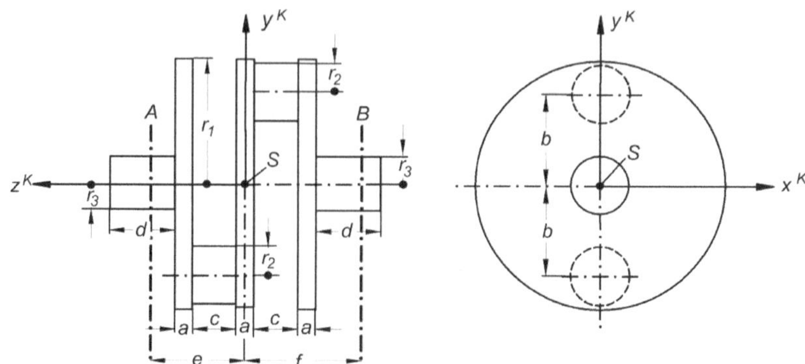

Bild 5.62 Kurbelwelle

Lösungsanalyse: Die Kurbelwelle setzt sich aus mehreren symmetrischen Teilkörpern zusammen. Die Elemente des Trägheitstensors können im angegebenen körperfesten Koordinatensystem K(x, y, z) deshalb leicht mit Hilfe des Satzes nach HUYGENS-STEINER angegeben werden. Die Hauptträgheitsmomente und die Lage der Hauptträgheitsachsen findet man aus der Eigenwertaufgabe für die Trägheitsmatrix. Sie lässt sich direkt aus der Bedingung ableiten, dass bei einer Hauptachsendrehung der Drallvektor und der Winkelgeschwindigkeitsvektor zusammenfallen müssen.

Die offensichtliche Unwucht des Rotors führt bei Drehungen der Kurbelwelle zu zeitvariablen dynamischen Lagerbelastungen in den Lagerebenen A und B. Man findet sie mit Hilfe des Drallsatzes. Um zeitvariable Elemente in der Trägheitsmatrix zu vermeiden, muss im Körpersystem K gearbeitet werden. Dafür ist die Differenziationsregel für Vektoren in drehenden Koordinatensystemen anzuwenden.

Lösung: a) In Bild 5.63 ist der Aufbau der Kurbelwelle aus einfachen zylindrischen Teilkörpern angegeben

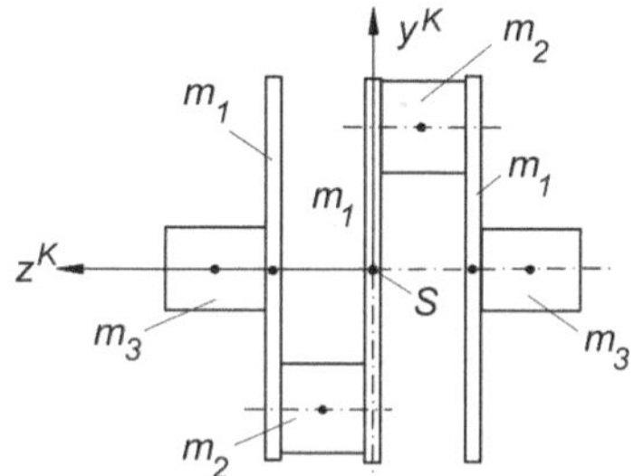

Bild 5.63 Aufbau der Kurbelwelle aus Teilkörpern

Die Rotormasse m setzt sich zusammen aus den Zylindermassen

$$m = 3m_1 + 2m_2 + 2m_3, \tag{1}$$

mit

$$m_1 = 21{,}751 \text{ kg}, \quad m_2 = 5{,}549 \text{ kg}, \quad m_3 = 5{,}493 \text{ kg}, \quad m = 87{,}337 \text{ kg}.$$

Die Hauptträgheitsmomente für einen Kreiszylinder mit dem Radius r, der Länge h und der Masse m mit Bezug auf seinen Schwerpunkt S sind [WRIGGERS, 2006]

$$J_{\mathrm{S}x} = J_{\mathrm{S}y} = \frac{1}{4}mr^2 + \frac{1}{12}mh^2, \quad J_{\mathrm{S}z} = \frac{1}{2}mr^2, \tag{2}$$

mit der z-Achse als Symmetrieachse und der x- und y-Achse als Querachsen. Die Deviationsmomente eines Teilkörpers verschwinden in diesem Koordinatensystem.

Mit Hilfe des Satzes von HUYGENS-STEINER kann man die Elemente des Trägheitstensors bezogen auf S im K-System bestimmen

$$\boldsymbol{J}_{\mathrm{S}}^{\mathrm{K}} = \begin{bmatrix} J_{\mathrm{S}x} & J_{\mathrm{S}xy} & J_{\mathrm{S}xz} \\ J_{\mathrm{S}xy} & J_{\mathrm{S}y} & J_{\mathrm{S}yz} \\ J_{\mathrm{S}xz} & J_{\mathrm{S}yz} & J_{\mathrm{S}z} \end{bmatrix}, \tag{3}$$

$$J_{\mathrm{S}x}^{\mathrm{K}} = 3\left(\frac{1}{4}m_1r_1^2 + \frac{1}{12}m_1a^2\right) + 2(c+a)^2 m_1 + 2\left(\frac{1}{4}m_2r_2^2 + \frac{1}{12}m_2c^2\right) + 2\left[\left(\frac{a}{2}+\frac{c}{2}\right)^2 + b^2\right]m_2 +$$
$$+ 2\left(\frac{1}{4}m_3r_3^2 + \frac{1}{12}m_3d^2\right) + 2\left(\frac{3}{2}a + c + \frac{d}{2}\right)^2 m_3 = 1{,}9157 \text{ kgm}^2,$$

$$J_{\mathrm{S}y}^{\mathrm{K}} = 3\left(\frac{1}{4}m_1r_1^2 + \frac{1}{12}m_1a^2\right) + 2(c+a)^2 m_1 + 2\left(\frac{1}{4}m_2r_2^2 + \frac{1}{12}m_2c^2\right) + 2\left(\frac{a}{2}+\frac{c}{2}\right)^2 m_2 +$$
$$+ 2\left(\frac{1}{4}m_3r_3^2 + \frac{1}{12}m_3d^2\right) + 2\left(\frac{3}{2}a + c + \frac{d}{2}\right)^2 m_3 = 1{,}6491 \text{ kgm}^2,$$

$$J_{\mathrm{S}z}^{\mathrm{K}} = \frac{3}{2}m_1r_1^2 + m_2r_2^2 + 2b^2m_2 + m_3r_3^2 = 1{,}7305 \text{ kgm}^2,$$

$$J_{\mathrm{S}xy}^{\mathrm{K}} = J_{\mathrm{S}xz}^{\mathrm{K}} = 0,$$

$$J_{\mathrm{S}yz}^{\mathrm{K}} = 2b\left(\frac{a}{2}+\frac{c}{2}\right)m_2 = 0{,}09461 \text{ kgm}^2.$$

Der Trägheitstensor lautet damit

$$\boldsymbol{J}_{\mathrm{S}}^{\mathrm{K}} = \begin{bmatrix} 1{,}9157 & 0 & 0 \\ 0 & 1{,}6491 & 0{,}09461 \\ 0 & 0{,}09461 & 1{,}7305 \end{bmatrix} \text{kgm}^2. \tag{4}$$

b) Hauptträgheitsachsen x^{H}, y^{H}, z^{H} sind körperfeste Achsen, um die ein starrer Körper permanente Drehungen ausführen kann, d. h. der Drallvektor weist bei diesen Drehungen in die Richtung des Winkelgeschwindigkeitsvektors. Es muss in diesem Fall also gelten

$$\boldsymbol{L}_{\mathrm{S}} = \boldsymbol{J}_{\mathrm{S}}\,\boldsymbol{\omega} = \lambda\boldsymbol{\omega}. \tag{5}$$

Die Lösung der homogenen algebraischen Gleichung führt auf ein Eigenwertproblem:

$$\begin{aligned}(\boldsymbol{J}_\mathrm{S}-\lambda\boldsymbol{E})\boldsymbol{\omega}&=\boldsymbol{0},\\ \det(\boldsymbol{J}_\mathrm{S}-\lambda\boldsymbol{E})&=0,\end{aligned}\tag{6}$$

mit den Hauptträgheitsmomenten $\lambda_1 = J_{\mathrm{S}x}{}^\mathrm{H}$, $\lambda_2 = J_{\mathrm{S}y}{}^\mathrm{H}$ und $\lambda_3 = J_{\mathrm{S}z}{}^\mathrm{H}$. Die zugehörigen $\boldsymbol{\omega}$-Vektoren liegen in Richtung der drei Hauptträgheitsachsen. Die Auswertung der Determinante ergibt

$$\begin{vmatrix} J^\mathrm{K}_{\mathrm{S}x}-\lambda & 0 & 0\\ 0 & J^\mathrm{K}_{\mathrm{S}y}-\lambda & J^\mathrm{K}_{\mathrm{S}yz}\\ 0 & J^\mathrm{K}_{\mathrm{S}yz} & J^\mathrm{K}_{\mathrm{S}z}-\lambda\end{vmatrix} = \left(J^\mathrm{K}_{\mathrm{S}x}-\lambda\right)\left(J^\mathrm{K}_{\mathrm{S}y}-\lambda\right)\left(J^\mathrm{K}_{\mathrm{S}z}-\lambda\right)-\left(J^\mathrm{K}_{\mathrm{S}yz}\right)^2\left(J^\mathrm{K}_{\mathrm{S}x}-\lambda\right)=0,\tag{7}$$

mit den Lösungen

$$\begin{aligned}\lambda_1 &= J^\mathrm{H}_{\mathrm{S}x} = J^\mathrm{K}_{\mathrm{S}x} = 1{,}9157\ \mathrm{kgm}^2,\\ \lambda_{2,3} &= \frac{1}{2}\left[J^\mathrm{K}_{\mathrm{S}y}+J^\mathrm{K}_{\mathrm{S}z}\pm\sqrt{\left(J^\mathrm{K}_{\mathrm{S}y}+J^\mathrm{K}_{\mathrm{S}z}\right)^2+4\left(J^\mathrm{K}_{\mathrm{S}yz}\right)^2-4J^\mathrm{K}_{\mathrm{S}y}J^\mathrm{K}_{\mathrm{S}z}}\right],\\ \lambda_2 &= J^\mathrm{H}_{\mathrm{S}y} = 1{,}5868\ \mathrm{kgm}^2,\ \lambda_3 = J^\mathrm{H}_{\mathrm{S}z} = 1{,}7928\ \mathrm{kgm}^2.\end{aligned}\tag{8}$$

Der Trägheitstensor $\boldsymbol{J}_\mathrm{S}{}^\mathrm{H}$ bezogen auf das Hauptachsensystem in S lautet damit

$$\boldsymbol{J}^\mathrm{H}_\mathrm{S} = \begin{bmatrix}1{,}9157 & 0 & 0\\ 0 & 1{,}5868 & 0\\ 0 & 0 & 1{,}7928\end{bmatrix}\mathrm{kgm}^2.\tag{9}$$

Zur Kontrolle können die drei Invarianten des Trägheitstensors herangezogen werden. Sie gelten für alle körperfesten Koordinatensysteme mit dem Ursprung in S:

$$\begin{aligned}&J_{\mathrm{S}x}+J_{\mathrm{S}y}+J_{\mathrm{S}z} = 5{,}2953\ \mathrm{kgm}^2 = \mathrm{const},\\ &J_{\mathrm{S}x}J_{\mathrm{S}y}+J_{\mathrm{S}y}J_{\mathrm{S}z}+J_{\mathrm{S}z}J_{\mathrm{S}x}-J^2_{\mathrm{S}xy}-J^2_{\mathrm{S}xz}-J^2_{\mathrm{S}yz} = 9{,}3191\ \mathrm{kgm}^2 = \mathrm{const},\\ &\det(\boldsymbol{J}_\mathrm{S}) = 5{,}4498\ \mathrm{kgm}^2 = \mathrm{const}.\end{aligned}\tag{10}$$

Die Richtungen der Hauptträgheitsachsen sind die Lösungsvektoren des homogenen Gleichungssystems (6). In Koordinaten ausgeschrieben lauten die Gleichungen

$$\begin{aligned}\left(J^\mathrm{K}_{\mathrm{S}x}-\lambda\right)\omega_x - J^\mathrm{K}_{\mathrm{S}xy}\omega_y - J^\mathrm{K}_{\mathrm{S}xz}\omega_z &= 0,\\ -J^\mathrm{K}_{\mathrm{S}xy}\omega_x+\left(J^\mathrm{K}_{\mathrm{S}y}-\lambda\right)\omega_y - J^\mathrm{K}_{\mathrm{S}yz}\omega_z &= 0,\\ -J^\mathrm{K}_{\mathrm{S}xz}\omega_x - J^\mathrm{K}_{\mathrm{S}yz}\omega_y+\left(J^\mathrm{K}_{\mathrm{S}z}-\lambda\right)\omega_z &= 0.\end{aligned}\tag{11}$$

Setzt man hier nacheinander die Eigenwerte λ_i ein, dann erhält man die zugehörigen Eigenvektoren, die im K-System in die Richtung der entsprechenden Hauptachsen weisen. Auf eine spezielle Normierung der Vektoren soll hier verzichtet werden:

$$\begin{aligned} \lambda_1 &= J_{Sx}^{H}: \quad \boldsymbol{\omega}_1 = \begin{bmatrix}1; & 0; & 0\end{bmatrix}^{T}, \\ \lambda_2 &= J_{Sy}^{H}: \quad \boldsymbol{\omega}_2 = \begin{bmatrix}0; & 1; & -0{,}6585\end{bmatrix}^{T}, \\ \lambda_3 &= J_{Sz}^{H}: \quad \boldsymbol{\omega}_3 = \begin{bmatrix}0; & 1; & 1{,}519\end{bmatrix}^{T}. \end{aligned} \tag{12}$$

Das Ergebnis ist im Bild 5.64 dargestellt. Die x^H -Achse fällt mit der x^K-Achse zusammen, während die y^H -Achse um den Winkel φ_2 = arc tan (-0,6585/1) = -33,4° gegen die y^K-Achse gedreht ist. Die z^H -Achse ist um den Winkel φ_3 = arc tan (1,519/1) = 56,6° gegen die y^K-Achse gedreht. Die z^H -Achse steht senkrecht auf der y^H -Achse.

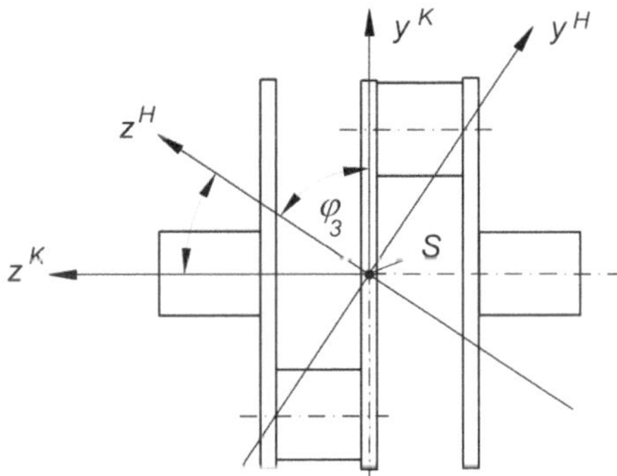

Bild 5.64 Lage der Hauptträgheitsachsen

c) Die dynamischen Belastungen der Kurbelwellenlager in A und B beim Drehen der Kurbelwelle folgen aus dem Drallsatz. Mit Bezug auf den Schwerpunkt S gilt

$$\frac{d}{dt}\boldsymbol{L}_S = \boldsymbol{M}_S. \tag{13}$$

Zur Vermeidung zeitvariabler Elemente im Trägheitstensor wird diese Beziehung in der Regel im körperfesten Koordinatensystem K dargestellt. Dabei muss man in der Ableitung auch die Verdrehungen der Basisvektoren berücksichtigen. Dafür gilt die Differenziationsregel

$$\frac{d}{dt}\boldsymbol{L}_S^K = \frac{d^{rel}}{dt}\boldsymbol{L}_S^K + \boldsymbol{\omega}^K \times \boldsymbol{L}_S^K = \boldsymbol{M}_S^K. \tag{14}$$

In (14) verschwindet die relative Ableitung des Dralls, weil die Wellendrehzahl ω konstant ist. Damit lautet das Gleichungssystem

$$\boldsymbol{\omega}^K \times \boldsymbol{L}_S^K = \boldsymbol{M}_S^K,$$

$$\begin{bmatrix}0\\0\\\omega\end{bmatrix} \times \begin{bmatrix}1{,}9157 & 0 & 0\\ 0 & 1{,}6491 & 0{,}09461\\ 0 & 0{,}09461 & 1{,}7305\end{bmatrix}\begin{bmatrix}0\\0\\\omega\end{bmatrix} = \begin{bmatrix}M_{Sx}\\M_{Sy}\\M_{Sz}\end{bmatrix},$$

$$\boldsymbol{M}_S^K = \begin{bmatrix}-0{,}09461\omega^2; & 0; & 0\end{bmatrix}^{T}. \tag{15}$$

Zur Beurteilung der Lagerkräfte muss das Ergebnis (15) ins Inertialsystem I(x, y, z) übertragen werden. Die Transformationsmatrix $\mathbf{T}^{\mathrm{IK}}$ entnimmt man Bild 5.65 zu

$$\mathbf{T}^{\mathrm{IK}}=\begin{bmatrix}\cos\varphi & \sin\varphi & 0\\ -\sin\varphi & \cos\varphi & 0\\ 0 & 0 & 1\end{bmatrix},\quad \mathbf{T}^{\mathrm{KI}}=\left(\mathbf{T}^{\mathrm{IK}}\right)^{\mathrm{T}}=\begin{bmatrix}\cos\varphi & -\sin\varphi & 0\\ \sin\varphi & \cos\varphi & 0\\ 0 & 0 & 1\end{bmatrix}. \tag{16}$$

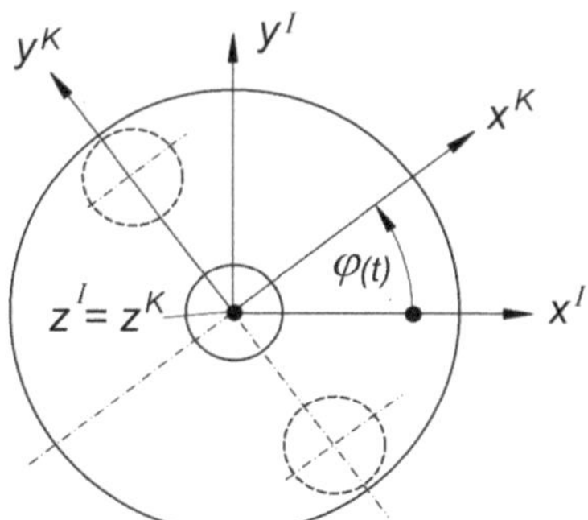

Bild 5.65 Zur Transformationsmatrix $\mathbf{T}^{\mathrm{IK}}$

Damit lautet das Moment, das vom Lager auf den Rotor ausgeübt wird

$$\boldsymbol{M}_{\mathrm{S}}^{\mathrm{I}}=\mathbf{T}^{\mathrm{KI}}\boldsymbol{M}_{\mathrm{S}}^{\mathrm{K}}=\begin{bmatrix}\cos\varphi & -\sin\varphi & 0\\ \sin\varphi & \cos\varphi & 0\\ 0 & 0 & 1\end{bmatrix}\begin{bmatrix}-0,09461\omega^2\\ 0\\ 0\end{bmatrix}=\begin{bmatrix}-0,09461\omega^2\cos\omega t\\ -0,09461\omega^2\sin\omega t\\ 0\end{bmatrix}\mathrm{Nm}. \tag{17}$$

Das Moment $\boldsymbol{M}_{\mathrm{S}}$ im Drallsatz ist das Moment der Kräfte von den Lagern auf den Rotor. Das Moment des Rotors auf die Lager ist -$\boldsymbol{M}_{\mathrm{S}}$. Bei einer positiven Momentenkomponente ${M_{\mathrm{S}x}}^{\mathrm{I}}$ wirkt auf das Lager A in Richtung y^{I} eine negative und auf das Lager B eine positive Kraft. Für eine Momentenkomponente ${M_{\mathrm{S}y}}^{\mathrm{I}}$ sind die Vorzeichen der Lagerkräfte in Richtung x^{I} umgekehrt.

Mit der Rotorwinkelgeschwindigkeit $\omega = \pi n/30 = 157{,}08$ rad/s erhält man für die Kräfte auf die Lager A und B im Inertialsystem mit Berücksichtigung des Wellengewichtes:

$$\boldsymbol{F}_{\mathrm{A}}^{\mathrm{I}}(t)=\begin{bmatrix} -\dfrac{M_{\mathrm{S}y}^{\mathrm{I}}}{e+f} \\ \dfrac{M_{\mathrm{S}x}^{\mathrm{I}}}{e+f}-\dfrac{mgf}{e+f} \\ 0 \end{bmatrix}=\begin{bmatrix} \dfrac{0,09461\omega^2 \sin \omega t}{e+f} \\ \dfrac{-0,09461\omega^2 \cos \omega t - mgf}{e+f} \\ 0 \end{bmatrix}=\begin{bmatrix} 6395,6 \sin \omega t \\ -6395,6 \cos \omega t - 469,5 \\ 0 \end{bmatrix} \mathrm{N},$$

$$\boldsymbol{F}_{\mathrm{B}}^{\mathrm{I}}(t)=\begin{bmatrix} \dfrac{M_{\mathrm{S}y}^{\mathrm{I}}}{e+f} \\ -\dfrac{M_{\mathrm{S}x}^{\mathrm{I}}}{e+f}-\dfrac{mge}{e+f} \\ 0 \end{bmatrix}=\begin{bmatrix} \dfrac{-0,09461\omega^2 \sin \omega t}{e+f} \\ \dfrac{0,09461\omega^2 \cos \omega t - mge}{e+f} \\ 0 \end{bmatrix}=\begin{bmatrix} -6395,6 \sin \omega t \\ 6395,6 \cos \omega t - 387,3 \\ 0 \end{bmatrix} \mathrm{N}. \tag{18}$$

Aufgabe 5.27 (Bild 5.66)

Ein einfaches Kinderspiel war der rotierende Knopf. Durch zwei Löcher eines Mantelknopfes wird eine Fadenschlinge gezogen, sodass der Knopf mit beiden Händen gehalten in schnelle Rotation gebracht werden kann. Dabei ist überraschend, wie stabil der rotierende Knopf auch bei größeren Störungen seine Lage beibehält. Baut man den Knopf-Rotor etwas um, indem man zwei Knöpfe im cm-Bereich nebeneinander außen mit einem Klebeband verbindet, dann erhält man einen Rotor, der sich kaum noch antreiben lässt und sich permanent aufbäumt.

Man erkläre dieses Verhalten von Rotoren an Hand des Drallsatzes im körperfesten Koordinatensystem.

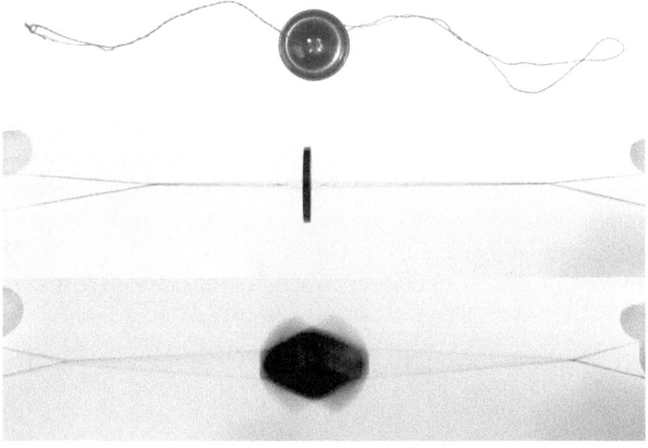

Bild 5.66 Knopfspiele mit scheibenförmigem und walzenförmigem Rotor

Lösungsanalyse: Das experimentell beschriebene Kreiselverhalten zeigt, dass scheibenförmige Rotoren zur Selbstzentrierung neigen, während walzenförmige Rotoren auf dünnen Wellen zum instabilen Lauf neigen. In einem körperfesten Koordinatensystem K lautet der Drallsatz für einen starren Körper

$$\frac{d}{dt}\boldsymbol{L}_{\mathrm{S}}^{\mathrm{K}} = \frac{d^{rel}}{dt}\boldsymbol{L}_{\mathrm{S}}^{\mathrm{K}} + \boldsymbol{\omega}^{\mathrm{K}} \times \boldsymbol{L}_{\mathrm{S}}^{\mathrm{K}} = \boldsymbol{M}_{\mathrm{S}}^{\mathrm{K}} . \tag{1}$$

Bei konstanter Winkelgeschwindigkeit reduziert sich die Untersuchung auf den Ausdruck

$$\boldsymbol{\omega}^{\mathrm{K}} \times \boldsymbol{L}_{\mathrm{S}}^{\mathrm{K}} = \boldsymbol{M}_{\mathrm{S}}^{\mathrm{K}} . \tag{2}$$

Hierin ist $\boldsymbol{M}_{\mathrm{S}}{}^{\mathrm{K}}$ das auf den Rotor wirkende Moment der Lagerkräfte, die den Zwangslauf des Rotors ermöglichen. Der Rotor selbst übt auf seine Welle das Moment

$$\boldsymbol{L}_{\mathrm{S}}^{\mathrm{K}} \times \boldsymbol{\omega}^{\mathrm{K}} = - \boldsymbol{M}_{\mathrm{S}}^{\mathrm{K}} , \tag{3}$$

das sog. Kreiselmoment aus. An Hand einer Analyse der Lage der Vektoren $\boldsymbol{L}_{\mathrm{S}}$ und $\boldsymbol{\omega}$ kann aus (3) das Verhalten von Rotoren mit unterschiedlicher Geometrie beschrieben werden.

Hier kann auch Gebrauch gemacht werden vom Satz vom „Gleichsinnigen Parallelismus der Drehachsen“: *Der Kreisel versucht sich immer auf kürzestem Wege mit seinem Drall in die Richtung der Zwangsdrehung einzustellen.* Man erkennt diesen Satz sofort aus der Betrachtung des Drallsatzes für einen starren Körper

$$\frac{d}{dt}\boldsymbol{L}_{\mathrm{S}} = \boldsymbol{M}_{\mathrm{S}}$$

für ein Zeitinkrement Δt im Bild 5.67.

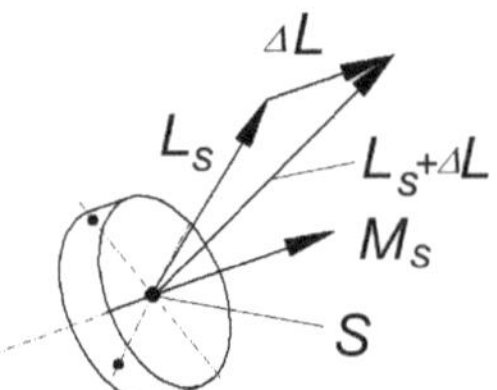

Bild 5.67 Veranschaulichung des Satzes vom „Gleichsinnigen Parallelismus der Drehachsen“

Lösung: Ausschlaggebend für die Beurteilung des Verhaltens von Rotoren mit unterschiedlicher Geometrie ist die jeweilige Lage des Drallvektors $\boldsymbol{L}_{\mathrm{S}}$ bei einer vorhandenen Unwucht. Die Drehachse eines Rotors ist durch seine Lagerverbindungslinie vorgegeben und damit ist auch die Lage des Winkelgeschwindigkeitsvektors $\boldsymbol{\omega}$ gegeben. Im Falle einer vorhandenen Unwucht ist die erzwungene Drehachse nicht Hauptträgheitsachse und der Drallvektor fällt deshalb nicht mit dem Vektor der Winkelgeschwindigkeit zusammen. Im körperfesten Hauptachsensystem gilt

$$\boldsymbol{L}_{\mathrm{S}}^{\mathrm{H}} = \boldsymbol{J}_{\mathrm{S}}^{\mathrm{H}}\boldsymbol{\omega}^{\mathrm{H}} = \begin{bmatrix} J_{\mathrm{S}x} & 0 & 0 \\ 0 & J_{\mathrm{S}y} & 0 \\ 0 & 0 & J_{\mathrm{S}z} \end{bmatrix} \begin{bmatrix} \omega_x \\ \omega_y \\ \omega_z \end{bmatrix} = \begin{bmatrix} J_{\mathrm{S}x}\,\omega_x \\ J_{\mathrm{S}y}\,\omega_y \\ J_{\mathrm{S}z}\,\omega_z \end{bmatrix} . \tag{4}$$

Aufgrund der unterschiedlichen Hauptträgheitsmomente weichen die Richtungen von $\boldsymbol{L}_S$ und $\boldsymbol{\omega}$ voneinander ab. Im Bild 5.68 sind ein Scheiben- und ein Walzen-Rotor mit Unwucht dargestellt. Die Lage des Drallvektors ist auf Grund der Trägheitsmomentenverhältnisse in beiden Fällen unterschiedlich.

Für den Scheibenrotor gilt $J_{Sz} > J_{Sx} = J_{Sy}$. Durch das Matrizenprodukt $\boldsymbol{J}_S{}^H\boldsymbol{\omega}^H$ wird der Drallvektor vom $\boldsymbol{\omega}$-Vektor in Richtung der z^H-Achse verdreht. Für den Walzenrotor gilt $J_{Sz} < J_{Sx} = J_{Sy}$. Der Drallvektor wird deshalb von der z^H-Achse weggedreht.

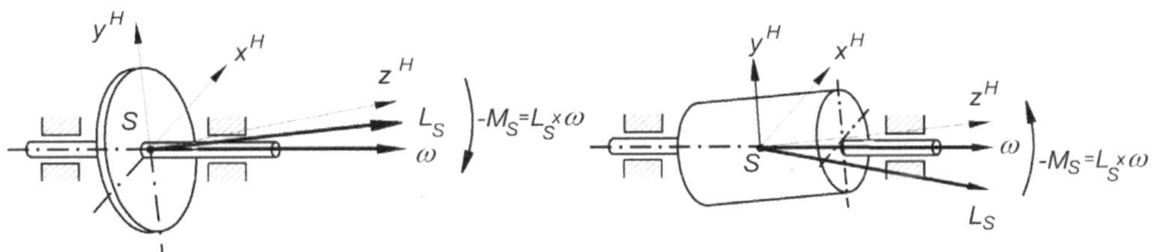

Bild 5.68 Kreiselverhalten eines unwuchtigen Scheiben- und Walzen-Rotors

Das Kreiselmoment $-\boldsymbol{M}_S{}^H$ als Kreuzprodukt zwischen Drall und Winkelgeschwindigkeit versucht den Drallvektor in beiden Fällen immer in Richtung der Zwangsdrehachse $\boldsymbol{\omega}$ zu verdrehen. Es zieht dabei im Falle des Scheibenrotors die Hauptträgheitsachse z^H in die Richtung der Wellenlagerung, also in den ausgewuchteten Zustand. Der Rotor stabilisiert sich selbst. Davon wird bei der LAVAL-Turbine Gebrauch gemacht.

Auch beim Walzenrotor versucht das Kreiselmoment den Drallvektor in Richtung $\boldsymbol{\omega}$ zu verdrehen. Es zieht dabei bei einer elastischen Rotorlagerung die Hauptträgheitsachse z^H noch weiter von der Drehachse weg. Der Walzenrotor hat die destabilisierende Tendenz zum Aufbäumen.

Die Grenze zwischen beiden Rotortypen liegt bei einem zylinderförmigen Rotor mit der Länge h und dem Radius r bei $h = r\sqrt{3}$. In diesem Fall ist der Trägheitstensor ein Kugeltensor mit $J_{Sz} = J_{Sx} = J_{Sy}$. Obwohl der „Kugel"-Rotor hier sehr geeignet erscheint, weil jede Achse durch S bei ihm Hauptträgheitsachse ist, hat er ein sehr ungünstiges dynamisches Verhalten in Bezug auf die Laufruhe, denn er ist bei jeder Drehzahl immer in Resonanz mit der sog. Nutation des Kreisels.

Die analytische Lösung des Auswuchtproblems bei Rotoren wird in Aufgabe 5.28 gezeigt.

Aufgabe 5.28 (Bild 5.69)

Durch einen Fertigungsfehler wurde ein homogener zylindrischer Rotor mit der Masse m schief auf seiner Welle befestigt, sodass die Rotorsymmetrieachse mit der Drehachse den Winkel α bildet, der Rotorschwerpunkt aber auf der Drehachse liegt.

a) Welche Elemente hat der Trägheitstensor des Rotors bezogen auf den Schwerpunkt S im körperfesten Koordinatensystem K, dessen z^K-Achse in der Drehachse liegt?

b) Zum Auswuchten des Rotors sollen am Umfang seiner Stirnflächen U und V punktförmige Ausgleichsgewichte angebracht werden. Welche Massen müssen sie haben und wo sind sie anzubringen?

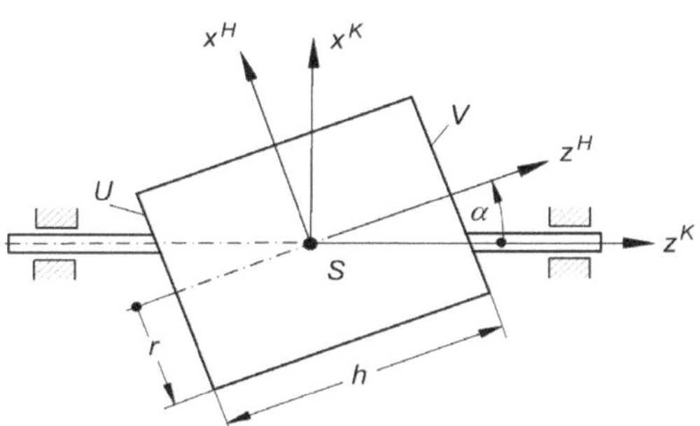

Bild 5.69 Zylindrischer Rotor mit Unwucht

Lösungsanalyse: Im Hauptachsensystem H ist der Trägheitstensor nur auf der Hauptdiagonalen besetzt. Die entsprechenden Elemente $J_{Sz}{}^{H}$, $J_{Sx}{}^{H} = J_{Sy}{}^{H}$ können für den zylindrischen Rotor aus Tabellenwerken entnommen werden. Der Übergang vom H-System in das K-System erfolgt durch die Vektor-Transformationsmatrix $\mathbf{T}^{HK}(\alpha)$. Dabei gilt für den Koordinatenübergang für den Trägheitstensor eine erweiterte Vorschrift.

Für die Lösung der Auswuchtaufgabe werden in den Ausgleichsebenen U und V Zusatzmassen angebracht. Man findet sie, indem die Deviationsmomente im Trägheitstensor gezielt einschließlich dieser Massen zum Verschwinden gebracht werden.

Lösung: a) Der Trägheitstensor für den Rotor bezogen auf S lautet im Hauptachsensystem nach Bild 5.69 [WRIGGERS, 2006]

$$\boldsymbol{J}_{\rm S}^{\rm H} = \begin{bmatrix} J_{{\rm S}x}^{\rm H} & 0 & 0 \\ 0 & J_{{\rm S}y}^{\rm H} & 0 \\ 0 & 0 & J_{{\rm S}z}^{\rm H} \end{bmatrix} = \begin{bmatrix} \frac{1}{4}mr^2 + \frac{1}{12}mh^2 & 0 & 0 \\ 0 & \frac{1}{4}mr^2 + \frac{1}{12}mh^2 & 0 \\ 0 & 0 & \frac{1}{2}mr^2 \end{bmatrix}. \tag{1}$$

Die Transformationsgleichung für Vektoren vom K-System ins H-System kann man an Hand des Bildes 5.67 bestimmen

$$\mathbf{T}^{\rm KH} = \begin{bmatrix} \cos\alpha & 0 & -\sin\alpha \\ 0 & 1 & 0 \\ \sin\alpha & 0 & \cos\alpha \end{bmatrix}. \tag{2}$$

Die Übertragung des Trägheitstensors in ein anderes Koordinatensystem kann man aus der Transformation für den Drallvektor ableiten. Es gilt

$$\boldsymbol{L}_{\rm S}^{\rm H} = \boldsymbol{J}_{\rm S}^{\rm H}\,\boldsymbol{\omega}^{\rm H} \quad \text{und} \quad \boldsymbol{L}_{\rm S}^{\rm K} = \boldsymbol{J}_{\rm S}^{\rm K}\,\boldsymbol{\omega}^{\rm K}. \tag{3}$$

Die rechte Gleichung von (3) erhält man auch aus der linken durch Koordinatentransformation

$$\boldsymbol{L}_S^K = \mathbf{T}^{HK} \boldsymbol{L}_S^H = \mathbf{T}^{HK} \boldsymbol{J}_S^H \boldsymbol{\omega}^H . \tag{4}$$

Setzt man in (4) für die Winkelgeschwindigkeit

$$\boldsymbol{\omega}^H = \mathbf{T}^{KH} \boldsymbol{\omega}^K ,$$

dann erhält man für den Drallvektor im K-System

$$\boldsymbol{L}_S^K = \mathbf{T}^{HK} \boldsymbol{J}_S^H \mathbf{T}^{KH} \boldsymbol{\omega}^K = \boldsymbol{J}_S^K \boldsymbol{\omega}^K . \tag{5}$$

Durch Komponentenvergleich erhält man aus (5) die Transformationsvorschrift für Tensoren

$$\boldsymbol{J}_S^K = \mathbf{T}^{HK} \boldsymbol{J}_S^H \mathbf{T}^{KH} . \tag{6}$$

Mit [PAPULA, 2017]

$$\mathbf{T}^{HK} = \left(\mathbf{T}^{KH}\right)^{-1} = \left(\mathbf{T}^{KH}\right)^{T} = \begin{bmatrix} \cos\alpha & 0 & \sin\alpha \\ 0 & 1 & 0 \\ -\sin\alpha & 0 & \cos\alpha \end{bmatrix} \tag{7}$$

erhält man für den gesuchten Trägheitstensor

$$\boldsymbol{J}_S^K = \begin{bmatrix} \cos\alpha & 0 & \sin\alpha \\ 0 & 1 & 0 \\ -\sin\alpha & 0 & \cos\alpha \end{bmatrix} \begin{bmatrix} J_{Sx}^H & 0 & 0 \\ 0 & J_{Sy}^H & 0 \\ 0 & 0 & J_{Sz}^H \end{bmatrix} \begin{bmatrix} \cos\alpha & 0 & -\sin\alpha \\ 0 & 1 & 0 \\ \sin\alpha & 0 & \cos\alpha \end{bmatrix},$$

$$\boldsymbol{J}_S^K = \begin{bmatrix} J_{Sx}^H \cos^2\alpha + J_{Sz}^H \sin^2\alpha & 0 & -\left(J_{Sx}^H - J_{Sz}^H\right)\sin\alpha\cos\alpha \\ 0 & J_{Sy}^H & 0 \\ -\left(J_{Sx}^H - J_{Sz}^H\right)\sin\alpha\cos\alpha & 0 & J_{Sx}^H \sin^2\alpha + J_{Sz}^H \cos^2\alpha \end{bmatrix}, \tag{8}$$

mit $J_{Sx}{}^H = J_{Sy}{}^H$ und $J_{Sz}{}^H$ nach (1).

b) Der Rotor ist ausgewuchtet, wenn sein Schwerpunkt auf der Lagerverbindungslinie liegt und wenn in (8) das Deviationsmoment $J_{Sxz}{}^K$ verschwindet. Der Schwerpunkt liegt bereits auf der Drehachse. Damit seine Lage nicht verändert wird, werden zwei gleiche Massen mit $m_U = m_V = m_A$ festgelegt. Außerdem müssen sie symmetrisch zur Drehachse liegen, d. h. für die Ortsvektoren von S nach U bzw. von S nach V muss gelten $\boldsymbol{r}_{SU} = -\boldsymbol{r}_{SV}$. Da das Auswuchtproblem immer nur bis auf das Produkt aus Auswuchtmasse mal Schwerpunktabstand von der Drehachse gelöst werden kann (vgl. Aufgabe 5.25), wurde hier vorgegeben, dass die Zusatzmassen in den Ausgleichsebenen jeweils am Außenrande des Rotors anzubringen sind (Bild 5.70).

Die Auswuchtbedingung verlangt das Verschwinden des Deviationsmoments $J_{Sxz}{}^K$ im körperfesten System mit der z^K-Achse als Drehachse. Mit Berücksichtigung des vorhandenen Wertes $J_{Sxz0}{}^K$ muss für das Deviationsmoment gelten

$$J_{Sxz0}^K - m_V x_V^K z_V^K - m_U x_U^K z_U^K = 0. \tag{9}$$

Die Ortsvektoren für die Auswuchtmassen von S nach V und U können im H-System direkt aus Bild 5.70 angegeben werden

$$\boldsymbol{r}_{SV}^{H} = \left[r; \quad 0; \quad \frac{h}{2} \right]^{T}, \boldsymbol{r}_{SU}^{H} = \left[-r; \quad 0; \quad -\frac{h}{2} \right]^{T}. \tag{10}$$

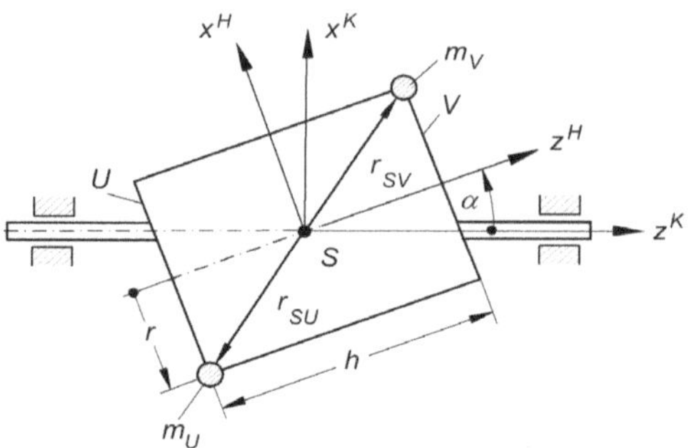

Bild 5.70 Auswuchtmassen am Rotor

Die Ortskoordinaten im K-System erhält man aus (10) mit Anwendung der Transformationsmatrix $\mathbf{T}^{HK}$

$$\boldsymbol{r}_{SV}^{K} = -\boldsymbol{r}_{SU}^{K} = \mathbf{T}^{HK} \boldsymbol{r}_{SV}^{H} = \begin{bmatrix} \cos\alpha & 0 & \sin\alpha \\ 0 & 1 & 0 \\ -\sin\alpha & 0 & \cos\alpha \end{bmatrix} \begin{bmatrix} r \\ 0 \\ \frac{h}{2} \end{bmatrix} = \begin{bmatrix} r\cos\alpha + \frac{h}{2}\sin\alpha \\ 0 \\ -r\sin\alpha + \frac{h}{2}\cos\alpha \end{bmatrix}. \tag{11}$$

Damit folgt aus (9) mit $J_{Sxz0}^{K} = -\left(J_{Sx}^{H} - J_{Sz}^{H}\right)\sin\alpha\cos\alpha$ und $m_U = m_V = m_A$:

$$-\left(\frac{1}{4}mr^2 + \frac{1}{12}mh^2 - \frac{1}{2}mr^2\right)\sin\alpha\cos\alpha - 2m_A\left(r\cos\alpha + \frac{h}{2}\sin\alpha\right)\left(-r\sin\alpha + \frac{h}{2}\cos\alpha\right) = 0,$$

$$m_A = \frac{m\left(r^2 - \frac{h^2}{3}\right)\sin\alpha\cos\alpha}{8\left(r\cos\alpha + \frac{h}{2}\sin\alpha\right)\left(-r\sin\alpha + \frac{h}{2}\cos\alpha\right)}. \tag{12}$$

Dieses Ergebnis liefert eine Aussage über die Größe der Auswuchtmasse m_A und zusätzlich eine Aussage über den Anbringungsort. In (9) wurde vorausgesetzt, dass die Auswuchtmassen im 1. und 3. Quadranten des K-Systems angeordnet werden (Bild 5.70). Dies ist nur dann möglich, wenn für m_A ein positiver Wert errechnet wird. Im Falle eines negativen Wertes müssen die Vorzeichen von zwei Koordinaten geändert werden: Die Auswuchtmassen liegen dann im 2. und 4. Quadranten. Die Bedingung hierfür liest man aus dem Zähler von (12) ab (Bild 5.71):

$$r < \frac{h}{\sqrt{3}}: \text{ Auswuchtmassen im 2. und 4. Quadranten,}$$
$$r = \frac{h}{\sqrt{3}}: \; m_A = 0, \tag{13}$$
$$r > \frac{h}{\sqrt{3}}: \text{ Auswuchtmassen im 1. und 3. Quadranten,}$$

Bei dem Grenzwert $h = r\sqrt{3}$ liegt für den Kreiszylinder ein sog. „Kugel"-Rotor vor mit 3 gleichen Trägheitsmomenten. Jede Achse ist dann Hauptträgheitsachse und Auswuchten theoretisch nicht erforderlich. Diese Rotor-Massengeometrie wird in der Praxis dennoch vermieden, weil der Kugelrotor bei jeder Drehzahl mit seiner Nutationsfrequenz in Resonanz ist und damit bei kleinsten Unwuchten einen sehr unruhigen Lauf hat.

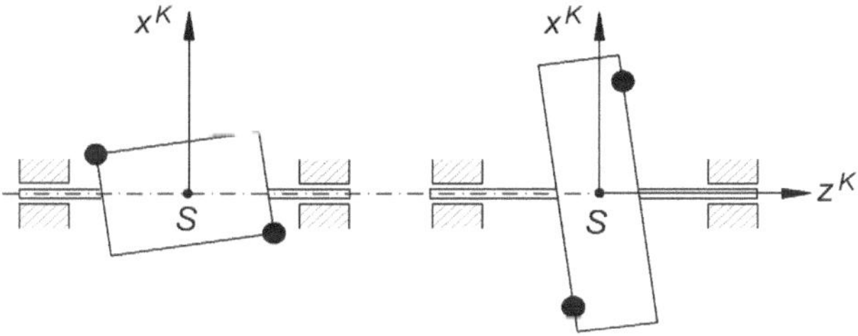

Bild 5.71 Auswuchtorte für den Walzen und Scheiben Rotor

Aufgabe 5.29 (Bild 5.72)

In dem skizzierten System wird nach dem Prinzip der Kollermühle ein Rad auf einer Achse mit konstanter Drehzahl n um die Vertikale herumgeführt. Das Rad rollt dabei ohne Gleiten auf der Unterlage. Das Rad sei ein homogener zylindrischer Körper mit der Masse m; die Masse der Achse soll unberücksichtigt bleiben.

a) Wie lautet die Abhängigkeit der Normalkraft F_N zwischen Rad und Unterlage vom Winkel φ, mit $0 < \varphi < \pi$?

b) Bei welchem Achsenwinkel φ_0 ist die Normalkraft maximal?

Zahlenwerte: $n = 150$ U/min, $m = 60$ kg, $r = 0{,}3$ m, $a = 0{,}7$ m, $b = 0{,}15$ m.

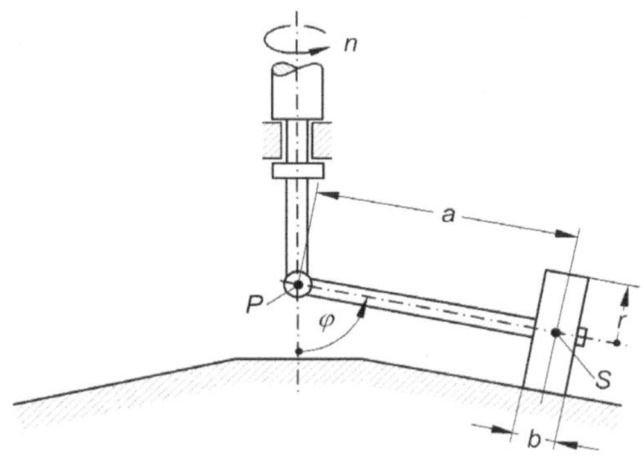

Bild 5.72 Vereinfachte Kollermühle

Lösungsanalyse: Die Analyse der Dynamik des Systems geht aus vom Drallsatz für das Rad mit Bezug auf den Fixpunkt P. Das äußere Moment im Drallsatz kann formuliert werden, wenn das Rad an der Unterlage freigeschnitten wird. Bei der Wahl des geeignetsten Koordinatensystems ist eine möglichst einfache Darstellung der skalaren Gleichungen gesucht, wobei zeitvariable Terme im Trägheitstensor zu vermeiden sind. Da die Trägheitsmomente für alle Querachsen im Rad gleich groß sind, wird das System H(x, y, z) mit dem Ursprung in P, mit der z^{H}-Achse in Richtung der Radachse und mit permanent horizontaler y^{H}-Achse gewählt.
Von der Winkelgeschwindigkeit des Rades ist die Vertikalkomponente der Achse um die Antriebswelle und die Richtung des vollständigen Winkelgeschwindigkeitsvektors bekannt: Die momentane Drehachse ist die Verbindungslinie vom Fixpunkt P zum Radaufstandspunkt. Damit lässt sich der Vektor der Winkelgeschwindigkeit ermitteln.

Lösung: Im Bild 5.73 ist das Schnittbild für das Rad und die Bestimmung der Rad-Winkelgeschwindigkeit $\boldsymbol{\omega}$ skizziert.

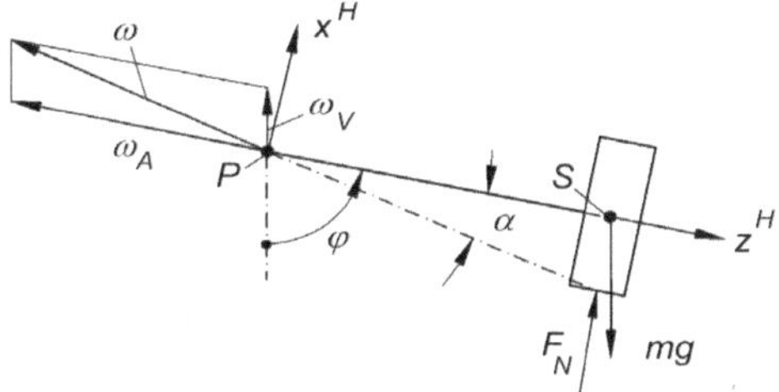

Bild 5.73 Schnittbild und Bestimmung von $\boldsymbol{\omega}$

Für die dynamische Analyse ist zunächst die Radwinkelgeschwindigkeit $\boldsymbol{\omega}^{\mathrm{H}}$ und der Drallvektor $\boldsymbol{L}_{\mathrm{P}}^{\mathrm{H}}$ des Rades im H-System zu ermitteln. Die Winkelgeschwindigkeit für das Rad setzt sich zusammen aus der Komponente $\boldsymbol{\omega}_{\mathrm{V}}$, mit der die Achse herumgeführt wird und aus der Drehung $\boldsymbol{\omega}_{\mathrm{A}}$ des Rades um diese Achse. Beachtet man im Bild 5.73 noch die Beziehungen: $\tan\alpha = \omega_x^{\mathrm{H}}/\omega_z^{\mathrm{H}}$ und $\omega_x^{\mathrm{H}} = \omega_{\mathrm{V}} \sin\varphi$, dann folgt

$$\boldsymbol{\omega} = \boldsymbol{\omega}_{\mathrm{V}} + \boldsymbol{\omega}_{\mathrm{A}},$$

$$\boldsymbol{\omega}^{\mathrm{H}} = \left[\omega_{\mathrm{V}} \sin\varphi; \quad 0; \quad -\omega_{\mathrm{V}} \frac{\sin\varphi}{\tan\alpha}\right]^{\mathrm{T}}. \tag{1}$$

Der Drallvektor für das Rad im H-System lautet

$$\boldsymbol{L}_{\mathrm{P}}^{\mathrm{H}} = \boldsymbol{J}_{\mathrm{P}}^{\mathrm{H}} \boldsymbol{\omega}^{\mathrm{H}}, \tag{2}$$

mit dem Trägheitstensor des Rades mit dem Bezugspunkt P

$$\boldsymbol{J}_{\mathrm{P}}^{\mathrm{H}} = \begin{bmatrix} J_{\mathrm{P}x} & 0 & 0 \\ 0 & J_{\mathrm{P}x} & 0 \\ 0 & 0 & J_{\mathrm{P}z} \end{bmatrix} \tag{3}$$

und den Elementen

$$J_{\mathrm{P}x} = \frac{1}{12} m(3r^2 + b^2) + ma^2, \; J_{\mathrm{P}z} = \frac{1}{2} mr^2. \tag{4}$$

Der Drallsatz für das Rad lautet mit dem Bezugspunkt P und dargestellt im H-System

$$\frac{d}{dt}\boldsymbol{L}_{\mathrm{P}}^{\mathrm{H}} = \frac{d^{rel}}{dt}\boldsymbol{L}_{\mathrm{P}}^{\mathrm{H}} + \boldsymbol{\omega}_{\mathrm{H}}^{\mathrm{H}} \times \boldsymbol{L}_{\mathrm{P}}^{\mathrm{H}} = \boldsymbol{M}_{\mathrm{P}}^{\mathrm{H}}, \tag{5}$$

mit der Winkelgeschwindigkeit $\boldsymbol{\omega}_{\mathrm{H}}$ des Koordinatensystems

$$\boldsymbol{\omega}_{\mathrm{H}}^{\mathrm{H}} = \left[\omega_{\mathrm{V}} \sin\varphi;\quad 0;\quad -\omega_{\mathrm{V}} \cos\varphi\right]^{\mathrm{T}}. \tag{6}$$

Für das Moment auf der rechten Seite von (5) gilt nach Bild 5.73

$$\boldsymbol{M}_{\mathrm{P}}^{\mathrm{H}} = \left[0;\quad a(F_{\mathrm{N}} - mg\sin\varphi);\quad 0\right]^{\mathrm{T}}. \tag{7}$$

Für die Normalkraft F_{N} erhält man aus (1) bis (8)

$$F_{\mathrm{N}} = \frac{J_{\mathrm{P}z}\omega^2}{r}\sin^2\varphi - \frac{J_{\mathrm{P}x}\omega^2}{a}\sin\varphi\cos\varphi + mg\sin\varphi,$$

$$F_{\mathrm{N}} = 2220{,}7\sin^2\varphi - 10878{,}6\sin\varphi\cos\varphi + 588{,}6\sin\varphi. \tag{8}$$

b) Der Winkel φ_0 für F_{Nmax} folgt mit Hilfe einer Extremwertbestimmung

$$\left(\frac{d}{d\varphi}F_{\mathrm{N}}\right)_{\varphi=\varphi_0} = \frac{2J_{\mathrm{P}z}\omega^2}{r}\sin\varphi_0\cos\varphi_0 + \frac{J_{\mathrm{P}x}\omega^2}{a}\left(\sin^2\varphi_0 - \cos^2\varphi_0\right) + mg\cos\varphi_0 = 0.$$

$$\left(\frac{d}{d\varphi}F_{\mathrm{N}}\right)_{\varphi=\varphi_0} = 4441{,}4\sin\varphi_0\cos\varphi_0 + 10878{,}6\left(\sin^2\varphi_0 - \cos^2\varphi_0\right) + 588{,}6\cos\varphi_0 = 0. \tag{9}$$

Diese Beziehung führt auf eine Gleichung 4. Grades für tan φ_0, die z. B. numerisch gelöst werden kann. Es bietet sich hier zunächst eine Näherungslösung an, da die Koeffizienten von (9) von unterschiedlicher Größenordnung sind. Man kann in erster Näherung den dritten Term, das Radgewicht gegenüber den Kreiselkräften vernachlässigen. Damit erhält man als Näherungswert

$$\tan\varphi_0 \approx -\frac{J_{\mathrm{P}z}a}{J_{\mathrm{P}x}r} - \sqrt{\left(\frac{J_{\mathrm{P}z}a}{J_{\mathrm{P}x}r}\right)^2 + 1}, \quad \varphi_0 \approx 129{,}2°. \tag{10}$$

Wie man sich leicht überzeugen kann, führt das positive Wurzelvorzeichen auf eine negative Radkraft. Benutzt man (10) als Anfangswert für eine Iterationsrechnung, dann erhält man aus (9) den genaueren Wert

$$\varphi_0 = 128{,}3°. \tag{12}$$

Der Verlauf der Normalkraft $F_{\mathrm{N}}(\varphi)$ ist im Bild 5.74 für die Antriebsdrehzahlen $n_{\mathrm{I}} = 150\ \mathrm{min}^{-1}$ und $n_{\mathrm{II}} = 75\ \mathrm{min}^{-1}$ aufgetragen. Die gestrichelten Kurvenäste führen auf physikalisch auszuschließende negative Normalkräfte zwischen Rad und Unterlage.

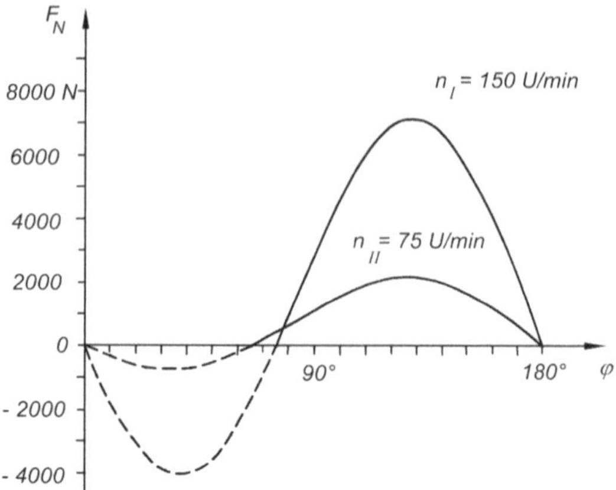

Bild 5.74 Radkräfte in der Kollermühle $F_N(\varphi)$

Das Ergebnis zeigt den sehr starken Einfluss der Kreiselkräfte auf die Mahlkraft bei einer Kollermühle; sie ist ein Vielfaches der Gewichtskraft des Mahlrades.

Aufgabe 5.30 (Bild 5.75)

Ein vierrädriges Schienenfahrzeug fährt mit der Geschwindigkeit v auf einer Kreisbahn. Die Räder sollen als dünne, zylindrische und homogene Vollscheiben mit der Masse m_R und die Ladefläche in der Höhe der Achsen als eine homogene Platte mit der Masse m_L angesehen werden. Die Massen der Achsen sollen unberücksichtigt bleiben. Die Außenräder können horizontale Kräfte aufnehmen.

a) Wie lautetet der Drallvektor $\boldsymbol{L}_S^F$ des Wagens bezogen auf das fahrzeugfeste Koordinatensystem F(x, y, z) mit dem Gesamtschwerpunkt S als Ursprung?

b) Bei welcher Geschwindigkeit v_{max} beginnen sich die inneren Räder abzuheben?

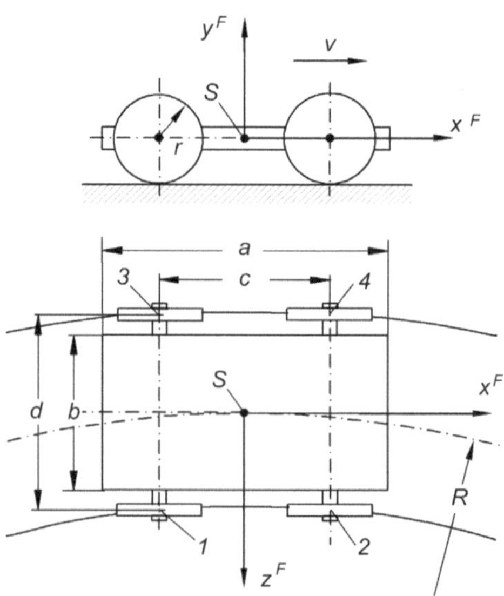

Bild 5.75 Schienenfahrzeug

Lösungsanalyse: Der Drallvektor für das ganze Fahrzeug setzt sich aus den einzelnen Drallvektoren für die Räder und die Ladefläche zusammen, jeweils bezogen auf S. Für einen starren Körper mit dem Schwerpunkt S, dem Bewegungszustand ($\boldsymbol{v}_S$, $\boldsymbol{\omega}$) und der Masse m lautet der Drallvektor bezogen auf einen beliebig bewegten Bezugspunkt P

$$\boldsymbol{L}_P = \boldsymbol{L}_S + m\boldsymbol{r}_{PS} \times (\boldsymbol{v}_S - \boldsymbol{v}_P), \quad \boldsymbol{L}_S = \boldsymbol{J}_S \boldsymbol{\omega}. \tag{1}$$

Die Anwendung von Impuls- und Drallsatz auf das freigeschnittene Fahrzeug liefern zusammen mit der Grenzbedingung verschwindender Kontaktkräfte an den Innenrädern bei der Geschwindigkeit v_{max} ausreichende Gleichungen zur Lösung.

Lösung: a) Der Drall des Fahrzeugs wird im skizzierten System F und bezogen auf den Gesamtschwerpunkt S angegeben. Er setzt sich aus den Drallanteilen der Ladefläche $\boldsymbol{L}_S{}^L$ und der vier Räder $\boldsymbol{L}_S{}^{Ri}$ ($i = 1,\ldots,4$) zusammen

$$\boldsymbol{L}_S = \boldsymbol{L}_S^L + \sum_{i=1}^{4} \boldsymbol{L}_S^{Ri}. \tag{2}$$

Bezeichnet man die Schwerpunkte der 4 Räder mit M_i ($i = 1,\ldots,4$), dann gilt für den Drall eines Rades, bezogen auf S

$$\boldsymbol{L}_S^{Ri} = \boldsymbol{L}_{Mi}^{Ri} + m_R \boldsymbol{r}_{SMi} \times (\boldsymbol{v}_{Mi} - \boldsymbol{v}_S), \quad \boldsymbol{L}_{Mi}^{Ri} = \boldsymbol{J}_{Mi}^{Ri} \boldsymbol{\omega}^{Ri}. \tag{3}$$

Hierin ist $\boldsymbol{\omega}^{Ri}$ die absolute Winkelgeschwindigkeit des i-ten Rades. Für die Ladefläche gilt

$$\boldsymbol{L}_S^L = \boldsymbol{J}_S^L \boldsymbol{\omega}^L, \tag{4}$$

mit der absoluten Winkelgeschwindigkeit $\boldsymbol{\omega}^L$ der Ladefläche. Sämtliche Vektoren und die Trägheitstensoren werden im fahrzeugfesten Koordinatensystem F angegeben.

Für die Trägheitstensoren gilt

$$\left(\boldsymbol{J}_{Mi}^{Ri}\right)^F = \begin{bmatrix} J_{Mx}^R & 0 & 0 \\ 0 & J_{Mx}^R & 0 \\ 0 & 0 & J_{Mz}^R \end{bmatrix}, \quad \left(\boldsymbol{J}_S^L\right)^F = \begin{bmatrix} J_{Sx}^L & 0 & 0 \\ 0 & J_{Sy}^L & 0 \\ 0 & 0 & J_{Sz}^L \end{bmatrix}, \tag{5}$$

mit [WRIGGERS, 2006]

$$J_{Mx}^R \approx m_R r^2/4, \quad J_{Mz}^R = m_R r^2/2, \quad J_{Sx}^L \approx m_L b^2/12, \quad J_{Sy}^L = m_L\left(a^2 + b^2\right)/12, \quad J_{Sz}^L \approx m_L a^2/12.$$

Die Winkelgeschwindigkeit der Ladefläche ergibt sich aus der Kurvenfahrt

$$\left(\boldsymbol{\omega}^L\right)^F = \left[0; \; -\frac{v}{R}; \; 0\right]^T. \tag{6}$$

Die Winkelgeschwindigkeiten der Räder unterscheiden sich in ihren z-Komponenten durch die unterschiedlichen Bahnen auf denen sie fahren. Die Fahrzeuggeschwindigkeit v ist für die mittlere Bahn angegeben. Auf der Außen- und Innenbahn unterscheiden sich die Radgeschwindigkeiten deshalb durch den Faktor $(R \pm d/2)/R$, wobei das obere Vorzeichen für die Außenbahn gilt (Räder 3 und 4) und das untere Vorzeichen für die Innenbahn (Räder 1 und 2)

$$\left(\boldsymbol{\omega}^{\mathrm{Ri}}\right)^{\mathrm{F}} = \left[0;\quad -\frac{v}{R};\quad -\frac{v}{r}\left(R \pm \frac{d}{2}\right)\frac{1}{R}\right]^{\mathrm{T}}. \tag{7}$$

Der Drallvektor für das gesamte Fahrzeug lautet

$$\boldsymbol{L}_{\mathrm{S}} = \boldsymbol{J}_{\mathrm{S}}^{\mathrm{L}}\,\boldsymbol{\omega}^{\mathrm{L}} + \sum_{i=1}^{4}\left[\boldsymbol{J}_{\mathrm{Mi}}^{\mathrm{Ri}}\,\boldsymbol{\omega}^{\mathrm{Ri}} + m_{\mathrm{R}}\boldsymbol{r}_{\mathrm{SMi}} \times \left(\boldsymbol{v}_{\mathrm{Mi}} - \boldsymbol{v}_{\mathrm{S}}\right)\right]. \tag{8}$$

Für die Differenzgeschwindigkeit zwischen Radmittelpunkt und Schwerpunkt kann geschrieben werden

$$\boldsymbol{v}_{\mathrm{Mi}} - \boldsymbol{v}_{\mathrm{S}} = \boldsymbol{\omega}^{\mathrm{L}} \times \boldsymbol{r}_{\mathrm{SMi}}. \tag{9}$$

Damit wird die Summe der Zusatzterme $m_{\mathrm{R}}\boldsymbol{r}_{\mathrm{SMi}} \times \left(\boldsymbol{v}_{\mathrm{Mi}} - \boldsymbol{v}_{\mathrm{S}}\right)$ in (8), dargestellt im F-System zu

$$\left[\sum_{i=1}^{4} m_{\mathrm{R}}\boldsymbol{r}_{\mathrm{SMi}} \times \left(\boldsymbol{v}_{\mathrm{Mi}} - \boldsymbol{v}_{\mathrm{S}}\right)\right]^{\mathrm{F}} = \left[\sum_{i=1}^{4} m_{\mathrm{R}}\boldsymbol{r}_{\mathrm{SMi}} \times \left(\boldsymbol{\omega}^{\mathrm{L}} \times \boldsymbol{r}_{\mathrm{SMi}}\right)\right]^{\mathrm{F}} = -m_{\mathrm{R}}\begin{bmatrix} 0 \\ \frac{v}{R}\left(c^2 + d^2\right) \\ 0 \end{bmatrix}. \tag{10}$$

Für den Drallvektor erhält man in der Zusammenfassung

$$\boldsymbol{L}_{\mathrm{S}}^{\mathrm{F}} = \begin{bmatrix} 0 \\ -\frac{v}{R}\left[J_{\mathrm{S}y}^{\mathrm{L}} + 4J_{\mathrm{M}x}^{\mathrm{R}} + m_{\mathrm{R}}\left(c^2 + d^2\right)\right] \\ -4\frac{v}{r}J_{\mathrm{M}z}^{\mathrm{R}} \end{bmatrix} = \begin{bmatrix} 0 \\ -\frac{v}{R}\left[\frac{m_{\mathrm{L}}}{12}\left(a^2 + b^2\right) + m_{\mathrm{R}}\left(r^2 + c^2 + d^2\right)\right] \\ -2vm_{\mathrm{R}}r \end{bmatrix}. \tag{11}$$

b) Zur Berechnung der Kräfte an den Rädern wird an Hand eines Schnittbildes für das ganze Fahrzeug der Impuls- und Drallsatz formuliert. Bild 5.76 zeigt das Schnittbild.

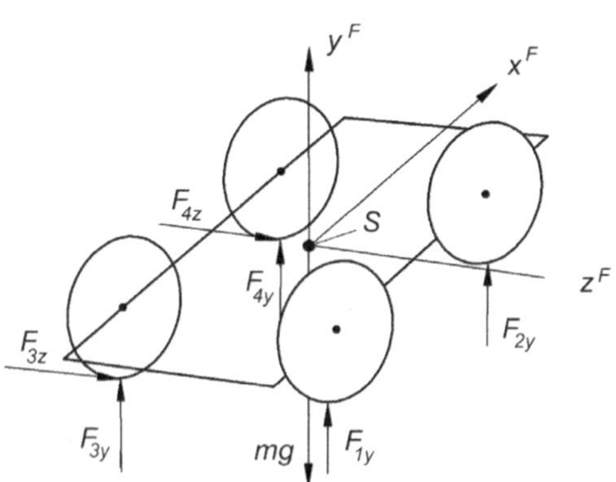

Bild 5.76 Schnittbild

Der Drallsatz wird für den Bezugspunkt S formuliert. Im F-System lauten Drall- und Impulssatz

$$\begin{aligned}
&\frac{d}{dt}\boldsymbol{L}_{\mathrm{S}}^{\mathrm{F}} = \frac{d^{rel}}{dt}\boldsymbol{L}_{\mathrm{S}}^{\mathrm{F}} + \left(\boldsymbol{\omega}^{\mathrm{L}}\right)^{\mathrm{F}} \times \boldsymbol{L}_{\mathrm{S}}^{\mathrm{F}} = \boldsymbol{M}_{\mathrm{S}}^{\mathrm{F}}, \text{ mit}: \frac{d^{rel}}{dt}\boldsymbol{L}_{\mathrm{S}}^{\mathrm{F}} = \boldsymbol{0}, \ \boldsymbol{M}_{\mathrm{S}}^{\mathrm{F}} = \sum_{i=1}^{4} \boldsymbol{r}_{\mathrm{SFi}}^{\mathrm{F}} \times \boldsymbol{F}_{\mathrm{i}}^{\mathrm{F}}, \\
&m\frac{d}{dt}\boldsymbol{v}_{\mathrm{S}}^{\mathrm{F}} = m\frac{d^{rel}}{dt}\boldsymbol{v}_{\mathrm{S}}^{\mathrm{F}} + m\left(\boldsymbol{\omega}^{\mathrm{L}}\right)^{\mathrm{F}} \times \boldsymbol{v}_{\mathrm{S}}^{\mathrm{F}} = m\boldsymbol{g}^{\mathrm{F}} + \sum_{i=1}^{4} \boldsymbol{F}_{\mathrm{i}}^{\mathrm{F}}, \text{ mit}: \frac{d^{rel}}{dt}\boldsymbol{v}_{\mathrm{S}}^{\mathrm{F}} = \boldsymbol{0}.
\end{aligned} \tag{12}$$

Die Koordinatengleichungen für das System (12) lauten

$$\begin{bmatrix} 0 \\ -\dfrac{v}{R} \\ 0 \end{bmatrix} \times \begin{bmatrix} 0 \\ -\dfrac{v}{R}\left[\dfrac{m_{\mathrm{L}}}{12}\left(a^2+b^2\right)+m_{\mathrm{R}}\left(r^2+c^2+d^2\right)\right] \\ -2vm_{\mathrm{R}}r \end{bmatrix} =$$

$$= \begin{bmatrix} -c/2 \\ -r \\ d/2 \end{bmatrix} \times \begin{bmatrix} 0 \\ F_{1y} \\ 0 \end{bmatrix} + \begin{bmatrix} c/2 \\ -r \\ d/2 \end{bmatrix} \times \begin{bmatrix} 0 \\ F_{2y} \\ 0 \end{bmatrix} + \begin{bmatrix} -c/2 \\ -r \\ -d/2 \end{bmatrix} \times \begin{bmatrix} 0 \\ F_{3y} \\ F_{3z} \end{bmatrix} + \begin{bmatrix} c/2 \\ -r \\ -d/2 \end{bmatrix} \times \begin{bmatrix} 0 \\ F_{4y} \\ F_{4z} \end{bmatrix},$$

$$m\begin{bmatrix} 0 \\ -\dfrac{v}{R} \\ 0 \end{bmatrix} \times \begin{bmatrix} v \\ 0 \\ 0 \end{bmatrix} = \begin{bmatrix} 0 \\ -mg \\ 0 \end{bmatrix} + \begin{bmatrix} 0 \\ F_{1y} \\ 0 \end{bmatrix} + \begin{bmatrix} 0 \\ F_{2y} \\ 0 \end{bmatrix} + \begin{bmatrix} 0 \\ F_{3y} \\ F_{3z} \end{bmatrix} + \begin{bmatrix} 0 \\ F_{4y} \\ F_{4z} \end{bmatrix}. \tag{13}$$

Setzt man hier für den gesuchten Fall der Stabilitätsgrenze bei der Geschwindigkeit $v_{\max}$ für die inneren Radkräfte $F_{1y} = F_{2y} = 0$, dann erhält man das Gleichungssystem

$$\begin{aligned}
\frac{2v_{\max}^2 m_{\mathrm{R}} r}{R} &= -rF_{3z} + \frac{d}{2}F_{3y} - rF_{4z} + \frac{d}{2}F_{4y}, \\
0 &= \frac{c}{2}F_{3z} - \frac{c}{2}F_{4z}, \\
0 &= -\frac{c}{2}F_{3y} + \frac{c}{2}F_{4y}, \\
0 &= -mg + F_{3y} + F_{4y}, \\
\frac{v_{\max}^2 m}{R} &= F_{3z} + F_{4z}.
\end{aligned} \tag{14}$$

Für die Grenzgeschwindigkeit $v_{\max}$ für das Fahrzeug erhält man

$$v_{\max} = \sqrt{\frac{dRmg}{2r\left(m+2m_{\mathrm{R}}\right)}}, \quad \text{mit}: \quad m = 4m_{\mathrm{R}} + m_{\mathrm{L}}. \tag{15}$$

Aufgabe 5.31 (Bild 5.77)

Ein Schiff wird durch eine Turbine angetrieben, deren Läufer eine Masse von m = 2800 kg und einen Trägheitsradius von k = 0,4 m hat. Seine Drehzahl beträgt n = 3000 min^{-1}, der Abstand der Läuferlager ist a = 2,5 m.

Wie groß ist die maximale, durch die Kreiselwirkung des Läufers hervorgerufene Kraft auf seine Lager, wenn das Schiff mit einer Amplitude von $\varphi_0 = 10°$ und einer Periode von T = 18 s um die skizzierte x^{F}-Achse schwingt? F(x, y, z) ist das schiffsfeste Koordinatensystem.

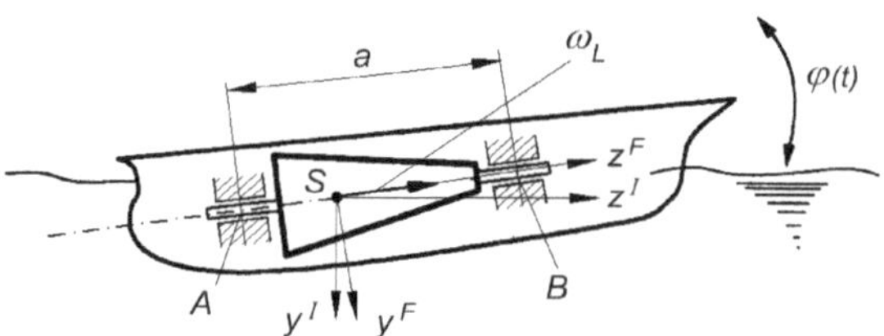

Bild 5.77 Stampfendes Schiff mit Turbine

Lösungsanalyse: In der Aufgabe wird ein Kreisel (rotierender starrer Körper) untersucht, auf den eine Zwangsbewegung ausgeübt wird. Hier werden für eine gegebene Bewegung die dadurch ausgelösten Kräfte gesucht. In guter Näherung kann die Stampfbewegung des Schiffes durch eine harmonische Funktion der Zeit beschrieben werden. Für die Ermittlung der Lagerkräfte wird der Drallsatz für den Turbinenläufer bezogen auf seinen Schwerpunkt S formuliert. Er wird dargestellt im schiffsfesten Koordinatensystem F. Die Bewegung des Systems F ist die Stampfbewegung. Die Gewichtskraft des Rotors in y^{I}-Richtung wird bei den Ableitungen nicht berücksichtigt. Sie verteilt sich gemäß der Schwerpunktabstände auf die Lager A und B.

Lösung: Der Drallsatz für den Rotor bezogen auf S und dargestellt im F-System lautet

$$\frac{d}{dt}\boldsymbol{L}_{\mathrm{S}}^{\mathrm{F}} = \frac{d^{rel}}{dt}\boldsymbol{L}_{\mathrm{S}}^{\mathrm{F}} + \boldsymbol{\omega}_{\mathrm{F}}^{\mathrm{F}} \times \boldsymbol{L}_{\mathrm{S}}^{\mathrm{F}} = \boldsymbol{M}_{\mathrm{S}}^{\mathrm{F}}. \tag{1}$$

Die Winkelgeschwindigkeit $\omega_{\mathrm{F}} = d\varphi/dt$ des Koordinatensystems ist die zeitliche Ableitung der Stampfbewegung des Schiffes. Diese kann mit guter Näherung durch eine harmonische Funktion der Zeit beschrieben werden

$$\varphi(t) = \varphi_0 \sin(\Omega t), \tag{2}$$

mit Ω aus der gegebenen Periode:

$$\Omega T = 2\pi \quad \Rightarrow \quad \Omega = \frac{2\pi}{T}. \tag{3}$$

Damit gilt für die Winkelgeschwindigkeit des F-Systems

$$\boldsymbol{\omega}_{\mathrm{F}}^{\mathrm{F}} = \left[\frac{d\varphi}{dt};\quad 0;\quad 0\right]^{\mathrm{T}}, \tag{4}$$

mit: $\dfrac{d\varphi}{dt} = \varphi_0 \dfrac{2\pi}{T} \cos\left(\dfrac{2\pi}{T} t\right)$.

Für den Drall des Läufers gilt

$$\boldsymbol{L}_{\mathrm{S}}^{\mathrm{F}} = \boldsymbol{J}_{\mathrm{S}}^{\mathrm{F}} \boldsymbol{\omega}_{\mathrm{L}}^{\mathrm{F}} = \begin{bmatrix} J_{\mathrm{S}x} & 0 & 0 \\ 0 & J_{\mathrm{S}x} & 0 \\ 0 & 0 & J_{\mathrm{S}z} \end{bmatrix} \begin{bmatrix} \omega_{\mathrm{F}} \\ 0 \\ \omega_{\mathrm{L}z} \end{bmatrix} = \begin{bmatrix} J_{\mathrm{S}x}\omega_{\mathrm{F}} \\ 0 \\ J_{\mathrm{S}z}\omega_{\mathrm{L}z} \end{bmatrix}. \tag{5}$$

Das Moment $\boldsymbol{M}_{\mathrm{S}}^{\mathrm{F}}$ von den Lagern auf den Rotor ist das Kräftepaar ($\boldsymbol{F}_{\mathrm{A}}$, $\boldsymbol{F}_{\mathrm{B}} = -\boldsymbol{F}_{\mathrm{A}}$)

$$\boldsymbol{M}_{\mathrm{S}}^{\mathrm{F}} = \boldsymbol{r}_{\mathrm{SB}}^{\mathrm{F}} \times \boldsymbol{F}_{\mathrm{B}}^{\mathrm{F}} + \boldsymbol{r}_{\mathrm{SA}}^{\mathrm{F}} \times \boldsymbol{F}_{\mathrm{A}}^{\mathrm{F}} = \boldsymbol{r}_{\mathrm{SB}}^{\mathrm{F}} \times \boldsymbol{F}_{\mathrm{B}}^{\mathrm{F}} - \boldsymbol{r}_{\mathrm{SA}}^{\mathrm{F}} \times \left(-\boldsymbol{F}_{\mathrm{A}}^{\mathrm{F}}\right) = \left(\boldsymbol{r}_{\mathrm{SB}}^{\mathrm{F}} + \boldsymbol{r}_{\mathrm{AS}}^{\mathrm{F}}\right) \times \boldsymbol{F}_{\mathrm{B}}^{\mathrm{F}} = \boldsymbol{r}_{\mathrm{AB}}^{\mathrm{F}} \times \boldsymbol{F}_{\mathrm{B}}^{\mathrm{F}}. \tag{6}$$

Damit erhält man das Gleichungssystem

$$\begin{bmatrix} J_{\mathrm{S}x}\dot{\omega}_{\mathrm{F}} \\ 0 \\ 0 \end{bmatrix} + \begin{bmatrix} \dot{\varphi} \\ 0 \\ 0 \end{bmatrix} \times \begin{bmatrix} J_{\mathrm{S}x}\omega_{\mathrm{F}} \\ 0 \\ J_{\mathrm{S}z}\omega_{\mathrm{L}z} \end{bmatrix} = \begin{bmatrix} 0 \\ 0 \\ a \end{bmatrix} \times \begin{bmatrix} F_{\mathrm{B}x} \\ F_{\mathrm{B}y} \\ 0 \end{bmatrix}$$

$$\begin{aligned} J_{\mathrm{S}x}\ddot{\varphi} &= a F_{\mathrm{B}y}, \\ -J_{\mathrm{S}z}\omega_{\mathrm{L}z}\dot{\varphi} &= a F_{\mathrm{B}x}, \end{aligned} \tag{7}$$

außerdem gilt: $F_{\mathrm{A}x} = -F_{\mathrm{B}x}$ und $F_{\mathrm{A}y} = -F_{\mathrm{B}y}$.

Die erste Gleichung in (7) beschreibt die Kraftwirkung in den Lagern auf Grund der Trägheitswirkung des Rotors beim Stampfen des Schiffes in Richtung y^{F}. Im Vergleich mit der Wirkung des Kreiselmomentes in der zweiten Gleichung von (7) kann diese Lagerlast wegen der kleinen Drehbeschleunigung um die x^{H}-Achse vernachlässigt werden. Aus der zweiten Gleichung von (7) erhält man die gesuchten Lagerlasten infolge der Kreiselwirkung

$$F_{\mathrm{B}x} = -F_{\mathrm{A}x} = -\dot{\varphi}\frac{J_{\mathrm{S}z}\omega_{\mathrm{L}z}}{a} = -\varphi_0 \frac{2\pi J_{\mathrm{S}z}\omega_{\mathrm{L}z}}{aT} \cos\left(\frac{2\pi}{T}t\right). \tag{8}$$

Der Maximalwert der Lagerlasten ist die Amplitude der Schwingung (8) und tritt auf, wenn das Schiff beim Stampfen mit der maximalen Geschwindigkeit durch seine horizontale Lage im Wasser schwingt. Mit der Läuferdrehzahl $\omega_{\mathrm{L}} = \pi n_{\mathrm{L}}/30$ und dem Trägheitsmoment des Läufers um seine Symmetrieachse $J_{\mathrm{S}z} = k^2 m$ erhält man aus (8) den Maximalwert zu

$$F_{\mathrm{B}x\max} = F_{\mathrm{A}x\max} = \varphi_0 \frac{\pi^2 n_{\mathrm{L}} m k^2}{15Ta} = 3430\,\mathrm{N}. \tag{9}$$

Die Lagerbelastung durch das Kreiselmoment schwankt periodisch mit der Stampffrequenz.

Will man die Richtung der Kräfte bei Stampfen des Schiffes auf die Lager ermitteln, dann kann man ohne weitere Rechnung den Satz vom „Gleichsinnigen Parallelismus der Drehachsen" verwenden (s. Lösungsanalyse zu Aufgabe 5.27). Der Turbinenläufer versucht sich auf kürzestem Wege gleichdrehend zur Zwangsdrehung (Stampfbewegung) einzustellen. Ein rechtsdrehender Rotor übt danach beim Aufrichten des Schiffes ein positives Moment (Kreiselmoment) in Richtung der y^F-Achse aus, d. h. die Kraft auf das Lager B ist positiv und auf das Lager A negativ im F-System. Im Bild 5.78 ist dieser Sachverhalt dargestellt.

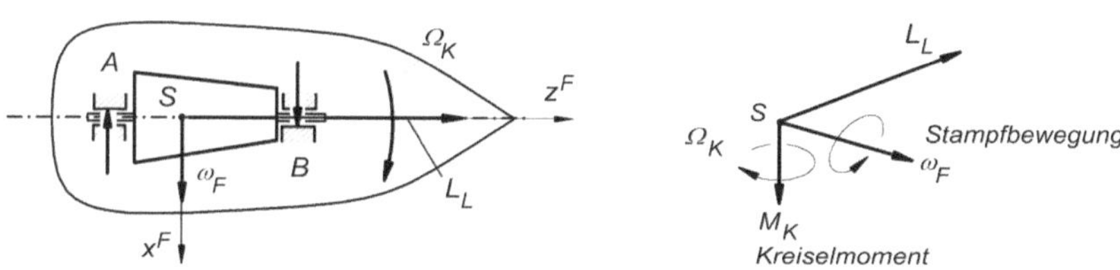

Bild 5.78 Antwort Ω_K (Kreiselmoment $\boldsymbol{M}_K$) des Rotors auf eine äußere Zwangsdrehung ω_F

Aufgabe 5.32

Ein Flugmodell steigt mit konstanter Beschleunigung a_0 senkrecht auf und zieht ein Lenkseil hinter sich her, das am Boden zusammengelegt ist. Das Seil hat ein spezifisches Gewicht von q [N/m].

Wie groß ist a_0, wenn in der Flughöhe h am Flugzeug eine Seilzugkraft F_F gemessen wird?

Lösungsanalyse: In der Aufgabe wird ein System betrachtet, dessen Masse mit der Zeit anwächst. Der Impulssatz gilt in seiner bekannten Form

$$m\frac{d\boldsymbol{v}_S}{dt} = \boldsymbol{F}_S$$

nur für abgeschlossene Systeme mit konstanter Masse. Man kann den Einfluss veränderlicher Masse in die Gleichung einbeziehen, wenn man ein kräftefreies, abgeschlossenes System mit unveränderter Gesamtmasse zu zwei Zeitpunkten t_1 und $t_2 = t_1 + \Delta t$ betrachtet und dabei annimmt, dass ein Massenelement Δm im Innern zum Zeitpunkt t_2 mit unterschiedlicher Geschwindigkeit zu m hinzugefügt wird. Der Kontrollraum umschließt dabei zu beiden Zeitpunkten die gleiche Gesamtmasse (Bild 5.79). Die absolute Geschwindigkeit des Massenelementes Δm vor der Verbindung mit m sei $\boldsymbol{v}_A$.

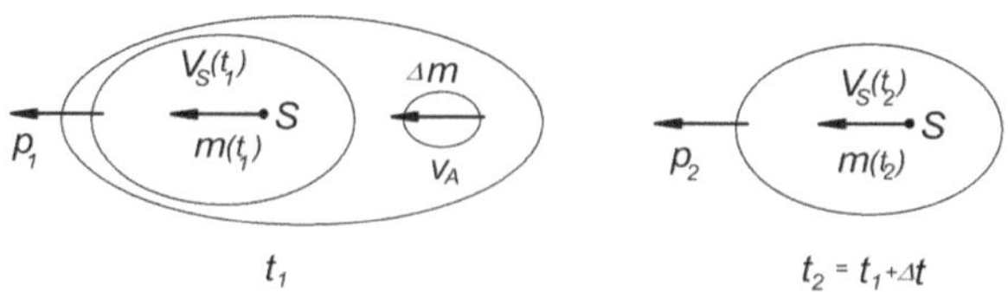

Bild 5.79 Zur Ableitung des Impulssatzes für Systeme mit Massenänderung: Zwei Zustände zu t_1 und t_2

Da keine äußeren Kräfte wirken, gilt der Impulserhaltungssatz, der durch die einzelnen Teilimpulse beschrieben wird

$$\boldsymbol{p}_1(t_1) = \boldsymbol{p}_2(t_1 + \Delta t),$$
$$\boldsymbol{v}_S(t_1)m(t_1) + \boldsymbol{v}_A \Delta m = \boldsymbol{v}_S(t_1 + \Delta t)\left[m(t_1) + \Delta m\right]$$

oder anders zusammengefasst

$$\left[\boldsymbol{v}_S(t_1 + \Delta t) - \boldsymbol{v}_S(t_1)\right]m(t_1) + \left[\boldsymbol{v}_S(t_1 + \Delta t) - \boldsymbol{v}_A\right]\Delta m = 0.$$

Aus dem Differenzenquotienten erhält man im Grenzübergang

$$\lim_{\Delta t \to 0}\left\{\frac{\boldsymbol{v}_S(t + \Delta t) - \boldsymbol{v}_S(t)}{\Delta t}m(t) + \left[\boldsymbol{v}_S(t + \Delta t) - \boldsymbol{v}_A\right]\frac{\Delta m}{\Delta t}\right\} = 0,$$

$$m\frac{d\boldsymbol{v}_S}{dt} + \left(\boldsymbol{v}_S - \boldsymbol{v}_A\right)\frac{dm}{dt} = 0,$$

mit der absoluten Geschwindigkeit $\boldsymbol{v}_A$ der hinzukommenden Massenteile. Wirken auf den Kontrollraum äußere Kräfte $\boldsymbol{F}$, dann erhält man den Impulssatz für massenveränderliche Systeme

$$m\frac{d\boldsymbol{v}_S}{dt} + \left(\boldsymbol{v}_S - \boldsymbol{v}_A\right)\frac{dm}{dt} = \boldsymbol{F}. \tag{1}$$

Lösung: Der Impulssatz für massenveränderliche Systeme wird auf das Seil angewendet. Im Bild 5.80 ist das Schnittbild für das senkrecht nach oben beschleunigte Seil angegeben.

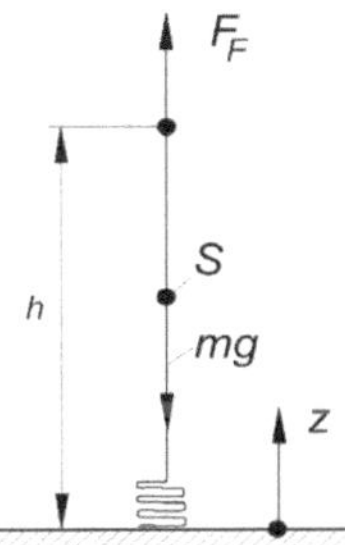

Bild 5.80 Schnittbild

Während des Steigfluges werden fortlaufend zusätzliche Seilelemente mitbeschleunigt. Ein hinzukommendes Massenelement hat die absolute Anfangsgeschwindigkeit $v_A = 0$. Damit lautet die z-Koordinate des Impulssatzes für das Seil nach (1)

$$m(t)\ddot{z}_S + \dot{z}_S\frac{dm(t)}{dt} = F - mg. \tag{2}$$

Zu beachten ist hierbei, dass z_S die Koordinate des Schwerpunktes des bereits aufgezogenen Seiles ist. Für die Seilmasse gelten folgende Beziehungen

$$m(t) = 2z_S \frac{q}{g}, \quad \frac{dm(t)}{dt} = 2\dot{z}_S \frac{q}{g}. \tag{3}$$

Damit erhält man aus (2)

$$2z_S \frac{q}{g} \ddot{z}_S + 2\dot{z}_S^2 \frac{q}{g} = F - 2z_S q. \tag{4}$$

Diese allgemeine Gleichung für $z_S(t)$ wird ausgewertet für die Position des Flugmodells in der Höhe $2z_S = h$ und bei der Beschleunigung $2\ddot{z}_S = a_0$. Zwischen $\dot{z}_S^2$ und $\ddot{z}_S$ existiert wegen der konstanten Beschleunigung eine einfache Abhängigkeit. Mit der Umformung

$$\ddot{z}_S = \frac{d\dot{z}_S}{dt} = \frac{d\dot{z}_S}{dz}\frac{dz}{dt} = \frac{d\dot{z}_S}{dz}\dot{z}_S$$

und anschließender Integration bis zur betrachteten Lage von S

$$\int_0^{h/2} \ddot{z}_S dz = \int_0^{\dot{z}_S} \dot{z}_S d\dot{z}_S \Rightarrow \ddot{z}_S \frac{h}{2} = \frac{1}{2}\dot{z}_S^2 \Rightarrow \dot{z}_S^2 = \frac{a_0 h}{2} \tag{5}$$

folgt schließlich aus (4) die gesuchte Beschleunigung des Flugmodells in der Höhe h mit $\ddot{z}_S = a_0/2$ und $z_S = h/2$

$$2\frac{h}{2}\cdot\frac{q}{g}\cdot\frac{a_0}{2} + 2\frac{a_0 h}{2}\cdot\frac{q}{g} = F - 2\frac{h}{2}q \Rightarrow a_0 = \frac{2g}{3}\left(\frac{F}{qh} - 1\right). \tag{6}$$

Aufgabe 5.33

Eine Rakete steigt von der Erdoberfläche aus mit konstanter Beschleunigung $a_0 = 3g$ senkrecht auf. Die relative Ausströmgeschwindigkeit der Gase aus der Schubdüse ist $v_{rel} = 2000$ m/s.

a) Wie verändert sich die Masse der Rakete, wenn die Erdbeschleunigung als konstant angesehen wird?

b) Nach welcher Zeit t_1 ist die Masse der Rakete auf die Hälfte des Anfangswertes m_0 abgesunken?

Lösungsanalyse: Die aufsteigende Rakete ist ein System mit kontinuierlicher Massenabnahme. In der Lösungsanalyse zu Aufgabe 5.32 wurde die Gleichung für den Impulssatz für Systeme mit variabler Masse bei Massenzunahme aus dem Axiom Impulssatz abgeleitet. Führt man die analoge Ableitung für eine Massenabnahme durch, d. h. $m(t_2) = m(t_1 + \Delta t) = m(t_1) - \Delta m$, dann erhält man

$$m\frac{d\boldsymbol{v}_S}{dt} + (\boldsymbol{v}_A - \boldsymbol{v}_S)\frac{dm}{dt} = \boldsymbol{F} \Rightarrow m\frac{d\boldsymbol{v}_S}{dt} = \boldsymbol{F} + \boldsymbol{F}_A. \tag{1}$$

die sog. Raketengleichung. Hierin ist $\boldsymbol{v}_A$ die absolute Ausströmgeschwindigkeit der Gase und

$$\boldsymbol{F}_A = -\boldsymbol{v}_{rel}\frac{dm}{dt} \tag{2}$$

ist die Schubkraft des Raketenantriebs. Die relative Ausströmgeschwindigkeit der Gase ist $\boldsymbol{v}_{rel} = \boldsymbol{v}_A - \boldsymbol{v}_S$. Bei konstanter Beschleunigung kann für (1) sofort die Funktion $m(t)$ durch Integration bestimmt werden.

Lösung: a) Das Schnittbild für die Rakete ist im Bild 5.81 dargestellt.

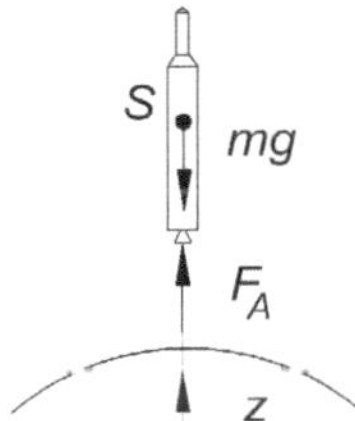

Bild 5.81 Schnittbild

Die z Koordinate für den Impulssatz (1) lautet mit der konstanten Beschleunigung $a_0 = 3g$

$$3gm(t) + \frac{dm}{dt}v_{rel} = -gm(t). \tag{3}$$

Nach Trennung der Variablen und Integration erhält man die Zeitfunktion der Raketenmasse

$$\int_{m_0}^{m}\frac{dm}{m(t)} = -\int_0^t \frac{4g}{v_{rel}}dt \Rightarrow \ln\left(\frac{m}{m_0}\right) = -\frac{4g}{v_{rel}}t \Rightarrow m(t) = m_0 e^{-\frac{4g}{v_{rel}}t}. \tag{4}$$

b) Setzt man in (4) für $m(t_1) = m_0/2$ ein, dann erhält man die Zeitdauer t_1 der halben Massenabnahme

$$\frac{m(t_1)}{m_0} = e^{-\frac{4g}{v_{rel}}t_1} = \frac{1}{2} \Rightarrow t_1 = \frac{v_{rel}}{4g}\ln 2 = 35{,}3\text{ s}. \tag{5}$$

Aufgabe 5.34 (Bild 5.82)

Eine Stange rotiert mit konstanter Winkelgeschwindigkeit ω um eine vertikale Achse und nimmt dabei einen punktförmigen Körper K mit. Der Körper kann auf der Stange gleiten. Sein Haftreibungsbeiwert sei μ_0.

a) In welchem Abstand s_0 befindet sich der Körper gegenüber der Stange im Gleichgewicht, wenn die Reibung vernachlässigt wird? Ist diese Gleichgewichtslage stabil oder instabil?

b) Wo liegen bei Berücksichtigung der Reibung die Grenzen $s_1 < s < s_2$ des Bereichs, in dem Gleichgewicht möglich ist?

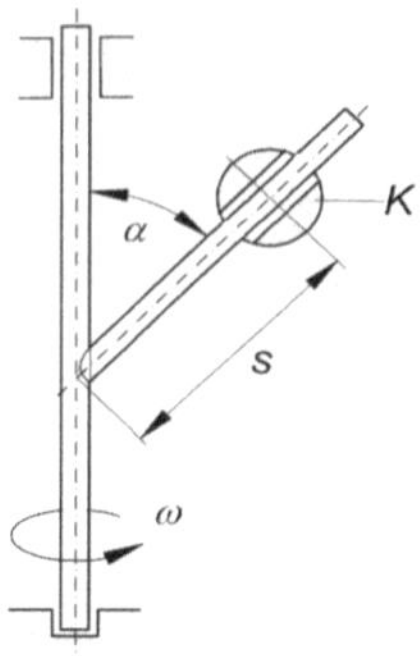

Bild 5.82 Rotierendes System

Lösungsanalyse: Die Bewegung der Masse K kann mit Hilfe des Impulssatzes am freigeschnittenen Körper beschrieben werden. Die Darstellung erfolgt im Koordinatensystem S, das sich mit ω dreht und dessen x^{S}-Achse in Stabrichtung weist. Für die zweite Ableitung im Impulssatz muss die Differenziationsregel für drehende Koordinatensysteme zweimal angewendet werden. Zur Klärung der Stabilitätsfrage wird die Beschleunigung ermittelt, nachdem der Körper K aus der Gleichgewichtslage s_0 heraus um eine kleine Störung Δs verschoben wird. Die Lage ist dann instabil, wenn die ermittelte Beschleunigung den Körper noch weiter aus seiner Gleichgewichtslage heraus treibt bzw. stabil, wenn der Körper in die Lage s_0 zurückgeführt wird.

Bei Berücksichtigung der Reibung müssen beide möglichen Richtungen der Reibungskraft im Impulssatz berücksichtigt werden.

Lösung: a) Das Schnittbild für den Körper K ist im Bild 5.83 dargestellt. Das Koordinatensystem S(x, y, z) ist stangenfest. Die Reibungskraft F_{R} ist für den Fall $\dot{x}_{\mathrm{K}} < 0$ eingezeichnet.

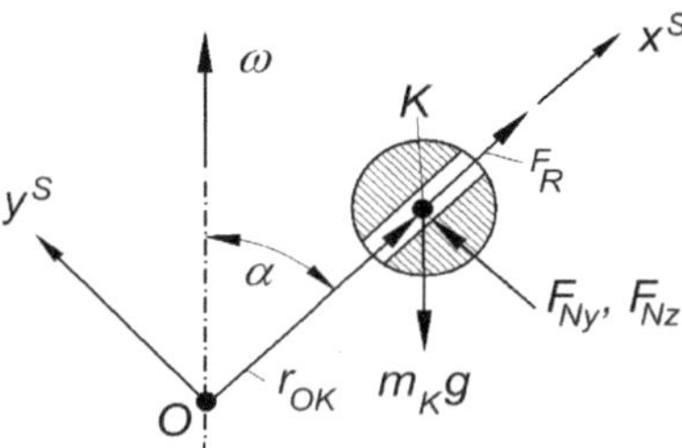

Bild 5.83 Schnittbild für Körper K

Für den Impulssatz für den Körper K erhält man aus dem Schnittbild nach zweimaliger Anwendung der Differenziationsregel im drehenden Koordinatensystem S(x, y, z) unter Einbeziehung der Reibungskräfte

$$m_{\mathrm{K}} \frac{d^2}{dt^2} \boldsymbol{r}_{\mathrm{OK}}^{\mathrm{S}} = \frac{d^{rel}}{dt} \left(\frac{d^{rel}}{dt} \boldsymbol{r}_{\mathrm{OK}}^{\mathrm{S}} + \boldsymbol{\omega}^{\mathrm{S}} \times \boldsymbol{r}_{\mathrm{OK}}^{\mathrm{S}} \right) + \boldsymbol{\omega}^{\mathrm{S}} \times \left(\frac{d^{rel}}{dt} \boldsymbol{r}_{\mathrm{OK}}^{\mathrm{S}} + \boldsymbol{\omega}^{\mathrm{S}} \times \boldsymbol{r}_{\mathrm{OK}}^{\mathrm{S}} \right) = \sum \boldsymbol{F}_{\mathrm{K}}, \quad (1)$$

mit

$$\boldsymbol{r}_{OK}^{S} = \begin{bmatrix} x_K \\ 0 \\ 0 \end{bmatrix}, \ \boldsymbol{\omega}^S = \begin{bmatrix} \omega \cos\alpha \\ \omega \sin\alpha \\ 0 \end{bmatrix},$$

$$\sum \boldsymbol{F}_K = m_K \boldsymbol{g} + \boldsymbol{F}_N \pm \boldsymbol{F}_R = \begin{bmatrix} -m_K g \cos\alpha \\ -m_K g \sin\alpha \\ 0 \end{bmatrix} + \begin{bmatrix} 0 \\ F_{N\,y} \\ F_{N\,z} \end{bmatrix} + \begin{bmatrix} \pm F_R \\ 0 \\ 0 \end{bmatrix},$$

$$F_R = F_{R\,x} = \mu_0 \left(F_{N\,y} + F_{N\,z} \right).$$

Das obere Vorzeichen der Reibungskraft gilt für $\dot{x}_K < 0$ und das untere für $\dot{x}_K > 0$. Für die skalaren Gleichungen erhält man aus (1)

$$\begin{aligned} m_K \ddot{x}_K - m_K \omega^2 x_K \sin^2\alpha &= -m_K g \cos\alpha \pm \mu_0 \left(F_{N\,y} + F_{N\,z} \right), \\ m_K \omega^2 x_K \sin\alpha \cos\alpha &= -m_K g \sin\alpha + F_{N\,y}, \\ -2 m_K \omega \dot{x}_K \sin\alpha &= F_{N\,z}. \end{aligned} \tag{2}$$

Den Gleichgewichtszustand bei Reibungsfreiheit liest man aus der ersten Gleichung von (2) für $\ddot{x}_K = 0$, $x_K = s_0$ und $\mu_0 = 0$ ab:

$$s_0 = \frac{g \cos\alpha}{\omega^2 \sin^2\alpha}. \tag{3}$$

Eine Stabilitätsaussage für diese Lage findet man aus der Berechnung von $\ddot{x}_K$ nach einer kleinen Störung $x_K = s_0 + \Delta s$. Aus der ersten Gleichung von (2) folgt damit

$$\ddot{x}_K = \omega^2 \left(s_0 + \Delta s \right) \sin^2\alpha - g \cos\alpha = \Delta s\, \omega^2 \sin^2\alpha + s_0\, \omega^2 \sin^2\alpha - g \cos\alpha = \Delta s\, \omega^2 \sin^2\alpha. \tag{4}$$

Bei einer kleinen Störung nimmt die Beschleunigung zu, d. h. die Auslenkung wird größer. Die Gleichgewichtslage (3) ist damit instabil.

b) Zur Berechnung der Gleichgewichtslagen bei Reibung muss das Gleichungssystem (2) vollständig ausgewertet werden. Da die Ruhelagen $s_{1,2}$ untersucht werden fällt mit $\dot{x}_K = 0$ die dritte Gleichung fort. Aus der zweiten Gleichung von (2) folgt für die Normalkraft

$$F_{N\,y} = m_K \left(\omega^2 s \cos\alpha + g \right) \sin\alpha. \tag{5}$$

Dies in die erste Gleichung von (2) eingesetzt ergibt den Bereich der Gleichgewichtslagen

$$s_{1,2} = \frac{g}{\omega^2} \cdot \frac{\cos\alpha \mp \mu_0 \sin\alpha}{\sin^2\alpha \pm \mu_0 \sin\alpha \cos\alpha}. \tag{6}$$

Das obere Vorzeichen in (6) gilt für die untere Gleichgewichtslage s_1, das untere für s_2.

Aufgabe 5.35 (Bild 5.84)

Auf einer Scheibe I ist eine zweite Scheibe II mit homogener Massenverteilung und der Masse m_{II} im Punkt A drehbar gelagert. Durch einen Antrieb in A wird die relative Winkelgeschwindigkeit $\dot{\varphi}$ zwischen beiden Scheiben konstant gehalten.

Welches Antriebsmoment M_{O} muss auf die vertikale Achse durch den Fixpunkt O wirken, damit sich die Scheibe I mit konstanter Winkelgeschwindigkeit $\omega_{\text{I}} = \dot{\alpha}$ dreht?

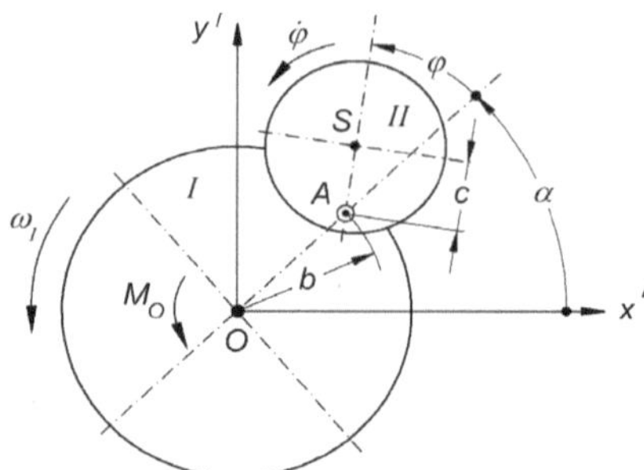

Bild 5.84 Rotierendes System mit zwei Antrieben

Lösungsanalyse: Die Lösung der Aufgabe erfolgt mit Hilfe des Drallsatzes. Dafür ist zunächst der sinnvollste Drallbezugspunkt festzulegen. Dies ist hier der Fixpunkt O, da er gleichzeitig körperfester Punkt eines Systemteils ist. Zudem nimmt der Drallsatz mit Bezug auf einen Fixpunkt seine einfachste Form an. Der Drallvektor des Gesamtsystems ist die Addition aus den Drallvektoren der einzelnen Systemteile, immer für den gleichen Bezugspunkt formuliert. Es empfiehlt sich, die ersten Ableitungsschritte noch ohne Festlegung eines Koordinatensystems durchzuführen. Erst am Schluss der Berechnungen beim Übergang auf skalare Gleichungen stellt sich das Inertialsystem I(x, y, z) als geeignetstes Koordinatensystem heraus.

Lösung: Der Drallsatz mit Bezug auf Fixpunkt O lautet

$$\frac{d}{dt}\boldsymbol{L}_{\text{O}} = \boldsymbol{M}_{\text{O}}, \tag{1}$$

mit dem Drallvektor

$$\boldsymbol{L}_{\text{O}} = \boldsymbol{L}_{\text{O}}^{\text{I}} + \boldsymbol{L}_{\text{O}}^{\text{II}}, \quad \boldsymbol{L}_{\text{O}}^{\text{I}} = \boldsymbol{J}_{\text{O}}^{\text{I}}\boldsymbol{\omega}_{\text{I}}, \ \boldsymbol{L}_{\text{O}}^{\text{II}} = \boldsymbol{L}_{\text{S}}^{\text{II}} + m_{\text{II}}\left(\boldsymbol{r}_{\text{OS}} \times \boldsymbol{v}_{\text{S}}\right) = \boldsymbol{J}_{\text{S}}^{\text{II}}\boldsymbol{\omega}_{\text{II}} + m_{\text{II}}\left(\boldsymbol{r}_{\text{OS}} \times \boldsymbol{v}_{\text{S}}\right),$$

$$\boldsymbol{L}_{\text{O}} = \boldsymbol{J}_{\text{O}}^{\text{I}}\boldsymbol{\omega}_{\text{I}} + \boldsymbol{J}_{\text{S}}^{\text{II}}\boldsymbol{\omega}_{\text{II}} + m_{\text{II}}\left(\boldsymbol{r}_{\text{OS}} \times \boldsymbol{v}_{\text{S}}\right). \tag{2}$$

Da $\boldsymbol{L}_{\text{O}}^{\text{I}}$ und $\boldsymbol{L}_{\text{S}}^{\text{II}}$ mit $\omega_{\text{I}} = \dot{\alpha}$ und $\omega_{\text{II}} = \dot{\alpha} + \dot{\varphi}$ konstant sind und der Ausdruck $\left(\boldsymbol{v}_{\text{S}} \times \boldsymbol{v}_{\text{S}}\right) = \boldsymbol{0}$ ist, verbleibt nach der Anwendung der zeitlichen Ableitung auf (2) vom Drallsatz

$$m_{\text{II}}\left(\boldsymbol{r}_{\text{OS}} \times \frac{d}{dt}\boldsymbol{v}_{\text{S}}\right) = m_{\text{II}}\left(\boldsymbol{r}_{\text{OS}} \times \frac{d^2}{dt^2}\boldsymbol{r}_{\text{OS}}\right) = \boldsymbol{M}_{\text{O}}. \tag{3}$$

Für die Auswertung von (3) muss in einem Koordinatensystem gearbeitet werden. Im I-System lautet der Ortsvektor

$$\boldsymbol{r}_{\mathrm{OS}}^{\mathrm{I}} = \boldsymbol{r}_{\mathrm{OA}}^{\mathrm{I}} + \boldsymbol{r}_{\mathrm{AS}}^{\mathrm{I}} = \begin{bmatrix} b\cos\alpha \\ b\sin\alpha \\ 0 \end{bmatrix} + \begin{bmatrix} c\cos(\alpha+\varphi) \\ c\sin(\alpha+\varphi) \\ 0 \end{bmatrix}. \tag{4}$$

Für die zweite Ableitung im Inertialsystem erhält man mit $\ddot{\alpha} = 0$ und $\ddot{\varphi} = 0$ aus (4)

$$\ddot{\boldsymbol{r}}_{\mathrm{OS}}^{\mathrm{I}} = \begin{bmatrix} -b\dot{\alpha}^2\cos\alpha - c(\dot{\alpha}+\dot{\varphi})^2\cos(\alpha+\varphi) \\ -b\dot{\alpha}^2\sin\alpha - c(\dot{\alpha}+\dot{\varphi})^2\sin(\alpha+\varphi) \\ 0 \end{bmatrix}. \tag{5}$$

Mit dem Kreuzprodukt aus (4) und (5) folgt schließlich das Moment um die z^{I}-Achse durch O

$$M_{\mathrm{O}z}^{\mathrm{I}} = -m_{\mathrm{II}}bc\dot{\varphi}\left(\dot{\varphi}+2\omega_{\mathrm{I}}\right)\sin\varphi. \tag{6}$$

Aufgabe 5.36 (Bild 5.85)

Eine Kugel mit der Masse m wird am oberen Ende O eines innen glatten Rohres ohne Anfangsgeschwindigkeit losgelassen. Das Rohr dreht sich mit konstanter Winkelgeschwindigkeit ω um die vertikale Achse durch O.

a) Wie lautet die Weg-Zeit-Funktion $s(t)$ für die Kugel relativ zum Rohr?

b) Welche Kraft $\boldsymbol{F}_{\mathrm{R}}$ übt die Kugel beim Fallen auf die Rohrwand aus?

c) Mit welcher Absolutgeschwindigkeit $\boldsymbol{v}_{\mathrm{K,A}}$ verlässt die Kugel das Rohr im Punkt A?

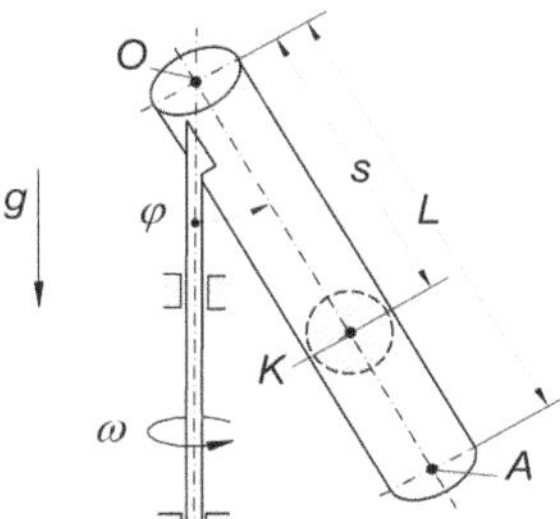

Bild 5.85 Rotierendes Rohr mit Kugel

Lösungsanalyse: Die Bewegung der Kugel kann mit dem Impulssatz ermittelt werden

$$m\frac{d^2}{dt^2}\boldsymbol{r}_{\mathrm{OK}} = \boldsymbol{F}_{\mathrm{K}}. \tag{1}$$

Stellt man ihn in einem rohrfesten Koordinatensystem R(x, y, z) dar, mit der x^{R}-Achse als Rohrachse, dann ist die x^{R}-Komponente des Vektors $\boldsymbol{r}_{\mathrm{OK}}{}^{\mathrm{R}}$ die gesuchte Weg-Zeit-Funktion $s(t)$.

Bei der zweifachen zeitlichen Ableitung in (1) muss im sich drehenden Koordinatensystem die Differenziationsregel für Vektoren zweimal angewendet werden. Aus den skalaren Gleichungen im R-System können $s(t)$ und die Kraft zwischen Rohr und Kugel bestimmt werden. Für die Wegfunktion erhält man zunächst eine lineare inhomogene Differenzialgleichung 2. Ordnung, die mit den bekannten Ansätzen gelöst werden kann. Die Absolutgeschwindigkeit der Kugel am Punkt A ist die Summe aus der dort vorliegenden Rohrgeschwindigkeit und der Relativgeschwindigkeit $\dot{s}(t)$ der Kugel im Rohr.

Lösung: a) Die Auswertung des Impulssatzes (1) wird im R-System vorgenommen. Im Bild 5.86 ist das Koordinatensystem im Schnittbild für die Kugel dargestellt.

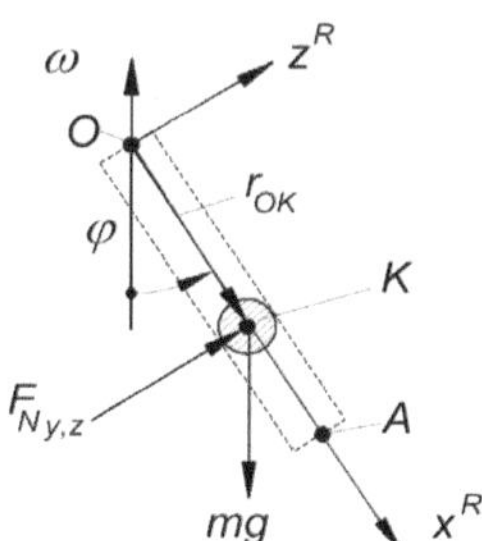

Bild 5.86 Schnittbild für die Kugel

Die Anwendung des Impulssatzes auf die Kugel ergibt im rohrfesten Koordinatensystem R

$$m\frac{d^2}{dt^2}\boldsymbol{r}_{\mathrm{OK}}^{\mathrm{R}} = m\left[\frac{d^{rel}}{dt}\left(\frac{d^{rel}}{dt}\boldsymbol{r}_{\mathrm{OK}}^{\mathrm{R}} + \boldsymbol{\omega}^{\mathrm{R}} \times \boldsymbol{r}_{\mathrm{OK}}^{\mathrm{R}}\right) + \boldsymbol{\omega}^{\mathrm{R}} \times \left(\frac{d^{rel}}{dt}\boldsymbol{r}_{\mathrm{OK}}^{\mathrm{R}} + \boldsymbol{\omega}^{\mathrm{R}} \times \boldsymbol{r}_{\mathrm{OK}}^{\mathrm{R}}\right)\right] = \boldsymbol{F}_{\mathrm{K}}. \quad (2)$$

Mit den Vektoren

$$\boldsymbol{r}_{\mathrm{OK}}^{\mathrm{R}} = \begin{bmatrix} s(t) \\ 0 \\ 0 \end{bmatrix}, \quad \boldsymbol{\omega}^{\mathrm{R}} = \begin{bmatrix} -\omega\cos\varphi \\ 0 \\ \omega\sin\varphi \end{bmatrix}, \quad \boldsymbol{F}_{\mathrm{K}} = \begin{bmatrix} mg\cos\varphi \\ 0 \\ -mg\sin\varphi \end{bmatrix} + \begin{bmatrix} 0 \\ F_{\mathrm{N}\,y} \\ F_{\mathrm{N}\,z} \end{bmatrix} \quad (3)$$

erhält man aus der Vektorgleichung (2) das skalare Gleichungssystem zur Lösung der Aufgabe

$$\begin{aligned} m\ddot{s}(t) - m\omega^2 s(t)\sin^2\varphi &= mg\cos\varphi, \\ 2m\omega\,\dot{s}(t)\sin\varphi &= F_{\mathrm{N}\,y}, \\ -m\omega^2 s(t)\sin\varphi\cos\varphi &= -mg\sin\varphi + F_{\mathrm{N}\,z}. \end{aligned} \quad (4)$$

Für die Bestimmung der Weg-Zeit-Funktion $s(t)$ der Kugel im Rohr muss die erste Gleichung von (4) ausgewertet werden

$$\ddot{s}(t) - \omega^2 s(t)\sin^2\varphi = g\cos\varphi. \quad (5)$$

Dies ist eine inhomogene lineare Dgl 2. Ordnung, die durch folgenden Ansatz gelöst werden kann [PAPULA, 2017]

$$s(t) = s_{\mathrm{hom}}(t) + s_{\mathrm{part}}. \quad (6)$$

Die Lösung ist die Überlagerung der Lösung der homogenen Dgl mit einer partikulären Lösung der inhomogenen. Die homogene Dgl wird mit dem Ansatz $s_{\text{hom}} = \mathrm{A}\, e^{\lambda t}$ gelöst. Nach Einsetzen in (5) erhält man zwei Werte $\lambda_{1,2} = \pm \omega \sin \varphi$ und damit die Lösung

$$s_{\text{hom}}(t) = \mathrm{A}_1\, e^{(\omega \sin \varphi) t} + \mathrm{A}_2\, e^{-(\omega \sin \varphi) t}. \tag{7}$$

Die partikuläre Lösung ist eine Konstante

$$s_{\text{part}} = -\frac{g \cos \varphi}{\omega^2 \sin^2 \varphi}. \tag{8}$$

Die Konstanten A_1 und A_2 findet man durch Einsetzen der Anfangsbedingungen der Kugelbewegung $s(0) = \dot{s}(0) = 0$ in die Gesamtlösung (6) und in deren Ableitung zum Zeitpunkt $t = 0$:

$$s(t) = \mathrm{A}_1\, e^{(\omega \sin \varphi) t} + \mathrm{A}_2\, e^{-(\omega \sin \varphi) t} - \frac{g \cos \varphi}{\omega^2 \sin^2 \varphi},$$

$$\dot{s}(t) = \mathrm{A}_1\, \omega \sin \varphi e^{(\omega \sin \varphi) t} - \mathrm{A}_2 (\omega \sin \varphi) e^{(\omega \sin \varphi) t},$$

$$\left.\begin{aligned} s(0) &= \mathrm{A}_1 + \mathrm{A}_2 - \frac{g \cos \varphi}{\omega^2 \sin^2 \varphi} = 0 \\ \dot{s}(0) &= \mathrm{A}_1\, \omega \sin \varphi - \mathrm{A}_2\, \omega \sin \varphi = 0 \end{aligned}\right\} \Rightarrow \mathrm{A}_2 = \mathrm{A}_1,\ \mathrm{A}_1 = \frac{g \cos \varphi}{2\omega^2 \sin^2 \varphi}.$$

Mit der Beziehung $e^{\lambda t} + e^{-\lambda t} = 2 \cosh(\lambda t)$ [PAPULA, 2017] erhält man die Lösung (6) für den Kugelweg

$$s(t) = \frac{g \cos \varphi}{\omega^2 \sin^2 \varphi} \left[\cosh(\omega t \sin \varphi) - 1 \right]. \tag{9}$$

b) Die Kraft $\boldsymbol{F}_{\mathrm{N}}$ des Rohres auf die Kugel kann direkt aus dem Gleichungssystem (4) entnommen werden. Die gesuchte Kraft $\boldsymbol{F}_{\mathrm{R}}$ der Kugel auf das Rohr ist die Gegenkraft

$$\boldsymbol{F}_{\mathrm{R}} = -\boldsymbol{F}_{\mathrm{N}} = \begin{bmatrix} 0 \\ -2m\omega \dot{s}(t) \sin \varphi \\ m \sin \varphi \left(\omega^2 s(t) \cos \varphi - g \right) \end{bmatrix}. \tag{10}$$

Hier ist noch die Ableitung $\dot{s}(t)$ einzusetzen. Mit der Beziehung $\cosh^2 x - \sinh^2 x = 1$ erhält man hierfür aus (9)

$$\dot{s}(t) = \sqrt{s^2(t)\, \omega^2 \sin^2 \varphi + 2 g s(t) \cos \varphi}. \tag{11}$$

Für die Kraft der Kugel auf das Rohr folgt

$$\boldsymbol{F}_{\mathrm{R}} = -\begin{bmatrix} 0 \\ 2m\omega \sin\varphi \sqrt{s^2(t)\,\omega^2 \sin^2\varphi + 2s(t) g \cos\varphi} \\ m\left(g - s(t)\,\omega^2 \cos\varphi\right)\sin\varphi \end{bmatrix}. \tag{12}$$

c) Die Absolutgeschwindigkeit $\boldsymbol{v}_{\mathrm{K,A}}$ der Kugel im Punkte A findet man am einfachsten aus der Überlagerung der Rohrgeschwindigkeit $\boldsymbol{v}_{\mathrm{R,A}}$ bei A (Führungsgeschwindigkeit) mit der Relativgeschwindigkeit der Kugel im Rohr $\dot{s}(L)$ an der Stelle A

$$\boldsymbol{v}_{\mathrm{K,A}} = \boldsymbol{v}_{\mathrm{R,A}} + \dot{\boldsymbol{s}}(L) = \boldsymbol{\omega} \times \boldsymbol{r}_{\mathrm{OA}} + \dot{\boldsymbol{s}}(L). \tag{13}$$

Im Koordinatensystem R(x, y, z) erhält man für die Absolutgeschwindigkeit

$$\boldsymbol{v}^{\mathrm{R}}_{\mathrm{K,A}} = \begin{bmatrix} -\omega\cos\varphi \\ 0 \\ \omega\sin\varphi \end{bmatrix} \times \begin{bmatrix} L \\ 0 \\ 0 \end{bmatrix} + \begin{bmatrix} \dot{s}(L) \\ 0 \\ 0 \end{bmatrix} = \begin{bmatrix} \dot{s}(L) \\ \omega L \sin\varphi \\ 0 \end{bmatrix} = \begin{bmatrix} \sqrt{\omega^2 L^2 \sin^2\varphi + 2gL\cos\varphi} \\ \omega L \sin\varphi \\ 0 \end{bmatrix}. \tag{14}$$

Sie hat den Betrag

$$v_{\mathrm{K,A}} = \sqrt{2\omega^2 L^2 \sin^2\varphi + 2gL\cos\varphi}\,. \tag{15}$$

Aufgabe 5.37 (Bild 5.87)

Ein schwingungsfähiges System besteht aus einer homogenen Walze (Masse m_1, Massenträgheitsmoment um den Massenmittelpunkt J_S), die über einen Seilzug mit der Masse m_2 verbunden ist und über ein zweites Seil mit einer Feder (Federkonstante c) elastisch am Punkt A gefesselt ist. Die Walze rollt ohne Gleiten auf der horizontalen Ebene. Das Schwingungsverhalten dieses Systems soll untersucht werden; Masse und Reibung der Umlenkrolle im Punkt B können vernachlässigt werden.

Man gebe die Differentialgleichung für die Systembewegung in Abhängigkeit des Walzenwinkels φ und einen Ausdruck für die Kreisfrequenz der Eigenschwingungen des Systems an.

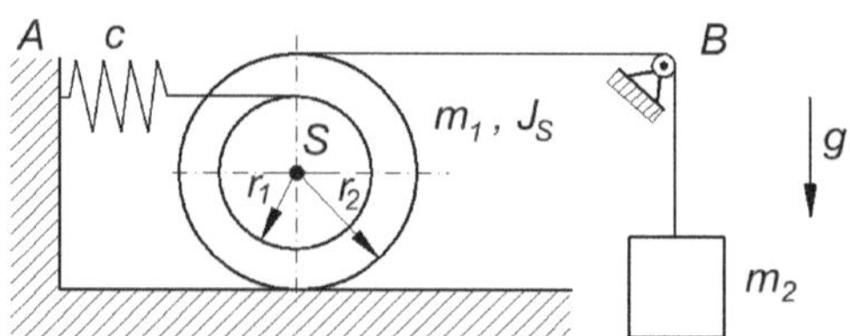

Bild 5.87 Schwingungssystem

Lösungsanalyse: Im Schnittbild (Bild 5.88) für das System werden beide Massen einzeln herausgeschnitten. Die Normalkraft F_N zwischen Walze und Unterlage soll hier unberücksichtigt bleiben. Damit treten 7 Unbekannte auf: F_F, F_S, F_R, x_S, x_F, y_2 und φ. Die Reibungskraft F_R ist für den Fall einer in positive x-Richtung beschleunigten Walzenbewegung dargestellt.

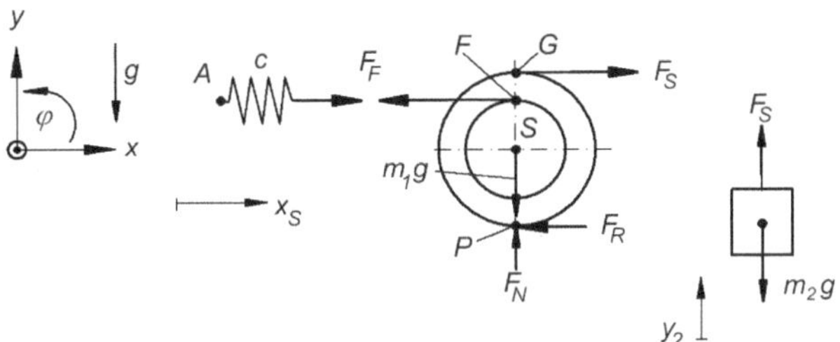

Bild 5.88 Schnittbild

3 Gleichungen erhält man aus Impuls- und Drallsatz für die beiden Massen. Die Federkraft muss in einer gesonderten Betrachtung ermittelt werden. Die dann noch fehlenden 3 Gleichungen sind kinematische Zwangsbedingungen zwischen den Koordinaten x_S, x_F, y_2 und φ.

Lösung: Aus dem Schnittbild liest man für den Drallsatz für die Walze bezüglich S, sowie für die Impulssätze in x-Richtung für die Walze und in y-Richtung für die Masse m_2 folgende Koordinatengleichungen ab:

$$\begin{aligned} J_S\ddot{\varphi} &= F_F r_1 - F_S r_2 - F_R r_2 \,, \\ m_1\ddot{x}_S &= -F_F + F_S - F_R \,, \\ m_2\ddot{y}_2 &= F_S - m_2 g . \end{aligned} \qquad (1), (2), (3)$$

Für die Ermittlung der Federkraft F_F empfiehlt es sich der Vorgehensweise zu folgen, in der die Koordinate x_F zur Beschreibung einer Federkraft mit ihrem Ursprung immer in die statische Systemgleichgewichtslage gelegt wird (Bild 5.89). Bei $x_F = 0$ wird die Feder mit der Kraft F_0 in der statischen Gleichgewichtslage belastet.

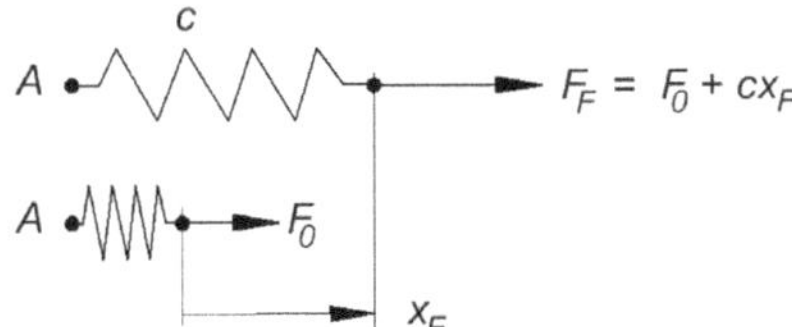

Bild 5.89 Ermittlung der Federkraft

Die Federkraft F_0 im Zustand des statischen Gleichgewichts folgt aus der Momentengleichgewichtsbedingung um den Kontaktpunkt P

$$\sum M_P = 0: \quad F_0\left(r_1 + r_2\right) - m_2 g 2 r_2 = 0,$$

$$F_0 = m_2 g \frac{2r_2}{\left(r_1 + r_2\right)} = 0.$$

Für die Federkraft gilt damit

$$F_F = F_0 + cx_F = m_2 g \frac{2r_2}{(r_1 + r_2)} + cx_F . \tag{4}$$

Die noch fehlenden Gleichungen sind kinematische Zwangsbedingungen. Man erkennt sie am einfachsten, wenn man die Abhängigkeiten zwischen den Geschwindigkeiten in den einzelnen Koordinaten betrachtet. Man erhält folgende Beziehungen

$$\begin{aligned} \dot{x}_S &= f_1(\dot{\varphi}): \quad \dot{x}_S = -r_2\dot{\varphi}, \\ \dot{y}_2 &= f_2(\dot{\varphi}): \quad \dot{y}_2 = -\dot{x}_G,\ \dot{x}_G = -2r_2\dot{\varphi} \rightarrow \dot{y}_2 = 2r_2\dot{\varphi}, \\ \dot{x}_F &= f_3(\dot{\varphi}): \quad \dot{x}_F = -(r_1 + r_2)\dot{\varphi}. \end{aligned} \tag{5), (6), (7}$$

Aus den Gleichungen (1) bis (7) wird durch Elimination von 6 Unbekannten die Bewegungsgleichung in Abhängigkeit des Winkels φ ermittelt:

$$\ddot{\varphi} + \frac{c(r_1 + r_2)^2}{J_S + r_2^2(4m_2 + m_1)}\varphi = 0. \tag{8}$$

Mit der Normalform der Schwingungsgleichung $\ddot{\varphi} + \omega^2\varphi = 0$ folgt die Eigenkreisfrequenz ω aus (8)

$$\omega = (r_1 + r_2)\sqrt{\frac{c}{J_S + r_2^2(4m_2 + m_1)}} . \tag{9}$$

Aufgabe 5.38 (Bild 5.90)

Zuweilen spürt man auf Brücken Eigenschwingungen des Bauwerks. Zur Beurteilung von Strukturen ist es von Interesse, die Strukturverformungen unter Eigengewicht und zusätzlichen Verkehrslasten abzuschätzen.

Man zeige, wie man mit Hilfe der Schwingungsgleichung eines einfachen Feder-Masse-Ersatzsystems die statische Verformung aus den Eigenschwingungen ermitteln kann. Man nehme für die Eigenschwingungen einen Schätzwert von $f \approx 3$ Hz an.

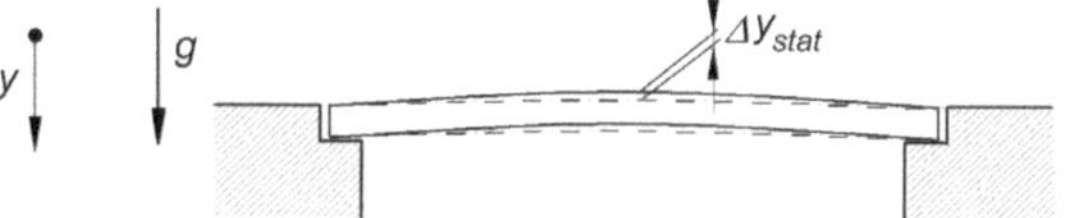

Bild 5.90 Statische Verformung einer Brücke

Lösungsanalyse: Das einfachste Ersatzsystem für die schwingende Brücke ist ein Feder-Masse-System mit dem Freiheitsgrad $f = 1$ (Bild 5.91).

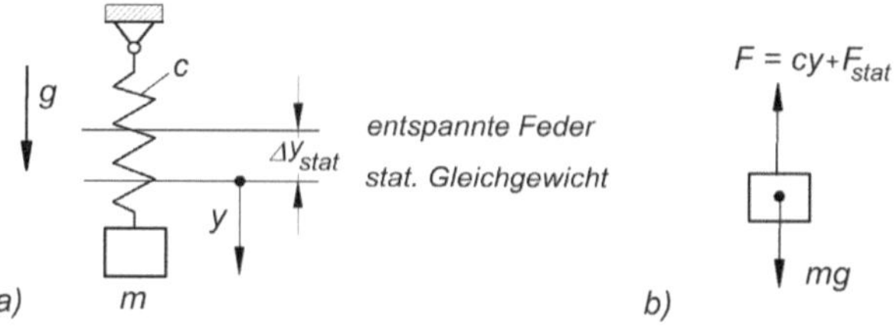

Bild 5.91 a) Einfaches Feder-Masse-System, b) Schnittbild

Die Schwingungsgleichung für ein Feder-Masse-System findet man mit dem Impulssatz in y-Richtung. Mit der Vereinbarung: $y = 0$ liegt in der statischen Gleichgewichtslage, folgt aus dem Schnittbild:

$$m\ddot{y} = mg - F = mg - F_{\text{stat}} - cy, \; F_{\text{stat}} = c\Delta y_{\text{stat}} = mg,$$
$$\ddot{y} + \omega^2 y = 0, \quad \text{mit: } \omega^2 = \frac{c}{m}. \tag{1}$$

Eine Beziehung zwischen Δy_{stat} und der Schwingungsfrequenz f findet man nach Einführung der Kraft F_{stat} in die Eigenkreisfrequenz ω der Schwingungen.

Lösung: Nach (1) gilt

$$F_{\text{stat}} = c\Delta y_{\text{stat}} = mg, \quad \text{mit: } c/m = \omega^2, \; \omega = 2\pi f,$$
$$\Delta y_{\text{stat}} = \frac{g}{4\pi^2 f^2} \approx \frac{1}{4f^2}\,[\text{m}]. \tag{2}$$

Schätzt man bei einer schwingenden Brücke die Eigenfrequenz auf $f \approx 3$ Hz, dann beträgt ihre statische Durchsenkung infolge Verkehrslast und Eigengewicht

$$\Delta y_{\text{stat}} \approx \frac{1}{4f^2} = \frac{1}{36} = 0{,}028 \text{ m}.$$

Aufgabe 5.39 (Bild 5.92)

Die skizzierte schwingungsfähige Konstruktion besteht aus einer homogenen Walze W mit der Masse $m_W = 6$ kg, um die ein unelastisches Band geschlungen ist. Das Band ist mit zwei gleichen Zusatzgewichten mit der Einzelmasse $m = 2$ kg belastet. Über zwei gleiche vorgespannte Federn ist das Band mit dem Boden verbunden.

Wie groß muss die Federkonstante c sein, damit die Walze nach einem kleinen Anstoß Drehschwingungen mit der Schwingungsdauer $T = 2$ s ausführt? Die Massen des Bandes, der beiden Umlenkrollen B und C und der Federn sind zu vernachlässigen.

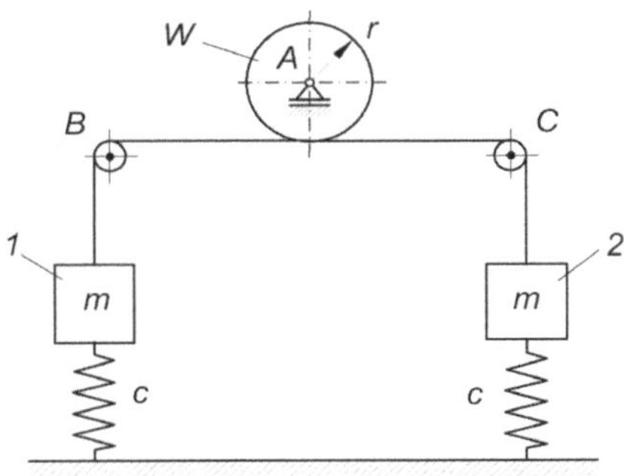

Bild 5.92 Schwingungssystem

Lösungsanalyse: In dieser Aufgabe wird das Schwingungsverhalten einer Konstruktion untersucht. Massen und Federn sind so miteinander verbunden, dass nach einem Anstoß im System eine schwingende Bewegung um die statische Gleichgewichtslage einsetzt. Im Schnittbild treten hier als weitere Schnittkräfte die Federkräfte auf. Die Federkräfte sind sog. eingeprägte Kräfte, weil sie aus zusätzlichen Gleichungen berechnet werden können.

Die Lösung beginnt mit der Festlegung eines Koordinatensystems. In diesem System werden die Lagekoordinaten aller Massen und Federkontaktpunkte eingeführt. Es ist dabei notwendig, den Nullpunkt der jeweiligen Ortskoordinaten festzulegen. Man vereinfacht die Gleichungen, wenn man als Null-Lage die Koordinaten in der statischen Gleichgewichtslage des Systems festlegt.

An Hand der Schnittbilder sämtlicher Bauteile wird das Gleichungssystem zur Lösung formuliert. Es setzt sich zusammen aus den Koordinaten der Impuls- und Drallsätze, den Gleichungen für die Federkräfte und den kinematischen Verträglichkeitsbedingungen, die den Zwangslauf zwischen den eingeführten Lagekoordinaten beschreiben. Die Federkräfte sind linear elastische Funktionen der Koordinaten mit Berücksichtigung der Federvorspannkräfte in der System-gleichgewichtslage.

Nach Elimination aller Schnittgrößen erhält man eine homogene lineare Dgl 2. Ordnung mit konstanten Koeffizienten, deren Lösungsfunktion das Schwingungsverhalten des Systems beschreibt.

Lösung: Im Bild 5.93a wird ein Koordinatensystem eingeführt und die Lagekoordinaten zur Ortsbeschreibung aller Massen und Federn. Die Schnittbilder sind im Bild 5.93b skizziert. Die statische Gleichgewichtslage des Systems wird als Null-Lage der Koordinaten (y_1, y_2, φ) gewählt.

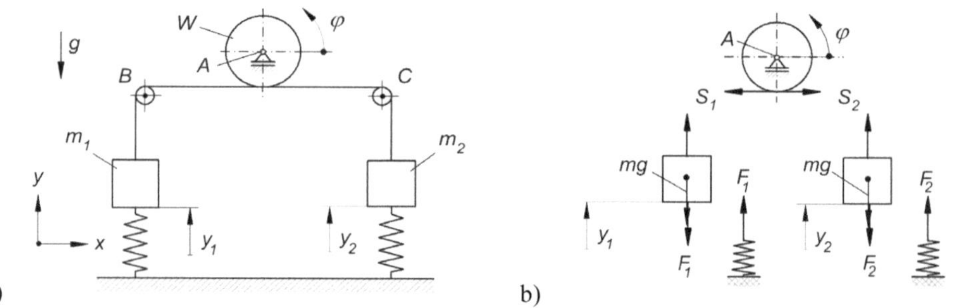

Bild 5.93 Lagekoordinaten und Schnittbilder

Damit erhält man nachfolgendes Gleichungssystem.

- z-Koordinate des Drallsatzes für die Walze W bezogen auf A:

$$J_A \ddot{\varphi} = r\left(S_2 - S_1\right), \quad \text{mit}: J_A = m_W r^2 / 2: \tag{1}$$

- y-Koordinaten für die Impulssätze der Massen m_1 und m_2 :

$$\begin{aligned} m\ddot{y}_1 &= S_1 - mg - F_1, \\ m\ddot{y}_2 &= S_2 - mg - F_2. \end{aligned} \tag{2}$$

- Federkräfte, mit der Federvorspannkraft F_0 in der statischen Gleichgewichtslage:

$$\begin{aligned} F_1 &= F_0 + cy_1, \\ F_2 &= F_0 + cy_2. \end{aligned} \tag{3}$$

Die Vorzeichen in den Gleichungen der Federkräfte sind immer im Zusammenhang mit dem Schnittbild vorzugeben, denn die Vorzeichen der unbekannten Schnittkräfte können noch frei gewählt werden. Bei der nachfolgenden Formulierung der Federkräfte (3) müssen die daraus folgenden Zusammenhänge mit den Koordinaten überprüft werden. Die positiven Vorzeichen in (3) bedeuten, bei Auslenkung der Federschnittpunkte in positive y-Richtung nehmen die Federkräfte zu. Dies stimmt mit der Realität überein.

- Zwischen den Koordinaten y_1, y_2 und φ bestehen wegen des nichtdehnbaren Seils kinematische Zwangsbedingungen:

$$y_2 = -y_1,\ y_1 = r\varphi \ \Rightarrow\ \ddot{y}_1 = -\ddot{y}_2 = r\ddot{\varphi}. \tag{4}$$

Nach Elimination der Seil- und Federkräfte erhält man aus (1) bis (4) die sog. Bewegungsgleichung für die Walze W:

$$\left(\frac{1}{2}m_W + 2m\right)\ddot{\varphi} + 2c\varphi = 0. \tag{5}$$

Man erkennt, die Federvorspannung F_0 tritt im Ergebnis nicht auf, da sie sich mit den Gewichtskräften in der Gleichgewichtslage aufhebt. Dies ist eine homogene Dgl 2. Ordnung mit konstanten Koeffizienten. Bei Wahl einer anderen Null-Lage würde in der Dgl ein konstanter Term auf der rechten Seite auftreten.

Die Normalform dieser Dgl lautet

$$\ddot{x} + \omega^2 x = 0. \tag{6}$$

Sie kann mit dem Ansatz $x(t) = \mathrm{A}\cos(\omega t) + \mathrm{B}\sin(\omega t)$ gelöst werden. Die Lösung ist eine harmonische Schwingung mit der Kreisfrequenz ω [rad/s]. Über die Konstanten A und B kann die Schwingungsbewegung an vorliegende Anfangsbedingungen $x(0)$ und $\dot{x}(0)$ angepasst werden.

Im vorliegenden Fall ist die Kreisfrequenz der Schwingung nach Vergleich von (5) und (6)

$$\omega^2 = \frac{c}{m + \frac{1}{4}m_W}. \tag{7}$$

Die Schwingungsdauer T für eine Vollschwingung ist der Vollwinkel 2π geteilt durch die Kreisfrequenz: $T = 2\pi/\omega$. Damit folgt nach (7) für die gesuchte Federkonstante

$$T^2 = \frac{4\pi^2}{\omega^2} = \frac{4\pi^2}{c}\left(m + \frac{1}{4}m_W\right) \Rightarrow c = \frac{\pi^2}{T^2}\left(4m + m_W\right) = 34{,}5\ \mathrm{N/m}. \tag{8}$$

Alternativer Lösungsweg zum Aufstellen der Bewegungsgleichung: Die im System gespeicherte Energie bleibt bei Schwingungen unverändert: E_0 = konst. Für das konservative Sytem kann die Bewegungsgleichung sehr einfach aus dem Energiesatz gewonnen werden. Es gilt

$$T + U = E_0. \tag{9}$$

Die potentielle Energie wird hier ausschließlich in den Federn umgesetzt, da sich die gleichen Massen im Zwangslauf gegeneinander bewegen und sich die Änderungen der Lagepotentiale gegenseitig aufheben. Die Änderungen der Federpotentiale ΔU_F werden von der statischen Gleichgewichtslage aus gerechnet. Damit erhält man aus (9)

$$T_{trans} + T_{rot} + \Delta U_F + U_{F0} = E_0,$$

$$2\left[\frac{1}{2}m(r\dot{\varphi})^2\right] + \frac{1}{2}\left(\frac{m_W r^2}{2}\right)\dot{\varphi}^2 + 2\left[\frac{1}{2}c(r\varphi)^2\right] = \text{konst}. \tag{10}$$

Dies ist das erste Integral der Bewegungsgleichung. Die Ableitung von (10) führt unmittelbar wieder auf die Dgl (5).

Aufgabe 5.40 (Bild 5.94)

Eine Masse m ist über zwei starre Hebel und vier linear elastische Federn gefesselt und führt reibungsfrei kleine Vertikalschwingungen aus. Die skizzierte horizontale Lage der Hebel ist die statische Gleichgewichtslage.

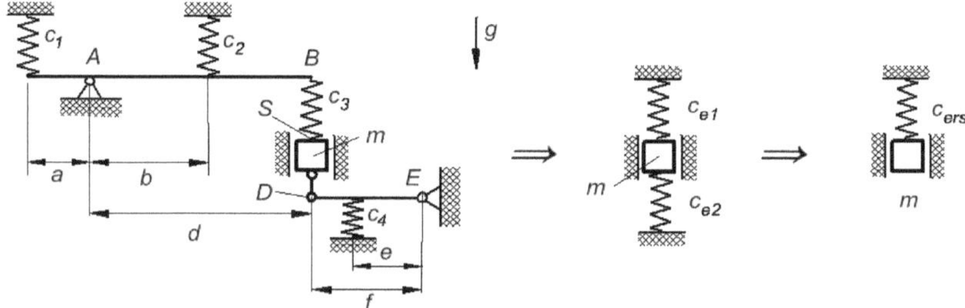

Bild 5.94 Komplexes Federsystem und einfache Ersatzsysteme

a) Wie lautet der Elastizitätsparameter c_{ers} eines wesentlich vereinfachten physikalischen Modells, das man bei Vernachlässigung der Hebelmassen und für kleine Vertikalschwingungen der Masse m findet?

b) Wie lautet die Eigenkreisfrequenz ω für kleine Vertikalschwingungen der Masse m?

Lösungsanalyse: Die Abbildung der komplexen elastischen Lagerung einer Masse in das skizzierte einfache lineare Ersatzsystem ist nur möglich, wenn das Kraft-Verformungsverhalten und die Kinematik der elastischen Lagerung linear sind. Hier ist das gegeben durch die linear elastischen Federn und durch die Einschränkung der Bewegung auf kleine Schwingungen, d. h. für die Verdrehungen der Hebel gilt $(\varphi, \alpha) << 1$ und damit vereinfachen sich die Berechnungen der Federwege wesentlich durch die Näherungen: $\sin(\varphi, \alpha) \approx (\varphi, \alpha)$ und $\cos(\varphi, \alpha) \approx 1$.

Zur Vereinfachung der Rechnung wird die Modellbildung in zwei Stufen durchgeführt, indem die Lagerung oberhalb und unterhalb der Masse zuerst getrennt durch Ersatzfedern beschrieben wird. Zu Beginn der Ableitungen wird das System in der Schwingungsebene der Masse m im Punkt S mit einer zusätzlichen Vertikalkraft F_S belastet. Die daraus folgende Verschiebung des Originalsystems muss im Ersatzsystem an der gleichen Stelle gleich groß sein. Es muss gelten

$$F_S = f\left(c_1, c_2, c_3, c_4\right) \cdot f_S = c_{ers} \cdot f_S, \tag{1}$$

mit der Verschiebung f_S in Kraftrichtung.

Für die systematische Überführung des Systems in ein einfaches Ersatzsystem werden alle Federkopplungspunkte mit eigenen Koordinaten beschrieben. Dafür wird das System aus der statischen Gleichgewichtslage heraus mit der beliebigen Kraft F_S an der Masse m im Punkt S in eine ausgelenkte Lage gebracht. Die Nullpunkte der Koordinaten liegen in der statischen Gleichgewichtslage. An Hand mehrerer Schnittbilder werden daraus drei Gleichungstypen entwickelt:

Kraftgleichungen: Gleichgewichtsbedingungen für herausgeschnittene Hebel oder Federkoppelpunkte.

Kraft-Verformungsgleichungen: Sie werden für jede herausgeschnittene Feder formuliert. Man erhält Beziehungen zwischen den Schnittkräften und den Ortskoordinaten der Federangriffspunkte.

Kinematische Zwangsbedingungen: Bindungsgleichungen zwischen den Ortskoordinaten der Federangriffspunkte.

Lösung: a) Im Bild 5.95a ist die obere Hälfte der elastischen Fesselung für die Masse m bei Belastung mit einer Kraft F_S in der Schwingungsebene mit den eingeführten Lagekoordinaten dargestellt. Die horizontale Lage ist die statische Gleichgewichtslage, in der in allen Federn nur die Federvorspannkräfte wirken. Für die Nullpunkte sämtlicher Lagekoordinaten gilt: $y_i = 0$: stat. Gleichgewicht (horizontale Hebel). Im Bild 5.95b sind die Schnittbilder skizziert.

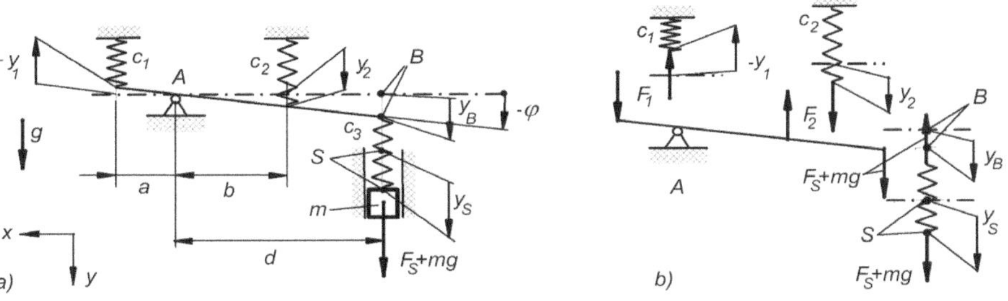

Bild 5.95 Obere Hälfte des Systems und Schnittbilder (Koordinaten stark überhöht gezeichnet)

Aufstellen des mathematischen Modells:

- *Kraftgleichungen:* Momentengleichgewicht für den freigeschnittenen Hebel um A

$$F_1\, a + F_2\, b - \left(F_S + mg\right) d = 0. \tag{2}$$

Für die Federvorspannkräfte F_{10}, F_{20} und $F_{30} = mg$ gilt ebenfalls das Momentengleichgewicht

$$F_{10}\, a + F_{20}\, b - F_{30}\, d = F_{10}\, a + F_{20}\, b - mg\, d = 0. \tag{3}$$

- *Kraft-Verformungsgleichungen:* Für die drei Federn gilt

$$\begin{aligned} F_1 &= -c_1 y_1 + F_{10}, \\ F_2 &= c_2 y_2 + F_{20}, \\ F_S + mg &= c_3\left(y_S - y_B\right) + F_{30}, \quad \text{mit: } F_{30} = mg. \end{aligned} \tag{4}$$

Als weitere Gleichung tritt hier noch das Ziel der Modellbildung hinzu, die komplexe Lagerung durch eine Ersatzfeder c_{e1} zu beschreiben

$$F_S = c_{e1}\, y_S. \tag{5}$$

- *Kinematische Zwangsbedingungen:* Infolge des starren Hebels sind die Verschiebungen y_1, y_2 und y_B nicht unabhängig voneinander. Am einfachsten kann man sie durch die Winkelkoordinate φ aus Bild 5.95 ausdrücken

$$y_1 = a\varphi, \quad y_2 = -b\varphi, \; y_B = -d\varphi. \tag{6}$$

Damit hat man ausreichend viele Gleichungen, um bei der Vorgabe von F_S den Zusammenhang $F_S = f(c_1, c_2, c_3)\cdot y_S = c_{e1}\, y_S$ zu ermitteln. Zunächst wird das Gleichungssystem vereinfacht, indem die neuen Differenzkräfte F_1^* und F_2^* eingeführt werden

$$F_1^* = F_1 - F_{10}, \; F_2^* = F_2 - F_{20}. \tag{7}$$

Aus den Gleichungen (2) bis (7) erhält man damit das vereinfachte System

$$\begin{aligned} F_1^* a + F_2^* b - F_S d &= 0, \\ F_1^* &= -c_1 a\varphi, \\ F_2^* &= -c_2 b\varphi, \\ F_S &= c_3\left(y_S + d\varphi\right), \end{aligned} \tag{8}$$

mit der Lösung für die obere Lagerhälfte

$$F_S = \frac{\left(c_1 a^2 + c_2 b^2\right) c_3}{\left(c_1 a^2 + c_2 b^2\right) + d^2 c_3}\, y_S = c_{e1}\, y_S. \tag{9}$$

Die Ersatzfederkonstante c_{e2} findet man auf analoge Weise. Im Bild 5.96a ist die untere Hälfte der elastischen Fesselung bei Belastung mit einer Kraft F_S im Hebelpunkt D in der Schwingungsebene a --- a der Masse m dargestellt. Die horizontale Lage ist die statische Gleichgewichtslage. Für den Nullpunkt der Lagekoordinaten gilt: $y_i = 0$: stat. Gleichgewicht. Im Bild 5.96b sind die Schnittbilder skizziert.

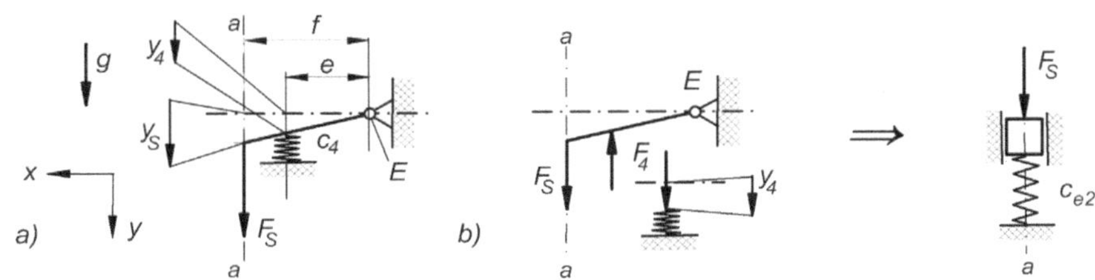

Bild 5.96 Untere Hälfte des Systems und Schnittbilder (Koordinaten stark überhöht gezeichnet)

Aufstellen des mathematischen Modells:

- *Kraftgleichung:* Momentengleichgewicht für den frei geschnittenen Hebel um E

$$F_S\, f - F_4\, e = 0. \tag{10}$$

- *Kraft-Verformungsgleichung:* Für die Feder 4 gilt

$$F_4 - c_4 y_4 + F_{40}. \tag{11}$$

mit $F_{40} = 0$, da nach Bild 5.96 in der horizontalen Lage keine Kraft vom Hebel auf die Feder 4 ausgeübt wird. Das Ziel der Modellbildung wird beschrieben durch

$$F_S = c_{e2}\, y_S. \tag{12}$$

- *Kinematische Zwangsbedingungen:* Infolge des starren Hebels sind die Verschiebungen y_4, und y_S nicht unabhängig voneinander. Nach dem Strahlensatz gilt

$$\frac{y_4}{y_S} = \frac{e}{f}. \tag{13}$$

Als Lösung erhält man für die untere Ersatzfeder

$$F_S = c_4 \frac{e^2}{f^2} y_S = c_{e2}\, y_S. \tag{14}$$

Für die Zusammenfassung der beiden Ersatzfedern zu einer Feder in der Schwingungsebene der Masse *m* muss nach Bild 5.97 der Federkopplungspunkt mit der Masse *m* herausgeschnitten werden. Für den Nullpunkt der Lagekoordinate gilt: $y_S = 0$: stat. Gleichgewicht.

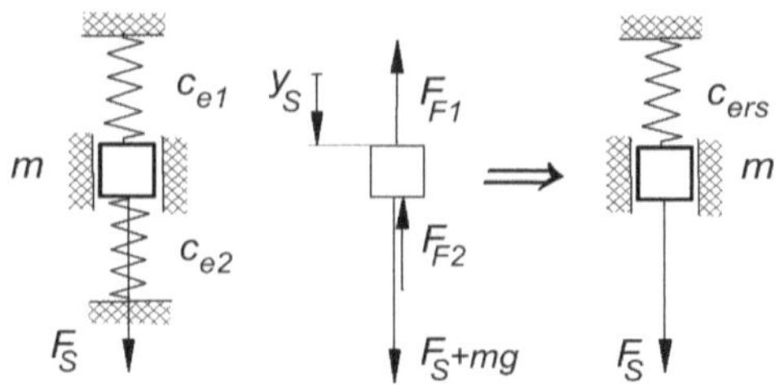

Bild 5.97 Ersatzsysteme und Schnittbild

Aus dem Kräftegleichgewicht in y-Richtung folgt

$$F_S + mg - F_{F1} - F_{F2} = 0, \tag{15}$$

mit den Federkräften

$$F_{F1} = c_{e1}\, y_S + F_{F10}, \quad F_{F2} = c_{e2}\, y_S + F_{F20}, \tag{16}$$

mit $F_{F10} + F_{F20} = mg$.

Damit erhält man das Ergebnis

$$F_S = \left(c_{e1} + c_{e2}\right) y_S = c_{ers}\, y_S,$$

$$c_{ers} = \frac{\left(c_1 a^2 + c_2 b^2\right) c_3}{\left(c_1 a^2 + c_2 b^2\right) + d^2 c_3} + c_4 \frac{e^2}{f^2}. \tag{17}$$

b) Das Ersatzsystem ist das elementare Feder-Masse-System (Bild 5.98).

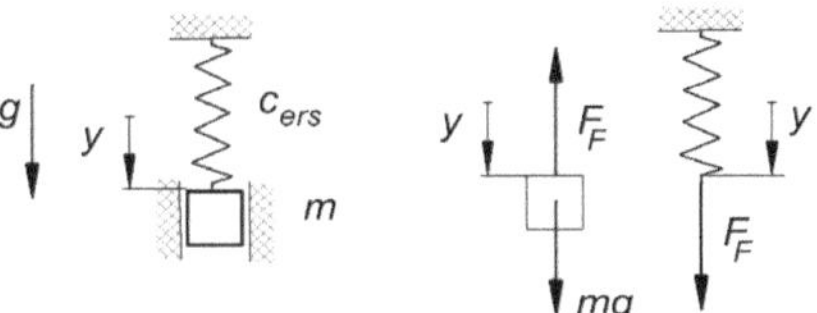

Bild 5.98 Feder-Masse-System und Schnittbilder

Im Bild 5.98 ist das System in einer beliebig ausgelenkten Lage skizziert mit den entsprechenden Schnittkräften. Die y-Koordinate des Impulssatzes für die Masse m lautet nach dem Schnittbild

$$m\ddot{y} = -F_F + mg. \tag{18}$$

Für die Federkraft gilt

$$F_F = F_0 + c_{ers}\, y. \tag{19}$$

Wenn der Nullpunkt der Lagekoordinate in die statische Gleichgewichtslage gelegt wird, gilt für das Kräftegleichgewicht im Ruhezustand

$$y \equiv 0: \quad \sum F_y = 0 \;\Rightarrow\; -F_0 + mg = 0. \tag{20}$$

Damit erhält man die Bewegungsgleichung für das Feder-Masse-System in der Normalform

$$m\ddot{y} + c_{\text{ers}}\,y = 0 \;\Rightarrow\; \ddot{y} + \omega^2 y = 0 \tag{21}$$

und daraus die Eigenkreisfrequenz ω für kleine Vertikalschwingungen der Masse m

$$\omega = \sqrt{\frac{c_{\text{ers}}}{m}} = \sqrt{\frac{1}{m}\left[\frac{\left(c_1 a^2 + c_2 b^2\right)c_3}{\left(c_1 a^2 + c_2 b^2\right) + d^2 c_3} + c_4 \frac{e^2}{f^2}\right]}\,. \tag{22}$$

Aufgabe 5.41 (Bild 5.99)

Die Bestimmung des Massenträgheitsmomentes eines starren Körpers um eine Achse durch seinen Schwerpunkt ist ohne Kenntnis der Schwerpunktslage durch zwei Pendelversuche mit unterschiedlichen Aufhängungen möglich, wobei zwei Schwingungsperioden T_A und T_B gemessen werden. Für das skizzierte Maschinenteil wurden für kleine Pendelschwingungen um A die Periode T_A und um Punkt B die Periode T_B durch Zeitnahme über viele Vollschwingungen genau gemessen.

Wie groß ist das Massenträgheitsmoment J_S des Bauteils um seinen Schwerpunkt S und wo liegt der Schwerpunkt?

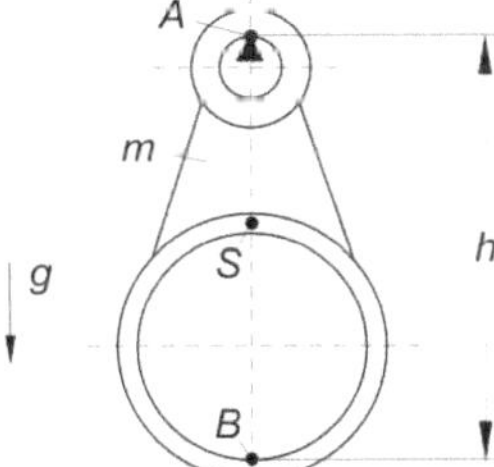

Bild 5.99 Pendelversuch

Lösungsanalyse: Zuerst wird die Bewegungsgleichung eines Körperpendels um einen Fixpunkt für kleine Schwingungen $|\varphi| \ll 1$ abgeleitet. Durch Koeffizientenvergleich mit der Normalform der linearen Schwingungsgleichung $\ddot{\varphi} + \omega^2\varphi = 0$ erhält man die Eigenkreisfrequenz ω als Funktion der Systemparameter. Aus dem Zusammenhang $\omega(T) = 2\pi/T$ erhält man schließlich mit den Messungen T_A und T_B Gleichungen für das Massenträgheitsmoment und die Lage des Schwerpunktes.

Lösung: Für die Ableitung der Bewegungsgleichung für ein Körperpendel (Bild 5.14a neu) wird der Drallsatz um den Aufhängepunkt formuliert. Bei der Anwendung des Drallsatzes ist allgemein zu beachten, dass er in der Form $d\boldsymbol{L}_P/dt = \boldsymbol{M}_P$ nur angewandt werden darf für die beiden Sonderfälle P ist ein Fixpunkt und P ist der Schwerpunkt des Körpers. Dies trifft hier zu. Für andere Bezugspunkte tritt im Drallsatz noch ein Zusatzterm auf. Aus dem Schnittbild (Bild 5.100b) liest man direkt die nichtlineare Bewegungsgleichung ab. Da hier die z-Koordinate des Drallsatzes zur Lösung ausreicht, wird der Körper im Schnittbild im Aufhängepunkt nicht freigeschnitten.

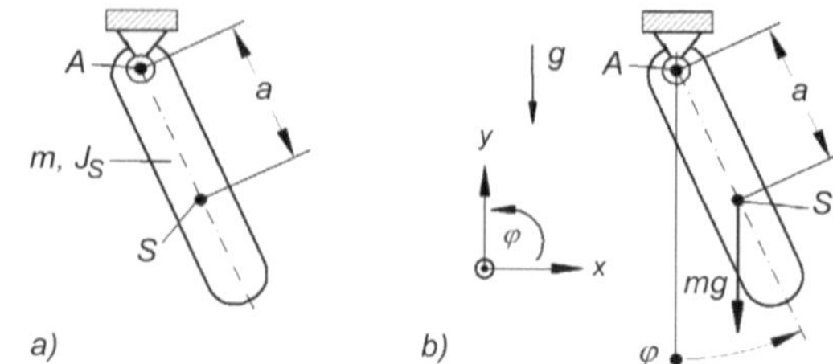

Bild 5.100 a) Körperpendel, b) Schnittbild

Aus dem Drallsatz um den Fixpunkt A folgt

$$\tfrac{d}{dt} L_{\mathrm{Az}} = \sum M_{\mathrm{Az}},$$

$$J_{\mathrm{Az}}\ddot{\varphi} = -mga\sin\varphi, \quad \text{mit: } J_{\mathrm{Az}} = J_{\mathrm{Sz}} + a^2 m, \quad |\varphi| \ll 1: \sin\varphi \approx \varphi,$$

$$\ddot{\varphi} + \frac{mga}{J_{\mathrm{Sz}} + a^2 m}\varphi = 0\,. \tag{1}$$

Durch Koeffizientenvergleich mit der Normalform der Dgl $\ddot{\varphi} + \omega^2\varphi = 0$ folgt für die Eigenkreisfrequenz

$$\omega^2 = \frac{mga}{J_{\mathrm{Sz}} + a^2 m}. \tag{2}$$

Für den Zusammenhang zwischen Eigenkreisfrequenz ω und Periode T gilt

$$\omega = \tfrac{2\pi}{T} \tag{3}$$

und damit hat man zwei Gleichungen für die beiden unbekannten Parameter J_{S} und a (Lage des Schwerpunkts) für das Bauteil

$$T_{\mathrm{A}} = \tfrac{2\pi}{\omega_{\mathrm{A}}} = 2\pi\sqrt{\frac{J_{\mathrm{Sz}} + a^2 m}{mga}},$$

$$T_{\mathrm{B}} = \tfrac{2\pi}{\omega_{\mathrm{B}}} = 2\pi\sqrt{\frac{J_{\mathrm{Sz}} + (h-a)^2 m}{mg(h-a)}}. \tag{4), (5}$$

Mit der Auflösung von (4) und (5) nach a und J_{Sz} erhält man die gesuchten Parameter Schwerpunktslage und Trägheitsmoment für den starren Körper:

$$a = \frac{h}{\frac{g}{4\pi^2}\left(T_{\mathrm{A}}^2 + T_{\mathrm{B}}^2\right) - 2h}\left(\frac{T_{\mathrm{B}}^2}{4\pi^2} g - h\right),$$

$$J_{\mathrm{Sz}} = am\left(\frac{T_{\mathrm{A}}^2}{4\pi^2} g - a\right). \tag{6), (7}$$

Aufgabe 5.42 (Bild 5.101)

Das unbekannte Trägheitsmoment J_R eines Rotors kann mit Hilfe eines Rollpendelversuchs bestimmt werden. Der Rotor (Masse: m_R, Massenmittelpunkt in Rotormitte: R) wird bei diesem Versuch auf genau horizontal ausgerichtete Schienen gelegt. Am Rotor wird eine Pendelstange (Länge: h, Masse: m_P, Massenmittelpunkt: P) mit Zusatzgewicht im Punkt G (Masse: m_Z) angebracht, so dass er freie Schwingungen als Rollpendel auf der Unterlage ausführen kann. Die Pendelstange ist homogen mit ihrem Massenmittelpunkt P in Stangenmitte. Für kleine Pendelschwingungen und bei Vernachlässigung der Reibungswiderstände kann aus der gemessenen Schwingungszeit T das Trägheitsmoment J_R des Rotors, bezogen auf seinen Massenmittelpunkt, berechnet werden.

Wie lautet die Beziehung für das Rotorträgheitsmoment $J_R = f(T)$, bezogen auf Punkt R bei einer gemessenen Pendelperiode T.

Datenverhältnisse für Rechenbeispiel: $m_Z = m_R/4$, $m_P = m_R/10$, $a = 4r$, $h = 5r$, $h_P = 2r$.

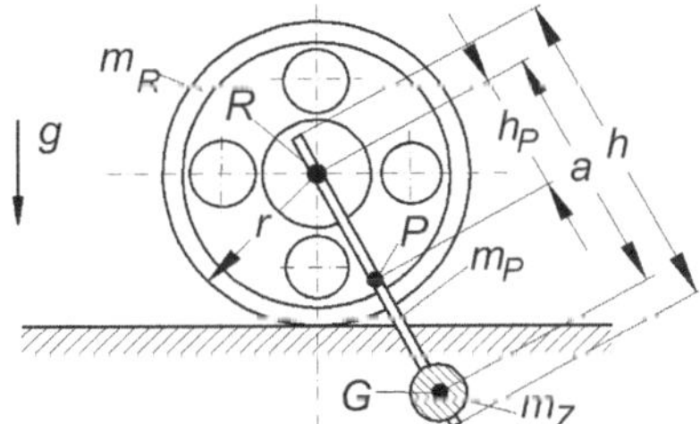

Bild 5.101 Rollpendelversuch

Lösungsanalyse: Das mathematische Modell für das Rollpendel findet man aus zwei Koordinatengleichungen des Impulssatzes für den Schwerpunkt S des Gesamtsystems und aus einer Koordinate des Drallsatzes, der hier ebenfalls für den Gesamtschwerpunkt S formuliert werden muss. Dieser Bezugspunkt muss für den Drallsatz gewählt werden, da es keinen inertialraumfesten Körperpunkt für das Rollpendel gibt. Aus dem Schnittbild (Bild 5.102) liest man 5 Unbekannte ab: F_R, F_N, φ, x_S, y_S. Die fehlenden 2 Gleichungen sind kinematische Zwangsbedingungen.

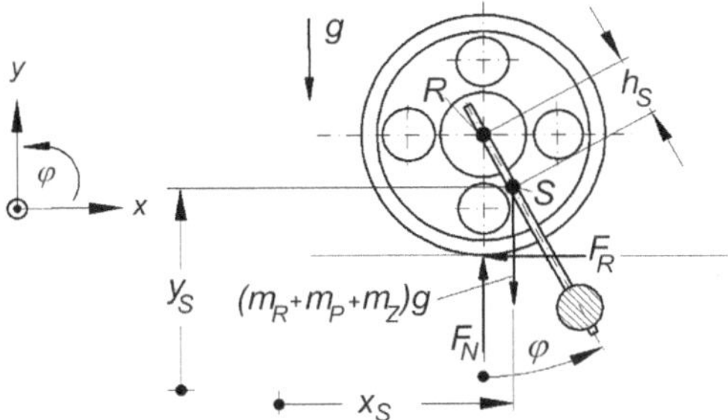

Bild 5.102 Schnittbild

Die Anzahl kinematischer Zwangsbedingungen ergibt sich aus folgender Überlegung. Zur eindeutigen Lagebeschreibung des Rollpendels ist 1 Lagekoordinate, z. B. der Winkel φ, erforderlich. Das System hat damit den Freiheitsgrad $f = 1$. Über die dynamischen Grundgleichungen Impuls- und Drallsatz werden insgesamt 3 Lagegrößen φ, x_S und y_S

chungen Impuls- und Drallsatz werden insgesamt 3 Lagegrößen φ, x_S und y_S eingeführt. Es müssen demnach 2 kinematische Zwangsbedingungen $x_S(\varphi)$ und $y_S(\varphi)$ aufgestellt werden können.

Lösung: Zur Anwendung des Drallsatzes muss zunächst der Schwerpunkt des Gesamtsystems bestimmt werden. Mit den Daten aus Bild 5.103 gilt für die Lage h_S des Schwerpunktes

$$\begin{aligned} h_S\left(m_R + m_P + m_Z\right) &= m_P h_P + m_Z a, \\ h_S = \frac{m_P h_P + m_Z a}{m_R + m_P + m_Z} &= \frac{0{,}1 m_R\, 2r + 0{,}25 m_R\, 4r}{m_R + 0{,}1 m_R + 0{,}25 m_R} = 0{,}8889 r. \end{aligned} \tag{1}$$

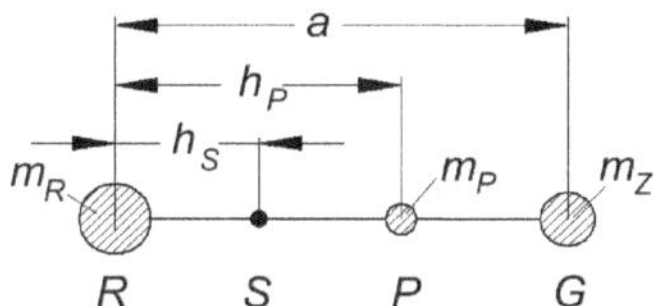

Bild 5.103 Schwerpunkt des Gesamtsystems

Das Trägheitsmoment des Gesamtsystems wird aus den einzelnen Anteilen: Rotor, Pendelstange und Zusatzgewicht, jeweils bezogen auf den Gesamtschwerpunkt S, aufgebaut, worin das Rotorträgheitsmoment der hier gesuchte Parameter ist. Das Trägheitsmoment der Pendelstange, bezogen auf den eigenen Körperschwerpunkt, entnimmt man Tabellenwerken [WRIGGERS, 2006]. Mit Anwendung des Satzes von HUYGENS-STEINER werden die einzelnen Anteile im Trägheitsmoment des Gesamtsystems mit Bezug aus S bestimmt:

Rotor:

$$J_S^R = J_R^R + h_S^2 m_R = J_R^R + 0{,}7901 m_R r^2. \tag{2}$$

Pendelstange:

$$J_S^P = \frac{1}{12} h^2 m_P + \left(h_P - h_S\right)^2 m_P = \frac{m_R}{10}\left[\frac{1}{12} 25 r^2 + \left(2r - 0{,}8889 r\right)^2\right] = 0{,}3318 m_R r^2. \tag{3}$$

Zusatzgewicht:

$$J_S^Z = \left(a - h_S\right)^2 m_Z = \left(4r - 0{,}8889 r\right)^2 \frac{1}{4} m_R = 2{,}4198 m_R r^2. \tag{4}$$

Beim Zusatzgewicht wird das Trägheitsmoment um die eigene Achse vernachlässigt. Damit kann der Drallsatz für das Gesamtsystem, bezogen auf den Gesamtschwerpunkt S angegeben werden:

$$\begin{aligned} &J_S^{\text{Gesamt}} \ddot{\varphi} = -F_R\left(r - h_S \cos\varphi\right) - F_N h_S \sin\varphi, \\ &\left(J_R^R + 0{,}7901\, m_R r^2 + 0{,}3318\, m_R r^2 + 2{,}4198\, m_R r^2\right)\ddot{\varphi} = \\ &\qquad -F_R\left(r - 0{,}8889 r \cos\varphi\right) - F_N\, 0{,}8889 r \sin\varphi. \end{aligned} \tag{5}$$

Linearisierung von (5) führt auf:

$$|\varphi| \ll 1:\ \sin\varphi \approx \varphi,\ \cos\varphi \approx 1:$$
$$\left(J_R^R + 3{,}5417\, m_R r^2\right)\ddot{\varphi} + 0{,}8889\, F_N r\,\varphi + 0{,}1111\, F_R r = 0. \tag{6}$$

Weitere Gleichungen zur Lösung erhält man aus dem Impulssatz für das Gesamtsystem in Richtung der x- und y- Koordinate nach Bild 5.102.

Für die x-Richtung erhält man die Koordinatengleichung:

$$\left(m_R + m_P + m_Z\right)\ddot{x}_S = -F_R, \tag{7}$$

und für die y-Richtung folgt:

$$\left(m_R + m_P + m_Z\right)\ddot{y}_S = F_N - \left(m_R + m_P + m_Z\right)g,$$
$$1{,}35\, m_R\, \ddot{y}_S = F_N - 1{,}35\, m_R\, g. \tag{8}$$

Mit (6), (7) und (8) hat man 3 Gleichungen zur Bestimmung der 5 Unbekannten F_R, F_N, φ, x_S, y_S. Zwei weitere Gleichungen liefern 2 kinematische Zwangsbedingungen $x_S(\varphi)$ und $y_S(\varphi)$, bzw. deren Ableitungen. Ausgehend von einem willkürlich festzulegenden Koordinatenursprung wird nach Bild 5.104 eine Vektorkette gebildet, mit der der Gesamtschwerpunkt S in x- und y-Richtung beschrieben werden kann. Wichtig ist dabei, den Punkt R0 (statische Gleichgewichtslage des Rollpendels) mit einzubeziehen. Die kinematischen Zwangsbedingungen können jetzt direkt aus Bild 5.104 abgelesen werden. Man erhält:

$$x_S = x_{R0} - r\varphi + h_S \sin\varphi,$$
$$y_S = y_{R0} - h_S \cos\varphi. \tag{9), (10}$$

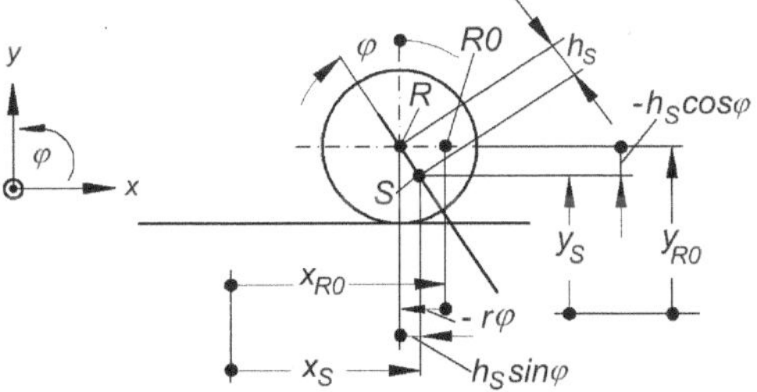

Bild 5.104 Kinematische Zwangsbedingungen

Zur Elimination der beiden überzähligen Lagegrößen müssen diese Gleichungen 2-mal abgeleitet und mit Beschränkung auf kleine φ linearisiert werden. Hierbei ist bei komplexen Aufgaben die Reihenfolge wichtig: Zuerst müssen die Ableitungen ausgeführt werden und erst im 2-ten Schritt die Linearisierung. Das ist im vorliegenden Fall aber nicht notwendig. Die 2. Ableitungen von (9) und (10) nach der Zeit ergeben

$$\dot{x}_S = -r\dot{\varphi} + h_S\,\dot{\varphi}\cos\varphi, \quad \ddot{x}_S = -r\ddot{\varphi} + h_S\,\ddot{\varphi}\cos\varphi - h_S\,\dot{\varphi}^2\sin\varphi,$$
$$\dot{y}_S = h_S\,\dot{\varphi}\sin\varphi, \quad \ddot{y}_S = h_S\,\ddot{\varphi}\sin\varphi + h_S\,\dot{\varphi}^2\cos\varphi. \tag{11), (12}$$

Die Linearisierung von (11) und (12) führt auf die Gleichungen:

$$|\varphi| \ll 1: \ \sin\varphi \approx \varphi, \ \cos\varphi \approx 1:$$

$$\ddot{x}_S = -r\ddot{\varphi} + h_S\,\ddot{\varphi}\cos\varphi - h_S\,\dot{\varphi}^2\sin\varphi \approx -r\ddot{\varphi} + h_S\,\ddot{\varphi} = -0{,}1111\,r\,\ddot{\varphi}, \qquad (13), (14)$$

$$\ddot{y}_S = h_S\,\ddot{\varphi}\sin\varphi + h_S\,\dot{\varphi}^2\cos\varphi \approx 0.$$

Bei kleinen Schwingungen um die Gleichgewichtslage $\varphi = 0$ ist die Beschleunigung des Gesamtschwerpunktes in y-Richtung von 2. Ordnung klein, er bleibt deshalb im Folgenden unberücksichtigt und aus (8) folgt unmittelbar $F_N = 1{,}35 m_R g$. Aus (6), (7) und (13) können F_R und x_S eliminiert werden und man erhält die Bewegungsgleichung für das Rollpendel

$$\ddot{\varphi} + \frac{1{,}2\,m_R\,r g}{J_R^R + 3{,}5584\,m_R\,r^2}\,\varphi = 0. \qquad (15)$$

Die Eigenkreisfrequenz der Rollschwingungen lautet

$$\omega^2 = \frac{1{,}2\,m_R\,r g}{J_R^R + 3{,}5584\,m_R\,r^2}. \qquad (16)$$

Die Periode T ist die Zeit für eine Vollschwingung über den Winkel $\varphi_0 = 2\pi$. Mit dem Zusammenhang $\omega = 2\pi/T$ findet man einen Ausdruck für das gesuchte Trägheitsmoment des Rotors um seinen Massenmittelpunkt R:

$$\omega^2 = \frac{1{,}2\,m_R\,r g}{J_R^R + 3{,}5584\,m_R\,r^2} = \frac{4\pi^2}{T^2},$$

$$J_R^R = \frac{1{,}2\,m_R\,r g T^2}{4\pi^2} - 3{,}5584\,m_R\,r^2 \left[kg\,m^2\right]. \qquad (17)$$

Aufgabe 5.43 (Bild 5.105)

In einem Fahrzeug, das auf horizontaler Bahn mit der Beschleunigung $a = 4{,}5$ m/s² anfährt hängt ein ebenes Punktpendel.

Bei welchem Winkel φ_0 kann das Pendel relativ zum Fahrzeug in Ruhe sein und wie groß ist die Schwingungsdauer T_S für kleine Schwingungen im Verhältnis zur Schwingungsdauer T_{S0} im ruhenden Fahrzeug?

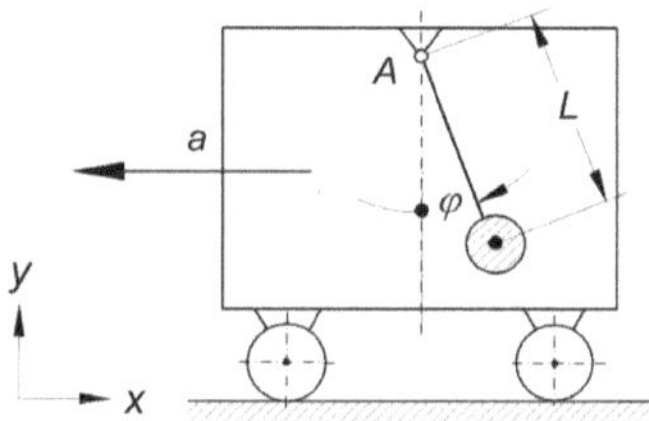

Bild 5.105 Beschleunigtes Fahrzeug mit Pendel

Lösungsanalyse: Gesucht wird die Bewegungsgleichung eines Pendels mit beschleunigtem Aufhängepunkt. Man erhält sie direkt aus dem Drallsatz, der hier in seiner allgemeinen Form mit Bezug auf einem beschleunigt bewegten Punkt formuliert werden muss. Die Ruhelage φ_0 des Pendels folgt als eine Lösung der Bewegungsgleichung oder auch anschaulich aus dem Zusammenwirken von Trägheits- und Gewichtskraft an der Pendelmasse für den mitbewegten Beobachter. Man erhält eine nichtlineare Dgl. Eine amplitudenunabhängige Eigenkreisfrequenz oder Schwingungsdauer kann hierfür nur für kleine Schwingungen um die Gleichgewichtslage der linearisierten Dgl angegeben werden.

Lösung: Der Drallsatz mit Bezug auf einen beliebig bewegten Punkt A lautet [MAGNUS, MÜLLER-SLANY, 2009]

$$\frac{d}{dt}\boldsymbol{L}_A + m\left(\boldsymbol{r}_{AS} \times \boldsymbol{a}_A\right) = \boldsymbol{M}_A, \tag{1}$$

mit dem Ortsvektor $\boldsymbol{r}_{AS}$ vom Bezugspunkt zum Schwerpunkt des betrachteten mechanischen Systems, der Bezugspunktbeschleunigung $\boldsymbol{a}_A$ und dem äußeren Moment $\boldsymbol{M}_A$ auf das System bezogen auf A. Im Bild 5.106 sind die entsprechenden Vektoren für das beschleunigte Pendel dargestellt.

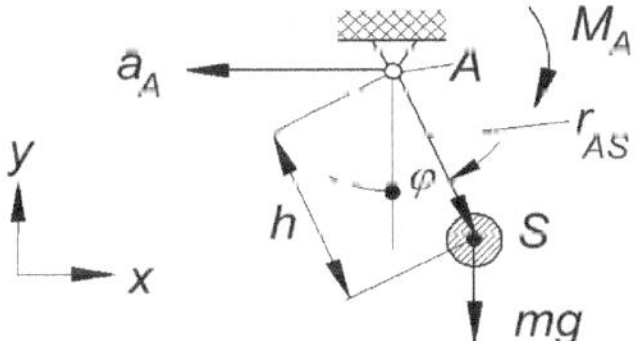

Bild 5.106 Zur Anwendung des Drallsatzes

In (1) ist der Drall $\boldsymbol{L}_A$ der Punktmasse m einzuführen, die sich am Orte S bewegt und mit Bezug auf einen beliebig bewegten Punkt A (Bild 5.107). Es gilt [MAGNUS, MÜLLER-SLANY, 2009]

$$\boldsymbol{L}_A = m\,\boldsymbol{r}_{AS} \times \frac{d}{dt}\boldsymbol{r}_{AS} = m\,\boldsymbol{r}_{AS} \times \frac{d}{dt}\left(\boldsymbol{r}_{OS} - \boldsymbol{r}_{OA}\right) = m\,\boldsymbol{r}_{AS} \times \left(\boldsymbol{v}_S - \boldsymbol{v}_A\right), \tag{2}$$

mit O: Fixpunkt im Inertialsystem, $\boldsymbol{v}_S$: Geschwindigkeit des Punktes S, $\boldsymbol{v}_A$: Geschwindigkeit des Drallbezugspunktes A.

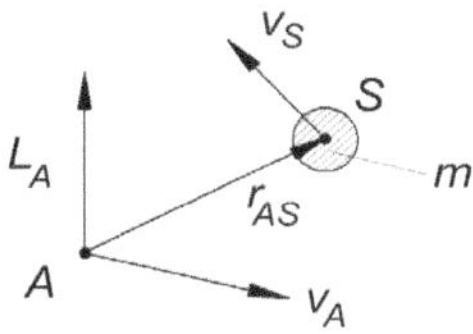

Bild 5.107 Zum Drall $\boldsymbol{L}_A$ einer Punktmasse m am Orte S mit Bezug auf den bewegten Punkt A

Auswertung von (1) und (2) für das beschleunigt bewegte Pendel im Inertialsystem:

$$\frac{d}{dt}\left(m\boldsymbol{r}_{\mathrm{AS}}\times\frac{d}{dt}\boldsymbol{r}_{\mathrm{AS}}\right)+m\left(\boldsymbol{r}_{\mathrm{AS}}\times\boldsymbol{a}_{\mathrm{A}}\right)=m\left(\boldsymbol{r}_{\mathrm{AS}}\times\boldsymbol{g}\right),$$

$$\cancel{\frac{d}{dt}\boldsymbol{r}_{\mathrm{AS}}\times\frac{d}{dt}\boldsymbol{r}_{\mathrm{AS}}}+m\boldsymbol{r}_{\mathrm{AS}}\times\frac{d^2}{dt^2}\boldsymbol{r}_{\mathrm{AS}}+m\left(\boldsymbol{r}_{\mathrm{AS}}\times\boldsymbol{a}_{\mathrm{A}}\right)=m\left(\boldsymbol{r}_{\mathrm{AS}}\times\boldsymbol{g}\right),$$

$$m\begin{bmatrix}h\sin\varphi\\-h\cos\varphi\\0\end{bmatrix}\times\left(\frac{d^2}{dt^2}\begin{bmatrix}h\sin\varphi\\-h\cos\varphi\\0\end{bmatrix}\right)+m\begin{bmatrix}h\sin\varphi\\-h\cos\varphi\\0\end{bmatrix}\times\begin{bmatrix}-a_{\mathrm{A}}\\0\\0\end{bmatrix}=m\begin{bmatrix}h\sin\varphi\\-h\cos\varphi\\0\end{bmatrix}\times\begin{bmatrix}0\\-g\\0\end{bmatrix},$$

$$m\begin{bmatrix}h\sin\varphi\\-h\cos\varphi\\0\end{bmatrix}\times\begin{bmatrix}\ddot{\varphi}h\cos\varphi-\dot{\varphi}^2h\sin\varphi\\\ddot{\varphi}h\sin\varphi+\dot{\varphi}^2h\cos\varphi\\0\end{bmatrix}+m\begin{bmatrix}h\sin\varphi\\-h\cos\varphi\\0\end{bmatrix}\times\begin{bmatrix}-a_{\mathrm{A}}\\0\\0\end{bmatrix}=m\begin{bmatrix}h\sin\varphi\\-h\cos\varphi\\0\end{bmatrix}\times\begin{bmatrix}0\\-g\\0\end{bmatrix},$$

$$mh^2\begin{bmatrix}0\\0\\\ddot{\varphi}\sin^2\varphi+\dot{\varphi}^2\sin\varphi\cos\varphi+\ddot{\varphi}\cos^2\varphi-\dot{\varphi}^2\sin\varphi\cos\varphi\end{bmatrix}-mh\begin{bmatrix}0\\0\\a_{\mathrm{A}}\cos\varphi\end{bmatrix}=-mhg\begin{bmatrix}0\\0\\\sin\varphi\end{bmatrix},$$

$$h\ddot{\varphi}+g\sin\varphi-a_{\mathrm{A}}\cos\varphi=0. \tag{3}$$

Dies ist die nichtlineare Dgl für die Pendelbewegungen. Für die Gleichgewichtslage φ_0 folgt mit dem Ansatz $\ddot{\varphi}\equiv 0$ aus (3)

$$g\sin\varphi_0-a_{\mathrm{A}}\cos\varphi_0=0\Rightarrow\tan\varphi_0=\frac{a_{\mathrm{A}}}{g}\Rightarrow\varphi_0=24{,}6°. \tag{4}$$

Nach Bild 5.108 stellt sich das Pendel gegenüber dem bewegten Fahrzeug so ein, dass die Resultierende aus Trägheitskraft $\boldsymbol{F}_{\mathrm{T}}=-\boldsymbol{a}_{\mathrm{A}}m$ und Gewichtskraft $\boldsymbol{F}_{\mathrm{G}}=m\boldsymbol{g}$ in die Richtung des Pendels weist.

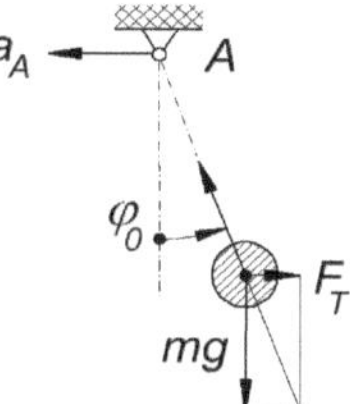

Bild 5.108 Gleichgewichtslage des Pendels im Fahrzeug

Zur Ermittlung der Eigenkreisfrequenz kleiner Schwingungen um die Gleichgewichtslage (4) muss für (3) eine lineare Näherungsgleichung angegeben werden. Man führt die neue Pendelkoordinate α ein und setzt $\varphi=\varphi_0+\alpha$ mit $\alpha\ll 1$, $\ddot{\varphi}=\ddot{\alpha}$. Mit den Näherungen $\cos\alpha\approx 1$, $\sin\alpha\approx\alpha$ folgt aus (3)

$$h\ddot{\alpha} + g\sin\left(\varphi_0 + \alpha\right) - a_A \cos\left(\varphi_0 + \alpha\right) = 0. \tag{5}$$

Mit

$$\begin{aligned} \sin\left(\varphi_0 + \alpha\right) &= \sin\varphi_0 \cos\alpha + \cos\varphi_0 \sin\alpha \approx \sin\varphi_0 + \alpha\cos\varphi_0, \\ \cos\left(\varphi_0 + \alpha\right) &= \cos\varphi_0 \cos\alpha - \sin\varphi_0 \sin\alpha \approx \cos\varphi_0 - \alpha\sin\varphi_0, \end{aligned} \tag{6}$$

folgt aus (5) die lineare Näherungsgleichung für kleine Schwingungen um die Gleichgewichtslage

$$h\ddot{\alpha} + g\left(\sin\varphi_0 + \alpha\cos\varphi_0\right) - a_A\left(\cos\varphi_0 - \alpha\sin\varphi_0\right) = 0,$$

$$\ddot{\alpha} + \frac{\alpha}{h}\left(g\cos\varphi_0 + a_A \sin\varphi_0\right) = 0. \tag{7}$$

Mit dem Ausdruck (4) für die Gleichgewichtslage und mit den Beziehungen [PAPULA, 2017]

$$\sin\varphi_0 = \frac{\tan\varphi_0}{\sqrt{1+\tan^2\varphi_0}}, \quad \cos\varphi_0 = \frac{1}{\sqrt{1+\tan^2\varphi_0}}$$

erhält man aus (7) für die Schwingungsgleichung

$$\ddot{\alpha} + \left[\frac{g}{h}\sqrt{1+\left(\frac{a_A}{g}\right)^2}\right]\alpha = 0. \tag{8}$$

Aus der Normalform für die Schwingungsgleichung $\ddot{\alpha} + \omega^2\alpha = 0$ folgt die Kreisfrequenz und daraus die Schwingungsdauer T_S. Für das Pendel im ruhenden Fahrzeug entnimmt man aus (8) für $a_A = 0$

$$\omega_0 = \sqrt{\frac{g}{h}} \Rightarrow T_{S0} = \frac{2\pi}{\omega} = 2\pi\sqrt{\frac{h}{g}}. \tag{9}$$

Für das beschleunigte Fahrzeug erhält man

$$\omega = \sqrt{\frac{g}{h}}\sqrt[4]{1+\left(\frac{a_A}{g}\right)^2} \Rightarrow T_S = \frac{2\pi}{\omega} = 2\pi\sqrt{\frac{h}{g}}\frac{1}{\sqrt[4]{1+\left(\frac{a_A}{g}\right)^2}} = \frac{T_{S0}}{\sqrt[4]{1+\left(\frac{a_A}{g}\right)^2}} = 0{,}9534\,T_{S0}. \tag{10}$$

Infolge der größeren Rückstellkräfte ist die Schwingungsdauer im beschleunigten Fahrzeug um ca. 4,7% kleiner als im ruhenden Fahrzeug.

Aufgabe 5.44 (Bild 5.109)

Eine homogene Kreisscheibe (Masse m, Radius r) ist im Punkt A reibungsfrei drehbar gelagert. Im Abstand $a = r/2$ vom Lager ist auf der Scheibe eine punktförmige Zusatzmasse $m_1 = m/4$ angebracht. Über ein Seil wirkt eine Masse $m_2 = m/10$ auf den Scheibenumfang. Das System kann Drehschwingungen $\varphi(t)$ um die skizzierte Gleichgewichtslage α_0 ausführen.

a) Man bestimme die Gleichgewichtslage α_0.

b) Wie lautet die nichtlineare Bewegungsgleichung für Schwingungen um die Gleichgewichtslage α_0?

c) Wie lautet die linearisierte Bewegungsgleichung um die Gleichgewichtslage α_0 und wie groß ist die Eigenkreisfrequenz für kleine Schwingungen $|\varphi| \ll 1$?

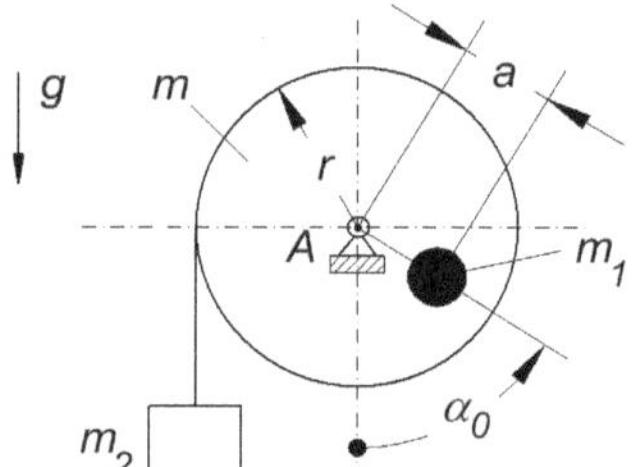

Bild 5.109 Schwingungssystem

Lösungsanalyse: Die Gleichgewichtslage α_0 erhält man aus dem Momentengleichgewicht um Lager A. Zum Aufstellen der Bewegungsgleichung wird zunächst das Schnittbild gezeichnet (Bild 5.110). Die Null-Lage für den Schwingungswinkel φ wird in die statische Gleichgewichtslage α_0 gelegt. Damit können die z-Koordinate des Drallsatzes für die Scheibe um Lager A, sowie die y-Koordinate des Impulssatzes für die Masse m_2 in y-Richtung formuliert werden. Zusammen mit der kinematischen Verträglichkeitsbedingung $\dot{\varphi}(\dot{y}_2)$ hat man das Gleichungssystem für die 3 Unbekannten F_S, φ und y_2.

Die linearisierte Bewegungsgleichung findet man nach Anwendung der trigonometrischen Additionstheoreme auf $\sin(\alpha_0+\varphi)$ und mit der Beschränkung auf eine Schwingungsamplitude $|\varphi| \ll 1$.

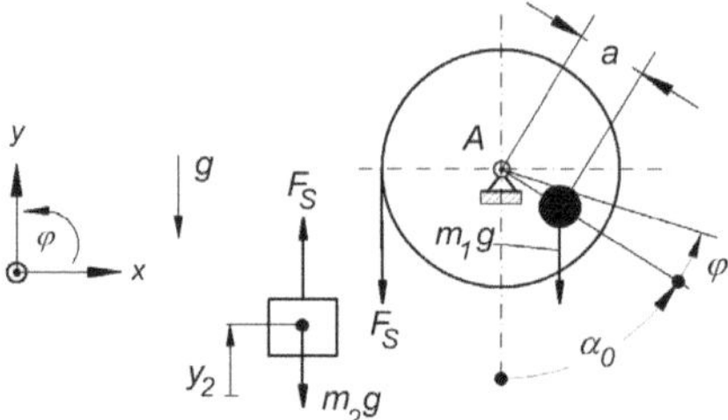

Bild 5.110 Schnittbild

Lösung: a) Die Momentengleichgewichtsbedingung um A führt auf die statische Gleichgewichtslage α_0:

$$\begin{aligned}\sum M_A &= m_2 gr - m_1 ga\sin\alpha_0 = 0,\\ \tfrac{1}{10}mgr - \tfrac{1}{4}mg\tfrac{r}{2}\sin\alpha_0 &= 0 \;\rightarrow\; \sin\alpha_0 = 0{,}8\,,\\ \alpha_0 &= 53{,}13°.\end{aligned} \tag{1}$$

b) Die z-Koordinate des Drallsatzes für die Scheibe um Lager A lautet:

$$\tfrac{d}{dt}L_{Az} = \sum M_{Az}, \tag{2}$$

mit

$$L_{Az} = J_{Az}\,\dot\varphi,$$

$$J_{Az} = J_{Az}^{\text{Scheibe}} + a^2 m_1 = \tfrac{1}{2}mr^2 + \left(\tfrac{r}{2}\right)^2\tfrac{m}{4} = \tfrac{9}{16}mr^2,$$

$$\sum M_{Az} = F_S r - m_1 ga\sin(\alpha_0+\varphi)\,.$$

Zusammengefasst erhält man für den Drallsatz

$$\tfrac{9}{16}mr^2\ddot\varphi = F_S r - \tfrac{1}{8}mgr\sin(\alpha_0+\varphi). \tag{3}$$

Die y-Koordinate des Impulssatzes für m_2 lautet:

$$m_2\ddot y_2 = F_S - m_2 g = F_S - \tfrac{1}{10}mg. \tag{4}$$

Die kinematische Zwangsbedingung zwischen $\dot\varphi$ und $\dot y_2$ lautet:

$$\dot\varphi r = -\dot y_2\,. \tag{5}$$

Nach Ableitung von (5) nach der Zeit erhält man zusammen mit (3) und (4) drei Gleichungen für die Aufstellung der Bewegungsgleichung für die Schwingungen der Scheibe um Lager A:

$$\ddot\varphi + 0{,}188679\tfrac{g}{r}\sin(\alpha_0+\varphi) - 0{,}150943\tfrac{g}{r} = 0. \tag{6}$$

Dies ist eine nichtlineare Dgl, die beliebig große Schwingungen um die Gleichgewichtslage α_0 beschreibt.

c) In der Regel ist man an der Analyse kleiner Schwingungen um α_0, mit $|\varphi| \ll 1$ interessiert, vor allem sucht man die Eigenkreisfrequenz dieser Bewegung. Man findet die um α_0 linearisierte Bewegungsgleichung, indem man ein trigonometrisches Additionstheorem auf die sin-Funktion in (6) anwendet und näherungsweise in der sin- und cos-Funktion nur die linearen Anteile berücksichtigt:

$$\begin{aligned}&\sin(\alpha_0+\varphi) = \sin\alpha_0\cos\varphi + \cos\alpha_0\sin\varphi,\\ &|\varphi| \ll 1:\ \sin\varphi \approx \varphi,\ \cos\varphi \approx 1:\\ &\sin(\alpha_0+\varphi) \approx \sin\alpha_0 + \varphi\cos\alpha_0.\end{aligned} \tag{7}$$

Für die linearisierte Bewegungsgleichung erhält man damit aus (6)

$$\begin{aligned}\ddot\varphi + \varphi\cdot 0{,}188679\tfrac{g}{r}\cos\alpha_0 + 0{,}188679\tfrac{g}{r}\sin\alpha_0 - 0{,}150943\tfrac{g}{r} &= 0,\\ \ddot\varphi + \varphi\cdot 0{,}11321\tfrac{g}{r} &= 0.\end{aligned} \tag{8}$$

Das genaue Wegfallen der beiden konstanten Terme in (8) liegt in der Wahl des Nullpunktes für die beschreibende Koordinate φ begründet. Bei Wahl der statischen Gleichgewichtslage als Nullpunkt wird man immer auf eine entsprechende homogene Dgl geführt.

Die Normalform der Schwingungsgleichung für freie Schwingungen eines linearen, ungedämpften Systems lautet $\ddot{\varphi} + \omega^2\varphi = 0$. Durch Koeffizientenvergleich erhält man damit aus (8) für die Eigenkreisfrequenz ω der Eigenschwingungen

$$\omega = 0{,}3365\sqrt{\frac{g}{r}}\left[\frac{\text{rad}}{\text{s}}\right]. \tag{9}$$

Die Einheit der Eigenkreisfrequenz, die sich hier aus der Zahlenrechnung mit den SI-Einheiten ohne besondere Überlegungen ergibt, wird gelegentlich auch mit [1/s] angegeben. Dies ist zwar im Prinzip korrekt, erfordert aber immer das genaue Festhalten, was hierin „1“ bedeutet: Es ist der Winkel mit der Bogenlänge 1, also der Winkel $\alpha = 1$ rad $= 180°/\pi = 57{,}2958°$. Für die Einheit *Radiant* gilt: [rad] = [Bogenlänge/Radius]. Sie ist also ein Verhältniswert zweier Längen und kann nicht weiter durch SI-Einheiten ausgedrückt werden (Bild 5.111).

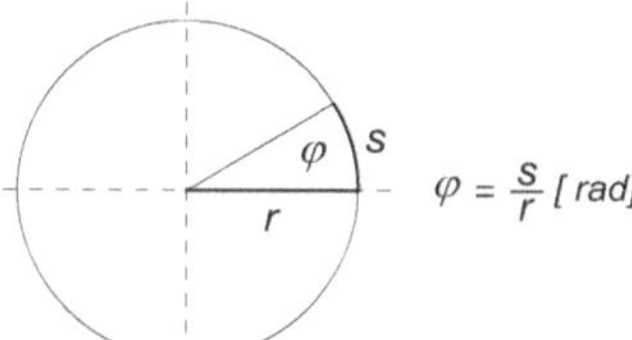

Bild 5.111 Winkeleinheit Radiant

Für die Praxis ist es außerordentlich wichtig, die Angabe [rad/s] von der Angabe [1/s] zu unterscheiden. Die letztere bedeutet immer „Takte/s“, „Schwingungen/s“ oder z. B. „Umdrehungen/s“. Für eine eindeutige Angabe sollte deshalb immer für die Einheit der Eigenkreisfrequenz [rad/s] angegeben werden.

Den Zusammenhang zwischen der Eigenkreisfrequenz ω [rad/s] und der Eigenfrequenz f [1/s = Hz] findet man aus folgender Einheitenrechnung

$$\omega = f\left[\frac{\text{Schwingung}}{\text{s}}\right]\cdot 2\pi\left[\frac{\text{rad}}{\text{Schwingung}}\right] = 2\pi f\left[\frac{\text{rad}}{\text{s}}\right]. \tag{10}$$

Aufgabe 5.45 (Bild 5.112)

Die beiden Punktpendel eines Zentrifugalreglers mit zusätzlicher Federfesselung schwingen um Achsen parallel zur x-Achse. Bei ruhendem Regler ($\Omega = 0$) beträgt die Eigenfrequenz eines Pendels $\omega/2\pi = 40$ Hz. Die Ruhelage eines Pendels für $\Omega = 0$ ist $\varphi_0 = 0$. Für die Maße gilt $d - 2b - 0{,}2\ h$.

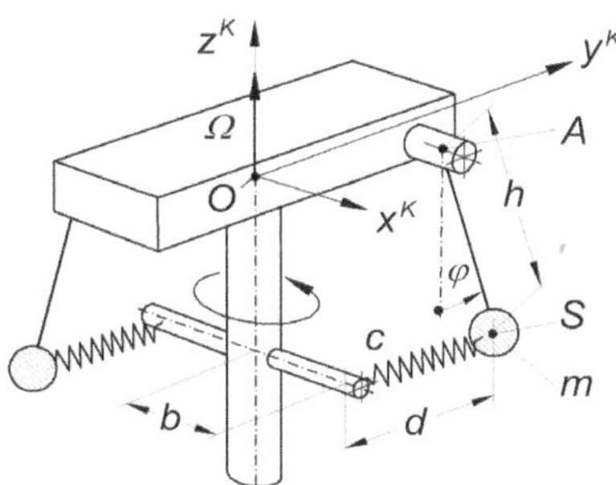

Bild 5.112 Zentrifugalregler mit zwei Pendel

a) Wie lauten die Bewegungsgleichungen für den Pendelwinkel φ?

b) Wie lautet die Gleichgewichtslage $\varphi_0(\Omega)$ und die Eigenkreisfrequenz $\omega(\Omega)$ für ein Pendel?

c) Die Pendel seien zunächst bei $\varphi = 0$ arretiert. Nach Erreichen der Reglerwinkelgeschwindigkeit $\Omega = 90$ rad/s werden sie stoßfrei gelöst. Welche Schwingung $\varphi(t)$ entsteht?

d) Welches maximale Moment muss von der Achse des Pendels bei der Schwingung nach c) aufgenommen werden?

Lösungsanalyse: Die Bewegungsgleichung eines Pendels folgt aus dem Drallsatz mit Bezug auf den Aufhängepunkt A. Drall und Drallsatz müssen hier in der allgemeinen Form mit Bezug auf einen beliebig bewegten Punkt formuliert werden (vgl. Lösung zu Aufgabe 5.43). Die Gleichgewichtslage eines Pendels ist eine Lösung der Bewegungsgleichung mit $\ddot{\varphi} \equiv 0$. Die Schwingungsbewegung folgt aus der Anpassung der allgemeinen Lösung an die gegebenen Anfangsbedingungen. Auch das Biegemoment auf die Achse im Aufhängepunkt eines Pendels folgt aus dem Drallsatz.

Mit der formalen Anwendung des Drallsatzes können hier zwei unterschiedliche Aufgabentypen mit einem Ansatz gelöst werden. Mit der x^K-Koordinate gewinnt man eine Dgl, mit der aus gegebenen äußeren Kräften die Pendelbewegung abgeleitet wird. Setzt man diese Bewegung in die y^K- und z^K-Komponente ein, dann erhält man die unbekannte rechte Seite in Form des negativen Biegemomentes auf die Pendelachse.

Lösung: a) Der Drallsatz für ein Pendel mit Bezug auf den bewegten Aufhängepunkt A lautet

$$\frac{d}{dt}\boldsymbol{L}_{\text{A}} + m\left(\boldsymbol{r}_{\text{AS}} \times \boldsymbol{a}_{\text{A}}\right) = \boldsymbol{M}_{\text{A}}, \tag{1}$$

Mit dem Drallvektor $\boldsymbol{L}_{\text{A}}$ für das Punktpendel, bezogen auf A

$$\boldsymbol{L}_{\text{A}} = m\boldsymbol{r}_{\text{AS}} \times \frac{d}{dt}\boldsymbol{r}_{\text{AS}}, \tag{2}$$

erhält man aus (1)

$$\frac{d}{dt}\left(m\boldsymbol{r}_{\text{AS}} \times \frac{d}{dt}\boldsymbol{r}_{\text{AS}}\right) + m\boldsymbol{r}_{\text{AS}} \times \frac{d^2}{dt^2}\boldsymbol{r}_{\text{OA}} = \boldsymbol{M}_{\text{A}},$$

$$m\boldsymbol{r}_{AS} \times \frac{d^2}{dt^2}\boldsymbol{r}_{AS} + m\boldsymbol{r}_{AS} \times \frac{d^2}{dt^2}\boldsymbol{r}_{OA} = \boldsymbol{M}_A. \tag{3}$$

Der Drallsatz (3) soll jetzt weiter im körperfesten K-System, das sich mit $\boldsymbol{\Omega}$ dreht, ausgewertet werden. Mit Anwendung der Ableitungsregel für Vektoren in drehenden Koordinatensystemen erhält man für die einzelnen Ausdrücke in (3)

$$\frac{d^2}{dt^2}\boldsymbol{r}_{AS}^K = \left[\frac{d}{dt}\left\{\frac{d^{rel}}{dt}\boldsymbol{r}_{AS} + \boldsymbol{\Omega}\times\boldsymbol{r}_{AS}\right\} = \frac{d^{rel}}{dt}\left\{\frac{d^{rel}}{dt}\boldsymbol{r}_{AS} + \boldsymbol{\Omega}\times\boldsymbol{r}_{AS}\right\} + \boldsymbol{\Omega}\times\left\{\frac{d^{rel}}{dt}\boldsymbol{r}_{AS} + \boldsymbol{\Omega}\times\boldsymbol{r}_{AS}\right\}\right]^K$$

$$\frac{d^2}{dt^2}\boldsymbol{r}_{AS}^K = \left[\frac{d^{2\,rel}}{dt^2}\boldsymbol{r}_{AS} + \cancel{\frac{d^{rel}}{dt}}\boldsymbol{\Omega}\times\boldsymbol{r}_{AS} + \boldsymbol{\Omega}\times\frac{d^{rel}}{dt}\boldsymbol{r}_{AS} + \boldsymbol{\Omega}\times\frac{d^{rel}}{dt}\boldsymbol{r}_{AS} + \boldsymbol{\Omega}\times(\boldsymbol{\Omega}\times\boldsymbol{r}_{AS})\right]^K,$$

$$\frac{d^2}{dt^2}\boldsymbol{r}_{AS}^K = \left[\frac{d^{2\,rel}}{dt^2}\boldsymbol{r}_{AS} + 2\boldsymbol{\Omega}\times\frac{d^{rel}}{dt}\boldsymbol{r}_{AS} + \boldsymbol{\Omega}\times(\boldsymbol{\Omega}\times\boldsymbol{r}_{AS})\right]^K, \tag{4}$$

$$\frac{d^2}{dt^2}\boldsymbol{r}_{OA}^K = \left[\frac{d}{dt}\left\{\cancel{\frac{d^{rel}}{dt}\boldsymbol{r}_{OA}} + \boldsymbol{\Omega}\times\boldsymbol{r}_{OA}\right\} = \cancel{\frac{d^{rel}}{dt}(\boldsymbol{\Omega}\times\boldsymbol{r}_{OA})} + \boldsymbol{\Omega}\times(\boldsymbol{\Omega}\times\boldsymbol{r}_{OA})\right]^K. \tag{5}$$

Das äußere Moment $\boldsymbol{M}_A$ auf das Pendel entnimmt man dem Bild 5.113.

$$\boldsymbol{M}_A = \boldsymbol{r}_{AS}\times(\boldsymbol{F}_G + \boldsymbol{F}_F) + \boldsymbol{M}_{A,y,z}.$$

Im körperfesten Koordinatensystem K(x, y, z) lautet es

$$\boldsymbol{M}_A^K = \begin{bmatrix} 0 \\ h\sin\varphi \\ -h\cos\varphi \end{bmatrix} \times \left\{\begin{bmatrix} 0 \\ 0 \\ -mg \end{bmatrix} + \begin{bmatrix} 0 \\ -ch\sin\varphi \\ 0 \end{bmatrix}\right\} + \boldsymbol{M}_{A,y,z} = \begin{bmatrix} -hmg\sin\varphi - ch^2\sin\varphi\cos\varphi \\ M_{Ay} \\ M_{Az} \end{bmatrix}. \tag{6}$$

Das Moment $-\boldsymbol{M}_{A,y,z}$ ist das gesuchte Biegemoment auf die Lagerachse.

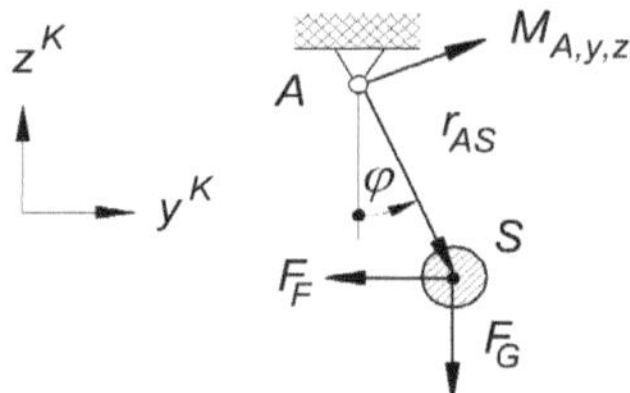

Bild 5.113 Schnittbild für ein Pendel

Mit den Ausdrücken (4), (5) und (6) erhält man aus dem Drallsatz (3) die Vektorgleichung im K-System

$$\left\{ m\boldsymbol{r}_{\mathrm{AS}} \times \left[\frac{d^{2\,\mathrm{rel}}}{dt^2}\boldsymbol{r}_{\mathrm{AS}} + 2\boldsymbol{\Omega}\times\frac{d^{\mathrm{rel}}}{dt}\boldsymbol{r}_{\mathrm{AS}} + \boldsymbol{\Omega}\times\left(\boldsymbol{\Omega}\times\boldsymbol{r}_{\mathrm{AS}}\right) \right] + m\boldsymbol{r}_{\mathrm{AS}}\times\left[\boldsymbol{\Omega}\times\left(\boldsymbol{\Omega}\times\boldsymbol{r}_{\mathrm{OA}}\right)\right] \right\}^{\mathrm{K}} = \boldsymbol{M}_{\mathrm{A}}^{\mathrm{K}}. \quad (7)$$

Die Koordinatengleichung lautet im K-System

$$\begin{bmatrix} 0 \\ h\sin\varphi \\ -h\cos\varphi \end{bmatrix} \times \left\{ \begin{bmatrix} 0 \\ h\ddot{\varphi}\cos\varphi - h\dot{\varphi}^2\sin\varphi \\ h\ddot{\varphi}\sin\varphi + h\dot{\varphi}^2\cos\varphi \end{bmatrix} + 2\begin{bmatrix} 0 \\ 0 \\ \Omega \end{bmatrix} \times \begin{bmatrix} 0 \\ h\dot{\varphi}\cos\varphi \\ h\dot{\varphi}\sin\varphi \end{bmatrix} + \begin{bmatrix} 0 \\ 0 \\ \Omega \end{bmatrix} \times \left(\begin{bmatrix} 0 \\ 0 \\ \Omega \end{bmatrix} \times \begin{bmatrix} 0 \\ h\sin\varphi \\ -h\cos\varphi \end{bmatrix} \right) \right\} +$$

$$+ \begin{bmatrix} 0 \\ h\sin\varphi \\ -h\cos\varphi \end{bmatrix} \times \left[\begin{bmatrix} 0 \\ 0 \\ \Omega \end{bmatrix} \times \left(\begin{bmatrix} 0 \\ 0 \\ \Omega \end{bmatrix} \times \begin{bmatrix} b \\ d \\ 0 \end{bmatrix} \right) \right] = \frac{1}{m} \begin{bmatrix} -hgm\sin\varphi - ch^2\sin\varphi\cos\varphi \\ M_{\mathrm{A}y} \\ M_{\mathrm{A}z} \end{bmatrix}. \quad (8)$$

Man erhält aus (8) drei Gleichungen zur Lösung der Aufgabe:

$$\begin{aligned} &h\sin\varphi\left(h\ddot{\varphi}\sin\varphi + h\dot{\varphi}^2\cos\varphi\right) + h\cos\varphi\left(h\ddot{\varphi}\cos\varphi - h\dot{\varphi}^2\sin\varphi - \Omega^2 h\sin\varphi\right) - \\ &\qquad - \Omega^2 hd\cos\varphi = -hg\sin\varphi - (c/m)h^2\sin\varphi\cos\varphi, \\ &2\Omega h^2\dot{\varphi}\cos^2\varphi + \Omega^2 hb\cos\varphi = M_{\mathrm{A}y}/m, \\ &2\Omega h^2\dot{\varphi}\sin\varphi\cos\varphi + \Omega^2 hb\sin\varphi = M_{\mathrm{A}z}/m. \end{aligned} \quad (9)$$

Die erste Gleichung aus (9) ist die Bewegungsgleichung des Pendels und die beiden anderen beschreiben die Biegebelastung, die auf das Pendel in A ausgeübt wird.

Nach weiterer Zusammenfassung erhält man für die Bewegungsgleichung des Pendels

$$\ddot{\varphi} + \left(\frac{c}{m} - \Omega^2\right)\sin\varphi\cos\varphi - \frac{d}{h}\Omega^2\cos\varphi + \frac{g}{h}\sin\varphi = 0. \quad (10)$$

Diese nichtlineare Dgl 2. Ordnung kann man für kleine Schwingungen linearisieren. Mit $\varphi \ll 1$ und $\sin\varphi \approx \varphi$, $\cos\varphi \approx 1$ folgt aus (10) die lineare Bewegungsgleichung

$$\ddot{\varphi} + \left(\frac{c}{m} + \frac{g}{h} - \Omega^2\right)\varphi = \frac{d}{h}\Omega^2. \quad (11)$$

b) Für die Eigenkreisfrequenz der Pendelschwingungen erhält man aus (11)

$$\omega = \sqrt{\frac{c}{m} + \frac{g}{m} - \Omega^2} = \sqrt{\omega_0^2 - \Omega^2}, \; \omega_0 = \sqrt{\frac{c}{m} + \frac{g}{m}}, \quad (12)$$

mit der Eigenkreisfrequenz ω_0 des Pendels bei ruhendem Regler. Für die Gleichgewichtslage erhält man aus (11) mit $\ddot{\varphi} \equiv 0$

$$\varphi_0 = \frac{d}{h}\left(\frac{\Omega}{\omega}\right)^2. \quad (13)$$

Die Linearisierungsvoraussetzung $\varphi \ll 1$ für die Schwingung muss auch von φ_0 erfüllt werden.

c) Die allgemeine Lösung der inhomogenen Schwingungsdifferentialgleichung (11) ist die Summe aus der Lösung der homogenen Dgl und einer partikulären Lösung. Man erhält

$$\varphi(t) = \varphi_{\text{Amp}} \cos(\omega t - \psi) + \frac{d}{h}\left(\frac{\Omega}{\omega}\right)^2 . \tag{14}$$

Die Amplitude und den Phasenwinkel findet man durch Anpassen der Lösung an die gegebenen Anfangsbedingungen $\varphi(0) = \dot{\varphi}(0) = 0$:

$$\begin{aligned} \varphi(0) &= \varphi_{\text{Amp}} \cos(-\psi) + \frac{d}{h}\left(\frac{\Omega}{\omega}\right)^2 = \varphi_{\text{Amp}} \cos\psi + \frac{d}{h}\left(\frac{\Omega}{\omega}\right)^2 = 0, \\ \dot{\varphi}(0) &= -\,\omega\varphi_{\text{Amp}} \sin(-\psi) = \omega\varphi_{\text{Amp}} \sin\psi = 0. \end{aligned} \tag{15}$$

Die Gleichungen (15) haben mit der Vorgabe $\varphi_{\text{Amp}} > 0$ die Lösungen

$$\psi = \pi, \ \varphi_{\text{Amp}} = \frac{d}{h}\left(\frac{\Omega}{\omega}\right)^2 . \tag{16}$$

Damit lautet die sich einstellende Schwingungsbewegung

$$\varphi(t) = \frac{d}{h}\left(\frac{\Omega}{\omega}\right)^2 \left[1 - \cos(\omega t)\right] = \varphi_{\text{Amp}} \left[1 - \cos(\omega t)\right], \tag{17}$$

mit: $\varphi_{\text{Amp}} = 0{,}0294\,\text{rad} = 1{,}7°$, $\omega = 234{,}66$ rad/s.

d) Die y^{K}- und z^{K}-Komponente von $\boldsymbol{M}_{\text{A}}$ ist die Momentenwirkung, die der Regler über die Pendelachse auf das Pendel ausübt. Das Gegenmoment ist die gesuchte Biegebelastung auf die Achse. Nach (9) gilt

$$\begin{aligned} M_{\text{A}\,y} &= 2\Omega h^2 m\dot{\varphi}\cos^2\varphi + \Omega^2 hbm\cos\varphi, \\ M_{\text{A}\,z} &= 2\Omega h^2 m\dot{\varphi}\sin\varphi\cos\varphi + \Omega^2 hbm\sin\varphi. \end{aligned} \tag{18}$$

Der Betrag des Momentes ist

$$M_{\text{A}} = \sqrt{M_{\text{A}\,y}^2 + M_{\text{A}\,z}^2} = \Omega mh\left(\Omega b + 2\dot{\varphi}h\cos\varphi\right) \approx \Omega mh\left(\Omega b + 2\dot{\varphi}h\right), \ \varphi \ll 1. \tag{19}$$

Das Moment M_{A} wird maximal für das Maximum der Schwingungsgeschwindigkeit $\dot{\varphi}$. Man erhält es aus der Ableitung von (17) zu $\dot{\varphi}_{\max} = \omega\varphi_{\text{Amp}}$. Zusammen mit (16) und (19) folgt

$$M_{\text{A,max}} = mh\Omega^2\left(b + 2d\frac{\Omega}{\omega}\right). \tag{20}$$

Aufgabe 5.46 (Bild 5.114)

Ein Bodenverdichter mit dem Gesamtgewicht G ist aufgebaut aus einem Gehäuse K (Masse m_K), in dem zwei gegensinnig drehende Rotoren R (Gesamtmasse m_R) exzentrisch gelagert sind. Über Federn mit der Gesamtfederkonstante c ist das Gehäuse mit der Bodenplatte P (Masse m_P) verbunden.

a) Für den Drehzahlbereich der Rotoren, bei dem die Bodenplatte ständig im Kontakt mit dem Untergrund bleibt, bestimme man die Differentialgleichung für die Vertikalschwingungen des Gehäuses und die Amplituden seiner erzwungenen Schwingungen.

b) Wie groß darf die Rotorwinkelgeschwindigkeit Ω höchstens werden, wenn ein ständiger Kontakt zwischen Untergrund und Bodenplatte vorhanden sein soll? Wie groß ist dann die maximale auf den Boden ausgeübte Kraft?

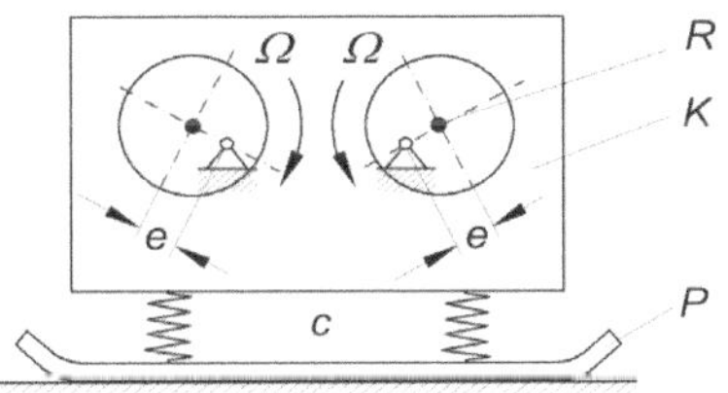

Bild 5.114 Bodenverdichter

Lösungsanalyse: Zu untersuchen sind die Vertikalbewegungen eines Systems mit Unwuchterregung. Der Bodenverdichter besteht aus drei miteinander gekoppelten Systemkomponenten: Gehäuse, exzentrisch gelagerte Rotoren und Bodenplatte. Zur Untersuchung der gegenseitigen Beeinflussung müssen alle Komponenten durch Schnittführungen voneinander getrennt werden. In einem Inertialsystem werden die Vertikalkoordinaten der Impulssätze für die Systemkomponenten angegeben.

Als Lösung der Dgl für ein Bauteil mit harmonischer Zwangserregung soll hier nur die stationäre Lösung nach Abklingen der Eigenschwingung untersucht werden. Die Amplitude der Gehäuseschwingung stellen sich als Funktion der Erregerkreisfrequenz Ω dar. Die maximal zulässige Winkelgeschwindigkeit der Rotoren wird an Hand der frei geschnittenen Bodenplatte diskutiert.

Lösung: a) Die Schnittbilder für Gehäuse und Rotoren zeigt Bild 5.115. Da der Bodenverdichter nur mit der Bodenplatte am Untergrund betrachtet wird, bleibt das Schnittbild für die Platte vorerst unberücksichtigt. Die im gekoppelten Zwangslauf gegenläufig laufenden Rotoren üben auch Horizontalkräfte aus. Sie heben sich im System auf und haben keinen Einfluss auf die Gehäusebewegung.

Die Nullpunkte der Koordinaten y_S und y_C liegen in der Ruhelage der Punkte S und C und für $\varphi = 0$. Aus Bild 5.115 liest man die y-Koordinaten der Impulssätze für das Gehäuse und für einen Rotor ab:

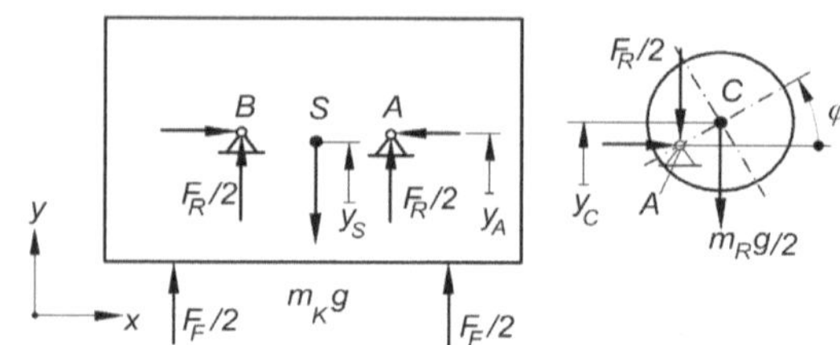

Bild 5.115 Schnittbilder für Gehäuse und Rotor

- Impulssatz für das Gehäuse

$$\begin{aligned} m_K \ddot{y}_S &= -m_K g + F_F + F_R, \\ F_F &= (m_K + m_R) g - c y_S. \end{aligned} \tag{1}$$

- Impulssatz für einen Rotor

$$\frac{1}{2} m_R \ddot{y}_C = -\frac{1}{2} F_R - \frac{1}{2} m_R g. \tag{2}$$

- Kinematische Nebenbedingungen

$$\begin{aligned} y_C &= y_A + e \sin\varphi, \quad \varphi = \Omega t, \quad y_A = y_S + \text{konst}, \\ \ddot{y}_C &= \ddot{y}_S - e\Omega^2 \sin\Omega t. \end{aligned} \tag{3}$$

Daraus folgt die Bewegungsgleichung für das Gehäuse

$$(m_K + m_R)\ddot{y}_S + c y_S = m_R e \Omega^2 \sin\Omega t. \tag{4}$$

Auf der rechten Seite von (4) steht als Erregung die Vertikalkomponente der Trägheitskräfte der Unwuchtmassen. Die dadurch angeregte Schwingung ist die Überlagerung von Eigenschwingungen, die bei gedämpften Systemen mit der Zeit abklingen, und der erzwungenen Schwingung, deren Frequenz mit der Erregerfrequenz übereinstimmt. Die partikuläre Lösung der Dgl (4) ist die sich mit der Zeit einstellende stationäre Schwingung y_{stat}. Mit dem Ansatz

$$y_{S,stat}(t) = R \sin(\Omega t - \psi) \tag{5}$$

erhält man aus (4) das Gleichungssystem zur Bestimmung der Amplitudenfunktion R und des Phasenwinkels ψ. Mit der zweiten Ableitung von (5) erhält man aus (4)

$$-(m_K + m_R) R\Omega^2 \sin(\Omega t - \psi) + cR \sin(\Omega t - \psi) = m_R e \Omega^2 \sin\Omega t. \tag{6}$$

Nach Anwendung des Additionstheorems $\sin(\Omega t - \psi) = \sin\Omega t \cos\psi - \cos\Omega t \sin\psi$ und Umgruppierung erhält man aus (6)

$$\begin{aligned} &\sin\Omega t\left[-(m_K + m_R) R\Omega^2 \cos\psi + cR\cos\psi - m_R e\Omega^2\right] + \\ &+ \cos\Omega t\left[(m_K + m_R) R\Omega^2 \sin\psi - cR \sin\psi\right] = 0. \end{aligned} \tag{7}$$

Diese Gleichung kann für alle Zeitwerte nur dann gelten, wenn die Klammerausdrücke jeweils für sich verschwinden und man erhält zwei Gleichungen für die beiden Unbekannten R und ψ

$$\begin{aligned} -(m_K + m_R) R\Omega^2 \cos\psi + cR\cos\psi - m_R e\Omega^2 &= 0, \\ (m_K + m_R) R\Omega^2 \sin\psi - cR\sin\psi &= 0, \end{aligned} \tag{8}$$

mit der Lösung für Phasenwinkel und Amplitude:

$$\sin\psi = 0 \Rightarrow \psi = 0,$$
$$R = \frac{m_R e\Omega^2}{(m_K + m_R)(\omega^2 - \Omega^2)}, \quad \omega = \sqrt{\frac{c}{m_K + m_R}}. \tag{9}$$

Bei der zweiten möglichen Lösung für $\psi = \pi$ würde sich in R das Vorzeichen ändern. Das Ergebnis (9) zeigt, das Gehäuse schwingt bei $\Omega < \omega$ mit der Erregung gleichphasig und bei $\Omega > \omega$ gegenphasig.

b) Zur Analyse der Bodenplatte wird sie freigeschnitten (Bild 5.116).

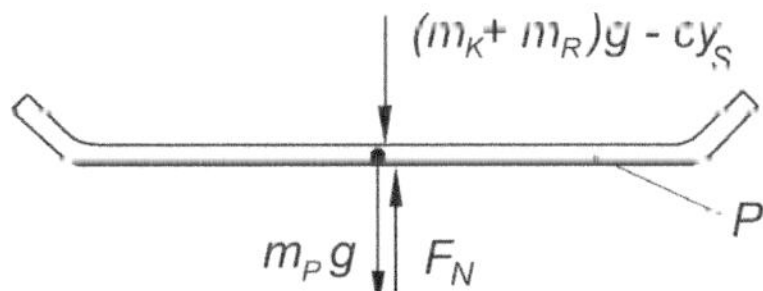

Bild 5.116 Schnittbild für die Bodenplatte

Die Bodenplatte soll sich nicht vom Boden abheben. Das bedeutet, es kann mit der Kraftgleichgewichtsbedingung der Statik in y-Richtung gearbeitet werden:

$$F_N - m_P g - (m_K + m_R) g + cy_S = 0. \tag{10}$$

Bodenhaftung geht verloren für den Grenzfall $F_N = 0$ und für die maximale Amplitude $y_{S,max}$. Damit folgt aus (10)

$$y_{S,max} = \left[m_P g + (m_K + m_R) g\right]\frac{1}{c} = \frac{G}{c}. \tag{11}$$

Dies ist der obere Umkehrpunkt der Gehäuseschwingung mit der Amplitude $y_{S,max}$. Setzt man in die Kraftgleichung (10) für die Gehäuseschwingung den unteren Umkehrpunkt $-y_{S,max}$ ein, dann wird F_N zum Maximalwert der Kraft auf den Boden

$$F_{N,max} = m_P g + (m_K + m_R) g + cy_{S,max} = 2G. \tag{12}$$

Den Zusammenhang zwischen der Erregerkreisfrequenz und der Amplitude der erzwungenen Schwingung beschreiben (5) und (9). Mit dem Ergebnis (11) der maximalem Amplitude folgt der obere Grenzwert für die Erregerkreisfrequenz

$$y_{S,max} = R_{max} = \frac{G}{c} \Rightarrow \frac{m_R e\Omega_{max}^2}{(m_K + m_R)(\omega^2 - \Omega_{max}^2)} = \frac{G}{c},$$

$$\Omega_{\max} = \sqrt{\frac{Gc}{cm_R e + (m_K + m_R)G}}. \tag{13}$$

Bis zu dieser Kreisfrequenz hat die Bodenplatte permanenten Kontakt mit dem Untergrund.

Aufgabe 5.47 (Bild 5.117)

Das skizzierte mechanische Schwingungsmessgerät besteht aus einem Gehäuse, in dem eine Masse m an einer Feder (Federkonstante c) aufgehängt ist. Die Masse trägt einen Schreibstift, der auf einer rotierenden Trommel die vertikalen Verschiebungen zwischen Gehäuse und Masse aufzeichnet. Die Eigenschwingungen der Masse werden über einen geschwindigkeitsproportional wirkenden Dämpfer (Dämpfungskonstante d) gedämpft.

a) Welche Kurve $x_P(t)$ wird aufgezeichnet, wenn das Gerät auf einer mit $x_U(t) = U\cos(\Omega t)$ schwingenden Unterlage steht?

b) Wie groß muss das LEHRsche Dämpfungsmaß $D = d/(2\sqrt{cm})$ sein, damit das Gerät Gestellschwingungen von $\Omega \geq 18\,\text{Hz}$ mit einem Amplitudenfehler von $f \leq 6\%$ aufzeichnet? Das Gerät hat eine ungedämpfte Eigenfrequenz von $\omega = 7$ Hz.

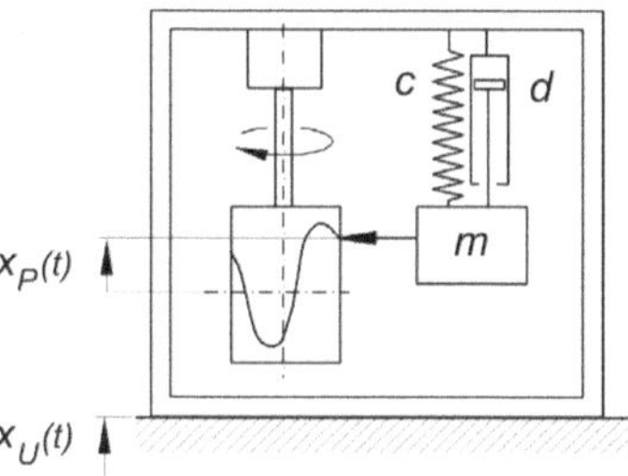

Bild 5.117 Schwingungsmessgerät

Lösungsanalyse: Die Masse m wird durch eine Feder- und Dämpferfußpunkterregung mit $x_U(t)$ zum Schwingen angeregt. Die aufgezeichnete Kurve $x_P(t)$ ist die Relativbewegung zwischen der Massen- und der Unterlagenbewegung. Aufgabe des Messgerätes ist die Aufzeichnung einer Kurve, die innerhalb eines vorgegebenen Amplitudenfehlers die Unterlagenschwingung abbildet. Bei vorgegebener Masse m kann über die Einstellung der Werte c und d der maximale Fehler in Abhängigkeit der Erregerfrequenz realisiert werden. Die angeregten Schwingungen von m setzen sich zusammen aus der Überlagerung von angestoßenen Eigenschwingungen und der gesuchten stationären Zwangsschwingung. Ein ablesbares Messergebnis liegt vor, wenn die Eigenschwingungen infolge der Dämpfung abgeklungen sind.

Zur Lösung werden die Masse m, die Feder und der Dämpfer freigeschnitten und die Vertikalkomponente des Impulssatzes wird für m formuliert. Die Schnittkräfte an Feder und Dämpfer sind sog. eingeprägte Kräfte, für die Kraftgleichungen angegeben werden können. Kinematische Bindungsgleichungen beschreiben den Zusammenhang zwischen den absoluten Bewegungen $x_M(t)$ der Masse m, der Unterlage $x_U(t)$ und der relativen Bewegung $x_P(t)$. Das Ergebnis ist eine lineare Dgl mit harmonischer rechter Seite (Zwangserregung), deren partikuläre Lösung die gesuchte Funktion ist.

Lösung: a) Im Bild 5.118 sind die Schnittbilder für die Masse *m*, für die Feder und den Dämpfer skizziert. Hierin ist $x_M(t)$ die absolute Bewegung der Masse *m* mit dem Nullpunkt in der statischen Gleichgewichtslage.

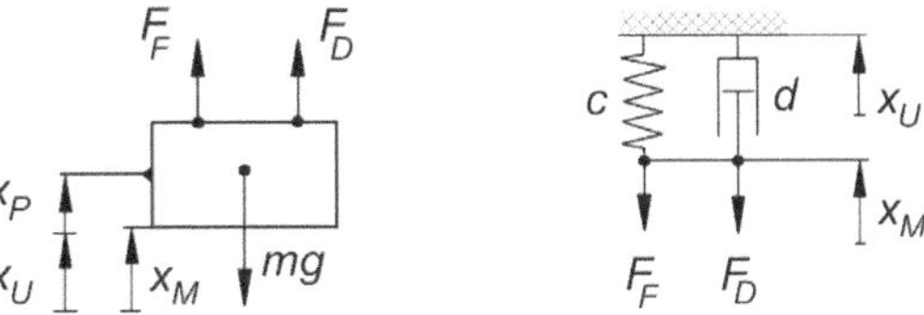

Bild 5.118 Schnittbilder

Die *x*-Komponente des Impulssatzes für *m* lautet

$$m\ddot{x}_M = -mg + F_F + F_D. \tag{1}$$

Für die eingeprägten Kräfte F_F und F_D gilt

$$\begin{aligned} F_F &= F_0 - c(x_M - x_U), \quad F_0 - mg = 0 \Rightarrow F_0 = mg, \\ F_D &= -d(\dot{x}_M - \dot{x}_U). \end{aligned} \tag{2}$$

Die Vorzeichen in den Gleichungen für die eingeprägten Kräfte müssen so gewählt werden, dass sie mit den vorgegebenen Koordinaten die im Schnittbild eingezeichneten Kraftrichtungen ergeben: z.B. erhält man die eingezeichnete Richtung für die Dämpferkraft F_D, wenn sich der Kolben im Dämpfer nach unten $(-\dot{x}_M)$ und die Hülse nach oben $(+\dot{x}_U)$ bewegt.

Die vierte Gleichung zur Lösung ist eine kinematische Bindungsgleichung sowie deren 1. und 2. Ableitung nach der Zeit. Der Messschrieb x_P ist die relative Koordinate zwischen der Gehäusebewegung x_U und der Massenbewegung x_M

$$x_P = x_M - x_U \Rightarrow \dot{x}_P = \dot{x}_M - \dot{x}_U \Rightarrow \ddot{x}_P = \ddot{x}_M - \ddot{x}_U. \tag{3}$$

Aus den Gleichungen (1), (2) und (3) erhält man die Dgl für die Funktion $x_P(t)$

$$m\ddot{x}_P + d\dot{x}_P + cx_P = -m\ddot{x}_U = mU\Omega^2 \cos\Omega t. \tag{4}$$

Die Normalform dieser Dgl lautet

$$\ddot{x}_P + 2D\omega\dot{x}_P + \omega^2 x_P = U\Omega^2 \cos\Omega t, \tag{5}$$

mit dem Dämpfungsmaß nach LEHR: $D = d/(2\sqrt{cm})$ und der Eigenkreisfrequenz des ungedämpften Systems: $\omega = \sqrt{c/m}$.

Die Lösung der Dgl (5) ist die Überlagerung der Lösung der homogenen Dgl (Eigenschwingung) mit einer partikulären Lösung der inhomogenen Dgl (Zwangsschwingung). Hier interessiert nur die erzwungene Schwingung im eingeschwungenen Zustand. Infolge der Dämpfung im System gilt

$$x_P(t) = x_{hom}(t) + x_{part}(t) \Rightarrow \lim_{t\to\infty} x_P(t) = x_{part}(t). \tag{6}$$

Die partikuläre Lösung ist eine Schwingung mit der Erregerfrequenz Ω und mit veränderter Amplitude (Amplitudenfaktor V) sowie einer Phasenverschiebung φ gegen die Erregung. Mit dem Lösungsansatz

$$x_{\text{part}}(t) = V\left[U\Omega^2 \cos\left(\Omega t + \varphi\right)\right] \tag{7}$$

erhält man aus der Dgl (5) mit

$$\dot{x}_P = -VU\Omega^3 \sin\left(\Omega t + \varphi\right), \; \ddot{x}_P = -VU\Omega^4 \cos\left(\Omega t + \varphi\right),$$

$$-VU\Omega^4 \cos\left(\Omega t + \varphi\right) - 2VUD\omega\Omega^3 \sin\left(\Omega t + \varphi\right) + VU\omega^2\Omega^2 \cos\left(\Omega t + \varphi\right) = U\Omega^2 \cos \Omega t. \tag{8}$$

Nach Anwendung der trigonometrischen Additionstheoreme erhält man die Überlagerung einer sin(Ωt)- mit einer cos(Ωt)-Schwingung. Dies kann für alle Zeiten nur dann verschwinden, wenn die Amplitudenfunktionen jeweils für sich verschwinden. Damit erhält man zwei algebraische Gleichungen für V und φ

$$\begin{aligned} V\left(\omega^2 - \Omega^2\right)\cos\varphi - 2VD\omega\Omega \sin\varphi - 1 &= 0, \\ V\left(\omega^2 - \Omega^2\right)\sin\varphi + 2VD\omega\Omega \cos\varphi &= 0, \end{aligned} \tag{9}$$

mit der Lösung

$$V = \frac{1}{\sqrt{\left(\omega^2 - \Omega^2\right)^2 + 4D^2\omega^2\Omega^2}}, \quad \tan\varphi = -\frac{2D\omega\Omega}{\omega^2 - \Omega^2}. \tag{10}$$

Die aufgezeichnete Kurve lautet mit (10)

$$x_P(t) = P\cos(\Omega t + \varphi) = VU\Omega^2 \cos(\Omega t + \varphi). \tag{11}$$

b) Für den Amplitudenfehler gilt

$$f = \frac{|U - P|}{U} = \left|1 - \frac{\Omega^2}{\sqrt{\left(\omega^2 - \Omega^2\right)^2 + 4D^2\omega^2\Omega^2}}\right|. \tag{12}$$

Die Auflösung nach D ergibt

$$D = \frac{1}{2\omega\Omega}\sqrt{\frac{\Omega^4}{(1 \pm f)^2} - \left(\omega^2 - \Omega^2\right)^2} = \begin{cases} 0,5295 \\ 0,8246\,. \end{cases} \tag{13}$$

Das dimensionslose Dämpfungsmaß muss zwischen $0,5295 \le D \le 0,8246$ liegen, wenn das Messgerät erzwungene Schwingungen von $\Omega \ge 18$ Hz mit einem maximalen Amplitudenfehler von 6% aufzeichnen soll. Der gültige Messbereich ist in Bild 5.119 in die Resonanzkurve $V(\Omega)$, Glch. (10) für das Messgerät eingezeichnet.

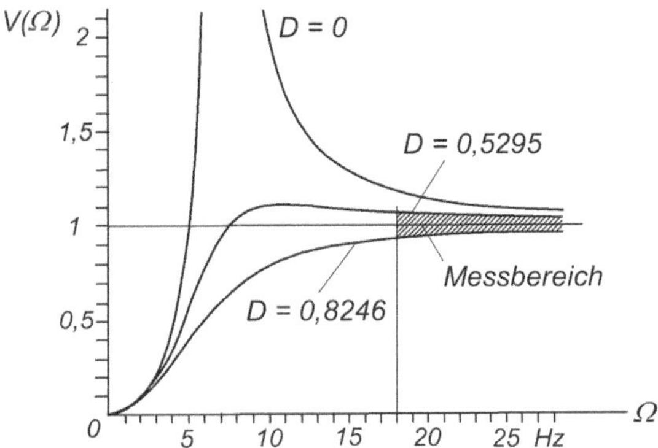

Bild 5.119 Resonanzkurve

Aufgabe 5.48 (Bild 5.120)

Zwei elastische Bälle werden aus einer Höhe h gleichzeitig so fallen gelassen, dass ihre Mittelpunkte bei gleich bleibendem Abstand stets senkrecht übereinander liegen. Bei dem Aufprall auf einem horizontalen festen Boden erfolgt ein Doppelstoß: m^{I} gegen den Boden und danach m^{II} gegen m^{I}. Der zweite Stoß soll hier untersucht werden. Die Durchmesser der Bälle seien vernachlässigbar klein gegenüber der Fallhöhe.

a) Welche Geschwindigkeiten haben die Bälle unmittelbar nach dem Doppelstoß? Man skizziere die Funktion der Rücksprung-Geschwindigkeit des Balles II in Abhängigkeit seiner Masse m^{II}.

b) Wie hoch kann der Ball II maximal zurückspringen?

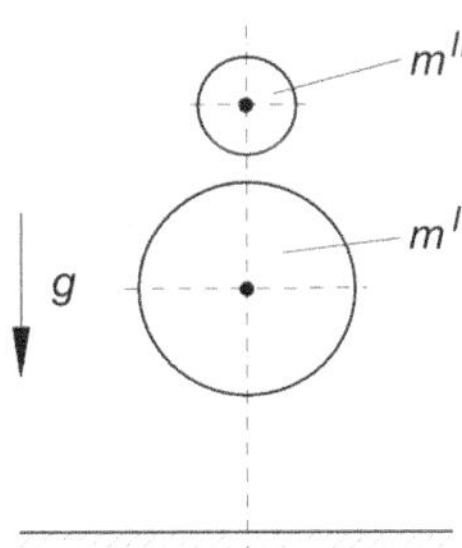

Bild 5.120 Doppelstoß elastischer Bälle

Lösungsanalyse: *Hinweise zur Schreibweise:* Hochgestellte Indizes I und II beschreiben die beteiligten Körper, tief gestellte den Zeitpunkt im Stoßvorgang: Vor dem Stoß: 0, nach dem Stoß: 1.

Die Geschwindigkeiten der Bälle nach Durchfallen der Höhe h ist aus einfachen kinematischen Beziehungen mit Berücksichtigung der Erdbeschleunigung g bestimmbar. Der Stoßvorgang zwischen beiden Bällen führt auf 2 Unbekannte: Die Geschwindigkeiten der Bälle nach dem zweiten Stoß: v_1^{I} und v_1^{II}. Dafür stehen zwei Vektorgleichungen für Stoßvorgänge zur Verfügung, [MAGNUS, MÜLLER-SLANY, 2009]:

Impulsbilanz:
$$m^{\mathrm{I}} \boldsymbol{v}_0^{\mathrm{I}} + m^{\mathrm{II}} \boldsymbol{v}_0^{\mathrm{II}} = m^{\mathrm{I}} \boldsymbol{v}_1^{\mathrm{I}} + m^{\mathrm{II}} \boldsymbol{v}_1^{\mathrm{II}} . \tag{1}$$

Stoßzahl (gerader zentraler Stoß):
$$\varepsilon = \frac{\boldsymbol{v}_1^{\mathrm{II}} - \boldsymbol{v}_1^{\mathrm{I}}}{\boldsymbol{v}_0^{\mathrm{I}} - \boldsymbol{v}_0^{\mathrm{II}}}, \quad \varepsilon = \begin{cases} 1, \text{ elastischer Stoß} \\ 0, \text{plastischer Stoß} \end{cases} \tag{2}$$

Lösung: Der Stoß der Bälle ist ein elastischer Stoß mit $\varepsilon = 1$. Aus den Vektorgleichungen (1) und (2) wird die unbekannte Geschwindigkeit $\boldsymbol{v}_1^{\mathrm{I}}$ eliminiert. Man erhält für die gesuchte Geschwindigkeit $\boldsymbol{v}_1^{\mathrm{II}}$ der Masse m^{II} nach dem Doppelstoß

$$\boldsymbol{v}_1^{\mathrm{II}} = \frac{1}{m^{\mathrm{I}} + m^{\mathrm{II}}} \left[2m^{\mathrm{I}} \boldsymbol{v}_0^{\mathrm{I}} + \left(m^{\mathrm{II}} - m^{\mathrm{I}} \right) \boldsymbol{v}_0^{\mathrm{II}} \right]. \tag{3}$$

Zum Übergang auf eine skalare Koordinatengleichung werden die Verhältnisse vor dem Stoß der beiden Bälle in Bild 5.121 betrachtet:

$$v_{1z}^{\mathrm{II}} = \frac{1}{m^{\mathrm{I}} + m^{\mathrm{II}}} \left[2m^{\mathrm{I}} v_{0z}^{\mathrm{I}} + \left(m^{\mathrm{II}} - m^{\mathrm{I}} \right) v_{0z}^{\mathrm{II}} \right]. \tag{4}$$

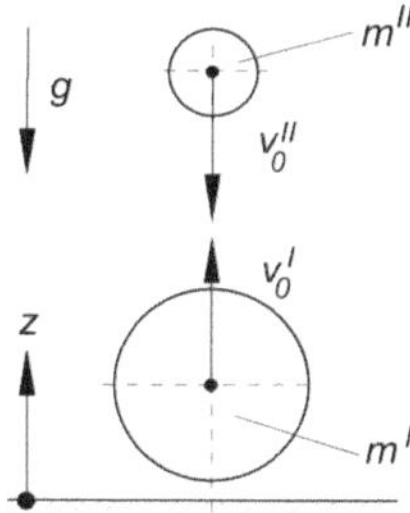

Bild 5.121 Situation vor dem Stoß der Bälle

Nach Durchfallen der Höhe h haben beide Bälle die Geschwindigkeit $v_0 = \sqrt{2gh}$. Nach dem ersten elastischen Stoß wird der Ball I mit gleicher Geschwindigkeit zurückgeworfen. Es gilt deshalb für die Geschwindigkeiten in z-Richtung in (4) vor dem Stoß der Bälle

$$v_{0z}^{\mathrm{I}} = -v_{0z}^{\mathrm{II}} = \sqrt{2gh} \tag{5}$$

und damit folgt aus (4)

$$\begin{aligned} v_{1z}^{\mathrm{II}} &= \frac{1}{m^{\mathrm{I}} + m^{\mathrm{II}}} \left[2m^{\mathrm{I}} - \left(m^{\mathrm{II}} - m^{\mathrm{I}} \right) \right] \sqrt{2gh} \\ v_{1z}^{\mathrm{II}} &= \frac{3m^{\mathrm{I}} - m^{\mathrm{II}}}{m^{\mathrm{I}} + m^{\mathrm{II}}} \sqrt{2gh} . \end{aligned} \tag{6}$$

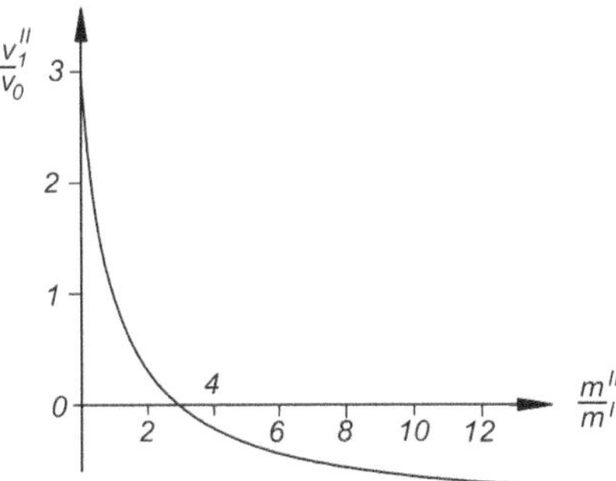

Bild 5.122 Geschwindigkeit $v_1^{II} = f(m^{II}/m^I)$ nach dem Doppelstoß

b) Für die maximale Rücksprunggeschwindigkeit $v_{1max}{}^{II}$ des Balles II nach dem Doppelstoß erhält man aus (6) den Grenzwert für $m^{II} \to 0$

$$v_{1max}^{II} = 3\sqrt{2gh}. \qquad (7)$$

Der Rücksprung mit dieser Geschwindigkeit führt auf die Höhe h_{max}:

$$v_{1max}^{II} = 3\sqrt{2gh} = \sqrt{2gh_{max}}$$

$$h_{max} = 9\,h.$$

Aufgabe 5.49 (Bild 5.123)

Zwei Fahrzeuge I und II stoßen an einer Straßenkreuzung unter dem Winkel α zusammen und rutschen nach dem Zusammenstoß gemeinsam mit blockierten Rädern eine Strecke s_{AB}, bis sie zum Stillstand kommen. Der Reibungsbeiwert sei $\mu = 0{,}5$.

a) Unter welchem Winkel β rutschen die Wagen nach dem Stoß und wie lang ist die Rutschstrecke s_{AB}?

b) Wie groß ist der Anteil des Verlustes an Bewegungsenergie beim Zusammenstoß und auf der Rutschstrecke?

Zahlenwerte: $m^I = 1200$ kg, $m^{II} = 800$ kg, $v_0{}^I = 36$ km/h, $v_0{}^{II} = 18$ km/h, $\alpha = 60°$.

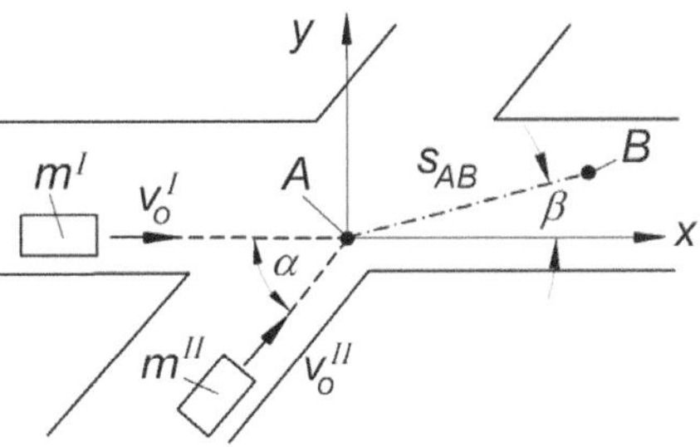

Bild 5.123 Zusammenstoß von zwei Fahrzeugen

Lösungsanalyse: Zur Vorbereitung der Lösung muss zunächst der Typ des Stoßes festgestellt werden. Die Beschreibung weist auf einen plastischen Stoß hin, da die Fahrzeuge sich nach dem Stoß nicht voneinander trennen. Drehbewegungen der Fahrzeuge werden nicht erwähnt. Man kann sie demnach als Massenpunkte abbilden. Damit reicht der Impulssatz zur mathematischen Beschreibung aus. Der Impulserhaltungssatz liefert über den kurzen Moment des Zusammenstoßes die Beschreibungsgrundlage.

Es wirken zwar Kräfte über die blockierten Räder von außen auf das System ein. Sie sind aber vernachlässigbar klein gegen die Verformungsarbeit leistenden Kräfte während des Stoßvorganges.

Hinweise zur Schreibweise: Hochgestellte Indizes beschreiben die Fahrzeuge I und II, tiefgestellte den Zeitpunkt: Vor dem Stoß: 0, nach dem Stoß: 1.

Lösung: a) Da während des Stoßes nur vernachlässigbare Kräfte von außen auf das Gesamtsystem einwirken, gilt der Impulserhaltungssatz über die Stoßdauer

$$m^{\mathrm{I}}\boldsymbol{v}_0^{\mathrm{I}} + m^{\mathrm{II}}\boldsymbol{v}_0^{\mathrm{II}} = \left(m^{\mathrm{I}} + m^{\mathrm{II}}\right)\boldsymbol{v}_1. \tag{1}$$

In Koordinatenschreibweise lautet (1)

$$\begin{aligned} x-\text{Koordinate:}\quad & m^{\mathrm{I}}v_0^{\mathrm{I}} + m^{\mathrm{II}}v_0^{\mathrm{II}}\cos\alpha = \left(m^{\mathrm{I}} + m^{\mathrm{II}}\right)v_1\cos\beta, \\ y-\text{Koordinate:}\quad & m^{\mathrm{II}}v_0^{\mathrm{II}}\sin\alpha = \left(m^{\mathrm{I}} + m^{\mathrm{II}}\right)v_1\sin\beta. \end{aligned} \tag{2}$$

Aus (2) folgt direkt der Winkel β, unter dem die Fahrzeuge nach dem Stoß rutschen

$$\tan\beta = \frac{m^{\mathrm{II}}v_0^{\mathrm{II}}\sin\alpha}{m^{\mathrm{I}}v_0^{\mathrm{I}} + m^{\mathrm{II}}v_0^{\mathrm{II}}\cos\alpha} = 0{,}2474, \quad \beta = 13{,}9°, \tag{3}$$

und die Geschwindigkeit nach dem Stoß

$$v_1 = \frac{m^{\mathrm{II}}v_0^{\mathrm{II}}\sin\alpha}{\left(m^{\mathrm{I}} + m^{\mathrm{II}}\right)\sin\beta} = 26\ \text{km/h} = 7{,}22\ \text{m/s}. \tag{4}$$

Die Länge der Gleitstrecke s_{AB} wird über den Impulssatz für beide Fahrzeuge nach dem Stoß ermittelt

$$\left(m^{\mathrm{I}} + m^{\mathrm{II}}\right)\ddot{s} = -F_{\mathrm{R}} = -\mu\left(m^{\mathrm{I}} + m^{\mathrm{II}}\right)g. \tag{5}$$

Für die Integration von (5) setzt man $\ddot{s} = \dot{s}\,d\dot{s}/ds$. Nach Trennung der Variablen folgt mit (5)

$$\int_{v_1}^{0}\left(m^{\mathrm{I}} + m^{\mathrm{II}}\right)\dot{s}\,d\dot{s} = \int_{0}^{s_{\mathrm{AB}}} -\mu\left(m^{\mathrm{I}} + m^{\mathrm{II}}\right)g\,ds \;\Rightarrow\; -\frac{v_1^2}{2} = -\mu g\,s_{\mathrm{AB}},$$

$$s_{AB} = \frac{v_1^2}{2\mu g} = 5{,}32 \text{ m}. \tag{6}$$

b) Die Gesamtenergie beträgt vor dem Stoß

$$E_0 = \frac{1}{2} m^{I} \left(v_0^{I}\right)^2 + \frac{1}{2} m^{II} \left(v_0^{II}\right)^2 = 7 \cdot 10^4 \text{ Ws} \tag{7}$$

und nach dem Stoß

$$E_1 = \frac{1}{2}\left(m^{I} + m^{II}\right) v_1^2 = 5{,}2 \cdot 10^4 \text{ Ws}. \tag{8}$$

Hiernach werden durch den Stoß $\Delta E_S/E_0 = (E_0\text{-}E_1)/E_0 = 25{,}7$ % der Gesamtenergie in Verformungsenergie und $\Delta E_R/E_0 = 74{,}3$ % in Reibungsenergie umgesetzt.

Aufgabe 5.50 (Bild 5.124)

Zwei homogene, gelenkig verbundene Stangen I und II mit gleicher Masse m sind als Doppelpendel um den Punkt A drehbar aufgehängt. Eine Kugel mit der Masse $m_K = m$ trifft im Abstand h vom Aufhängepunkt mit der Geschwindigkeit v_{K0} auf die Stange II. Für den teilplastischen Stoß gelte die Stoßziffer ε.

a) In welchem Abstand h muss die Kugel auftreffen, wenn sich nach dem Stoß beide Stäbe mit gleicher Winkelgeschwindigkeit $\dot{\varphi}^{I} = \dot{\varphi}^{II}$ bewegen sollen?

b) Wo muss die Kugel auftreffen, wenn unmittelbar nach dem Stoß $\dot{\varphi}^{II} = 0$ sein soll und wie groß ist dann der vom Lager B aufzunehmende Kraftstoß?

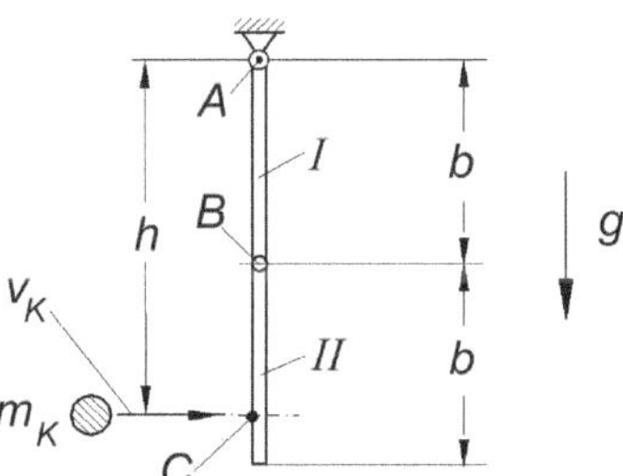

Bild 5.124 Stoß auf ein Doppelpendel

Lösungsanalyse: Für die Ermittlung von Kraftstößen in Lagern müssen die Stäbe einzeln freigeschnitten und für beide die Impuls- und Drallsätze formuliert werden. Kraftstöße und der Bewegungszustand des Systems nach dem Stoß werden danach aus dem Zeitintegral der Gleichungen ermittelt. Über den dafür notwendigen Verlauf der Stoßkräfte kann keine Angabe gemacht werden. Wird jedoch die Stoßzeit als so kurz vorausgesetzt, dass sich die Lage des Systems in dieser Zeit nicht ändert, dann lassen sich die Gleichungen integrieren. Dabei treten auf der rechten Gleichungsseite jeweils als Integrale die Kraft- bzw. Momentenstöße auf.

Eine zusätzliche Gleichung ergibt die Stoßziffer für den teilplastischen Stoß. Sie ist definiert als der negative Quotient aus den normal gerichteten Geschwindigkeitsdifferenzen nach und vor dem Stoß [MAGNUS, MÜLLER-SLANY, 2009]. Weitere Gleichungen liefern die kinematischen Zwangsbedingungen.

Hinweise zur Schreibweise: Die Stäbe I und II werden durch hochgestellte Indizes beschrieben und der Zeitpunkt durch tiefgestellte: Vor dem Stoß: 0, nach dem Stoß: 1.

Lösung: a) Das Schnittbild für die Stäbe ist im Bild 5.125 skizziert.

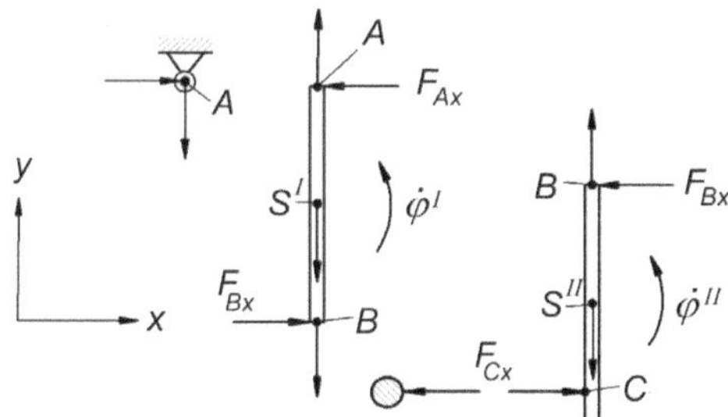

Bild 5.125 Schnittbild

Das Gleichungssystem zur Lösung wird aus folgenden Gleichungen aufgebaut:

- x-Koordinaten der Impulssätze für S^I, S^{II} und die Kugel

$$\begin{aligned} m\ddot{x}_S^I &= -F_{Ax} + F_{Bx}, \\ m\ddot{x}_S^{II} &= -F_{Bx} + F_{Cx}, \\ m\ddot{x}_K &= -F_{Cx}, \end{aligned} \tag{1}$$

- z-Koordinaten der Drallsätze für die Stäbe bezogen auf S^I und S^{II}

$$\begin{aligned} \frac{d}{dt} L_{Sz}^I &= J_{Sz}^I \ddot{\varphi}^I = \frac{b}{2} F_{Ax} + \frac{b}{2} F_{Bx}, \\ \frac{d}{dt} L_{Sz}^{II} &= J_{Sz}^{II} \ddot{\varphi}^{II} = \frac{b}{2} F_{Bx} + \left(h - \frac{3}{2} b\right) F_{Cx}, \end{aligned} \tag{2}$$

- Stoßziffer

$$\varepsilon = -\frac{\dot{x}_{C1} - v_{K1}}{0 - v_{K0}}, \tag{3}$$

- Kinematische Zwangsbedingungen

$$\dot{x}_S^I = \frac{b}{2} \dot{\varphi}^I, \quad \dot{x}_S^{II} = b\dot{\varphi}^I + \frac{b}{2} \dot{\varphi}^{II}, \quad \dot{x}_{C1} = b\dot{\varphi}^I + (h - b)\dot{\varphi}^{II}, \tag{4}$$

- Trägheitsmomente der homogenen dünnen Stäbe

$$J_{Sz}^I = J_{Sz}^{II} = \frac{1}{12} m b^2. \tag{5}$$

Aussagen über Kraftstöße und den Bewegungszustand des Systems nach dem Stoß erhält man aus dem Integral der Gleichungen (1) und (2) über die Stoßzeit Δt. Dabei wird vorausgesetzt, dass sich die Systemlage während des Stoßes nicht verändert hat. Mit dem Kraftstoß als Zeitintegral über die Kraft

$$\Delta p_{\mathrm{i}} = \int_0^{\Delta t} F_{\mathrm{i}} dt \tag{6}$$

erhält man aus (1) und (2) folgende Integrale über die Stoßzeit Δt

$$\begin{aligned}
m\dot{x}_{\mathrm{S}}^{\mathrm{I}} &= -\Delta p_{\mathrm{A}x} + \Delta p_{\mathrm{B}x}, \\
m\dot{x}_{\mathrm{S}}^{\mathrm{II}} &= -\Delta p_{\mathrm{B}x} + \Delta p_{\mathrm{C}x}, \\
m\left(v_{\mathrm{K}1} - v_{\mathrm{K}0}\right) &= -\Delta p_{\mathrm{C}x}, \\
J_{\mathrm{S}z}^{\mathrm{I}}\dot{\varphi}^{\mathrm{I}} &= \frac{b}{2}\Delta p_{\mathrm{A}x} + \frac{b}{2}\Delta p_{\mathrm{B}x}, \\
J_{\mathrm{S}z}^{\mathrm{II}}\dot{\varphi}^{\mathrm{II}} &= \frac{b}{2}\Delta p_{\mathrm{B}x} + \left(h - \frac{3}{2}b\right)\Delta p_{\mathrm{C}x}.
\end{aligned} \tag{7}$$

Die Zusammenfassung der Gleichungen (3), (4), (5) und (7) ergibt das Gleichungssystem

$$\begin{aligned}
m\frac{b}{2}\dot{\varphi}^{\mathrm{I}} &= -\Delta p_{\mathrm{A}x} + \Delta p_{\mathrm{B}x}, \\
m\left(b\dot{\varphi}^{\mathrm{I}} + \frac{b}{2}\dot{\varphi}^{\mathrm{II}}\right) &= -\Delta p_{\mathrm{B}x} + \Delta p_{\mathrm{C}x}, \\
m\left[b\dot{\varphi}^{\mathrm{I}} + (h-b)\dot{\varphi}^{\mathrm{II}} - (1+\varepsilon)v_{\mathrm{K}0}\right] &= -\Delta p_{\mathrm{C}x}, \\
\frac{1}{12}mb^2\dot{\varphi}^{\mathrm{I}} &= \frac{b}{2}\Delta p_{\mathrm{A}x} + \frac{b}{2}\Delta p_{\mathrm{B}x}, \\
\frac{1}{12}mb^2\dot{\varphi}^{\mathrm{II}} &= \frac{b}{2}\Delta p_{\mathrm{B}x} + \left(h - \frac{3}{2}b\right)\Delta p_{\mathrm{C}x}.
\end{aligned} \tag{8}$$

Damit hat man 5 Gleichungen für 5 Unbekannte: $\dot{\varphi}^{\mathrm{I}}$, $\dot{\varphi}^{\mathrm{II}}$, $\Delta p_{\mathrm{A}x}$, $\Delta p_{\mathrm{B}x}$, $\Delta p_{\mathrm{C}x}$. Für die Bedingung $\dot{\varphi}^{\mathrm{I}} = \dot{\varphi}^{\mathrm{II}}$ kann (8) nach dem gesuchten Maß h für den Auftreffpunkt der Kugel aufgelöst werden

$$h = 16b/11 = 1{,}455\,b. \tag{9}$$

b) Mit der Bedingung $\dot{\varphi}^{\mathrm{II}} = 0$ erhält man aus (8) für den Auftreffpunkt der Kugel das Maß

$$h = 11b/8 = 1{,}375\,b. \tag{10}$$

Im Gelenk B wird dabei der Impuls

$$\Delta p_{\mathrm{B}x} = mv_{\mathrm{K}0}(1+\varepsilon)/7 \tag{11}$$

übertragen.

Aufgabe 5.51 (Bild 5.126)

Eine dünne, homogene und kreisrunde Scheibe (Radius r, Masse m) ist im Punkt P frei drehbar in einem Kugelgelenk gelagert. Im Punkt Q wird auf die Scheibe ein Stoß $\boldsymbol{\Delta p}$ senkrecht zur Scheibenebene ausgeübt.

Um welche Achse dreht sich die Scheibe unmittelbar nach dem Stoß?

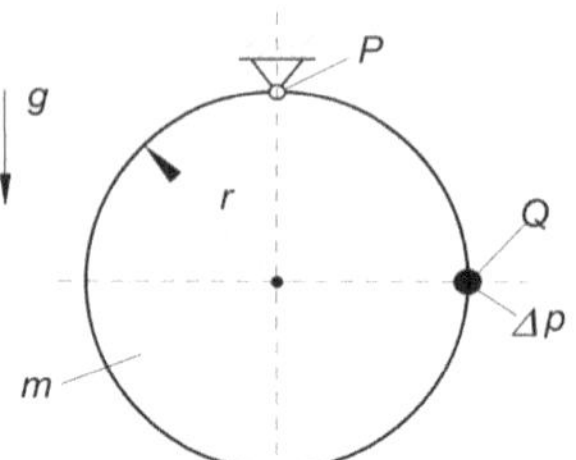

Bild 5.126 Stoß auf kreisrunde Scheibe

Lösungsanalyse: Die Frage nach der Drehachse der Scheibe nach dem Stoß ist gleichbedeutend mit der Frage nach dem Winkelgeschwindigkeitsvektor $\boldsymbol{\omega}$ der Scheibe nach dem Stoß. Das führt auf den Drallsatz für die Scheibe bezüglich P, der hier ein scheibenfester Fixpunkt ist. Er kann damit als Bezugspunkt für den Drallsatz gewählt werden. Der gegebene Stoß ist das Zeitintegral über die einwirkende Kraft während der kurzen Stoßdauer Δt. Das dabei auf P ausgeübte Moment ist ein Momentenstoß, das Zeitintegral über das Moment. Damit hat man die Möglichkeit, das Zeitintegral über den Drallsatz zu formulieren. Man erhält einen Ausdruck für den Drall $\boldsymbol{L}_\text{P}$. Den Drallvektor kann man auch auf anderem Weg über $\boldsymbol{L}_\text{P} = \boldsymbol{J}_\text{P}\boldsymbol{\omega}$ ermitteln. Damit hat man schließlich die Möglichkeit, die Richtung von $\boldsymbol{\omega}$ zu ermitteln.

Im Folgenden soll hier in einem scheibenfesten Koordinatensystem (Bild 5.127) gearbeitet werden.

Lösung: Die Darstellung des Drallvektors über das Zeitintegral des Drallsatzes ergibt:

$$\frac{d}{dt}\boldsymbol{L}_\text{P} = \boldsymbol{M}_\text{P}\,,$$

$$\int_{\Delta t} d\boldsymbol{L}_\text{P} = \int_{\Delta t} \boldsymbol{M}_\text{P}\,dt\,,$$

$$\boldsymbol{L}_\text{P}(\Delta t) = \boldsymbol{r}_\text{PQ} \times \int_{\Delta t} \boldsymbol{F}_\text{Q}\,dt = \boldsymbol{r}_\text{PQ} \times \boldsymbol{\Delta p} = \begin{bmatrix} r \\ -r \\ 0 \end{bmatrix} \times \begin{bmatrix} 0 \\ 0 \\ -\Delta p \end{bmatrix} = \begin{bmatrix} 1 \\ 1 \\ 0 \end{bmatrix} r\Delta p. \tag{1}$$

Der Drallvektor $\boldsymbol{L}_\text{P}$ für die Scheibe, bezogen auf P, in einem scheibenfesten Koordinatensystem lautet mit den Trägheitstensor-Elementen aus Tabellenwerken [WRIGGERS, 2006]

$$\boldsymbol{L}_P = \boldsymbol{J}_P\boldsymbol{\omega} = \begin{bmatrix} J_{Px} & 0 & 0 \\ 0 & J_{Py} & 0 \\ 0 & 0 & J_{Pz} \end{bmatrix} \boldsymbol{\omega}, \text{ mit: } \begin{aligned} J_{Px} &= J_{Sx} + r^2 m = (5/4) r^2 m, \\ J_{Py} &= J_{Sx} = r^2 m / 4, \\ J_{Pz} &= J_{Sz} + r^2 m = (3/2) r^2 m, \end{aligned}$$

$$\boldsymbol{L}_P = \begin{bmatrix} (5/4)\omega_x \\ (1/4)\omega_y \\ (3/2)\omega_z \end{bmatrix} r^2 m. \tag{2}$$

Aus den beiden Ergebnissen (1) und (2) folgt die Darstellung des Winkelgeschwindigkeitsvektors

$$\boldsymbol{L}_P(\Delta t) = \begin{bmatrix} 1 \\ 1 \\ 0 \end{bmatrix} r\Delta p = \begin{bmatrix} (5/4)\omega_x \\ (1/4)\omega_y \\ (3/2)\omega_z \end{bmatrix} r^2 m,$$

$$\boldsymbol{\omega} = \begin{bmatrix} \omega_x \\ \omega_y \\ \omega_z \end{bmatrix} = \begin{bmatrix} 4/5 \\ 4 \\ 0 \end{bmatrix} \frac{\Delta p}{rm}. \tag{3}$$

Nach (3) liegt die Drehachse in der x,y-Ebene mit einem Neigungswinkel α von

$$\alpha = \arctan\left(\frac{\omega_y}{\omega_x}\right) = \arctan\left(\frac{4}{4/5}\right) = \arctan 5 \mathrel{\hat{=}} 78{,}7°. \tag{4}$$

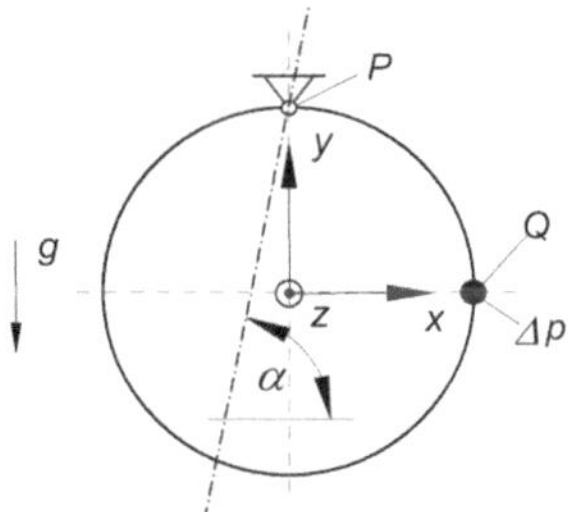

Bild 5.127 Scheibendrehachse nach dem Stoß

Aufgabe 5.52 (Bild 5.128)

Mit hochelastischen Kunststoffbällen (sog. „Superbälle“) kann der raue, elastische Stoß anschaulich demonstriert werden. Welche Bahn beschreibt ein „Superball“ nach drei Stößen, wenn er schräg so unter einen Tisch geworfen wird, dass er nach dem Abprallen vom Boden gegen die Unterseite der Tischplatte springt? Die durch das Gewicht bedingte Krümmung der Bahn soll vernachlässigt werden.

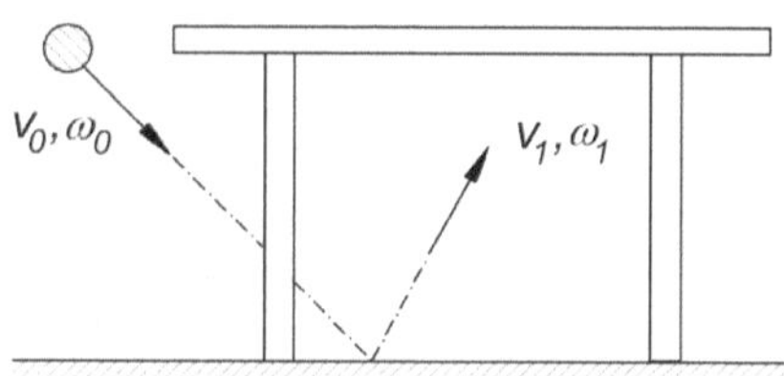

Bild 5.128 Rauer, elastischer Stoß mit „Superball“

Lösungsanalyse: Bei einem rauen, elastischen Stoß werden tangential in der Stoßfläche liegende Kräfte übertragen. Zur Beschreibung des Bewegungsverhaltens des Balls sind deshalb der Impuls- und Drallsatz zu formulieren. Zwei weitere Gleichungen zur Lösung liefert der Energiesatz und die Gleichung für die Stoßziffer für den elastischen Stoß. Der Ansatzpunkt zur Lösung des nichtlinearen Gleichungssystems ist der Energiesatz. Die einzelnen Terme können so umgruppiert werden, dass die Lösung direkt abgelesen werden kann.

Da mehrere aufeinander folgende Stöße zu betrachten sind, bietet sich die Anwendung von Stoßmatrizen an, die nacheinander multipliziert das Endergebnis für die Bewegung nach dem i-ten Stoß ergeben. Der Bewegungszustand vor dem ersten Stoß wird dabei mit dem Index 0, nach dem ersten Stoß mit 1 usf. bezeichnet.

Lösung: An Hand des Schnittbildes (Bild 5.129) wird zunächst das Gleichungssystem zur Ermittlung des Bewegungszustandes des Balls nach dem ersten Stoß am Boden aufgestellt. Für die weiteren Stöße ergibt sich danach eine einfachere Darstellungsmöglichkeit. Ein rauer Stoß bedeutet, dass auch Kräfte in der Tangentialebene liegen. Dies ist hier die Kraft F_T.

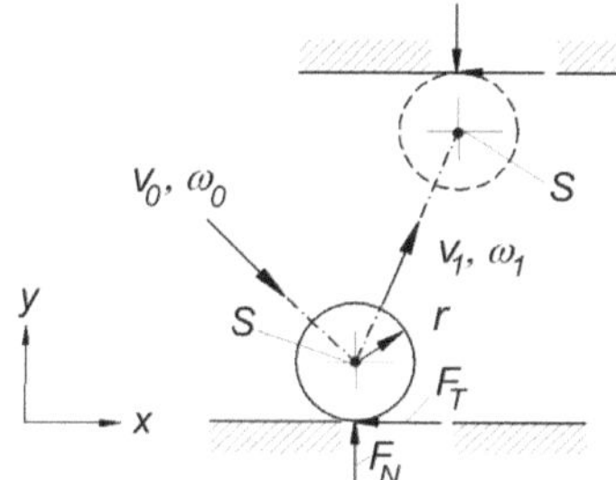

Bild 5.129 Schnittbild

Zur Ermittlung des Bewegungszustandes (v_1, ω_1) wird folgendes Gleichungssystem aufgestellt:

- x-Koordinate des Impulssatzes für den Ball während des Stoßes

$$m\ddot{x}_S = -F_T\,, \tag{1}$$

- z-Koordinate des Drallsatzes für den Ball bezogen auf S während des Stoßes

$$J_S\dot{\omega} = -rF_T\,, \tag{2}$$

mit dem Trägheitsmoment für eine Kugel [Wriggers, 2006]

$$J_S = \frac{2}{5}mr^2,$$

- Energieerhaltungssatz für den elastischen Stoß

$$\frac{1}{2}m\left(\dot{x}_{S0}^2+\dot{y}_{S0}^2\right)+\frac{1}{2}J_S\omega_0^2=\frac{1}{2}m\left(\dot{x}_{S1}^2+\dot{y}_{S1}^2\right)+\frac{1}{2}J_S\omega_1^2, \tag{3}$$

- Stoßziffer: Für den elastischen Stoß gilt $\varepsilon = 1$. Dies führt auf

$$\dot{y}_{S1}=-\dot{y}_{S0}. \tag{4}$$

Die Gleichungen (1) bis (4) reichen zur Berechnung der 4 Unbekannten $\dot{x}_{S1}$, $\dot{y}_{S1}$, ω_1, F_T des rauen, elastischen Stoßes aus.

Zur Lösung werden zunächst der Impuls- und Drallsatz (1) und (2) über die Stoßzeit Δt integriert:

$$m\left(\dot{x}_{S1}-\dot{x}_{S0}\right)=-\int_0^{\Delta t}F_T\,dt,\quad \frac{2}{5}mr^2\left(\omega_1-\omega_0\right)=-r\int_0^{\Delta t}F_T\,dt.$$

Nach Elimination des Kraftstoßes erhält man

$$\left(\dot{x}_{S1}-\dot{x}_{S0}\right)-\frac{2}{5}r\left(\omega_1-\omega_0\right)=0. \tag{5}$$

Das Gleichungssystem ist durch den Energiesatz (3) nichtlinear in den Bewegungsgrößen und damit nicht leicht zu lösen. Durch Umgruppierung der einzelnen Terme kann (3) mit (5) in einen sehr einfachen Ausdruck umgestaltet werden:

$$\frac{1}{2}m\left(\dot{x}_{S0}^2-\dot{x}_{S1}^2+\dot{y}_{S0}^2-\dot{y}_{S1}^2\right)+\frac{1}{5}mr^2\left(\omega_0^2-\omega_1^2\right)=0,$$

$$\frac{1}{2}\left[\left(\dot{x}_{S0}-\dot{x}_{S1}\right)\left(\dot{x}_{S0}+\dot{x}_{S1}\right)+\left(\dot{y}_{S0}-\dot{y}_{S1}\right)\cancel{\left(\dot{y}_{S0}+\dot{y}_{S1}\right)}\right]+\frac{1}{5}r^2\left(\omega_0-\omega_1\right)\left(\omega_0+\omega_1\right)=0,$$

$$\left(\dot{x}_{S0}-\dot{x}_{S1}\right)\left[\dot{x}_{S0}+\dot{x}_{S1}+r\left(\omega_0+\omega_1\right)\right]=0. \tag{6}$$

In (6) kann jeder Klammerausdruck für sich verschwinden. Es folgen die beiden Lösungen:

$$\left(\dot{x}_{S0}-\dot{x}_{S1}\right)=0 \;\Rightarrow\; \dot{x}_{S1}=\dot{x}_{S0}, \tag{7}$$

$$\left[\dot{x}_{S0}+\dot{x}_{S1}+r\left(\omega_0+\omega_1\right)\right]=0 \;\Rightarrow\; \dot{x}_{S1}+r\omega_1=-\dot{x}_{S0}-r\omega_0. \tag{8}$$

Das Ergebnis (7) gilt für den glatten Stoß, bei dem die Tangentialgeschwindigkeit erhalten bleibt. Das Ergebnis (8) gilt für den rauen Stoß.

Damit hat man folgendes Gleichungssystem zur Bestimmung der Bewegungsgrößen nach dem ersten Stoß des Balls am Boden

$$\begin{aligned}
\dot{x}_{S1} - \dot{x}_{S0} - \frac{2}{5} r\left(\omega_1 - \omega_0\right) &= 0, \\
\dot{x}_{S1} + r\omega_1 + \dot{x}_{S0} + r\omega_0 &= 0, \\
\dot{y}_1 + \dot{y}_0 &= 0,
\end{aligned} \tag{9}$$

mit der Lösung

$$\begin{aligned}
\dot{x}_{S1} &= \frac{3}{7}\dot{x}_{S0} - \frac{4}{7} r\omega_0, \\
r\omega_1 &= -\frac{10}{7}\dot{x}_{S0} - \frac{3}{7} r\omega_0, \\
\dot{y}_{S1} &= -\dot{y}_{S0}.
\end{aligned} \tag{10}$$

Mit diesen Bewegungsgrößen als Eingangswerte wird das Gleichungssystem für den Stoß unter der Tischplatte aufgestellt. Bis auf den Drallsatz sind sämtliche Gleichungen identisch. Im Drallsatz dreht sich nach Bild 5.129 nur das Vorzeichen des Momentes um. Das zu (9) analoge Gleichungssystem lautet jetzt

$$\begin{aligned}
\dot{x}_{S2} - \dot{x}_{S1} + \frac{2}{5} r\left(\omega_2 - \omega_1\right) &= 0, \\
\dot{x}_{S2} - r\omega_2 + \dot{x}_{S1} - r\omega_1 &= 0, \\
\dot{y}_2 + \dot{y}_1 &= 0,
\end{aligned} \tag{11}$$

mit der Lösung

$$\begin{aligned}
\dot{x}_{S2} &= \frac{3}{7}\dot{x}_{S1} + \frac{4}{7} r\omega_1, \\
r\omega_2 &= \frac{10}{7}\dot{x}_{S1} - \frac{3}{7} r\omega_1, \\
\dot{y}_{S2} &= -\dot{y}_{S1}.
\end{aligned} \tag{12}$$

Wenn noch weitere Stöße an Boden und Platte betrachtet werden sollen, ist es sinnvoll von der Matrizenschreibweise Gebrauch zu machen. Das Reflexionsgesetz des „Superballs" am Boden lautet nach (10)

$$\begin{bmatrix} \dot{x}_{S1} \\ r\omega_1 \\ \dot{y}_{S1} \end{bmatrix} = \mathbf{A} \begin{bmatrix} \dot{x}_{S0} \\ r\omega_0 \\ \dot{y}_{S0} \end{bmatrix}, \text{ mit } \mathbf{A} = \frac{1}{7}\begin{bmatrix} 3 & -4 & 0 \\ -10 & -3 & 0 \\ 0 & 0 & -7 \end{bmatrix} \tag{13}$$

und an der Unterseite der Platte nach (12)

$$\begin{bmatrix} \dot{x}_{S2} \\ r\omega_2 \\ \dot{y}_{S2} \end{bmatrix} = \mathbf{B} \begin{bmatrix} \dot{x}_{S1} \\ r\omega_1 \\ \dot{y}_{S1} \end{bmatrix}, \text{ mit } \mathbf{B} = \frac{1}{7}\begin{bmatrix} 3 & 4 & 0 \\ 10 & -3 & 0 \\ 0 & 0 & -7 \end{bmatrix}. \tag{14}$$

Hierin sind **A** und **B** die sog. Stoßmatrizen. Sucht man die kinematischen Zustandsgrößen $(\dot{x}_{\mathrm{Si}}, r\omega_{\mathrm{i}}, \dot{y}_{\mathrm{Si}})$ nach dem i-ten Stoß, dann folgt aus (13) und (14)

$$\begin{bmatrix} \dot{x}_{\mathrm{Si}} \\ r\omega_{\mathrm{i}} \\ \dot{y}_{\mathrm{Si}} \end{bmatrix} = \underbrace{....\mathbf{ABA}}_{\text{i-mal}} \begin{bmatrix} \dot{x}_{\mathrm{S}0} \\ r\omega_0 \\ \dot{y}_{\mathrm{S}0} \end{bmatrix} . \tag{15}$$

Für die Darstellung der Flugbahn des Balls reicht es aus, jeweils die Horizontalkomponente $\dot{x}_{\mathrm{Si}}$ der Geschwindigkeit nach dem Stoß zu berechnen, da der Betrag der Vertikalkomponente konstant ist. Mit der Anfangsbedingungen $\dot{x}_{\mathrm{S}0} > 0,\ \dot{y}_{\mathrm{S}0} = -\dot{x}_{\mathrm{S}0},\ \omega_0 = 0$ erhält man für die Horizontalgeschwindigkeiten nach den ersten 3 Stößen:

$$\dot{x}_{\mathrm{S}1} = 0{,}4286\,\dot{x}_{\mathrm{S}0}\,;\quad \dot{x}_{\mathrm{S}2} = -0{,}6327\,\dot{x}_{\mathrm{S}0}\,;\quad \dot{x}_{\mathrm{S}3} = -0{,}9708\,\dot{x}_{\mathrm{S}0}\,. \tag{16}$$

Im Bild 5.130 ist die Bahn des Balls dargestellt.

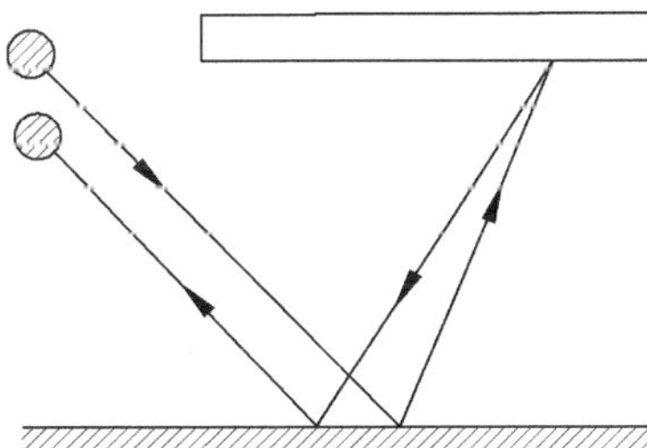

Bild 5.130 Wurfbahn des „Superballs“ nach drei Stößen

Das Zurückspringen des „Superballs“ auf den Werfer kann leicht demonstriert werden. Ein hinreichend schräg geworfener Tischtennisball (glatter, schiefer Stoß) wird dagegen auf der anderen Tischseite herausspringen.

Aufgabe 5.53 (Bild 5.131)

Für eine Kirchenglocke sind folgende Daten gegeben: Masse des Glockenkörpers m_{G}, Masse des Klöppels m_{K}, Glockenträgheitsmoment $J_{\mathrm{A}}{}^{\mathrm{G}}$ bezogen auf den Aufhängepunkt A (Jochlager), Klöppelträgheitsmoment $J_{\mathrm{B}}{}^{\mathrm{K}}$ bezogen auf den Aufhängepunkt B, Schwerpunktlage s_{G} des Glockenkörpers, Schwerpunktlage s_{K} des Klöppels und der Abstand h Jochlager-Klöppellager.

a) Mit Hilfe der LAGRANGEschen Gleichungen 2. Art stelle man die Bewegungsgleichungen für die Eigenschwingungen des Systems Glocke-Klöppel auf, für Bewegungen mit frei schwingendem Klöppel ohne Anschlag.

b) Die Glocke kann nicht läuten, wenn das System wie ein einziger starrer Körper schwingt. Welche Bedingung muss dafür das Maß h erfüllen?

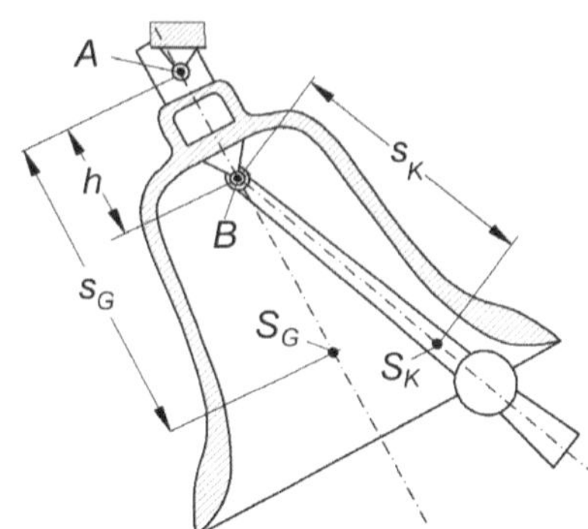

Bild 5.131 Kirchenglocke

Lösungsanalyse: Beschränkt man sich bei der dynamischen Analyse einer Glocke auf freie Schwingungen von Glocke und Klöppel ohne Anschlag, dann liegt prinzipiell die Analyse eines ebenen Doppelpendels vor. Das System hat zwei Freiheitsgrade, da zwei unabhängige Koordinaten zur Lagebeschreibung erforderlich sind. Die Ableitung der Bewegungsgleichungen für das konservative System erfolgt mit Hilfe der LAGRANGEschen Gleichungen 2. Art

$$\frac{d}{dt}\left(\frac{\partial L}{\partial \dot{q}_{\mathrm{r}}}\right)-\frac{\partial L}{\partial q_{\mathrm{r}}}=0, \text{ mit: } L=T-U,\ r=1,2 \tag{1}$$

mit den Lagekoordinaten q_1 und q_2, der kinetischen Energie T und der potentiellen Energie U des Systems in einem beliebigen Lage- und Bewegungszustand.

Man erhält zwei Dgln 2. Ordnung als Bewegungsgleichungen. Die Voraussetzung für den (nicht gewünschten) Fall einer reinen Starrkörperschwingung des Systems Glockenkörper/Klöppel ist $q_1 = q_2$. Eine einfache Koeffizientenanalyse für die beiden Dgln führt dafür auf die gesuchte Bedingung für das Maß h.

Lösung: a) Als Lagekoordinaten werden die beiden Winkel α und β für Glocke und Klöppel nach Bild 5.132 eingeführt.

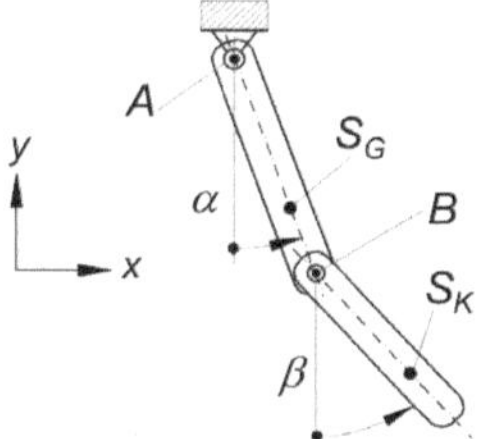

Bild 5.132 Lagekoordinaten für Doppelpendel

Die LAGRANGE-Funktion $L = T - U$ wird aus den Energieinhalten der beiden Systemteile aufgebaut:

- Kinetische Energie des Glockenkörpers

$$T_{\mathrm{G}}=\frac{1}{2}J_{\mathrm{SG}}^{\mathrm{G}}\omega_{\mathrm{G}}^{2}+\frac{1}{2}m_{\mathrm{G}}v_{\mathrm{SG}}^{2}=\frac{1}{2}J_{\mathrm{A}}^{\mathrm{G}}\dot{\alpha}^{2}. \tag{2}$$

- Kinetische Energie des Klöppels

$$T_{\mathrm{K}} = \frac{1}{2} J_{\mathrm{SK}}^{\mathrm{K}} \omega_{\mathrm{K}}^2 + \frac{1}{2} m_{\mathrm{K}} v_{\mathrm{SK}}^2, \tag{3}$$

mit: $\omega_{\mathrm{K}} = \dot{\beta}$ und

$$\boldsymbol{v}_{\mathrm{SK}} = \boldsymbol{v}_{\mathrm{B}} + \boldsymbol{\omega}_{\mathrm{K}} \times \boldsymbol{r}_{\mathrm{BK}} = \boldsymbol{\omega}_{\mathrm{G}} \times \boldsymbol{r}_{\mathrm{AB}} + \boldsymbol{\omega}_{\mathrm{K}} \times \boldsymbol{r}_{\mathrm{BK}} = \begin{bmatrix} 0 \\ 0 \\ \dot{\alpha} \end{bmatrix} \times \begin{bmatrix} h\sin\alpha \\ -h\cos\alpha \\ 0 \end{bmatrix} + \begin{bmatrix} 0 \\ 0 \\ \dot{\beta} \end{bmatrix} \times \begin{bmatrix} s_{\mathrm{K}} \sin\beta \\ -s_{\mathrm{K}} \cos\beta \\ 0 \end{bmatrix}$$

$$\boldsymbol{v}_{\mathrm{SK}} = \begin{bmatrix} \dot{\alpha} h \cos\alpha + \dot{\beta} s_{\mathrm{K}} \cos\beta \\ \dot{\alpha} h \sin\alpha + \dot{\beta} s_{\mathrm{K}} \sin\beta \\ 0 \end{bmatrix} \quad \Rightarrow \quad v_{\mathrm{SK}}^2 = \dot{\alpha}^2 h^2 + \dot{\beta}^2 s_{\mathrm{K}}^2 + 2\dot{\alpha}\dot{\beta} h s_{\mathrm{K}} \cos(\alpha - \beta),$$

folgt

$$T_{\mathrm{K}} = \frac{1}{2} J_{\mathrm{SK}}^{\mathrm{K}} \dot{\beta}^2 + \frac{1}{2} m_{\mathrm{K}} \left[\dot{\alpha}^2 h^2 + \dot{\beta}^2 s_{\mathrm{K}}^2 + 2\dot{\alpha}\dot{\beta} h s_{\mathrm{K}} \cos(\alpha - \beta) \right]. \tag{4}$$

Die gesamte kinetische Energie der schwingenden Glocke ist damit

$$T = T_{\mathrm{G}} + T_{\mathrm{K}} = \frac{1}{2}\left(J_{\mathrm{A}}^{\mathrm{G}} + m_{\mathrm{K}} h^2 \right) \dot{\alpha}^2 + \frac{1}{2} J_{\mathrm{B}}^{\mathrm{K}} \dot{\beta}^2 + m_{\mathrm{K}} h s_{\mathrm{K}} \dot{\alpha}\dot{\beta} \cos(\alpha - \beta). \tag{5}$$

- Potentielle Energie: Das Nullniveau der potentiellen Energie kann beliebig gewählt werden. Bezieht man sich auf eine Horizontalebene durch A, dann erhält man für die ganze Glocke

$$U = U_{\mathrm{G}} + U_{\mathrm{K}} = m_{\mathrm{G}} y_{\mathrm{AG}} + m_{\mathrm{K}} y_{\mathrm{AK}} = -\left(m_{\mathrm{G}} s_{\mathrm{G}} + m_{\mathrm{K}} h \right) g \cos\alpha - m_{\mathrm{K}} s_{\mathrm{K}} g \cos\beta. \tag{6}$$

Aus (5) und (6) wird die LAGRANGE-Funktion $L = T - U$ gebildet. Aus ihren partiellen Ableitungen nach $\dot{\alpha}$ und α wird die erste Bewegungsgleichung für die Glocke gebildet und aus den partiellen Ableitungen nach $\dot{\beta}$ und β die zweite Gleichung. Die Bewegungsgleichungen lauten

$$\begin{gathered} \left(J_{\mathrm{A}}^{\mathrm{G}} + m_{\mathrm{K}} h^2 \right) \ddot{\alpha} + m_{\mathrm{K}} h s_{\mathrm{K}} \ddot{\beta} \cos(\alpha - \beta) + m_{\mathrm{K}} h s_{\mathrm{K}}^2 \dot{\beta}^2 \sin(\alpha - \beta) + \left(m_{\mathrm{G}} s_{\mathrm{G}} + m_{\mathrm{K}} h \right) g \sin\alpha = 0, \\ J_{\mathrm{B}}^{\mathrm{K}} \ddot{\beta} + m_{\mathrm{K}} h s_{\mathrm{K}} \ddot{\alpha} \cos(\alpha - \beta) - m_{\mathrm{K}} h s_{\mathrm{K}} \dot{\alpha}^2 \sin(\alpha - \beta) + m_{\mathrm{K}} s_{\mathrm{K}} g \sin\beta = 0. \end{gathered} \tag{7}$$

b) Die Glocke wird nicht läuten, wenn die Bewegungen $\alpha(t)$ des Glockenkörpers und $\beta(t)$ des Klöppels immer übereinstimmen. Mit $\alpha(t) = \beta(t)$ erhält man aus (7) die beiden Gleichungen

$$\ddot{\alpha} + \frac{m_G s_G + m_K h}{J_A^G + m_K h\left(h + s_K\right)} g \sin\alpha = 0,$$
$$\ddot{\alpha} + \frac{m_K s_K}{J_B^K + m_K h s_K} g \sin\alpha = 0. \tag{8}$$

Aus (8) liest man durch Koeffizientenvergleich das Maß h für die Klöppelaufhängung ab, bei der die Glocke nicht läuten wird

$$h = \frac{J_A^G m_K s_K - J_B^K m_G s_G}{J_B^K m_K + m_K s_K \left(m_G s_G - m_K s_K\right)}. \tag{9}$$

Diese Bedingung war bei der großen „Kaiserglocke" im Kölner Dom nahezu erfüllt, so dass sie bei der Einweihung im Jahre 1876 nicht zum Läuten gebracht werden konnte.

Literaturhinweise

[MAGNUS, MÜLLER-SLANY, 2009]

MAGNUS, K.; MÜLLER-SLANY, H. H. : *Grundlagen der Technischen Mechanik.* 7. Auflage. Teubner Verlag, Wiesbaden, 2009.

[MAPLE2015]

MAPLE 2015: www.maplesoft.com, 2015.

[PAPULA, 2017]

PAPULA, L.: *Mathematische Formelsammlung für Ingenieure und Naturwissenschaftler.* 12. Auflage, Springer Vieweg, Wiesbaden, 2017.

[WITTENBURG, 2014]

WITTENBURG, J.; RICHARD, H. A.: *Das Ingenieurwissen: Technische Mechanik.* Springer Vieweg, Wiesbaden, 2014.

[WRIGGERS, 2006]

WRIGGERS, P.; NACKENHORST, P.; BEUERMANN, S.; SPIESS, H.; LÖHNERT, St.: *Technische Mechanik kompakt: Starrkörperstatik - Elastostatik - Kinetik.* 2. Auflage. Teubner Verlag, Wiesbaden, 2006.

H.H. Müller-Slany, *Aufgaben und Lösungsmethodik Technische Mechanik*, https://doi.org/10.1007/978-3-658-22420-2

Liste der wichtigsten Formelzeichen

A	Fläche
$\boldsymbol{A}, \boldsymbol{B}$,..	allgemeine Vektoren
A, B,..	Bezugspunkte
D	LEHRsches Dämpfungsmaß
E	Elastizitätsmodul
E	Einheitsmatrix
$\boldsymbol{F}$	Kraftvektor
$\boldsymbol{G}$	Vektor der Gewichtskraft
G	Gleitmodul, Gelenk
H	Horizontalkraft
I_y, I_z	Flächenträgheitsmomente
I_p	polares Flächenträgheitsmoment
I_{yz}	Flächen-Deviationsmoment
J	Massenträgheitsmoment
$\boldsymbol{J}$	Trägheitstensor
$\boldsymbol{L}$	Drallvektor
L	LAGRANGE-Funktion
$\boldsymbol{M}_{\mathrm{O}}$	Momentenvektor/Bezugspunkt O
N	Normalkraft
P	Leistung
$\boldsymbol{Q}$	Querkraft
S, S	Stabkraft, Schwerpunkt
T	kinetische Energie, Periode, Temp.
$\boldsymbol{T}$	Transformationsmatrix
U	potentielle Energie
V	Volumen
W	Arbeit, Widerstandsmoment
$\boldsymbol{a}$	Beschleunigungsvektor
c	Federkonstante
d	Dämpfungskonstante, Diff.-Symbol
f	Verschiebung, Frequenz
$\boldsymbol{g}$	Erdbeschleunigung
m	Masse
n	Drehzahl
$\boldsymbol{p}$	Impulsvektor
p	*Druck*
q	spezifische Längenbelastung
$\boldsymbol{r}$, $\boldsymbol{r}_{\mathrm{AB}}$	Ortsvektor/Anfang und Endpunkt
s	Strecke
t	Zeit
v, w	Komponenten der Balkenbiegung
$\boldsymbol{v}$	Geschwindigkeitsvektor
x, y, z	Kartesische Koordinaten

α	Wärmedehnzahl
α, β, γ	Winkel
γ	Gleitung
δ	Variationssymbol
∂	partielles Differentiations-Symbol
Δ	Differenzsymbol
ε	Dehnung, Stoßziffer
η	Wirkungsgrad
λ	Eigenwert
μ	Reibungsbeiwert
ν	Querdehnzahl, Kreisfrequenz
ρ	Reibungswinkel, Dichte
σ	Normalspannung
τ	Schubspannung
φ	Verdrehung
$\boldsymbol{\omega}$	Winkelgeschwindigkeitsvektor
$\boldsymbol{\omega}_{AB}$	rel. Winkelgeschwindigkeit/Körper B gegenüber Körper A
ω, Ω	Eigen- und Erreger-Kreisfrequenz

Hochgestellte Indizes (rechts oben)

I, K,…	Bezeichnung von Kartesischen Koordinatensystemen
FK	Doppelindex bei Transformationsmatrizen (Transformation vom F- ins K-System)
rel	relative Ableitung